D. Gronwald / W. Martin

Lehrorientierte Einführung in die Elektrotechnik

Detlef Gronwald
Wolf Martin

Lehrorientierte Einführung in die Elektrotechnik

Friedr. Vieweg & Sohn Braunschweig / Wiesbaden

CIP-Kurztitelaufnahme der Deutschen Bibliothek

Gronwald, Detlef:
Lehrorientierte Einführung in die Elektrotechnik/
Detlef Gronwald; Wolf Martin. – Braunschweig;
Wiesbaden: Vieweg, 1982.

ISBN-13:978-3-528-04184-7 e-ISBN-13:978-3-322-83826-1
DOI: 10.1007/978-3-322-83826-1

NE: Wolf, Martin:

1982

Satz: Vieweg, Braunschweig

ISBN-13:978-3-528-04184-7

Vorwort

Es wurde hier von uns der Versuch unternommen, Vorstellungen über eine anwendungsorientierte Darstellung des Gegenstands- und Methodenbereichs Elektrotechnik in die Praxis eines Lehrbuches umzusetzen. Dabei sind wir davon ausgegangen, daß eine anwendungsorientierte Darstellung adressatenspezifisch sein muß, wenn sie den Leser helfen soll, Handlungskompetenz in seinem Arbeitsbereich zu erwerben. Die Adressaten dieses Buches sind Lehrer des Faches Elektrotechnik, solche, die in der Praxis der Ausbildung in Schule und Betrieb arbeiten, aber auch Studenten, daher eine lehrorientierte Darstellung. Die Schwerpunkte liegen im Bereich Meßtechnik zur Erschließung der technischen Realität und in der Analyse der grundlegenden technischen Anwendungen. Wir haben uns dabei auf die Basiskenntnisse der Elektrotechnik, auf die technischen Grundlagen beschränkt und die physikalisch-naturwissenschaftlichen Grundkenntnisse vorausgesetzt. Die spezialisierten Fachkenntnisse sollen auf dieser Basis aufgebaut werden. Nur so konnte es uns gelingen, ein anwendbares und in der Realität überprüfbares, nicht von der technisch-gesellschaftlichen Entwicklung dauernd entwertetes Fundament zu entwickeln. Trotzdem hat uns in der langen Zeit der Arbeit am Manuskript die Veränderung auch in diesem Bereich öfter überholt, z.B. durch die Umstellung der Normen für die Schaltzeichen oder die Veränderung der VDE-Vorschriften. Wir glauben aber, eine Darstellung erarbeitet zu haben, die die heutige Realität widerspiegelt und auch ansatzweise die Entwicklung dahin aufzeigt. Freuen würden wir uns, Anregungen für eine Weiterentwicklung dieses Ansatzes aus der Praxis der Anwendung in der Ausbildung zu erhalten.

Detlef Gronwald und Wolf Martin

Inhaltsverzeichnis

Einführung

Das vorliegende Buch wendet sich an Lehrer berufsbildender Schulen und Studenten für das Gewerbelehramt. Ziel dieses Buches ist es, eine lehrorientierte Fachwissenschaft darzustellen, die im Unterricht eingesetzt werden kann und wissenschaftlich ausgewiesen ist.

Die lehrorientierte Fachwissenschaft Elektrotechnik beinhaltet die Fachtheorie des Lehrers und Ausbilders für den berufsbildenden Unterricht im Berufsfeld Elektrotechnik. Sie ist eine Abbildung des Gegenstandsbereichs Elektrotechnik, d.h. der elektrischen Verfahren, Methoden und Geräte, unter dem Gesichtspunkt der Vermittlung und erhält daher sowohl fachwissenschaftliche als auch fachdidaktische Elemente.

Die fachwissenschaftlichen Inhalte einer lehrorientierten Fachwissenschaft müssen mindesten alle Inhalte der Berufstheorie eines Facharbeiters im Berufsfeld Elektrotechnik einschließen. Daher sind die Inhalte, Begriffe und Strukturen einer lehrorientierten Fachwissenschaft aus der berufsorientierten Fachwissenschaft unter didaktischer Zielsetzung abzuleiten.

Die berufsorientierte Fachwissenschaft Elektrotechnik als die Fachtheorie des Facharbeiters im Berufsfeld Elektrotechnik ist derzeit noch nicht eindeutig definiert. Im Gegensatz zu den Naturwissenschaften bestehen im Bereich der Technik keine umfassenden wissenschaftlichen Abbildungen der Gegenstandsbereiche in ihrer vollen Breite sondern immer nur Teilabbildungen unter speziellen eingeschränkten Zielsetzungen, z.B. als Ingenieurwissenschaft, als Teil der Arbeitswissenschaft oder der Technikgeschichte. Eine vollständige und geschlossene Darstellung der Fachwissenschaft Elektrotechnik, d.h. die Abbildung des Gegenstandsbereichs unter Berücksichtigung aller Aspekte, wie z.B. der physikalischen Grundlagen, der historischen Entwicklung, der konkreten aktuellen Ausformung und der gesellschaftlichen, ökonomischen und ökologischen Implikationen, erscheint erstrebenswert. Doch wir sind heute noch weit von einer derartigen umfassenden Darstellung entfernt, da der Gegenstandsbereich einem ständigen gesellschaftlich bedingten Wandel unterliegt und darüberhinaus einen extrem hohen Grad an Dynamik aufweist.

Um so dringender ist die Entwicklung einer berufsorientierten Fachwissenschaft als Teilabbildung der Elektrotechnik, d.h. einer Zusammenstellung und Systematisierung der Fachtheorie, die ein Facharbeiter benötigt, um eine fachliche Handlungskompetenz im Berufsfeld Elektrotechnik zu erlangen. Diese berufsorientierte Fachwissenschaft kann um Strukturwissen ergänzt und um fachdidaktische Elemente erweitert zur lehrorientierten Fachwissenschaft für den Lehrer und Ausbilder ausgebaut werden. Dabei sind insbesondere folgende Gesichtspunkte zu berücksichtigen:

- Die fachliche Kompetenz des Auszubildenden wird in der Ausbildung schrittweise entwickelt, deshalb muß die Systematik der Fachwissenschaft den Aufbau von Erkenntnissen unterstützen.
- Die fachliche Kompetenz des Auszubildenden ist eine fachliche Handlungskompetenz, d.h. die Vermittlung von Handlungsstrategien muß in der Ausbildung einen breiten Raum einnehmen. Daher hat das Prinzip des handelnden Lernens, wie z.B. im Experimental- und Projektunterricht, eine fundamentale Bedeutung.
- Die fachliche Handlungskompetenz läßt sich nur im Umgang mit den konkreten technischen Anwendungen erwerben. Dabei muß in der Ausbildung der Schwerpunkt auf der Vermittlung des beständigeren Basiswissens für die Arbeit mit den konkreten Anwendungen liegen, da das spezielle Wissen über die aktuelle Ausformung der Anwendung einer permanenten Entwertung unterliegt.
- Das berufliche Handeln ist immer ein gesellschaftliches Handeln. Daher ist der Einbezug der historisch-gesellschaftlichen Dimension der Elektrotechnik in die Ausbildung eine Notwendigkeit.

Die vorliegende Arbeit ist der Entwurf einer lehrorientierten Fachwissenschaft Elektrotechnik für den Bereich der Grundausbildung in der Schule. Es wird davon ausgegangen, daß durch die schnelle technologische Entwicklung und die damit verbundene rasche Entwertung von Spezialwissen, die Vermittlung von beständigerem Basiswissen eine wachsende Bedeutung erhält, die letztlich auch in den Lehrplänen zu berücksichtigen ist. Außerdem, daß durch die Integration von energie- und informationstechnischen Komponenten in den komplexen Anwendungen der Elektrotechnik zukünftig eine einheitliche Grundausbildung für das Berufsfeld Elektrotechnik zu erwarten ist. Diese absehbaren Entwicklungen in der beruflichen Ausbildung werden im vorliegenden Ansatz einer lehrorientierten Fachwissenschaft bereits berücksichtigt.

Zentrale Inhaltsbereiche der lehrorientierten Fachwissenschaft sind die elektrische Meßtechnik sowie die elektrische Energietechnik und die elektrische Informationstechnik in ihren grundlegenden Anwendungen.

Im Bereich der elektrischen Meßtechnik wird das Grundprinzip analoger und digitaler Meßgeräte im Hinblick auf die Anwendung in der Betriebsmeßtechnik und Analysetechnik beschrieben. Die Darstellung der Meßverfahren erfolgt an umfangreicheren Meßproblemen und wird durch praxisorientierte Schülerversuche und -experimente ergänzt.

Die elektrische Energietechnik wird orientiert an den unterschiedlichen Spannungsebenen elektrischer Verteiler- und Verbrauchernetze dargestellt. Die elektrische Informationstechnik wird in zwei Anwendungsbereiche inhaltlich gegliedert, in Informationsübertragung und Informationsverarbeitung. Der Abschnitt der Informationsübertragung schließt die Nachrichten- und Datenübertragung ein.

Es werden damit die berufsrelevanten Inhalte der ersten beiden Ausbildungsjahre für die elektrotechnischen Berufe abgedeckt. In den Bereichen Elektronik und Antriebstechnik werden die Inhalte jedoch im Hinblick auf die technische Entwicklung erweitert dargestellt.

Die Erläuterung der Funktion elektrischer Komponenten mit Hilfe der verbalen und graphischen Beschreibung wird in den Vordergrund gestellt. Es wurde auf die an der Tätigkeit des Ingenieurs orientierten mathematischen Hilfsmittel so weit wie möglich verzichtet. Die verwendeten Modelle und Beschreibungen sind auf den Unterricht übertragbar. Es werden in den einzelnen Abschnitten didaktische Hinweise und detaillierte Vorschläge für Schülerexperimente und -versuche gegeben.

Die Verbindung der Anwendungen mit den naturwissenschaftlich-technischen Grundlagen erfolgt im Zusammenhang mit der Darstellung der Anwendungen durch Hinweise auf grundlegende Literatur. Es wurden dabei vorzugsweise Darstellungen ausgewählt, die auf die berufliche Tätigkeit des Facharbeiters abgestimmt sind. Generell wurden dabei beim Leser naturwissenschaftlich-technische Grundkenntnisse vorausgesetzt, die Literaturhinweise sind als Anregung zu verstehen, die notwendigen Grundkenntnisse anwendungsorientiert nochmals aufzuarbeiten.

Die Darstellung der historischen Entwicklung technischer Anwendungen unter gesellschaftlichen Bedingungen erfolgt geschlossen jeweils für ganze Anwendungsbereiche. Sie ist ebenfalls als Anregung zu verstehen, sich besonders anhand der Literaturverweise selbst in diesen Bereich weiter einzuarbeiten.

Die beschriebenen anwendungsorientierten Schülerversuche und -experimente sind als fachliche Bausteine für den Unterricht gedacht, wobei das eigenständige handelnde Lernen als zentrale Aneignungsform beruflichen Lernens die Zielperspektive bildet. Parallel dazu ist die Aneignung der fachsystematischen Zusammenhänge zu sehen, die jedoch nicht in einer auf den Unterricht bezogenen Darstellung, sondern nur in abgekürzter Form als Schema an den Anfang größerer Anwendungsbereiche gestellt worden sind. Die Fachsystematik findet sich jedoch in der Gliederung der Anwendungsbereiche wieder.

Die teilweise als Abschluß der Anwendungsbereiche dargestellten Projektideen sollen nur eine systematische Aufstellung sein, die vom Lehrer in eigenständiger Arbeit aufgefüllt werden kann und einen Hinweis für eine Strukturierung des Projektthemas für den Unterricht bildet.

Die gesamte Darstellung soll der erste Versuch einer anwendungsorientierten, fachwissenschaftlichen Aufarbeitung der Grundlagen des Lehrfaches Elektrotechnik für die Lehrer an berufsbildenden Schulen sein. Sicher ist dieser Versuch an vielen Punkten nur unvollkommen gelungen, vielleicht kann aber durch die Kritik der Leser eine Weiterentwicklung und Verbesserung der lehrorientierten Fachwissenschaft Elektrotechnik erreicht werden.

1 Prüf- und Meßtechnik

Der Einsatz von Prüf- und Meßeinrichtungen ist notwendig, um Aussagen über die Funktion technischer Systeme zu erhalten. Insbesondere ist das Prüfen und Messen elektrischer Größen erforderlich zur Funktionsprüfung elektrischer Bauelemente, Geräte und Anlagen. Das Messen ist außerdem eine Voraussetzung für die Steuerung und Regelung technischer Prozesse, denn ein Prozeß kann nur geregelt werden, wenn die Vorgänge durch Messen erfaßt und überwacht werden können.

Die **Prüfung** besteht aus der Ermittlung von Kenn- und Grenzwerten des Prüfobjekts, dem Vergleich der ermittelten Größen mit den korrekten Werten und hat als Ergebnis die Aussage: in Ordnung/nicht in Ordnung.

In einigen Fällen reicht eine qualitative Prüfung einer zu ermittelnden Größe aus, z.B. Netzspannung vorhanden/nicht vorhanden.

Im allgemeinen setzt jedoch eine Funktionsprüfung eine quantitative Bestimmung des Werts der betrachteten Größe voraus, um festzustellen, ob der geforderte Zustand vorliegt.

Die Handlung, die zu Aussagen über den Wert einer physikalischen Größe führt, wird als Messen bezeichnet. Beim **Messen** wird ermittelt, wieviel zugehörige Maßeinheiten [1] (Einheiten) der zu messenden Größe entsprechen. Das Ergebnis einer Messung besteht aus der Angabe einer Zahl und der Maßeinheit, z.B. die Netzspannung beträgt 220 Volt (V). Diese Angabe gibt den **Meßwert** der betrachteten **Meßgröße** an. Das technische Hilfsmittel zur Bestimmung des Meßwerts wird als **Meßgerät** bezeichnet. Ein Meßgerät besteht im allgemeinen aus dem **Meßinstrument** und dem Zubehör, zum Anschluß des untersuchten Meß- oder Prüfobjekts.

[1] *Hille/Schneider:* Fachkunde ET; Kap. 1.23; *Betz* u.a.: Grundkenntnisse ET; Kap. WK 1.

Prüfen und Messen im Unterricht

Das Prüfen und Messen hat im Berufsfeld Elektrotechnik eine große Bedeutung, insbesondere zur Qualitätskontrolle in der Produktion und zur Funktionsüberprüfung bei der Reparatur und Wartung.

Für eine Qualitätskontrolle sind die zu ermittelnden Kenngrößen, der Ablauf der Messung und die Auswertung der Meßergebnisse vorgegeben. Bei einer derartigen Prüfung steht die korrekte Handhabung der Meßgeräte und die exakte Einhaltung der Prüfvorschrift im Vordergrund.

Eine Funktionsprüfung z.B. im Rahmen einer Fehlerdiagnose ist dagegen eine wesentlich komplexere Handlung. Ausgehend von der Funktion des Prüfobjekts sind aussagekräftige Kenngrößen auszuwählen, zur Bestimmung der Kenngrößen die Meßgeräte und der Ablauf der Messung festzulegen, die Meßwerte zu bestimmen und zu interpretieren. Eine effektive Funktionsprüfung setzt daher bei dem Ausführenden eine Prüfstrategie voraus, die nur auf Hintergrund der Kenntnisse über die prinzipielle Funktionsweise des Prüfobjekts und über die Meßmethoden und -geräte zu entwickeln ist. Darüberhinaus ist auch hier die korrekte Handhabung der Prüf- und Meßgeräte unerläßlich.

Die Schüler sind daher im Unterricht mit der Handhabung der gebräuchlichsten Meßgeräte vertraut zu machen als auch zu befähigen, selbständig eine Prüfstrategie zu entwickeln und auszuführen.

Die Handhabung der Prüf- und Meßgeräte läßt sich im Rahmen von Schülerübungen aus dem Bereich der Qualitätskontrolle vermitteln, d.h. die Schüler üben den praktischen Einsatz der Prüf- und Meßgeräte nach Anweisung. Dabei erhalten sie gleichzeitig einen Überblick über die verschiedenen Meßgeräte und deren Einsatzbereiche.

Diese Grundkenntnisse und -fertigkeiten im Prüfen und Messen sind in Schülerexperimenten zur Funktionsüberprüfung weiterzuentwickeln. Dabei soll die Auswahl der Meßgeräte und -methoden und die Interpretation der Meßwerte von den Schülern weitgehend selbständig durchgeführt werden. Neben der richtigen Anwendung von Meßgeräten und -methoden sollen im Rahmen der Schülerexperimente die Einsatzplanung bei komplexen Problemen, d.h. die Entwicklung einer Prüfstrategie, erlernt werden.

1.1 Qualitatives Prüfen einer elektrischen Größe

Die qualitativen Prüfungen geben einen groben Überblick über die Funktion und den Zustand von elektrischen Anlagen, Geräten und Bauelementen. Diese Form der überschlägigen Ermittlung elektrischer Größen wird eingesetzt zur Einkreisung von Fehlern bei der Fehlersuche und zur Überprüfung oder Untersuchung der Leitungsführung. Dazu werden hauptsächlich Spannungsprüfungen und Widerstandsprüfungen, sog. Durchgangsprüfungen, durchgeführt.

1.1.1 Spannungsprüfung

Um festzustellen, ob an einer bestimmten Stelle einer Schaltung Spannung gegen Erde vorliegt, kann ein einpoliger **Spannungsprüfer,** ein sog. **Polsucher,** benutzt werden.

Ein Polsucher ist für die Anzeige von Spannungen zwischen 100 V und 250 V gegen Erde geeignet. Er enthält als Anzeige eine Glimmlampe und einen Strombegrenzungswiderstand von etwa 500 kΩ. Die Glimmlampe liegt in dem Stromkreis, der vom Meßpunkt über den menschlichen Körper zur Erde gebildet wird. Der Widerstand sorgt dafür, daß bei Nennspannung der Strom unter 0,5 mA bleibt.

Die Glimmlampe leuchtet bei Gleichspannung an der negativen Elektrode entsprechend der Polarität der Spannung auf. Bei Wechselspannung werden beide Elektroden mit Glimmlicht überzogen.

Der zweipolige Spannungsprüfer ist ähnlich aufgebaut. Er besteht wieder aus dem Gehäuse, das mit der Anzeigelampe und dem Strombegrenzungswiderstand und auf einer Seite mit einer Prüfspitze versehen ist. Auf der anderen Seite ist allerdings eine Leitung mit einer zweiten Prüfspitze. Dadurch ist es möglich, diese Spannungsprüfer zur Prüfung der Spannung zwischen zwei Punkten einer Schaltung zu benutzen.

Doppelpolige Spannungsprüfer werden für Gleich- und Wechselspannung bis 1000 V gebaut.

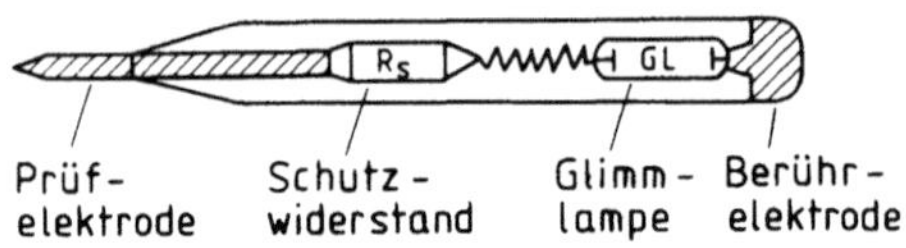

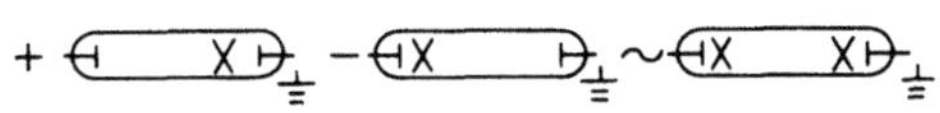

Beschreibung des Stromkreises über den menschlichen Körper:

Wirkung des elektrischen Stroms auf den menschlichen Körper:

Der elektrische Strom ruft Reiz- und Wärmewirkung hervor. Die Reizwirkung beeinflußt Muskulatur (Herz) und Kreislauf, während die Wärmewirkung Verbrennungen bewirken kann.

Ströme

- über 1 mA sind wahrnehmbar
- von 6 bis 10 mA verursachen krampfartige Schmerzen
- über 25 mA können ein Herzkammerflimmern auslösen und dadurch lebensgefährlich werden.

Stärkere Ströme rufen innere und äußere Verbrennungen hervor, die zum Tod führen können.

(Hinweis auf Schutzmaßnahmen nach VDE 0100)

► *Schülerübung*

Hinweis: Der Einsatz des Polsuchers, dieses in der Praxis nicht nur von Facharbeitern des Berufsfeldes Elektrotechnik benutzten Spannungsprüfers, ist für Schülerversuche nicht problemlos. Der Ansprechbereich des Polsuchers ($U > 100$ V) liegt über den in VDE 0100 als ungefährlich eingestuften Bereich ($U \leqslant 65$ V) und eine potentialfreie Prüfung ist nicht möglich.

Sollte der Lehrer sich trotzdem für einen Schülerversuch entschließen, da mit Sicherheit die Mehrzahl seiner Schüler diesen Spannungsprüfer außerhalb des Unterrichts benutzt, dann sind Vorkehrungen zu treffen, daß die Prüfpunkte nur mit der Spitze des Polsuchers und nicht mit der Hand berührt werden können.

Spannungsprüfung mit dem Polsucher an einer Gleichrichter-Einwegschaltung

Gleichrichter-Einwegschaltung:

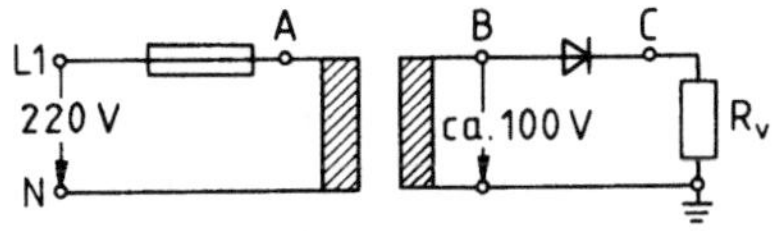

Geräte: Transformator 220 V/100 V
Gleichrichterdiode U_R = 200 V/1 W
Widerstand Rv = 22 kΩ/1 W
Polsucher (nach VDE 0426)

Prüfungen:

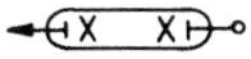

Spannung an der Primärwicklung des Transformators (Meßpunkt A)

Spannung an der Sekundärwicklung des Transformators (Meßpunkt B)

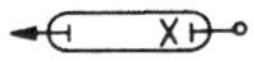

Spannung am Verbraucher Rv (Meßpunkt C)
Polung der Diode

1.1.2 Durchgangsprüfung

Eine Prüfung wird durchgeführt, indem die Prüfspitzen des Durchgangsprüfers an zwei Punkten der Anlage angebracht werden und festgestellt wird, ob zwischen diesen Punkten eine Verbindung besteht. Wenn eine Verbindung besteht, wird über diese der Stromkreis geschlossen, und es fließt von der Spannungsquelle ein Strom über die Anzeigeeinrichtung.

Als Anzeigeeinrichtung werden Summer oder Glühlampen benutzt und als Spannungsquellen Batterien verwendet.

Ein Summer hat den Vorteil, daß beim Prüfen das Prüfgerät nicht beobachtet werden muß. Da der Summer jedoch meist niederohmig ist, eignen sich diese Geräte nur zur Prüfung niederohmiger Durchgänge, d.h. zur Leitungsprüfung.

Die Anzeigeeinrichtung mit Glühlampe ist im allgemeinen hochohmiger, so daß sie noch bis zu Durchgangswiderständen von etwa 100 Ω eine brauchbare Anzeige liefert.

Für die Prüfung hochohmiger Durchgangswiderstände ist ein Ohmmeter↑ einzusetzen.

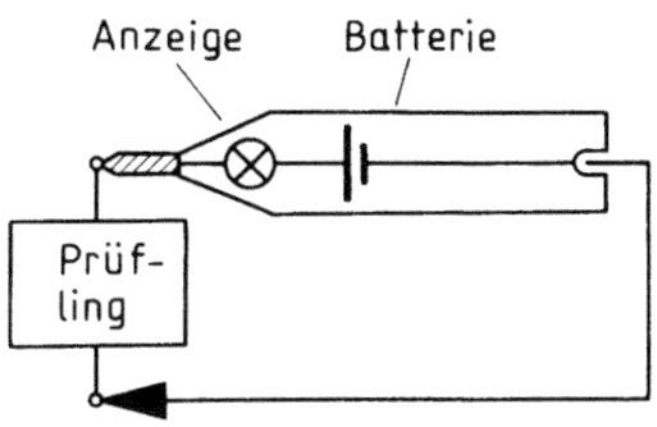

► *Schülerübung*

Prüfung

- einer Feinsicherung – es muß Durchgang sein
- eines Transformators (nur bei Kleintransformator ungefährlich, Wicklungsprüfung↑)
  a) zwischen Primär- und Sekundärwicklung darf kein Durchgang sein
  b) zwischen den beiden Anschlüssen der Primärwicklung muß Durchgang sein
  c) zwischen den beiden Anschlüssen der Sekundärwicklung muß Durchgang sein
- einer Diode
  a) in Durchlaßrichtung muß Durchgang sein
  b) in Sperrichtung darf kein Durchgang sein
- eines Elektrolytkondensators (1000 μF)
  kurzzeitiger Durchgang bei Aufladung des entladenen Kondensators

1.2 Messen von elektrischen Gleichgrößen

Eine Gleichgröße ist eine physikalische Größe, die sich im Beobachtungszeitraum nicht verändert. Das Messen einer Größe besteht aus einem Vergleich mit ihrer Maßeinheit. Da die elektrischen Größen mit den menschlichen Sinnesorganen nicht wahrzunehmen sind, ist der Vergleich mit Hilfe von Geräten auszuführen, die das Ergebnis sichtbar darstellen.

Bei den Meßgeräten für elektrische Gleichgrößen sind zwei grundsätzliche Funktionsweisen zu unterscheiden. Zum einen kann ein direkter Vergleich zwischen der Meßgröße und einer Vergleichsmenge derselben Größenart stattfinden, zum anderen kann ein indirekter Vergleich zwischen der Wirkung der Meßgröße und einer nicht-elektrischen Größe durchgeführt werden.

Der **direkte Vergleich** wird als Null- oder Kompensationsmethode bezeichnet, da bei dieser Art der Messung immer ein Abgleich erfolgt. Bei dem manuellen Abgleich wird vom Bediener die Vergleichsgröße in abzählbaren Quanten auf einen Vergleicher, z.B. einen Nullindikator, gegeben. Bei Gleichheit von Meßgröße und Vergleichsgröße kann die Anzahl der eingestellten Quanten als Wert für die Meßgröße übernommen werden. Da diese in der Vergangenheit für genaue Messung eingesetzte Methode sehr zeitaufwendig ist, wird sie nur noch in Sonderfällen benutzt.

Heute wird der direkte Versuch fast nur mit digitalen Meßgeräten (Digitalvoltmeter ↑) durchgeführt, bei denen der Abgleich automatisch erfolgt und das Ergebnis in Form von Ziffern angezeigt wird. Der Einsatz digitaler Meßinstrumente, die nach der Kompensationsmethode arbeiten, nimmt auch im Bereich der Betriebsmeßtechnik ständig zu.

Der **indirekte Vergleich** wird bei allen Zeigermeßinstrumenten benutzt. Diese Methode war lange Zeit in bezug auf den Geräteaufwand konkurrenzlos. In der Entwicklungsgeschichte der elektrischen Meßtechnik wurden alle Auswirkungen des elektrischen Gleichstroms zu seiner Messung herangezogen:

Drehspulinstrument — Kraft auf stromdurchflossenem Leiter im Magnetfeld
Hitzdrahtinstrument — Wärmeerzeugung im stromdurchflossenen Leiter
Stia-Zähler — Materietransport bei Ionenleitung

Von allgemeiner Bedeutung für Zeigermeßinstrumente ist jedoch nur noch der indirekte Vergleich über die Kraftwirkung.

Die häufigst zu messenden elektrischen Größen sind Strom und Spannung. Sie werden mit dem **Strommesser** (Amperemeter) und dem **Spannungsmesser** (Voltmeter) quantitativ bestimmt.

Ein Strommesser wird so in den Stromkreis geschaltet, daß der zu messende Strom durch ihn hindurchfließt. Da jeder Strommesser einen Innenwiderstand besitzt, wird durch das Hinzuschalten des Strommessers der Gesamtwiderstand im Stromkreis vergrößert. Damit durch die Strommessung die Größen im Stromkreis möglichst wenig verändert werden, muß der Innenwiderstand des Strommessers sehr klein sein.

Ein Spannungsmesser wird an den Punkten des Stromkreises angeschlossen, zwischen denen die Spannung bestimmt werden soll. Damit der Spannungsmesser die Größen im Stromkreis möglichst wenig beeinflußt, muß sein Innenwiderstand sehr groß sein.

Strommessung:

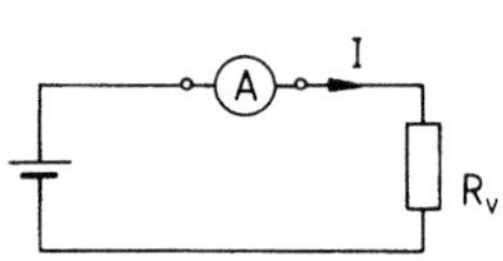

Spannungsmessung:

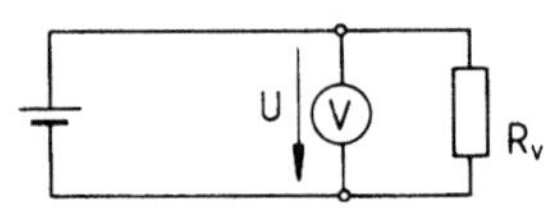

► *Schülerübung*

Einfluß des Innenwiderstands eines Spannungsmessers (Spannungsmessung am hochohmigen Spannungsteiler):

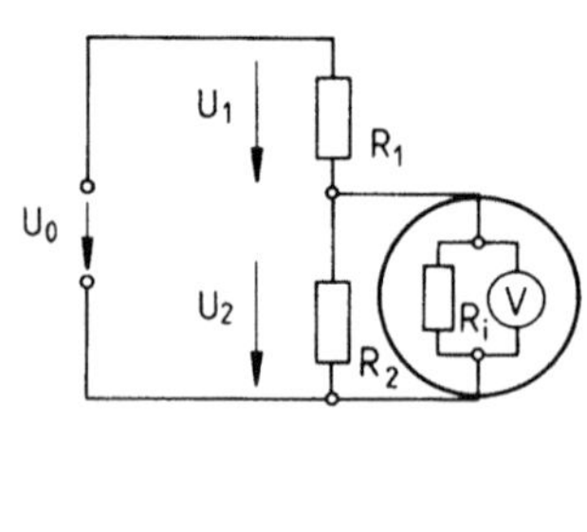

$U_0 = 10$ V
$R_1 = R_2 = 100$ kΩ
Messung A:
Drehspulvielfachinstrument
$R_i = 10$ kΩ
$U_2 = 0{,}83$ V
Messung B:
Digitalmultimeter
$R_i = 10$ MΩ
$U_2 = 4{,}97$ V

Die zu messenden Gleichgrößen haben eine definierte Richtung. Da die Meßgeräte im allgemeinen nur Größen in einer Richtung anzeigen, ist beim Anschluß der Geräte auf die richtige Polung zu achten.

Der Strom durch ein Meßinstrument und die Spannung an den Klemmen sind über den Innenwiderstand verbunden, d.h. jeder Strommesser kann als Spannungsmesser und jeder Spannungsmesser als Strommesser geeicht werden. Allerdings muß der Innenwiderstand des Gerätes aus den genannten Gründen durch Vor- oder Nebenwiderstände an die Meßgröße angepaßt werden.

Gemessen werden soll die Spannung U_2 am Widerstand R_2, die entsprechend des Verhältnisses der Widerstände R_1 und R_2 die Hälfte von U_0 betragen müßte. Durch die Parallelschaltung des Spannungsmessers ist die angezeigte Spannung U_2 die Spannung an der Parallelschaltung von R_2 und R_i (Innenwiderstand des Voltmeters).

1.2.1 Strom- und Spannungsmessung mit Drehspulinstrumenten

Bei einem Drehspulinstrument ist eine bewegliche Spule, die sog. Drehspule, im homogenen Magnetfeld eines Dauermagneten gelagert. Wird die Spule vom Meßstrom durchflossen, wirkt auf den einzelnen Leiter eine dem Strom proportionale Kraft und damit auf die Spule ein dem Strom proportionales Drehmoment.

Das vom Meßstrom bewirkte Drehmoment auf die Spule wird mit dem entgegen gerichteten Drehmoment einer an der Spule befestigten Spiralfeder verglichen. Wenn die Spule zur Ruhe gekommen ist, im Gleichgewichtszustand, heben sich beide Drehmomente auf, d.h. das stromproportionale Drehmoment und das von der Feder bewirkte Drehmoment sind gleich groß.

Das von der Spiralfeder erzeugte Drehmoment ist proportional dem Drehwinkel, daher sind im Gleichgewichtszustand Strom und Drehwinkel proportional.

Das vom Strom bewirkte Drehmoment ist von der Richtung des Stroms abhängig. Das von der Feder bewirkte Drehmoment kann jedoch nur in einer Richtung wirken. Daher kann sich nur für Ströme einer Richtung ein Gleichgewichtszustand einstellen. Drehspulmeßwerke sind daher nur für die Messung von Gleichströmen geeignet.

Der stromproportionale Drehwinkel der Spule wird über einen an der Spulenachse befestigten Zeiger angezeigt. Zur Bestimmung des Zeigerausschlags sind Zeigerinstrumente mit Skalen ausgerüstet, durch die eine direkte Zuordnung von Meßgröße und Ausschlagwinkel erfolgt.

Drehspulmeßwerk

Ein **Meßwerk** dient der Umformung der elektrischen Meßgröße in eine mechanische Größe und der Anzeige der mechanischen Größe.

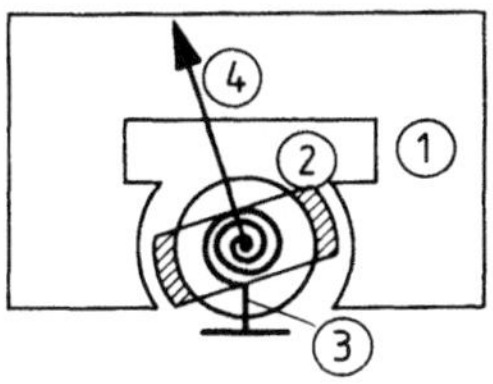

Sinnbild

1 Dauermagnet 3 Rückstellfeder
2 Drehspule 4 Zeiger

Drehmomente im Drehspulmeßwerk:

Die vom Meßstrom I erzeugte Kraft auf einen Leiter der Länge l der Drehspule im konstanten Feld B des Dauermagneten beträgt:

$$F = IBl$$

Damit ist das Drehmoment auf die Drehspule mit N Windungen und dem Durchmesser d:

$$M = FNd = IBldN$$
$$= Ik \quad (k = \text{konst.})$$

Das von der Rückstellfeder erzeugte Gegenmoment bei einem Drehwinkel α beträgt:

$$M_F = \alpha k_F \quad (k_F \text{ Federkonstante})$$

Im Gleichgewichtszustand gilt:

$$M = M_F \quad \text{d.h.} \quad \alpha = \frac{k}{k_F} I.$$

Der Ausschlagwinkel α der Drehspule ist daher dem Meßstrom I proportional.

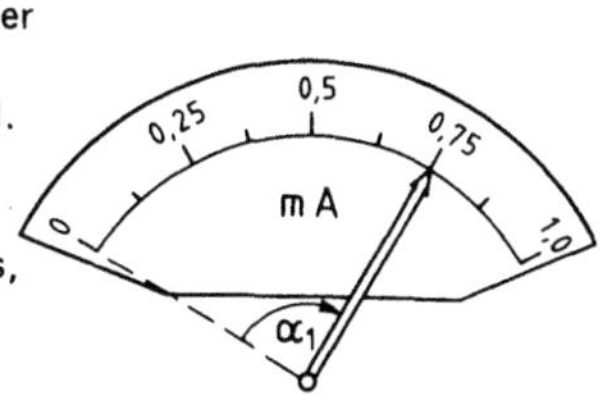

Skale eines Strommessers, z.B. $\alpha_1 \hat{=} 0{,}75$ mA

In Drehspulmeßwerken beträgt der Strom bei Vollausschlag je nach Bauform zwischen 10 μA und 50 mA. Der entsprechende Spannungsabfall am Innenwiderstand des Meßwerks liegt zwischen 2 mV und 150 mV, d.h. eine Spannungsmessung in diesem Bereich kann über den Innenwiderstand auf eine Strommessung zurückgeführt werden.

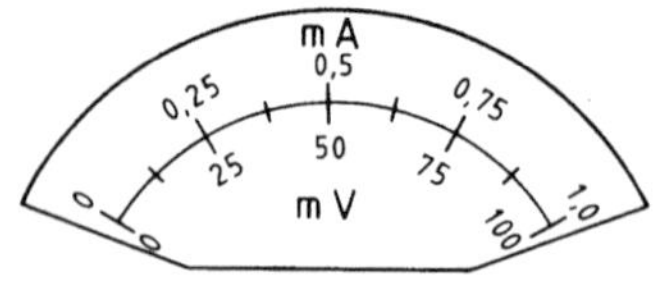

Skale eines Strom- und Spannungsmessers

Für die Spannungsmessung ist die Skalenplatte des Instruments oft mit einer zweiten Skale versehen, auf der die Zuordnung zwischen Strom und Spannung des Meßwerks direkt ablesbar ist.

Soll ein Drehspulinstrument zur Messung größerer Ströme und Spannungen eingesetzt werden, so ist der Meßbereich durch zusätzliche Vor- und Nebenwiderstände zu erweitern.

Meßbereichserweiterung

Ein Meßwerk ist immer nur für einen bestimmten Meßbereich ausgelegt. Deshalb ist die Meßgröße vor der Messung abzuschätzen und zu prüfen, ob der erwartete Meßwert im Meßbereich des Instruments liegt.

Reicht der Meßbereich eines Instruments nicht aus, so kann er durch Vor- und Nebenwiderstände erweitert werden. Die Erweiterung des Strombereichs läßt sich durch einen Nebenwiderstand, einen sog. Shunt, parallel zum Meßwerk erreichen. Damit fließt nur noch ein definierter Teil des zu messenden Stroms durch das Meßwerk, d.h. der zulässige Wert des Meßstroms wird um den zusätzlichen Strom durch den Nebenwiderstand erweitert.

Die Aufteilung des Meßstroms wird durch das Verhältnis von Innenwiderstand des Meßwerks zum Nebenwiderstand bestimmt.

Beim Ablesen des Meßwerts auf der Skale ist bei der Strombereichserweiterung zu beachten, daß nur noch ein Teil des Meßstroms durch das Meßwerk fließt und nur dieser Teil angezeigt wird. Der angezeigte Wert ist daher um den Strom durch den Nebenwiderstand zu ergänzen und um den Meßwert zu ermitteln, ist der angezeigte Wert mit dem konstanten Faktor $(1 + R_i/R_N)$ zu multiplizieren.

Die Erweiterung des Spannungsbereichs erfolgt mit Hilfe eines Vorwiderstands. Der Spannungsabfall an der Meßanordnung, d.h. die Meßspannung, teilt sich damit auf in die Spannung am Vorwiderstand und die Spannung am Innenwiderstand des Meßwerks. Die Aufteilung erfolgt entsprechend dem Verhältnis von Vor- und Innenwiderstand.

Strombereichserweiterung:

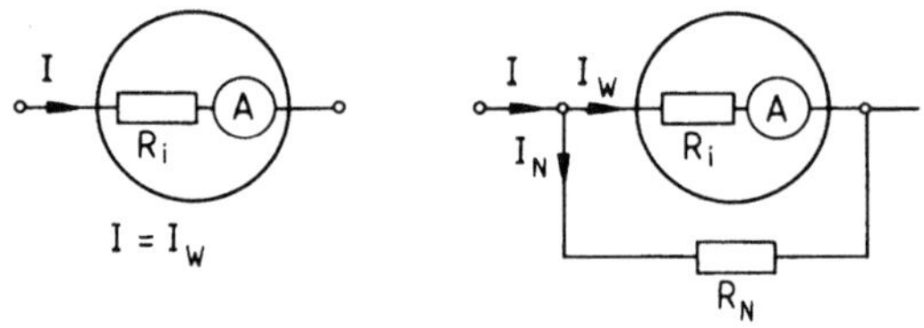

I Meßstrom

I_W Strom durch das Meßwerk

I_N Strom durch den Nebenwiderstand

$$I = I_W + I_N$$

$$I = I_W \left(1 + \frac{R_i}{R_N}\right)$$

Zahlenbeispiel (evtl. als Schülerübung):

Anzeige $I_W = 1$ mA

Innenwiderstand des Strommessers $R_i = 20\ \Omega$

Nebenwiderstand 2,2 Ω

$$\text{Meßstrom } I = 1\text{ mA} \left(1 + \frac{20}{2,2}\right) \approx 10\text{ mA}$$

Spannungsbereichserweiterung:

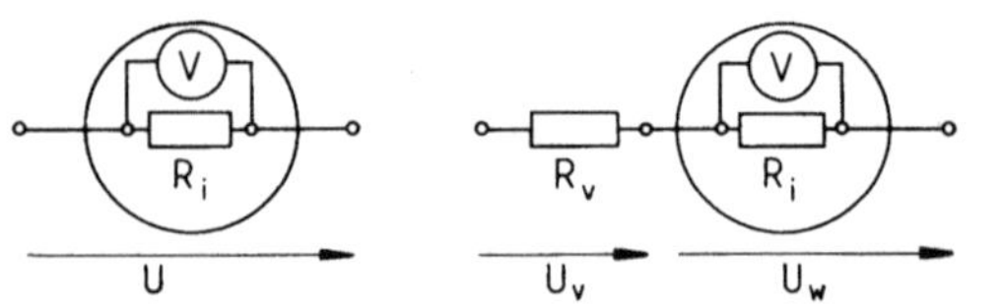

$U = U_w$

U Meßspannung

U_w Spannung am Meßwerk

U_v Spannung am Vorwiderstand

$$U = U_w + U_v$$

$$U = U_w \left(1 + \frac{R_v}{R_i}\right)$$

Auch bei der Spannungsbereichserweiterung mit einem Vorwiderstand zeigt der Zeiger auf der Skale nicht mehr den Meßwert an, sondern nur noch die am Meßwerk liegende Teilspannung und um den Meßwert zu ermitteln, ist der angezeigte Wert mit dem konstanten Faktor $(1 + R_V/R_i)$ zu multiplizieren.

Die sehr genauen Vor- und Nebenwiderstände für die Meßbereichserweiterung können entweder als auswechselbare externe Beschaltung des Meßinstruments ausgeführt sein oder sie sind im Meßgerät eingebaut und über Schalter einzuschalten. Als interne Elemente erweitern sie das Instrument zu einem Vielfachinstrument.

Drehspul-Vielfachinstrument

Drehspulinstrumente mit eingebauten Vor- und Nebenwiderständen und eingebauten Meßbereichsumschaltern sind als Vielfachinstrumente weit verbreitet. Derartige Meßinstrumente können zur Strom- und Spannungsmessung in mehrern **Meßbereichen** eingesetzt werden (vgl. 1.3.1). Der jeweils wirksame Innenwiderstand des Meßinstruments setzt sich aus dem Innenwiderstand des Meßwerks und den stromdurchflossenen Vor- und Nebenwiderständen zusammen, d.h. der wirksame Innenwiderstand ist vom eingestellten Meßbereich abhängig. Er nimmt für kleine Strommeßbereiche zu und für kleine Spannungsmeßbereiche ab. Oft wird der Innenwiderstand für die Spannungsmessung in Ohm pro Volt des Meßbereichendwerts angegeben. Der wirksame Innenwiderstand des gewählten Meßbereichs ergibt sich dann:

$$\text{Innenwiderstand} = \Omega/\text{V-Angabe} \times \text{Meßbereichendwert}$$

Vielfachinstrumente sind nicht für jeden Meßbereich mit einer speziellen Skale ausgerüstet, sondern eine Skale gilt für alle Bereiche. Daher können für eine bestimmte Zeigerstellung auf der Skale nur die zugehörigen Ziffern abgelesen werden, deren Wertigkeit sich aus dem eingestellten Meßbereich bestimmt. Der Meßwert entspricht mit Ausnahme eines Meßbereichs nicht un-

Zahlenbeispiel (evtl. als Schülerübung):
Anzeige $U_w = 2$ V
Innenwiderstand des Spannungsmessers $R_i = 2$ kΩ
Vorwiderstand $R_v = 18$ kΩ

$$\text{Meßspannung } U = 2\text{ V}\left(1 + \frac{18 \cdot 10^3}{2 \cdot 10^3}\right) = 20\text{ V}$$

Hinweis: Bei Messung kleiner Spannungen mit Meßgeräten mit zuschaltbaren Vorwiderständen können die undefinierten Kontaktwiderstände der Schalter das Meßergebnis erheblich verfälschen.

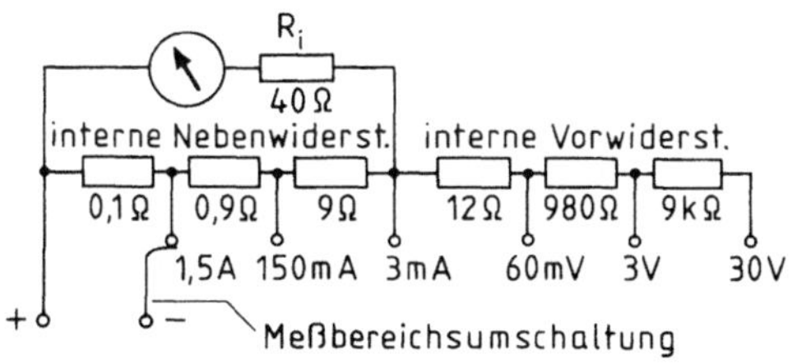

Meßbereich	Wirksamer Innenwiderstand	Ω/V-Angabe
3 mA	8 Ω	
150 mA	0,98 Ω	
1,5 A	499 mΩ	
60 mV	20 Ω	$0{,}33 \cdot 10^3$
3 V	1 kΩ	$0{,}33 \cdot 10^3$
30 V	10 kΩ	$0{,}33 \cdot 10^3$

▶ *Schülerübung*

1. Einfluß des Innenwiderstands in Abhängigkeit vom gewählten Meßbereich durch Messungen am Spannungsteiler mit konstantem Teilverhältnis, aber verschiedenen Teilwiderständen (z.B. $R_1 = R_2 = 100$ Ω, 1 kΩ, 10 kΩ, 100 kΩ, 1 MΩ).
2. Einfluß des Innenwiderstands verschiedener Vielfachinstrumente (z.B. Ohm/Volt = 0,33 k, 5 k, 20 k) bei gleichem Meßbereich durch Messung am Spannungsteiler oder einer in Sperrichtung gepolten Diode.

mittelbar der Skalenanzeige, sondern muß nach folgender Formel berechnet werden:

$$\text{Meßwert} = \frac{\text{Meßbereich} \cdot \text{Skalenanzeige}}{\text{Skalenendwert}}$$

Der Strom durch das Meßwerk, d.h. die Belastung, ist beim Vielfachinstrument vom eingestellten Meßbereich abhängig. Um das Instrument vor Überlastung zu schützen, ist vor jeder Messung die Meßgröße abzuschätzen und der nächsthöhere Meßbereich einzustellen. Nach beendeter Messung ist aus Sicherheitsgründen stets auf den größten Spannungsbereich zu schalten.

Jedes Meßinstrument hat einen unvermeidbaren **Anzeigefehler.** Als Anzeigefehler wird die Differenz zwischen angezeigtem Meßwert und wahrem Wert der Meßgröße bezeichnet.

Vom Hersteller wird garantiert, daß der Anzeigefehler des Instruments über den gesamten Meßbereich kleiner als ein angegebener Maximalwert ist. Dieser zulässige Anzeigefehler wird auch als **Klassengenauigkeit** bezeichnet und in Prozent des Meßbereichendwertes angegeben.

Der prozentuale Anzeigefehler bezogen auf den Meßwert kann umso größer sein, je kleiner der Zeigerausschlag ist. Die Art des Meßwerks und die Genauigkeitsklasse eines Meßinstruments sind auf der Skale vermerkt (VDE 0410).

Um den möglichen Anzeigefehler klein zu halten, ist es daher oft notwendig, den aus Sicherheitsgründen evtl. zu hoch gewählten Meßbereich nach der ersten Messung zu korrigieren, d.h. mit dem kleinsten möglichen Meßbereich zu arbeiten.

Die angegebenen Anzeigetoleranzen werden jedoch nur eingehalten, wenn das Meßinstrument in der vorgeschriebenen Lage betrieben wird. Die beweglichen Teile des Meßwerks laufen in Lagern, deren Reibung von der Belastungsrichtung abhängt. Da die Lagerreibung den Gleichgewichtszustand zwischen elektrisch verursachtem Drehmoment und mechanischem Gegendrehmoment beeinflußt, sind definierte Zustände einzuhalten. Die vorgeschriebene Lage eines Meßinstruments ist auf der Skale durch das **Lagezeichen** angegeben.

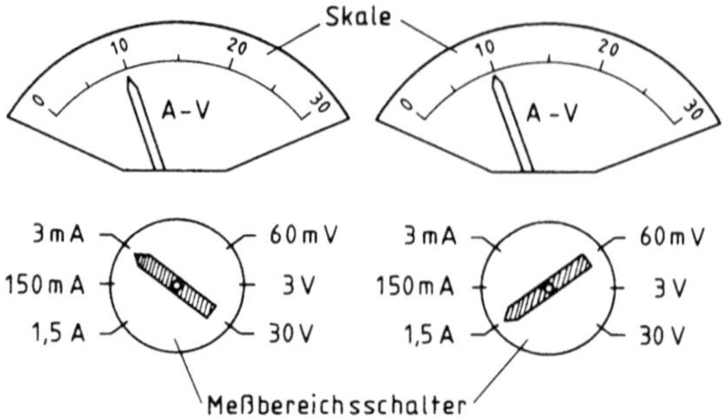

Skalenanzeige	10	Skalenanzeige	10
Meßbereich	3 mA	Meßbereich	1,5 A
Skalenendwert	30	Skalenendwert	30
Meßwert	1 mA	Meßwert	0,5 A

Beispiel: Drehspulinstrument der Genauigkeitsklasse 1 (zulässiger Anzeigefehler: ± 1 % des Meßbereichendwertes)

	Feinmeßinstr.			Betriebsmeßinstr.			
Genauigkeitsklasse	0,1	0,2	0,5	1	1,5	2,5	5
Zulässiger Fehler ± %	0,1	0,2	0,5	1,0	1,5	2,5	5,0

Beispiel: Gerät der Klasse 1 (Skale von 0–30)

a) Skalenanzeige 3
   Meßbereich 30 V
   Meßwert 3 V
   möglicher Fehler 0,3 V ≙ 10 % des Meßwerts

b) Skalenanzeige 30
   Meßbereich 3 V
   Meßwert 3 V
   möglicher Fehler 0,03 V ≙ 1 % des Meßwerts

Lagezeichen:

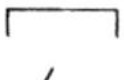 senkrechte Gebrauchslage

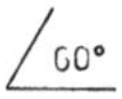 waagerechte Gebrauchslage

schräge Gebrauchslage mit Angabe des Neigungswinkels (z.B. $\alpha = 60$)

Prüfspannungszeichen:

 Prüfung mit 500 V, höchstzulässige Betriebsspannung nach VDE: 40 V

Prüfung mit 2 kV, höchstzulässige Betriebsspannung nach VDE: 650 V

Zur Unfallverhütung sind die spannungsführenden Teile des Meßwerks vom Gehäuse isoliert. Die Güte der Isolation zwischen Gehäuse und den leitenden Teilen bestimmt die höchstzulässige Betriebsspannung eines Meßinstruments. Das **Prüfspannungszeichen** auf der Skale zeigt an, daß eine Prüfung der Isolation vorgenommen wurde.

Ablauf der Messung:

- Abschätzen des zu erwartenden Meßwerts
- geeignetes Meßinstrument auswählen
- Meßgrößenart und ausreichenden Meßbereich einstellen
- Polarität der Meßgröße ermitteln
- Meßinstrument als Strom- oder Spannungsmesser richtig gepolt anschließen
- Skalenanzeige ablesen
- evtl. Meßbereich in bezug auf den Anzeigefehler korrigieren
- Meßwert bestimmen
- Meßinstrument abklemmen und auf höchsten Spannungsbereich einstellen.

► *Schülerübung*

Strom- und Spannungsmessung an elektrischen Bauelementen, wie z.B. Spannungsteiler, Relais, Glühlampen (2,5 V/0,3 A, 12 V/3 A), Diode und Leuchtdiode mit Vorwiderstand (ca. 330 Ω), Fotowiderstand u.a.

Den Schülern kann evtl. folgendes Auswertungsschema vorgegeben werden:

Nr.	Bauelement	Größenart	Meßbereich	Skalenanzeige	Meßwert
1	Widerstand R1 (1 kΩ)	U	30 V	15	15 V
		I	150 mA	3	15 mA
2					

Geräte: Drehspul-Vielfachinstrument, Netzgerät (30 V/3 A), Meßobjekte

1.2.2 Spannungs- und Strommessung mit Digitalinstrumenten

Das Ziel jeder Messung ist die zahlenmäßige oder digitale Bestimmung der Meßgröße. Die elektrischen Meßgrößen sind im allgemeinen stetige Größen, d.h. sie können innerhalb gewisser Grenzen jeden beliebigen Zwischenwert annehmen. Bei dem Einsatz von Zeigermeßinstrumenten wird die stetige Meßgröße als analoger Zeigerausschlag dargestellt. Die Umsetzung des analogen Zeigerausschlags in eine zahlenmäßige Darstellung erfolgt beim Ablesen durch den Bediener, d.h. der Bediener vollzieht eine **Analog-Digital-Umsetzung.** Der Fehler bei dieser Umsetzung addiert sich zum Anzeigefehler des Instruments. Der Ablesefehler ist abhängig von der Ablesevorrichtung, dem Zeiger und der Skale des Instruments, sowie dem Geschick des Bedieners.

Um den Ablesefehler auszuschließen, wurden für hochgenaue Messungen Instrumente entwickelt, die den Meßwert direkt zahlenmäßig, d.h. digital, anzeigen. Der Kern dieser Digitalinstrumente besteht aus einem elektronischen **Analog-Digital-Umsetzer** (ADU↑) und einer Ziffernanzeige. Diese Einheiten müssen mit einer Hilfsenergie versorgt werden. Daher wurden Digitalinstrumente zuerst nur im stationären Betrieb mit Netzanschluß für hochgenaue Messungen eingesetzt.

Analoge und digitale Abbildung

Bei einer Messung wird die Meßgröße einem Meßwert zugeordnet, d.h. als ein Produkt aus einer Zahl und einer Einheit dargestellt. Da diese Zuordnung eindeutig ist, kann der Meßwert als digitale Abbildung der Meßgröße betrachtet werden.

Bei einer digitalen Abbildung wird der Gesamtbereich einer stetigen Größe in eine endliche Anzahl von Quanten eingeteilt und jede Größe einem Teilbereich zugeordnet. Je feiner die Einteilung, d.h. je größer die Anzahl der Teilbereiche ist, umso genauer kann die Abbildung sein. Denn verschiedene Größen innerhalb eines Teilbereichs werden in der Abbildung nicht mehr unterschieden (wertdiskrete Abbildung).

Im Gegensatz dazu wird bei einer analogen Abbildung eine stetige Größe durch ein stetiges Abbild dargestellt, d.h. jede beliebige Größe findet ihre Entsprechung als Abbild.

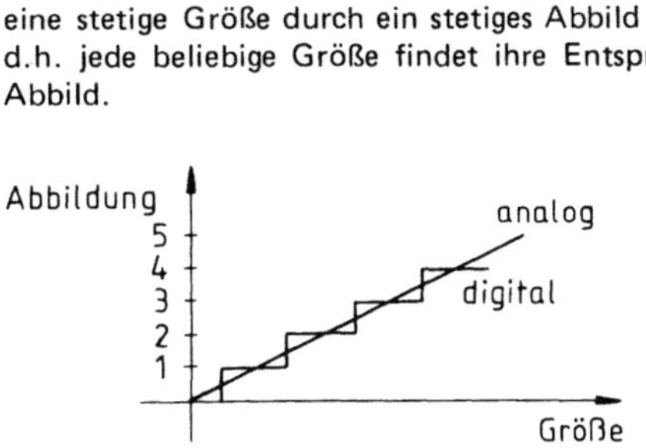

Die Entwicklung der Mikroelektronik mit teilweise sehr geringem Bedarf an Hilfsenergie und die mit dieser Entwicklung verbundene Kostensenkung elektronischer Komponenten führt jedoch zu einer immer stärkeren Verbreitung von netz- und batteriegespeisten Digitalinstrumenten in allen Bereichen der Prüf- und Meßtechnik.

Wenn man die Funktionsweise digitaler elektronischer Geräte betrachtet, muß man beachten, daß diese Geräte abweichend von dem, den Menschen geläufigen, dezimalen Zahlensystem intern im **binären Zahlensystem** ↑ arbeiten. Im binären Zahlensystem existieren nur zwei Ziffern, die im Gerät durch binäre (zweiwertige) Signale dargestellt werden.

Im Digitalinstrument wird daher der vom Analog-Digital-Umsetzer ermittelte binäre Meßwert in der Anzeigeeinheit mit Hilfe eines Dekoders ↑ in einen Dezimalwert gewandelt und angezeigt.

Funktionsgruppen eines Digitalinstruments

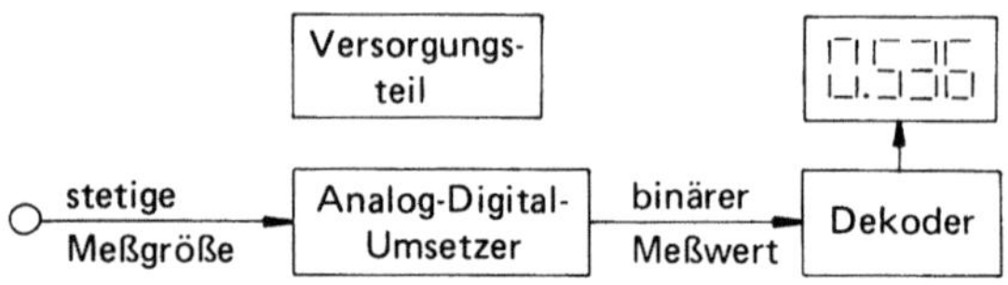

Digitalvoltmeter

Die charakteristische Komponente eines Digitalinstruments ist der Analog-Digital-Umsetzer. Die üblichen Analog-Digital-Umsetzer vergleichen die analoge Meßspannung mit einem Spannungsnormal, einer sog. Referenzspannung, und geben das Ergebnis des Abgleichs als Binärzahl in Form binärer Signale aus. Daher ist die Grundform eines digitalen Meßinstruments im allgemeinen das Digitalvoltmeter.

Die einfachste Form eines Analog-Digital-Umsetzers ist der Stufenumsetzer. In den meisten Digitalvoltmetern werden allerdings heute Spannungs-Zeit-Umsetzer ↑ (Dual-Slope-Verfahren) als mittelwertbildende Analog-Digital-Umsetzer eingesetzt.

Zum Verständnis des Funktionsprinzips eines Analog-Digital-Umsetzers eignet sich folgendes Modell eines Stufenumsetzers.

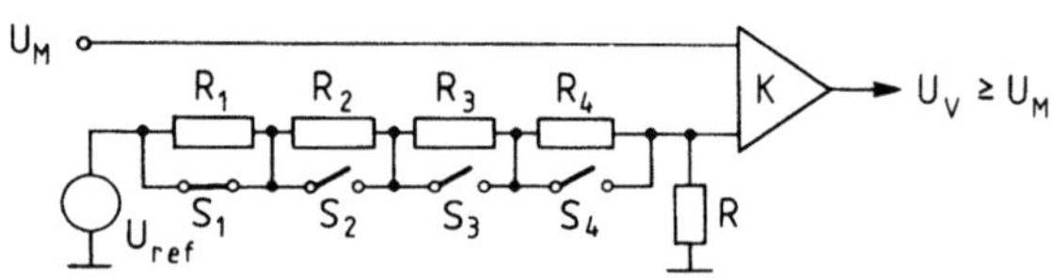

Beim **Stufenumsetzer** wird eine digital einstellbare Referenzspannung schrittweise an die zu messende Spannung angeglichen. Bei Gleichheit wird die digitale Einstellung der Referenzspannung als binärer Meßwert übernommen.

Die Einstellung der Vergleichsspannung erfolgt, indem die elektronischen Schalter im hochgenauen Widerstandsnetz automatisch betätigt werden und die Anordnung als stufig verstellbarer Spannungsteiler der Referenzspannung wirkt.

Der Kompensator meldet das Ende des Abgleichs. Die Schalterstellung, z.B. 1000, kann dann als binärer Wert der Meßgröße angezeigt werden.

Digital-Vielfachinstrument (Digital-Multimeter)

Wie bei einem Drehspul-Vielfachinstrument läßt sich der vorgegebene Grundmeßbereich eines Digitalvoltmeters durch Vor- und Nebenwiderstände erweitern. Ein Digital-Multimeter besteht aus einem Digitalvoltmeter mit eingebauten Vor- und Nebenwiderständen und einem Meßbereichsumschalter. Eine Meßbereichsüberschreitung führt bei einem Digital-Multimeter nicht zur Beschädigung, sondern wird angezeigt.

Funktionsgruppen eines Digital-Multimeters

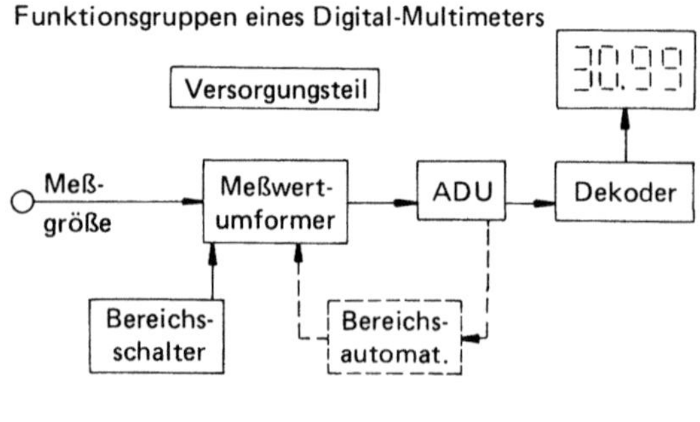

Komfortable Digital-Multimeter verfügen darüberhinaus über eine Meßbereichsautomatik, die bei einer Meßbereichsüberschreitung selbsttätig den geeigneten Meßbereich einschaltet.

Bei einem Digital-Multimeter ist daher vor der Messung nur die Meßgröße zu wählen, der Meßbereich kann während der Messung gewählt werden oder stellt sich selbsttätig ein. Der benutzte Meßbereich wird bei der Anzeige durch die Stellung des Dezimalpunktes berücksichtigt, so daß der Meßwert direkt ablesbar ist.

Die Sinnbilder für elektrische Meßinstrumente↑, insbesondere die Klassen- und Gebrauchslagenzeichen, werden bei digitalen Instrumenten im allgemeinen nicht benutzt. Da digitale Instrumente keine mechanischen Meßwerke besitzen, ist die Lage ohne Einfluß auf die Genauigkeit, und sie sind unempfindlich gegen mechanische Beanspruchung. Ihre Genauigkeit wird von der Auflösung des Analog-Digital-Umsetzers, d.h. der Anzahl der diskreten Werte pro Meßbereich, und den Toleranzen der Meßwertumformer bestimmt. Die Genauigkeit der Meßgrößenabbildung als Meßwert, d.h. in erster Linie Auflösung des Analog-Digital-Umsetzers, und die Stellenanzahl der Anzeige sind aufeinander abgestimmt. Daher läßt sich aus der Stellenanzahl der Anzeige auf die Genauigkeit schließen. Zum Beispiel erlaubt die $3^1/_2$-stellige Anzeige der einfachen Instrumente die Darstellung der Werte von 0–1000, d.h. die Anzeige der Meßwerte mit einer Toleranz von 0,1 %.

Einfache digitale Meßinstrumente erreichen die Genauigkeit analoger Feinmeßinstrumente. Bei den üblichen $4^1/_2$-stelligen Meßinstrumenten ist der Gesamtmeßfehler meist kleiner als 0,03 %.

Handhabung digitaler Meßinstrumente

Beim Einsatz von digitalen Meßinstrumenten werden dem Bediener im Vergleich zum Einsatz von Zeigermeßinstrumenten eine Vielzahl intellektueller und manueller Tätigkeiten abgenommen. Außer dem richtigen Anschluß des Meßinstruments, wobei oftmals selbst die Polung nicht beachtet werden muß, und außer der Wahl der Meßgrößenart bleibt dem Bediener bei der Meßwertermittlung wenig zu tun. Die Entwicklung einer vom Bediener unabhängigen Messung ist bei den meisten Digital-Multimetern durch die Ausrüstung mit einer Datenschnittstelle gerätetechnisch vorbereitet. Über diese Schnittstelle können die digitalen Meßinstrumente in programmgesteuerte Prüf- und Meßsysteme integriert werden. In vielen Bereichen der industriellen Praxis werden derartige vollautomatische Prüf- und Meßsysteme heute schon für Routineuntersuchungen eingesetzt.

Eine Meßwertermittlung läßt sich ohne großen Aufwand automatisch durchführen, jedoch die Auswahl der Meßverfahren und -instrumente sowie die Meßwertinterpretation können nur in Einzelfällen von einem technischen System übernommen werden.

Digitale Instrumente im Unterricht

Um im Unterricht die Fähigkeiten zu vermitteln, die im Zuge der technischen Entwicklung relevant bleiben, ist auf die Befähigung zur Auswahl von Meßverfahren und -instrumenten und zur Meßwertinterpretation im Verlauf einer komplexeren Funktionsprüfung besonderer Wert zu legen. In diesem Rahmen ist auch der Einsatz von Digital-Multimetern bei Schülerübungen sinnvoll, da die Meßwertermittlung durch sie erleichtert wird. Die Handhabung der Geräte ist wesentlich einfacher als die der analogen Zeigerinstrumente und braucht daher im Unterricht nur kurz geübt zu werden.

Ablauf der Messung:

- Geeignetes Meßinstrument auswählen
- Meßgrößenart wählen
- evtl. Polung der Meßgröße ermitteln[1)]
- Meßinstrument als Strom- und Spannungsmesser anschließen
- Versorgung einschalten
- evtl. Meßbereich korrigieren[1)]
- Stellenrichtig angezeigten Meßwert ablesen
- Meßinstrument abschalten und abklemmen.

► *Schülerversuch*

Als einfaches Beispiel des Einsatzes von digitalen Meßinstrumenten bieten sich Reihenmessungen an.

- Aufnahme von Kennlinienwerten z.B. von Dioden, Z-Dioden oder Fotowiderständen

Aufnahme der Kennlinienwerte einer Z-Diode

- Kennlinienwerte aufnehmen (Speisespannung von 0 V bis 12 V)
- Kennlinie graphisch darstellen
- Einsatz der Z-Diode als Spannungsstabilisator anhand der Kennlinie erläutern

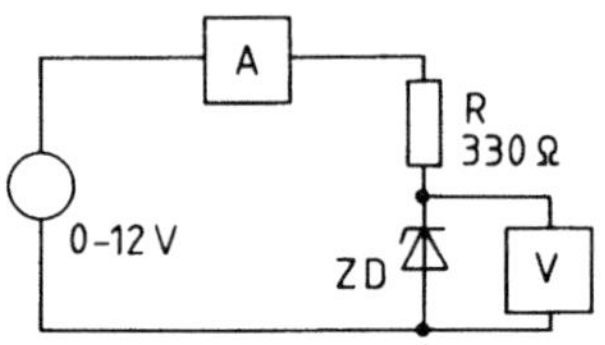

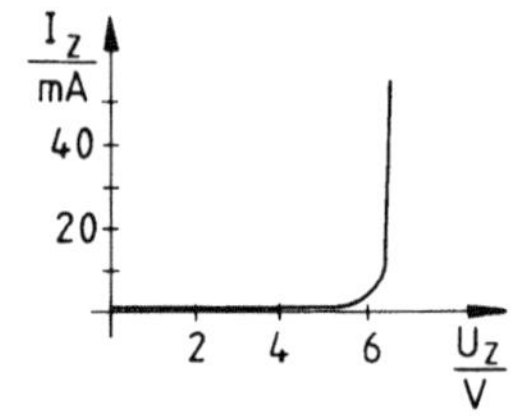

Geräte: Netzgerät (0–12 V), 2 Digital-Vielfachinstrumente, Z-Diode (z.B. BZY85/C6V8 o.ä.)

Überprüfen des Nennstroms von Kleinglühlampen bei Nennspannung

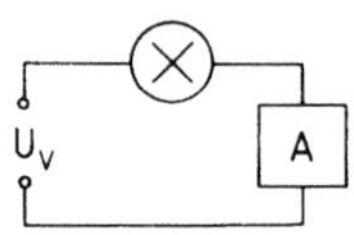

Lampe	I	Abweichung	
Nr.	mA	mA	%

Geräte: Netzgerät, Digital-Vielfachinstrument, mehrere Glühlampen (z.B. 6 V/0,5 A)

1.2.3 Widerstandsmessung

Der Widerstand ist als Quotient von Spannung und Strom durch das Ohmsche Gesetz definiert. Daher kann ein Widerstandswert indirekt über eine Strom- und Spannungsmessung, z.B. mit einem Vielfachinstrument, bestimmt werden.

Ablauf der Messung:

- Meßbereich des Strommessers einstellen
- Strommesser in Reihe zum Widerstand anschließen
- Meßwert des Stromes bestimmen
- Strommesser abklemmen
- Meßbereich des Spannungsmessers einstellen
- Spannungsmesser parallel zum Widerstand anschließen

1. Meßschritt

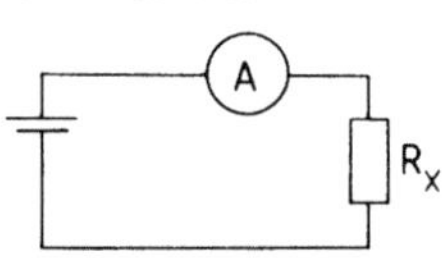

2. Meßschritt

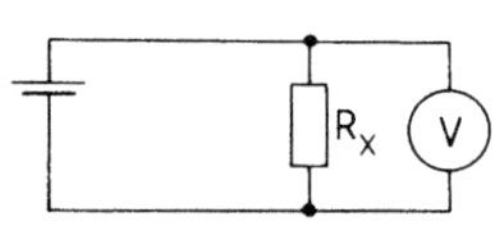

Beispiel:

Spannungswert $U = 5{,}5\ \text{V}$
Stromwert $I = 250\ \text{mA}$

$$\text{Widerstandswert } R_x = \frac{U}{I} = \frac{5{,}5\ \text{V}}{250\ \text{mA}} = 22\ \Omega.$$

Der ermittelte Widerstand R_x ist um den Innenwiderstand des Strommessers größer als der tatsächliche Wert, wenn die Batterie eine konstante Spannung abgibt.

[1)] Bei komfortablen Meßinstrumenten ist die Polung beliebig und wird als Vorzeichen des Meßwerts angezeigt; der Meßbereich kann selbsttätig korrigiert werden.

– Meßwert der Spannung bestimmen
– Spannungsmesser abklemmen
– Widerstandswert aus den Meßwerten von Strom und Spannung mit Hilfe des Ohmschen Gesetzes berechnen.

Die Widerstandsmessung mit **einem** Vielfachinstrument erfordert **zwei** Meßschritte. Die Messung wird dadurch verfälscht, daß zwischen den Meßschritten durch die Umschaltung der Meßgeräte die Zustände an R_x verändert werden.

Wird die indirekte Messung des Widerstands mit einem Strom- und einem Spannungsmesser, d.h. mit **zwei** Meßgeräten, gleichzeitig durchgeführt, dann ist entweder die Strommessung durch den Einfluß des Spannungsmessers oder die Spannungsmessung durch den Einfluß des Strommessers mit einem Fehler behaftet.

Bei der spannungsrichtigen Messung fließt durch den Strommesser sowohl der zu bestimmende Strom des Widerstands als auch der Strom durch den Spannungsmesser. Der Strom durch den Spannungsmesser, der den Fehler verursacht, wird umso mehr ins Gewicht fallen, je kleiner der Strom durch den Widerstand ist, d.h. je hochohmiger der Widerstand ist. Die **spannungsrichtige Messung** eignet sich daher nur zur Bestimmung von im Vergleich zum Innenwiderstand des Spannungsmessers **niederohmigen** Widerständen.

Bei der stromrichtigen Messung wird vom Spannungsmesser die Summe von zu bestimmender Spannung am Widerstand und Spannungsabfall am Innenwiderstand des Strommessers angezeigt. Der Einfluß der Spannung am Strommesser wird umso größer, je niederohmiger der zu bestimmende Widerstand ist. Die **stromrichtige Messung** eignet sich daher nur zur Bestimmung von in bezug auf den Innenwiderstand des Strommessers **hochohmigen** Widerständen.

Die Widerstandsmessung mit einem Strom- und Spannungsmesser, d.h. **zwei** Meßinstrumenten, erfordert nur **einen** Meßschritt.

Die indirekte Messung von ohmschen Widerständen hat jedoch den prinzipiellen Nachteil, daß immer eine Umrechnung der Meßwerte mit Hilfe des Ohmschen Gesetzes notwendig ist und daß ein Strom-, ein Spannungsmesser sowie eine Spannungsquelle zur Verfügung stehen müssen.

▶ *Schülerübung*

Aufnahme einer Widerstandskennlinie

$\frac{U}{V}$	$\frac{I}{mA}$	$\frac{R_x}{\Omega}$
1	45	22,2
2	90	22,2
3	136	22
4	182	21,9
5	227	22

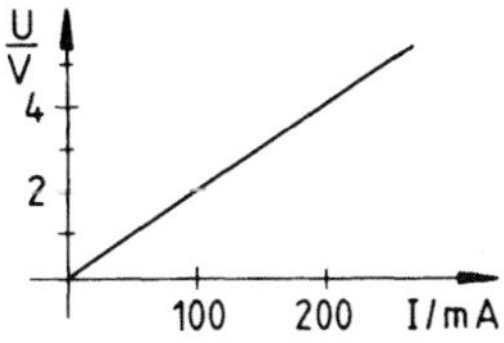

Geräte: Vielfachinstrument, Netzgerät (0–12 V), Widerstände (10–100 Ω)

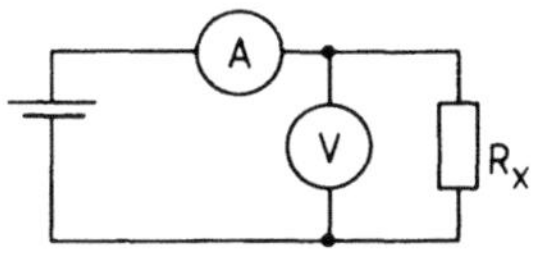

spannungsrichtige Messung

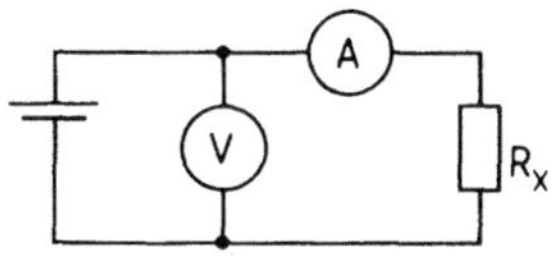

stromrichtige Messung

▶ *Schülerübung*

Spannungsrichtige und stromrichtige Messung am hochohmigen ($R_1 = 100\,k\Omega$) und niederohmigen ($R_2 = 100\,\Omega$) Widerstand mit Drehspulvielfachinstrumenten.

Spannungsrichtige Messung

Widerstand	$\frac{U}{V}$	$\frac{I}{mA}$	$\frac{R}{\Omega}$	
R_1 R_2	5 5			R_i (Stromm.) = R_i (Spannungsm.) =

Stromrichtige Messung

Widerstand	$\frac{U}{V}$	$\frac{I}{mA}$	$\frac{R}{\Omega}$	
R_1 R_2	5 5			R_i (Stromm.) = R_i (Spannungsm.) =

Geräte: Netzgerät, 2 Drehspul-Vielfachinstrumente, Widerstände (100 Ω/5 W, 100 kΩ/0,25 W)

Digital-Multimeter haben als Spannungsmesser einen sehr hohen Innenwiderstand (ca. 10 MΩ) und als Strommesser einen sehr geringen Innenwiderstand (ca. 1 Ω). Daher ist für ihre meisten praktischen Anwendungen die Unterscheidung in strom- und spannungsrichtige Messung irrelevant. Sie können also zu dieser Schülerübung nur zusätzlich eingesetzt werden.

Widerstandsmesser (Ohmmeter) zeigen direkt die Größe eines ohmschen Widerstandes als Meßwert an. Sie benötigen eine interne Spannungs- oder Stromquelle.

Auch bei einem Widerstandsmesser erfolgt im allgemeinen keine direkte Messung, sondern der zu bestimmende Widerstand wird an eine innere Konstantspannungs- oder Konstantstromquelle geschaltet und die Bestimmung auf eine Strom- oder Spannungsmessung zurückgeführt. Da eine Größe durch die Quelle definiert ist, muß nur eine Messung erfolgen, und die Skale des Meßinstruments kann in Ohm geeicht werden.

Wenn der Widerstand an eine Konstantspannungsquelle gelegt wird, ist der Widerstandswert umgekehrt proportional dem Strom durch den Widerstand. Die Zuordnung von Stromwert zu Widerstandswert kann auf einer Skale des Strommessers erfolgen. Allerdings ist die Widerstandsskale bei linearer Stromanzeige nicht mehr linear, und der Stromvollausschlag entspricht dem Widerstandswert Null-Ohm.

Mit dieser Art von Widerstandsmessern sind üblicherweise Drehspul-Vielfachinstrumente ausgerüstet. Als Konstantspannungsquelle wird hierbei eine Batterie mit einstellbarem Vorwiderstand benutzt. Über die Verminderung des Vorwiderstands kann der von der Benutzungsdauer abhängige Spannungsverlust der Batterie ausgeglichen werden. Zum Eichen werden die Anschlußklemmen des Widerstandsmessers vor der Messung kurzgeschlossen und der Zeigerausschlag auf 0 Ω, d.h. Vollausschlag, gestellt.

Bei digitalen Multimetern wird dagegen der zu messende Widerstand an eine Konstantstromquelle angeschlossen und die Spannung bestimmt. Angezeigt wird bei eingebauten Widerstandsmessern meist der Widerstandswert direkt in Kilo-Ohm (kΩ). Digitale Vielfachinstrumente mit einem Anzeigefehler von 0,03 % im Spannungsbereich erlauben eine Widerstandsmessung mit einem Anzeigefehler von 0,05 %. In dieser relativ großen Genauigkeit der digitalen Multimeter liegt der Grund, daß die früher für genaue Widerstandsmessungen eingesetzten Meßbrücken nur noch in Sonderfällen benutzt werden.

Widerstandsmesser

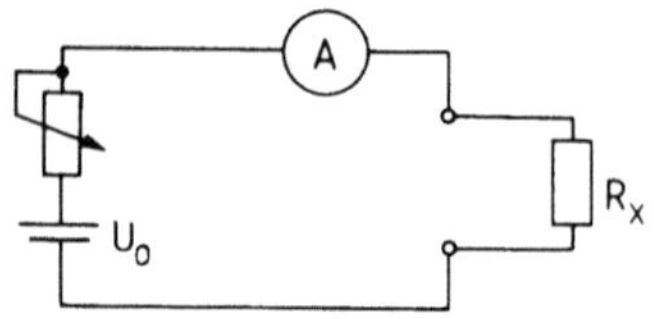

Skale eines Widerstandsmessers in einem Vielfachinstrument

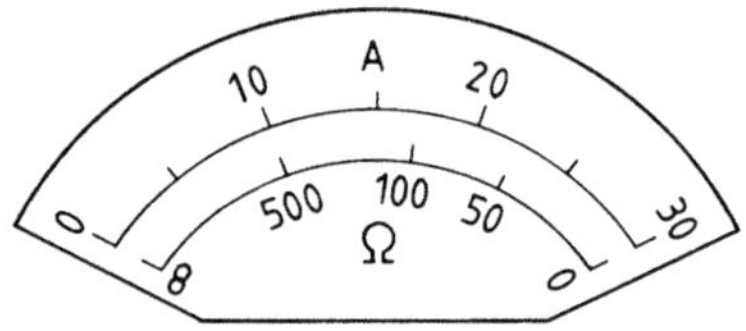

► *Schülerübung*

- Eichen eines Widerstandmessers
  Geräte: Drehspul-Vielfachinstrument mit Widerstandsmesser, mehrere Monozellen (IEC R14) unterschiedlich entladen
- Aufnahme der Kennlinie von linearen und logarithmischen Potentiometern (1 kΩ–10 kΩ)

Digitaler Widerstandsmesser

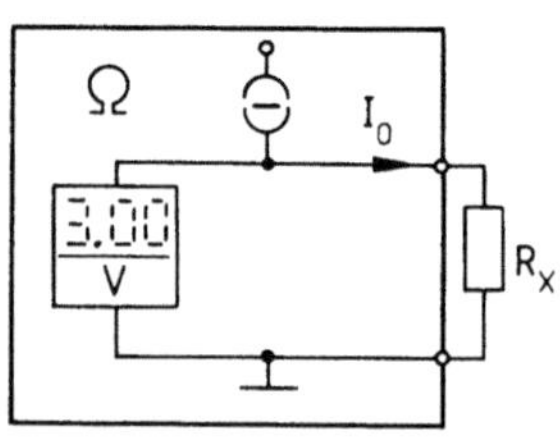

1.3 Messen von elektrischen Misch- und Wechselgrößen

Kennwerte:

- Momentanwert $a(t)$
- Scheitelwert (Maximalwert) $\hat{a}$
- arithmetischer Mittelwert $\bar{A}$
- Effektivwert A
- Gleichrichtwert $|\bar{A}|$

Zeitliche Kennwerte:

- Periodendauer T
- Frequenz f

Zeitverlauf:

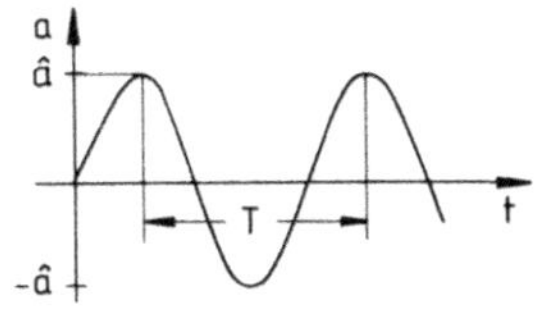

Zeitveränderliche Ströme und Spannungen werden als Misch- und Wechselgrößen [1] bezeichnet, wenn die Zeitfunktionen der Größen periodisch sind. Eine **periodische Funktion** ist dadurch gekennzeichnet, daß sich in ihrem Zeitverlauf die Funktionswerte in gleichbleibenden Zeitabständen wiederholen.

Misch- und Wechselgrößen werden quantitativ bestimmt, entweder indem ihre Kenngrößen ermittelt werden oder indem ihr Zeitverlauf in einem festgelegten Amplituden- und Zeitraster abgebildet wird.

Der arithmetische Mittelwert [1], der Gleichrichtwert [1] und der Effektivwert [1] sind zeitliche Mittelwerte und können daher zeitunabhängig gemessen werden. Der arithmetische Mittelwert kann direkt mit einem **Drehspulinstrument** bestimmt werden, der Gleichrichtwert mit einem **Drehspulinstrument mit vorgeschalteten Gleichrichtern** und der Effektivwert direkt nur mit einem **Dreheiseninstrument.**

arithmetischer MW | Effektivwert | Gleichrichtwert

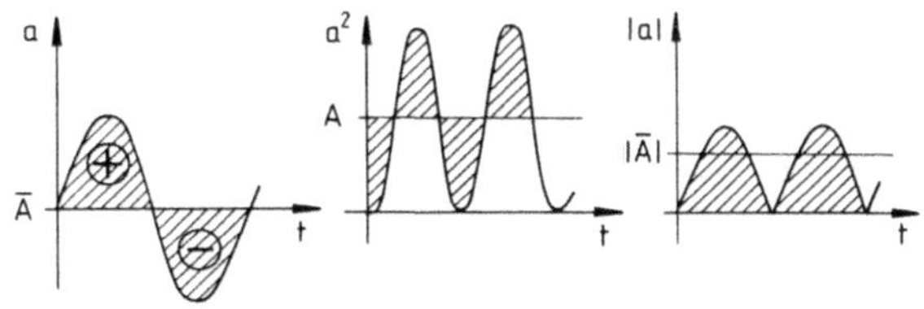

Mittelwert der Größe: $\bar{A}$ | quadratischer Mittelwert der Größen: A | Mittelwert der gleichgerichteten Größe: $|\bar{A}|$

Bei sinusförmigen Wechselgrößen ist der arithmetische Mittelwert gleich Null, und zwischen dem Effektivwert und dem Gleichrichtwert besteht eine feste Beziehung. Deshalb können die Meßinstrumente mit Gleichrichtern für die Messung des Effektivwerts sinusförmiger Wechselgrößen geeicht werden. Bei Abweichung vom sinusförmigen Verlauf tritt jedoch in diesem Fall ein Fehler auf, und es müssen Dreheiseninstrumente eingesetzt werden.

Im Gegensatz zur Mittelwert-Messung erfordert die Bestimmung der zeitlichen Kennwerte und der Momentanwerte die Aufnahme des Zeitverlaufs der Meßgröße. Diese Messung ist aber nur mit quasi-trägheitslosen Meßwerken möglich.

Mechanische Meßwerke können die Bedingung aufgrund ihrer Trägheit nur unzureichend erfüllen. Deshalb werden zu diesem Zweck hauptsächlich **Oszilloskope** eingesetzt und die Kennwerte aus der Darstellung des Zeitverlaufs entnommen. Mit digitalen Meßinstrumenten können allerdings auch diskrete Momentanwerte im Zeitverlauf abgetastet und angezeigt werden.

1.3.1 Messen von sinusförmigen Wechselgrößen mit Gleichrichterinstrumenten

Bei Drehspulinstrumenten ist der Zeigerausschlag von der Richtung der Meßgröße abhängig. Daher müssen Misch- und Wechselgrößen vor der Messung gleichgerichtet werden. Als Meßgleichrichter werden vorwiegend Germaniumdioden [2] wegen ihrer

Prinzip der Gleichrichterinstrumente

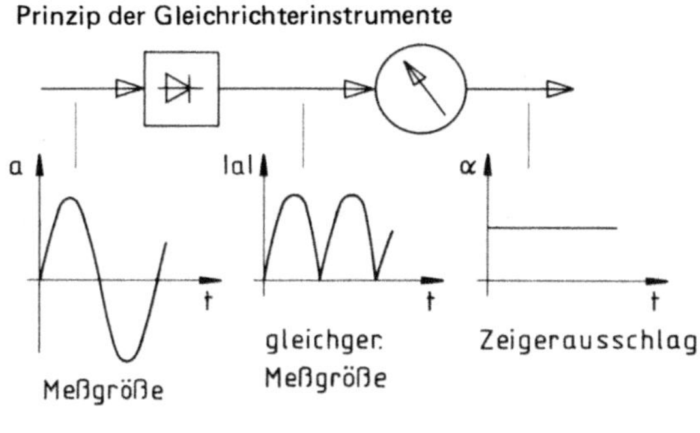

[1] *Baumann* u.a.: Fachkenntnisse ET, Fachstufe 1 NT; Kap. ET 1; *Hille/Schneider*: Fachkunde ET; Kap. 6.1.

[2] *Tholl, H.*: Bauelemente der Halbleiterelektronik, T. 1; Kap. 2.2.1.

kleinen Schwellspannung verwendet. Aufgrund der Trägheit des mechanischen Systems entspricht der Zeigerausschlag bei Misch- und Wechselgrößen mittlerer und höherer Frequenz dem zeitlichen Mittelwert des Meßstroms. Bei üblichen Meßwerken liegt die Grenze der integrierenden Wirkung des mechanischen Systems bei 10–30 Hz, d. h. bei kleineren Frequenzen folgt der Zeiger dem Zeitverlauf des Momentanwerts des Meßstroms und erlaubt keine exakte Auswertung. Bei höheren Frequenzen, etwa ab 10 kHz verursachen die parasitären Kapazitäten des Gleichrichters und die Induktivitäten des Meßwerks erhebliche Meßfehler.

Der Zeigerausschlag bei Drehspulinstrumenten mit vorgeschaltetem Gleichrichter entspricht im mittleren Frequenzbereich dem zeitlichen Mittelwert der gleichgerichteten Meßgröße, d. h. dem Gleichrichtwert der Meßgröße.

Bei allen periodischen Größen, d.h. auch bei sinusförmigen Größen, stehen der Gleichrichtwert und der Effektivwert in einem konstanten Verhältnis zueinander. Da für viele Anwendungen der Effektivwert der sinusförmigen Größe interessiert, ist der **Formfaktor** von sinusförmigen Größen in der Skale des Instruments berücksichtigt, und der Meßwert kann direkt als Effektivwert abgelesen werden. Eine Abweichung der Meßgröße vom sinusförmigen Zeitverlauf führt in diesem Fall jedoch immer zu einem Anzeigefehler.

Drehspul-Vielfachinstrumente sind im allgemeinen auch mit eingebauten Gleichrichtern ausgerüstet und für sinusförmige Wechselgrößen als Effektivwertmesser geeicht. Bei der Einstellung des Meßbereichs ist daher auf den Zeitverlauf der Meßgröße zu achten, d.h. zwischen Gleichgrößen und sinusförmigen Wechselgrößen zu unterscheiden. Wie ein Drehspulinstrument mit Hilfe eines Gleichrichters für die Misch- und Wechselgrößen-Messung erweitert werden kann, so ist dies auch bei den Digitalinstrumenten möglich. Allerdings kann hier die zeitliche Mittelwertbildung nicht mit Hilfe des mechanischen Beharrungsvermögens des Meßwerks erfolgen, sondern wird durch die Glättung der elektrischen Spannung mittels RC-Glieder erreicht. Die untere Grenzfrequenz der RC-Glieder ist mit der Umsetzzeit des ADU abgestimmt und beträgt bei den häufig eingesetzten Spannungs-Zeit-Umsetzern etwa 25 Hz. Damit sind auch Digitalinstrumente nur für einen mittleren Frequenzbereich einsetzbar, denn die obere Grenzfrequenz wird wie bei den Drehspulinstrumenten durch die Gleichrichtung bestimmt.

Formfaktor $k = \frac{|\bar{A}|}{A}$

Gleichrichtwert

$$|\bar{A}| = \frac{1}{T}\int_0^T |a|\,dt$$

Effektivwert

$$A = \sqrt{\frac{1}{T}\int_0^T a^2 dt}$$

Für sinusförmige Größen gilt:

$$= \frac{2}{\omega T}\int_0^{\frac{\omega T}{2}} \hat{a}\sin\omega t\,d\omega t \qquad = \sqrt{\frac{1}{\omega T}\int_0^{\omega T} \hat{a}^2\sin^2\omega t\,d\omega t}$$

$$= \frac{2\hat{a}}{\omega T}\Big[-\cos\omega t\Big]_0^{\frac{\omega T}{2}} \qquad = \sqrt{\frac{\hat{a}^2}{\omega T}\left[\frac{1}{2}\omega t - \frac{1}{2}\sin 2\omega t\right]_0^{\omega T}}$$

$$|\bar{A}| = \frac{4\hat{a}}{\omega T} = \frac{2\hat{a}}{\pi} \qquad A = \frac{\hat{a}}{\sqrt{2}}$$

$$k = \frac{2\hat{a}\sqrt{2}}{\pi\hat{a}} = \frac{2\sqrt{2}}{\pi}$$

Formfaktor für sinusförmige Größen k = 1,11.

▶ *Schülerübung*

Aufnahme des Frequenzgangs eines Drehspul-Vielfachinstruments.

Die konstante Ausgangsspannung eines Sinusgenerators wird von 5 Hz bis 20 kHz gemessen und graphisch dargestellt ($\alpha = f(f)$). (Die Konstanz des Ausgangssignals kann evtl. mit einem Oszilloskop↑ kontrolliert werden.)

Geräte: Drehspul-Vielfachinstrument, Sinusgenerator (5 Hz–20 kHz), (evtl. Oszilloskop)

Die gleichgerichtete und geglättete Meßgröße entspricht dem arithmetischen Mittelwert. Um auch bei digitalen Instrumenten zur direkten Anzeige des Effektivwerts zu gelangen, wird für rein sinusförmige Meßgrößen der Formfaktor zwischen arithmetischem Mittelwert und Effektivwert über die konstante Verstärkung eines Meßverstärkers eingebracht.

Digitale Multimeter sind im allgemeinen mit einschaltbarem Gleichrichter, Verstärker und Glättungsgliedern ausgerüstet und sind für Effektivwerte sinusförmiger Meßgrößen direkt geeicht.

Bei Abweichung vom sinusförmigen Zeitlauf wird auch bei Digitalinstrumenten ein fehlerhafter Wert angezeigt, d.h. Digitalmultimeter eignen sich wie die Drehspul-Vielfachinstrumente nur für die Messung sinusförmiger Wechselgrößen in einem mittleren Frequenzbereich (ca. 25 Hz–10 kHz).

Prinzip der Meßgrößenaufbereitung bei einem Digitalinstrument

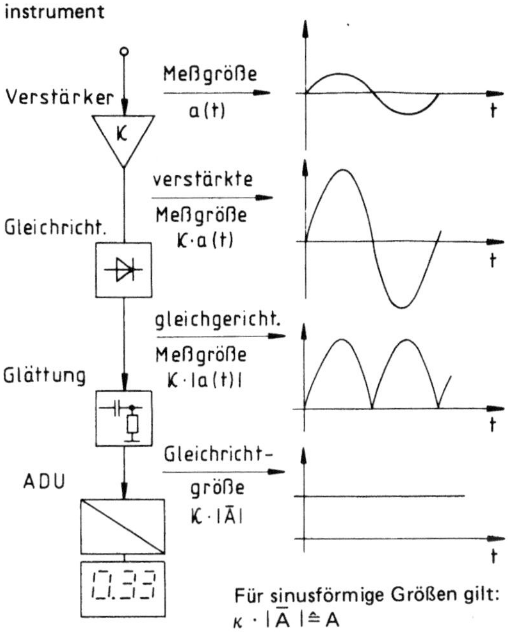

Für sinusförmige Größen gilt: $\kappa \cdot |\bar{A}| \triangleq A$

1.3.2 Messen von Misch- und Wechselgrößen mit Dreheiseninstrumenten

Dreheiseninstrumente sind Zeigermeßinstrumente, bei denen die Kraftwirkung des elektrischen Magnetfeldes auf ferromagnetische Stoffe ausgenutzt wird. Das Magnetfeld wird dabei von einer vom Meßstrom durchflossenen Spule erzeugt.

Dreheiseninstrumente werden mit **Flachspul-** und mit **Rundspulmeßwerken** hergestellt. Dabei hat das Rundspulmeßwerk heute die größere Bedeutung, da u.a. der Skalenverlauf leichter zu beeinflussen ist. Es wurde bei der Erklärung des Funktionsprinzips jedoch das Flachspulmeßwerk benutzt, da die Wirkungsweise an dieser Bauform deutlicher wird und sich auch die Verbindung zum Elektromagneten und zum Tauchanker, der ursprünglichen Bauform, herstellen läßt (vgl. Sinnbild des Dreheiseninstruments).

In das homogene Feld der Spule kann beim Flachspulinstrument eine am Rand der Spule exzentrisch gelagerte Eisenscheibe gezogen werden. Das vom Meßstrom bewirkte Drehmoment auf die Eisenscheibe wird mit dem entgegengerichteten Drehmoment einer an der Scheibe befestigten Spiralfeder verglichen. Da bei einer Änderung der Stromrichtung sich sowohl die

Sinnbild

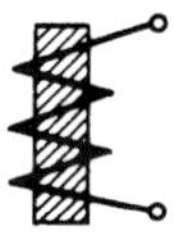

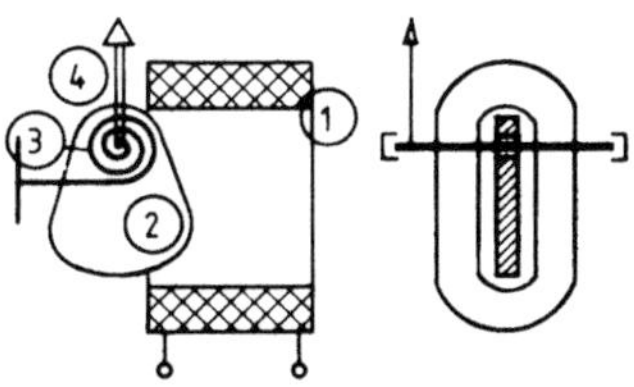

① Spule
② bewegliche Eisenscheibe
③ Spiralfeder
④ Zeiger

Prinzip des Dreheiseninstruments (Flachspulinstrument)

Energiebilanz

Die Arbeit zur Drehung der Eisenscheibe um ein Winkelelement entspricht der Energieänderung des Primärfeldes aufgrund der Veränderung der Induktivität der Spule, die durch die Bewegung der Eisenscheibe um das Winkelelement bewirkt wird.

$$M\,d\alpha = \frac{1}{2} I^2\, dL\,(\alpha)$$

(vgl. magnetische Energie einer Spule: $W = \frac{1}{2} I^2 L$).

Das Drehmoment auf die Spule beträgt damit:

$$M = \frac{1}{2} I^2 \frac{dL\,(\alpha)}{d\alpha}.$$

Richtung des Feldes in der Spule als auch die Richtung des in der Eisenscheibe induzierten Feldes gleichzeitig ändern, ist die Richtung des vom Meßstrom bewirkten Drehmoments unabhängig von der Stromrichtung. Über eine Energiebilanz läßt sich zeigen, daß die Größe des vom Meßstrom bewirkten Drehmoments vom Quadrat des Meßstroms abhängt. Im Ruhezustand heben sich das dem Drehwinkel proportionale Drehmoment der Spiralfeder und das dem Quadrat des Meßstroms entsprechende Drehmoment auf.

Der Ausschlagwinkel eines Dreheiseninstruments entspricht damit dem Quadrat des Meßstroms.

Da der Ausschlagwinkel außer vom Quadrat des Meßstroms von der geometrischen Form und den magnetischen Eigenschaften der Eisenscheibe abhängt, kann der Skalenverlauf linearisiert oder entsprechend den speziellen Anforderungen gestaltet werden, z.B. Dehnung des Nennbereichs oder Drängung des Überlastbereichs.

Bei der Messung von Misch- und Wechselgrößen höherer und mittlerer Frequenz erfolgt aufgrund der Trägheit des mechanischen Systems eine zeitliche Mittelwertbildung. Bei höheren Frequenzen, etwa ab 100 Hz, ergeben sich durch die Eisenverluste in der Eisenscheibe und durch die Veränderung des ohmschen-induktiven Innenwiderstands des Instruments Meßfehler. Sonderausführungen mit geblechten Eisenkernen erlauben die Messung von Größen mit höherer Frequenz. Zum Beispiel haben nicht-sinusförmige Meßgrößen neben der Grundwelle immer solche höherfrequente Anteile.

Ist aufgrund der geometrische Abmessung und der magnetischen Eigenschaften die Induktivität linear vom Drehwinkel abhängig (s. Skalengestaltung), dann gilt:

$$M = I^2 k_L \quad \text{mit} \quad k_L = \frac{1}{2}\frac{dL(\alpha)}{d\alpha} = \text{konst.}$$

Das von der Feder bewirkte Gegenmoment beträgt:

$$M_F = \alpha k_F \quad \text{mit} \quad k_F \mathrel{\hat{=}} \text{Federkonstante}.$$

Für den Gleichgewichtszustand ergibt sich damit:

$$\alpha = k I^2.$$

Die Anzeige eines Dreheiseninstruments ist vom Quadrat des Meßstroms abhängig.

Die quadratische Abhängigkeit bleibt auch bestehen, wenn durch andere Einflußfaktoren die Anzeige linearisiert wird.

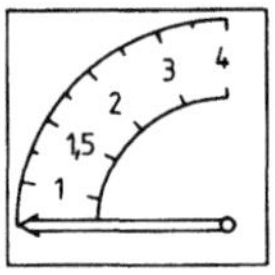

Quadratische Skale

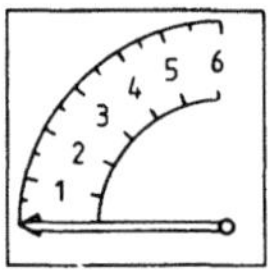

Linearisierte Skale

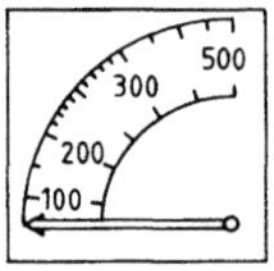

Skale mit gedehntem Nennbereich

► *Schülerübung*

Aufnahme des Frequenzgangs eines Dreheiseninstruments.

Die konstante Ausgangsspannung eines Sinusgenerators wird von 5 Hz bis 1 kHz gemessen und über der Frequenz dargestellt.

(Die Konstanz des Ausgangssignals kann evtl. mit einem Oszilloskop↑ kontrolliert werden.)

Geräte: Dreheisen-Spannungsmesser, Sinusgenerator (5 Hz–1 kHz), (evtl. Oszilloskop)

Dreheiseninstrumente eignen sich zur direkten Messung des Effektivwerts von Misch- und Wechselgrößen mittlerer Frequenz und zur Messung von Gleichgrößen. Sie finden aufgrund des einfachen und robusten Aufbaus des Meßwerks und der Unempfindlichkeit gegen Überlastung bevorzugt Verwendung als Betriebsmeßinstrumente.

1.3.3 Messen des Zeitverlaufs von Misch- und Wechselgrößen mit dem Oszilloskop

Elektronenstrahl-Oszilloskope werden eingesetzt zur bildlichen Darstellung des Zeitverlaufs von Misch- und Wechselspannungen in einem festgelegten Amplituden- und Zeitraster. Die Meßspannungen können in einem weiten Frequenzbereich von 0 Hz bis etwa 100 MHz als Funktion der Zeit abgebildet werden. Die Darstellung derartig schnell ablaufender Vorgänge ist möglich, indem ein nahezu trägheitsloser Elektronenstrahl den Ablauf auf einen nachleuchtenden Bildschirm schreibt. Dieser Bildschirm ist mit einem Raster, d.h. einem Koordinatenmaßstab, versehen, so daß außer dem qualitativen Überblick über den Zeitverlauf der Meßspannung eine relativ genaue Bestimmung des Momentanwerts und der Periodendauer (Frequenz) möglich ist.

Prinzipieller Aufbau

Wesentliche Bestandteile eines Oszilloskops sind die Bildröhre, die Meßwertverstärker, die Zeitablenkeinheit und das Netzteil. Das Blockschaltbild zeigt das Zusammenwirken der Komponenten. Die Meßspannung wird an den y-Eingang gelegt und mit einem einstellbaren Verstärker an den Eingangsbereich der y-Ablenkung der Bildröhre angepaßt. Am Eingang des x-Verstärkers liegt zur Darstellung von Zeitabläufen fest der Ausgang der Zeitablenkeinheit. Zur Darstellung eines beliebigen Funktionszusammenhangs zweier Meßspannungen ist der x-Eingang jedoch auf externen Anschluß umschaltbar.

Die **Bildröhre** ist eine Kathoden- oder Braunsche Röhre. In einer derartigen Röhre werden die aus der aufgeheizten Kathode austretenden Elektronen auf die Anode hin beschleunigt. Die Kathode ist zur Steuerung des Elektronenflusses von einer topfartigen Elektrode, dem sog. Wehnelt-Zylinder, umgeben, und die Anode ist zur einstellbaren Bündelung des Elektronenstrahls als elektronen-optisches System ausgebildet. Durch ein Loch in der Anode gelangen die beschleunigten Elektronen in das elektrische Feld des Ablenksystems und werden entsprechend den anliegenden Spannungen in ihrer Bahn beeinflußt. Nach ihrer Ablenkung prallen die Elektronen auf die Leuchtschicht des **Bildschirms** und erzeugen so einen nachleuchtenden Punkt, der entsprechend dem Zeitverlauf der Meßspannung über den Bildschirm wandert und einen Kurvenzug erzeugt. Beim Aufprall wird die Bewegungsenergie der Elektronen in Licht umgesetzt. Die Fähigkeit der Leuchtschicht zur Umsetzung ist begrenzt. Treffen zuviele Elektronen mit zu hoher Geschwindigkeit auf einen Punkt, z.B. wenn der Elektronenstrahl stillsteht, dann wird die Leuchtschicht zerstört und die Bildröhre unbrauchbar. Aus diesem Grund ist die sachgerechte Bedienung der Helligkeitseinstellung (engl.: intensity) und der Scharfeinstellung (engl.: focus) äußerst wichtig.

Die **Meßwertverstärker** dienen zur Anpassung der Meßspannungen an den Spannungsbereich des Ablenksystems. Sie bestehen aus Verstärkern, die entsprechend den zu messenden Spannungen einzustellen sind.

Blockschaltbild eines Oszilloskops

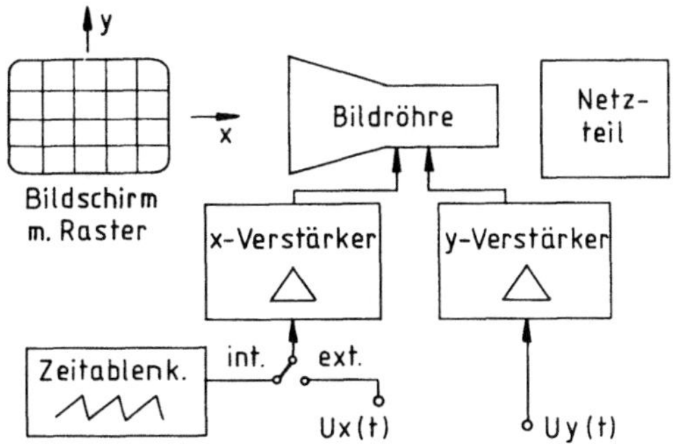

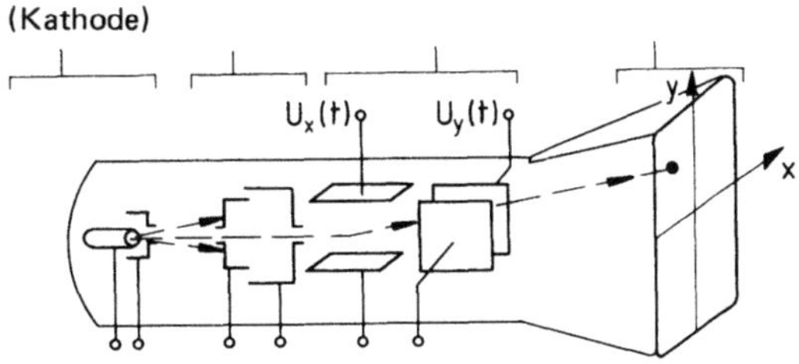

Ablenkung des Elektronenstrahls

Die den Elektronenstrahl bildenden Elektronen verlassen die Elektronenoptik mit konstanter Geschwindigkeit. Die potentielle Energie bei Eintritt in das Feld zwischen Anode und Kathode beträgt:

$E_{pot} = eU$ U Spannung zwischen Anode und Kathode
e Elementarladung.

Die potentielle Energie wird in kinetische Energie umgesetzt.

$$E_{pot} = E_{kin} \quad \text{mit} \quad E_{kin} = \frac{1}{2} mv^2$$

m Masse eines Elektrons
v Austrittsgeschwindigkeit.

Bei einer Spannung U von 1 kV beträgt die Austrittsgeschwindigkeit ca. 20000 km/s.

Die Bahn der sich mit konstanter Geschwindigkeit bewegenden Elektronen wird durch das Feld zwischen den Ablenkplatten des Ablenksystems beeinflußt. In dem näherungsweise homogenen Feld zwischen den Platten erhalten die Elektronen eine Beschleunigung in Richtung der positiven Platte und verlassen das Ablenksystem mit einer zusätzlichen Geschwindigkeitskomponente in y- und x-Richtung. Die Ablenkung des Strahls ist der Spannung am Ablenksystem direkt proportional.

$$U_x \sim x \quad U_y \sim y.$$

Der Verstärkungsgrad wird in V/cm oder V/Rasterteilung über einen Drehschalter auf geeichte Werte geschaltet. Für eine qualitative Darstellung der Meßgröße ist im allgemeinen zusätzlich eine stufenlose Einstellung möglich. Da bei dieser Einstellung die Eichung aufgehoben ist, muß vor jeder quantitativen Messung überprüft werden, ob der geeichte Betriebszustand (engl.: calibrated) eingeschaltet ist. Ein Eingangswahlschalter erlaubt überdies bei Mischgrößen den Gleichanteil zu unterdrücken, d.h. nur den Wechselanteil (engl.: alternating current, AC) darzustellen und oft zur Einstellung der Nullage den Eingang auf Masse (engl.: ground, GND) zu legen.

Bedienung des Oszilloskops

Ein Elektronenstrahl-Oszilloskop ist ein komplexes Meßgerät, das in zahlreichen Varianten zum Einsatz kommt. Ein allgemeines Wissen über den prinzipiellen Aufbau befähigt daher noch nicht zur richtigen Handhabung eines speziellen Typs. Es ist daher für den Benutzer derartiger Geräte notwendig, sich anhand der zum Gerät gehörenden Bedienungsanleitung das notwendige Wissen anzueignen.

Die Benutzung derartiger Anleitungen (engl.: manual) sollte deshalb im Unterricht behandelt und geübt werden.

Im allgemeinen ist die Darstellung des Zeitverlaufs auf dem Bildschirm in y-Richtung beliebig verschiebbar, indem der Elektronenstrahl durch eine Vorspannung am Ablenksystem in eine einstellbare Ruhelage (engl.: position) gebracht wird. Deshalb ist vor jeder quantitativen Bestimmung einer Gleichgröße die Nullage darzustellen und zu überprüfen.

Zur Vermeidung der Einstreuung von Störsignalen ist bei der Mehrzahl der Oszilloskope ein Eingang des Meßverstärkers fest über die Schutzerde geerdet. Das bedeutet, daß das Meßobjekt ebenfalls einpolig geerdet wird. Es ist daher bei Messungen an Meßobjekten, die mit dem Versorgungsnetz verbunden sind, unbedingt darauf zu achten, daß der Außenleiter nicht mit dem Masseeingang des Oszilloskops verbunden wird. Oszilloskope mit Differenzverstärker als Meßverstärker schließen diese Fehlerquelle weitgehend aus. Allerdings können hier-

Frontplatte eines Oszilloskops

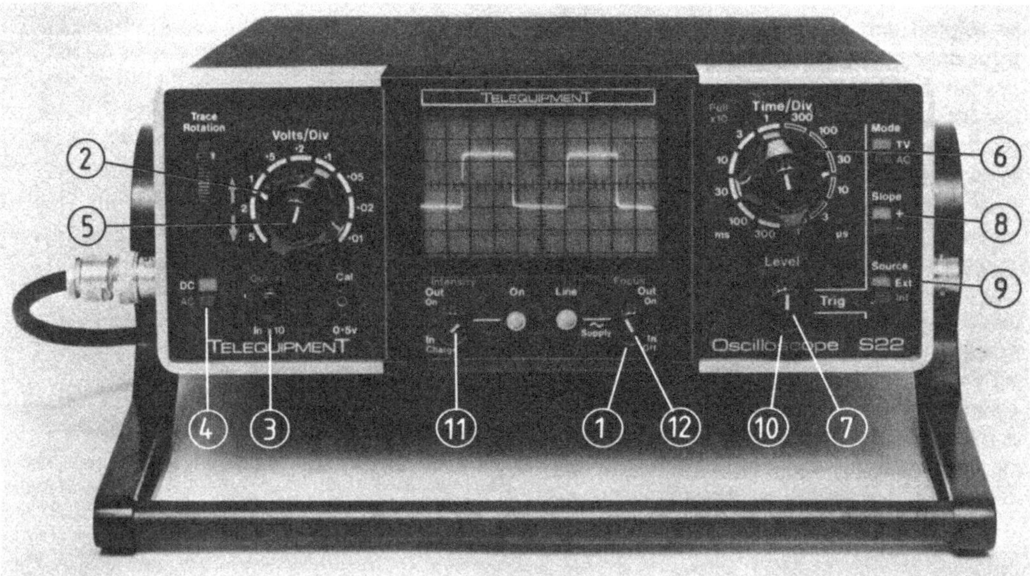

(1) **Netzschalter**
(2) Verstärkungsgrad, Fein-
(3) Verstärkungsgrad, Grob-
(4) Gleich- oder Wechselspannung
(5) Y-Ruhelage
(6) Zeitmaßstab
(7) Triggerpegel
(8) Triggerpolarität
(9) ext./int. Triggerspannung
(10) automatische Triggerung
(11) Helligkeit
(12) Schärfe

bei auch bei kleiner Meßspannung U_M große Spannungen U_1 und U_2 gegen Masse eine Übersteuerung der Verstärker bewirken. Deshalb ist bei der Benutzung von Differenzverstärkern die Potentialdifferenz zwischen den Meßpunkten und der Masse zu beachten, da eine Übersteuerung des Verstärkers eine verzerrte Abbildung der Meßgröße bewirkt.

Hinweis: Messungen an mit dem Versorgungsnetz verbundenen Meßobjekten sind aufgrund der internen Verbindung zwischen Meßerde und Schutzerde bei nicht sachgerechter Benutzung gefährlich für den Bediener und das Gerät. Aus diesen Gründen ist im Unterricht auf die Gefährlichkeit ausdrücklich hinzuweisen und derartige Messungen nur unter besonderen Schutzmaßnahmen durchzuführen. Eine derartige Maßnahme ist z.B. die Schutztrennung mittels eines Trenntrafos.

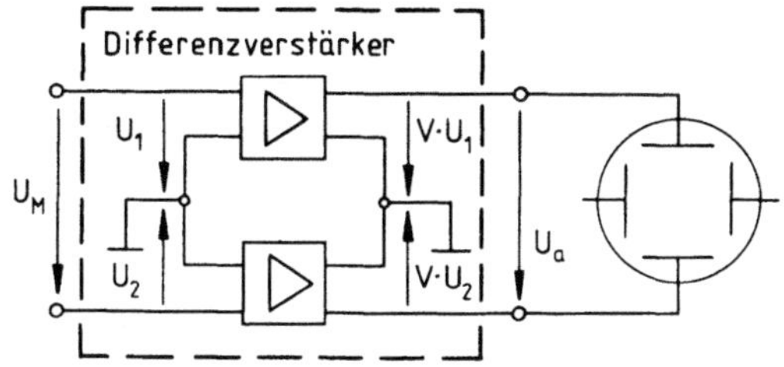

$U_a = VU_1 - VU_2 = V(U_1 - U_2) = VU_M$

U_a Ausgangsspannung
U_M Eingangsspannung (Meßgröße)
V Verstärkung

Die **Zeitablenkeinheit** erzeugt eine zeitproportionale Spannung, d.h. eine Sägezahnspannung, die auf die x-Ablenkung gegeben wird. Die Frequenz der Zeitablenkung ist in geeichten Stufen als Zeit/cm oder Zeit/Rasterteilung (engl.: Time/Div.) einstellbar. Auch für die Frequenz ist oft zusätzlich eine ungeeichte stufenlose Einstellung zur kontinuierlichen Dehnung oder Drängung des Zeitverlaufs vorhanden.

Zur Erzeugung stehender Bilder einer periodischen Funktion ist der Zeitverlauf wiederholt beginnend mit dem gleichen Funktionswert an der gleichen Stelle des Bildschirms abzubilden, d.h. Meßspannung und Zeitablenkspannung sind zeitlich zu synchronisieren. Eine Synchronisation besteht, wenn die Frequenz der Meßspannung ein ganzzahliges Vielfaches der Kippfrequenz der Zeitablenkspannung beträgt. Da der zeitproportionale Anstieg der Zeitablenkspannung durch den eingestellten Zeitmaßstab festgelegt ist, wird eine Synchronisation durch die Triggerung (Auslösung) des Anstiegs bewirkt.

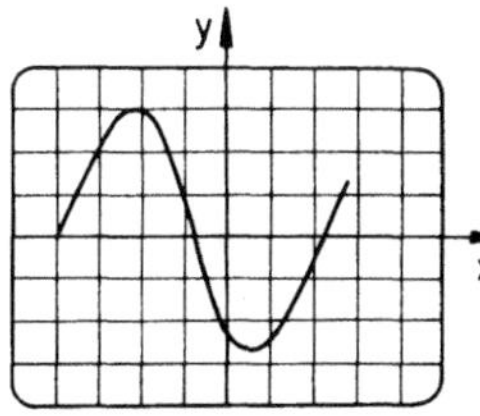

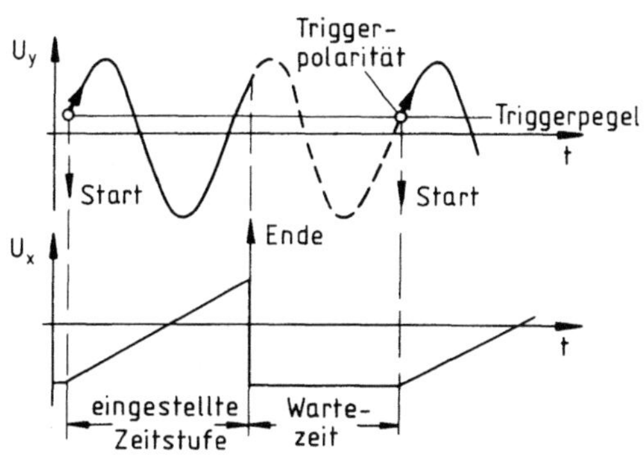

Bei der **Triggerung** wartet die Zeitablenkspannung auf ein Startsignal bevor der zeitproportionale Anstieg beginnt. Dieses Startsignal wird aus der Meßspannung durch die Vorgabe einer Amplitude und Anstiegsrichtung abgeleitet. Diese Vorgaben können als Triggerpegel (engl.: trigger level) und als Triggerpolarität (engl.: slope +/–) eingestellt werden. Ist der Triggerpegel höher als der Scheitelwert der Meßspannung gewählt, so wird kein Startsignal gebildet, und der Bildschirm wird nicht beschrieben. Eine automatische Triggereinstellung arbeitet bei minimalen Meßspannungsamplituden und vermeidet diesen Fehler. Oft besteht zusätzlich die Möglichkeit, den Zeitablauf mit externen Vorgängen zu triggern. Dazu wird auf den Eingang der Triggerstufe nicht die Meßspannung (interne Triggerung), sondern eine von außen zugeführte Fremdspannung (externe Triggerung) oder die Netzspannung (engl.: line) gegeben.

Umschalten zwischen zwei Kanälen (Chop-Betrieb)

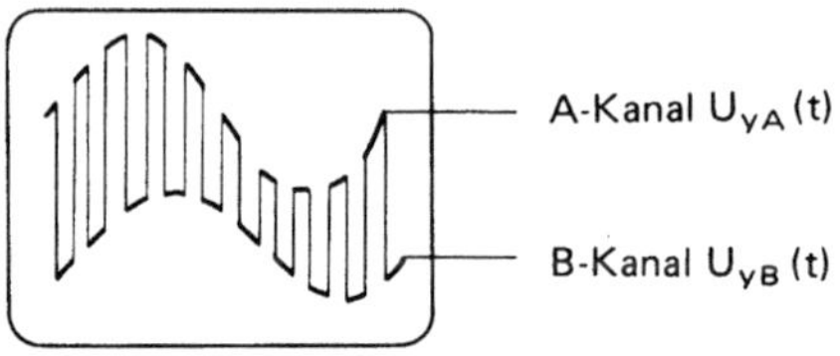

Zur gleichzeitigen Darstellung von mehreren Zeitverläufen auf dem Bildschirm werden Mehrkanaloszilloskope eingesetzt. Die häufigste Bauform ist das **Zweikanaloszilloskop.** Nur in Sonderfällen sind Zweikanaloszilloskope mit Bildröhren ausgerüstet, die zwei Elektrodensysteme für zwei getrennte Elektronenstrahlen enthalten. Im allgemeinen werden auf die y-Ablenkung eines Elektrodensystems abwechselnd die Ausgänge zweier den Kanälen zugeordneter y-Verstärker geschaltet. Die schnelle periodische Umschaltung zwischen den Kanälen ist für das Auge normalerweise nicht wahrnehmbar, so daß auf dem Bildschirm der Zeitverlauf zweier Größen sichtbar wird.

Die gleichzeitige Darstellung zweier Größen erlaubt die zeitliche Zuordnung der Größen, z.B. die Bestimmung des Phasenwinkels zwischen zwei sinusförmigen Größen.

Für alle Mehrfachmessungen, bei denen nicht ein gemeinsamer erdbarer Punkt vorhanden ist, sind Oszilloskope mit Differenzverstärkern notwendig.

Ablauf der Messung:

- Masseverbindung zwischen Oszilloskop und Meßschaltung herstellen (Vorsicht bei netzversorgten Meßobjekten und Mehrfachmessungen)
- y-Eingang an den Meßpunkt anschließen (Maximale Eingangsspannung des Oszilloskops beachten)
- Netzschalter einschalten
- Helligkeit (intensity) und Schärfe (focus) einstellen (Vorsicht, da die Gefahr des Einbrennens eines Leuchtflecks besteht)
- Triggerung auf automatisch stellen
- Verstärkungsgrad einstellen (Volt/Div.) (Für quantitative Messung Kalibrierung (Cal.) beachten)
- Darstellung der Meßspannung mit Gleichkomponente (DC) oder ohne Gleichkomponente (AC) wählen
- Zeitmaßstab einstellen (Time/Div.) (Für quantitative Messung Kalibrierung beachten)
- Darstellung des Zeitverlaufs der Meßspannung auf dem Bildschirm in gewählte y-Ruhelage (position) bringen (Für quantitative Messung einer Gleichspannung die Nullage beachten)
- Verstärkungsgrad und Zeitmaßstab anpassen
- Triggerung evtl. korrigieren, d.h. Einstellung der Triggerspannung (source), des Triggerpegels (level) und der Triggerpolarität (slope) verändern
- Ablesen der Kenngrößen der Meßspannung auf dem Bildschirm mit Hilfe des Amplituden- und Zeitrasters und unter Beachtung des eingestellten Verstärkungsgrades und Zeitmaßstabs

▶ *Schülerübung*

1. Bestimmung des Scheitelwerts, des Effektivwerts- der Periodendauer und der Frequenz einer sinusförmigen Wechselspannung aus der Darstellung des Zeitverlaufs.

   Beispiel:

   Verstärkungsgrad: 2 V/cm
   Zeitmaßstab: 0,2 ms/cm

   $2\hat{u} \triangleq 5{,}2$ cm $\hat{u} = 5{,}2$ V
   $T \triangleq 4{,}9$ cm $T = 0{,}98$ ms

   $U = \frac{\hat{u}}{\sqrt{2}} = 3{,}68$ V $f = \frac{1}{T} = 1{,}02$ kHz

   Kontrolle des Effektivwerts mit einem Drehspulinstrument.

   Geräte: Ein- oder Zweikanaloszilloskop
   Sinusgenerator (10 V, 10 Hz–10 kHz)
   Drehspul-Vielfachinstrument

Meßschaltung:

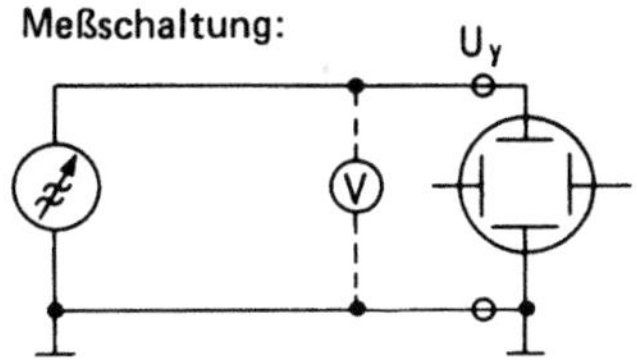

Bildschirm:

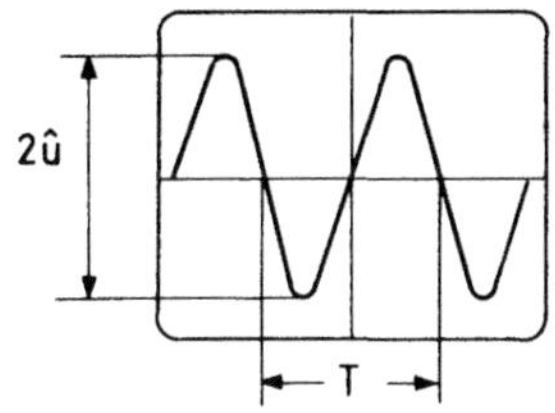

2. Bestimmung des Scheitelwerts, der Frequenz und des Phasenwinkels von Spannung und Strom an einem Kondensator bei verschiedenen Frequenzen.

   Der Widerstand R wird zur Erzeugung einer dem Strom proportionalen Spannung benötigt ($U_R = IR$). Er bewirkt jedoch eine Verfälschung, da der Verbindungspunkt von Kondensator und Widerstand nicht geerdet werden kann und die Meßspannung daher dem Spannungsabfall an der Reihenschaltung entspricht. Der Widerstand muß aus diesem Grund klein gehalten werden.
   Ein Zweikanaloszilloskop mit Differenzverstärker erlaubt eine exakte Messung. Auf die phasenrichtige Darstellung von Spannung und Strom ist dabei zu achten.

   Beispiel:

   Elektrolyt-Kondensator C = 1 μF, R = 10 Ω
   Verstärkungsgrad U_A: 1 V/cm
   Verstärkungsgrad U_B: 0,1 V/cm
   Zeitmaßstab: 0,1 ms/cm

   $2\hat{u}_A \triangleq 6$ cm $\hat{u}_A = 3$ V
   $2\hat{u}_B \triangleq 0{,}4$ cm $\hat{u}_B = 0{,}02$ V
   $T \triangleq 10$ cm $T = 1{,}0$ ms
   $tp \triangleq 2{,}4$ cm $tp = 0{,}24$ ms

   $\hat{u}_C = \hat{u}_A = 3$ V $\hat{i}_C = \hat{u}_B/R = 2$ mA
   $f = 1/T = 1$ kHz $\varphi = tp/T\ 360° = 86{,}4°$

   Geräte: Zweikanaloszilloskop (Differenzverstärker)
   Sinusgenerator (10 V, 10 Hz–10 kHz)
   R = 10 Ω, C ca. 1 μF

Meßschaltung:

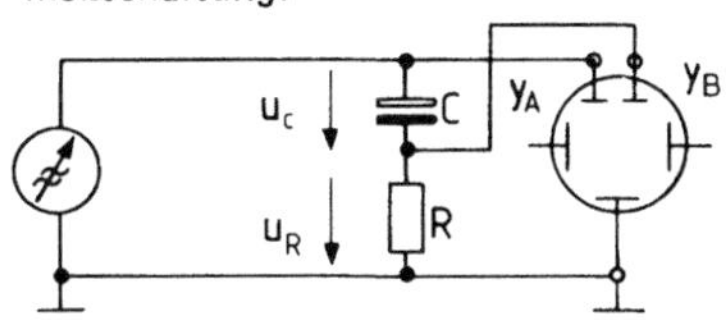

Bildschirm:

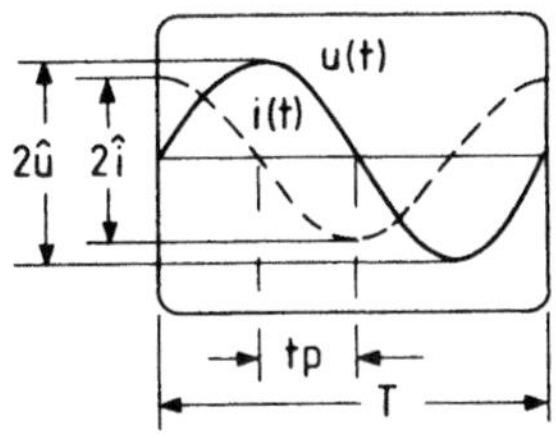

1.3.4 Leistungsmessung an Gleich- und Wechselstromverbrauchern mit elektrodynamischen Meßgeräten

Die Leistung eines Gleichstrom- oder eines rein-ohmschen Wechselstromverbrauchers, bei dem Strom und Spannung in Phase sind, kann indirekt über eine Strom- und Spannungsmessung bestimmt werden, indem aus den ermittelten Werten für Strom und Spannung das Produkt gebildet wird. Werden der Strom und die Spannung gleichzeitig mit zwei Meßinstrumenten gemessen, ist wie bei der Widerstandsmessung↑ zwischen stromrichtiger und spannungsrichtiger Meßschaltung zu unterscheiden.

Indirekte stromrichtige Leistungsmessung:

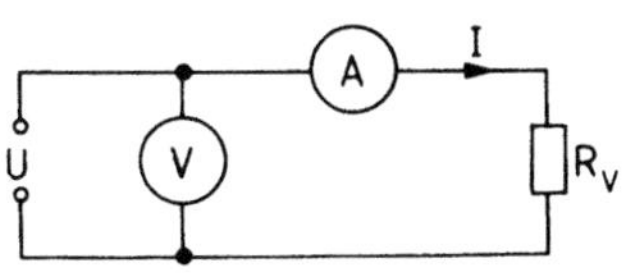

Gleichstromleistung P = UI
Wirkleistung des Wechselstroms P = UI
(U, I Effektivwerte)

Ist eine der zu bestimmenden Größen bekannt, wie z.B. bei netzspannungsversorgten Verbrauchern, kann die Leistung mit einer Messung und einem Meßgerät ermittelt werden, sofern Strom und Spannung nicht phasenverschoben sind.

Im allgemeinen kann jedoch bei Wechselstromverbrauchern nicht vorausgesetzt werden, daß die Phasenverschiebung zwischen Strom und Spannung Null ist. In diesem Fall muß bei Leistungsmessung zwischen Schein-, Wirk- und Blindleistung unterschieden werden. Die Scheinleistung kann, wie vorher beschrieben, bestimmt werden, jedoch interessiert meist die tatsächlich am Verbraucher umgesetzte Leistung, d.h. die Wirkleistung. Die Wirkleistung stellt den zeitlichen Mittelwert des Produkts aus den Momentanwerten von Strom und Spannung dar. Zur Messung der Wirkleistung müssen daher Meßwerke eingesetzt werden, die in der Lage sind, das Produkt zweier Größen zu bilden. Diese Funktion erfüllen die Meßwerke der elektrodynamischen Meßgeräte.

Für die Wirkleistung an einem ohmschen Verbraucher gilt:

$$P = \frac{1}{T}\int_0^T p(t)\,dt = \frac{1}{T}\int_0^T u(t)\,i(t)\,dt$$

Bei sinusförmigen Größen:

$$= \frac{1}{\omega T}\int_0^{\omega T} \hat{u}\cdot\hat{i}\,\sin^2\omega t\,d\omega t$$

$$= \frac{\hat{u}\hat{i}}{2} = \frac{\hat{u}}{\sqrt{2}}\cdot\frac{\hat{i}}{\sqrt{2}}$$

► *Schülerübung*

Messung der Leistung an gleichstrom- und wechselstromgespeisten Glühlampen.

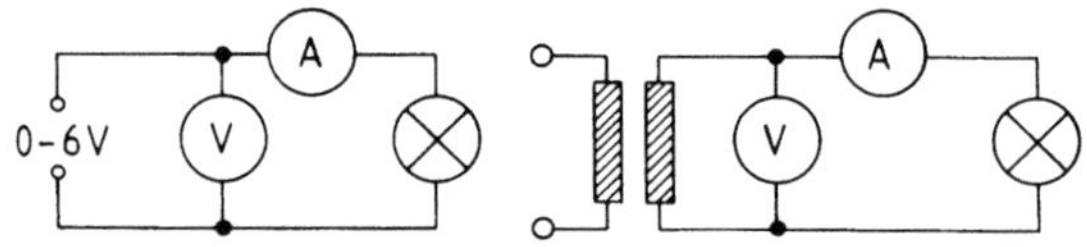

Die gleichstromgespeiste Lampe wird über ein einstellbares Netzgerät auf gleiche Helligkeit wie die wechselstromgespeiste Lampe eingestellt und beide Leistungen verglichen. Der Zusammenhang zwischen Gleichstromleistung und Wirkleistung des Wechselstroms läßt sich auf diese Weise sehr einfach aufzeigen.

Geräte: Kleintransformator (6 V/1 A)
Netzgerät (0–12 V, 1 A)
2 Drehspul-Vielfachinstrumente
2 Glühlampen (6 V/1 A)

Leistungsmessung mit dem elektrodynamischen Meßgerät

Bei elektrodynamischen Meßwerken ist eine bewegliche Spule im Feld einer festen Spule drehbar gelagert. Werden beide Spulen von Strom durchflossen, wirkt auf die Drehspule ein Drehmoment, das dem Produkt der Ströme proportional ist. Das von den Meßströmen bewirkte Drehmoment auf die drehbare Spule wird mit dem entgegengerichteten Drehmoment einer Spiralfeder verglichen. Im Gleichgewichtszustand sind das dem Produkt der Ströme proportionale Drehmoment und das dem Ausschlagwinkel proportionale Drehmoment gleich groß.

Die elektrodynamischen Meßwerke zeigen das Produkt zweier Meßgrößen an und werden daher vornehmlich zur Leistungsmessung eingesetzt. Wenn sie die Leistung direkt in Watt anzeigen, werden sie auch als **Leistungsmesser** oder **Wattmeter** bezeichnet.

Prinzip des eisenlosen elektrodynamischen Meßwerks:

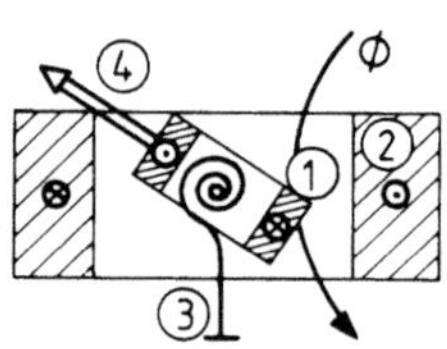

① Drehspule
② feste Spule
③ Spiralfeder
④ Zeiger

Sinnbild

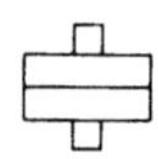

Drehmomente im elektrodynamischen Meßwerk

Das von den Meßströmen auf die Drehspule bewirkte Drehmoment ist:

$M = k_0\,\Phi I_2$ (I_2 Strom durch die Drehspule)

Mit dem von der feststehenden Spule erzeugten Fluß $\Phi = k_1 I_1$ ergibt sich:

$M = k_2 I_1 I_2$ (I_1 Strom durch die feststehende Spule).

Bei der Leistungsmessung an Wechselstromverbrauchern im mittleren und höheren Frequenzbereich wird aufgrund der Trägheit des mechanischen Systems eine zeitliche Mittelwertbildung vorgenommen. Der zeitliche Mittelwert des Produkts der Momentanwerte von Strom und Spannung entspricht der Wirkleistung, d.h. ein elektrodynamisches Meßgerät zeigt direkt die Wirkleistung an.

Bei elektrodynamischen Leistungsmessern ist die Spannungsspule wie ein Spannungsmesser und die Stromspule wie ein Strommesser anzuschließen. Die feststehende Spule wird mit relativ großem Drahtdurchmesser aufgebaut und führt den Meßstrom als sog. **Strompfad**, während die Drehspule über einen Vorwiderstand geschützt für wesentlich kleinere, der Spannung entsprechende, Meßströme ausgelegt ist und somit den **Spannungspfad** bildet.

Da die beiden Spulen für sehr unterschiedliche Ströme ausgelegt sind, d.h. einen um Größenordnungen verschiedenen Innenwiderstand besitzen, dürfen Strom- und Spannungspfad auf keinen Fall vertauscht werden.

Da die Richtung des Zeigerausschlags durch den konstruktiven Aufbau des Meßwerks festgelegt ist, ist auch die Polung des Strom- und Spannungspfads in bezug zueinander vorgegeben. Dagegen ist die gleichzeitige Umkehr von Strom und Spannung, z.B. bei Leistungsmessungen an Wechselstromkreisen, ohne Einfluß auf die Richtung des bewirkten Drehmoments.

Selbst bei korrektem Anschluß bereitet die Überwachung der zulässigen Maximalwerte für Strom und Spannung bei derartigen Leistungsmessern Schwierigkeiten, da auch bei kleinem Zeigerausschlag, d.h. bei einem kleinen Wert des Produkts der Meßgrößen, eine Überlastung in einem Pfad bestehen kann.

Da eisenlose elektrodynamische Meßwerke sehr empfindlich gegen den Einfluß von Fremdfeldern sind, werden Betriebsmeßinstrumente meist mit einem Eisenkern zur Führung des von der feststehenden Spule erzeugten Flusses ausgeführt. Das hat allerdings den Nachteil, daß die frequenzabhängigen Eisenverluste die Anzeige beeinflussen. Der Einfluß des Eisens wird bei der Einteilung der Skale, für eine bestimmte Nennfrequenz, z.B. 50 Hz, berücksichtigt. Eisengeschlossene Meßwerke sind daher nur für einen relativ engen Frequenzbereich, z.B. 40–60 Hz, sinnvoll einsetzbar.

Das Gegenmoment der Spiralfeder ist: $M_F = k_F \alpha$.

Im Ruhezustand entspricht der Zeigerausschlag α dem Produkt der Meßströme $\alpha = k I_1 I_2$.

Die Drehspule liegt mit einem Vorwiderstand in Reihe. Bei kleinem Widerstand der Drehspule gegenüber dem Vorwiderstand ist der Strom I_2 proportional der Spannung am Spannungspfad und damit gilt:

$$\alpha = k' I_1 U_2.$$

Bei Wechselgrößen entspricht der Zeigerausschlag aufgrund der mechanischen Trägheit dem zeitlichen Mittelwert:

$$\alpha = k' \frac{1}{T} \int_0^T i_1(t)\, u_2(t)\, dt.$$

Für sinusförmige Meßgrößen ergibt sich:

$$\alpha = k' \frac{1}{T} \int_0^T \hat{i}_1 \hat{u}_2 \sin \omega t \sin (\omega t + \varphi)\, d\omega t$$

(φ Phasenwinkel zwischen $i_1(t)$ und $u_2(t)$)

$$\alpha = k' \frac{\hat{i}\hat{u}}{2} \cos \varphi = k' I U \cos \varphi.$$

Schaltung eines Leistungsmessers:

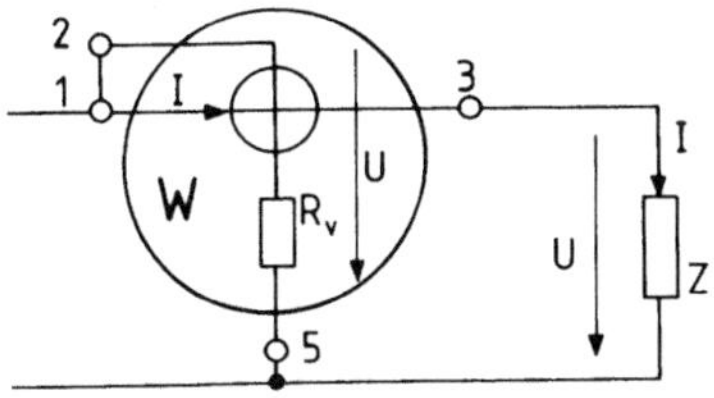

Klemmbezeichnung:
1–3 Strompfad
2–5 Spannungspfad

Beispiele für die Überlastung des Strompfads:

Meß-bereich	An-zeige	Maximalwerte Strom	Maximalwerte Spg.	tatsächliche Werte Strom	tatsächliche Werte Spg.	φ	
100 W	60 W	1 A	100 V	10 A	6 V	0°	a)
100 W	30 W	1 A	100 V	10 A	6 V	60°	b)

► *Schülerübung*

Leistungsmessung mit dem Leistungsmesser an verschiedenen Haushaltsverbrauchern, wie z.B. Schreibtischlampe, Bügeleisen, Toaster, Kochplatte usw. Hinweis auf Sicherheitsbestimmungen und Schutzmaßnahmen!

Schaltungen für Leistungsmesser an Drehstromverbrauchern:

Die Gesamtwirkleistung eines Drehstromverbrauchers ergibt sich aus der Summe der drei Strangleistungen.

a) Bei symmetrischen Verbrauchern an Vierleiterdrehstromnetzen genügt die Ermittlung der Leistung in einer Phase. Sie entspricht einem Drittel der Gesamtleistung.

b) Bei symmetrischen Verbrauchern an Dreileiterdrehstromnetzen muß ebenfalls nur die Leistung in einer Phase bestimmt werden, wenn für den Spannungspfad ein künstlicher Mittelpunkt erzeugt wird. Der künstliche Mittelpunkt ergibt sich durch die Sternschaltung von drei gleichen Widerständen, wobei ein Widerstand durch den Spannungspfad, d.h. den Innenwiderstand des Meßwerks und den Vorwiderstand, gebildet wird.

c) bei unsymmetrischen Verbrauchern an Vierleiterdrehstromnetzen sind zur Bestimmung der Leistung drei Messungen bzw. drei Leistungsmesser nötig.

d) Bei unsymmetrischen Verbrauchern an Dreileiterdrehstromnetzen kann auch mit zwei Leistungsmessern in Aronschaltung die gesamte Leistung gemessen werden.

Schaltungen für die Leistungsmessung an Drehstromnetzen

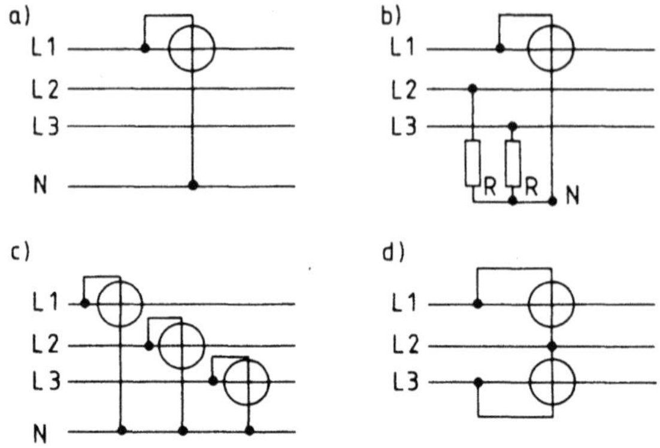

1.3.5 Messung großer Wechselströme und -spannungen über Wandler

Zur Messung großer Ströme und Spannungen muß der relativ eng begrenzte Meßbereich der Instrumente erweitert werden. Die Meßbereichserweiterung mit Hilfe von Vor- und Nebenwiderständen ist bei großen Spannungen und Strömen, z. B. bei Hochspannungsanlagen, aufgrund der Verluste und aus Sicherheitsgründen nicht anwendbar. In diesen Bereichen werden deshalb zur potentialfreien und verlustarmen Messung **Meßwandler** eingesetzt.

Meßwandler sind spezielle Transformatoren, mit denen Ströme und Spannungen in einen meßbaren Bereich transformiert und an den Meßbereich der Instrumente angepaßt werden. Außerdem erlauben sie ein Erden des Meßkreises.

Spannungswandler beruhen auf der Spannungsübersetzung eines Transformators entsprechend dem Windungszahlverhältnis von Primär- und Sekundärwicklung. Damit das Spannungsverhältnis dem Windungszahlverhältnis möglichst exakt entspricht, ist der Transformator verlust- und streuungsarm aufgebaut und wird fast im Leerlauf betrieben.

Die sekundäre Nennspannung eines Spannungswandlers beträgt im allgemeinen 100 Volt. Die Abweichung der Spannungsübersetzung vom Windungszahlverhältnis aufgrund der Streuung wird, bezogen auf die Spannungsübersetzung, als Wandlerfehler angegeben.

Schaltung eines Spannungswandlers:

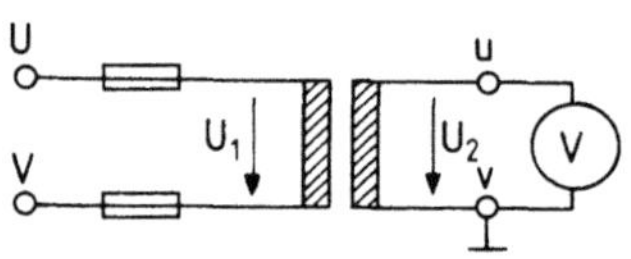

$$ü = \frac{N_1}{N_2} \approx \frac{U_1}{U_2}$$

Die Primärklemmen U–V des Wandlers werden an die Meßpunkte angeschlossen, zwischen denen die Spannung bestimmt wird. An die Sekundärklemmen u–v, d.h. an die Niederspannungswicklung, wird der Spannungsmesser geschaltet.

Aus Sicherheitsgründen muß auf der Sekundärseite die Klemme v (VDE 0414) grundsätzlich geerdet und die Primärseite zweipolig abgesichert werden.

Wandlerfehler: $f_u = \frac{ü - U_1/U_2}{U_1/U_2}$

Übliche Werte für den Fehler, auch als Güteklasse bezeichnet, sind 0,1 bis 3.

Der Phasenwinkel zwischen Primär- und Sekundärspannung, der bei Leistungsmessungen das Ergebnis verfälscht, wird als Fehlwinkel δ bezeichnet.

Die Angaben über die Genauigkeit des Spannungswandlers gehen von einem angenäherten Leerlaufbetrieb aus. Damit die angegebene Genauigkeit eingehalten wird, darf der Eingangswiderstand des Meßgeräts, die sog. Bürde, eine vorgegebene Grenze nicht unterschreiten.

Stromwandler beruhen auf der Stromübersetzung eines Transformators entsprechend dem umgekehrten Windungszahlverhältnis. Damit die Übersetzung der Ströme möglichst genau dem reziproken Windungszahlverhältnis entspricht, muß der Magnetisierungsstrom klein gehalten und dazu der Transformator nahezu im Kurzschluß betrieben werden.

Der sekundäre Nennstron eines Stromwandlers beträgt im allgemeinen 1 oder 5 Ampere.

Bei dem Einsatz des Stromwandlers darf der Meßkreis unter Strom nicht unterbrochen werden, da der Wandler mit eingeprägtem Strom betrieben wird. Bei einer Unterbrechung wirkt der Meßstrom als Magnetisierungsstrom und der Stromwandler kann als Transformator extrem hohe Sekundärspannungen erzeugen. Daher können an der offenen Sekundärwicklung auch bei Messungen im Niederspannungsbereich lebensgefährlich hohe Spannungen auftreten.

Deshalb ist beim Abklemmen des Meßgeräts von einem Stromwandler zuerst dessen Sekundärwicklung kurzzuschließen.

Die Abweichung der Stromübersetzung vom reziproken Windungszahlverhältnis aufgrund des Magnetisierungsstroms wird, bezogen auf die Stromübersetzung, wiederum als Wandlerfehler angegeben.

Die angegebenen Kennwerte für einen Stromwandler setzen einen kleinen Innenwiderstand des angeschlossenen Meßgeräts voraus. Dieser als Bürde bezeichnete Belastungswiderstand darf nicht überschritten werden.

Schaltung eines Stromwandlers:

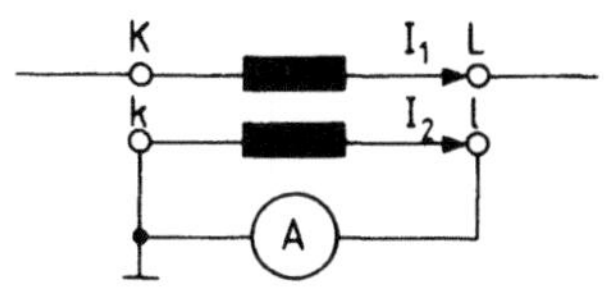

$$\ddot{u} = \frac{N_1}{N_2} \approx \frac{I_2}{I_1}$$

Die Primärklemmen K–L des Wandlers werden in den Stromkreis gelegt. An die Sekundärklemmen k–l wird der Strommesser geschaltet.

Aus Sicherheitsgründen muß auf der Sekundärseite die Klemme k (VDE 0414) grundsätzlich geerdet werden und die Primärseite darf nicht abgesichert sein.

Wandlerfehler $f_i = \frac{1/\ddot{u} - I_1/I_2}{I_1/I_2}$

Übersicht über Instrumente zur Messung elektrischer Größen

Meß-instrument	Sinnbild	Meßgrößenart	üblicher Einsatzbereich	Frequenz-bereiche	Meßwerk-Auslenkung	Anzeige
Drehspul-instrument		Gleichstrom und -spannung	1 μA–10 A 100 mV–1000 V	0 Hz	arithm. MW	Gleichwert (arithm. MW)
Drehspul-instrument mit Gleich-richter	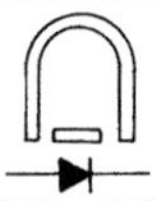	sinusförmiger Wechsel-strom und -spannung	0,1 mA–10 A 1 V–1000 V	25 Hz–20 kHz	Gleichricht-wert	Effektivwert (nur für sinus-förmige Größen)
Dreheisen-instrument		Gleich-, Misch- und Wechsel-strom und -spannung	10 mA–100 A 1 V–1000 V	10 Hz–100 Hz (1 kHz)	Effektivwert	Effektivwert
Digital-instrument ohne/mit Gleich-richter	– – –	Gleichstrom und -span-nung/sinus-förmiger Wechsel-strom und -spannung	100 mA–1 A 100 μV–1000 V	0 Hz/25 Hz–25 kHz		Gleichwert/ Effektivwert (nur für sinus-förmige Größen)
Oszilloskop	– – –	Gleich-, Misch- und Wechsel-spannung	2 mV–300 V	0–100 MHz	Momentan-wert	Zeitverlauf des Momentan-werts
Elektro-dynamisches Instrument		Leistung	250 mW–2,5 kW Strompfad: 10 mA–100 A Strom des Spannungs-pfads: 1 mA–1 A	10 Hz–1 kHz ( 40–60 Hz)	arithm. MW des Pro-dukts	Wirkleistung

1.4 Messen nichtelektrischer Größen

Die Messung einer nichtelektrischen Größe mit Hilfe elektrischer Meßeinrichtungen setzt die Umformung der nichtelektrischen Größe in eine elektrische Spannung oder einen elektrischen Strom voraus. Die Meßgrößenumformung wird eingesetzt, da sowohl mit den elektrischen Meßinstrumenten eine relativ genaue und kostengünstige Anzeige des Meßwerts möglich ist, als auch die Darstellung der Meßgröße als elektrische Größe eine Weiterverarbeitung der Meßergebnisse zur Überwachung, Steuerung und Regelung technischer Prozesse erlaubt.

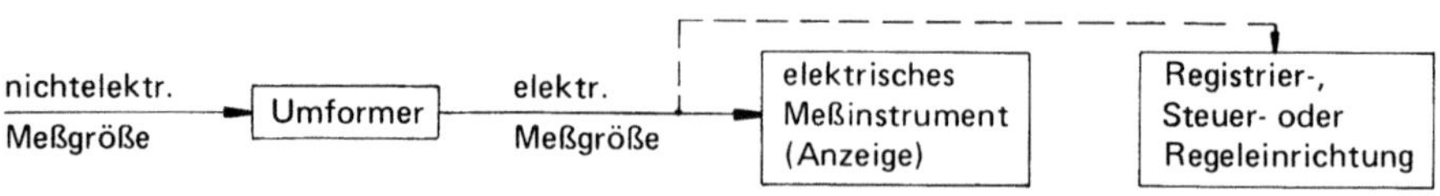

Prinzipieller Aufbau einer Meßeinrichtung

Die **Meßumformer,** auch als **Meßgeber** und **Meßfühler** bezeichnet, arbeiten entweder als aktive Umformer, indem sie die elektrische Meßgröße aus der nichtelektrischen Größe erzeugen, oder als passive Umformer, indem die nichtelektrische Größe eine vorgegebene elektrische Größe beeinflußt.

Aktive Meßumformer erzeugen im allgemeinen aus mechanischer Energie elektrische Energie, d.h. sie sind im Prinzip spezielle Generatoren für Meßzwecke.

Passive Meßumformer nutzen meist den Einfluß von Strahlung (Wärme, Licht) oder den Einfluß einer Änderung der geometrischen Abmessungen auf die Leitfähigkeit von Leitern und Halbleitern aus, d.h. sie sind im Prinzip spezielle Verbraucher.

Außer den direkt umformbaren nichtelektrischen Größen lassen sich eine Vielzahl von Größen über ihre gesetzmäßige Beziehung auf umformbare zurückführen und sind damit der elektrischen Meßwerterfassung indirekt zugänglich. Zum Beispiel ist die Anzahl der Umdrehungen einer Welle und die Zeit relativ einfach elektrisch direkt zu erfassen. Damit ist es aber möglich, die Drehzahl als Quotient aus der Anzahl der Umdrehungen und der Zeit indirekt zu bestimmen und anzuzeigen.

Beispiele für Umformer:

1. Passive Umformer	Meßgrößen
Dehnungsmeßstreifen	Dehnung Kraft Drehmoment
Potentiometer	Weg
Thermowiderstand	Temperatur
optoelektr. Aufnehmer	Wegelemente Weg Drehwinkelelemente Drehzahl

2. Aktive Umformer	Meßgrößen
Tachogenerator	Drehzahl
Hallsonde	magnet. Fluß magnet. Flußdichte
Thermoelement	Temperatur
induktiver Aufnehmer	Weg Drehwinkelelemente Drehzahl
Fotozelle	Beleuchtungsstärke

1.4.1 Messen von Dehnung, Kraft und Drehmoment

Als Meßumformer zur Messung der Dehnung, d.h. einer kleinen Längenänderung, werden Dehnungsmeßstreifen (DMS) eingesetzt. Ein DMS besteht im Prinzip aus einem dünnen Leiter, dessen geometrische Abmessungen und damit sein Widerstand durch die Dehnung beeinflußt werden. Um auch bei kleiner Dehnung eine möglichst große Änderung der Leiterlänge und so des elektrischen Widerstands zu erreichen, ist der Leiter mäanderförmig auf einen nichtleitenden Träger aufgebracht. So ist es möglich, Längenänderungen von Zehntelmillimetern zu erfassen.

Die Form des Leiters legt die Meßrichtung fest. Durch spezielle Formen und die Anordnung verschiedener Leiter auf einem Träger können Längenänderungen in mehreren Richtungen berücksichtigt werden.

Mit Hilfe eines DMS wird eine Längenänderung in eine Widerstandsänderung umgeformt. Die Dehnung als Verhältnis der Längenänderung zur ursprünglichen Länge ist dem Verhältnis von Widerstandsänderung zum ursprünglichen Widerstand proportional.

Der Proportionalitätsfaktor k ist ein Kennwert des DMS, der vom Material und der Form des DMS abhängt. Übliche Werte für k liegen zwischen 2,0 und 6,0.

Dehnungsmeßstreifen

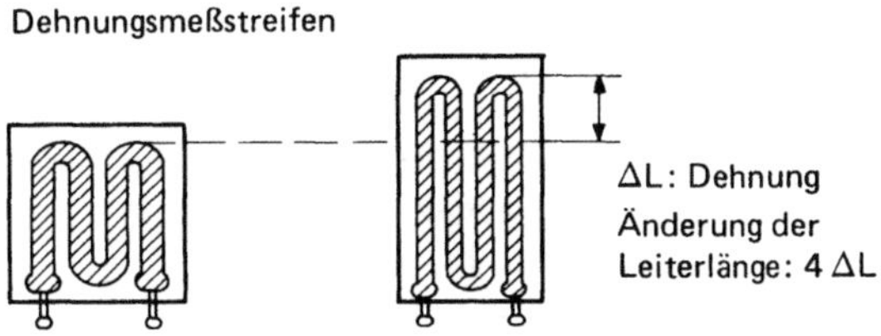

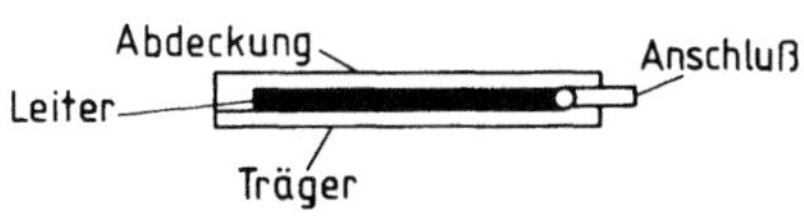

Dehnung: $\frac{\Delta L}{L} \sim \frac{\Delta R}{R}$ $\quad k \cdot \frac{\Delta L}{L} = \frac{\Delta R}{R}$

In der Meßanordnung werden Dehnungsmeßstreifen im allgemeinen mit einer konstanten Spannung versorgt. Die Widerstandsänderung über die direkte Messung der Stromänderung zu erfassen, ist nur in Sonderfällen möglich, da die Widerstandsänderung in bezug auf den Nennwiderstand sehr klein ist, d.h. die Stromänderung, die eigentliche Meßgröße, ist ebenfalls in bezug auf den Ruhestrom sehr klein und liegt im Bereich des Klassenfehlers der meisten Meßinstrumente.

Aus diesem Grund werden DMS im allgemeinen in Brückenschaltungen eingesetzt. Im Ruhezustand ist die Brücke abgeglichen und die Querspannung Null. Eine Meßspannung tritt bei dieser Anordnung nur in Abhängigkeit von der Meßgröße, der Dehnung, auf.

Für spezielle Meßaufgaben können in der Brücke auch mehr als ein DMS eingesetzt werden, um größere Meßspannungen zu erreichen.

Die Dehnung an einem Meßobjekt wird durch Kräfte (Zug, Druck) oder Drehmomente bewirkt. Mit Hilfe von Meßanordnungen aus DMS und Stabfedern oder Torsionsfedern mit bekannten Dehnungseigenschaften können die der Dehnung proportionalen Kräfte oder Drehmomente quantitativ bestimmt werden.

Drehmomente zwischen rotierenden Maschinen, z.B. zwischen Motor und Generator, werden mit einer **Drehmomentenmeßwelle** erfaßt, die zwischen den Maschinen liegt. Eine derartige Meßwelle besteht im Prinzip aus einer mit mehreren DMS bestückten Torsionsfeder. Aufgrund der Anordnung der DMS ist es möglich, die Drehmomente bei Rechts- und Linkslauf zu bestimmen. Die Anschlüsse der DMS sind über Schleifring-Abgriffe zugänglich. In Verbindung mit der Drehzahl n kann aus dem Drehmoment die übertragene mechanische Leistung ermittelt werden ($P = M n$).

Dehnungsmeßstreifen haben einen relativ geringen Nennwiderstand, um den Einfluß von Isolationsfehlern zwischen den einzelnen Bahnen des DMS und den meist metallischen Meßobjekten gering zu halten. Die Nennwiderstände betragen 120 Ω, 350 Ω und 600 Ω. Dadurch ergibt sich in Zusammenhang mit der begrenzten Belastbarkeit der sehr dünnen Leiter für die Speisespannung ein Bereich von 1 V bis 10 V.

Meßschaltung eines DMS

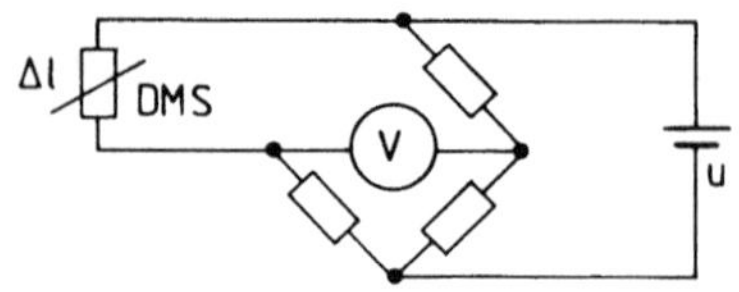

Prinzip der Meßanordnung zur Kraft- und Drehmomentenmessung mit DMS

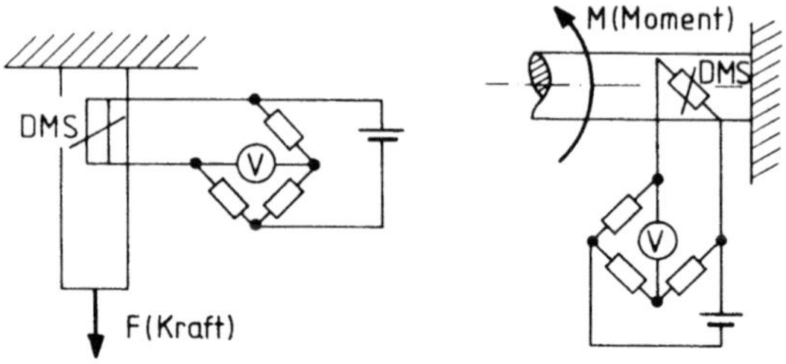

Beispiel für die Kraftmessung

Als Meßanordnung dient ein mit zwei DMS versehener Zugstab aus Stahl

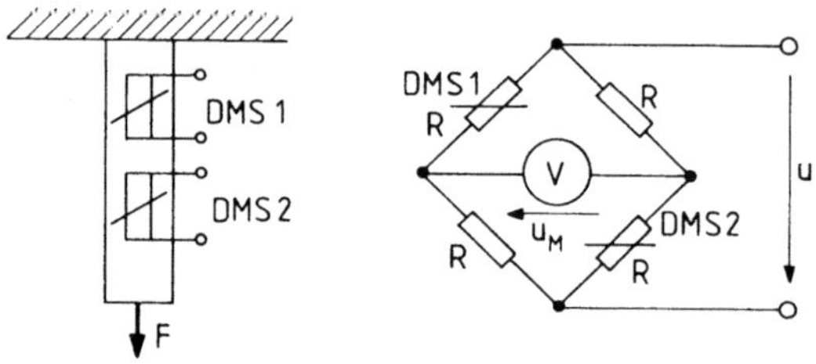

Die DMS sind in der Brücke so angeordnet, daß sich ihre Wirkung verstärkt, d.h. verdoppelt. Die beiden DMS besitzen die gleichen Kennwerte, z.B. einen Nennwiderstand von 120 Ω und einen K-Faktor von 2,1. Die restlichen zwei Brückenwiderstände haben den gleichen Widerstandswert, damit die Brücke für die Kraft Null abgeglichen ist. Die Speisespannung U der Brücke beträgt z.B. 5 Volt.

Für die Querspannung der Brücke gilt: $U_M = U \dfrac{\Delta R}{2R - \Delta R}$

Mit $2R \gg \Delta R$ und

$\dfrac{\Delta R}{R} = k \dfrac{\Delta L}{L}$ ergibt sich: $U_M = U \dfrac{1}{2} k \dfrac{\Delta L}{L}$

Mit dem Hookschen Gesetz, dem Zusammenhang zwischen Spannung und Kraft im elastischen Bereich des Stahlstabs und mit der Definitionsgleichung des Elastizitätsmoduls ergibt sich folgende Beziehung zwischen Kraft und Meßspannung:

$$\sigma = E \frac{\Delta L}{L} \quad \text{(E Elastizitätsmodul)}$$

$$F = \sigma A \quad \text{(A Stabquerschnitt)}$$

$$\frac{\Delta L}{L} = \frac{1}{EA} F$$

$$F = \frac{2\,EA}{U_M k}$$

Hinweis für den Einsatz von DMS im Unterricht

Für die Kraftmessung im Unterricht erfordert die als Beispiel beschriebene Meßanordnung, d.h. ein mit DMS versehener Vollstab, einen relativ hohen Aufwand, zum einen in bezug auf die Messung der sehr kleinen Meßspannung und zum anderen in bezug auf das Aufbringen der relativ großen Kräfte. Eine empfindlichere Meßanordnung erhält man durch die Verwendung von Rohren als Zugstäbe (Verkleinerung des Querschnitts A) und den Aufbau von DMS-Vollbrücken. Nach diesem Prinzip sind die vorgefertigten Kraft- und Druckaufnehmer aufgebaut, wie sie z.B. in elektronischen Waagen eingesetzt werden. Derartige Kraftaufnehmer enthalten als Bauelement die Meßbrücke und geben in der Miniaturausführung in den Nennbereichen von 5 N bis 2000 N einige Millivolt als Ausgangsspannung ab, d.h. die Meßspannung kann direkt mit einem Digitalvoltmeter angezeigt werden.

Zahlenbeispiel:

DMS (Konstanten)	$K = 2{,}1$
Speisespannung	$U = 5$ Volt
Stabquerschnitt	$A = 100\ \text{mm}^2$
Stahl	$E = 21 \cdot 10^4\ \text{N/mm}^2$
Meßspannung	$U_M = 50\ \mu\text{V}$

Daraus ergibt sich die zu bestimmende Zugkraft:

$$F = 50 \cdot 10^{-6}\ \text{V}\ \frac{2 \cdot 21 \cdot 10^4\ \text{N} \cdot 100\ \text{mm}^2}{5\ \text{V} \cdot 2{,}1\ \text{mm}^2}$$
$$= 200\ \text{N}.$$

D.h. eine Kraft von 200 N erzeugt bei einem mit zwei DMS versehenen Zugstab eine Meßspannung von 50 μV.

Prinzip eines Kraftaufnehmers (Kraftmeßdose) mit DMS-Vollbrücke:

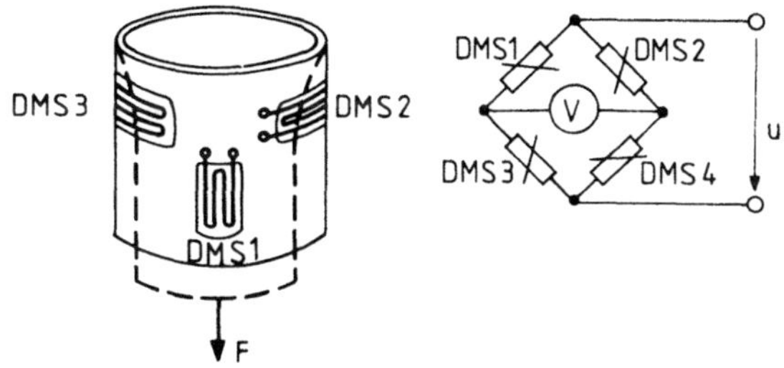

DMS 2, DMS 3 werden bei Belastung gestaucht.
DMS 1, DMS 4 werden bei Belastung gedehnt.

1.4.2 Messen des Weges

Wege sind in einem weiten Anwendungsbereich in den unterschiedlichsten Größenordnungen zu messen. Daher sind vom Prinzip her sehr unterschiedliche Meßverfahren im Einsatz. Mit Hilfe elektrischer Meßeinrichtungen werden z.B. Schwingwege von Wellen in rotierenden Maschinen oder von Gehäusen in der Größenordnung von Bruchteilen von Millimetern wie auch z.B. Verstellwege von Werkstücken und Werkzeugen bei Werkzeugmaschinen oder Transporteinrichtungen in der Größenordnung von mehreren Metern erfaßt. Bei kleinen Wegen kann der Weg direkt bestimmt werden, während bei größeren Wegen der Weg meist indirekt über die Umdrehung der Vorschubspindel oder der Räder gemessen wird (vgl. Kilometerzähler bei einem Kfz).

Es wird daher unterschieden zwischen **translatorischen Meßverfahren** – direkte Wegmessung – und **rotatorischen Meßverfahren** – indirekte Wegmessung über die Umdrehungszahl.

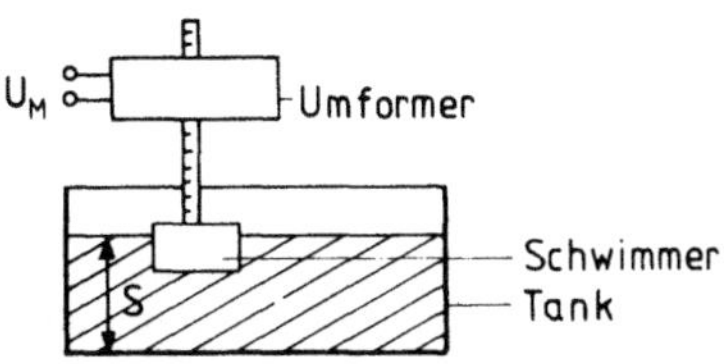

Beispiel für translatorisches Verfahren
(Füllstandsmessung)

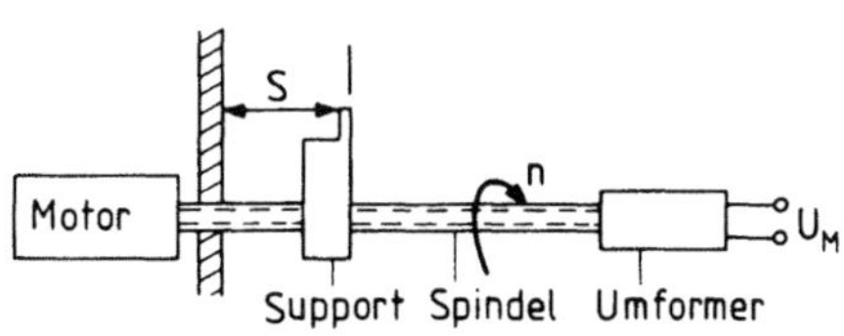

Beispiel für rotatorisches Verfahren
(Positionsmessung an einer Werkzeugmaschine)

Außerdem müssen zwei Verfahren der Zuordnung zwischen zurückgelegtem Weg und elektrischer Meßgröße unterschieden werden. Entweder entspricht die vom Meßumformer in analoger oder digitaler Darstellung gelieferte Größe dem absoluten Wert des von einer definierten Ausgangsposition zurückgelegten Wegs oder der Meßumformer meldet nur jedes zurückgelegte Wegelement in Form eines elektrischen Signals. Während bei dem ersten Verfahren, dem sog. **absoluten Meßverfahren**, die elektrische Größe direkt ein Maß für den Weg ist und angezeigt werden kann, müssen bei dem zweiten Verfahren, dem sog. relativen oder **inkrementalen Meßverfahren**, in der elektrischen Meßeinrichtung die gemeldeten Wegelemente mit Hilfe eines Zählers aufsummiert werden, um ein Maß für den zurückgelegten Weg zu erhalten. Da bei den inkrementalen Meßverfahren digitale Zähler benutzt werden, erfolgt die Darstellung der Ergebnisse ausschließlich digital.

Systematik der Wegmeßverfahren

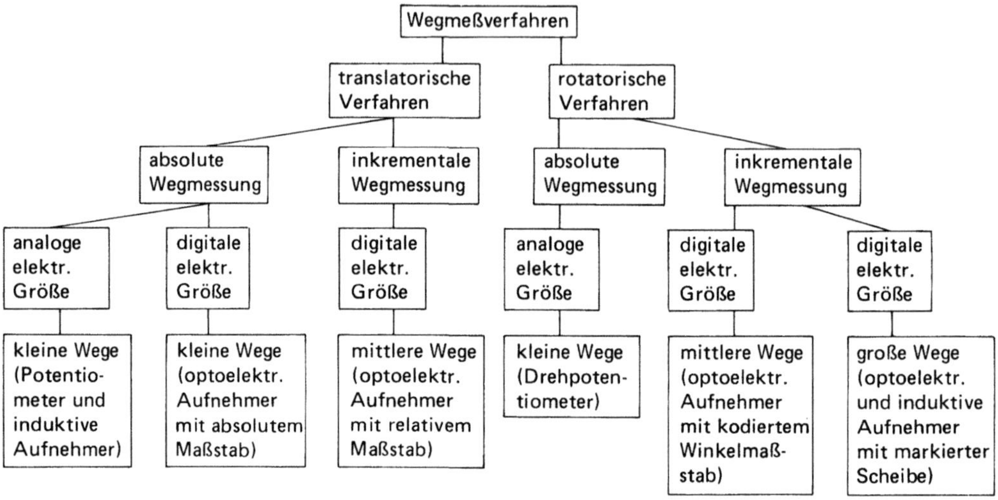

Messung kleiner Wege mit translatorisch-absoluten Meßverfahren

Als Meßumformer bei der translatorischen absoluten Wegmessung werden Potentiometer, induktive Weggeber und optoelektrisch abgetastete Maßstäbe eingesetzt. Die Wegmessung mit einem **Potentiometer** erfordert einen geringen Aufwand, eignet sich aber auch nur für relativ grobe Messungen kleiner und mittlerer Wege. Im einfachsten Fall besteht das Potentiometer aus einem Widerstandsdraht, auf dem ein Schleifer läuft. Der Schleifer wird mit der Anordnung, deren Weg zu messen ist, mechanisch gekoppelt und die Spannung am Potentiometerabgriff als Meßwert angezeigt.

Die Ungenauigkeit des Potentiometerverfahrens, die sich in der Abweichung vom dargestellten linearen Zusammenhang zwischen Ausgangsspannung und zurückgelegtem Weg zeigt, ergibt sich aufgrund des endlichen Widerstands des Meßinstruments (belasteter Teiler) und dem von der Abnutzung abhängigen Übergangswiderstand des Schleifers.

Wegmessung mit einem Potentiometer:

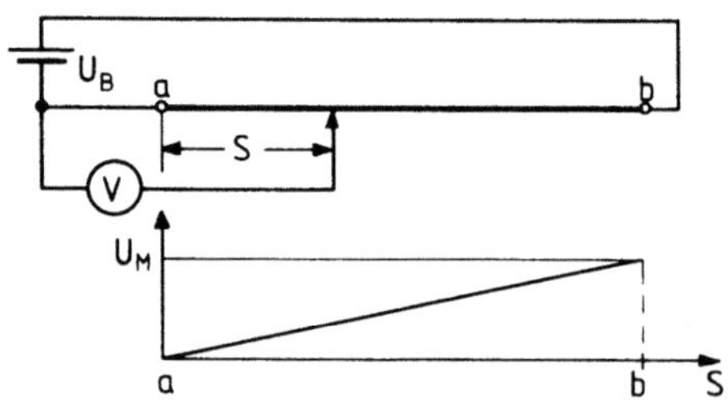

► *Schülerübung*

Aufnahme der Spannung als Funktion des Weges an einem über einen Maßstab gespannten Widerstandsdraht

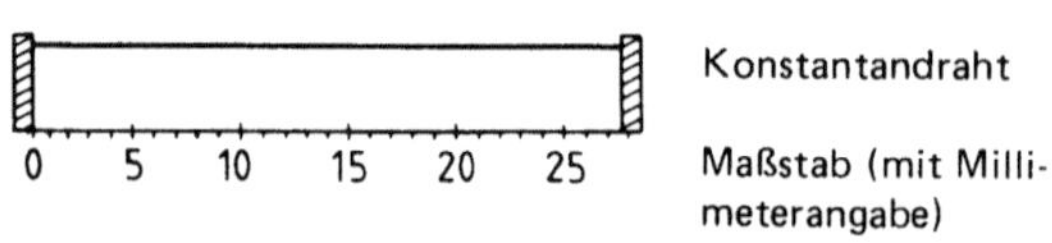

- graphische Darstellung
- Diskussion der Abweichung vom linearen Verlauf

Geräte: Netzgerät, Vielfachinstrument, Widerstandsdraht (ca. 30 cm, 0,3 ⌀), Maßstab

Bei **induktiven Weggebern** wird die Abhängigkeit der elektromagnetischen Kopplung zweier Spulen (Transformator↑) von der geometrischen Anordnung des Eisenkerns genutzt. Eine der beiden Spulen wird mit einer konstanten Wechselspannung gespeist, die ein Magnetfeld erzeugt, das in der zweiten Spule eine Spannung induziert. Die Größe der induzierten Spannung wird von der Kopplung beider Spulen bestimmt. Der Weg beeinflußt die elektromagnetische Kopplung beider Spulem, indem der bewegliche Eisenkern, der mit der bewegten Anordnung mechanisch verbunden ist, entsprechend dem Weg verschoben wird.

Induktive Weggeber eignen sich zur Messung kleiner Wege bei schnell veränderlichen Vorgängen.

Prinzip des induktiven Weggebers:

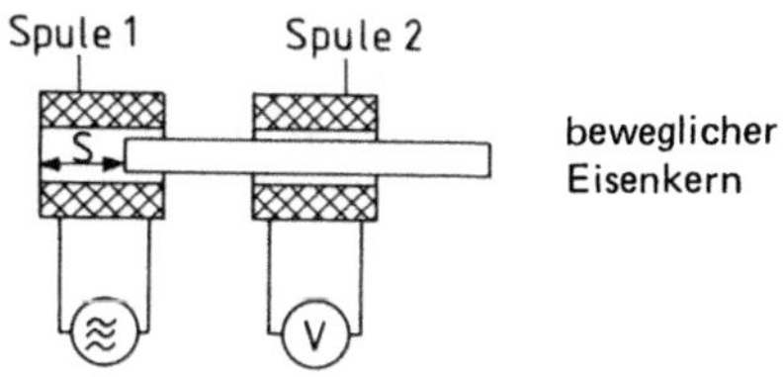

Optoelektronisch abgetastete Maßstäbe eignen sich zur hochgenauen Messung (Auflösung 1 µm) von kleinen Wegen. Die Maßstäbe enthalten die Maßangaben in einem binären Code↑. Ein binäres Zeichen↑ wird z.B. bei einem Metallmaßstab als reflektierendes oder nicht reflektierendes Segment und bei einem Glasmaßstab als durchscheinendes oder nicht durchscheinendes Segment dargestellt. Abgelesen werden diese feststehenden Maßstäbe, indem die mit der bewegten Anordnung gekoppelten optoelektronischen Aufnehmer (Photodiode, -transistor [1]) entsprechend dem binären Muster der aktuellen Position von den mitbewegten Lichtquellen beleuchtet oder nicht beleuchtet werden.

Prinzipieller Aufbau eines Wegmeßsystems mit optoelektronisch abgetasteten absoluten Maßstab

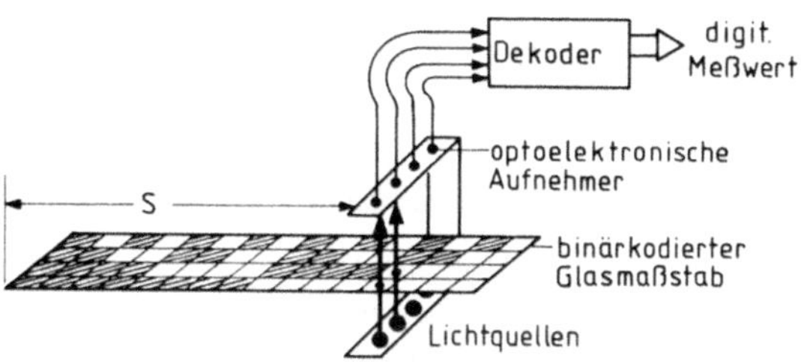

(Beispiel für Position 1100)

Messung mittlerer Wege mit translatorisch-inkrementalen Meßverfahren

Bei den inkrementalen Meßverfahren wird der gesamte Meßweg entsprechend der geforderten Genauigkeit in gleichgroße Wegelemente (Weginkremente) zerlegt und der zurückgelegte Weg aus der Anzahl der überlaufenen Wegelemente ermittelt. Auch bei diesem Verfahren werden heute meist optoelektronisch abgetastete Maßstäbe benutzt. Neben optoelektronischer Abtastung werden vereinzelt die elektromechanische Kontaktabtastung und die induktive Abtastung (siehe rotatorische Meßverfahren) einge-

Prinzipieller Aufbau eines Wegmeßsystems mit optoelektronisch abgetasteten relativen Maßstab

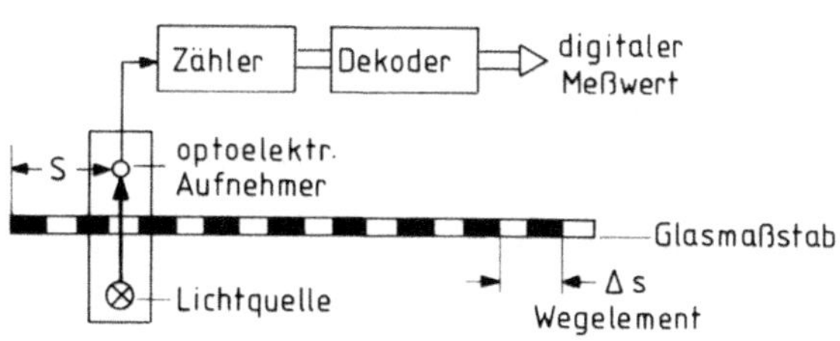

(Beispiel für Position s = 2 Δs)

[1] *Baumann* u.a.: Fachkenntnisse ET, Fachstufe 1 NT; Kap. ET 24. *Tholl, H.*: Bauelemente der Halbleiterelektronik, T. 2; Kap. 3.3 u. 3.4

setzt. Die Maßstäbe für das inkrementale Meßverfahren haben nur eine Spur mit einer Teilung entsprechend den Wegelementen. Sie sind damit wesentlich einfacher gestaltet als die Maßstäbe für das absolute Meßverfahren. Die Teilung wird mit Hilfe eines photoelektrischen Aufnehmers und der dazugehörigen Lichtquelle abgetastet, indem dieser mit der bewegten Anordnung gekoppelte Aufnehmer bei jedem überlaufenen Wegelement einen Impuls abgibt. Die Anzahl der Impulse wird von einem Dualzähler↑ aufgezählt und gibt als Dualzahl der überlaufenen Wegelemente, den zurückgelegten Weg an. Der Zählerstand kann damit dekodiert als Meßwert angezeigt oder weiterverarbeitet werden.

Maßstäbe mit inkrementaler Teilung werden mit einer Auflösung von 1 μm bis zu einer Länge von 50 cm hergestellt. Für große Meßlängen können diese Maßstäbe bei entsprechender Zählererweiterung aneinandergesetzt werden.

► *Schülerübung*

Untersuchung des Funktionsprinzips eines optoelektronischen Aufnehmers mit Lichtquelle (z.B. Optokoppler-Lichtschranke MCA 8)

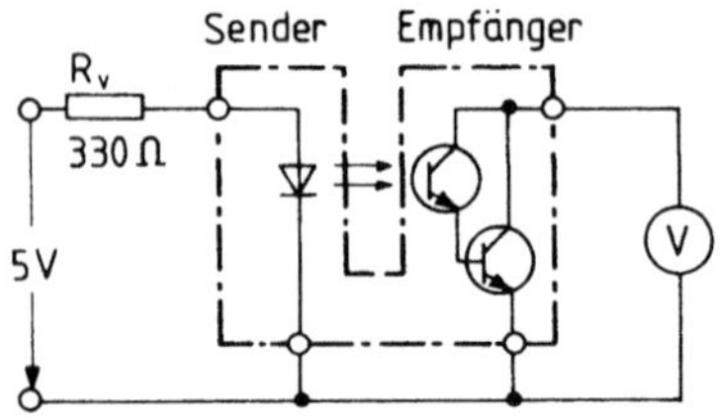

Auf den internen Aufbau des Senders (LED) und des Empfängers (Photo-Darlington-Transistor) braucht hier nicht eingegangen zu werden [1].

Geräte: Vielfachinstrument, Lichtschranke (MCA 8 o.ä.)
Vorwiderstand

[1] *Tholl, H.*: Bauelemente der Halbleiterelektronik, T. 2; Kap. 3.8.4.

Messung mittlerer und größerer Wege mit rotatorischen Meßverfahren

Die rotatorischen Meßverfahren gehen davon aus, daß die Mehrzahl der Längsbewegungen (translatorisch) mit Drehbewegungen (rotatorisch) fest gekoppelt sind, da z.B. fast alle Antriebe eine Drehbewegung erzeugen. Daher ist es meist möglich, den Weg in Längsrichtung über die Drehbewegung, d.h. die Anzahl der Umdrehungen, zu erfassen. Rotatorische Wegmeßverfahren beruhen daher immer auf der Messung der Anzahl von Umdrehungen.

Analoge Meßverfahren zur Bestimmung des Drehwinkels und der Anzahl der Umdrehungen, z.B. mehrgängige Drehpotentiometer verlieren aufgrund der beschränkten Genauigkeit und des relativ hohen Aufwands immer mehr an Bedeutung gegenüber den digitalen Meßverfahren. Für größere Drehwinkel, d.h. eine größere Anzahl von Umdrehungen, werden fast ausschließlich inkrementale digitale Meßverfahren eingesetzt. Bei den rein absoluten digitalen Meßverfahren lassen sich mit Hilfe von binär kodierten Winkelmaßstäben nur innerhalb einer Umdrehung die Drehwinkel sehr genau erfassen, und die Erfassung von mehreren Umdrehungen erfordert den zusätzlichen Einsatz von mechanischen Untersetzungsgetrieben.

Bei den inkrementalen digitalen Meßverfahren wird jedes überlaufene Drehwinkelelement, dem ein Wegelement entspricht, in Form eines Impulses gemeldet und die Anzahl der Elemente in einem Zähler festgehalten.

Um das Überlaufen der Drehwinkelelemente zu erfassen, werden auf der Antriebsspindel oder -achse Marken im Abstand der Drehwinkelelemente angebracht. Diese Marken können aus Schlitzen in einer Scheibe aus beliebigem nicht durchscheinendem Material bestehen, die optoelektronisch abgetastet werden, oder aus Nuten in der Eisenwelle, die induktiv abgetastet werden.

Die optoelektronische Abtastung wird heute aufgrund des einfachen Aufbaus und des einfachen Anschlusses an einen Zählerbaustein meist bevorzugt. Der optoelektronische Aufnehmer und die Lichtquelle bilden eine **Lichtschranke**, die in verschiedenen Bauformen als Bauelement verfügbar ist.

Bei den rotatorischen inkrementalen Meßverfahren wird der Wegmeßbereich nur von dem Zählbereich der Zähler bestimmt, d.h. der Wegmeßbereich ist ohne großen Aufwand beliebig erweiterbar. Die Genauigkeit des Meßverfahrens wird durch die Größe der Drehwinkelelemente, d.h. dem Abstand der Marken auf der Welle oder Scheibe, vorgegeben. Durch eine Vergrößerung der Scheibe kann bei optoelektronischer Abtastung die Auflösung und die Genauigkeit leicht gesteigert werden.

Prinzipien der inkrementalen Drehwinkelerfassung

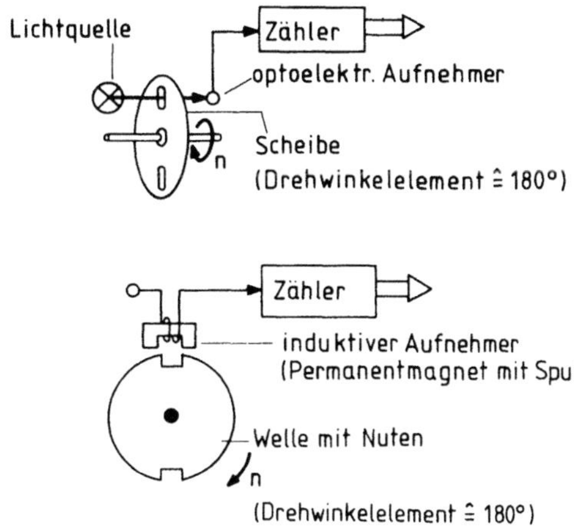

1.4.3 Messung von Frequenz und Drehzahl

Die Frequenz, als Kenngröße zur Beschreibung des zeitlichen Verlaufs periodischer Vorgänge, gibt die Anzahl gleicher Zustände des Vorgangs pro Zeiteinheit an. Die zeitliche Dauer eines Vorgangs, die sog. Periodendauer, entspricht somit dem Kehrwert der Frequenz.

Bei einer elektrischen Sinusspannung gibt die Frequenz z.B. die Anzahl der positiven Maxima pro Sekunde an.

Die Frequenz, eine Anzahl pro Zeiteinheit, ist eine digitale Größe, und die direkte Frequenzmessung besteht aus dem Zählen der Ereignisse während einer Zeiteinheit.

Die Einrichtung zur Messung der Frequenz von elektrischen Vorgängen besteht aus einem Zähler mit einer Torschaltung am Eingang, die von einer Zeitbasis gesteuert für eine Zeiteinheit geöffnet wird. Während dieser Zeit werden die vom Vorgang, z.B. dem Spannungsverlauf, abgeleiteten und zu Impulsen geformten Ereignisse gezählt und danach als digitaler Meßwert am Zählerausgang zur Verfügung gestellt.

Die Genauigkeit eines derartigen Frequenzmessers wird nur von der Zeitbasis und der Stellenanzahl des Zählers, d.h. der Auflösung des digitalen Werts, bestimmt. Die Zeitbasis besteht im allgemeinen aus einem hochgenauen Quarzoszillator [1] mit nachgeschaltetem einstellbarem Teiler ↑.

[1] *Tietze/Schenk*: Halbleiterschaltungstechnik; Kap. 18.2; *TTL-Kochbuch*; Kap. 5.7

Prinzip eines Frequenzmessers

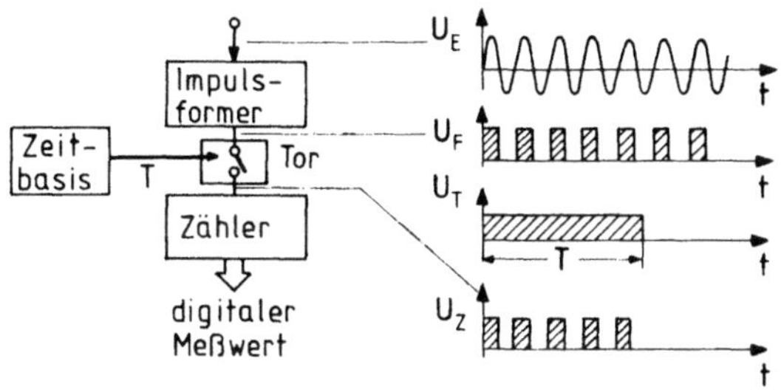

► *Schülerübung*

Kontrolle eines Sinussignalgenerators mit dem Frequenzmesser.

Aufnahme und graphische Darstellung der Skalenanzeige des Generators im Bereich von 0 Hz–20 kHz als Funktion der Frequenz.

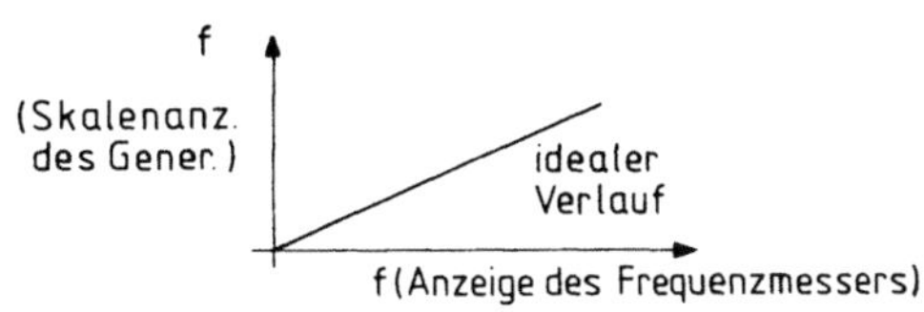

Geräte: Sinusgenerator (0–20 kHz)
Frequenzmesser

Drehzahlmessung

Die Drehzahl eines rotierenden Teils ist als Anzahl der Umdrehungen pro Zeiteinheit definiert. Der Ablauf einer Umdrehung kann als spezielles Ereignis aufgefaßt und die Drehzahlmessung als spezielle Form der Frequenzmessung durchgeführt werden. Jede Umdrehung ist damit als elektrischer Spannungsimpuls auf den Eingang des Frequenzmessers zu geben.

Die Umformer, die eine der Drehzahl proportionale Anzahl von Spannungsimpulsen liefern, tasten optoelektronisch oder induktiv Marken auf den rotierenden Wellen ab und entsprechen den bei dem rotatorischen inkretalen Wegmeßverfahren↑ eingesetzten Umformern.

Bei der Rückführung der Drehzahlmessung auf eine Frequenzmessung steht das Meßergebnis als digitaler Wert zur Verfügung. Drehzahlen werden im allgemeinen erfaßt, um den Betriebszustand einer rotierenden Maschine, z.B. eines Motors, einer Turbine oder eines Generators, zu überwachen oder um eine Maschine zu steuern und zu regeln (Drehzahlregelung↑).

Die Mehrzahl der eingesetzten Regeleinrichtungen arbeiten kontinuierlich, d.h. sie arbeiten auf der Basis analoger Größen. Daher ist es in vielen Fällen erwünscht, das Ergebnis einer Drehzahlmessung als Analogwert zu erhalten. Dazu werden Umformer eingesetzt, die eine der Drehzahl proportionale Spannungsamplitude liefern.

Die Umformer, die eine Spannungsamplitude zur Verfügung stellen, sind im Prinzip kleine Generatoren↑, die mit dem rotierenden Teil mechanisch gekoppelt werden. Diese als **Tachogeneratoren** bezeichneten Umformer werden als Wechselspannungs- und Gleichspannungsgeneratoren eingesetzt. Ein Gleichspannungsgenerator liefert eine der Drehzahl proportionale Spannung, deren Polung die Drehrichtung angibt. Beachtet man die Polung, kann die Drehzahl direkt mit einem Drehspulmeßinstrument angezeigt werden. Allerdings besteht bei diesen Tachogeneratoren der Nachteil, daß die Genauigkeit der Meßspannung durch den veränderlichen Bürstenübergangswiderstand herabgesetzt wird.

Wechselspannungsgeneratoren weisen diesen Nachteil nicht auf, da keine Bürsten zur Abnahme der Meßspannung nötig sind.

Bei diesen Tachogeneratoren kann entweder wieder die Spannungsamplitude ausgewertet werden, indem die Meßspannung gleichgerichtet wird, oder die der Drehzahl proportionale Frequenz wird als digitaler Wert erfaßt.

Wechselspannungstachogeneratoren werden für Drehzahlen bis 3000 min^{-1} mit Toleranzen von 0,1–1 % vom Endwert hergestellt. Die abgegebene Spannung liegt im Bereich von 20–60 Volt.

Für kleine Drehzahlen sind Tachogeneratoren nicht geeignet, da sie in diesem Fall keine exakt auswertbaren Spannungen liefern.

Prinzip des Wechselspannungs-Tachogenerators

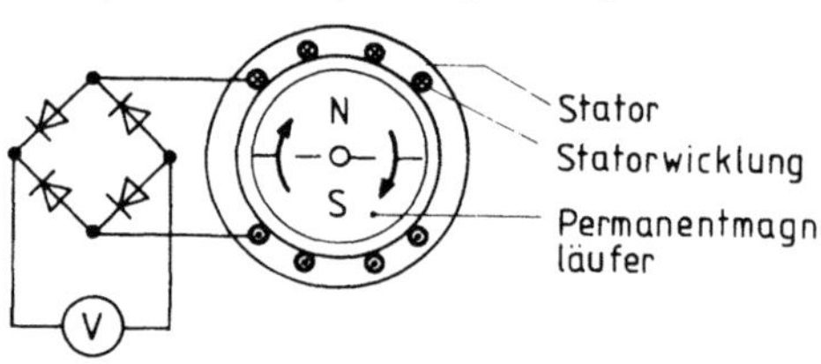

Beispiel:

$U_0 = kn$ Zusammenhang zwischen Drehzahl und abgegebener Spannung (k = Generatorkonstante)

$k = 0{,}01$ Vmin

$N = 3000\ \text{min}^{-1}$ $U_0 = 0{,}01\ \text{Vmin} \cdot 3000\ \text{min}^{-1} = 30\ \text{V}$

$N = 3\ \text{min}^{-1}$ $U_0 = 0{,}01\ \text{Vmin} \cdot 3\ \text{min}^{-1} = 0{,}03\ \text{V}$

1.4.4 Messung von Temperatur

Die Temperaturmessung mit elektrischen Umformern erlaubt die Bestimmung der Temperatur in einem Bereich von −220 °C bis +2500 °C. Sie wird in erster Linie eingesetzt im Rahmen der Steuerung und Regelung von Verfahrensprozessen, wie z.B. Kraftwerke, Hochöfen oder Ölraffinerien, und zur Überwachung von Maschinen und Geräten, wie z.B. Generatoren oder Verstärkern. Sie bietet sowohl die Möglichkeit, die Meßstelle und die Anzeige räumlich zu trennen, als auch die Information über die Temperatur in Reglern und Schutzschaltungen weiterzuverarbeiten.

Für die Temperaturmessung können als aktive Umformer Thermoelemente oder als passive Umformer Widerstandsthermometer eingesetzt werden.

Thermoelemente

Die Umformung von Wärmeenergie in elektrische Energie mit Thermoelementen beruht auf dem thermoelektrischen Effekt. Aufgrund der unterschiedlichen Dichte und Beweglichkeit der freien Elektronen in unterschiedlichen Metallen erfolgt an der leitenden Berührungsstelle zweier verschiedener Metalle eine Verschiebung der Ladungsträger und damit der Aufbau einer elektrischen Spannung. Die Verschiebung ist von der Temperatur der Berührstelle abhängig, und die erzeugte Thermospannung ist so ein Maß für die Temperatur an diesem Punkt. Diese Kontaktstelle zweier verschiedener Metalle ist der Meßfühler und wird als Thermoelement bezeichnet.

Häufig eingesetzte Metallkombinationen:

Metalle	Thermospannung pro 100 °C	Meßbereich
Kupfer-Konstantan (Cu-Konst)	4,3 mV	0– 400 °C
Nickelchrom-Nickel (NiCr-Ni)	3,8 mV	0– 900 °C
Platin-Platinrhodium (Pt-PtRh)	0,8 mV	0–1600 °C

Temperaturmessung mit Thermoelement:

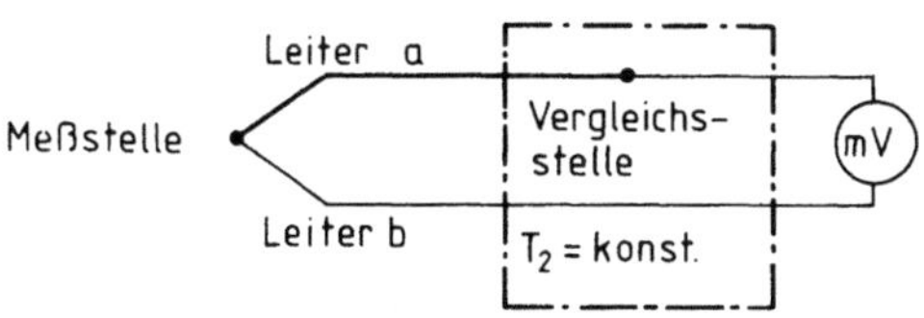

Zur Messung der Thermospannung ist ein Stromkreis erforderlich und eine zweite Kontaktstelle, d.h. ein zweites Thermoelement, nicht zu umgehen. Die vom zweiten Thermoelement erzeugte Spannung ist der ersten entgegengerichtet, und es ist nur eine Spannung meßbar, wenn ein Temperaturunterschied zwischen beiden Kontaktstellen besteht. Die Meßspannung ist daher ein Maß für den Temperaturunterschied zwischen Meßstelle (Thermoelement 1) und Vergleichsstelle (Thermoelement 2). Die Vergleichsstelle muß daher auf einer definierten Bezugstemperatur gehalten werden. Zur Anzeige der Thermospannung kann ein hochohmiger Spannungsmesser, z. B. ein Drehspulinstrument oder ein Digitalvoltmeter, benutzt werden.

Die Ausführung der Vergleichsstelle, z. B. ein kleiner Heizofen mit einem Thermostaten, und die begrenzte elektrische Belastbarkeit der Thermoelemente machen die Temperaturmessung mit Thermoelementen relativ aufwendig. Thermoelemente werden für den Temperaturbereich von –200 °C bis 1600 °C und in speziellen Keramikschutzrohren bis 2500 °C eingesetzt.

Widerstandsthermometer

Die Funktion der Widerstandsthermometer beruht auf der Temperaturabhängigkeit der elektrischen Widerstände von metallischen Leitern und Halbleitern. Der elektrische Widerstand ist damit ein Maß für die Temperatur des Thermowiderstands. Der Thermowiderstand darf durch den Meßstrom nur sehr gering belastet werden, damit die Eigenerwärmung aufgrund der zugeführten elektrischen Leistung das Meßergebnis nicht verfälscht.

► *Schülerübung*

Temperaturmessung mit einem Heißleiter. Als Meßobjekt kann ein Bügeleisen, eine Kochplatte o.ä. dienen.

Als Heißleiter bis zu einer Betriebstemperatur von 300 °C kann z.B. der Typ M812 (Siemens) verwendet werden.

Die Widerstandsmessung wird auf eine Spannungsmessung zurückgeführt, indem der Heißleiter mit einem konstanten Strom versorgt wird. Um die Eigenerwärmung gering zu halten, sollte der Strom unter 0,1 mA liegen.

Es werden Meßwiderstände aus Metall (Cu, Ni, Pt) für den Temperaturbereich von −220 °C bis 850 °C geliefert. Metalle sind Kaltleiter, d.h. bei niedriger Temperatur ist ihr Widerstand geringer als bei hoher Temperatur. Die Widerstandsänderung ist relativ gering und liegt bei reinen Metallen etwa bei 0,4 % pro grd. Die Temperaturabhängigkeit von Widerständen wird als Kennlinie oder im linearen Bereich als Temperaturkoeffizient (Temperaturbeiwert) angegeben. Der Temperaturkoeffizient gibt die Widerstandsänderung eines Widerstands von 1 Ohm bei der Temperaturerhöhung um 1 grd an, d.h. er liegt bei Metallen bei ca. 0,004.

Für den Temperaturbereich von −20 °C bis 400 °C können Meßwiderstände aus Halbleitermaterial eingesetzt werden. Es handelt sich dabei um **Heißleiter** mit einem wesentlich höheren Temperaturkoeffizienten als metallische Widerstände. Der Temperaturkoeffizient liegt bei diesen Heißleitern zwischen 0,02 und 0,06, d.h. er ist etwa zehnmal so groß wie der von Metallen. Die Messung der Widerstandsänderung gestaltet sich daher bei derartigen Heißleitern [1] oder NTC-Widerständen einfacher. Allerdings weisen Halbleiter-Thermowiderstände im allgemeinen größere Fertigungstoleranzen auf als metallische Meßwiderstände.

Prinzipielle Meßschaltung:

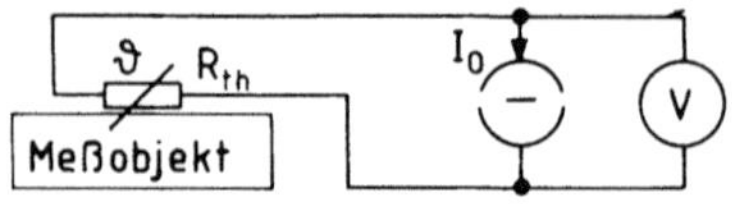

Die Zuordnung des Heißleiterwiderstands zur Heißleitertemperatur soll graphisch anhand der Kennlinie auf dem Datenblatt erfolgen.

Auf der Möglichkeit der rechnerischen Bestimmung der Temperatur aus den Kennwerten des Heißleiters kann hingewiesen werden:

$$R_{th} = R_{th0} \exp(B(1/T - 1/T_0))$$

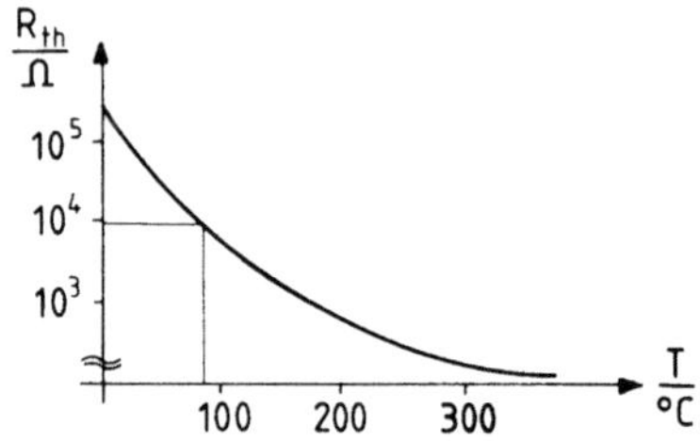

Beispiel:

$I_0 = 0{,}05$ mA
$U = 500$ mV
$R_{th} = 10$ k
$T = 80$ °C

Geräte: Konstant-Stromquelle (ca. 0,05 mA), Digital-Multimeter, Heißleiter (M812 o.ä. und Datenblatt), Meßobjekt

1.4.5 Messen magnetischer Größen

Kenngrößen des magnetischen Feldes [2] sind die Induktion und die magnetische Feldstärke oder daraus abgeleitet der Fluß und die magnetische Spannung. Die magnetische Spannung läßt sich nur sehr aufwendig durch Messung des Flusses in einem Pfad definierten magnetischen Widerstandes zwischen zwei Meßpunkten bestimmen. Die Messung der Induktion oder des Flusses ist dagegen relativ einfach. Es sind zwei unterschiedliche Verfahren üblich, das sind die Messung von Wechselflüssen mit einer **Prüfspule** und die Messung von Gleich- oder Wechselflüssen mit einer **Hallsonde.**

Magnetisches Feld eines Eisenkerns mit Luftspalt (schematisch):

Kenngrößen Induktion $\vec{B}$, Feldstärke $\vec{H}$: $\vec{B} = \mu \vec{H}$

Verknüpfung Permeabilität $\mu = \mu_0 \cdot \mu_r$

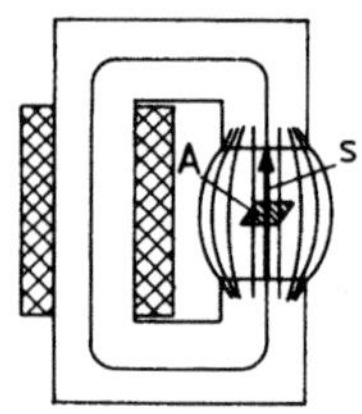

Fluß $\Phi = \int_A \vec{B} \cdot d\vec{A}$ | Magn. Spannung $V = \oint_s \vec{H} \cdot d\vec{s}$

Für die Sonderfälle

Fläche ⊥ Induktion | Feldstärke ∥ Weg

gilt im homogenen Feld:

$\Phi = BA$ | $V = Hs$

[1] *Böger, H.* u.a.: Einführung in die Elektronik; Kap. 13.3

[2] *Beetz,* u.a.: Grundkenntnisse ET; Kap. ET27. *Claussnitzer, H.*: Einführung in die ET; Kap. 4.1.2.

Bei der **Messung von Wechselflüssen mit der Prüfspule** induziert ein zeitlich sich ändernder magnetischer Fluß in einer ihn umfassenden Spule eine elektrische Spannung. Wenn dieser Fluß ein Wechselfluß ist, dann ist diese Spannung ebenfalls eine Wechselspannung. Aus ihrem Zeitverlauf und ihrer Amplitude kann der Zeitverlauf des Flusses und seine Amplitude ermittelt werden. Dazu muß die induzierte Spannung über der Zeit integriert werden.

Wenn der Fluß sich sinusförmig ändert, dann ist die in der Prüfspule induzierte Spannung ebenfalls sinusförmig, beide Größen sind zeitlich jedoch um eine viertel Periode verschoben. Aus der Amplitude der Spannung kann mit den Daten der Spule und der bekannten Periodendauer die Amplitude des Flusses berechnet werden.

Es muß möglichst leistungsarm gemessen werden, da ein Laststrom verfälschende Spannungsfälle am Innenwiderstand der Spule und eine Rückwirkung auf das auszumessende Feld zur Folge hat.

Induktion einer Spannung durch eine Flußänderung:

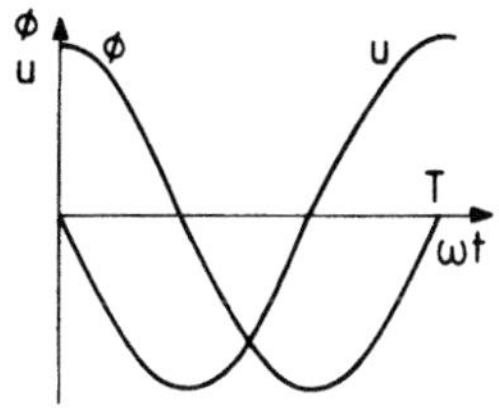

Induktionsgesetz $u = N \dfrac{d\Phi}{dt}$

Bei cos-förmigen Fluß $\Phi(t) = \hat{\Phi} \cos \omega t$

ist die induzierte Spannung $u(t) = \omega N \hat{\Phi} (-\sin \omega t)$.

Induzierte Spannung und Fluß sind gleichförmig,

aber: Phasenverschiebung $\dfrac{u(\omega t)}{\hat{u}} = \dfrac{\Phi(\omega t - \frac{T}{4})}{\hat{\Phi}}$

Amplitudenverhältnis $\dfrac{\hat{u}}{\hat{\Phi}} = \omega N$

Beispiel für die Messung mit der Prüfspule:

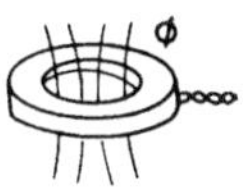

Prüfspule $N = 40$, $A = 0{,}5 \cdot 10^{-4}\,m^2$ **Wechselfeld** $\hat{B} = 10^{-2}\,T$, $\omega = 314\,s^{-1}$

Spannungsamplitude $\hat{u} = 6{,}3\,mV$

Bei $\dfrac{B(t)}{T} = 10^{-2} \cdot \cos \omega t$ ist $\dfrac{u(t)}{V} = -6{,}3 \cdot 10^{-3} \cdot \sin \omega t$

Da aus dem Zeitverlauf der induzierten Spannung nur mittelbar auf die Meßgröße geschlossen werden kann, ist eine Umformung durch einen elektronischen Integrierer ↑ sinnvoll. Dessen Ausgangsspannung ist dann in Zeitverlauf und Amplitude dem Fluß proportional.

Umformung der induzierten Spannung mit einem elektronischen Integrierer

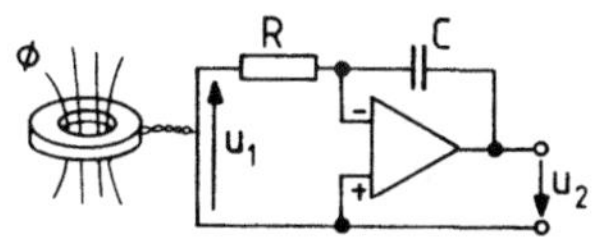

$$u_2 = \frac{1}{RC} \int u_1\,dt$$

$$u_2 = \frac{1}{RC} \int N \hat{\Phi} \omega (-\sin \omega t)\,dt$$

$$u_2 = \frac{N}{RC} \hat{\Phi} \cos \omega t$$

Beispiel für die Dimensionierung des Integrierers:

$R = 1\,k\Omega \gg R_i$ der Prüfspule
$C = 10\,nF$
} Daten des Feldes und der Prüfspule wie vorstehend!

$$\hat{u}_2 = \frac{40}{10^3\,\Omega \cdot 10^{-8}F} \cdot 10^{-2}\,T \cdot 0{,}5 \cdot 10^{-4}\,m^2$$

Spannungsamplitude $\hat{u}_2 = 2\,V$

Bei $\dfrac{B(t)}{T} = 10^{-2} \cos \omega t$ ist $\dfrac{u(t)}{V} = 2{,}0 \cdot \cos \omega t$

Dieses Verfahren läßt sich jedoch nur bei Wechselflüssen anwenden, da eine Gleichkomponente keine Spannung induzieren kann. Nur die zeitliche Änderung des Flusses erzeugt eine Spannung.

Induzierte Spannung bei sinusförmigem Fluß mit überlagertem Gleichfluß

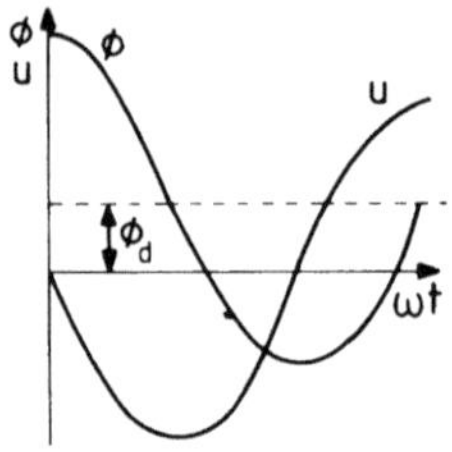

Induktionsgesetz: $u = N \frac{d\Phi}{dt}$

Sinusf. Fluß m. Gleichanteil: $\Phi(t) = \hat{\Phi} \cos \omega t + \Phi_d$

Induzierte Spannung: $u(t) = \omega N \hat{\Phi} (-\sin \omega)$

Die Gleichkomponente des Flusses wird nicht übertragen.

Bei der **Messung von Gleich- und Wechselflüssen mit der Hallsonde** wird die Kraft ausgenutzt, die ein magnetisches Feld auf freie Elektronen in einem Leiter ausübt und die zu einer ungleichmäßigen Verteilung der Elektronen im Leiter führen kann. Dieses Phänomen wird bei dem Hallgenerator benutzt. Hallgeneratoren sind aus Halbleitern mit geringer Ladungsdichte bei hoher Elektronenbeweglichkeit, wie Indiumantimonid oder Indiumarsenid aufgebaut. Dieses Material ist als dünne Schicht auf einem Träger aufgebracht, der bei Hallsonden zur Ausmessung von Feldern aus Ferrit besteht. Die gute magnetische Leitfähigkeit der Ferrithallsonden verringert den Einfluß des Luftspalts, der zur Einführung der Sonde nötig ist.

Aufbau einer Hallsonde am Beispiel FA24 (Siemens)

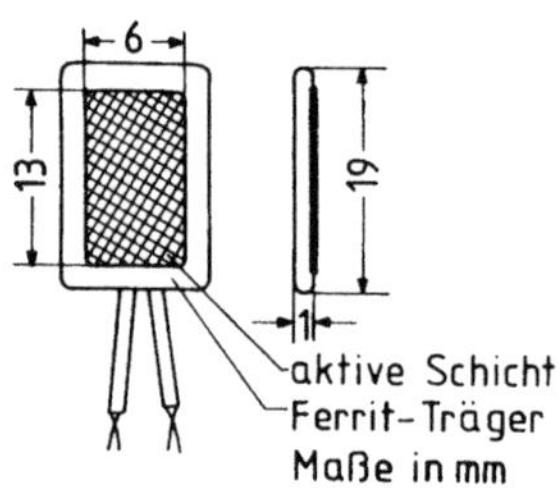

Wird die Halbleiterschicht der Hallsonde von einem Strom, dem sog. Steuerstrom, durchflossen, dann entsteht durch die zur Fläche der Sonde senkrechte Komponente der Induktion quer zur Stromrichtung an der einen Seite der Sonde ein Ladungsträgerüberschuß und an der anderen Seite ein Ladungsträgerdefizit. Die Ladungsträgerdifferenz kann als Potentialdifferenz, als Hallspannung, an der Halbleiterschicht abgegriffen werden. Die aktive Schicht der Sonde ist sehr dünn, um hohe Hallspannungen zu erhalten. Die abgegriffene Hallspannung ist dem Mittelwert der Induktion über die aktive Fläche proportional, d.h. es wird eigentlich der Fluß durch diese Fläche und nicht die Induktion bestimmt. Die aktive Fläche wird sehr klein gehalten, um die örtliche Verteilung des Flusses bestimmen zu können.

Modell für die Erklärung des Halleffektes mit der Ladungsträgertheorie

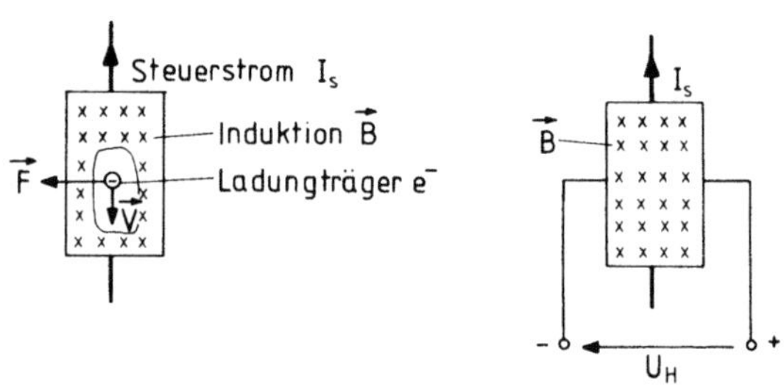

Auf die mit der Gewindigkeit $\vec{v}$ bewegten Ladungsträger wird die Kraft $\vec{F}$ ausgeübt, die zu einer Ladungsträgerkonzentration an einer Seite führt. Es kann die Hallspannung U_H abgegriffen werden.

Die Hallspannung ist dem Produkt von Steuerstrom und Induktion proportional. Meßsonden arbeiten zumeist mit einem Steuergleichstrom. Der Proportionalitätsfaktor ist als sondenspezifische Größe durch die Angabe der Leerlaufhallspannung bei Nennsteuerstrom und einer Induktion von 1 Tesla festgelegt. Durch den Steuerstrom ebenso wie durch äußere Wärmequellen erwärmt sich die Hallsonde, wobei die Hallspannung erheblich absinken kann. Der Temperaturbeiwert charakterisiert den Sondentyp. Sonden aus Indiumarsenid sind weniger temperaturempfindlich. Um die Erwärmung klein zu halten, werden Meßsonden nicht mit dem thermisch zulässigen Nennsteuerstrom, sondern mit kleineren Steuerströmen betrieben. Durch die Belastung der Sonde mit dem Anzeigekreis sinkt die Hallspannung, deshalb ist möglichst leistungsarm zu messen. Infolge unsymmetrischen Abgriffs der Hallspannung aufgrund von Fertigungstoleranzen kann eine sog. Ohmsche Nullspannung auftreten, die eine konstante, dem Steuerstrom proportionale Fehlerspannung im gesamten Meßbereich darstellt. Bei großen Induktionswerten geht die lineare Sondenkennlinie, die die Abhängigkeit der Hallspannung von der zu messenden Induktion darstellt, in einen gesättigten Bereich über. Da die Zeitkonstante der Hallsonde sehr klein ist, kann sowohl der Zeitverlauf als auch die Amplitude des die Sonde durchsetzenden Flusses gemessen werden. Um keine Fehler durch induzierte Spannungen zu erhalten, müssen die Anschlußdrähte der Sonde gut verdrillt werden.

Hallspannung

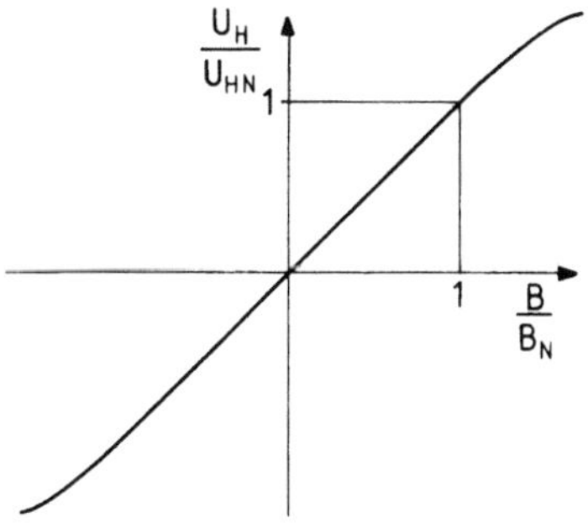

$U_H = C_s \cdot I_s \cdot B$

Sondenfaktor

$$C_s = \frac{U_{H0}}{I_{sn} \cdot 1\,T}$$

FA24: $I_{sn} = 400$ mA

$U_{H0} \geqq 300$ mV

$$C_s(FA24) = \frac{300 \cdot 10^{-3}\,V}{400 \cdot 10^{-3}\,A \cdot 1\,T}$$

$$C_s(FA24) = 0{,}75\,\frac{m^2}{As}$$

Temperaturabhängigkeit der Hallspannung

$$\frac{\Delta U_H}{U_H} = \frac{\Delta T \cdot \beta}{100}$$

Der Temperaturbeiwert β gibt die relative Änderung der Hallspannung pro 1 K in Prozent, bezogen auf den Ausgangswert bei 20 °C an

Indiumarsenid	$\beta = -0{,}1 \ldots -0{,}2$ %/K
Indiumantimonid	$\beta = -1 \ldots -2$ %/K
Sonde FA24	$\beta = -0{,}07$ %/K.

Bei einer Temperaturänderung von 30 K ändert sich die Hallspannung der Sonde FA24 um 2,1 %. Der Arbeitsbereich der Hallsonde liegt bei einer Temperaturänderung von max. 15 K.

Hallsonde im Unterricht

Die Sonden selbst sind sehr kleine, empfindliche und teure Geräte, deren Handhabung große Sorgfalt erfordert. Schülerübungen sind mit diesen Instrumenten nicht sinnvoll, der Einsatz im experimentellen Unterricht bei entsprechenden Problemstellungen erscheint jedoch möglich.

Mit der Hallsonde kann die Abhängigkeit des Streuflusses eines Streutransformators mit Streusteg bei Einspeisung mit konstanter Netzspannung von dem Belastungsstrom bestimmt werden. Ohne Belastung ist der Streufluß nahezu Null, auch durch Einfahren des Streustegs ändert er sich nur wenig. Proportional mit dem Laststrom steigt er an, um im Kurzschlußfall nahezu den Wert des Hauptflusses zu erreichen.

Messen des Streufeldes eines Transformators mit Streusteg

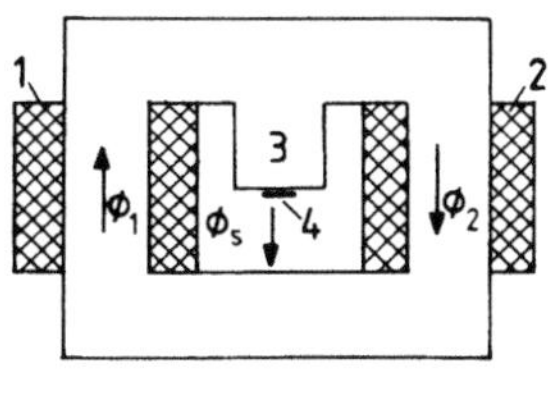

1 Primärwicklung, N_1 Windungen
2 Sekundärwicklung, N_2 Windungen
3 Streusteg
4 Hallsonde

Φ_1 Hauptfluß der Primärwicklung
Φ_s Streufluß
Φ_2 Fluß der Sekundärwicklung

Der Wert des Hauptflusses kann aus der Windungszahl der Primärwicklung und der Speisespannung berechnet werden. Die Flußdifferenz entspricht den ohmschen Spannungsfällen im Lastkreis.

Der Hauptfluß ist in erster Näherung

$$\Phi_1 = \frac{U_1}{4{,}44\, f N_1}$$

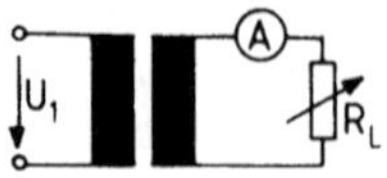

Der Streufluß ist in erster Näherung

$$\Phi_s = \frac{I_2 N_2}{R_{ms}}$$

(R_{ms} magnetischer Widerstand des Streuweges)
Der sekundäre Restfluß ist in erster Näherung

$$\Phi_2 = \frac{I_2 R_L}{4{,}44\, f N_2}$$

1.5 Prüfen und Messen an elektrotechnischen Geräten

1.5.1 Prüfen und Messen eines Kleintransformators

Kleintransformatoren ↑ stellen ein wichtiges Kopplungselement bei der Energieversorgung elektrischer Kleingeräte dar. Mit ihnen wird die elektrische Spannung des Energieversorgungsnetzes an die Anforderungen des Gerätes angepaßt. Dabei werden für Geräte mit relativ kleinem Energiebedarf Einphasentransformatoren verwendet.

Es werden zwei Untersuchungsrichtungen unterschieden. Dies ist einmal die **Transformatorprüfung**, die eigentlich vom Hersteller durchgeführt werden sollte und bei Großtransformatoren auch in größerem Umfang, als hier beschrieben durchgeführt wird. Bei Kleintransformatoren sind durch die konstruktive Ausführung, wie z.B. Zweikammerwicklung, Fertigungsfehler nahezu ausgeschlossen. Trotzdem kann es sinnvoll sein, gerade bei komplexen Geräten vor dem Einbau zu überprüfen, ob der Transformator soweit fehlerfrei ist, daß er ohne Gefahr an das Energieversorgungsnetz angeschlossen werden kann. Die zweite Untersuchungsrichtung zielt auf die Messung der Betriebsdaten des Transformators. Die **Betriebsmessung** dient der Überprüfung der z.B. auf dem Leistungsschild angegebenen Daten

Systematik des Prüfens und Messens eines Kleintransformators

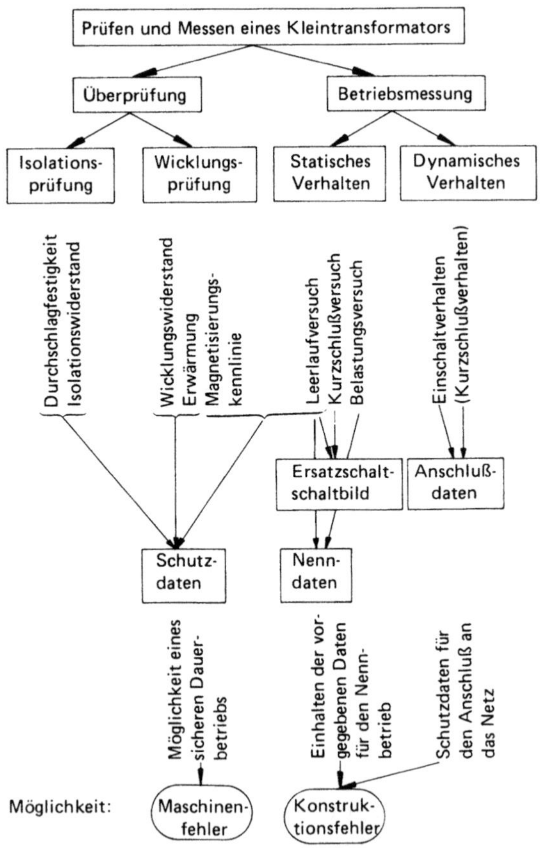

ebenso wie der Ermittlung nicht bekannter, aber für das Betriebsverhalten wichtiger Kenngrößen. Mit diesen Kenngrößen kann das Betriebsverhalten für den vorgesehenen Lastfall, z. B. die Energieversorgung eines Netzgerätes, ebenso wie bei extremen Betriebsfällen, wie Leerlauf und Kurzschluß, bestimmt werden. Die Betriebsmessungen können sich auf zwei Bereiche erstrecken, die Messungen des statischen und des dynamischen Verhaltens. Das **statische Verhalten** kann im stationären Betrieb, bei dem sich die elektrischen und damit auch magnetischen Größen über mindestens zwei Perioden der Netzwechselspannung nicht verändern, gemessen werden. Das **dynamische Verhalten** kennzeichnet den nichtstationären Betrieb, d. h. den Betrieb mit zeitlichen Veränderungen der Belastung ebenso wie der Einspeisung. Die elektrischen und magnetischen Größen verändern sich während aufeinanderfolgender Perioden der Netzwechselspannung. Das statische Verhalten charakterisiert das Verhalten im Dauerbetrieb, das dynamische Verhalten beim Einschalten, bei Kurzschlüssen und bei Lastwechseln. Mit den bei der Untersuchung des statischen Verhaltens ermittelten Transformatorgrößen kann das dynamische Verhalten ausreichend genau berechnet werden, die meßtechnische Bestimmung des dynamischen Verhaltens ist nur im Sonderfall notwendig und sinnvoll.

1.5.1.1 Kenngrößen eines Kleintransformators

Bei der **Transformatorprüfung** soll die ordnungsgemäße Funktion der Transformatorwicklung und des Transformatorkerns überprüft werden. Dazu gehört die Überprüfung der Isolation zwischen den Transformatorwicklungen untereinander und den Wicklungen und dem Kern bzw. dem Gehäuse, ferner die Überprüfung auf Windungsschlüsse der Wicklungen, ebenso wie des Magnetisierungs-Verhaltens.

- **Isolationswiderstand**

Da, außer bei Spartransformatoren, die Potentialtrennung zwischen den verschiedenen Wicklungen ein wichtiges Merkmal für den Einsatz ist, sollte die Durchschlagfestigkeit der Isolation mit Hochspannung geprüft werden. Die Prüfbedingungen sind in der VDE-Vorschrift 0550 festgelegt. Entsprechende Hochspannungs-Prüfeinrichtungen stehen aber, auch aus Sicherheitsgründen, in den Schulen nicht zur Verfügung. Daher muß diese Prüfung auf die Messung des Isolationswiderstandes beschränkt werden. Dieser im MOhm-Bereich liegende Widerstand kann mit einem Vielfachinstrument bestimmt werden. Die Messung sollte zwischen allen Wicklungen untereinander und gegen den Transformatorkern und das Gehäuse geschehen.

- **Wicklungswiderstand**

Die Messung des Wicklungswiderstandes ist bei Kleintransformatoren unproblematisch, da die zu messenden Widerstände relativ groß sind, Werte über 0,1 Ohm sind üblich. Die Widerstandsmessung kann daher mit einem Vielfachmeßinstrument durchgeführt werden.

Bei der Messung ist jedoch darauf zu achten, daß durch den Meßstrom und die Meßspannung der Transformator magnetisch geladen wird. Der Meßstrom ist der Magnetisierungsstrom, die Meßspannung bewirkt mit der Zeit eine Flußänderung. Die Magnetisierungsenergie wird von der Batterie des Instruments aufgebracht, der sich langsam ändernde Zeigerausschlag zeigt die Veränderung des Magnetisierungszustandes an. Wenn der stationäre Zustand erreicht ist, dann reicht die magnetische Spannung durch den Meßstrom gerade aus, um den von der Meßspannungs-Zeitfläche erzeugten

Messung des Wicklungswiderstandes

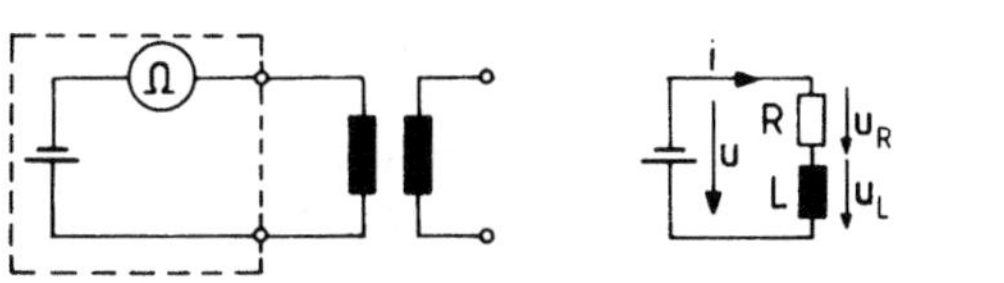

$$W_L = \int u_L \cdot i\,dt \;\nearrow\; \Delta\Phi = \frac{1}{N}\int u_L\,dt \;\searrow\; u = u_R + u_L$$

$$W_L = \int u_L \cdot i\,dt \;\searrow\; i = f(\Phi) \;\nearrow\; u = iR + N\frac{d\Phi}{dt}$$

Bei Einspeisung mit konstanter Spannung teilt sich die Speisespannung in den Spannungsfall am Wicklungswiderstand und die Magnetisierungsspannung, die die Flußänderung bewirkt, auf. Der Strom wird durch den Fluß aus der Magnetisierungskennlinie bestimmt.

Fluß über den Kern des Transformators zu treiben. Die gesamte elektrische Spannung im Meßkreis liegt dann, da die Flußänderung Null ist, am Wicklungswiderstand, der auch richtig gemessen wird. Wird nach der Messung das Instrument einfach abgeklemmt, dann wird der Meßstrom, das ist hier der Magnetisierungsstrom, unterbrochen. Während des Unterbrechens muß die gespeicherte magnetische Energie zumindest teilweise abgebaut werden. Dies erfolgt im Lichtbogen der Unterbrechungsstelle. Der magnetische Fluß im Transformatorkern ändert sich dabei vom durch den Meßstrom bestimmten Wert, der im Sättigungsbereich liegen kann, bis zum Remanenzwert. Bei einem Transformator mit nahezu rechteckiger Magnetisierungskennlinie kann es eine kleine Flußänderung sein. Da aber Kleintransformatoren infolge des sich aus dem Blechschnitt ergebenden Luftspalts eine sehr verschliffene Magnetisierungskennlinie haben können, kann die Flußänderung sehr groß sein. Ist die Flußänderung groß und wird der Meßstrom schnell unterbrochen, dann kann die an der Unterbrechungsstelle auftretende Spannung für die messende Person und für das Meßgerät gefährlich werden. Daher sollte als Schutzmaßnahme bei dieser Messung eine Wicklung des Transformators mit einem niederohmigen Widerstand abgeschlossen werden. Dieser Widerstand verfälscht die Messung nicht, da er bei Messung mit Gleichspannung wirkungslos für die zu messende Wicklung bleibt. Die im magnetischen Kreis gespeicherte Energie kann sich über den Widerstand entladen, die entstehende Spannung wird durch den Widerstand begrenzt.

Der Wicklungswiderstand wird im kalten Zustand des Transformators, d.h. vor Inbetriebnahme, gemessen. Dabei sollte der Meßstrom 10–20 % des Nennstromes der zu prüfenden Wicklung nicht überschreiten, um den Einfluß der Erwärmung auf den Wicklungswiderstand gering zu halten. Diese Bedingung ist bei Messung mit Vielfachinstrumenten meist erfüllt. Mit dieser Messung kann überprüft werden, ob ein Leiterbruch oder ein Anschlußfehler vorliegt, wenn der gemessene Wert sehr groß ist. Verbunden mit einer zweiten Messung nach längerem Betrieb mit Nennlast kann aus der Differenz der Widerstandswerte die **Erwärmung der**

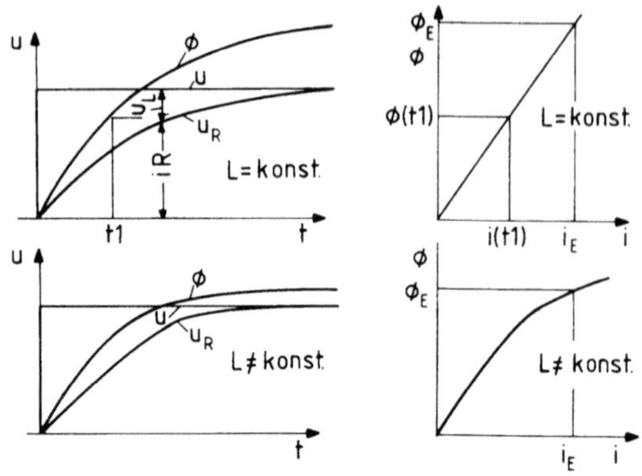

Im stationären Zustand liegt die gesamte Spannung am Wicklungswiderstand,

$$i_E = \frac{u}{R}.$$

Der dabei erreichte Fluß wird von der Magnetisierungskennlinie bestimmt. Dieser Fluß muß beim Abschalten abgebaut werden.

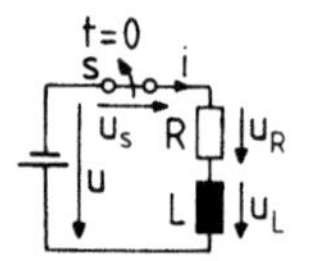

Öffnen des Schalters S im Meßkreis

$$u_R + u_L + u_S - u = 0$$

$$u_S = u - u_R - u_L$$

Annahme $u_R,\, u \ll u_L$

$$u_S = -u_L$$

Die Spannung wird durch die Flußänderungsgeschwindigkeit bestimmt

$$u_S = -N\frac{d\Phi}{dt}$$

Annahme $\left.\begin{matrix} u_S \\ \frac{d\Phi}{dt} \end{matrix}\right\}$ = konst. $\Delta\Phi = -\Phi_E \quad u_S = N\frac{\Phi_E}{\Delta t}.$

Bei einem spannungsfesten schnellen Schalter ist die Spannung bei

Annahme $\Phi_E = 0{,}1$ Vs
$\Delta t = 0{,}1$ s
$N = 1000$ Wdg.

$$u_S = 1000\,\frac{0{,}1\ \text{Vs}}{0{,}1\ \text{s}}$$

$$u_S = 1000\ \text{V}.$$

Bestimmung der Wicklungstemperatur

Änderung des Wicklungswiderstandes mit der Temperatur

$$\Delta R = R_{T1} T_K \Delta T \quad \text{für Wicklungskupfer}$$

$$T_K = 3{,}93 \cdot 10^{-3}\,\frac{1}{K}$$

$$\Delta T = \frac{\Delta R}{R_{T1} T_K} \quad \text{mit } \Delta R = R_{T2} - R_{T1}.$$

Im erwärmten Zustand ist die Wicklungstemperatur

$$T_2 = T_1 + \Delta T.$$

Beispiel: $T_1 = 293$ K (oder 20 °C) ist $R_{T1} = 1{,}21\ \Omega$
$T_2 = ?$ ist $R_{T2} = 1{,}54\ \Omega$
$\Delta R = 0{,}33\ \Omega$

$$\Delta T = \frac{0{,}33\ \Omega}{1{,}21\ \Omega \cdot 3{,}93 \cdot 10^{-3}\,\frac{1}{K}}$$

$\Delta T = 70$ K
$T_2 = 363$ K (oder 90 °C).

Wicklung bestimmt werden. Damit kann über die Berechnung der Wicklungstemperatur das Erreichen oder Überschreiten der zulässigen Temperatur überprüft werden.

Die Widerstandsmessung im kalten und warmen Zustand des Transformators sollte mit gleichen Meßverfahren und gleichen Instrumenten durchgeführt werden, um die Vergleichbarkeit der Ergebnisse sicherzustellen. Bei Wicklungen mit kleinen Widerstandswerten ist auf gut leitende Verbindungen zwischen Instrument und Wicklung zu achten, um Übergangswiderstände und Meßleitungswiderstände so gering wie möglich zu halten.

Der bei der Messung im warmen Zustand ermittelte Wicklungswiderstand ist der im elektrischen Ersatzschaltbild des Transformators als Kupferverlustwiderstand enthaltene Widerstand.

- **Magnetisierungskennlinie**

Um Windungsschlüsse erkennen zu können und um einen Eindruck von der Ausnutzung des Transformatorkerns zu erhalten, wird die Magnetisierungskennlinie aufgenommen. Die Netzwicklung des Transformators wird dazu über einen Stelltransformator mit veränderbarer Spannung eingespeist. Die Speisespannung wird von Null bis zur höchsten möglichen Betriebsspannung der Wicklung gesteigert. Liegt ein Windungsschluß, also ein Kurzschluß einer oder mehrerer Windungen in einer der Wicklungen vor, dann nimmt der Transformator schon bei sehr kleinen Spannungen einen großen Strom auf. Der Transformator verhält sich so, als wenn ein Kurzschlußring seinen Kern umschließt. Dieser Kurzschlußring verhindert das Entstehen eines magnetischen Wechselfusses, da im Kurzschlußkreis infolge der induzierten Spannung ein Kurzschlußstrom fließt. Dieser Strom hat eine gegen den Fluß gerichtete magnetische Spannung zur Folge.

Aufnahme der Magnetisierungskennlinie

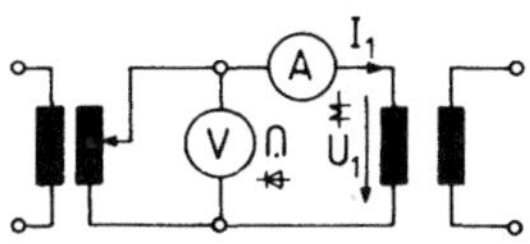

Magnetisierungskennlinie

$U_1 = f(I_1)$

Kennlinie des Kernmaterials: $B = f(H)$

Bei Transformatorkernen mit dem Querschnitt A und der Weglänge s ist: $\Phi = \int_A \vec{B} \cdot d\vec{A} = BA \quad V = \oint_s \vec{H} \cdot d\vec{s} = Hs$

⇓

Kennlinie des Transformatorkerns: $\Phi = f(V)$

Bei bewickelten Kernen mit N_1-Windungen und sinusförmiger Speisespannung mit U_1 und f ist: $U_1 = 4{,}44\, f N_1 \Phi \qquad I_1 = \frac{V}{N_1}$

⇓

Kennlinie eines Transformators: $U_1 = f(I_1)$

Verhalten des Transformators bei einem Windungsschluß

Kurzschlußring in der Sekundärwicklung/Magnetisches Ersatzbild↑

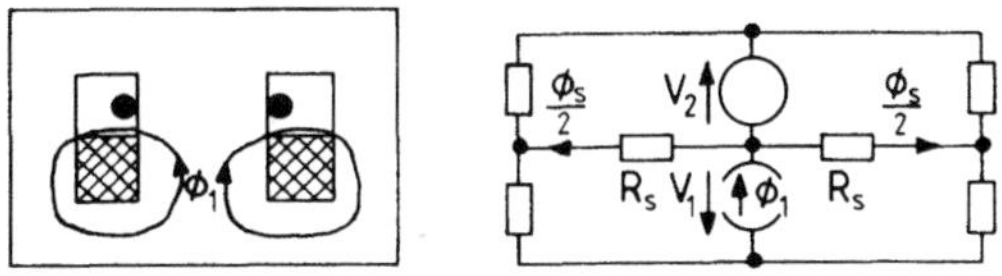

Angenähert $U_2 \approx 0$, daher ist $\Phi_2 \approx 0$

Wirksame sekundäre Windungszahl (kurzgeschlossen)

$N_{2K} = 1$

$$\left.\begin{array}{l} V_2 = I_{2K} \\ V_1 \approx V_2 \end{array}\right\} \quad I'_{1K} = \frac{I_{2K}}{N_1}.$$

Die hohe magnetische Spannung ist notwendig, um nahezu den gesamten Fluß der Primärwicklung über den Streuweg zu treiben. Der Strom in der Primärwicklung ist gleich dem Kurzschlußstrom.

Ist kein Windungsschluß vorhanden, dann kann die Speisespannung gesteigert werden. Gemessen werden dabei die Effektivwerte der Speisespannung und des Magnetisierungsstromes. Da der Magnetisierungsstrom nicht sinusförmig ist, kann bei der Verwendung von Drehspulinstrumenten mit Gleichrichter u.U. ein erheblicher Fehler auftreten. Die so aufgenommene **Effektivwert-Magnetisierungskennlinie** charakterisiert den Transformator in seinem Verhalten bei Betrieb mit variabler Spannung. Es kann aus dem Wert des Magnetisierungsstromes abgelesen werden, wie weit der Transformatorkern im gesättigten Bereich betrieben wird.

Um die Qualität des verwendeten Kernmaterials und den Aufbau des Kerns beurteilen zu können, muß eine **dynamische Magnetisierungskennlinie** aufgenommen werden, d.h. der Fluß in Abhängigkeit von der magnetischen Spannung bei Speisung mit sinusförmiger elektrischer Spannung, die Hysterese. Die Hysterese kann, da die Größen in ihrer zeitabhängigen Zuordnung erfaßt werden müssen, nur mit einem Oszilloskop in x–y-Darstellung aufgenommen werden.

Magnetisierungskennlinie (oder Leerlaufkennlinie)

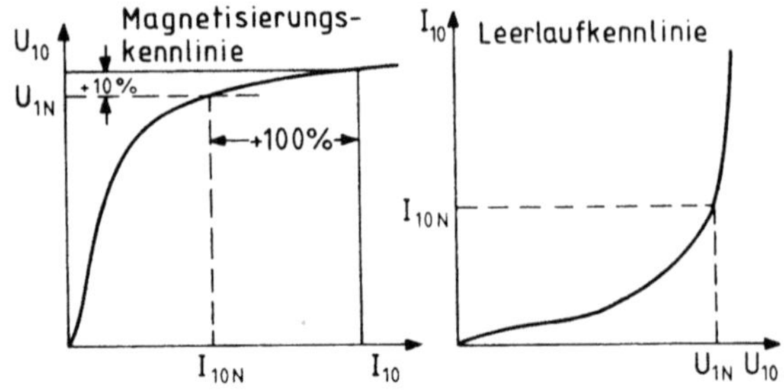

Die Magnetisierungskennlinie entspricht der Leerlaufkennlinie mit vertauschten Koordinaten.

Aufnahme der dynamischen Magnetisierungskennlinie

Voraussetzungen $\left\{\begin{array}{l} \hat{i}_1 R_i \ll \hat{u}_1 \\ i_2 N_2 \ll i_1 N_1 \end{array}\right.$

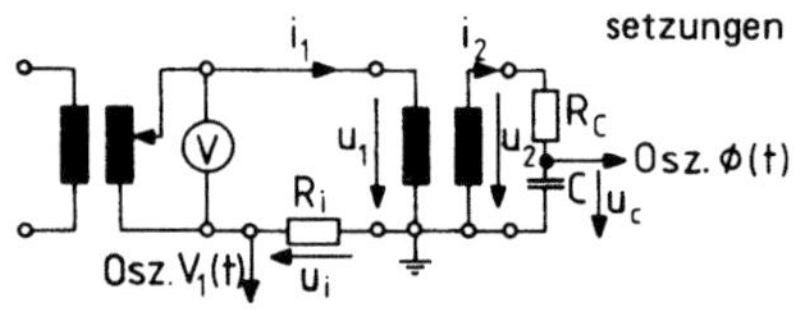

Die dynamische Magnetisierungskennlinie stellt $\Phi = f(V)$ dar, wobei die eingeprägte Größe Φ sich sinusförmig ändert. Da mit dem Oszilloskop nur Spannungen aufgenommen werden können, wird

die magnetische Spannung V auf den Spannungsfall des Magnetisierungsstromes an einem Shunt

der Fluß auf die Spannung an einem Kondensator, der mit einem der flußerzeugenden Spannung proportionalem Strom betrieben wird,

zurückgeführt

$$\left.\begin{array}{r} V(t) = i_1 N_1 \\ u_i = i_1 R_i \end{array}\right\} u_i = \frac{R_i}{N_1} V(t)$$

$$\left.\begin{array}{l} \Delta\Phi(t) = \dfrac{1}{N_2}\displaystyle\int u_2 dt \\ R_c \gg \dfrac{1}{\omega C} \qquad i_2 \approx \dfrac{u_2}{R_c} \\ \Delta u_c = \dfrac{1}{C}\displaystyle\int i_2 dt \end{array}\right\} \Delta u_c \approx \frac{N_2}{R_c C} \Delta\Phi$$

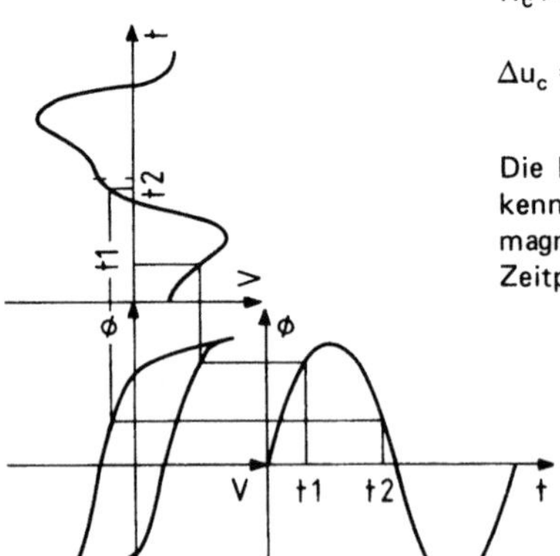

Die Konstruktion der Magnetisierungskennlinie erfolgt aus dem Fluß und der magnetischen Spannung zu gleichen Zeitpunkten.

1.5.1.2 Prüfen eines Kleintransformators

Ziel der Untersuchung des **statischen Verhaltens** ist die Bestimmung der tatsächlichen charakteristischen Daten des Transformators, die sein Betriebsverhalten kennzeichnen. Daraus kann dann festgestellt werden, ob der Transformator für den vorgesehenen Verwendungszweck geeignet ist. Ein geeignetes Modell für die Darstellung des Verhaltens ist das elektrische **Transformator-Ersatzschaltbild**, dessen Daten aus den Ergebnissen dieser Untersuchung ermittelt werden können.

- **Leerlaufversuch**

Im Leerlaufversuch wird bestimmt, ob der Transformator im vorgesehenen Nennspannungsbereich ordnungsgemäß arbeitet. Der Leerlauf ist ein Betriebszustand, bei dem der Transformator an das einspeisende Netz angeschlossen ist, aber keine Energie an Verbraucher abgibt. Bei Kleintransformatoren wird dazu der Sekundärkreis offen gelassen. Bei Großtransformatoren wird in der Praxis auch der Betrieb des Transformators am unbelasteten Netz als Leerlauf bezeichnet.

Im Leerlaufversuch kann der Transformator mit seiner Netzwicklung über einen Stelltransformator in Sparschaltung mit einer um den Nennwert einstellbaren Spannung gespeist werden. Gemessen werden bei Nennspannung der von der Netzwicklung aufgenommene Strom, die angelegte Spannung und die aufgenommene Leistung sowie die Ausgangsspannung jeder Sekundärwicklung.

Ergebnisse der Messung sind

- das **Leerlaufübersetzungsverhältnis**, das im ungekürztem Bruch als Nennübersetzungsverhältnis der Spannung an der Netzwicklung zur Spannung an der Lastwicklung angegeben wird. Damit ist die sekundäre Leerlaufspannung bei primärer Nennspannung bestimmt;
- der **Leerlaufstrom**, der als relativer Leerlaufstrom, bezogen auf den Nennstrom angegeben wird. Er ist ein Maß für die Ausnutzung des Eisenkerns;
- der **Leerlaufleistungsfaktor**, der ein Maß für die Eisenverluste ist und die Qualität des verwendeten Kernmaterials kennzeichnet;
- die **Leerlaufverlustleistung**, die in erster Näherung gleich den Eisenverlusten angenommen wird. Dabei werden die Verluste an den Wicklungswiderständen durch den Leerlaufstrom vernachlässigt. Wenn man weiter die Verminderung des magnetischen Flusses im Eisenkern und damit der Eisenverluste bei Belastung vernachlässigt, kann man die Leerlaufverluste gleich den Eisenverlusten bei Belastung setzen;

Schaltung für den Leerlaufversuch

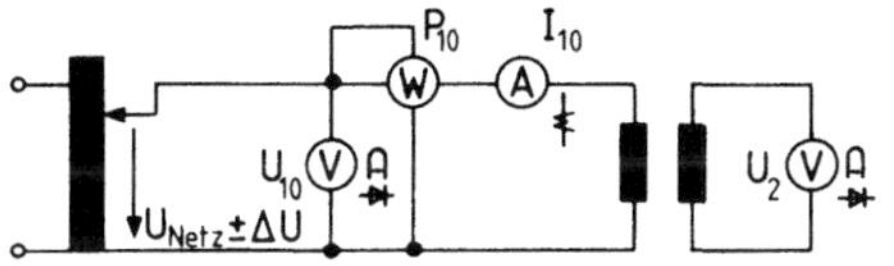

$U_{10} = U_{1N} \pm \Delta U$

Da im Leerlauf der Innenwiderstand des Transformators relativ groß ist, muß stromrichtig gemessen werden. Dies gilt auch für Strom- und Spannungspfad des Leistungsmessers.

Leerlaufübersetzungsverhältnis

Nennübersetzungsverhältnis $ü_N = \frac{U_{1ON}}{U_{2ON}}$

Beispiel: $\left.\begin{matrix} U_{1ON} = 220\ V \\ U_{2ON} = 64\ V \end{matrix}\right\} ü_N = \frac{220\ V}{64\ V}$

Leerlaufstrom

Relativer Leerlaufstrom $\frac{i_0}{\%} = \frac{I_{10}}{I_{1N}} 100$ bei $U_1 = U_{1ON}$

Beispiel: Kleintransformatoren $i_0 \approx 10–20\ \%$

Leerlaufleistung

Leerlaufverlustleistung $P_0 \approx P_{Fe}$

Leerlaufleistungsfaktor $\cos\varphi_0 = \frac{P_0}{I_{10} U_{1ON}}$

– das **Leerlaufersatzschaltbild** des Transformators, das Teil des vollständigen Ersatzschaltbildes ist. Im Leerlauf treten nur die Eisenverluste auf unter den vorher genannten Vernachlässigungen, annähernd der gesamte Fluß wird von beiden Wicklungen umfaßt, nur die Gegeninduktivität ist wirksam. Der Transformator verhält sich wie eine Eisendrossel, da die Sekundärseite unbelastet und damit unwirksam ist. Er kann in seinem prinzipiellen Verhalten von einem Vierpol, bestehend aus der Parallelschaltung eines Widerstandes, des Eisenverlustwiderstandes, und einer Reaktanz, entsprechend der Gegeninduktivität, dargestellt werden.

- **Kurzschlußversuch**

Auch im Kurzschlußversuch gibt der Transformator keine Energie ab, seine Sekundärklemmen sind durch einen Kurzschlußbügel möglichst niederohmig verbunden. Ziel des Kurzschlußversuchs ist es, die Spannungsfälle an den Wicklungen zu bestimmen. Dazu wird die Oberspannungswicklung, also meist die Netzwicklung über einen Stelltransformator so eingespeist, daß in dieser Wicklung der Nennstrom fließt. Gemessen werden die anliegende Spannung, der aufgenommene Strom und die aufgenommene Leistung. Ergebnisse der Messung sind

– die **relative Nennkurzschlußspannung**, das ist die Nennkurzschlußspannung als Speisespannung im Kurzschlußfall, bei der der Nennstrom aufgenommen wird, bezogen auf die Nennspannung;

– der **Kurzschlußleistungsfaktor**, der ein Maß für das Verhältnis von Wicklungswiderstand zu Streureaktanz und damit ein Maß für die Streuung ist;

– das **Kurzschlußersatzschaltbild** des Transformators, das Teil des vollständigen Ersatzschaltbildes ist. Im Kurzschluß sind in erster Näherung nur die Streuinduktivitäten und die Wicklungswiderstände wirksam, der Transformator verhält sich wie eine Luftdrosselspule. Durch den Kurzschluß in der Sekundärwicklung ist der von beiden Wicklungen umfaßte Fluß nahezu Null, die Gegeninduktivität und die Eisenverluste entfallen. Der kurzgeschlossene Transformator kann in seinem

Magnetisches Ersatzbild des leerlaufenden Transformators

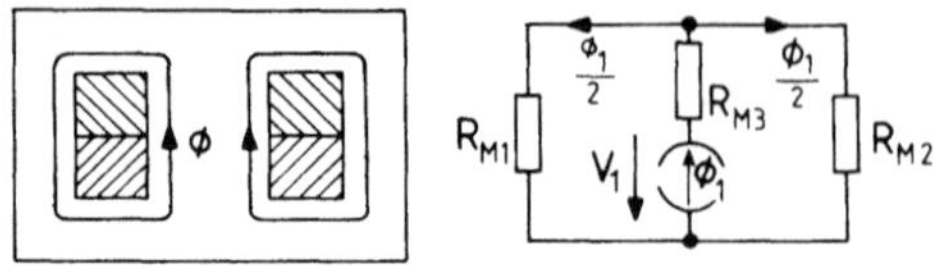

Leerlaufersatzschaltbild

$$P_{Fe} = \frac{U_{10N}^2}{R_{Fe}} \curvearrowright R_{Fe} = \frac{U_{10N}^2}{P_0}$$

$$I_{10} U_{10N} \sin\varphi = \frac{U_{10N}^2}{\omega M} \curvearrowright \omega M = \frac{U_{10N}}{I_{10} \sin\varphi}$$

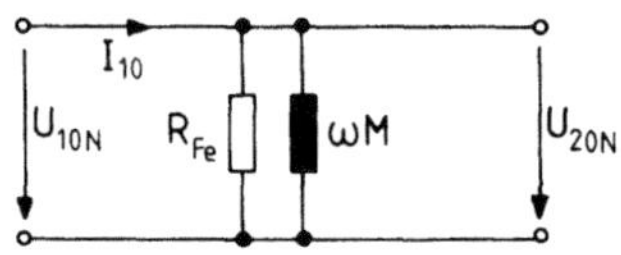

Schaltung für den Kurzschlußversuch

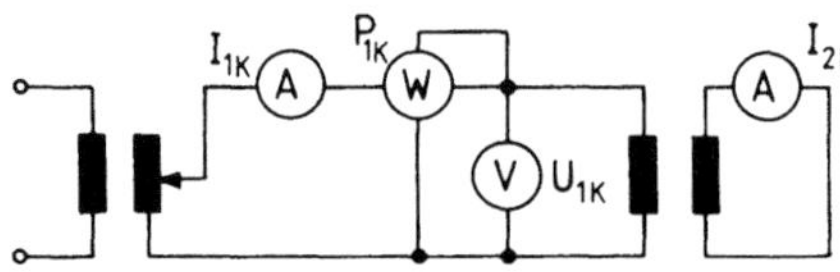

$I_{1K} \leqslant I_{1N}$

Da im Kurzschluß der Innenwiderstand des Transformators relativ klein ist, muß spannungsrichtig gemessen werden. Dies gilt auch für Strom- und Spannungspfad des Leistungsmessers.

Nennkurzschlußspannung

Relative Kurzschlußspannung $\frac{u_K}{\%} = \frac{U_{1K}}{U_{1N}} 100$

bei $I_1 = I_{1N}$

Beispiel: Kleintransformatoren $u_K = 5 - 30\ \%$

Kurzschlußleistung

Kurzschlußleistung $P_K \approx P_{Cu}$

Kurzschlußleistungsfaktor $\cos\varphi_K = \frac{P_K}{I_{1KN} U_{1K}}$

Magnetisches Ersatzbild des kurzgeschlossenen Transformators

analog zum Ersatzbild bei einem Windungsschluß↑

Kurzschlußersatzschaltbild

$$P_{Cu} = I_{1KN}^2 (R_{Cu1} + R'_{Cu2})$$

$$\curvearrowright R_{Cu1} + R'_{Cu2} = \frac{P_{Cu}}{I_{1KN}^2}$$

$$I_{1KN} U_{1K} \sin\varphi_K = I_{1KN}^2 (\omega L_{S1} + \omega L'_{S2})$$

$$\curvearrowright \omega L_{S1} + \omega L'_{S2} = \frac{U_{1K} \sin\varphi_K}{I_{1KN}}$$

prinzipiellen Verhalten von einem Vierpol dargestellt werden, dessen einer Längszweig aus der Reihenschaltung zweier Widerstände, den Wicklungswiderständen, mit zwei Reaktanzen, entsprechend den Streuinduktivitäten, besteht. Bei Kleintransformatoren muß jedoch beachtet werden, daß der Fehler bei der Berechnung der Ersatzschaltbild-Elemente u.U. recht groß sein kann, da die Kurzschlußspannung bis 30 % der Nennspannung betragen kann. Damit sind der Fluß im Eisenkern und auch die Eisenverluste noch recht beachtlich.

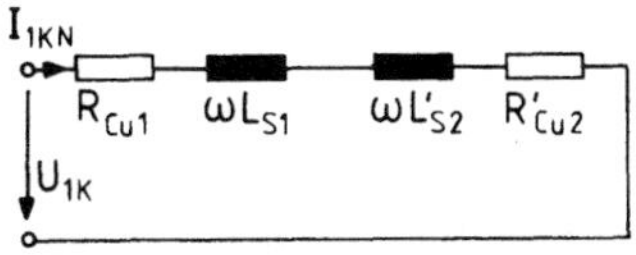

Die Aufteilung auf Netz- und Lastseite kann unter Annahme eines symmetrischen Aufbaus, z.B. einer Scheibenwicklung, zu gleichen Teilen erfolgen.

$$R_{Cu1} \approx R'_{Cu2} \frown R_{Cu} = \frac{P_{Cu}}{2 I_{1KN}^2};$$

$$\omega L_{S1} \approx \omega L'_{S2} \frown \omega L_S = \frac{U_{1K} \sin \varphi_K}{2 I_{1KN}}.$$

Es können für die Werte der Wicklungswiderstände auch die bei der Prüfung ermittelten Werte eingesetzt werden.

Die Kurzschlußspannung bestimmt indirekt die Größe des **Dauerkurzschlußstromes** bei Einspeisung mit Nennspannung. Da im Kurzschlußfall der Strom durch die Wicklungswiderstände und die Streureaktanzen bestimmt wird, ist er, da beide in Reihe liegen, proportional der anliegenden Spannung. Die relative Nennkurzschlußspannung als das Verhältnis von Kurzschlußspannung bei Nennstrom zu Nennspannung ist damit auch das Verhältnis von Nennstrom zu Kurzschlußstrom bei Nennspannung.

Kurzschluß mit verminderter Spannung $U_{1K} = I_{1N} Z_K$

Kurzschluß mit Nennspannung $U_{1N} = I_{1K} Z_K$

$$u_K = \frac{U_{1K}}{U_{1N}} = \frac{I_{1N}}{I_{1K}}$$

- **Belastungsversuch**

Im Belastungsversuch wird der Transformator über einen längeren Zeitraum mit Nennspannung eingespeist und mit dem Nennstrom belastet. Ziele des Belastungsversuchs sind die Bestimmung der Wicklungstemperatur bei einer Belastung mit den Nenndaten über einen längeren Zeitraum, d.h. bis sich das thermische Gleichgewicht eingestellt hat, und die Messung der Sekundärspannung. Sekundäres Ziel ist die Überprüfung der Daten des Ersatzschaltbildes. Gemessen werden netzseitig die angelegte Nennspannung, der aufgenommene Strom und die aufgenommene Leistung. Lastseitig werden die entsprechenden Größen bestimmt.

Schaltung für den Belastungsversuch

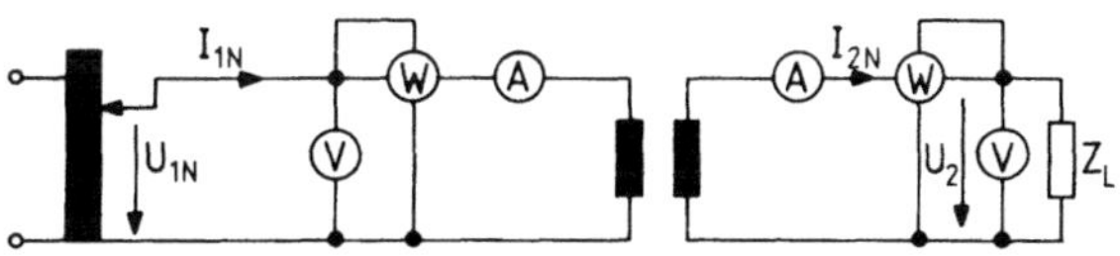

Ergebnisse der Messung sind

- der Vergleich der an der Last verfügbaren Spannung mit der benötigten Spannung;
- der Vergleich der übertragenen Scheinleistung mit der Bauleistung des Transformators;
- der **Wirkungsgrad** des Transformators im Nennbetrieb;
- der Vergleich der aus dem Zeigerdiagramm, aufgestellt mit Hilfe des Ersatzschaltbildes, ermittelten Werte für Betrag und Phase der Sekundärspannung und für den Primärstrom mit den gemessenen Werten.

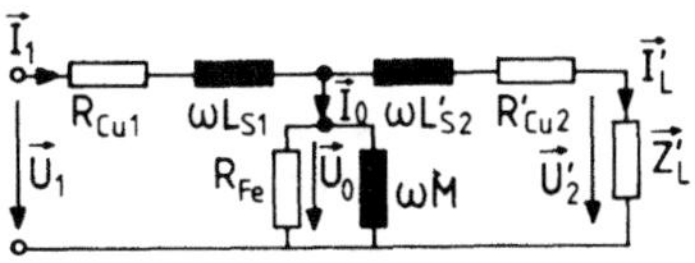

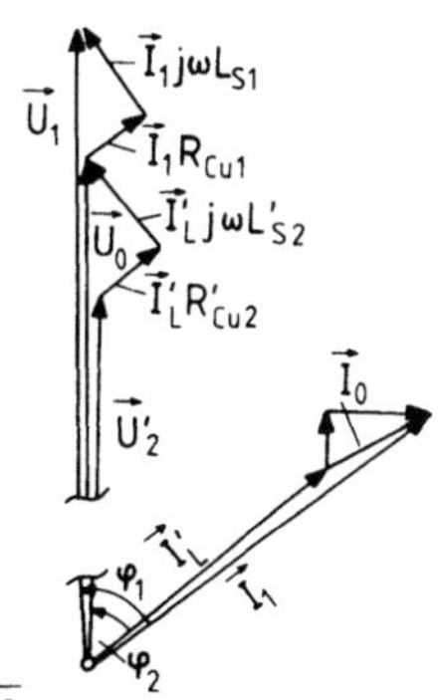

Zeigerdiagramm aus der Anwendung der Kirchhoffschen Sätze

$\vec{U}_2$ als Ausgangsgröße $\vec{I}'_L = \dfrac{\vec{U}_2}{\vec{Z}'_L}$

$$\vec{U}_2 + \vec{I}'_L (R'_{Cu2} + j\omega L'_{S2}) = \vec{U}_0$$

$$\vec{I}_0 = \frac{\vec{U}_0}{R_{Fe} + j\omega M}$$

$$\vec{I}_1 = \vec{I}'_L + \vec{I}_0$$

$$\vec{U}_0 + \vec{I}_1 (R_{Cu1} + j\omega L_{S1}) = \vec{U}_1$$

1.5.1.3 Untersuchung des dynamischen Verhaltens

In zwei Betriebsfällen ist das dynamische Verhalten des Transformators für den Anwender interessant. Das Einschalten des Transformators hat infolge unsymmetrischer Magnetisierung u. U. einen sehr großen **Einschaltstrom** zur Folge. Im Kurzschlußfall können die durch die Streuinduktivitäten auftretenden **Stoßkurzschlußströme** zu starken dynamischen Kräften an den Wicklungen führen, die diese u. U. zerstören. Bei der Verwendung von Kleintransformatoren ist nur der Einschaltstromstoß interessant, da, um unnötiges Auslösen der Netzsicherung zu vermeiden, diese richtig angepaßt sein muß. Die bei Kleintransformatoren auftretenden Stoßkurzschlußströme erreichen dagegen keine Amplituden, die für die Wicklung gefährlich werden könnten. Kleintransformatorwicklungen werden im Fehlerfall durch den Dauerkurzschlußstrom thermisch zerstört.

- **Einschaltverhalten**

Das Verhalten eines Transformators nach dem Einschalten ist vom Einschaltzeitpunkt in der Periode der speisenden Wechselspannung abhängig. Um den Einfluß der Last auszuschließen, die den Vorgang unnötig kompliziert, sollte der Einschaltversuch ohne Belastung durchgeführt werden.

Einschaltverhalten des unbelasteten Transformators

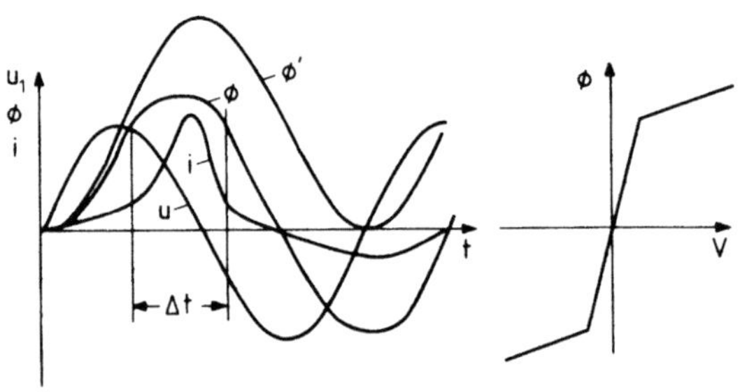

Ohne Wicklungswiderstand und Restinduktivität der Wicklung würde sich entsprechend der vollen Spannungszeitfläche der Fluß Φ' ausbilden. Der während der Sättigungszeit Δt auftretende Strom wird durch diese Wicklungswiderstände begrenzt, die zur Flußänderung zur Verfügung stehende Spannungszeitfläche wird reduziert.

Interessant ist der Einschaltzeitpunkt, der den größten Einschaltstrom zur Folge hat. Dies ist der Fall, wenn im Nulldurchgang der speisenden Wechselspannung geschaltet wird, da dann die volle Spannungszeitfläche einer Halbperiode zum Aufbau eines Flusses in einer Richtung zur Verfügung steht. Diese Spannungszeitfläche magnetisiert im stationärem Betrieb den Transformatorkern vom negativen Maximum zum positiven Maximum des Flusses um. Beim Einschalten beginnt dieser Ummagnetisierungsvorgang jedoch nicht beim negativen Maximum, sondern mit einem Fluß, der angenähert Null ist oder bei hochwertigen Kernen sogar im ungünstigsten Fall der positive remanente Fluß sein kann.

Infolge der Sättigungserscheinungen des Eisens kann die volle Spannungszeitfläche nicht aufgenommen werden. Wenn der Sättigungsfluß erreicht ist, verhält sich der Transformator wie eine Luftinduktivität. Der Rest der anliegenden Spannungshalbwelle hat einen Strom zur Folge, der nur durch den Wicklungswiderstand und die Restinduktivität der Wicklung begrenzt wird. In der folgenden negativen Halbwelle wird der Transformatorkern zurückmagnetisiert durch die volle Spannungszeitfläche, der Einschaltvorgang ist nahezu beendet.

Schaltung zur Aufnahme des Einschaltverhaltens

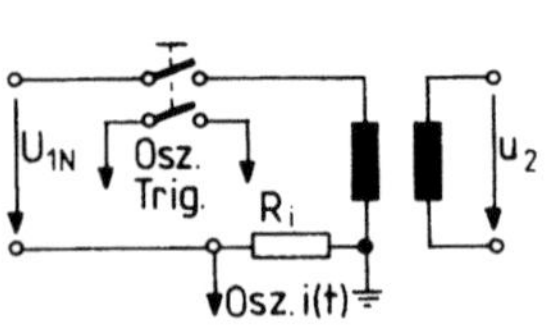

Dieser Vorgang kann nur mit einem Oszilloskop aufgenommen werden. Dazu wird die Netzwicklung des Transformators über einen vom Verlauf der Netzwechselspannung steuerbaren Schalter eingeschaltet. Das Oszilloskop wird durch das Einschaltsignal für den Schalter extern getriggert. Oszilloskopiert wird der Zeitverlauf des Einschaltstromes und der in der Sekundärwicklung induzierten Spannung.

1.5.1.4 Ermittlung der Daten des Netzanschlußtransformators zur Speisung einer elektronischen Stabilisierungsschaltung

Es soll die Eignung eines Kleintransformators zur Einspeisung in eine Gleichrichterschaltung mit nachgeschaltetem Glättungskondensator und einem Spannungsregler-IC beurteilt werden. Dabei sind die minimale Eingangsspannung des Spannungsregler-ICs und die zulässige Veränderung der Speisespannung zu berücksichtigen.

Prinzipschaltung Transformator mit Belastung:

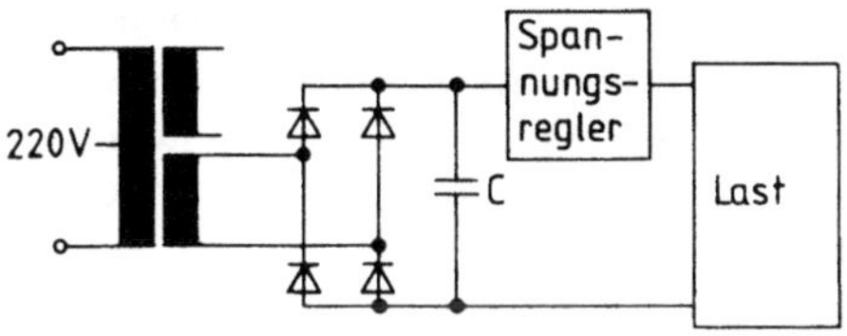

Ermittlung der Daten des Kleintransformators

Aufdruck auf dem untersuchten Transformator

$U_{1N} = 220$ V   ($U_{2N}^{x} = 18$ V) gewählt

$I_{1N} = 11$ mA $I_{2N} = 82$ mA

$P_1 = 2{,}4$ VA   ($P_2^{x} = 1{,}5$ VA)

Der Transformator wird im Nennbetrieb der einzuspeisenden Schaltung nicht voll belastet.

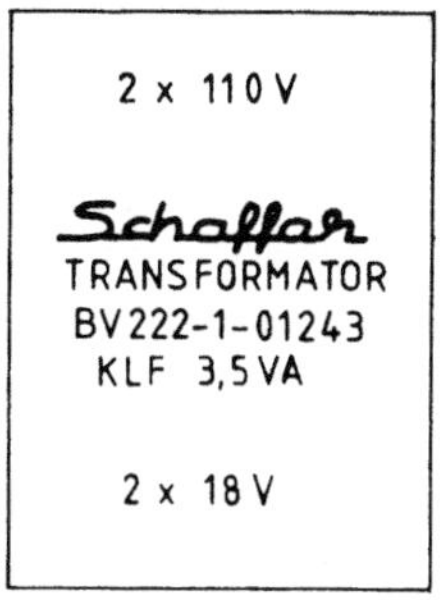

Die beiden Primärwicklungen sind als Netzwicklung in Reihe geschaltet. Als Lastwicklung wird eine Sekundärwicklung verwendet.

Belastung: $I_L = 10 \dots 70$ mA
$C = 2{,}2\ \mu F$
Gleichrichter B 80 C 1000

Aus der aufgenommenen Lastkennlinie kann beurteilt werden, ob der Transformator geeignet ist. Gerade bei der Anwendung von Kleintransformatoren für den genannten Anwendungsbereich besteht das Problem der genauen Leistungsanpassung. Infolge der relativ großen Kurzschlußspannung ist die Lastkennlinie stark abfallend, der Spannungsfall zwischen Leerlauf und Nennlast ist relativ groß. Andererseits ist der Regelbereich des Spannungsregler-ICs aber begrenzt. Wird ein leistungsmäßig nicht ausgenutzter Transformator benutzt, dann wird damit zwar der Spannungshub zwischen Leerlauf und Nennlast verkleinert, aber die Spannung bei Nennlast ist größer, d.h. der Spannungsregler muß bei Nennstrom eine größere Spannung aufnehmen, er wird thermisch stärker belastet.

Im untersuchten Fall ist die vom Transformator bei größtem Laststrom abgegebene Spannung zu groß. Es muß ein Transformator kleinerer Leistung oder mit kleinerer Sekundärspannung gewählt werden.

Messung der Wicklungswiderstände

mit dem Digital-Multimeter wurde gemessen

Reihenschaltung beider Netzwicklungen $R_1 = 1{,}428\ k\Omega$
Eine Lastwicklung $R_2 = 37{,}8\ k\Omega$

Messung der Lastkennlinie

Meßbereich: $I_L = 10$ mA $\widehat{=}$ $I_2 = 12{,}1$ mA
bis $I_L = 70$ mA $\widehat{=}$ $I_2 = 81{,}4$ mA

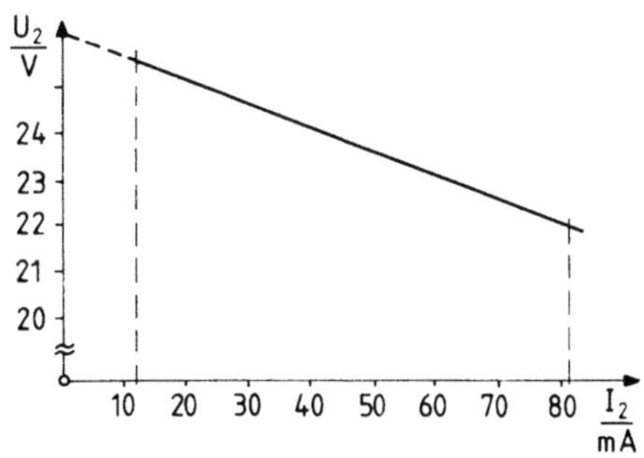

Die Lastspannung ist im Nennbetrieb größer als erwartet, da der Transformator nicht voll belastet ist.

$I_{2N} = 82$ mA
$U_{2N} = 21{,}7$ V
$P_2 = 1{,}8$ VA

Leerlaufversuch (ohne Leistungsmessung)

$U_{10} = 220$ V
$U_{20} = 25{,}9$ V   Nennübersetzungsverhältnis $\ddot{u}_N = \dfrac{220\ V}{25{,}9\ V}$

$I_{10} = 1{,}8$ mA   Relativer Leerlaufstrom $i_0 = 16{,}5\ \%$

1.5.2 Messen und Prüfen an einem Tonfrequenz-Verstärker

Die Verstärker sind Grundbaueinheiten der elektrischen Informationstechnik. Sie haben die Aufgabe, elektrische Signale kleiner Spannung, Ströme oder Leistung in größere Signale zu verstärken. Für alle Signalverstärker gilt die Forderung, daß der Informationsinhalt der Signale durch die Verstärkung nicht verfälscht werden darf.

Entsprechend der Frequenz der verstärkten Signale werden Verstärker↑ eingeteilt in Niederfrequenz-, Hoch- und Höchstfrequenz-Verstärker oder entsprechend dem Frequenzband in Breitband- und Resonanz-Verstärker.

Elektroakustische Signale, z.B. Darstellung von Sprache oder Musik, liegen in einem breiten niederfrequenten Frequenzbereich, der im wesentlichen durch die Empfangseigenschaften des menschlichen Ohrs bestimmt wird (vgl. 3.1.3).

Tonfrequenz-Verstärker sind daher breitbandige Niederfrequenz-Verstärker. Die Eingangssignale für Tonfrequenz-Verstärker liefern im allgemeinen relativ leistungsschwache, hochohmige Quellen, wie z.B. Rundfunk-Empfangsteile, Plattenspieler, Mikrofone oder Tonbandgeräte, die eine Leistung in der Größenordnung von 10^{-9} Watt abgeben. Diese Eingangssignale sind von den Verstärkern in Ausgangssignale mit einer Leistung im Bereich von 1–100 Watt zur Ansteuerung der Lautsprecher umzusetzen.

Der Verstärker bestimmt in einem Übertragungskanal für elektroakustische Signale wesentlich die Übertragungseigenschaften, d.h. die Wiedergabequalität.

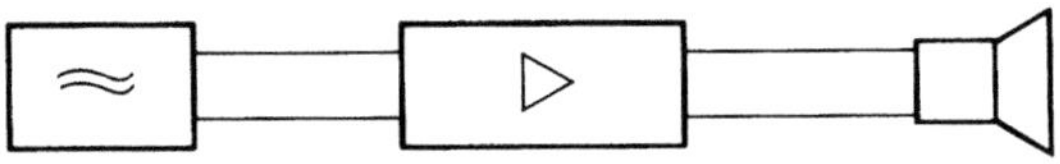

Elektroakustischer Übertragungskanal

Bei den zur Musikübertragung in der Heimstudio-Technik eingesetzten Verstärkern, den sog. HiFi-Verstärkern, sind – neben der Verstärkung – die weiteren Übertragungseigenschaften gleichwertig in einer Beurteilung zu berücksichtigen, denn ein derartiger Verstärker erfüllt wohl nicht seine Aufgabe, wenn er die angeschlossenen Lautsprecher voll aussteuert, aber ein Klavier nicht mehr von einer Gitarre zu unterscheiden ist.

Um eine objektive Beurteilung von Tonfrequenz-Verstärkern zu ermöglichen, wurden mehrere quantitative erfaßbare Kenngrößen, d.h. meßbare Kenngrößen, zur Beschreibung der Übertragungseigenschaften definiert (DIN 45 500, Blatt 6).

Diese Kenngrößen geben die Möglichkeit, Abweichungen vom Idealverhalten, d.h. die Verfälschung der originalgetreuen Wiedergabe der übertragenen Sprache und Musik, quantitativ zu erfassen.

Ausgangspunkt aller Messungen an Tonfrequenz-Verstärkern ist die Tatsache, daß die elektrischen Signale zur Darstellung von Sprache, Musik und Geräuschen ein Gemisch sinusförmiger Signale unterschiedlicher Frequenz und Amplitude bilden. Dabei ist die Signalfrequenz des Grundtons der Tonhöhe proportional, und die Signalamplitude entspricht der Lautstärke.

Messungen der Übertragungseigenschaften beziehen sich daher bei Tonfrequenz-Verstärkern auf sinusförmige Signale.

1.5.2.1 Kenngrößen eines Tonfrequenz-Verstärkers

Ein Tonfrequenz-Verstärker wird gekennzeichnet durch seine Anschlußwerte und seine Übertragungseigenschaften. Da der Verstärker im elektroakustischen Übertragungskanal mit weiteren Komponenten verbunden wird, müssen die Anschlußbedingungen für seinen Eingang und Ausgang festgelegt sein. Die Bedingung für den Anschluß einer Quelle wird durch den **Eingangswiderstand** des Verstärkers und die für die Nennausgangsleistung erforderliche **Eingangsspannung** beschrieben, und der Verstärkerausgang wird durch die **Ausgangsleistung** und den Lastwiderstand, d.h. den Widerstand des Lautsprechers, charakterisiert. Damit die unterschiedlichen Komponenten eines Übertragungskanals möglichst frei kombinierbar sind, wurden die Anschlußbedingungen für HiFi-Geräte nach DIN 45 500 genormt.

Hinweis: Die Kenngrößen können anhand der Datenangaben in den Herstellerprospekten eingeführt und erläutert werden. Ein Vergleich mit den nach DIN 45 500 festgelegten Daten bietet sich hier an.

Mindestanforderungen für HiFi-Verstärker
Anschlußbedingungen (nach DIN 45 500)

Eingang für	Eingangs-widerstand	Eingangs-spannung
Plattenspieler (Magnet)	> 4,7 kΩ	> 5 mV
Plattenspieler (Kristall)	> 100 kΩ	> 500 mV
Magnetband	> 47 kΩ	> 500 mV
UKW-Empfangsteil (Tuner)	> 47 kΩ	> 500 mV

Als Lastwiderstand sind Lautsprecher von 4 Ω oder 8 Ω genormt und üblich.

Übertragungseigenschaften (nach DIN 45500):

Übertragungsbereich	40 Hz–16 kHz (± 1,5 dB)
Klirrfaktor	< 1 %
Intermodulation	< 3 %
Fremdspannungsabst.	> 50 dB
Übersprechdämpfung	> 40 dB (bei 1 kHz)

Die **Ausgangsleistung** ist die vom Verstärker an die Lautsprecher abgegebene Leistung. Der Maximalwert dieser Leistung, auch als Nennleistung bezeichnet, hängt von dem Zeitverlauf des Signals, d.h. der Kurvenform des Signals, ab. Es ist daher festgelegt, daß die Ausgangsleistung für ein Sinussignal von 1 kHz ohne Übersteuerung über eine längere Zeit erbracht werden muß. Die derart charakterisierte Ausgangsleistung wird auch als Sinusdauertonleistung bezeichnet.

Ausgangsleistung $P_a = \frac{U_a^2}{R_L}$

U_a sinusförmige Ausgangsspannung von 1 kHz
R_L Lastwiderstand des Lautsprechers (4 Ω oder 8 Ω)

Die Herstellerprospekte enthalten oft Angaben über eine sog. Musikleistung oder Spitzenleistung. Durch die Angabe der Musikleistung wird die Fähigkeit des Verstärkers beschrieben, kurzzeitig eine überhöhte Leistung abzugeben. Allerdings sind die Bedingungen, unter denen diese überhöhte Leistungsabgabe erfolgt, nicht allgemein gültig festgelegt. Die Spitzenleistung ist die maximale Leistung, die ohne Rücksicht auf die Übertragungsqualität, d.h. bei totaler Übersteuerung, gerade noch nicht zur Zerstörung des Verstärkers führt. Beide Angaben sind daher von sehr begrenzter Aussagekraft.

Als Kenngrößen für die Übertragungseigenschaften werden die Verzerrungen der Signale und der Einfluß von Störspannungen angegeben. Bei den Verzerrungen wird unterschieden zwischen linearen und nichtlinearen Verzerrungen.

Die **lineare Verzerrung** wird durch den **Frequenzgang** der Verstärkung oder durch die Grenzen des verzerrungsfreien Übertragungsbereiches beschrieben.

Der Frequenzgang eines allgemeinen Übertragungsglieds ist die graphische Darstellung der Übertragungsfunktion. Die Übertragungsfunktion ist das komplexe Verhältnis von Eingangsgröße zur Ausgangsgröße. Bei der vollständigen Darstellung der komplexen Funktion wird die Abhängigkeit des Betrags von der Frequenz und die Abhängigkeit des Phasenwinkels von der Frequenz in zwei getrennten Diagrammen aufgetragen. Der Betrag der Übertragungsfunktion entspricht bei einem Verstärker der Verstärkung.

Bei der Übertragung von reinen Tönen wird durch die lineare Verzerrung nur die Lautstärke in Abhängigkeit von der Frequenz beeinflußt. Die Veränderung der Amplitude der Ausgangsspannung bezogen auf die konstante Amplitude der sinusförmigen Eingangsspannung wird als Frequenzgang der Verstärkung graphisch dargestellt.

Bei einem idealen Verstärker besteht keine Frequenzabhängigkeit, d.h. ein niederfrequenter Ton wird in demselben Maß verstärkt wie ein hochfrequenter Ton. Bei einem realen Verstärker nimmt jedoch die Verstärkung bei niedrigen und hohen Frequenzen ab. Den Abfall bei niedrigen Frequenzen bewirken in erster Linie die durch die Koppelkondensatoren zwischen den Verstärkerstufen gebildeten RC-Tiefpaß-Glieder, und der Abfall bei hohen Frequenzen wird durch die Grenzfrequenz der Transistoren bestimmt. Als Maßstab für die Verstärkung, d.h. für das Verhältnis der Amplituden von Aus- und Eingangsspannung, wird vereinbarungsgemäß das 20-fache des dekadischen Logarithmus des Spannungsverhältnisses benutzt und die so ermittelten Zahlenwerte in Dezibel (dB) angegeben.

Als Übertragungsbereich gilt der innerhalb festgelegter Toleranzen als linear anzusehende Bereich des Frequenzgangs. Nach DIN 45 500 betragen die zulässigen Schwankungen im Übertragungsbereich 1,5 dB. Die Grenzen des linearen Bereichs können auch als obere und untere Grenzfrequenz definiert werden. Die Grenzfrequenzen geben die obere und untere Frequenz an, bei der die Verstärkung um − 3 dB abgesunken ist.

Zur Bestimmung des Frequenzgangs oder des Übertragungsbereichs sind alle Komponenten des Verstärkers, die zur gewollten Beeinflussung des linearen Frequenzgangs dienen, wie Höhenregler, Tiefenregler und Filter, in Nullstellung zu bringen.

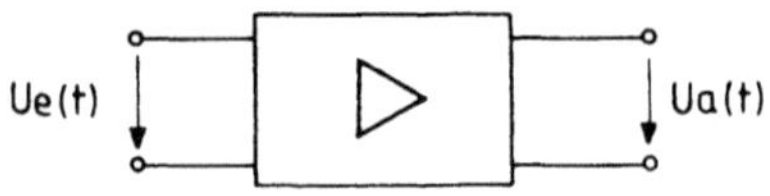

Verstärkung $V(f) = \frac{U_a(f)}{U_e}$, $(V)\ dB = 20 \cdot \lg V$

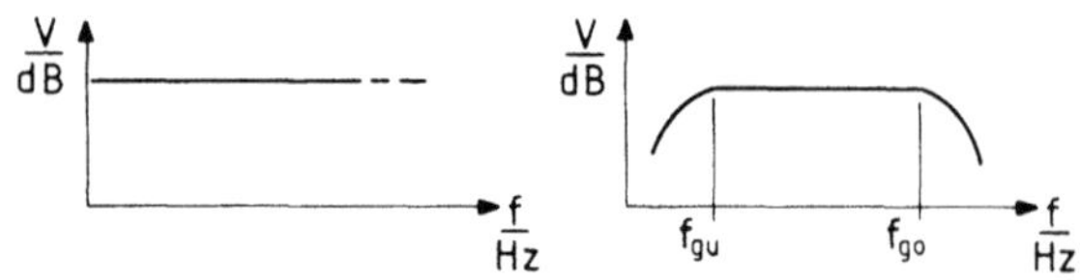

Idealer Verstärker   Realer Verstärker

Umrechnung des Leistungs- und Spannungsverhältnisses in Dezibel

Das Hinweiswort Bel kennzeichnet den dekadischen Logarithmus des Verhältnisses zweier Energiegrößen, z.B. zweier Leistungen.

$$N = \lg P_2/P_1 \text{ Bel.}$$

Geht man zu Feldgrößen, z.B. der Spannung, über, so ergibt sich wegen $P \sim U^2$:

$$G = 2 \lg U_2/U_1 \text{ Bel.}$$

Um möglichst mit ganzen Zahlenwerten zu arbeiten, verwendet man in einigen Bereichen den zehnten Teil eines Bel, das **Dezibel**.

$$G = 20 \lg U_2/U_1 \text{ Dezibel (dB)}$$

Leistungsverhältnisse

N	(N) dB
0,0001	− 40
0,01	− 20
0,1	− 10
0,25	− 6
0,5	− 3
0,71	− 1,5
1,0	0
1,41	+ 1,5
2,0	+ 3
4,0	+ 6
10,0	+ 10
100,0	+ 20
1000,0	+ 30

Spannungsverhältnisse

G	(G) dB
0,01	− 40
0,10	− 20
0,32	− 10
0,50	− 6
0,71	− 3
0,84	− 1,5
1,0	− 0
1,19	+ 1,5
1,4	+ 3
2,0	+ 6
3,2	+ 10
10,0	+ 20
100,0	+ 40

Mit folgenden Beziehungen:

$$(G_1 \cdot G_2)\ dB = (G_1)\ dB + (G_2)\ dB$$
$$(G_1/G_2)\ dB = (G_1)\ dB - (G_2)\ dB$$

kann man leicht weitere Werte bestimmen, z.B.

$$(5)\ dB = (10/2)\ dB = 20\ dB - 6\ dB = 14\ dB$$

Nichtlineare Verzerrungen werden durch die nichtlinearen Übertragungskennlinien der Transistorstufen – insbesondere der Endstufe – verursacht. Sie verändern den Zeitlauf, d.h. die Kurvenform der übertragenen Signale. Bei einem reinen Sinussignal entstehen durch die nichtlinearen Verzerrungen zusätzliche Oberwellen. Die Größe der nichtlinearen Verzerrungen ist von der Ausgangsleistung und der Art der Belastung des Verstärkers abhängig.

Als Kenngrößen für die nichtlinearen Verzerrungen werden der Klirrfaktor und der Intermodulationsfaktor angegeben.

Der **Klirrfaktor** ist als Verhältnis des Effektivwertes aller entstandenen Oberwellen zum Effektivwert des gesamten Ausgangssignals, d.h. aller Oberwellen einschließlich des verstärkten Sinussignals, definiert. Das Verhältnis wird üblicherweise in Prozent angegeben. Bei einem Klirrfaktor größer 1 % können die Oberwellen hörbar werden.

Die Angabe des Klirrfaktors bei einer Frequenz, z.B. 1 kHz, kennzeichnet die Übertragungseigenschaften nur ungenügend. Viel kritischer sind die Frequenzen an den Grenzen des Übertragungsbereichs, da hier bei der Messung mit der vorgeschriebenen konstanten Ausgangsleistung die Verstärkung erhöht werden muß. Zur Beschreibung dieses Bereichs wird die Leistungsbandbreite angegeben. Sie gibt den Frequenzbereich an, innerhalb dessen bei angegebenem Klirrfaktor (nach DIN 45 500, $k \leqslant 1$ %) die Ausgangsleistung nicht mehr als 3 dB absinkt.

Klirrfaktor $$k = \frac{\sqrt{\sum_{i=1}^{n} U_{ai}^2}}{\sqrt{\sum_{i=0}^{n} U_{ai}^2}} \cdot 100\ \%$$

U_{ai} mit $i = 0$: Amplitude der Grundschwingung
U_{ai} mit $i = 1, 2, 3, \ldots$: Amplitude der Oberwellen

Leistungsbandbreite

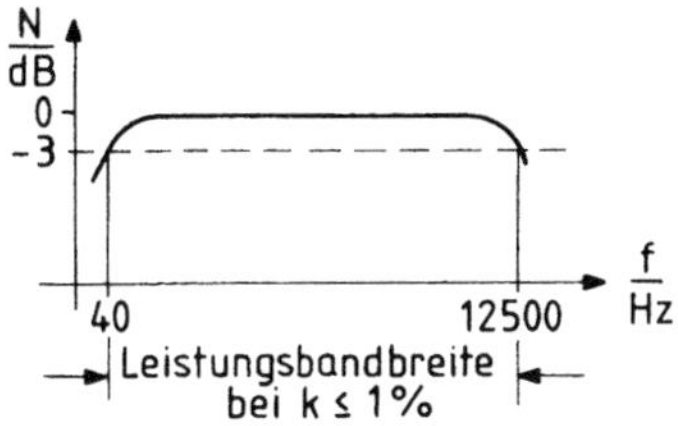

$$N = 10 \lg \frac{P_A}{P_{AN}}\ \text{dB}$$

Bei der Angabe von Leistungsverhältnissen in Dezibel (dB) wird das 10-fache des dekadischen Logarithmus benutzt.

$N = -3$ dB bedeutet, daß die Ausgangsleistung P_A auf die Hälfte der Ausgangsnennleistung P_{AN} gesunken ist.

Intermodulationsfaktor

$$m = \sqrt{\frac{\sum_{i=1}^{m} (U_{f2-nf1} + U_{f2+nf1})^2}{U_{f2}^2}} \cdot 100\ \%.$$

Bei dem Klirrfaktor werden die Nichtlinearitäten mittels der entstandenen Oberwellen beschrieben. Bei dem **Intermodulationsfaktor** werden die durch die Mischung von zwei Signalen mit der Frequenz f_1 und f_2 an den nichtlinearen Kennlinien zusätzlich entstehenden Mischprodukte, d.h. Ausgangssignale mit der Frequenz $(f_2 - nf_1)$ und $(f_2 + nf_1)$, erfaßt. Zur Messung der Kenngrößen für die nichtlinearen Verzerrungen sind spezielle selektive Voltmeter notwendig.

Der Einfluß von **Störspannungen** auf die Übertragung eines Signals wird durch den Fremdspannungs- oder den Geräuschspannungsabstand beschrieben. Der Fremdspannungsabstand ist als Verhältnis der Spannung des Nutzsignals am Ausgang des Verstärkers zu den Störspannungen definiert. Da dieses Spannungsverhältnis von der Aussteuerung des Verstärkers abhängt, wird es sowohl für die Nennleistung als auch für die Ausgangsleistung von 100 mW (bei Stereoverstärkern für 250 mW) angegeben. Die Störspannungen, die z.B. durch die Einstreuung vom Netzteil oder das Eigenrauschen der Transistoren bewirkt werden, sind als Brummen oder Rauschen hörbar.

Um den Einfluß dieser Störspannungen auf das subjektive Empfinden zu beschreiben, können sie unter Zwischenschaltung eines genormten Filters gemessen und als Geräuschspannungsabstand angegeben werden. Der Filter hat als sog. Ohrkurvenfilter die Aufgabe, die Störspannungen entsprechend der frequenzabhängigen Empfindlichkeit des menschlichen Ohres zu bewerten.

Bei Stereoverstärkern ist außerdem eine Störung der Übertragung durch eine wechselseitige Beeinflussung der beiden Kanäle untereinander möglich. Die Kenngröße für die als Übersprechen bezeichnete Einstreuung von einem angesteuerten Kanal in den nicht angesteuerten Kanal ist die **Übersprechdämpfung**. Als Übersprechdämpfung ist das Verhältnis der Ausgangsspannung des angesteuerten Kanals zur Ausgangsspannung des nicht angesteuerten Kanals bei einer Signalfrequenz von 1 kHz definiert.

1.5.2.2 Prüfen eines Tonfrequenz-Verstärkers

Bei der Prüfung eines Tonfrequenz-Verstärkers soll die Auswahl der Meßverfahren und -geräte sowie die Durchführung der Messungen von elektrischen Gleichgrößen und niederfrequenten Sinusgrößen geübt werden. Dazu sind die genannten Kennwerte eines Verstärkers zu bestimmen und mit den vorgeschriebenen Werten (DIN 45500) eines HiFi-Verstärkers zu vergleichen.

Die Messung der Kennwerte kann fast ausschließlich mit den Standardmeßgeräten, wie Drehspul-Vielfachinstrument, Digitalvoltmeter und Oszilloskop durchgeführt werden. Die an dem Arbeitsplatz eines Rundfunk- und Fernsehtechnikers zur Vereinfachung der Messungen zusätzlich eingesetzten Meßgeräte, wie z.B. Voltmeter zur Anzeige von Spannungsverhältnissen in Dezibel, sind im Unterricht entbehrlich. Durch die Beschränkung auf die genannten Meßgeräte ist allein die quantitative Bestimmung der nichtlinearen Verzerrungen ausgeschlossen, da zu deren Messung spezielle Filter oder selektive Voltmeter erforderlich sind. Eine qualitative Kontrolle kann für größere Verzerrungen ($k > 1$ %) mit dem Oszilloskop durchgeführt werden.

Als Meßobjekte für Schülerübungen oder -experimente bieten sich integrierte Verstärker an, wie sie in großer Stückzahl in Autoverstärkern und Kofferradios eingesetzt werden. Derartige monolithische Verstärkerbausteine sind relativ preiswert und bilden mit wenigen passiven Bauelementen extern beschaltet vollständige Tonfrequenz-Verstärker für eine Ausgangsleistung bis zu 5 Watt.

An diesem Verstärker sollen sowohl die Anschlußwerte, wie Eingangswiderstand, Eingangsspannung und Ausgangsleistung, als auch der Frequenzgang und der Fremdspannungsabstand als Kennwerte für die Übertragungseigenschaften gemessen wer-

Beispiel für einen integrierten Tonfrequenz-Verstärker: 5-W-NF-Verstärker TBA800C

Der integrierte Verstärker TBA800C kann mit einer Versorgungsspannung von 12 Volt, z.B. wie ein Verstärker in einem Autoradio, betrieben werden. Damit ist auch ohne zusätzlichen Kühlkörper bei Abschluß mit dem vorgeschriebenen Lastwiderstand von 16 Ω eine Überlastung ausgeschlossen.

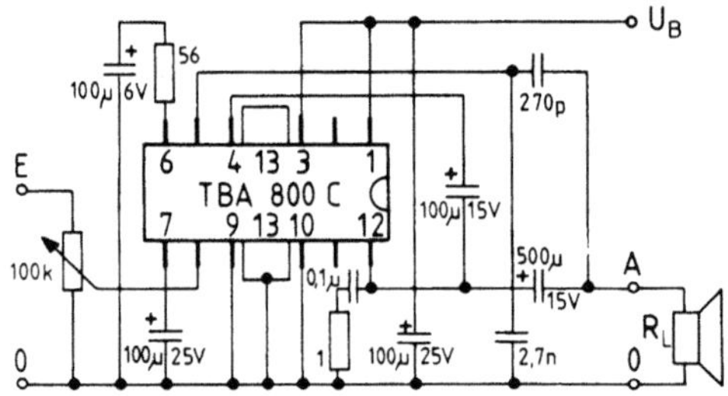

Betriebsschaltung des TBA 800C

Kennwerte nach Datenblatt:
(bei U_B = 24 V, R_L = 16 Ω, f = 1 kHz)

Eingangswiderstand	5 MΩ (ohne Potentiom. 100 kΩ)
Eingangsspannung	80 mV
Ausgangsleistung	5 W (für k = 10 %, zusätzliche Kühlung)
Übertragungsbereich	40 Hz–20 kHz (– 3 dB)
Klirrfaktor	0,5 % (bei P_A = 0,05–2,5 W)

Qualitative Betrachtung

Anhand der direkt wahrnehmbaren Vorgänge am konkreten Verstärker können die Kennwerte eingeführt werden.

Schaltung:

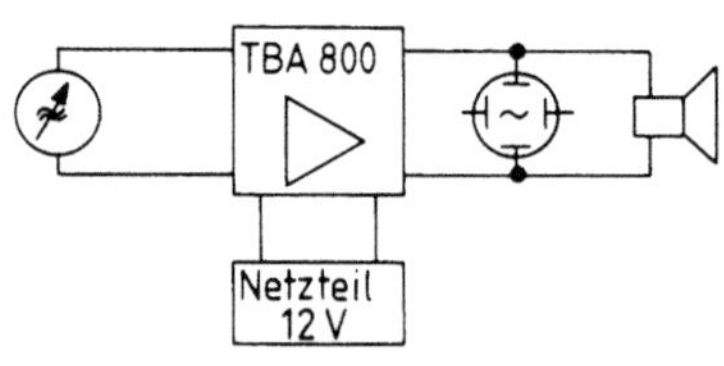

Geräte:
Verstärker TBA800 (beschaltet)
Kleinlautsprecher 16 Ω, 1 W
Sinusgenerator 10 Hz–100 kHz
Oszilloskop (Zweistrahl-)
Netzgerät 12 V, 1 A

den. Außerdem ist die Leistungsaufnahme bei Abgabe der Signalnennleistung zu bestimmen.

Eine qualitative Betrachtung der Eigenschaften eines Verstärkers kann aufgrund des Höreindrucks und der visuellen Beobachtung der Signale auf dem Oszilloskop erfolgen.

Für diese Betrachtung und zur Darstellung der Funktionsweise eines elektroakustischen Übertragungskanals ist der Anschluß eines Kleinlautsprechers sinnvoll, obwohl er für die Messung der Verstärkerkennwerte nicht benötigt wird.

Im einzelnen sind folgende Vorgänge am Verstärker direkt zu beobachten und den Kennwerten zuzuordnen:

- Abhängigkeit der Amplitude des Ausgangssignals von der Amplitude des Eingangssignals
  (Verstärkung, Eingangsspannung, Ausgangsleistung)
- Frequenzabhängigkeit der Amplitude des Ausgangssignals bei konstanter Amplitude des Eingangssignals
  (Frequenzgang, Übertragungsbereich)
- Veränderung des Ausgangssignals bei Übersteuerung
  (Klirrfaktor)
- Einstreuung von Störspannungen, wie z.B. von Netzleitungen und UKW-Sendern bei offener Meßleitung am Eingang
  (Fremdspannungsabstand)

Zur Messung der Kennwerte ist der Verstärker mit einem Widerstand entsprechend der Nennbelastung durch den Lautsprecher abzuschließen.

Hinweise:

- Soll die Einstreuung von Störspannungen gering gehalten werden, sind alle eingangsseitigen Anschlüsse, z.B. der Sinusgenerator, über kurze, verdrillte Leitungen auszuführen.
- Ein Zweistrahloszilloskop zur gleichzeitigen Darstellung von Eingangs- und Ausgangssignal ist für die Betrachtung des Frequenzgangs hilfreich.
- Die nichtlinearen Verzerrungen lassen sich verdeutlichen, wenn Eingangs- und Ausgangssignal durch geeignete Wahl der Eingangsempfindlichkeiten mit Hilfe der Verschiebung der Y-Ruhelage auf dem Oszilloskop zur Deckung gebracht werden.
- Der Ersatz des Lautsprechers durch den entsprechenden Widerstand ist notwendig, um eine Lärmbelästigung zu vermeiden.

Messung der Eingangsspannung

U_{EN} = 32 mV für Nennleistung

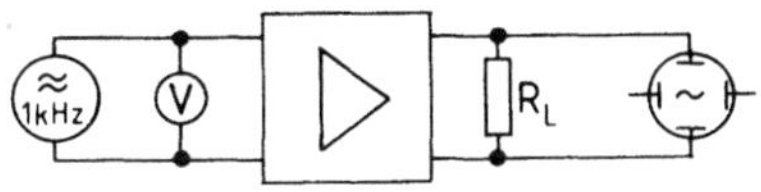

zusätzliche Geräte:
Widerstand 16 Ω, 1 W
Digitalvoltmeter

Messung der Ausgangsleistung

(Sinusleistung) bei k ca. 1 %

$$P_{AN} = \frac{U_{AN}^2}{R_L} = 0{,}82\ \text{W mit } U_{AN} = 3{,}6\ \text{V und } R_L = 16\ \Omega$$

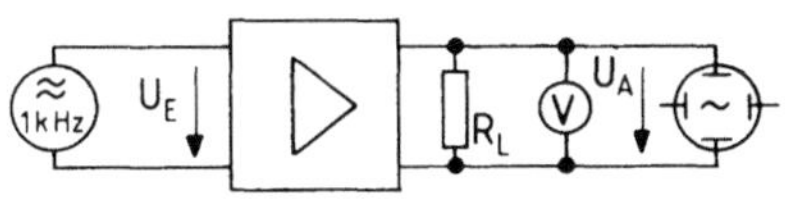

zusätzliches Gerät: Drehspul-Vielfachinstrument

- **Eingangsspannung**

Zur Messung der Eingangsspannung wird das Sinussignal von 1 kHz am Eingang des Verstärkers langsam bis zur Übersteuerungsgrenze erhöht. Die Grenze (k ⩾ 1 %) ist dann erreicht, wenn die Darstellung des Ausgangssignals auf dem Oszilloskop gerade noch keine sichtbaren Verzerrungen aufweist. Bei dieser Einstellung ist die Eingangsspannung von einigen Millivolt am hochohmigen Eingangswiderstand zu bestimmen. Für derartige Messungen ist ein Digitalvoltmeter geeigent, da es eine genügend große Empfindlichkeit und einen ausreichend hohen Eingangswiderstand aufweist.

- **Ausgangsleistung**

Die Einstellung der maximalen, unverzerrten Ausgangsspannung entspricht der Einstellung der maximalen Ausgangsleistung. Da der Lastwiderstand festgelegt ist, kann die Leistung über eine Spannungs- oder eine Strommessung am Ausgang bestimmt werden. Für die Spannungsmessung im Voltbereich an dem relativ niederohmigen Lastwiderstand kann ein Drehspul-Vielfachinstrument eingesetzt werden.

- **Eingangswiderstand**

Der Eingangswiderstand des beschalteten Verstärkerbausteins ist im wesentlichen durch das Potentiometer am Eingang festgelegt. Der unbekannte Eingangswiderstand kann bestimmt werden, indem er mit einem bekannten Widerstand gleicher Größenordnung in Reihe geschaltet wird und die Spannungen an den Widerständen gemessen werden. Mit der Spannungsteilerregel ergibt sich aus dem Spannungsverhältnis und dem bekannten Widerstandswert die Größe des Eingangswiderstands. Für die Messung kleiner Spannungen an den hochohmigen Widerständen eignen sich Digitalvoltmeter.

Messung des Eingangswiderstandes

$$R_E = R_V \frac{U_E}{U_V} = 99\ \mathrm{k\Omega} \text{ mit } U_V = 33\ \mathrm{mV},\ U_E = 32{,}6\ \mathrm{mV}$$

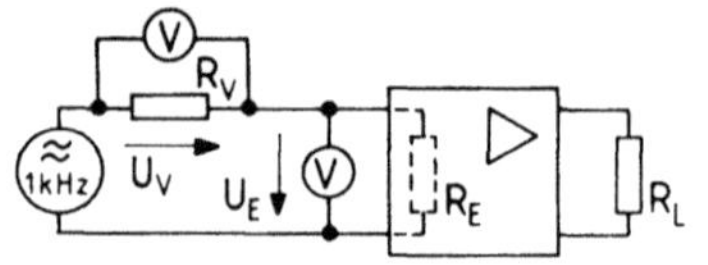

zusätzliches Gerät: $R_V = 100\ \mathrm{k\Omega}$, 0,25 W

Hinweis: In den ermittelten Anschlußwerten ist implizit die Information über die Spannungs- und Leistungsverstärkung des Verstärkers enthalten.

$$V_U = \frac{U_{AN}}{U_{EN}} \quad V_P = \frac{P_{AN}}{P_{EN}} \quad \text{mit} \quad P_{EN} = \frac{U_{EN}^2}{R_E}$$

- **Übertragungsbereich**

Der Übertragungsbereich des Verstärkers wird bestimmt, indem der Frequenzgang der Ausgangsspannung U_A gemessen und grafisch dargestellt wird. Die qualitative Betrachtung des Frequenzgangs auf dem Oszilloskop dient zur Bestimmung der Frequenzbereiche, in denen die Ausgangsspannung bei konstanter Eingangsspannung absinkt. In diesen Bereichen sind die Meßpunkte enger, d.h. für kleinere Frequenzschritte, zu wählen, während im linearen Bereich des Frequenzgangs die Messung bei wenigen Frequenzen ausreicht.

Aus der grafischen Darstellung sind die Grenzfrequenzen zu entnehmen. Bei den Grenzfrequenzen ist die Ausgangsspannung um den Faktor 0,84 (− 1,5 dB) kleiner als ihr Bezugswert bei 1 kHz.

Bestimmung des Übertragungsbereichs

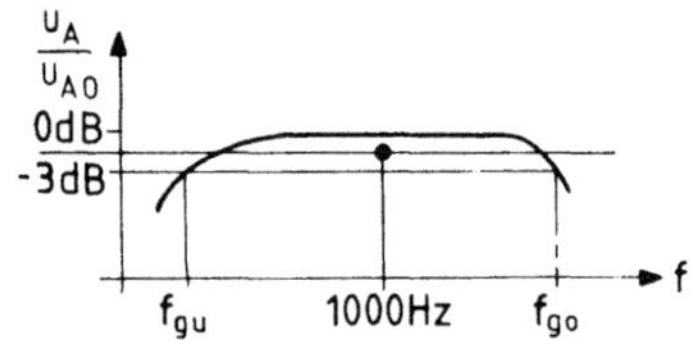

f_{gu} ca. 56 Hz
f_{go} ca. 18 kHz

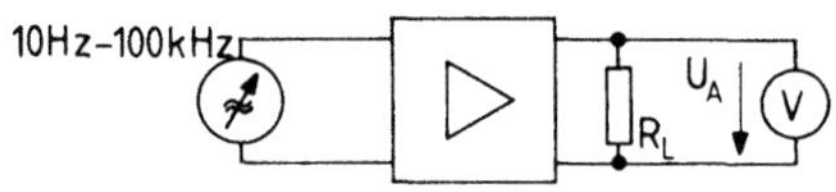

1.5.3 Prüfen und Messen eines Kleinantriebes

Mit Kleinantrieben wird vom Netz zur Verfügung gestellte elektrische Energie in benötigte mechanische Energie umgewandelt. Dazu muß das Verhalten der elektrischen **Antriebsmaschine** mit dem Verhalten der **Arbeitsmaschine** abgestimmt sein.

Elemente und Meßstellen an einem Kleinantrieb

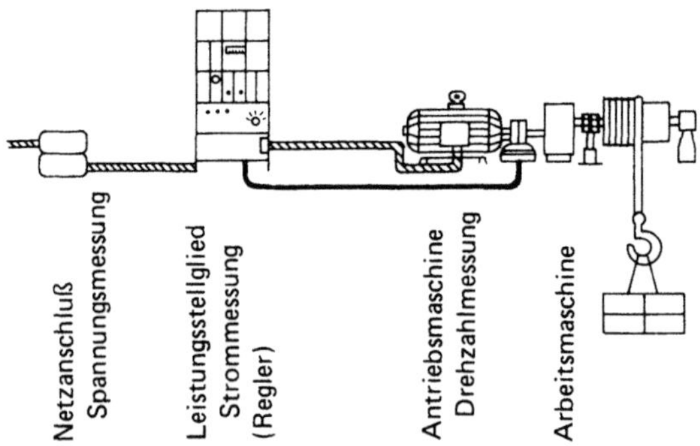

Nahezu unbegrenzte Netzenergie konstante mehrphasige Wechselspannung	Dosierte elektrische Energie Geregelte Gleichspannung mit Strombegrenzung	Dosierte mechanische Energie Geregelte Drehzahl, Drehmomentbegrenzung

Bei den **Betriebsmessungen** wird unterschieden zwischen dem statischen und dem dynamischen Verhalten. **Statisches Verhalten** zeigt ein Antrieb, der in den stationären Betriebszustand eingelaufen ist, d.h. dessen elektrische und mechanische Größen sich im Mittelwert über zwei Perioden, falls es sich um Wechselgrößen handelt, nicht mehr ändern. **Dynamisches Verhalten** zeigt ein Antrieb, wenn er von einem stationären in einen anderen Betriebszustand übergeht, d.h. die elektrischen und mechanischen Größen ändern sich in einem Einschwingvorgang in Abhängigkeit von der Zeit. Die Untersuchung zur Darstellung des statischen Verhaltens einer elektrischen Maschine hat das Ziel, einen geeigneten Arbeitsbereich in den Kennlinienfeldern zu finden bzw. festzustellen, ob Antriebs- und Arbeitsmaschine zueinander passen.

Bei der Untersuchung des dynamischen Verhaltens wird unterschieden zwischen dem **Einschaltverhalten** und dem **Verhalten im geregelten Betrieb.** Die Untersuchung des Einschaltverhaltens erfolgt mit dem Ziel, festzustellen, ob bei Hochlauf, d.h. zwischen Stillstand und Nenndrehzahl, Grenzwerte überschritten werden oder ob der Nennarbeitsbereich unter vorgegebenen Zeitbedingungen erreicht werden kann. Die Untersuchung des Verhaltens im geregelten Betrieb soll zeigen, ob der Antrieb vorgegebenen Ansprüchen an sein Übergangsverhalten von einem Lastzustand in einen anderen genügt.

Neben diesen Betriebsmessungen am Antrieb werden Maschinenprüfungen an der elektrischen Maschine durchgeführt. Mit diesen Prüfungen soll festgestellt werden, ob das Prüfobjekt ordnungsgemäß arbeitet. Es muß also untersucht werden, inwieweit die vorgegebenen Kennwerte eingehalten werden.

Systematik des Prüfen und Messens eines Kleinantriebs

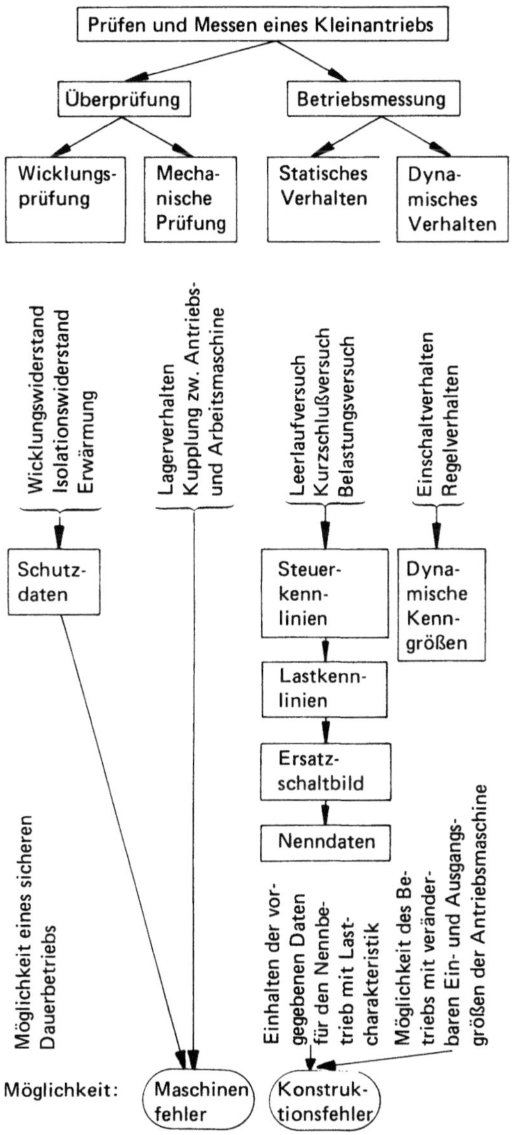

1.5.3.1 Untersuchung des statischen Verhaltens

Bei der Untersuchung eines elektrischen Antriebes können die **elektrischen Größen** der Antriebsmaschine sowie die **mechanischen Größen** der Antriebs- und der Arbeitsmaschine gemessen werden. Als elektrische Größen sind der aufgenommene Strom sowie die angelegte Spannung an allen Wicklungen der Maschine meßbar. Bei Kleinantrieben haben diese Größen zumeist Werte, die es erlauben, auf Wandler zu verzichten und direkt zu messen. Bei Wechsel- oder Drehstrommaschinen↑ ist zusätzlich der Leistungsfaktor durch Messung der aufgenommenen Wirkleistung zu bestimmen. Dieser ist zumeist im gesamten Betriebsbereich so groß, daß mit üblichen Leistungsmessern noch brauchbare Anzeigen erreicht werden. Als mechanische Größen sind die Drehzahl und das Drehmoment zu bestimmen.

Die Drehzahl wird mit einem Tachogenerator↑ als analoger Meßwert abgenommen oder mit einer elektrischen oder magnetischen Sonde als digitaler Meßwert aufgenommen und unter Umständen in einen analogen Anzeigemeßwert umgeformt. Die Messung des Drehmoments ist bei Betriebsmessungen nicht üblich. Im Labor wird das Drehmoment im Stillstand mit einer Waage aufgenommen (Anfahrmoment) oder es wird mit einer Meßwelle↑ die auf die drehbar gelagerte Arbeitsmaschine übertragene Kraft gemessen.

Ziele der Untersuchung des statischen Verhaltens

Bei der Messung der statischen Kenndaten können zwei übergeordnete Ziele unterschieden werden:

- Zum einen gilt es festzustellen, ob die Maschine ordnungsgemäß arbeitet, d.h. ob die vorher bekannten Kenndaten auch mit den üblichen Toleranzen eingehalten werden. Abweichungen von diesen Daten deuten auf Fehler in der Maschine oder der Belastung hin. Diese Messungen werden unter dem Kennwort „Maschinenprüfung" zusammengefaßt.
- Das zweite Ziel ist, die bekannten Betriebsdaten auf die bei Kleinmaschinen meistens nicht bekannten Kennlinien zu erweitern, um die Einsatzmöglichkeiten der vorhandenen Maschine in einem Antrieb beurteilen zu können. Diese Messungen werden unter dem Kennwort „Betriebsmessungen" zusammengefaßt.

1.5.3.2 Prüfung des statischen Verhaltens

Bei der **Maschinenprüfung** werden eine Vielzahl von Daten des Prüfobjektes gemessen. Sie dienen einmal, wie vorher erwähnt, dem Nachweis der ordnungsgemäßen Funktion der Maschine, damit zusammenhängend aber auch dem Nachweis, daß vorgegebene Toleranzen der Betriebsdaten eingehalten werden. Diese Frage ist vor allem bei einzeln gefertigten Großmaschinen wichtig, da hier Streuungen der Daten durch Fertigungstoleranzen bzw. -fehler möglich sind. Diese Daten werden in Abnahmeprüfungen festgestellt. Zum Beispiel führt eine unsachgemäße Behandlung der Ankerbleche einer Ds-Großmaschine bei der Fertigung zu erhöhten Eisenverlusten, die zum einen unzulässige Erwärmungen und damit eine kleinere Lebensdauer, zum anderen aber einen schlechteren Wirkungsgrad und damit höhere Betriebskosten zur Folge haben. Hier sollen nur die wichtigsten Messungen kurz dargestellt werden, da sie für die Prüfung von Kleinmaschinen nur einen sekundären Stellenwert haben. Außerdem sind ein Teil der Ergebnisse der Betriebsmessung, wie Wirkungsgrad u.ä., als Ergebnisse einer Maschinenprüfung einzustufen.

- **Wicklungswiderstand**

Die Messung des Wicklungswiderstands kann primär dem Erkennen von groben Fehlern in der Wicklung der Maschine dienen, andererseits sind aber bei sorgfältiger Durchführung der Messung Rückschlüsse auf die Erwärmung der Wicklung möglich, die u.U. wiederum Aussagen über Betriebsfehler ermöglichen. Die Widerstandswerte der Wicklungen von Kleinmaschinen sind, da die Belastungsströme relativ klein sind, relativ groß, d.h. sie liegen in der Größenordnung von 10^0 Ohm. Damit ist eine direkte Messung mit Vielfachinstrumenten oder Ohmmetern möglich.

Bei der Messung ist der einwandfreie Anschluß des Meßinstruments ebenso wie der Einfluß von in Reihe zur Meßwicklung liegenden Bürsten oder anderen Wicklungen zu beachten. Bei innen verschalteten Maschinen ist vor allem bei Drehstromwicklungen vor der Messung genau zu unterscheiden, welche Wicklung zwischen den Meßpunkten angeordnet ist. Der „kalte" Widerstandswert der Wicklungen soll mit der ersten Messung bestimmt werden, um nach den Betriebsmessungen verbleibende Temperaturerhöhungen auszuschließen. Ergebnis dieser Messung ist einmal die Erkenntnis über eventuelle Kontaktfehler oder Unterbrechungen in der Wicklung und zum anderen im Zusammenhang mit der Temperaturmessung an der Maschine der Ausgangswert für die **Erwärmungsmessung**. Der „warme" Widerstandswert wird nach längerem Betrieb in einem definierten Betriebszustand, z.B. bei Nennlast, bestimmt. Die Messung sollte möglichst schnell nach Stillsetzen der Maschine durchgeführt werden, um Temperaturänderungen im Meßobjekt auszuschließen. Aus den berechneten Widerstandswerten läßt sich die Änderung des Widerstandswertes zwischen dem unbelasteten Zustand und dem Betriebszustand und damit die Temperaturerhöhung in der Wicklung bestimmen. Aus der berechneten Wicklungstemperatur kann auf etwaige Fehler in der Wicklung oder der Belastung der Maschine geschlossen werden.

Messung des Wicklungswiderstandes

analog zur Messung des Wicklungswiderstandes eines Kleintransformators ↑

Messung des Wicklungswiderstandes von Drehstromwicklungen ohne zugänglichem Mittelpunkt

Voraussetzung: gleiche Strangwiderstände, d.h. es werden gleiche Leiterwiderstände gemessen

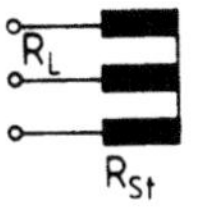

Sternschaltung

$$R_{St} = \frac{R_L}{2}$$

Der Leiterwiderstand ist die Reihenschaltung zweier Strangwiderstände

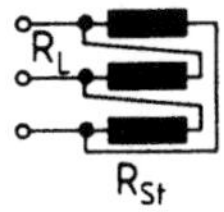

Dreieckschaltung

$$R_{St} = \frac{3}{2} R_L$$

Der Leiterwiderstand ist die Parallelschaltung eines Strangwiderstandes mit zwei in Reihe geschalteten Strangwiderständen.

Messung des Ankerwiderstandes bei Stromwendermaschinen

Der Anker muß so gedreht werden, bis eine Kommutatorlamelle mittig unter einer Bürste liegt. Es wird der Widerstand zwischen den beiden Bürsten gemessen, die die zwischen den Segmenten liegende Ankerspule kontaktieren.

Bestimmung der Wicklungstemperatur

analog zur Bestimmung der Wicklungstemperatur eines Kleintransformators ↑

$$\Delta T = \frac{\Delta R}{R_{T1} \cdot T_K} \qquad \text{mit } \Delta R = R_{T2} - R_{T1}$$

für Wicklungskupfer ist

$$T_2 = T_1 + \Delta T \qquad T_K = 3{,}93 \cdot 10^{-3} \frac{1}{K}$$

- **Isolationswiderstand**

Die Isolationsfestigkeit der Wicklungen untereinander und der Wicklungen gegen das Eisen ist nicht einfach zu prüfen, da die benötigten Einrichtungen zur Hochspannungsprüfung oft nicht vorhanden sind. Es ist aber für die einfache Prüfung zumeist ausreichend, den Isolationswiderstand mit einem Ohmmeter bei kalter und erwärmter Maschine zwischen den verschiedenen Punkten zu messen. Er muß in der Größenordnung von einigen 10^6 Ohm liegen. Wird dieser Wert nicht erreicht, dann liegen entweder interne Verbindungen der Wicklungen vor oder die Isolation ist zerstört. Die Prüfung der Schutzfunktion der Isolation, d.h. des Isolationszustandes, muß nach VDE 0100 gesondert erfolgen.

Bei den **Betriebsmessungen** wird das Verhalten der Maschine in den möglichen Betriebsfällen untersucht:

- **Leerlaufversuch**

Im Leerlaufversuch soll bestimmt werden, wie sich die unbelastete Maschine bei Einspeisung durch das Netz verhält. Dies ist bei Wechselstrom- oder Drehstrommaschinen nur die Messung eines Betriebspunktes, da diese Maschinen an Netzen mit konstanter Spannung betrieben werden. Eine Ausnahme bilden die Synchronmaschinen↑, bei denen durch Veränderung des Parameters Erregerstrom bei gleichbleibender Speisespannung und Drehzahl eine Ortskurve des Leerlaufstroms der Maschine aufgenommen werden kann. Bei Gleichstrommaschinen↑ kann sowohl die Speisespannung verändert werden – dies ist das übliche Verfahren zur Einstellung der Drehzahl –, als auch der Erregerstrom in bestimmten Bereichen variiert werden. Interessant für das Verhalten als Antriebsmaschine ist die Abhängigkeit der Drehzahl von der Ankerspannung bei verschiedenen Erregungszuständen. Die im Leerlauf aufgenommene Leistung kann mitbestimmt werden, da hieraus eine Aussage über die Leerlaufverluste und damit über die Eisen- und Reibungsverluste gemacht werden kann. Lagerfehler können jedoch nicht aus erhöhten Reibungsverlusten abgelesen werden, sondern machen sich durch Geräusche, übermäßige Erwärmung des Lagers bzw. unruhigen Lauf, festgestellt durch Berührung mit der Hand, bemerkbar.

- **Kurzschlußversuch**

Ziel des Kurzschlußversuchs ist die Bestimmung der elektrischen und mechanischen Daten, die die stillstehende Maschine, in diesem Fall den stillstehenden Motor, charakterisieren. Asynchronmotoren mit Kurzschlußläufern↑ und Gleichstrommaschinen↑, ausgelegt für Vollastanlauf, werden bei festgebremstem Läufer untersucht. Interessant für diese Untersuchung im Hinblick auf das Verhalten im Antriebssatz ist die Amplitude des **Kurzschlußstroms** und das Kurzschluß- bzw. Anlaufdrehmoment. Um die Maschine bei längerdauernder Messung nicht zu zerstören, wird dieser Versuch mit verringerter Spannung und damit verringerter Stromaufnahme durchgeführt, der Strom im Kurzschlußfall sollte den Nennstrom nicht überschreiten. Ausnahmen bilden überlastbare Maschinen, wie sie bei Kleinantrieben üblich sind, bei denen im Kurzzeitbetrieb erhöhte Ströme zulässig sind. Die Ergebnisse des Kurzschlußversuchs mit verringerter Spannung können auf die Werte bei Nennspannung umgerechnet werden. Das Anlaufmoment kann bei Kleinmaschinen leicht mit einem Waagebalken, befestigt an der Achse, bestimmt werden.

- **Belastungsversuch**

Im Belastungsversuch soll festgestellt werden, wie sich die Maschine zusammen mit der Arbeitsmaschine bei Belastung verhält. Dies setzt voraus, daß die Antriebsmaschine mechanisch belastet wird, d.h. daß mechanische Energie von der Welle der Antriebsmaschine abgenommen wird. Im Laborversuch wird die Arbeitsmaschine zumeist durch eine elektrische Bremse oder durch eine zweite elektrische Maschine simuliert.

Handelt es sich bei der zu untersuchenden Maschine um eine **Asynchronmaschine**↑, die mit konstanter Netzspannung gespeist wird, dann kann durch die Belastung das Drehmoment der Maschine verändert werden, gemessen wird der sich dann einstellende primäre Strom und die Drehzahl. Zusätzlich kann noch zur Bestimmung der Ortskurve der Maschine die aufgenommene Wirkleistung gemessen werden. Interessant für das Verhalten am Netz ist die Höhe des aufgenommenen Stroms, interessant für das Verhalten im Hinblick auf die Arbeitsmaschine ist der Zusammenhang zwischen Drehmoment und Drehzahl.

Ziele der Untersuchung des statischen Verhaltens eines Kurzschluß-Läufer-Ds-Asynchronmotors bei konstanter Speisespannung

Ziel der Untersuchung ist die Kenntnis des Zusammenhanges zwischen:

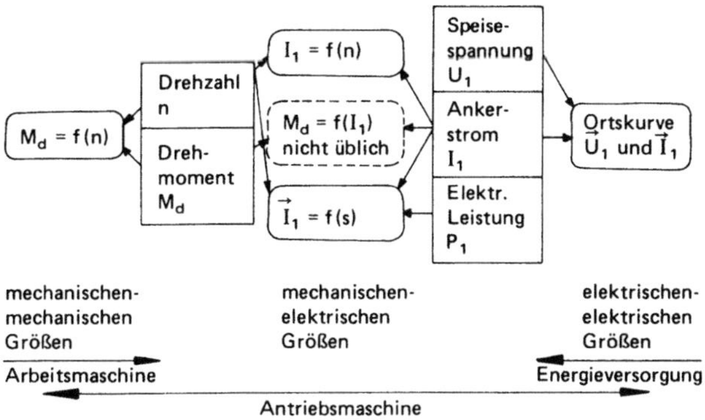

Arbeits- und Antriebsmaschine müssen zueinander passen; beide Größen stellen sich ein

Antriebsmaschine und Energieversorgung müssen zueinander passen

Lastkennlinien und Ortskurve eines Kurzschlußläufer-Ds-Asynchronmotors

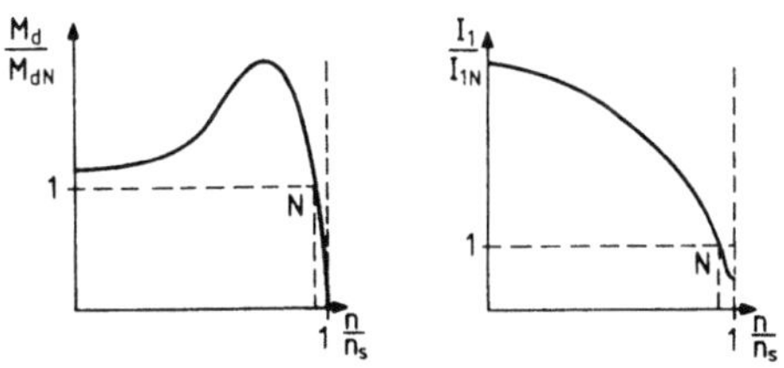

Drehmoment-Drehzahl- Ankerstrom-Drehzahl-
Kennlinien eines Keilstabläufers

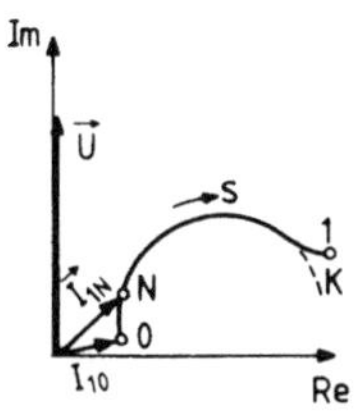

Ortskurve

Schaltung zur Messung der elektrischen Größen eines Kurzschluß-Läufer-Ds-Asynchronmotors

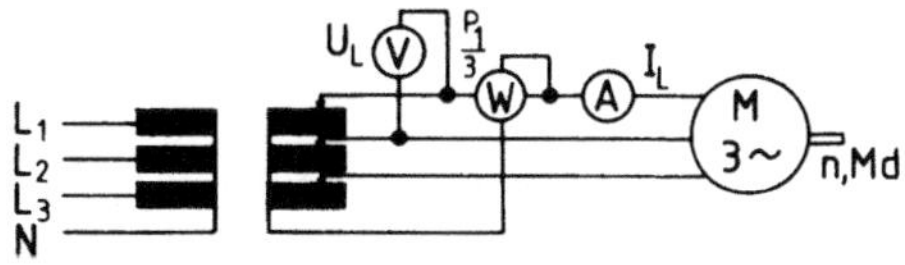

Annahme: symm. Einspeisung
symm. Verhalten

Gemessen:

U_L wird konstant gehalten gleich der Motornennspannung, vermindert bei niedrigen Drehzahlen ($I_L \leq I_{1N}$!)

I_L, $\frac{P_1}{3}$ verändern sich mit Veränderung des Lastmoments

M_d wird verändert M_d: 0 ... M_{dK}...M_{dA}

n stellt sich ein n: n_0 0

Berechnet:

$P_1 = 3\,\frac{P_1}{3}$ als aufgenommene Wirkleistung

$S_1 = \sqrt{3}\,U_L I_L$ als aufgenommene Scheinleistung

$\cos\varphi = \frac{P_1}{S_1}$

Bei Speisung mit verminderter Spannung ist umzurechnen

$I_L = I'_L\,\frac{U_L}{U'_L}$

$P_1 = P'_1\,\frac{U_L^2}{U_L'^2}$

Für mit ' gekennzeichnete Größen sind die gemessenen Werte einzusetzen.

$M_d = M'_d\,\frac{U_L^2}{U_L'^2}$

$\cos\varphi = \cos\varphi'$

Vorsicht!

Es ist darauf zu achten, daß sich die Maschine bei niedrigen Drehzahlen nicht infolge der großen Stromaufnahme unzulässig erwärmt. Wenn dazu die Spannung vermindert wird, darf das nur soweit geschehen, daß die Maschine nicht instabil wird, d.h. stehen bleibt.

Ist die zu untersuchende Maschine eine Gleichstrommaschine, so muß unterschieden werden, ob es sich um eine fremderregte Maschine↑, eine Nebenschlußmaschine↑ oder eine Reihenschlußmaschine↑ handelt. Die beiden letzteren haben keine große praktische Bedeutung mehr, da der Hauptvorteil der Gleichstrommaschine, die Verstellung der Drehzahl durch Variationen der Ankerspannung oder Erregung, vor allem bei der fremderregten Maschine durch den getrennten Anker- und Erregerkreis voll zum Tragen kommt. Für die Messungen an der Maschine ergeben sich aus der Trennung der beiden Stromkreise und der Möglichkeit der Variation der Speisespannung, d.h. der Ankerspannung und des Erregerstroms, eine Vielzahl von Möglichkeiten, elektrische und mechanische Größen zu kombinieren.

Ziele der Untersuchung des statischen Verhaltens eines fremderregten Gs-Kommutatormotors

Ziel der Untersuchung ist die Kenntnis des Zusammenhanges zwischen:

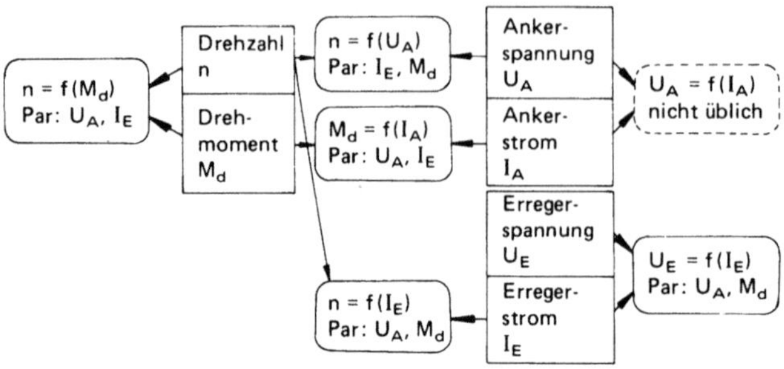

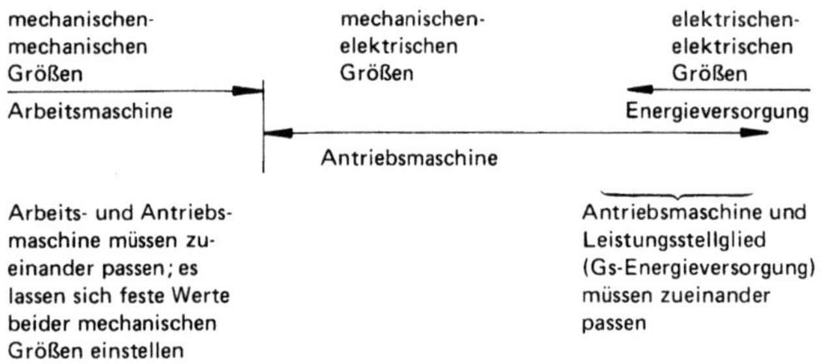

Schaltung zur Messung der elektrischen Größen eines fremderregten Gs-Kommutatormotors

Annahme:

Zwei getrennt einstellbare Gleichspannungsquellen

Ankerspannungsquelle möglichst eine Konstantspannungsquelle

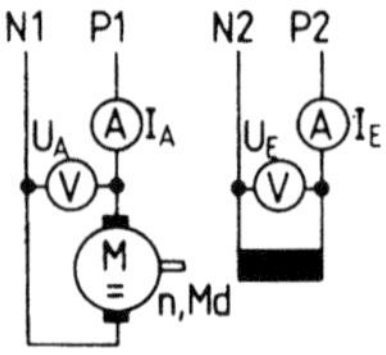

Gemessen:

U_E, I_E	wobei der Erregerstrom konstant gehalten wird
U_A	wird eingestellt in Abhängigkeit von der gewünschten Drehzahl
I_A	stellt sich ein in Abhängigkeit vom gewünschten Moment
M_d	wird verändert $M_d: 0 \ldots M_{dN}$
n	wird verändert $n: n_N \ldots 0$

Vorsicht!

Es ist darauf zu achten, daß

– die Maschine in Feldschwächbetrieb, d.h. bei großen Drehzahlen nicht instabil wird und unzulässige Drehzahlen erreicht,

– die Wicklungen bei niedrigen Drehzahlen, d.h. kleiner Ankerspannung, nicht thermisch überlastet werden und unzulässige Temperaturen erreichen.

Für die Betrachtung des Verhaltens in einem Antrieb ist der Zusammenhang zwischen Drehzahl und Drehmoment bei konstanter Ankerspannung bzw. Erregerstrom interessant. Aus dieser Darstellung läßt sich erkennen, ob sich die Maschine im gesamten Betriebsbereich stabil verhält, d.h. ob die Drehzahl bei größer werdendem Drehmoment abnimmt. Ebenso wird der Zusammenhang zwischen dem Drehmoment und dem Ankerstrom dargestellt, wobei als Parameter die Ankerspannung und der Erregerstrom zu sehen sind. Aus dieser Darstellung läßt sich ablesen, wie weit das Drehmoment infolge der Ankerrückwirkung bei unkompensierten Maschinen mit steigendem Ankerstrom nicht mehr proportional zunimmt. Die Drehzahl ist in ihrer Abhängig-

Last- und Steuerkennlinien eines fremderregten Gs-Kommutatormotors

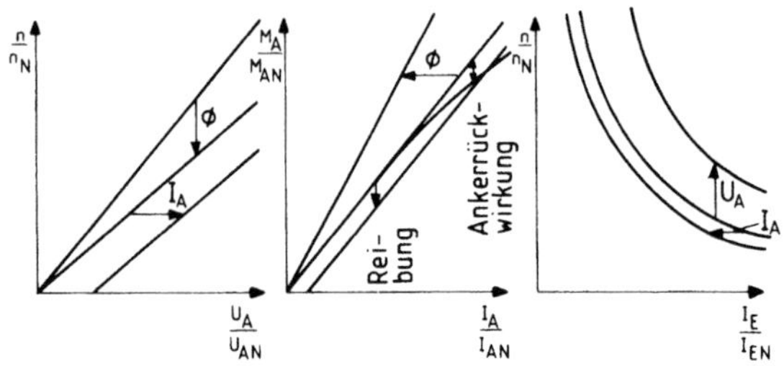

$U_A = K_1 \Phi n + I_A R_A \quad M_A = K_2 \Phi I_A \quad \Phi = K_3 I_E$

$$n = \frac{U_A - I_A R_A}{K_1 \Phi} \qquad n = \frac{U_A - I_A R_A}{K_1 K_3 I_E}$$

keit von der Ankerspannung bei konstanter Erregung und konstantem Drehmoment darzustellen. Diese Kennlinie ist die Steuerkennlinie des Antriebs. Soll der Antrieb auch im Feldschwächbereich gefahren werden, dann ist noch der Zusammenhang zwischen Drehzahl und Erregerstrom aufzunehmen. Für die Dimensionierung des Erregerkreises ist es noch wichtig, die Kennlinie der Erregerspannung als Funktion des Erregerstroms darzustellen.

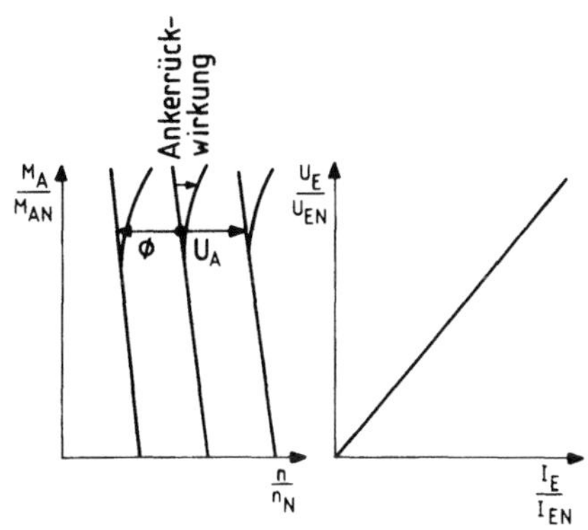

$$M_A = K_2 \Phi I_A$$

$$I_A = \frac{U_A - K_1 \Phi n}{R_A}$$

$$M_A = \frac{K_2 \Phi U_A - K_1 K_2 \Phi^2 n}{R_A}$$

$$U_E = I_E R_E$$

- **Wirkungsgradbestimmung**

Der Bestimmung des Wirkungsgrades kommt bei den Betriebsmessungen nicht die Bedeutung zu, die er bei den Prüffeldmessungen, d.h. bei der Abnahme einer Maschine, hat. Der Wirkungsgrad beeinflußt das Betriebsverhalten der Maschine nur indirekt, er kann als Ergebnis des Belastungsversuchs mitbestimmt werden. Ist die mechanisch abgegebene Leistung nicht bekannt, dann müssen im Einzelverlustverfahren die Leerlauf- und Lastverluste bestimmt werden. Zusammen mit der aufgenommenen elektrischen Leistung der Maschine kann dann der Wirkungsgrad errechnet werden.

Ist der errechnete Wert wesentlich kleiner, als der aus den Datenblättern bestimmte, dann ist die Maschine fehlerhaft. Dabei muß bedacht werden, daß ein schlechter Wirkungsgrad erhöhte Verluste, damit größere Erwärmung und kleinere Lebensdauer bedeutet.

Wirkungsgradbestimmung

$$\eta = \frac{P_{ab}}{P_{zu}}$$

P_{ab} abgegebene mechanische Leistung
P_{zu} aufgenommene elektrische Leistung

Bestimmt wird der Wirkungsgrad der elektrisch-mechanischen Energiewandlung.

Die abgegebene mechanische Leistung kann aus der Drehzahl und dem Drehmoment oder der aufgenommenen elektrischen Leistung und den Verlusten bestimmt werden

$P_{ab} = M_A \omega$

$P_{ab} = 2 \pi n M_A$

$P_{ab} = P_{zu} - P_V$

Die Verluste setzen sich aus den Leerlauf-, Erreger-, Last- und Zusatzverlusten zusammen.

Die im Leerlaufversuch aufgenommene Leistung entspricht den Leerlaufverlusten. Die Erregerverluste entsprechen der aufgenommenen Erregerleistung. Die Lastverluste werden aus dem Ankerstrom und dem Wicklungswiderstand berechnet, die Zusatzverluste geschätzt.

$$P_V = P_{10} + U_E I_E + I_A^2 R_A + (0{,}5 \ldots 1{,}0\,\%)\, P_{zu}$$

1.5.3.3 Untersuchung des dynamischen Verhaltens

Ziel der Untersuchung des dynamischen Verhaltens ist die Kenntnis der Reaktion des Antriebs bei Veränderung der elektrischen Speisedaten bzw. der mechanischen Belastungsdaten. Instrument für die Untersuchung und Darstellung dieses dynamischen Verhaltens eines Antriebs sind die charakterisierenden Daten der Antriebsmaschine und der Arbeitsmaschine. Bei der Beurteilung eines Antriebs läßt sich aus diesen Daten bestimmen, in welcher Zeit und mit welchem Verhalten der Antrieb bei Veränderungen der Speise- und Lastdaten einen neuen Gleichgewichtszustand erreicht.

Ziele der Untersuchung des dynamischen Verhaltens

Bei der Messung der dynamischen Kenndaten können zwei übergeordnete Ziele unterschieden werden:

- Die Maschine soll in einem geregelten Antrieb↑ eingesetzt werden. Dazu ist es notwendig, zu überprüfen, ob das dynamische Verhalten, d.h. das Übergangsverhalten, in den vorgegebenen Toleranzen den Anforderungen entspricht, die durch die festgelegten Grenzen der möglichen Betriebszustände gegeben sind. Da nicht alle Betriebszustände meßtechnisch erfaßt werden können, werden bestimmte Kenndaten gemessen, mit denen auf das Verhalten in kritischen Betriebszuständen geschlossen werden kann. Dazu wird die Maschine in Elemente mit bestimmbarem Zeitverhalten zergliedert, wie in das Ankerfeld, das Erregerfeld, die Schwungmassen. Die Zusammensetzung bzw. Überlagerung des verschiedenen Zeitverhaltens der Elemente ergibt zusammen das Zeitverhalten der gesamten Maschine. Die Maschine stellt wiederum ein Element eines Regelkreises dar, bei dem das Zeitverhalten der Einzelelemente zusammen das des Regelkreises beschreiben. Daneben muß beachtet werden, ob kritische Grenzwerte, z.B. die Stromwendespannung, bei Regelvorgängen nicht überschritten werden.
- Die Maschine soll in einem gesteuerten Antrieb↑ eingesetzt werden. Dazu ist es notwendig, zu überprüfen, ob das Verhalten des Antriebs bei Änderung der Steuergrößen und der Lastgrößen, z.B. Einschalten oder Lastabwurf, den Anforderungen entspricht. Es sind die auftretenden Maximalamplituden des Netzstroms, des Wicklungsstroms, der Drehzahl und des Drehmoments zu bestimmen und mit den Grenzwerten zu vergleichen. Es ist zu bestimmen, ob in allen Betriebszuständen der Arbeitspunkt stabil ist.

Drehzahlgeregelter Gleichstromantrieb

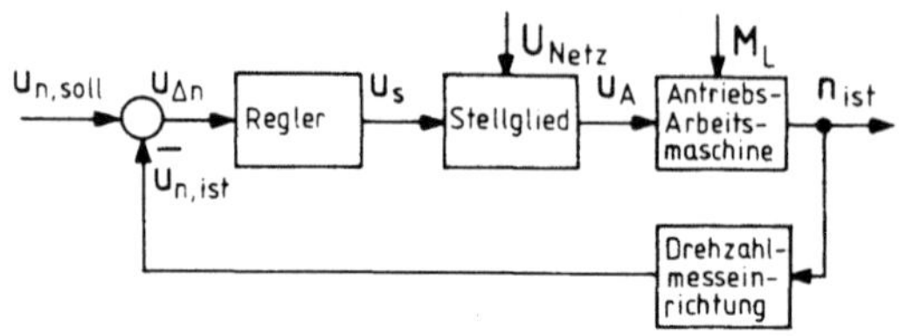

Eingangs- und Ausgangsgrößen eines fremderregten Gs-Kommutatormotors in einem Blockschaltbild im Wirkungszusammenhang (vereinfacht)

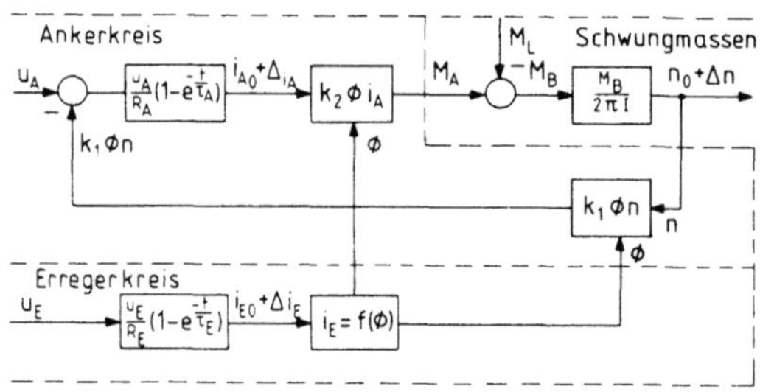

Gesteuerter Drehstromantrieb

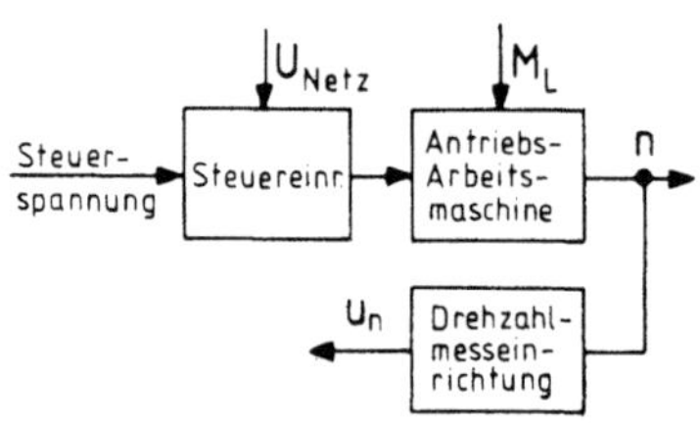

1.5.3.4 Prüfung des dynamischen Verhaltens

Bei **drehzahlgeregelten Kleinantrieben** ist die Antriebsmaschine zumeist eine Gleichstrommaschine, da sich mit ihr durch einfache Verstellung der Ankerspannung die Drehzahl verändern läßt. Bei einer Gleichstrommaschine kann man das Verhalten durch Angabe der Anker-, der Erreger- und der Schwungmassenzeitkonstanten für reglungstechnische Untersuchungen ausreichend genau beschreiben. Die meßtechnische Bestimmung dieser Größen ist relativ aufwendig, da sie nur durch Aufnahme des isoliert den einzelnen Zeitkonstanten zuordenbaren Zeitverhaltens der Maschinenelemente erfolgen kann. Einfachstes Verfahren ist dabei die Aufnahme der Sprungantwort mit Hilfe eines Oszilloskops oder eines XY-Schreibers.

- **Ankerzeitkonstante**

Die **Zeitkonstante des Ankerkreises** kann aus der Anfangssteigung der Sprungantwort des Ankerstroms auf eine schnelle Veränderung der Speisegleichspannung ermittelt werden. Parameter ist dabei der Erregerzustand der Maschine, da Sättigungserscheinungen auftreten können. Die Übergangsfunktion wird aufgenommen im interessierenden Betriebszustand, z.B. bei Nennerregung, und bei festgebremstem Läufer, um den Bürstenspannungsabfall und die im Ankerkreis induzierte Spannung auszuschalten. Kritische Größe bei dieser Untersuchung ist die Maximal-Amplitude des Ankerstroms, die durch die zulässigen Ankerverluste begrenzt ist, d.h. die Ankerspannung ist so groß zu wählen, daß sich bei festgebremstem Läufer im stationären Zustand maximal der Nennstrom einstellt. Dieser Strom darf aber nur kurzzeitig fließen, da eine Lüftung der stehenden Maschine bei selbstgelüfteten Maschinen, z.B. bei üblichen Kleinantrieben, fehlt. Die gleiche Einschränkung gilt für den Erregerkreis. Das Ergebnis, die Ankerkreiszeitkonstante, ist meist relativ klein, da die Ankerwicklung nur kleine Windungszahlen hat. Bei üblichen Gleichstrommaschinen liegt die Ankerkreiszeitkonstante im Bereich von ca. 10 ms (Kleinmaschine) bis 100 ms (Großmaschine). Die kleine Zeitkonstante erlaubt es, gewünschte Drehzahländerungen relativ schnell zu erreichen.

Bestimmung der Ankerzeitkonstanten aus dem Einschaltverhalten bei festgebremsten Läufer

Aufnahme der Sprungantwort bei Nennerregung durch Einschalten der Ankerspannung bei festgebremstem Läufer:

- Erhöhen der Ankerspannung bei Nennerregung und festgebremstem Läufer bis der Nennstrom fließt → ausschalten
- Aufschalten der vorher bestimmten Ankerspannung → Aufnahme des Ankerspannungsverlauf und des Ankerstromverlaufs mit dem Oszilloskop oder dem XY-Schreiber

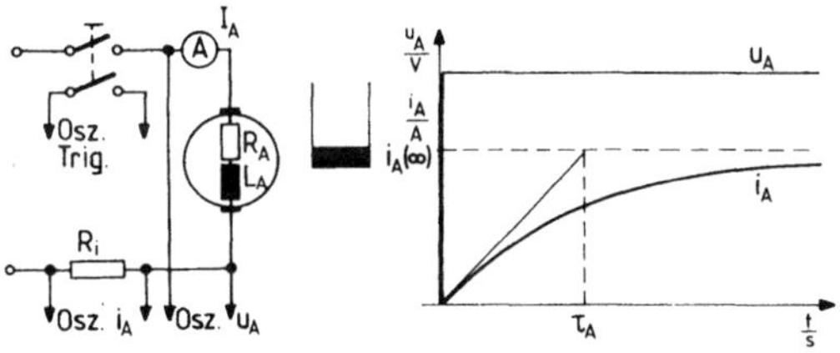

Gemessen werden können die Ankerzeitkonstante und der Endwert des Ankerstromes

Berechnet werden können der Ankerwiderstand und die Ankerinduktivität

$$u_A - K_1 \Phi n = R_A i_A + L_A \frac{di_A}{dt} \qquad i_A = i_{A(\infty)} \left(1 - e^{-\frac{t}{\tau_A}}\right)$$

Nebenbedingung: $n = 0$

Anfangsbedingung: $t = 0;\ i_A = 0$

$$u_{A(t=0)} = L_A \left(\frac{di_A}{dt}\right)_{t=0}$$

$$L_A = \left(\frac{u_A}{di_A/dt}\right)_{t=0} \qquad t \to \infty; \left(\frac{di_A}{dt}\right) \to 0$$

$$u_{A(t\to\infty)} = R_A i_{A(t\to\infty)}$$

$$R_A = \left(\frac{u_A}{i_A}\right)_{t\to\infty} \qquad (R_A \text{ enthält } R_i!)$$

Die Ankerzeitkonstante kann aus der Anfangssteigung des Ankerstromes bestimmt werden

$$\tau_A = \frac{L_A}{R_A} \quad \text{wenn } u_A(0) = u_A(\infty): \left(\frac{di_A}{dt}\right)_{t=0} = \frac{i_A(t\to\infty)}{\tau_A}$$

• Erregerzeitkonstante

Die **Erregerzeitkonstante** bestimmt, wie schnell sich der Strom im Erregerkreis bei einer Verstellung der Erregerspannung verändert. Die Erregerzeitkonstante wird wiederum aus der Anfangssteigung der Sprungantwort des Erregerstroms auf eine schnelle Veränderung der Erregerspannung ermittelt. Dabei ist zu beachten, daß die Erregerkreisinduktivität durch Sättigungserscheinungen des Eisens nicht konstant sein kann. Kritische Größe bei dieser Untersuchung ist wiederum der maximale Erregerstrom, der durch die zulässigen Erregerverluste begrenzt ist. Da diese Untersuchung bei rotierendem Läufer und laufender Lüftung durchgeführt werden kann, tritt das Problem der Erwärmung nicht auf. Dabei muß jedoch beachtet werden, daß der Erregerstrom nicht zu klein gewählt wird, da dann die Gefahr des Durchgehens der Maschine durch Feldschwächung besteht. Diese Gefahr ist umso größer, als die Erregerzeitkonstante möglichst ohne den Einfluß der Ankerrückwirkung, d.h. bei möglichst kleinem Ankerstrom bzw. unbelasteter Maschine bestimmt werden soll. Daraus folgt, daß der Erregerstrom nicht unter einen maschinenabhängigen Minimalwert absinken darf. Zur Bestimmung der Sprungantwort wird also die Erregerspannung von einem von Null verschiedenen Anfangswert auf die Nennerregerspannung sprunghaft geändert. Der Erregerstrom folgt nach einer Zeitfunktion, wobei der Stromanstieg durch den Spannungsabfall an der Erregerkreisinduktivität begrenzt wird. Die Zeitkonstante des Erregerkreises ist um ca. eine Zehnerpotenz größer, als die des Ankerkreises, da bei fremderregten Gleichstrommaschinen die Windungszahl der Erregerwicklung und damit deren Induktivität relativ groß ist gegenüber der Ankerwicklung. Bei üblichen Gleichstrommaschinen liegt die Erregerzeitkonstante im Bereich von ca. 100 ms (Kleinmaschinen) bis 1 s (Großmaschine). Dies ist ein Grund, warum bei drehzahlgeregelten Antrieben schnelle Änderungen der Drehzahl durch Veränderung der Ankerspannung und nicht der Erregerspannung durchgeführt werden.

Bestimmung der Erregerzeitkonstanten aus dem Verhalten des Erregerstromes bei sprunghafter Änderung der Erregerspannung

Aufnahme der Sprungantwort bei sprunghafter Änderung der Erregerspannung bei leerlaufender Maschine:

- Vermindern der Erregerspannung durch Vergrößern des Erregerkreis-Vorwiderstandes bis die höchste zulässige Drehzahl erreicht ist (Vorsicht: Maschine kann instabil werden!)
- Überbrücken des Vorwiderstandes
  → Aufnahme des Erregerspannungsverlaufs und des Erregerstromverlauf mit dem Oszilloskop oder dem XY-Schreiber

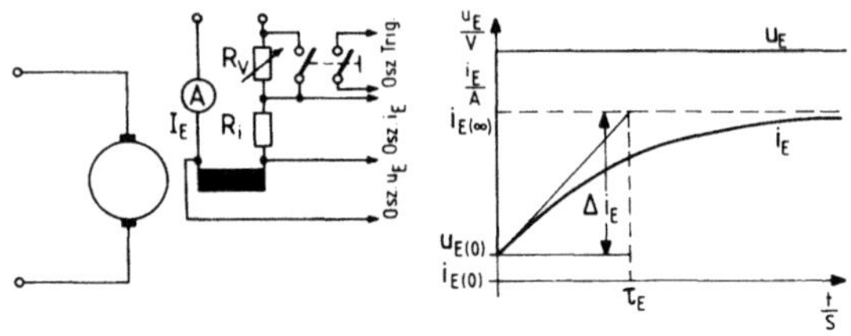

Gemessen werden können die Erregerzeitkonstante und der Endwert des Erregerstromes.

Berechnet werden können der Erregerwiderstand und die Erregerinduktivität

$$u_E = R_E i_E + L_E \frac{di_E}{dt} \qquad i_E = i_{E(\infty)} - \Delta i_E e^{-\frac{t}{\tau_E}}$$

Anfangsbedingung: $t = 0;\ i_E = i_{E0}$

$$u_{E(t=0)} = R_E i_{E0} + L_E \left(\frac{di_E}{dt}\right)_{t=0}$$

$$L_E = \left(\frac{u_E - R_E i_E}{di_E/dt}\right)_{t=0} \qquad t \to \infty; \left(\frac{di_E}{dt}\right) \to 0$$

$$u_{E(t\to\infty)} = R_E i_{E(t\to\infty)}$$

$$R_E = \left(\frac{u_E}{i_E}\right)_{t\to\infty}$$

Die Erregerzeitkonstante kann aus der Anfangssteigung des Erregerstromes bestimmt werden

$$\tau_E = \frac{L_E}{R_E} \quad \text{wenn } u_E(0) = u_E(\infty): \left(\frac{di_E}{dt}\right)_{t=0} = \frac{\Delta i_E}{\tau_E}$$

- **Schwungmassenzeitkonstante**

Die **Schwungmassenzeitkonstante** bestimmt bei Änderungen des Lastmoments oder des Antriebsmoments, in welcher Zeit der Antrieb beschleunigt oder abgebremst wird. Der Zeitverlauf bis zum neuen Gleichgewichtszustand wird durch die Schwungmassenzeitkonstante bestimmt, das Beschleunigungs- oder Bremsmoment wird bei Erreichen des neuen Zustandes Null. Die Massen des gesamten Antriebs verhindern durch das Trägheitsmoment eine sprunghafte Änderung der Drehzahl. Die in den Antriebsmassen gespeicherte mechanische Energie muß mit der Zeit geändert werden. Diese Zeitkonstante kann nicht alleine für die Antriebsmaschine bestimmt werden, sondern muß für den gesamten Antrieb ermittelt werden. Dazu wird ein Auslaufversuch durchgeführt, d.h. es wird der zeitliche Verlauf der Auslaufdrehzahl der Maschine im unbelasteten Zustand der Arbeitsmaschine nach dem Abschalten des einspeisenden Netzes gemessen. Um den Einfluß der Veränderung der bremsenden Momente, wie Luft- und Lagerreibung bzw. Bürstenreibung, auszuschließen, erfolgt die Bestimmung des Schwungmoments nur für einen Betriebspunkt, z.B. für die Nenndrehzahl. In diesem Punkt wird durch Messung der aufgenommenen elektrischen Leistung im Leerlauf die Verlustleistung bestimmt. Der Auslauf der Maschine erfolgt von einem Punkt höherer Drehzahl, die im Schwungmoment des Antriebs gespeicherte Energie wird durch die Bremsverluste mit der Zeit umgesetzt, die Drehzahl des Antriebs vermindert sich entsprechend in Abhängigkeit von der Zeit. Bei einer Gleichstrommaschine muß dabei das Feld durch die Erregung weiter aufrechterhalten werden. Für den ausgewählten Betriebspunkt wird die Tangente an die aufgenommene Auslaufkurve gelegt, die bei von der Drehzahl unabhängigen Bremsmoment der Auslaufkurve entsprechen würde. Die so ermittelte fiktive Auslaufzeit zusammen mit den für den ausgewählten Betriebspunkt bestimmten Verlusten ergibt die im Auslauf umgesetzte Energie, die in diesem Betriebspunkt in der rotierenden Masse des Antriebs gespeichert war. Aus dem Trägheitsmoment folgt wiederum die Schwungmassenzeitkonstante.

Bestimmung der Schwungmassen-Zeitkonstanten aus dem Auslaufversuch

Aufnahme der Auslaufkurve bei Abschalten der Ankerspannung bei konstanter Erregung:

- Bestimmung der Leerlaufverluste bei der vorgesehenen Abschaltdrehzahl, u.U. aus dem Leerlaufversuch bei Nenndrehzahl
- Erhöhen der Drehzahl um ca. 20 %
- Abschalten der Ankerspannung bei unverändertem Erregerstrom → Aufnahme der Drehzahl in Abhängigkeit von der Zeit mit dem Oszilloskop oder dem XY-Schreiber

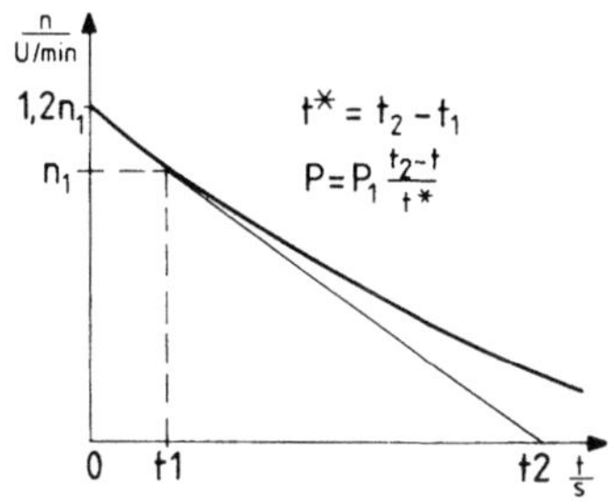

Entnommen werden kann durch Anlegen der Tangente bei n_1 die fiktive Auslaufzeit t^*. Wenn die Verluste während des Auslaufs linear abnehmen, würde die Auslaufkurve gleich der Tangente in n_1 sein. Oder es kann davon ausgegangen werden, daß die Änderung der Drehzahl mit der Zeit, d.h. die Steigung der Auslaufkurve durch das Bremsmoment bestimmt wird, das als konstant angenommen wird.

$$P = M_B \omega.$$

Unter der Annahme konstantem Bremsmoments wird während der fiktiven Auslaufzeit die bei der Ausgangsdrehzahl im Antrieb gespeicherte Energie umgesetzt („verbraucht")

$$W_1 = \frac{P_1 t^*}{2}$$ P_1 ist die Verlustleistung bei n_1

Wenn die Verluste und die Auslaufzeit bekannt sind, kann die in den Schwungmassen bei der Ausgangsdrehzahl gespeicherte Energie bestimmt werden.

$$W_1 = \frac{I\omega_1^2}{2}$$ Winkelgeschwindigkeit $\omega = 2\pi n$

Angegeben wird für Maschinen der Wert mD_J^2 (früher GD_J^2), d.h. das Produkt aus Masse und Quadrat des Schwerpunktdurchmessers,

$$I = \frac{mD_J^2}{4}$$ Massenträgheitsmoment

Die gespeicherte Energie wird zur Deckung der Verluste während der (fiktiven) Auslaufzeit umgesetzt.

$$\frac{I\omega_1^2}{2} = \frac{P_1 t^*}{2}$$

$$mD_J^2 = \frac{4 P_1 t^*}{\omega_1^2}$$

$$\frac{mD_J^2}{\mathrm{kgm}^2} = \frac{365 \frac{P_1}{W} \frac{t^*}{s}}{\left(\frac{n_1}{1/\mathrm{min}}\right)^2}$$

Die Schwungmassenzeitkonstante bestimmt, wie schnell sich die Drehzahl bei einem Beschleunigungs- oder Bremsmoment ändert

$$M_B = \tau_I \frac{M_{AN}}{n_{oN}} \cdot \frac{dn}{dt}.$$

Das Massenträgheitsmoment bestimmt ebenfalls die Drehzahländerung

$$M_B = I\, 2\pi \cdot \frac{dn}{dt}.$$

Die Schwungmassenzeitkonstante ist

$$\tau_I = I \frac{2\pi n_{oN}}{M_{AN}} \quad \text{oder} \quad \tau_I = mD_J^2 \frac{\pi n_{oN}}{2 M_{AN}}$$

$$\tau_I = mD_J^2 \frac{\pi^2 n_{oN}^2}{P_{AN}}$$

Beispiel: $n_1 = 1200 \frac{1}{\mathrm{min}}$ $P_1 = 80\ \mathrm{W}$ $t^* = 17\ \mathrm{s}$

$$mD_J^2 = \frac{365 \cdot 80\ \mathrm{W} \cdot 17\ \mathrm{s}}{1200^2}$$

$$mD_J^2 = 0{,}345\ \mathrm{kgm}^2$$

• Bestimmung des Übergangsverhaltens eines geregelten Antriebs

Das **Übergangsverhalten eines geregelten Antriebs** wird charakterisiert durch das zeitliche Verhalten der elektrischen und mechanischen Größen bei definierter Änderung der steuernden elektrischen Eingangsgrößen oder der mechanischen Lastgrößen. Bestimmt wird dieses Verhalten von den elektrischen und mechanischen Zeitkonstanten der Antriebsmaschine, den mechanischen der Arbeitsmaschine und den Zeitkonstanten des Regelkreises.

Zeitkonstanten eines drehzahlgeregelten Antriebs

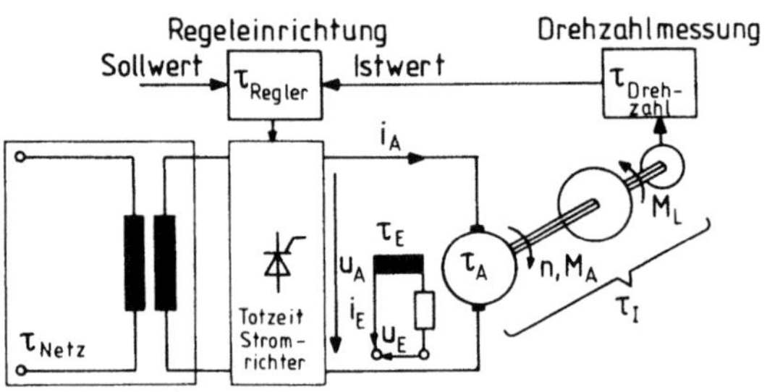

Im Falle des drehzahlgeregelten Antriebs mit einer fremderregten Gleichstrommaschine↑ als Antriebsmaschine wird der Drehzahlsollwert z.B. sprunghaft vergrößert bei konstanter Erregung und konstantem Lastmoment. Die Ankerspannung wird sich nach einer durch den Regler und das Stellglied bestimmten Zeitfunktion ebenfalls vergrößern. Der Ankerstrom und die Drehzahl werden sich nach einer durch die Ankerzeitkonstante und die Schwungmassenzeitkonstante bestimmten Zeitfunktion verändern zum neuen Gleichgewichtszustand. Im Falle des realen Industrieantriebs müssen bei der Bestimmung des Verhaltens im geregelten Betrieb dazu alle Zeitkonstanten berücksichtigt bzw. auf ihre Relevanz hin überprüft werden, wie die Zeitkonstante des Stellglieds (Totzeit einer gesteuerten Gleichrichterschaltung) oder die der Drehzahlmeßeinrichtung (Haltezeit bei digitaler Messung). Hier soll jedoch nur das elektrische Verhalten der Antriebsmaschine untersucht werden. Bei der Verknüpfung in einem Regelkreis stellt die Antriebsmaschine nur ein Element dar, alle Elemente zusammen bestimmen das Zeitverhalten.

Die im Ankerkreis zur Verfügung stehende Speisespannung teilt sich in drei Anteile auf:

- die Spannung, die gleich der im Ankerkreis proportional zur Drehzahl induzierten Spannung ist. Im stationären Betrieb bei unbelasteter Maschine und vernachlässigbarem Leerlaufstrom ist dies die gesamte am Ankerkreis liegende Spannung.
- die Spannung, die proportional der Beschleunigung des Antriebs ist. Zur Überwindung des Trägheitsmoments muß ein Beschleunigungsmoment aufgebracht werden. Die Größe des Ankerstroms, der das Moment erzeugt, wird durch den Ankerwiderstand begrenzt, bei unbelasteter Maschine ist das Beschleunigungsmoment proportional dem Ankerstrom. Die aus dem Beschleunigungsmoment folgende Drehzahländerung wird durch die Schwungmassenzeitkonstante bestimmt.
- die Spannung, die proportional der Änderung der Beschleunigung des Antriebs ist. Der Ankerstrom ist zeitlich nicht konstant, ebenso das Beschleuni-

Drehzahlgeregelter Antrieb mit fremderregter Gleichstrommaschine

Verknüpfung der elektrischen Größen:

Erregerkreis: $u_E, i_E, \tau_E \rightarrow u_E = R_E \left(i_E + \tau_E \frac{di_E}{dt} \right)$

Die Erregerzeitkonstante bestimmt den zeitlichen Verlauf des Erregerstroms. Der Erregerstrom wird, außer im Feldschwächbereich, konstant gehalten.

Ankerkreis: $u_A, i_A, \tau_A \rightarrow u_A = u_i + R_A \left(i_A + \tau_A \frac{di_A}{dt} \right)$

Die Ankerzeitkonstante bestimmt den zeitlichen Verlauf des Ankerstroms. Zur Veränderung der Drehzahl wird die Ankerspannung verstellt.

Verknüpfung der mechanischen Größen:

Antriebskreis: $M_b, n, \tau_I \rightarrow M_{b(t)} = \frac{M_{AN}}{n_{oN}} \tau_I \frac{dn}{dt}$

Die Schwungmassenzeitkonstante bestimmt den zeitlichen Verlauf der Drehzahl bei Anliegen eines Beschleunigungmomentes.

Verknüpfung der elektrischen und magnetischen Größen:

Erregerkreis $\Phi_E = L_E i_E$

Ankerkreis $\Phi_A = f(i_A, \Phi)$

Die Verminderung des Flusses durch den Anker infolge Ankerrückwirkung und Sättigung soll nicht berücksichtigt werden.

Verknüpfung der elektrischen und mechanischen Größen im Anker:

1. Maschinengleichung $u_i = K_1 n \Phi$
2. Maschinengleichung $i_A = \frac{M_A}{K_2 \Phi}$

In der Ankerkreisgleichung werden alle elektrischen Größen durch die mechanische Größe „Drehzahl" ersetzt:

$$u_A = K_1 n \Phi + \frac{R_A M_{AN}}{K_2 n_{oN} \Phi} \left(\tau_I \frac{dn}{dt} + \tau_I \tau_A \frac{d^2n}{dt^2} \right)$$

Die Ankerspannung setzt sich aus drei von der Drehzahl und der Zeit abhängigen Anteilen zusammen. Ist die Testfunktion zur Untersuchung des dynamischen Verhaltens ein Sprung der Ankergleichspannung, dann ist die Summe der drei Anteile immer konstant:

$$u_A = a_1 n + a_2 \tau_I \frac{dn}{dt} + a_2 \tau_I \tau_A \frac{d^2n}{dt^2}$$

gungsmoment und damit ist auch die Drehzahländerung nicht gleichförmig. Die Änderung des Ankerstroms wird durch die Ankerzeitkonstante bestimmt, die aus der Änderung des Beschleunigungsmoments folgende Drehzahl„beschleunigung" durch das Produkt aus Anker- und Schwungmassenzeitkonstante.

Eine formale mathematische Lösung der Differentialgleichung 2. Ordnung ist für das Verständnis vom Verhalten des Antriebs nicht notwendig. Die meßtechnische Bestimmung der Sprungantwort kann mathematisch beschrieben werden und stellt damit gleichzeitig die Lösungsfunktion der Differentialgleichung dar.

Die drei Anteile sind also direkt oder über das Zeitverhalten von der Drehzahl abhängig, d.h. aus dem Zeitverhalten der anliegenden Ankerspannung folgt unter Berücksichtigung des Anfangszustands für einen bestimmten Antrieb eindeutig das Zeitverhalten der Drehzahl.

Das charakteristische Verhalten der Elemente läßt sich z.B. mit einer Testfunktion bestimmen. Ist die Testfunktion eine Sprungfunktion, d.h. wird die Ankerspannung eingeschaltet, dann können je nach Antrieb bei der Sprungantwort zwei charakteristische Zeitverläufe unterschieden werden:

- Der Schwingfall, bei dem die Drehzahl mit mehr oder minder starkem Überschwingen dem stationären Wert zustrebt.
- Der Kriechfall, bei dem die Drehzahl ohne Überschwingen einem Grenzwert, dem stationären Wert, zustrebt, ohne ihn in endlicher Zeit voll zu erreichen.

Die meßtechnische Bestimmung des zeitlichen Verhaltens bei sprunghafter Änderung der elektrischen Eingangsgröße, d.h. die Bestimmung der Sprungantwort, erfolgt im Labor bei unbelasteter Arbeitsmaschine, um den Einfluß des sich meist mit der Drehzahl ändernden Lastmoments auszuschalten. Gemessen wird der Zeitverlauf der zweiten elektrischen Eingangsgröße — weitere elektrische Größen werden konstant gehalten — und der Drehzahl des Antriebs. Dabei wird die Drehzahl vom Stillstand hochgefahren.

Die Messung erfolgt bei Nennerregerstrom. Die Ankerspannung wird bei Probemessungen soweit gesteigert, bis entweder die Nennspannung erreicht ist oder die Spitzen des Ankerstroms unzulässige Werte erreichen.

Sprungfunktion als Testfunktion

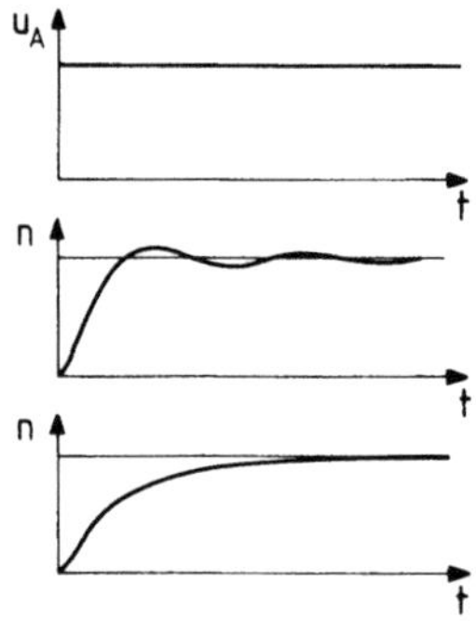

$$u_A = \begin{cases} 0 & t < 0 \\ \hat{u}_A & t \geq 0 \end{cases}$$

Schwingfall

$$n = A + B \sin(\omega_e t - \varphi)\, e^{-\delta t}$$

Kriechfall

$$n = A + B e^{\lambda_1 t} + C e^{\lambda_2 t}$$

A, B, C, ω_e, δ, φ und λ sind Konstanten, die von den Daten der Maschine und der Ankerspannung sowie von den Anfangsbedingungen abhängen.

Aufnahme der Sprungantwort einer fremderregten Gleichstrommaschine

Prinzipschaltung zur Aufnahme der Sprungantwort mit dem Zweikanal-Oszilloskop mit Speicherschirm oder dem Zweikanal-Schreiber.

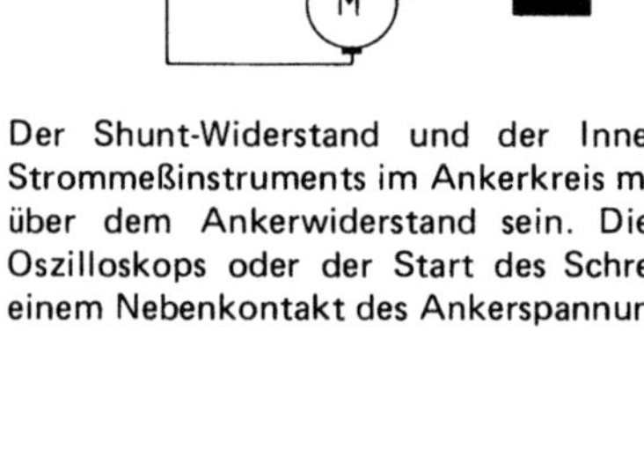

Meßgrößen:
Ankerspannung
Ankerstrom
Erregerstrom
(mit Instrumenten)
Drehzahl
Ankerstrom (Shunt)
(mit dem Oszilloskop)

Der Shunt-Widerstand und der Innenwiderstand des Strommeßinstruments im Ankerkreis müssen klein gegenüber dem Ankerwiderstand sein. Die Triggerung des Oszilloskops oder der Start des Schreibers erfolgt mit einem Nebenkontakt des Ankerspannungsschalters.

Der Einschwingvorgang selbst kann unter dem Energie-Gesichtspunkt betrachtet und erklärt werden. Um den Antrieb aus dem Ruhezustand in den gewünschten Betriebszustand zu bringen, muß Energie eingebracht werden. Diese Energie wird dem speisenden Netz als elektrische Energie entnommen. Die elektrische Energie läßt sich jedoch nicht direkt in kinetische Energie umwandeln, es müssen erst über das magnetische Feld Kräfte erzeugt werden. Mit diesen Kräften werden die zunächst ruhenden Massen des Antriebs in Bewegung versetzt, sie nehmen potentielle elektrische Energie als kinetische Energie auf.

Das diese Kräfte erzeugende magnetische Feld des Ankerstroms stellt eine gespeicherte elektrische Energie dar, die nur stetig verändert werden kann. Der Ankerstrom kann also nicht schlagartig auf den gewünschten Wert springen, er steigt langsam in dem Maße an, in dem mit der anliegenden Ankerspannung elektrische Energie zum Aufbau des Feldes eingebracht wird. Durch das Zusammenwirken von konstant gehaltenem Erregerfeld und veränderbarem Ankerfeld wirken auf die bewegte Masse des Antriebs Kräfte und beschleunigen diese. Dadurch wird dem Feld Energie entzogen. Dieser Vorgang ist darzustellen durch die mit der Drehzahl ansteigende rückinduzierte Spannung. Dieser Vorgang setzt sich fort, bis im stationären Betrieb die induzierte Spannung so groß ist, daß das Ankerfeld unterdrückt wird, die Ankerspannung kann keinen Ankerstrom mehr aufbauen, es wird keine Energie dem Netz entnommen. Im Schwingfall wird das Ankerfeld schneller aufgebaut, als ihm durch die Beschleunigung der Antriebsmassen Energie entzogen werden kann. Der langsamer hochlaufende Antrieb wird von einem überschwingenden Ankerfeld beschleunigt über die stationäre Drehzahl hinaus. Die rückinduzierte Spannung, proportional der Drehzahl, ist größer als die Ankerspannung, der Ankerstrom wird kleiner. Die Antriebsmassen entnehmen dem Ankerfeld Energie ohne das aus dem Netz Energie nachgeliefert wird. Der Antrieb wird über die stationäre Drehzahl hinaus beschleunigt. Diese Beschleunigung wird Null, wenn die gesamte Energie dem Ankerfeld entzogen ist, wenn der Ankerstrom Null ist. Die in

Sprungantwort für den Kriechfall:

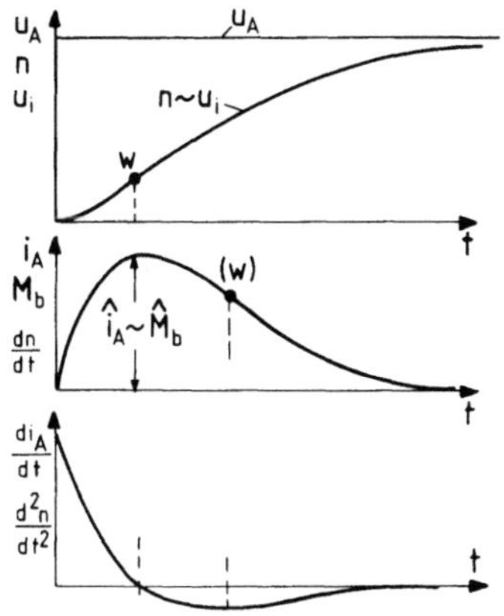

Meßgrößen:
(Ankerspannung) u_A
Drehzahl n
Ankerstrom i_A
Konstruierte Größen:
Beschleunigungsmoment

$$M_b = i_A \frac{M_{AN}}{I_{AN}}$$

Stromänderungsgeschwindigkeit

$$\frac{di_A}{dt} = \frac{1}{\tau_A}\left(\frac{u_A - u_i}{R_A} - i_A\right)$$

Anfangswerte: Drehzahl und Ankerstrom sind Null, die gesamte Ankerspannung liegt an der Ankerinduktivität und hat die maximale Ankerstromänderung zur Folge. Die Anfangssteigung der Drehzahl-Funktion ist Null. Das magnetische Feld wird aufgebaut.

Ankerstrom-Maximum: Das Beschleunigungsmoment hat den größten Wert erreicht, die Drehzahl-Änderung ist am größten (Wendepunkt w). Die Ankerstromänderung ist Null und kehrt ihr Vorzeichen um, der Antrieb wird im folgenden nicht mehr so stark beschleunigt.

Sprungantwort für den Schwingfall:

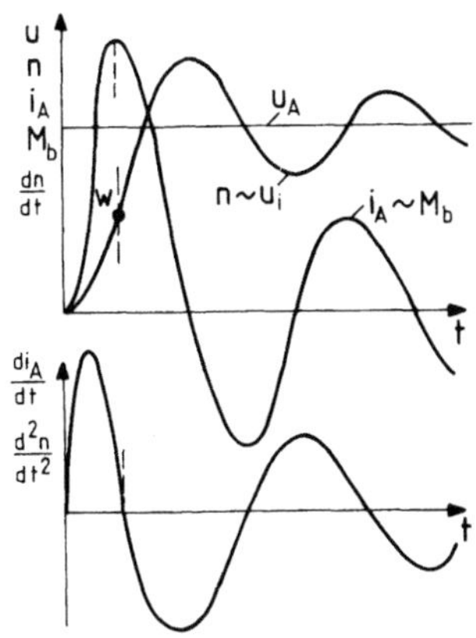

Meßgrößen:
(Ankerspannung) u_A
Drehzahl n
Ankerstrom i_A
Konstruierte Größen:
Beschleunigungsmoment

$$M_b = i_A \frac{M_{AN}}{I_{AN}}$$

Stromänderungsgeschwindigkeit

$$\frac{di_A}{dt} = \frac{1}{\tau_A}\left(\frac{u_A - u_i}{R_A} - i_A\right)$$

Zusammenhänge wie beim Kriechfall, aber die Drehzahl steigt über den stationären Endwert an, sie schwingt über. Dadurch kehrt das beschleunigende Moment sein Vorzeichen um, es bremst ab, ein Einschwingvorgang findet statt. Es findet ein Energieaustausch zwischen dem magnetischen Feld und den Schwungmassen auf der einen und dem Netz auf der anderen Seite statt.

den rotierenden Massen gespeicherte kinetische Energie ist jedoch so groß, daß sie in der Lage ist, über die rückinduzierte Spannung, die größer ist als die Ankerspannung, ein entgegen der ursprünglichen Polarität gerichtetes Ankerfeld aufzubauen. Es wird kinetische Energie dem Antrieb entnommen und damit ein magnetisches Feld aufgebaut, der Antrieb wird abgebremst. Da bei Erreichen der stationären Drehzahl dieses Feld seinen größten Wert hat, wird der Antrieb weiter abgebremst, der Einschwingvorgang wird mit sinkenden Amplituden fortgesetzt.

In einem Regelkreis muß jetzt nach Kenntnis des Übergangsverhaltens der Maschine (und der anderen Elemente) die Beschaltung des Reglers ↑ so dimensioniert werden, daß der gesamte Antrieb das gewünschte Zeitverhalten erhält.

- **Bestimmung des Übergangsverhaltens eines gesteuerten Antriebs**

Bei gesteuerten Kleinantrieben kann man nach den Anforderungen der Praxis zwei prinzipielle Typen unterscheiden: Antriebe mit **gleichbleibender Arbeitsdrehzahl** und Antriebe mit in größeren Bereichen **verstellbarer Arbeitsdrehzahl** bei jeweils konstanter Speisespannung, vorgegeben durch das starre Versorgungsnetz. Aus diesen Anforderungen, die durch die Arbeitsmaschine vorgegeben werden, wird der verwendete Motortyp, die Antriebsmaschine, bestimmt. Für den ersten Fall wird meist ein Drehstrom-Asynchronmotor mit Kurzschlußläufer ↑ verwendet, bei dem der vom Wirkungsgrad bzw. der Belastung durch die Verluste her optimale Betriebspunkt, die Nenndrehzahl, wenig unter der synchronen Drehzahl liegt. Alle anderen Betriebsbereiche werden nur kurzzeitig beim Anfahren oder bei Stoßbelastungen erreicht. Für den zweiten Fall wird zumeist eine Gleich- oder Wechselstrom-Kommutatormaschine ↑ als Antriebsmaschine verwendet. Diese Maschinen lassen sich auch über längere Zeiträume in von der Nenndrehzahl verschiedenen Betriebsbereichen betreiben.

Das **Einschaltverhalten einer Ds-Asynchronmaschine mit Kurzschlußläufer** soll geprüft werden. Extremster Belastungsfall für das speisende Netz und die Antriebsmaschine ist zumeist das Anfahren des Antriebs, d.h. vom Stillstand her das Erhöhen der Drehzahl gegen den u.U. erheblichen Widerstand der Arbeitsmaschine und unter Einbringung der notwendigen Energie in die trägen Massen des gesamten Antriebs. Das dazu notwendige Anfahrmoment erfordert sehr hohe Anfahrströme, die wiederum zu Spannungseinbrüchen im speisenden Netz führen können. Von den Energieversorgungsunternehmen werden daher nur Motoren bis zu

Einsatz der Asynchronmaschine und der Gleichstrom-Reihenschlußmaschine

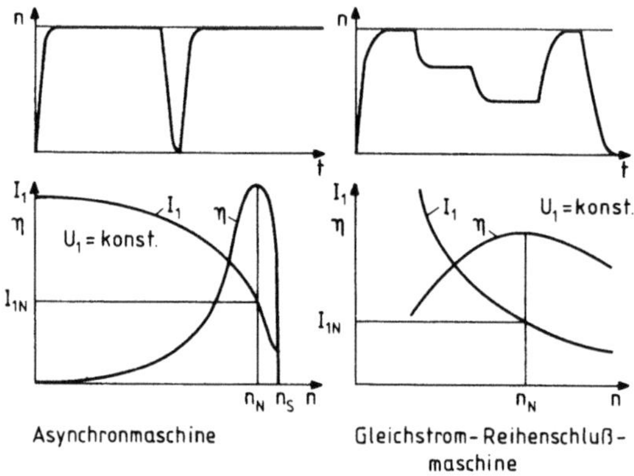

Einschalten von Ds-Asynchronmaschinen

Asynchromotoren unter 1 kW werden noch als Rundstabläufer ausgeführt mit 4–8-fachem des Nennstromes als Anzugsstrom und 1,5–3-fachem des Nennmomentes als Anzugsmoment. Sie dürfen meist direkt eingeschaltet werden. Größere Asynchronmotore werden mit Stromverdrängungs-Läufer ausgeführt. Dadurch werden die Anzugswerte verkleinert, meist wird bis zu einer Nennleistung von 5,5 kW von den Elektrizitäts-Versorgungsunternehmen die direkte Einschaltung zugelassen.

Größere Asynchronmotore mit Kurzschlußläufer, d.h. Stromverdrängungs-Läufer können mit Stern-Dreieck-Umschaltung angelassen werden. Dazu werden die Wicklungen des Motors, die für die Netzspannung und Dreieckschaltung im Nennbetrieb ausgelegt sein müssen, zum Anlassen in Sternschaltung an das speisende Netz geschaltet.

einer bestimmten Grenzleistung zum direkten Einschalten an das Netz zugelassen. Alle anderen größeren Motoren müssen mit besonderen Anlaßschaltungen eingeschaltet werden. Zu untersuchen ist neben der Höhe des Einschaltstroms bei besonderem Anlaßverfahren, die Größe des Anzugsmoments, um zu kontrollieren, ob mit der gewählten Antriebsmaschine die Arbeitsmaschine überhaupt in den gewünschten Betriebsbereich gebracht werden kann. Da im Gegensatz zum Schleifringläufermotor beim heute fast ausschließlich verwendeten Kurzschlußläufer auch das Anlaufverhalten durch die Konstruktionsmerkmale der Maschine vorgegeben ist, kann es sich bei der Untersuchung nur um eine Überprüfung der vorgegebenen Daten handeln. Nur bei großen Motoren und Schweranlauf werden noch Schleifringläufermaschinen eingesetzt.

Der dem Drehstromnetz beim Einschalten entnommene Leiterstrom beträgt in Sternschaltung ein Drittel des Wertes in Dreieckschaltung. Da die Strangspannung bei der Sternschaltung gegenüber der Dreieckschaltung bei gleicher Leiterspannung um den Faktor $1/\sqrt{3}$ kleiner ist, wird auch der Hauptfluß der Maschine ohne Berücksichtigung von Sättigungserscheinungen um $1/\sqrt{3}$ kleiner. Um den gleichen Faktor wird die im Läufer induzierte Spannung und damit auch der Läufer- ebenso wie der Ständerstrom kleiner. Das Produkt von Fluß und Strom bildet die Kraft, die auf den Läufer in Drehrichtung wirkt, d.h. das Drehmoment. Daher ist das Drehmoment einer Asynchronmaschine bei Sternschaltung der Ankerwicklung um den Faktor 1/3 kleiner als bei Dreieckschaltung. Die Untersuchung des Verhaltens der Maschine bei Hochlauf mit Stern-Dreieck-Umschaltung kann mit den statischen Drehmoment-Drehzahl- und Strom-Drehzahl-Kennlinien erfolgen, da die Ankerzeitkonstante gegenüber der Schwungmassenzeitkonstante meist sehr klein ist. Die Differenz zwischen dem Drehmoment der Antriebsmaschine und

Strang- und Leiterströme bei Stern-Dreieck-Umschaltung

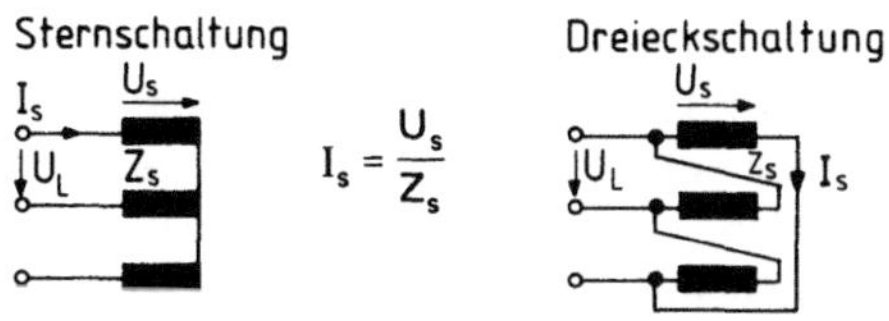

$$I_s = \frac{U_s}{Z_s}$$

Sternschaltung	Dreieckschaltung
$U_{s\lambda} = \frac{U_L}{\sqrt{3}}$	$U_{s\Delta} = U_L$
$I_{s\lambda} = I_L$	$I_{s\Delta} = \frac{I_L}{\sqrt{3}}$
$I_L = \frac{U_L}{\sqrt{3}\,Z_s}$	$I_L = \frac{\sqrt{3}\,U_L}{Z_s}$

Index s: Stranggrößen, d.h. Wicklungsgrößen
Index L: Leitergrößen, d.h. Netzgrößen

Bei gleicher Netzspannung und gleicher Wicklungsreaktanz ist

$$I_{L(\lambda)} = \frac{1}{3} I_{L(\Delta)}$$

$$U_{s\lambda} = \frac{1}{\sqrt{3}} U_{s\Delta}$$

in Drehrichtung

$$\Phi_{s\lambda} = \frac{1}{\sqrt{3}} \Phi_{s\Delta}$$

$$M_\lambda = \frac{1}{3} M_\Delta$$

Sterndreieckschaltung als Anlaßschaltung für Drehstrommotore (3 Schütze)

Anlauf: Das Netzschütz wird eingeschaltet, für den Sternanlauf wird das Sternschütz zugeschaltet.

Stern-Dreieck-Umschaltung: Das Sternschütz wird abgeschaltet, *danach* kann das Dreieckschütz zugeschaltet werden.

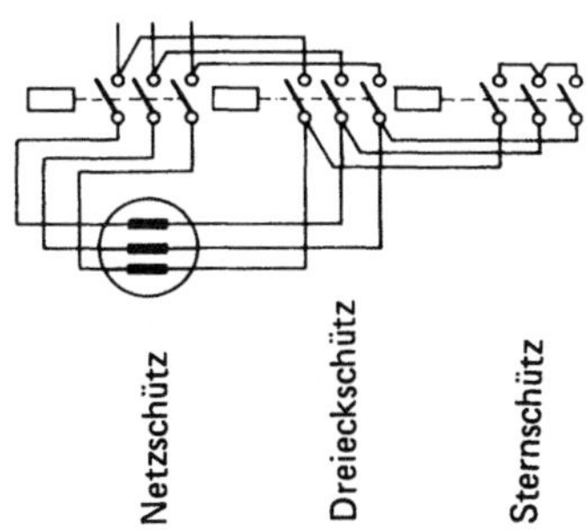

(ohne Schutz- und Betätigungseinrichtungen)

dem der Arbeitsmaschine ist das beschleunigende Moment. Aus ihm kann die Hochlaufzeit ermittelt werden. Für den Stern-Dreieck-Anlauf kann aus der Strom-Drehzahl-Kennlinie die Umschaltdrehzahl bestimmt werden. Es muß überprüft werden, ob das Beschleunigungsmoment bei jeder Drehzahl groß genug ist.

Drehmoment- und Strom-Drehzahl-Kennlinien bei Stern-Dreieck-Umschaltung

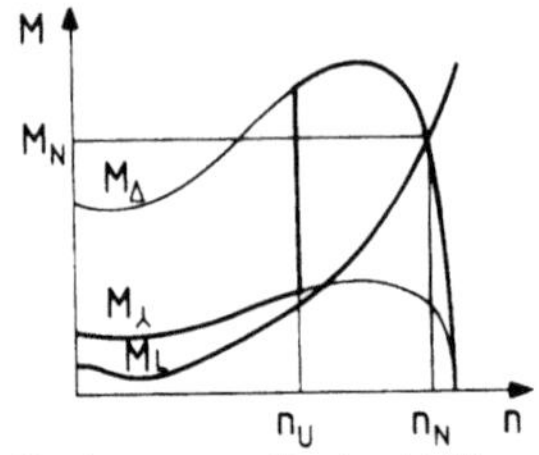

Drehmoment-Drehzahl-Kennlinien
Das Antriebsmoment muß immer größer als das Lastmoment M_L sein

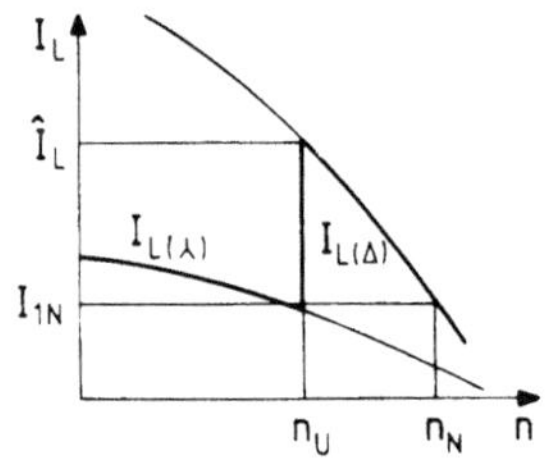

Strom-Drehzahl-Kennlinien
Der Anlauf- und Umschaltstrom muß kleiner als der vom EVU zugelassene Strom sein.

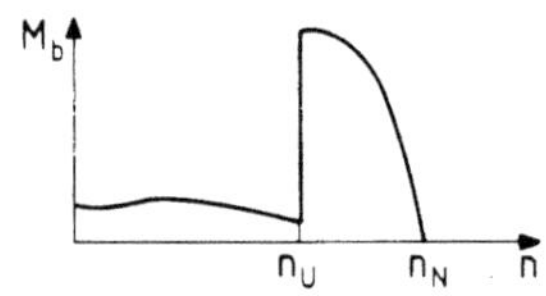

Beschleunigungsmoment als Differenz zwischen Antriebsmoment und Lastmoment in Abhängigkeit von der Drehzahl

Ermittlung der Hochlaufzeit

Das Massenträgheitsmoment bestimmt bei anliegendem Beschleunigungsmoment die Drehzahländerung

$$M_b = I\,2\pi \frac{dn}{dt}$$

$$\int M_b\,dt = 2\pi I \int dn$$

Ist das Beschleunigungsmoment konstant während der betrachteten Zeit, dann ist

$$\Delta t = \frac{2\pi I}{\bar{M}_b}\,\Delta n$$

$t_H = \Sigma\,\Delta t$ Hochlaufzeit

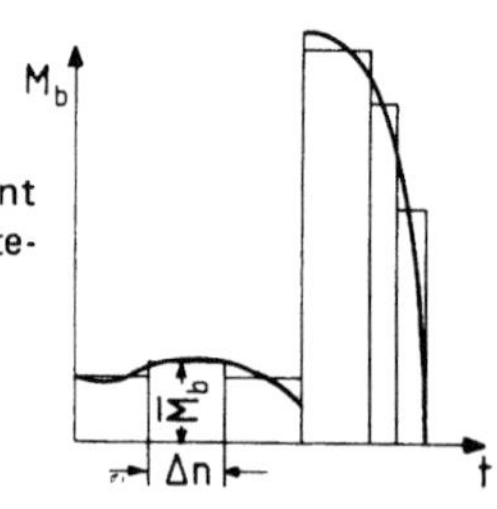

Die Anlaufdaten können aus dem Kurzschlußversuch ↑ bestimmt werden. Dabei sind die zumeist mit verringerter Spannung ermittelten Werte auf die Betriebsspannung umzurechnen, wobei infolge Sättigungserscheinungen bei größeren Spannungen auch mehr als proportional ansteigende Ströme zu erwarten sind. Der dynamische Einschaltstrom ist größer, als der im Kurzschlußversuch ermittelte Strom. Der Asynchronmotor verhält sich dabei ähnlich, wie ein kurzgeschlossener Transformator. Der Einschaltstrom kann mit dem Oszilloskop aufgenommen werden.

Der ordnungsgemäße Hochlauf eines Asynchronmotors oder eines -antriebs zum Nennpunkt sollte kontrolliert werden. Dazu wird ein Hochlaufversuch mit der Aufnahme der Drehzahl und des Stroms in Abhängigkeit von der Zeit bei unbelastetem Motor zur Bestimmung der Kenndaten oder mit dem vollständigen Antrieb zur Kontrolle des Anlaufverhaltens durchgeführt. Es kann davon ausgegangen werden, daß bei Hochlauf unter Last, d.h. die Antriebsmaschine ist zumindest mit der leerlaufenden Arbeitsmaschine belastet, die Hochlaufzeit bei großen Antrieben infolge der großen Schwungmassenzeitkonstante nicht von den elektrischen Zeitkonstanten bestimmt wird.

Hochlaufversuch mit einem Drehstrom-Asynchronmotor

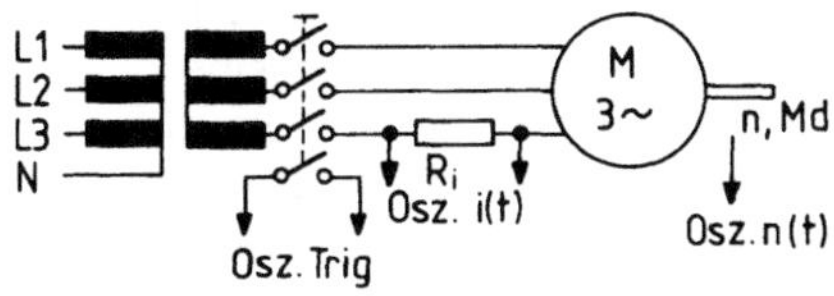

Gemessen: i und n in Abhängigkeit von der Zeit bis zum Erreichen des stationären Endwertes. Für den Strom interessieren dabei die Scheitelwerte, die als Hüllkurve des Stromverlaufs abgebildet werden.

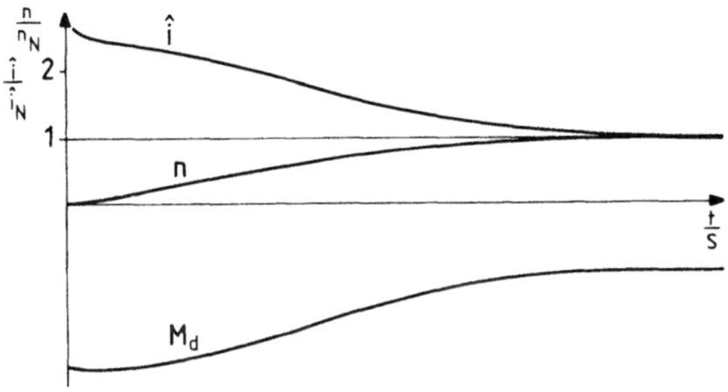

1.5.3.5 Ermittlung der Daten der Antriebsmaschine eines Kleinantriebs

Arbeitsmaschine in einem gesteuerten Antrieb

Das Problem besteht in der Auswahl eines geeigneten Antriebsmotors für eine Zahnradpumpe. Die Zuordnung soll so getroffen werden, daß die Arbeitsmaschine in einem geeigneten Nennarbeitsbereich betrieben werden kann. Besonders ist darauf zu achten, daß auch die Anlaufbedingungen erfüllt werden, d.h. das Anlaufmoment groß genug ist, der Anlaufstrom nicht zu groß wird und der Nennbetrieb möglichst schnell erreicht wird.

Als Prüfobjekt wurde der Gerätesatz zur Kennlinienaufnahme elektrischer Maschinen (GKM)[1)] benutzt. Die Belastung war eine Zahnradpumpe, die Hydrauliköl in einem offenen Kreislauf förderte. Ähnliche Belastungen bilden Flügelradpumpen, wie sie als Laugenpumpen in Waschmaschinen Verwendung finden, aber auch Förderpumpen, die als Zubehör zu Heimwerkermaschinen angeboten werden. Eine Ds-Lichtmaschine aus einem Kraftfahrzeug oder die zum o.g. Antriebssatz gehörende Wirbelstrombremse können ebenfalls als Arbeitsmaschine verwendet werden. Wichtig erscheint hier beim Einsatz im Unterricht, daß die von der Antriebsmaschine gelieferte mechanische Energie „sichtbar" umgesetzt wird, d.h. daß sichtbar mechanische Arbeit geleistet wird.

Vorauswahl

In einer ersten Untersuchung werden die Drehmoment-Drehzahl-Kennlinien der verfügbaren Antriebsmaschinen mit der der Arbeitsmaschine verglichen. Dabei kann auf vorliegende Datenblätter zurückgegriffen werden oder die Messungen müssen einzeln durchgeführt werden.

1) Experimentiereinrichtung zur Untersuchung elektrischer Maschinen der Firma ELWE, Kurt Franz KG

Für den untersuchten Fall zeigt es sich, daß nur der Gleichstrommotor und der Drehstrom-Asynchronmotor geeignet erscheinen. Alle anderen Maschinen fallen für die weitere Untersuchung aus, da ihr Anlauf- und Nennmoment bzw. Moment bei der gewünschten Drehzahl zu klein ist.

Untersuchung des statischen Verhaltens

Diese beiden Motortypen werden genauer untersucht. Dabei zeigt es sich, daß der Drehstrom-Asynchronmotor mit Schleifringläufer die dargestellten Bedingungen erfüllt. Die Verwendung der Gleichstrommaschine hätte zusätzlichen Aufwand für die Energieversorgung bedeutet, da als Einspeisung ein Drehstromnetz zur Verfügung steht. Im Folgenden soll daher nur die Untersuchung des Ds-Asynchronmotors dargestellt werden.

Drehmoment-Drehzahl-Kennlinien der Zahnradpumpe mit Gegendruck und der im GKM verfügbaren Motore

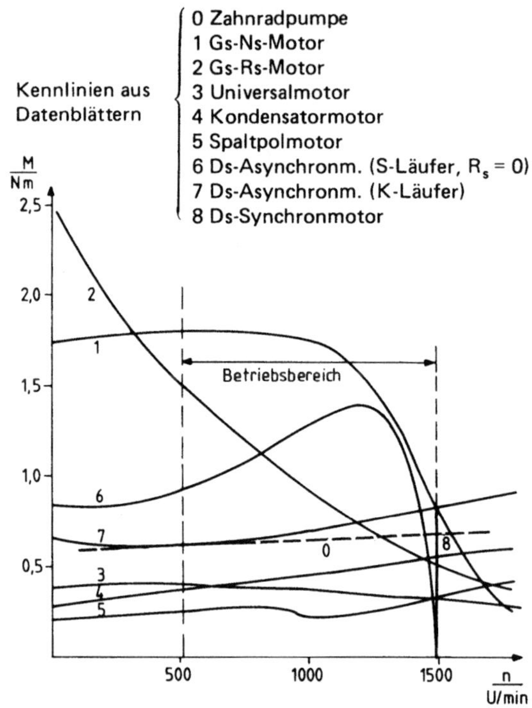

Die Antriebsmaschinen 3, 4, 5, 7 und 8 fallen aus, da ihr Anlaufmoment und Lastmoment zu klein ist.

Möglich sind der

- Gs-Ns-Motor und der Gs-Rs-Motor, bei denen durch Variation der Speisegleichspannung gewünschte Betriebspunkte eingestellt werden können
- Ds-Asynchronmotor, bei dem durch Wahl des Widerstandes im Läuferkreis der gewünschte Betriebspunkt eingestellt werden kann.

• Ermittlung der Daten und Kennlinien für den statischen Betrieb

Typenschild der untersuchten Maschine
(sonstige Maschinen nur bei speziellen Messungen)

ELWE	
Typ MKA-D/MS	3 ~ Mot
ΔY 220/380 V	0,48/0,28 A
0,09 kW	cos φ 0,77
1430 min^{-1}	50 Hz
Lfr 100 V	0,7 A
Isol Kl B	IP 44

Drehmoment-Drehzahlkennlinie

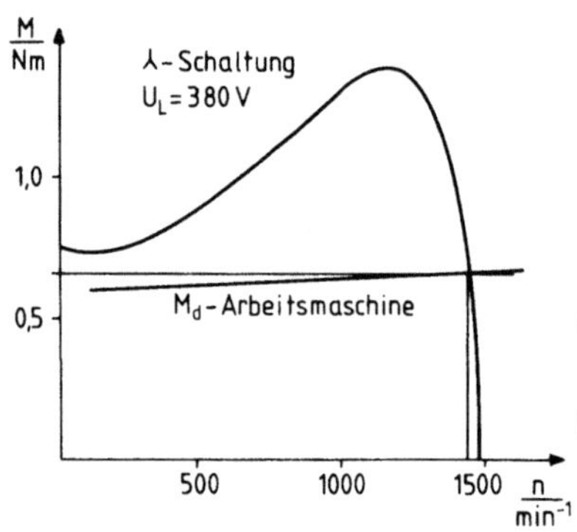

Anlaufmoment

$M_A = 0{,}75$ Nm

Sattelmoment

$M_S = 0{,}73$ Nm

Kippmoment

$M_K = 1{,}38$ Nm

Nennmoment

$M_N = 0{,}66$ Nm

Nenndrehzahl

$n_N = 1430 \frac{1}{min}$

Ds-Asynchronmotor mit Schleifringläufer (Dreiphasen Induktions-Motor).
Bei allen Unterschungen ist der Läufer kurzgeschlossen.

Messung der Wicklungswiderstände

Ankerseitig:

	bei 20 °C	im betriebswarmen Zustand
U1–U2	78 Ω	96 Ω
V1–V2	77 Ω	96 Ω
W1–W2	77 Ω	95 Ω
Läuferseitig:		
K–L	7,1 Ω	8,6 Ω
L–M	7,0 Ω	8,5 Ω
M–K	6,9 Ω	8,5 Ω

Ankerwicklung: Erwärmung:

$R_{StA} = 77\ \Omega$ $T_{2A} \approx 80\ °C$

Läuferwicklung (⅄-Schaltung):

$R_{StL} = 3{,}5\ \Omega$ $T_{2L} \approx 76\ °C$

Leerlaufversuch

Gemessen:		Berechnet:
Anschlußspannung	$U_L = 380\ V$	Leerlaufverluste
Leerlaufdrehzahl	$n_o = 1470\ \frac{1}{min}$	$P_0 = 37\ W$
Leerlaufstrom	$I_{Lo} = 0{,}17\ A$	
Leerlauf-Leistungsfaktor	$\cos\varphi_0 = 0{,}33$	

Kurzschlußversuch

Gemessen:		Berechnet:
Anschlußspannung	$U'_{LK} = 240\ V$	$(U_L = 380\ V)$
Kurzschlußstrom	$I'_{LK} = 0{,}62\ A$	$I_{LK} = 0{,}98\ A$
Anlaufmoment	$M'_A = 0{,}30\ Nm$	$M_A = 0{,}75\ Nm$
Kurzschluß-Leistungsfaktor	$\cos\varphi_K = 0{,}78$	

Die Schutzeinrichtung ist für den Kurzschlußstrom auszuwählen.

Ankerstrom-Drehzahl-Kennlinie, *Ortskurve* } entfallen, da die Maschine nach dem Anlaufen des Pumpenantriebs nur in einem Betriebspunkt, dem *Nennbetrieb*, arbeitet.

Nennstrom

$I_{LN} = 0{,}31\ A$ bei $U_N = 380\ V$

$\cos\varphi_N = 0{,}75$

Der Nennstrom ist 10 % größer, als der auf dem Typenschild angegebene Wert. Die Maschine ist aber überlastbar, wie zusätzlichen Angaben zu entnehmen ist (Erwärmungsmessung).

Wirkungsgrad

$$P_{ab} = 0{,}66\ Nm\ 2\pi \cdot \frac{1430}{60} \cdot \frac{1}{s}$$

$$P_{ab} = 99\ W$$

$$\frac{\eta}{\%} = \frac{99\ W}{153\ W}\ 100$$

$$\eta = 65\ \%$$

$$P_{zu} = \sqrt{3} \cdot 0{,}31\ A \cdot 380\ V \cdot 0{,}75$$

$$P_{zu} = 153\ W$$

• Hochlaufversuch

Der ausgewählte Ds-Asynchronmotor ist noch bezüglich seines Hochlaufverhaltens zu untersuchen. Dazu wird ein Hochlaufversuch unter Last durchgeführt. Ausgewählt wird die größte mögliche Belastung für den Anlauffall. Kontrolliert wird der ordnungsgemäße Hochlauf, bestimmt wird aus dem Hochlaufdiagramm der Anlaufstrom und die Hochlaufzeit.

Hochlaufdiagramm des Antriebs mit Ds-Asynchronmotors

Hochlaufversuch des Hydraulikantriebs unter Last

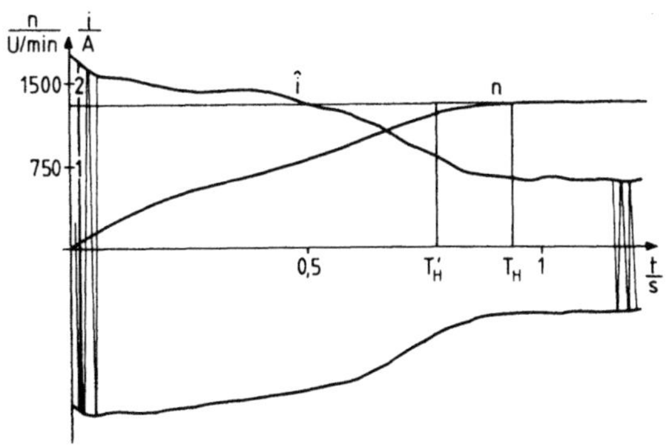

Scheitelwert des Anlaufstromes:

$\hat{i}_{AA} = 2{,}2\ \mathrm{A}$

$\dfrac{\hat{i}_{AA}}{I_{AN}} = 7$

Hochlaufzeit:

$T_H \approx 0{,}95\ \mathrm{s}$

$T'_H \approx 0{,}8\ \mathrm{s}$ bis 90 % n_∞

Effektivwert des Anlaufstromes:

$I_{AA} = 1{,}56\ \mathrm{A}$

$\dfrac{I_{AA}}{I_{AN}} = 5$

Endwerte:

$n_\infty = 1300\ \dfrac{1}{\mathrm{min}}$

$I_{A\infty} = 0{,}59\ \mathrm{A}$

Dabei wird die Pumpe mit der größten möglichen Last betrieben. Im Nennbetrieb ist die Last entsprechend kleiner.

Arbeitsmaschinen in einem geregelten Antrieb

Zum Einsatz in einem Pumpenantrieb mit Durchflußmengenregelung werden von der im GKM enthaltenen Gs-Doppelschlußmaschine die Daten, die zur Dimensionierung des Reglers ↑ notwendig sind, ermittelt.

• Ermittlung der Motorkonstanten

Der Zusammenhang zwischen der Ankerspannung und dem Fluß des Erregerfeldes wird durch den Aufbau des magnetischen Kreises und der Wicklung bestimmt.

$$U_A = K_1 n \Phi + I_A R_A \qquad K_1 \Phi = \frac{U_A - I_A R_A}{n}$$

1. Messung bei erwärmter Maschine

$$\bar{U}_A = 20\ \mathrm{V}$$
$$\bar{I}_{A(\infty)} = 0{,}47\ \mathrm{A}$$
$$R_A = 42{,}7\ \Omega$$

2. Betrieb mit Nennspannung

$$U_A = 220\ \mathrm{V}$$
$$I_A = 0{,}6\ \mathrm{A}$$
$$n = 1870\ \frac{1}{\mathrm{min}}$$

3. Berechnet

$$K_1 \Phi = \frac{220\ \mathrm{V} - 26\ \mathrm{V}}{1870}\ 60\ \mathrm{s}$$

$$\boxed{K_1 \Phi = 6{,}2\ \mathrm{Vs}}$$

Ermittlung der regelungstechnischen Daten

Typenschild der untersuchten Maschine

ELWE	
TypMKA-G/MD	–Mot
220 V	0,7 A
0,09 kW	1730 min⁻¹
Err 160 V	0,14 A
Isol Kl F	IP 44

Aufnahme der Sprungantwort des Ankerstromes mit dem Speicheroszilloskop

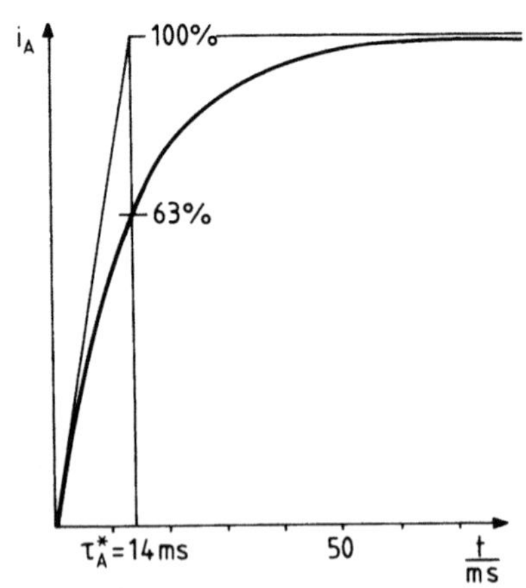

1. Messung bei 20 °C

$$\bar{U}_A = 20\ \mathrm{V}$$
$$\bar{I}_{A(\infty)} = 0{,}58\ \mathrm{A}$$
$$R_A = 34{,}5\ \Omega$$

2. Messung:

$$R_i = 7{,}1\ \Omega$$
$$\tau_A^* = \frac{L_A}{R_i + R_A}$$
$$L_A = 0{,}58\ \mathrm{H}$$

3. Berechnung:

$$\tau_A = \frac{L_A}{R_A}$$

$$\boxed{\tau_A = 16{,}9\ \mathrm{ms}}$$

Aufnahme der Sprungantwort des Erregerstromes mit dem Speicheroszilloskop

entfällt, da der Antrieb mit konstanter Erregung betrieben wird.

Aufnahme der Auslaufdrehzahl mit Moriport-Stroboskop und xy-Schreiber

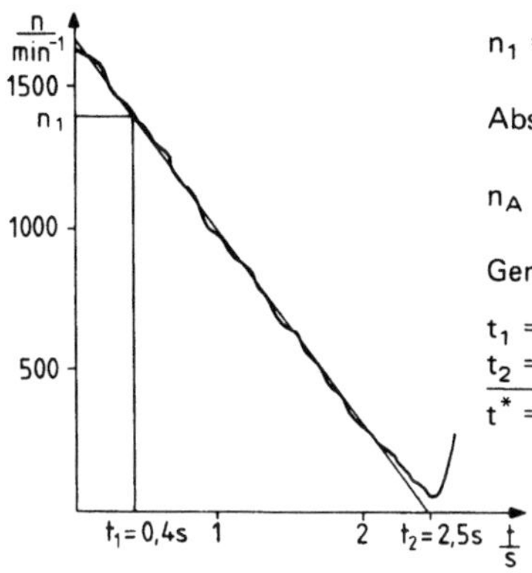

Gewählt:

$n_1 = 1400 \frac{1}{min}$

Abschaltdrehzahl:

$n_A = 1670 \frac{1}{min}$

Gemessen:

$t_1 = 0{,}4$ s

$t_2 = 2{,}5$ s

$t^* = 2{,}1$ s

Bestimmung der Bremsverluste bei $n_1 = 1400 \frac{1}{min}$:

$U_A = 147$ V; $I_A = 87$ mA

P = 12,8 W davon sind
- Bürstenverluste $P_{Bü} = 2\,\Delta U_{Bü} I_A \approx 0{,}16$W
- Ankerverluste $P_A = R_A \cdot I_A^2 = 0{,}26$ W

$P_B = 12{,}8\text{ W} - 0{,}16\text{ W} - 0{,}26\text{ W}$

$P_B = 12{,}4$ W

Berechnung des mD_J^2:

$$\frac{mD_J^2}{kgm^2} = \frac{365 \cdot 12{,}4 \cdot 2{,}1}{1400^2}$$

$$\boxed{mD_J^2 = 4{,}85 \cdot 10^{-3}\ kgm^2}$$

Berechnung des τ_I:

$$\tau_I = 4{,}85 \cdot 10^{-3}\ kgm^2\ \frac{\pi^2\, 28{,}8^2\ s^{-2}}{90\ W}$$

$$\boxed{\tau_I = 4{,}4\ ms}$$

Aufnahme der Drehzahl-Sprungantwort der fremderregter Gleichstrommaschine

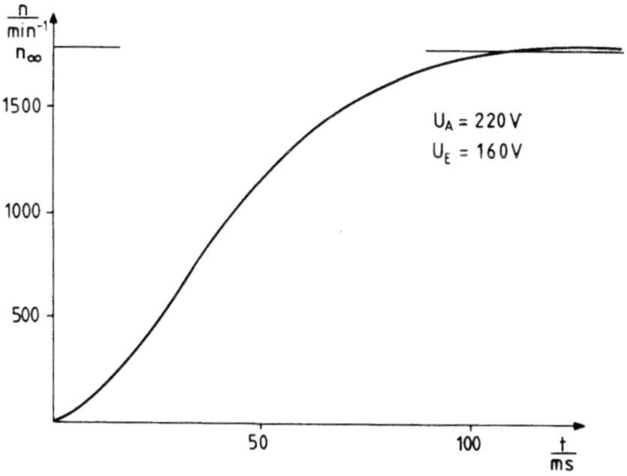

Die Drehzahl schwingt um ca. 1,1 % über. Das Verhalten der Maschine wird weitgehend von der Ankerzeitkonstanten bestimmt.

Die Dimensionierung des Reglers↑ nach den gemessenen Daten hängt vom gewünschten Verhalten des Antriebs ab.

2 Einführung in die Energietechnik

2.1 Erzeugung und Verteilung elektrischer Energie

Die Entwicklung der **elektrischen Energietechnik** ist eng verkoppelt mit der Entwicklung der **industriellen Produktion**. Zwei Bedürfnisse waren dabei bestimmend:

- zum Betrieb von Arbeitsmaschinen wurde eine jederzeit an jedem Ort abrufbare, dosierbare und auch in kleinen Quantitäten wirtschaftlich einsetzbare mechanische Energie benötigt;
- zur Beleuchtung von Produktionsstätten und Büros wurde eine gleichmäßige, einfach bedienbare und dem Tageslicht vergleichbare Lichtquelle benötigt.

Am Ende des 19. Jahrhunderts waren dazu der Gleichstrommotor und -Generator sowie die Glühlampe entwickelt worden. Damit war für die **elektrische Energieversorgung** die Notwendigkeit des Aufbaues von Kraftwerken und Versorgungsnetzen gegeben. In Deutschland war um 1890 die Versorgung mit Gleichspannung durch Blockstationen z.B. in Berlin (Zentrale Markgrafenstraße) bis auf Leistungen von 540 kW bei einer Versorgungsspannung von 100 V gesteigert worden. Dabei war die Versorgung auf einen engsten Umkreis von wenigen 100 m Durchmesser beschränkt, da sonst die Übertragungsverluste zu groß waren. In diesen Grenzen war es möglich, durch elektrisch angetriebene Produktionsmaschinen und den Arbeitstag wesentlich verlängernde Arbeitsplatzbeleuchtung kostengünstiger zu produzieren als mit Maschinen, die mit zentralen Dampfmaschinen und Transmissionen angetrieben wurden und in Produktionsstätten, die mit Gaslicht beleuchtet wurden. „Die engen Grenzen, die dem Gleichstrom in der Übertragung vom Ort der Erzeugung zum Ort des Verbrauchs gesteckt waren, machten es ihm auch unmöglich, ein anderes brennendes Problem zu lösen. Die Dampfmaschine hatte der Industrie der kohlenreichen Länder einen gewaltigen Vorsprung gesichert und die kohlenarmen wirtschaftlich in ihre

Anschlußbedingungen des EVU vor 1914 [1]

Elektrizitätswerk der Stadt Potsdam.

Kaution: Ist 150 M. in bar zu stellen.

Strom und Spannung: Drehstrom mit 150 Perioden in der Sekunde.

Zuleitung erfolgt durch Freileitung und Kabel.

Die Spannung beträgt für einphasige Verbrauchsapparate, Glühlampen und Bogenlampen bis 10 Ampère ausschließlich 120 Volt (in den Vororten $\frac{127}{220}$ Volt); für dreiphasige Verbrauchsapparate (Motore) und solche einphasigen Apparate, die mit höherer Spannung oder vorgeschalteten Transformatoren arbeiten, 208 Volt (in den Vororten $\frac{220}{380}$ Volt). Außerdem kann direkter Hochspannungsstrom von 3000 bzw. 10000 Volt geliefert werden.

Kosten pro KW.-Stunde: Licht für Wohnungen, Treppen und Durchgänge 0,40 M. Grundpreis; Kraft für Motoren, Heizen, Kochen usw. 0,30 M. Grundpreis.

Zählerbretter: Vom Werk 340 X 670 X 20 mm aus Rhodronit.

Hausanschluß-Sicherungen: Vom Werk zu liefern.

Hausanschluß-Leitungen: Vom Werk zu liefern; bis Grundstücksgrenze kostenlos; von dort bis Hausanschluß 5 M. pro Meter.

Zulässige Belastung:

Als Zweileiter-Anlagen von 120 bzw. 127 bzw. 220 Volt dürfen alle Lichtinstallationen ausgeführt werden, deren gleichzeitig brennende Lampenzahl 10 Ampère nicht überschreitet.

Anlagen für höhere Stromstärken sind als Drehstromvierleiteranlagen in Sternschaltung auszuführen, und ist die Installation unter sich in gleichgroße Gruppen zu zerlegen.

Bogenlampen mit höherer Stromstärke als 10 Ampère sind unter Verwendung von Bogenlampentransformatoren zwischen die Außenleiter mit 208 bzw. 220 bzw. 380 Volt zu legen.

Kraft: Motoren bis 1 PS mit Kurzschlußanker und leer anlaufend, können mit Schalter, von 1 bis 2 PS müssen mit zweistufigem, von 2–3 PS mit vielstufigem Widerstandsschalter angelassen werden. Motoren über 3 PS, auch solche, die unter Last anlaufen, sind mit Phasenanker und vielstufigen Sekundäranlasser auszurüsten. Motoren über 20 PS müssen mit einem Maximalausschalter versehen sein.

[1] *Häntzschel-Clairmont, W.*: Taschenbuch für Elektromonteure, Berlin 1914, S. 73

Abhängigkeit gezwungen, und doch besaßen Länder wie die Schweiz oder der Süden Deutschlands in ihren Wasserkräften einen nach damaligen Begriffen unerschöpflichen Energievorrat, der sie von der Kohle weitgehend unabhängig machen konnte, wenn es gelang, die räumliche Trennung zwischen dem Ort der Erzeugung und dem des Bedarfs zu überbrücken und die Energie in zusammengefaßter Leistung erzeugt, in kleine Einzelleistungen aufzuteilen" [1].

Ein Mittel dazu war die Verwendung von Drehstrom. Damit konnten, wie mit dem Wechselstrom, hohe Übertragungsspannungen und damit ein hoher Wirkungsgrad der Übertragung durch Verwendung von Transformatoren erreicht werden. Es konnten mit dem einfach aufgebauten Synchrongenerator große Leistungseinheiten mit großem Wirkungsgrad und relativ hohen Betriebsspannungen verwendet werden. Mit dem Drehstrom-Asynchronmotor konnte ein mechanisch sehr einfach aufgebauter Motor für jeden Leistungsbereich eingesetzt werden, dessen Drehmoment zeitlich konstant war. 1891 wurde die erste Kraftübertragung über eine Entfernung von 170 km zwischen einem Wasserkraftwerk in Lauffen und einem Ausstellungsstand der elektrotechnischen Ausstellung in Frankfurt am Main mit einer Drehstromleitung hergestellt. Die Leiterspannung betrug ca. 14 kV, der Wirkungsgrad der Übertragung ca. 70 %, die Frequenz 40 Hz, die übertragene Leistung war im Schnitt ca. 150 kW.

Zulässiger Spannungsabfall: Vom Hausanschluß bis zur beliebigen Stromentnahmestelle 1,2 Volt für Licht, 2,5 für Kraft.

Zulässige Schaltungen: Einpolig für 120, 127 und 220 Volt; allpolige für 208 und 20 Volt (Nulleiter).

Zulässige Leitungen und Querschnitte: GA-Drähte 1,5 qmm für Außenleiter; GB-Drähte 1,5 qmm evtl. blanke neutrale Leistungen, 2,5 qmm; 4 qmm für Bogenlampen und Motoren, 6 qmm als geringster Querschnitt für die 4 Haupt- und Steigeleitungen.

Gummirohre: Mit 11 mm Durchmesser bei 1,5 mm Wandstärke.

Verteilungen: 5 cm von der Wand; Hauptverteilungen 8 cm von der Wand abstehend. Sicherungen sind vom Werk zu beziehen.

Hochspannungsmotororen. Alle Hochspannungsmotoren müssen den Normalien für Prüfung und Bewertung von elektrischen Maschinen und Transformatoren des V.D.E. entsprechen.

Der Regel nach werden nur Motoren von 25 PS, und darüber zum Anschluß an das Hochspannungsnetz zugelassen.

Hochspannungs-Asynchronmotoren müssen mit Schleifringanker und Bürstenhebevorrichtung versehen sein. Die Anlaßvorrichtung ist so zu wählen, daß ein Ansteigen des Anlaßstromes über den 1 1/2-fachen Normalbetrag hinaus unmöglich ist.

Widerstände und Apparate: 30 cm von der Decke, 25 cm von der Wand entfernt.

Beleuchtungskörper: Nicht isoliert.

Zeichnungen: Maßstab 1:100, Format 22 X 33, 44 X 66 oder 66 X 99 cm.

Farben wie vorher mitgeteilt.

In den folgenden Jahren konnte sich der Drehstrom entsprechend den wirtschaftlichen Bedürfnissen durchsetzen: „... in den Jahren 1894–1897 konnte die AEG die Städte Straßburg, Magdeburg und Plauen sowie die Überlandwerke Rheinfelden und Oberschlesische Elektrizitätswerke mit Drehstrom ausbauen" [2].

2.1.1 Mechanisch-elektrische Energiewandlung

Am Anfang der Entwicklung der Elektrotechnik wurde die Energie galvanischen Elementen, also Akkumulatoren entnommen. Damit waren jedoch energietechnische Anwendungen nicht in größerem Maße möglich. Erst mit der Entwicklung des Gleichstrom-Generators konnten größere elektrische Leistungen über längere Zeiträume zur Verfügung gestellt werden. Der Wirkungsgrad von Gleichstrommaschinen ist jedoch infolge der Erregerverluste, der Übergangsverluste am Kommutator u.a.m. relativ schlecht. Die Maschine selbst ist durch den Kommutator wartungs-

[1] Zur Erinnerung an die Kraftübertragung Lauffen – Frankfurt 1891, herausgegeben vom Württembergischen Portland-Cementwerk zu Lauffen am Neckar (ohne Jahrgangsangabe, ca. 1960), S. 10.

[2] Zur Erinnerung an die Kraftübertragung Lauffen – Frankfurt 1891, a.a.O., S. 17.

aufwendig, sie kann nicht im Dauerbetrieb über lange Zeiträume eingesetzt werden. Die maximale Gleichspannung ist in der Höhe durch die Grenzen des Kommutators bestimmt. Die abgegebene Energie läßt sich nicht über große Entfernungen übertragen.

Das erste Kraftwerk arbeitete mit Gleichstrom-Generatoren bei einer Gesamtleistung von 500 kW seit 1882 in den USA. Das erste Drehstromkraftwerk in Lauffen hatte 1891 eine Leistung von 210 kW.

Prinzipiell sind auch Gleichstrom-Generatoren in der Lage, eine Wechselspannung abzugeben, wenn die Ankerspannung über Schleifringe abgegriffen wird. Der erste zwei-phasige Wechselspannungs-Generator von BBC arbeitete 1892 noch mit stehenden Erregerspulen und rotierendem Anker, an dem die Wechselspannung über Schleifringe abgenommen wurde. Vor Ende des 19. Jahrhunderts entstanden die ersten Synchron-Generatoren in der heute gebräuchlichen Form mit stehendem Anker und rotierendem Polrad. Der in der Kraftübertragung Lauffen — Frankfurt verwendete Drehstrom-Generator hatte schon eine Drehstromwicklung in Sternschaltung im Ständer.

Die Entwicklung der Generatoren vollzog sich dann entsprechend den Bedürfnissen der Energieversorgung in einigen Jahren so schnell, daß bereits 1901 ein Turbo-Generator mit einer Leistung von 315 kVA bei 3000 U/min fertiggestellt wurde. Da größere Einheiten wirtschaftlich günstiger arbeiten, wurden die Leistungen der Generatoren stetig gesteigert. Dabei hat sich die Blockbauweise durchgesetzt, bei der Kessel, Turbine und Generator eine eigenständig arbeitende Einheit bilden. Die Blockleistung stieg bis auf z.Z. 1200 MW. Der spezifische Primärenergieverbrauch ging dabei von 10^5 J/Wh am Anfang des 20. Jahrhunderts auf ein Zehntel, d.h. 10^4 J/Wh zurück.

Das Prinzip des Synchron-Generators ist das einer Drehfeldmaschine, das Betriebsverhalten entspricht dem des Synchron-Motors. Da sowohl Motor als auch Generator mit der synchronen Drehzahl arbeiten, besteht der Unterschied in der Lage des Polradwinkels. Im Generatorbetrieb eilt das Polrad dem Drehfeld voraus.

Je nach Antriebsmaschine des Generators sind die Drehzahlen und damit die Polpaarzahlen des Synchron-Generators unterschiedlich. Wasserturbinen arbeiten mit 60 bis 750 Umdrehungen pro Minute bei Polpaarzahlen des Generators von 50 bis 4, Dampf- oder Gasturbinen mit 1000 bis 3000 Umdrehungen pro Minute bei Polpaarzahlen von 3 bis 1. Die Generatorleistung wird als Scheinleistung angegeben, die z.Z. maximal 1500 MVA beträgt. Grenzen sind hier durch die mechanische Beanspruchung des Läuferkörpers ebenso wie durch das noch bearbeitbare Gewicht gesetzt. Elektrische Grenzen sind durch die maximal erreichbare Induktion ebenso wie durch die maximal abführbaren Verluste in der Wicklung gegeben.

2.1.2 Energieübertragung

Am Anfang der elektrischen Energietechnik wurden die Verbraucher mit Gleichspannung versorgt, die Generatoren waren Gleichstrom-Maschinen. Damit war es nur möglich, die Energie zum Betrieb von Lampen und Gleichstrom-Motoren zu liefern. Um die Jahrhundertwende war der Verbrauch elektrischer Energie für Beleuchtungszwecke noch doppelt so groß wie für Antriebszwecke. Heute ist der Verbrauch elektrischer Energie für die Beleuchtung fast vernachlässigbar im Gesamtverbrauch. Diese Entwicklung war jedoch erst mit der Einführung des Drehstroms möglich. Drehstrom-Übertragungen erlauben es wirtschaftlich elektrische Energie über größere Entfernungen zu transportieren. Dadurch ist der Verbundbetrieb großer Kraftwerke ebenso wie der Anschluß großer Verbraucher entfernt von den Kraftwerken oder die Versorgung großer Flächen mit einer relativ hohen Leistungsdichte möglich.

Übertragbare Leistung bei gleichem Materialaufwand für die Leiter

	Gleichspannung	Wechselspannung	Drehstrom
Übertragene Leistung	$P_G = UI$	$P_W = UI\cos\varphi$	$P_D = 3UI\cos\varphi$
Materialaufwand	$M_G = 2A \cdot L$	$M_W = 2A \cdot L$	$M_D = 3A \cdot L$
Rel. Spannungsfall	$\frac{\Delta U}{U} = \frac{I}{U}\frac{1}{\kappa}\frac{L}{A}$		
Übertragene Leistung bei gleichem Materialaufwand	$P_G = U^2 \frac{\Delta U}{U} \kappa \frac{A}{L}$ $P_G = U^2 \frac{\Delta U}{U} \kappa \frac{M}{2L^2}$	$P_W = U^2 \cos\varphi \frac{\Delta U}{U} \kappa \frac{A}{L}$ $P_W = U^2 \cos\varphi \frac{\Delta U}{U} \kappa \frac{M}{2L^2}$	$P_D = 3U^2 \cos\varphi \frac{\Delta U}{U} \kappa \frac{A}{L}$ $P_D = U^2 \cos\varphi \frac{\Delta U}{U} \kappa \frac{M}{L^2}$
Vergleich bei gleichem Materialaufwand und gleicher Spannung	$P_G : P_W : P_D = 1 : \cos\varphi : 2\cos\varphi$ *)		
Vergleich bei gleichem Materialaufwand und unterschiedlicher Spannung	$U = 220$ V $P_G : P_W : P_D = 0{,}0002 : 0{,}5 : 1$ *)	$U = 11{,}5$ kV $\cos\varphi = 0{,}9$	$U_L = 20$ kV/$U = 11{,}5$ kV $\cos\varphi = 0{,}9$

*) Ohne Berücksichtigung des Aufwandes für Transformatoren, Isolation u.a.m.

A Leiterquerschnitt; L Leitungslänge; κ Leitfähigkeit.

Für den Verbundbetrieb ergeben sich Vorteile durch die Zusammenschaltung von verschiedenen Kraftwerkstypen, vor allem aus

- „der Zusammenfassung ausreichend großer Absatzgebiete mit Abnehmern verschiedener Abnahmecharakteristik,
- dem Ausgleich der jahreszeitlich sich ändernden Energiedarbietung aus Wasserkräften durch thermisch-hydraulischen Verbundbetrieb,
- der Eingliederung der standortgebundenen Kraftwerke (Wasserkraftwerk, Braunkohlekraftwerk und Kraftwerk für nicht absetzbare Steinkohle) in die Gesamtversorgung,
- der Spitzendeckung durch hydraulische Speicherkraftwerke und Ersparnis von Reserveleistung durch sofortige gegenseitige Aushilfe und
- dem Stromaustausch mit Nachbarländern." [1]

[1] *Schaefer, H.*: Elektrische Kraftwerkstechnik, Berlin 1979, S. 4.

Gleichspannungs-Energieversorgung:

Ohne Stromrichter ist die Erzeuger-, Übertragungs- und Verbraucherspannung gleich groß;

es können nur Gleichstrom-Kommutatormaschinen benutzt werden;

der notwendige Leitungsquerschnitt ist bei niedriger Verbraucherspannung groß und begrenzt die wirtschaftliche Übertragungsentfernung.

Drehstrom-Energieversorgung:

Die Übertragungs- und Verteilungsspannungen können nach dem jeweils wirtschaftlichen Optimum unabhängig von der Verbraucherspannung gewählt werden;

es können Drehfeldmaschinen mit zeitlich konstantem Drehmoment eingesetzt werden.

Relativer Spannungsfall auf einer Übertragungsleitung
(nur ohmscher Anteil)

$$\Delta U = IR_L$$

Leitungswiderstand $R_L = \frac{1}{\kappa} \cdot \frac{L}{A}$

Stromdichte $S = \frac{I}{A}$

$$\frac{\Delta U}{U} = \frac{S \cdot L}{U \cdot \kappa}$$

Leitungslänge $L = \frac{\Delta U}{U} \cdot \frac{U}{S} \kappa$

Die erste größere Verbundleitung wurde 1925 begonnen und schloß die Kohlekraftwerke des Ruhrgebietes mit den Wasserkraftwerken der Schweiz durch eine 220-kV-Leitung zusammen. Heute sind in der Bundesrepublik Deutschland Kraftwerke durch ein 380 kV-Netz verbunden. Ebenso sind in der UCPTE die Energieversorgungsunternehmen der westeuropäischen Länder in einem Verbundsystem zusammengeschlossen.

Der zulässige relative Spannungsfall wird durch die Verbraucheranforderungen bestimmt.

Annahmen:

$S = 10\ \text{A/mm}^2$

$\frac{\Delta U}{U} = 5\ \%$

Kupferleitung

$\kappa = 56\ \frac{\text{m}}{\Omega\text{mm}^2}$

Damit ist:

$\frac{L}{\text{m}} = 0{,}28\ \frac{U}{\text{V}}$

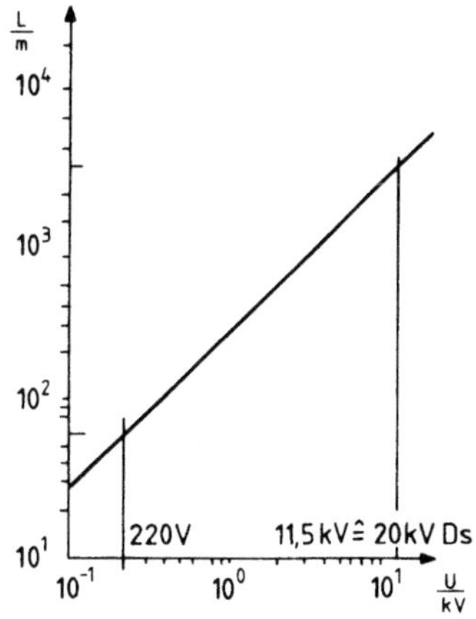

2.1.3 Energieverteilung

Die Verteilung der elektrischen Energie erfolgt auf verschiedenen Spannungsebenen, die nach wirtschaftlichen und technischen Gesichtspunkten bestimmt werden. Der Verbundbetrieb zwischen den Kraftwerken erfolgt auf der Höchstspannungsebene mit 220/380 kV, da hier sehr große Leistungen über große Entfernungen übertragen werden. Ausgehend von den Kraftwerken erfolgt die Landesversorgung und die Versorgung der Großstädte mit Hochspannung von 110 kV. Diese Spannung eignet sich jedoch nicht für die Einspeisung von Verteilungsnetzen, da hier der Aufwand für die Isolation und den Transformator jeweils zu hoch sein würde und bei kurzen Entfernungen kleine Spannungen wirtschaftlicher sind. Daher erfolgte die Überland- und Stadtversorgung mit Mittelspannung von 20 kV. Der Anschluß der Verbraucher wird dann lokal mit Niederspannung von 220/380 V vorgenommen.

Genormte Nennspannungen für die Energieübertragung nach VDE 0176 (meist verwendete Werte)

Nennspannung $\frac{U_N}{\text{kV}}$	Spannungsebene
0,38	Niederspannung
10; 20; 30	Mittelspannung
(60); 110	Hochspannung
220; 380	Höchstspannung

Die Außenleiterspannung ist als Nennspannung festgelegt.

Die Verbindung der einzelnen Spannungsebenen erfolgt durch Umspannstationen, die als Hauptelemente Leistungstransformatoren und Leistungsschalter für den Schutz der Leitungen und der Anlage enthalten. Die Planung und der Aufbau der Stromversorgungsnetze erfolgt nach Gesichtspunkten der Wirtschaftlichkeit. Dabei wird darauf Wert gelegt, daß sowohl die Investitionskosten für die Anlage als auch die Betriebskosten, insbesondere die durch die Verluste entstehenden Kosten ein wirtschaftliches Optimum bilden. Ebenso wichtig ist jedoch auch eine ausreichende Sicherheit, die einen sicheren Dauerbetrieb gestattet und bei Fehlerfällen durch eine sinnvolle Reservehaltung eine kurze Schadensdauer garantiert. Die Anforderungen der angeschlossenen Geräte verlangen zumeist eine große Konstanz der abgegebenen Spannung, die Spannungsfälle in den Übertragungsleitungen und den Übertragungsgliedern dürfen nur in bestimmten Grenzen liegen. Eine wichtige Grenze für die Dimensionierung von Netzen ist die Größe der Kurzschlußleistung. Dieser Leistung ist bei den einzelnen Spannungsstufen aus wirtschaftlichen und technischen Gründen eine bestimmte Grenze gesetzt. Die thermische und mechanische Festigkeit der Leitungen muß so bemessen sein, daß Kurzschlußströme sie nicht zerstören können bzw. vor dem Abschalten durch den Leitungsschutz keine dauernden Schäden entstehen. Daher sind für die einzelnen Spannungsebenen die zulässigen Kurzschlußleistungen fest vorgegeben.

2.2 Gleichspannungsversorgung elektronischer Geräte

Elektronische Geräte benötigen zur Energieversorgung eine **Gleichspannungsquelle**, die eine möglichst oberschwingungsarme Spannung abgibt, einen geringen Innenwiderstand hat sowie kurzschlußfest ist, bzw. eine Begrenzung auf einen maximalen Ausgangsstrom enthält.

Die Gleichspannungsquelle kann im einfachsten Fall durch **Batterien**↑, z.B. mehrere in Reihe geschaltete Monozellen realisiert werden. Diese Lösung ist bei nicht ortsfest betriebenen Geräten üblich, sie stellt die für den Gerätehersteller billigste Lösung der Energieversorgung dar. Für den Betreiber der Geräte erscheint es vielfach preisgünstiger, einen wieder aufladbaren **Akku** zu benutzen, wenn die Betriebszeit oder die Leistungsaufnahme der Geräte größer ist.

Ortsfest betriebene elektronische Geräte werden meist über ein **Netzgerät** vom Wechselspannungs-Energieversorgungs-Netz gespeist.

Gleichspannungsversorgung elektronischer Geräte

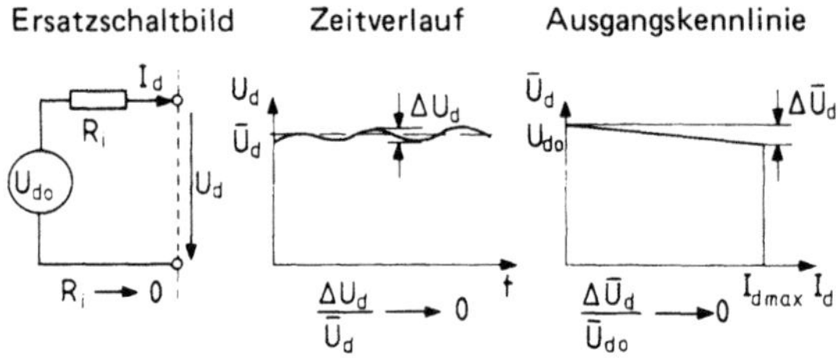

Anwendungssystematik Energieversorgung elektronischer Geräte

Batterie	Akku	Netzgerät
begrenzt speicherbare Energiemenge		praktisch unbegrenzte Energiemenge
oberschwingungsfreie Gleichspannung		oberschwingungsarme Gleichspannung
lastabhängige Schwankung der Gleichspannung		stabilisierte Gleichspannung
ortsunabhängiger Betrieb		ortsfester Betrieb
Wartung notwendig		wartungsfreier Betrieb
← steigende Betriebskosten		
steigende Herstellungskosten →		

2.2.1 Netzgeräte zur Energieversorgung elektronischer Schaltungen [1]

Wechselspannungsversorgung von Netzgeräten:

Von den Elektrizitätsversorgungsunternehmen (EVU) wird üblicherweise die elektrische Energie aus Gründen der besseren Übertragbarkeit und der besseren Erzeugungsmöglichkeit durch Wechselspannungsnetze bereitgestellt. Diese Netze zur Energieversorgung sind 3- oder 1-phasige Niederfrequenznetze, die eine sinusförmige Spannung konstanter Frequenz und relativ konstanter Amplitude abgeben. Energieversorgungsnetze sind in der Lage, in bestimmten durch das EVU gesetzten Grenzen Ströme jeder Amplitude und jeder Form abzugeben. Energieversorgungsnetze sind Konstant-Wechselspannungs-Netze.

Gleichspannungsversorgung von elektronischen Geräten:

Elektronische Geräte arbeiten mit Halbleiterbauelementen, die üblicherweise unsymmetrische Eingangs- bzw. Ausgangskennlinien besitzen. Die Energieversorgung dieser Geräte muß mit konstanter Gleichspannung erfolgen, Netzgeräte zur Versor-

[1] *Buchholz, Christian* u.a.: Projektunterricht in der Elektrotechnik; Projektbericht 9. Bundesinstitut für Berufsbildungsforschung im BIBB, Berlin 1977.

Schwankungen der Ausgangsspannung

1. Einflußgröße durch Änderung des Laststromes

$$\frac{\Delta \bar U_d}{\bar U_d} = \frac{\bar I_d R_i}{\bar U_d}$$ ≙ Anforderung $R_i \to 0$

2. Einflußgröße durch Änderung der Speisespannung

$$\frac{\Delta \bar U_d}{\bar U_d} = k_1 \frac{\Delta U_H}{U_H}$$ ≙ Anforderung $k_1 \to 0$

3. Einflußgröße durch Rückwirkung der Glättung↑

$$\frac{\Delta U_d}{\bar U_d} = k_2 \frac{1}{CR_L}$$ ≙ Anforderung $CR_L \to \infty$

gung elektronischer Schaltungen haben daher eine Konstant-Gleichspannungs-Charakteristik. Da Schwankungen der Versorgungsspannung Schwankungen der Ausgangsgröße des Gerätes zur Folge haben (können), wird aus der zulässigen Schwankung der Ausgangsgröße die mögliche Schwankung der Versorgungsspannung abgeleitet. Daher werden der zulässige Oberschwingungsgehalt [1] und die zulässige Schwankung des Mittelwertes der Ausgangsspannung eines Netzgerätes bei Belastung von den Anforderungen des zu versorgenden elektronischen Gerätes festgelegt.

Aus den speziellen Betriebsbedingungen des zu versorgenden Gerätes ergeben sich die weiteren Anforderungen an das Netzgerät. Besteht die Gefahr von Fehlern, bei denen durch erhöhte Stromaufnahme Schäden im Gerät entstehen, dann muß eine **elektronische Sicherung** vorgesehen werden, die bei Überschreitung eines eingestellten Stromgrenzwertes das Netzgerät abschaltet. Kann eine überhöhte Stromaufnahme im Normalbetrieb auftreten, dann muß eine **Strombegrenzung** vorgesehen werden, die einen zulässigen Grenzwert vorsieht. Dieser Grenzwert kann aufgrund einer überlagerten Konstant-Strom-Charakteristik nicht überschritten werden. Wird das Netzgerät fest einem zu versorgenden Gerät zugeordnet, dann braucht die Ausgangsspannung nicht verstellbar zu sein.

Soll die Möglichkeit zur Versorgung verschiedener Geräte bestehen, dann muß die Ausgangsspannung stufig oder kontinuierlich verstellbar sein. Stufige Verstellbarkeit ist in den meisten Anwendungsfällen ausreichend bzw. sogar notwendig, wenn handelsübliche Geräte, deren Versorgungsspannung durch die Normspannungsreihe (z.B. 6 V, 9 V, 12 V) bestimmt ist, angeschlossen werden sollen.

Weitere Anforderungen, die verschiedene Ausführungsprinzipien zur Folge haben, sind Begrenzungen in der Baugröße oder für die abführbare Verlustleistung und sind wirtschaftliche Überlegungen, die das Verhältnis von Montage- zu Bauelementekosten bestimmen.

[1] *Baumann* u.a.: Fachkenntnisse ET, Fachstufe 1 ET, Kap. 1.

Konstant-Spannungs- oder Konstant-Strom-Charakteristik

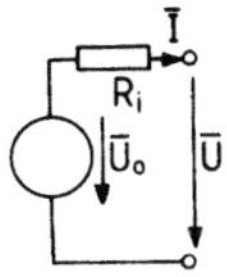

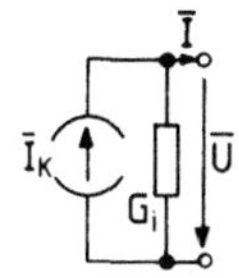

$\bar{U} = \bar{U}_0 - \bar{I}R_i$ | $\bar{I} = \bar{I}_K - \bar{U}G_i$

$\bar{U}_0 = \bar{U}_0$ | Leerlauf | $\bar{U}_0 = \dfrac{\bar{I}_K}{G_i}$

$\bar{I}_K = \dfrac{\bar{U}_0}{R_i}$ | Kurzschluß | $\bar{I}_K = \bar{I}_K$

$R_i \to 0 \begin{cases} \bar{I}_K \to \infty \\ \bar{U} \to \bar{U}_0 \end{cases}$ | $G_i \to 0 \begin{cases} \bar{U}_0 \to \infty \\ \bar{I} \to \bar{I}_K \end{cases}$

Die Ausgangsspannung — Der Ausgangsstrom

ist unabhängig von

dem Ausgangsstrom — der Ausgangsspannung

Beide Darstellungen sind als Ersatzschaltbild für jede Spannungs- oder Stromquelle möglich.

Gemessene Ausgangskennlinie eines Ladegerätes

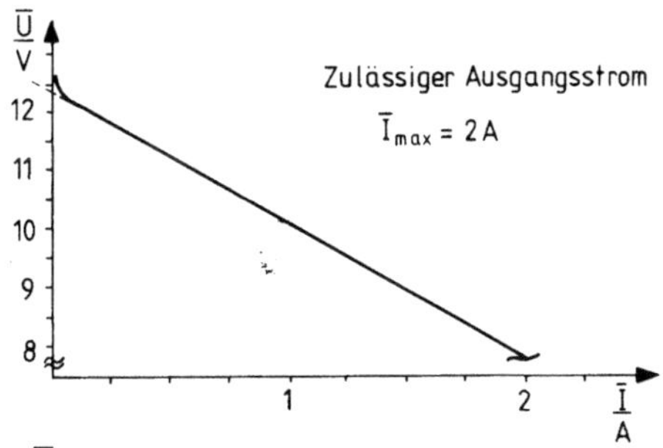

$\Delta\bar{U} = 4{,}6$ V bei $\Delta\bar{I} = 2A$

Konstant-Spannungs- — **Ersatzschaltbild** — **Konstant-Strom-**

$R_i = \dfrac{\Delta\bar{U}}{\Delta\bar{I}}$ | $G_i = \dfrac{\Delta\bar{I}}{\Delta\bar{U}}$

$R_i = 2{,}3\ \Omega$ | $G_i = 0{,}435$ S

$U_0 = 12{,}4$ V

$\bar{I}_K = \dfrac{\bar{U}_0}{R_i}$ | $\bar{I}_K = \bar{U}_0 \cdot G_i$

$\bar{I}_K = 5{,}4$ A

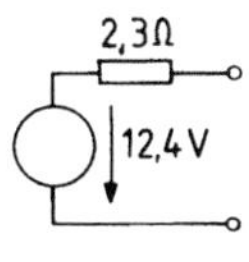

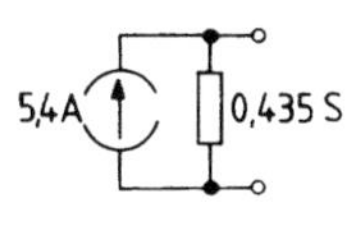

Beide Ersatzschaltbilder beschreiben das Verhalten der gleichen Quelle.

2.2.1.1 Prinzipieller Aufbau von Netzgeräten

In einem Netzgerät können verschiedene Baugruppen unterschieden werden, denen unterschiedliche Funktionen zuzuordnen sind. Je nach Ausführung und Verknüpfung dieser Baugruppen werden verschiedene Ausführungsprinzipien unterschieden.

Kontinuierlich geregelte Netzgeräte

Kennzeichen dieser Netzgeräte ist die Herabsetzung der Netzwechselspannung durch einen Transformator↑, die Gleichrichtung↑ dieser Spannung, die anschließende Glättung↑ und die nachfolgende Stabilisierung↑ in einzelnen in Reihe geschalteten Baugruppen. Die Bauweise stellt die konventionelle Form dar, sie wird in den meisten Anwendungsfällen, wenn die benötigte Ausgangsleistung nicht zu groß ist und keine besondere Anforderung an den Wirkungsgrad gestellt werden, verwendet.

Prinzip des kontinuierlich geregelten Netzgerätes

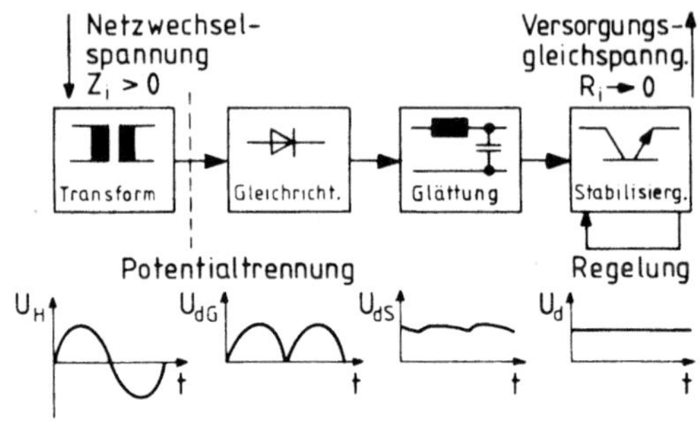

Die Stabilisierung der abgegebenen Gleichspannung erfolgt durch ein kontinuierlich ausgesteuertes Stellglied↑. Üblicherweise wird das Stellglied in Reihe zwischen dem die konstante Gleichspannung aufnehmenden Verbraucher und dem eine belastungsabhängig schwankende, noch oberschwingungshaltige geglättete Gleichspannung abgebenden Siebglied geschaltet. Das Stellglied wird als Element eines Regelkreises↑ so angesteuert, daß es die Differenzspannung aufnimmt.

Sekundär getaktete Netzgeräte

Diese Netzgeräte sind bis zur Glättungseinrichtung wie die kontinuierlich geregelten Netzgeräte aufgebaut. Aber die Stabilisierung der geglätteten gleichgerichteten Spannung wird durch ein Schaltglied vorgenommen. Durch dieses Schaltglied wird eine getaktete Gleichspannung erzeugt, deren arithmetischer Mittelwert konstant bleibt. Die Regeleinrichtung schaltet also einen Schalttransistor, die entstehende pulsierende Gleichspannung wird mit Filtern geglättet. Die Amplitude der überlagerten Brummspannung ist vom Aufwand für die Siebmittel abhängig. Vorteil dieser Lösung für ein stabilisiertes Netzgerät ist der bessere Wirkungsgrad, bedingt durch die geringeren Verluste im Stellglied. Dafür muß ein zusätzlicher Aufwand für die notwendigen sekundären Filter getrieben werden, wobei immer eine restliche, nicht ausregelbare Brummspannung erhalten bleibt. Diese Netzgeräte werden für elektronische Geräte mit großen Anforderungen an den Wirkungsgrad, d.h. bei einer Begrenzung der abführbaren Verlustleistung, verwendet.

Prinzip des sekundär getakteten Netzgerätes

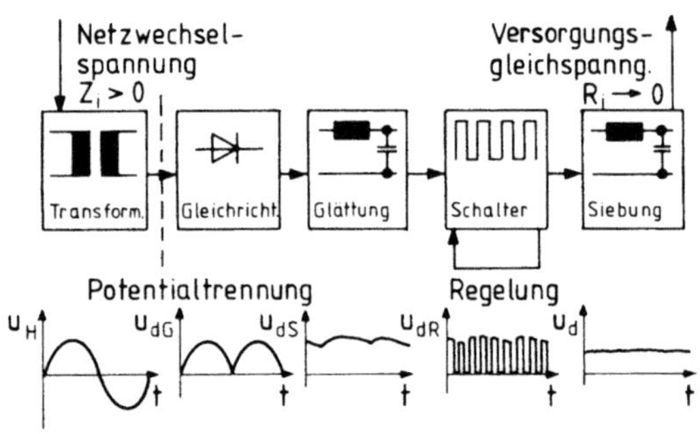

U_H Wechselspannung
U_{dG} Gleichgerichtete Spannung
U_{dS} Geglättete Spannung
U_{dR} Getaktete Spannung
U_d Stabilisierte Gleichspannung

Primär getaktete Netzgeräte

Bei diesen Netzgeräten wird mit einem Gleichrichter die Netzwechselspannung in eine oberschwingungshaltige Gleichspannung gewandelt. Mit Hilfe von Siebgliedern wird die Gleichspannung geglättet. Diese Spannung wird dann durch einem Schalttransistor mit hoher Frequenz so getaktet, daß ihr arithmetischer Mittelwert konstant und der Führungsgröße proportional ist. Über einen Transformator, der infolge der hohen Schaltfrequenz sehr klein sein kann, wird die Spannung transformiert und damit potentialfrei vom Speisekreis, dann gleichgerichtet und geglättet. Der Regler schaltet den im Primärkreis liegenden Schalttransistor so, daß die Ausgangsspannung den gewünschten arithmetischen, konstanten Mittelwert hat. Die Amplitude der überlagerten Brummspannung hängt vom Aufwand für die Siebmittel ab. Im Vergleich zur konventionellen Lösung ist der Vorteil die geringere Baugröße des Transformators, nachteilig ist die notwendige hohe Sperrspannung für den Schalttransistor.

Prinzip des primär getakteten Netzgerätes

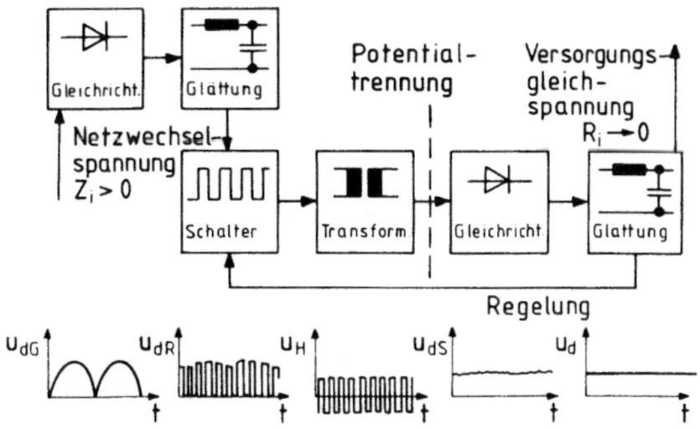

2.2.1.2 Bauelemente und prinzipielle Funktionsweise des kontinuierlich geregelten Netzgerätes

Der Netztransformator

Die Netzwechselspannung wird mit einem Transformator auf einen aus der benötigten Ausgangsgleichspannung ableitbaren Wert transformiert, der zumeist niedriger ist als die Amplitude der Netzspannung. Gleichzeitig wird durch den Transformator der Gleichspannungskreis potentialfrei vom Versorgungsnetz.

In den für die Versorgung von elektronischen Geräten üblichen Leistungsbereichen werden einphasige Kleintransformatoren↑ verwendet. Ihre Dimensionierung erfolgt nach DIN 41300, 41302, 41309. Drehstromeinspeisung ist wegen der geringen Leistungen trotz der einfacheren Glättung (6-pulsige Gleichspannung↑) nicht üblich.

Einspeisetransformatoren für stabilisierte Netzgeräte sollen eine möglichst niedrige Impedanz im Längszweig haben. Ein zu großer Innenwiderstand der gleichgerichteten Spannung führt zu großen lastabhängigen Schwankungen, die durch das Stellglied der Stabilisierung ausgeglichen werden müssen. Dieser Nachteil wird vielfach in Kauf genommen und die Streuinduktivität↑ des Transformators wird vergrößert, um die Ladestromspitze des Glättungskondensators, vor allem im Einschaltmoment des Netzgerätes, herabzusetzen. Die gleiche Funktion erfüllt ohne induktiven Gleichspannungsfall (Kommutierung in Brückenschaltungen↑) eine Glättungsdrossel↑.

Die notwendige **sekundäre Transformatorspannung** ist in Abhängigkeit von der Schwankung der Last und der Speisespannung zu bestimmen. Sie kann ermittelt werden aus der gewünschten Amplitude der stabilisierten Gleichspannung, dem Spannungsfall am Stellglied, dem Spannungsverlauf am Glättungsglied und dem Spannungsfall am Gleichrichter. Die niedrigste sekundäre Klemmenspannung des Transformators bei kleinster Speisespannung und größtem Laststrom muß so groß sein, daß für den kleinsten Momentanwert der gleichgerichteten und geglätteten Spannung und den Spannungsfall am (voll ausgesteuertem) Stellglied kein Spannungseinbruch in der stabilisierten Gleichspannung erfolgt.

Der **Belastungsstrom des Transformators** ist nicht sinusförmig. Er setzt sich aus zwei Komponenten zusammen, dem Ladestrom des Glättungskondensators und dem konstantem Belastungsstrom. Dieser Strom wird infolge der Gleichrichterschaltung zu einem Wechsellaststrom des Transformators. Der Ladevorgang des Glättungskondensators erfolgt mit einem aperiodisch gedämpften Einschaltvorgang↑, der Kreis setzt sich zusammen aus der Glättungskapazität↑, der evtl. vorgesehenen Glättungsinduktivität↑, der Durchlaßspannung der Gleichrichterdioden↑, den Streuinduktivitäten↑ und den Wicklungswiderständen↑ des Transformators. Die Netzimpedanz kann meist ebenso wie der Wicklungswiderstand der Glättungsdrossel vernachlässigt werden. Der Einschaltvorgang setzt ein, wenn der Momentanwert der sekundären Transformatorspannung größer als die am durch den Laststrom entladenen Glättungskondensator anliegende Spannung wird. Der Einschwingvorgang ist beendet, wenn der sich aus Ladestrom und Laststrom zusammensetzende Strom durch die Gleichrichterschaltung Null wird, da dann die Gleichrichterdioden sperren.

Der für die Belastung der Sekundärwicklung des Transformators maßgebende Effektivwert dieses Stromes kann rechnerisch nur näherungsweise bestimmt werden. Er kann nicht aus der Leistungsbilanz ermittelt werden, da er sich aus einem Grundschwingungsanteil, der einen Wirk- und einen erheblichen Blindanteil enthält und

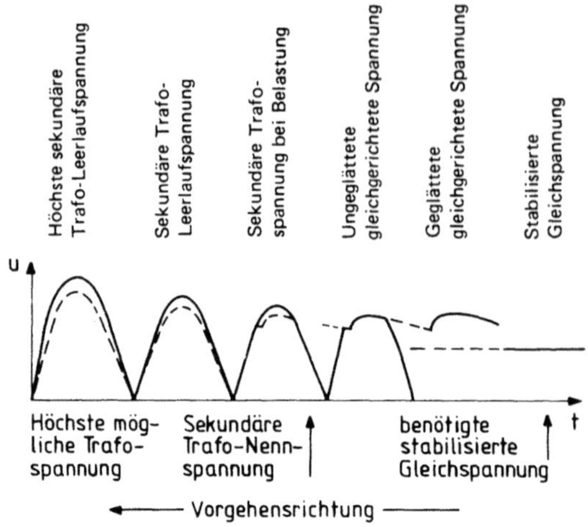

Bestimmung des Transformator-Laststromes

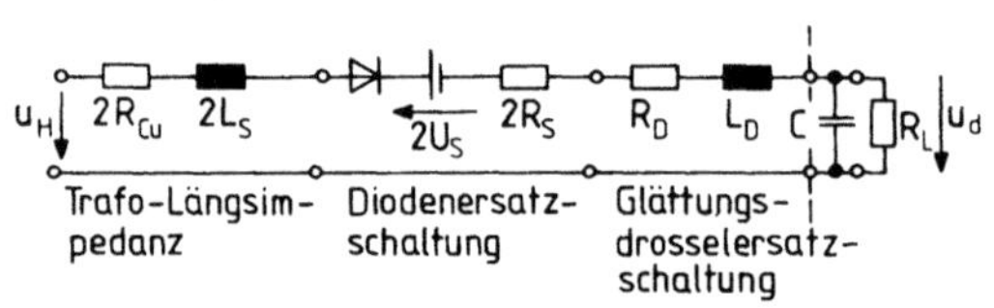

Der Glättungskondensator wird aufgeladen, d.h. der Laststrom beginnt zu fließen, wenn

$$u_H \geqslant u_d - 2U_s$$

wird, da dann die Dioden der Gleichrichterschaltung leiten. Es setzt ein Einschaltvorgang ein, den die im Stromkreis liegende Impedanz und die Kapazität des Glättungskondensators bestimmen.

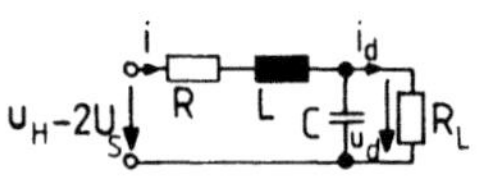

Kirchhoffsche Regeln:

$$u_H - 2U_s - u_d = iR + L\frac{di}{dt}$$

1. Annahme: Die Gleichspannung ist so gut geglättet, daß die Kondensatorspannung in erster Näherung als konstant angenommen werden kann. Der Ausgangsstrom kann damit auch als konstant vorausgesetzt werden.

2. Es wird nur die Längsimpedanz berücksichtigt.

Beginn des Ladevorganges

Zur Zeit $t = t_1$ beginnt die Aufladung, wenn die Spannung an den Dioden größer als die Schwellspannung ist. Der Stromanstieg wird durch die Induktivität bestimmt:

$$t = t_1;\; u_H(t_1) - 2\overline{U}_s - \overline{U}_d = 0;\; i(t_1) = 0;\; \left(\frac{di}{dt}\right)_{t_1} = 0$$

Die weiter an der Impedanz anliegende Spannung teilt sich auf den Widerstand und die Induktivität auf. Das Strommaximum wird erreicht, wenn die Spannung an der Induktivität Null ist:

$$t = t_2;\; \left(\frac{di}{dt}\right)_{t_2} = 0;\; i = \frac{u_H(t_2) - 2\overline{U}_s - \overline{U}_d}{R}$$

einem den Effektivwert sehr stark beeinflussenden Oberschwingungsanteil zusammensetzt.

Gemessen werden kann der Effektivwert [1] dieses Stroms nur mit Dreheiseninstrumenten↑, wobei der zulässige Frequenzbereich bis zum ca. 10-fachen der Grundschwingungsfrequenz des Meßstromes reichen sollte. Drehspulinstrumente mit Gleichrichter↑ sind, da es sich um nicht-sinusförmige Meßgrößen handelt, nicht geeignet.

Der Aufladevorgang ist beendet, wenn die bei Stromanstieg in der Induktivität gespeicherte Energie wieder abgegeben ist. Dann muß die aufgenommene Spannungszeitfläche wieder abgegeben werden:

$$t = t_3;\ \int_{t_1}^{t_3} u_L \, d\tau = 0;\ u_L = u_H - iR - (2\bar{U}_s + \bar{U}_d)$$

Während des Aufladevorganges ist der Ladestrom der um den konstanten Laststrom verminderte Schwingstrom:

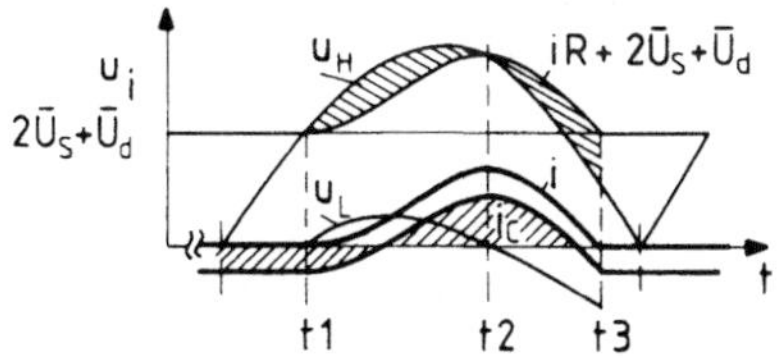

\\\\\\ Spannungszeitfläche an der Induktivität

/// Ladungsmenge der Kapazität

Die an den Transformatorklemmen meßbare Spannung U_T ist die um den Spannungsfall an seinen Längsimpedanzen verminderte Spannung. Die Spannung an den Klemmen der Gleichrichterbrücke ist nochmals um den Diodenspannungsfall vermindert.

Der Gleichrichter

Die sekundäre Wechselspannung des Transformators wird gleichgerichtet. Üblicherweise wird dazu eine **Einphasen-Brückenschaltung** verwendet, um den Transformator optimal auszunutzen. Da der Laststrom bei der Brückenschaltung jeweils über zwei in Reihe liegende Dioden fließen muß, ist der Momentanwert der gleichgerichteten Spannung um deren doppelte Durchlaßspannung kleiner, als der Betrag des Momentanwertes der Transformator-Sekundärspannung.

Die Dioden der Gleichrichterbrücke müssen auch den Ladestrom des **Glättungskondensators** als Laststrom führen. Dieser Strom kann beim Einschalten des Netzgerätes, wenn der Glättungskondensator ungeladen ist, sehr hohe Werte annehmen, die u.U. zur Zerstörung der Dioden führen können. Durch die **Glättungsinduktivität**↑ wird der Strom meist ausreichend begrenzt, ist diese nicht vorhanden, muß eine spezielle **Startschaltung** vorgesehen werden oder die Dioden sind für den Einschaltstromstoß zu dimensionieren.

Ausgangsspannung des Gleichrichters

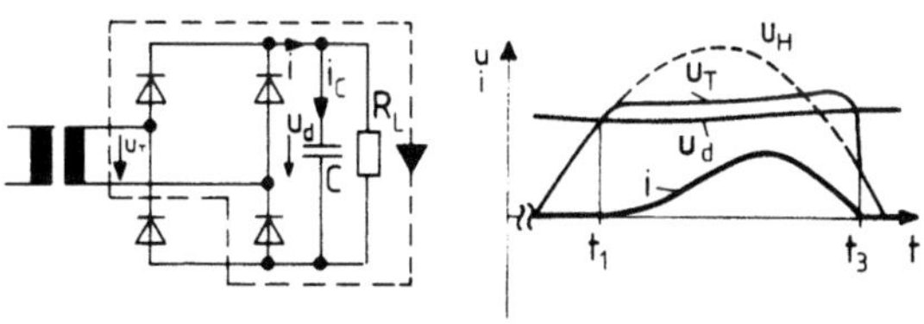

Der Aufladevorgang ist beendet, wenn der Strom durch die Dioden Null wird.

[1] *Baumann* u.a.: Fachkenntnisse ET, Fachstufe 1 ET; Kap. ET 1.
Claussnitzer, H.: Einführung in die ET; Kap. 5.2.3.

Die Glättungseinrichtung

Der Momentanwert der von der Gleichrichterschaltung abgegebenen stark oberschwingungshaltigen Gleichspannung schwankt zwischen dem Scheitelwert der Wechselspannung und Null. Es muß ein energiespeicherndes Glättungsglied zwischengeschaltet werden, mit dem der untere Momentanwert der gleichgerichteten Spannung angehoben wird. Dieses kann durch einen **Glättungskondensator**↑ geschehen. Dieser Kondensator ist so zu bemessen, daß während der Zeit, in der die anliegende Spannung größer als die gewünschte Amplitude ist, ausreichend Ladung gespeichert wird, um in der restlichen Zeit der Periode den Laststrom zu liefern, ohne daß die Spannung unter einen unteren Grenzwert absinkt. Je größer die Kapazität ist, desto höher wird bei gleichem Laststrom der untere Momentanwert der geglätteten Spannung. Bei unendlich großer Kapazität oder ohne Ausgangsstrom ist die geglättete Spannung gleich dem Scheitelwert der gleichgerichteten Spannung. Die Aufladung des Glättungskondensators mit der benötigten Ladung kann mit einem kurzen hohen Stromstoß oder einem längerdauerndem Strom kleinerer Amplitude erfolgen.

Der Einschaltvorgang selbst ist das Einschwingen eines RLC-Kreises, gebildet aus den Wicklungswiderständen des Transformators, den Durchlaßwiderständen des Gleichrichters, der Streuinduktivität des Transformators und der Glättungskapazität.

Der Einschaltstrom ist ein nicht-sinusförmiger Strom. Um die Amplitude und den Effektivwert herabzusetzen, kann die Ladezeit durch einen vorgeschalteten Widerstand oder eine Glättungsdrossel vergrößert werden. Dadurch wird jedoch auch der Spannungsfall bei Belastung vergrößert. Der gleiche Effekt kann durch Vergrößerung der Streuinduktivität des Speisetransformators↑ erreicht werden, nur darf dann die Stromführungsdauer nicht so ausgedehnt sein, daß der Kommutierungsbereich↑ der Gleichrichterbrücke erreicht wird. Sonst vermindert der u.U. erhebliche induktive Kommutierungsspannungsfall die Ausgangsspannung bei Belastung.

Näherungsweise Bestimmung der Glättungskapazität

Der Spannungshub ist während des Ent- und des Aufladevorgangs gleich groß.

$$\Delta u_d = \frac{1}{C}\int_{t_{11}}^{t_{21}} i_C \, d\tau = -\frac{1}{C}\int_{t_{21}}^{t_{11}+T} i_C \, d\tau$$

Näherungslösung:

Der Entladestrom wird wie die geglättete Ausgangsspannung als konstant angenommen.

$$\Delta u_d \approx \frac{1}{C} \cdot \frac{\overline{U}_d}{R_L} t_E$$

$$\boxed{C \approx \frac{\overline{U}_d}{\Delta u_d} \frac{t_E}{R_L}}$$

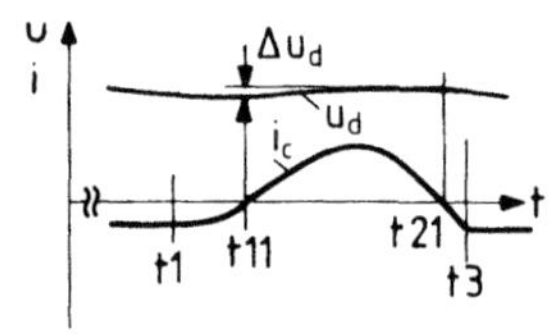

$t_E = T - t_A$: Entladezeit
$t_A = t_{21} - t_{11}$: Aufladezeit

Beispiel: Zulässige Schwankung $\frac{\Delta u_d}{\overline{U}_d} \leqslant 10\ \%$

Entladezeit geschätzt $t_E \approx 15$ ms

Lastwiderstand $R_L \geqslant 500\ \Omega$

$$C \geqslant \frac{1}{0{,}1} \cdot \frac{15 \cdot 10^{-3}\,\text{s}}{0{,}5 \cdot 10^{3}\,\Omega}$$

$$C \geqslant 300\ \mu\text{F}$$

Vergleich des Effektivwertes mit dem arithmetischen Mittelwert

Die vom Glättungskondensator aufgenommene Ladungsmenge ist dem arithmetischen Mittelwert proportional

$$Q = \int_0^T i\,dt \qquad \overline{I} = \frac{1}{T}\int_0^T i\,dt$$

Je größer der arithmetische Mittelwert des Ladestromes ist, desto kleiner ist der Spannungshub bei der Entladung. Der Effektivwert des Ladestromes bestimmt die Belastung des Transformators

$$I = \sqrt{\frac{1}{T}\int_0^T i^2 dt}$$

Günstig erscheint es, den Formfaktor des Ladestromes so klein wie möglich zu halten.

Die Glättung kann auch durch ein auf die Frequenz der Oberschwingungsspannung abgestimmtes Siebglied [1] erfolgen.

Unter der vereinfachenden Annahme, daß der Ladestrom sinusförmig ist, ergibt sich

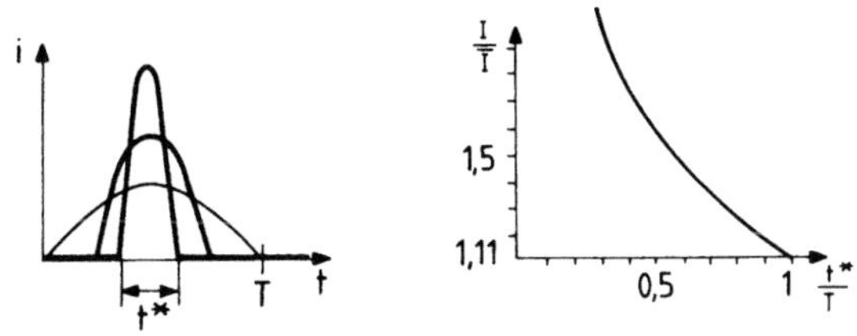

$$\bar{I} = \frac{2}{\pi}\frac{t^*}{T}\,\hat{i}$$

$$I = \frac{1}{\sqrt{2}}\sqrt{\frac{t^*}{T}}\,\hat{i}$$

konst. Ladungsmenge $\bar{I} \cdot T = \text{konst.}$

$$\frac{I}{\bar{I}} = 1{,}11\sqrt{\frac{T}{t^*}}$$

Das Stellglied und die Regeleinrichtung

Das **Stellglied**↑ hat die Aufgabe, die Differenz zwischen geglätteter gleichgerichteter Spannung und der gewünschten konstanten Ausgangsgleichspannung aufzunehmen. Diese Aufgabe kann verschieden gelöst werden. Das Stellglied und die **Regeleinrichtung**↑ können aus einzelnen Bauelementen in diskreter Bauweise oder aus einem integrierten Spannungsregler↑, evtl. mit nachgeschaltetem Leistungstransistor bestehen. Das Stellglied kann kontinuierlich so verstellt werden, daß die Differenz zwischen der veränderlichen Eingangs- und der konstantem Ausgangsspannung ausgeregelt wird.

Die stabilisierte Gleichspannung ist um den steuerbaren Spannungsfall am Stellglied kleiner als der kleinste Momentanwert der geglätteten Spannung. Zwei Grenzzustände sind bei der Stellgliedaussteuerung zu beachten.

Ein unterer Grenzfall tritt auf bei voller Belastung, d.h. wenn die Spannungsfälle am Transformator, am Gleichrichter, an der Glättungsinduktivität am größten sind und wenn dann noch die Netzwechselspannung auf den unteren zulässigen Wert absinkt. Für diesen Betriebszustand kann das Stellglied voll aufgesteuert sein, es nimmt die kleinste Spannung im Steuerbereich auf.

Stellglied und Regeleinrichtung

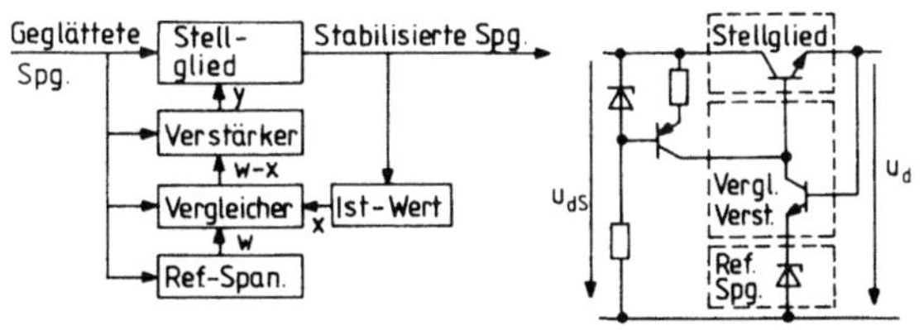

Unterer Grenzfall der Stellgliedaussteuerung

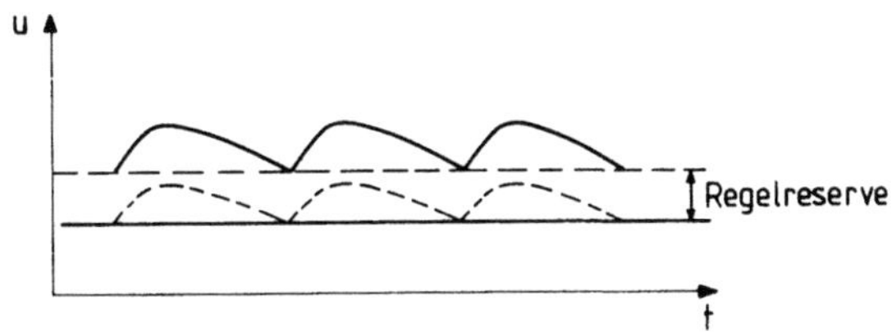

[1] *Baumann* u.a.: Fachkenntnisse ET, Fachstufe 1 ET, Kap. 18.

Der zweite Grenzzustand tritt bei dem Betrieb mit höchster Netzwechselspannung ein, wenn die Verlustleistung im Stellglied am größten wird. Die Arbeitspunkte müssen für den gesamten Betriebsbereich vom Leerlauf bis zur Nennlast des Netzgerätes unterhalb der Verlusthyperbel des Stellgliedes liegen.

Das Stellglied bildet in dem Regelungssystem die Regelstrecke↑. Das Regelungssystem setzt sich zusammen aus Regelstrecke und Regeleinrichtung↑. Aus der Führungsgröße w↑ und der Regelgröße x↑ wird die Regelabweichung w–x↑ gebildet. Diese wird in der Regeleinrichtung zur Stellgröße y↑ umgeformt, die die Regelstrecke so beaufschlagt, daß mit einem bestimmten Zeitverhalten sich die Regelgröße bei einem stabilen System der Führungsgröße annähert. (Begriffe und Benennungen der Regelungstechnik↑, DIN 19226). Bei einem Netzgerät wird die Führungsgröße als zeitlich unveränderlicher Wert vorgegeben, es handelt sich um eine Festwertregelung.

Soll das Netzgerät eine Konstant-Spannungs-Charakteristik↑ haben, dann ist die Regelgröße die stabilisierte Gleichspannung. Führungsglied ist im einfachsten Fall ein Element mit konstanter Spannung, z.B. eine mit einem relativ konstantem Strom beaufschlagte Z-Diode. Ein der stabilisierten Gleichspannung proportionaler Wert, der Ist-Wert, und der Wert der konstanten Spannung, der Soll-Wert, werden voneinander subtrahiert. Aus der Soll-Ist-Differenz wird in der Regeleinrichtung die Stellgröße gebildet, die die Regelstrecke, d.h. das Stellglied, aussteuert.

Spannungsstabilisierung durch direkte Ansteuerung des Stellgliedes mit der Regeldifferenz-Spannung

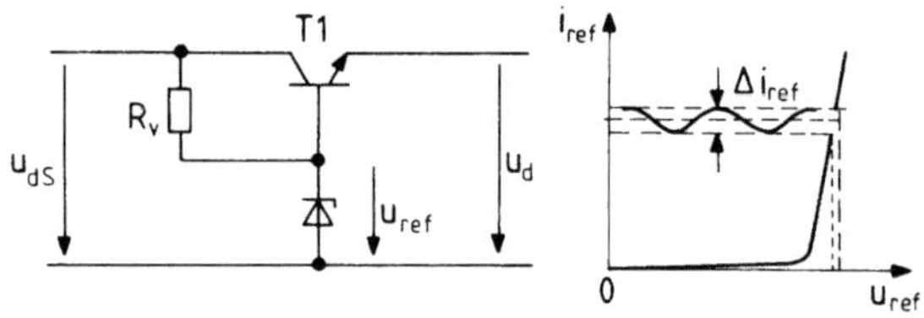

Bei der einfachsten Form der **Spannungsstabilisierung** wird über einen Vorwiderstand R_V eine Z-Diode mit einem relativ konstantem Strom beaufschlagt. Durch die steile Eingangskennlinie der Z-Diode kann an ihr eine fast konstante Referenzspannung abgegriffen werden. Diese Referenzspannung wird verglichen mit der Ausgangsspannung, die Differenz beider Spannungen liegt an der Basis-Emitter-Strecke des Leistungstransistors als Stellglied. Die Regeldifferenz-Spannung hat einen Steuerstrom des Stellgliedes zur Folge, der so gerichtet ist, daß bei

– steigender Ausgangsspannung die Basis-Emitter-Spannung↑ kleiner und, infolge der Steilheit der Eingangskennlinie des Stellgliedes, der Steuerstrom sehr viel kleiner wird. Damit steigt die Kollektor-Emitter-Spannung↑ an und die Ausgangsspannung sinkt ab, sie nähert sich dem Sollwert;
– sinkender Ausgangsspannung der Vorgang umgekehrt abläuft;
– steigendem Ausgangsstrom die Stellgliedspannung etwas ansteigt, die Ausgangsspannung etwas kleiner wird, die Regeldifferenz-Spannung an der Basis-Emitterstrecke größer wird und damit der Steuerstrom ansteigt und die Ausgangsspannung wieder größer wird.

Abweichungen vom idealen Verhalten entstehen durch Schwankungen der Referenzspannung und die begrenzte Steilheit der Eingangskennlinie des Stellgliedes.

Verbesserung der Spannungsstabilisierung durch Einfügen eines Regelverstärkers

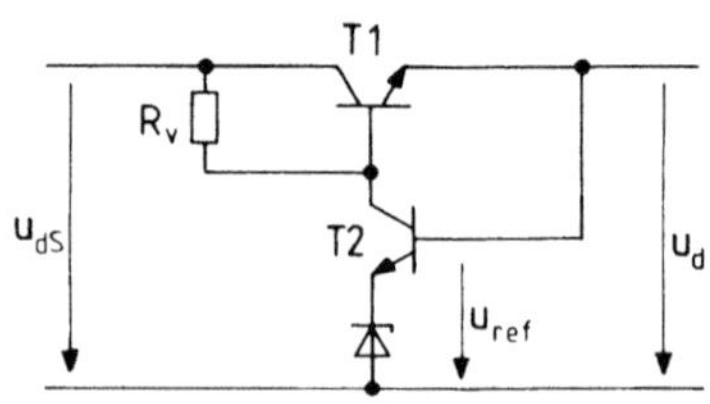

Durch Einfügen eines als **Regelverstärker**↑ arbeitenden Transistors kann die Grundschaltung verbessert werden.

Die Regeldifferenz-Spannung liegt an der Basis-Emitterstrecke des Regelverstärkers so an, daß bei

– steigender Ausgangsspannung die Basis-Emitter-Spannung größer wird und der Steuerstrom ansteigt. Verstärkt mit dem

Stromverstärkungsfaktor dieses Transistors steigt dessen Kollektorstrom und vermindert den Basisstrom des Stellgliedes so, daß die Kollektor-Emitter-Spannung am Stellglied steigt und die Ausgangsspannung absinkt;
— sinkender Ausgangsspannung der Vorgang umgekehrt abläuft.

Durch Zwischenschalten des Regelverstärkers wird der **Stabilisierungsfaktor** der Schaltung erheblich verbessert.

Relativer Stabilisierungsfaktor S und Glättungsfaktor G

$$S = \frac{\Delta U_{dS}/U_{dS}}{\Delta U_d/U_d} \qquad G = \frac{\Delta U_{dS}}{\Delta U_d} \qquad S = G\,\frac{U_d}{U_{dS}}$$

Weiter kann der Vorwiderstand, der die Referenzspannungsdiode mit einem relativ konstantem, nur wenig mit der Eingangsspannung schwankenden Strom versorgt, durch eine Konstant-Strom-Quelle ersetzt werden. Damit ist die an der Z-Diode liegende Spannung unabhängig von Schwankungen der Eingangsspannung.

Verbesserung der Stabilisierung des Speisestromes für die Referenzspannungsquelle

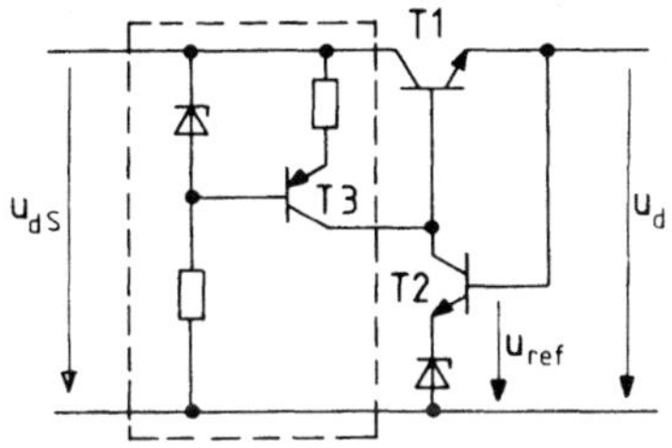

Durch Einfügen einer **Strombegrenzung** kann die Sicherheit für die versorgte Schaltung verbessert werden. Bei Stabilisierungsschaltungen in diskreter Bauweise muß der Belastungsstrom über einen Shunt erfaßt werden. Dies kann durch Messung des Kollektor- oder Emitterstromes erfolgen.

Strombegrenzung durch Messung des Kollektorstromes

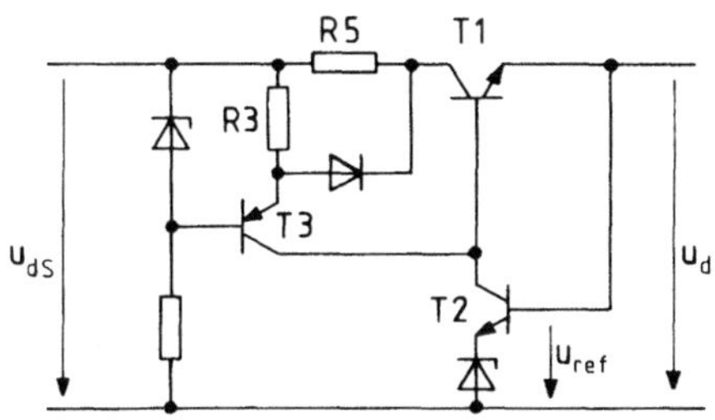

Am einfachsten ist die Strombegrenzung durch Messung des Kollektorstromes. Durch den Widerstand R_3 fließt der konstante Strom für die Referenzdiode. Die Spannung am Strombegrenzungswiderstand ist im Normalbetrieb so klein, daß die parallel liegende Diode nicht leitend wird. Erst wenn die Spannung an R_5 größer wird, als die durch den Konstantstrom vorgegebene Spannung am Emitterwiderstand der Konstant-Strom-Quelle, kann die Diode leitend werden. Damit wird der Kollektorstrom von T_3 kleiner und der Basisstrom von T_1 ebenfalls kleiner bei gleichbleibendem Kollektorstrom von T_2. Das Stellglied T_1 wird weniger ausgesteuert, seine Kollektor-Emitter-Spannung wird größer, der Ausgangsstrom wird konstant gehalten.

Für die gesamte Regeleinrichtung einschließlich Strombegrenzung gibt es eine große Auswahl **integrierter Spannungsregler**, die einen besonders einfachen Aufbau gestatten. Diese Festspannungsregler liefern für einen bestimmten Eingangsspannungsbereich eine feste konstante lastunabhängige Ausgangsspannung. Mit einfachen Mitteln kann diese Ausgangsspannung heraufgesetzt werden. Bei kleinen Ausgangsströmen kann der Regler gleichzeitig als Stellglied benutzt werden, bei größeren Strömen muß ein Leistungstransistor nachgeschaltet werden. In modernen Geräten sind fast ausschließlich integrierte Spannungsregler enthalten.

Stabilisierung durch integrierten Spannungsregler

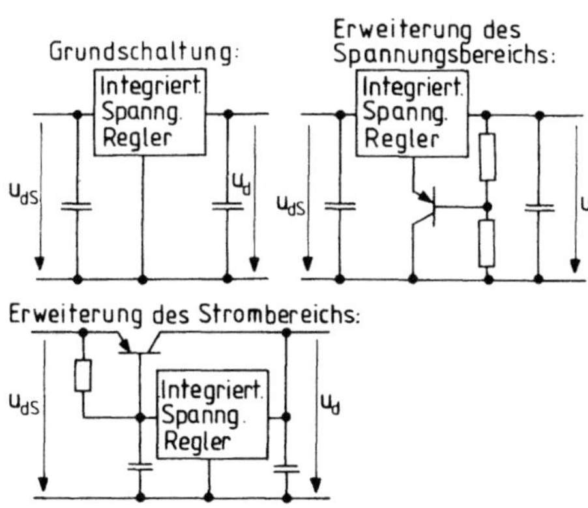

2.2.2 Batterien und Akkumulatoren

Zur Speisung nicht-ortsfester Geräte, bei denen eine flexible Einspeisung aus dem Energieversorgungsnetz nicht möglich ist, muß die Energiequelle im Gerät enthalten sein. Sie muß in der Lage sein, eine ausreichende Menge elektrischer Energie zum Betrieb des Gerätes im gewünschten Betriebszeitraum abzugeben.

Entsprechend dem Anwendungszweck des Gerätes können zwei Großgruppen unterschieden werden:

- Geräte, deren Betriebsenergie aus dem elektrischen Energiespeicher im Betrieb entnommen wird, wie transportable elektronische Geräte, aktive Meßgeräte, elektrisch betriebenes Spielzeug. Diese Geräte enthalten einen **wiederaufladbaren Akkumulator** oder eine **Batterie.**
- Geräte, deren Betriebsenergie durch einen nicht-elektrischen Energiewandler gewonnen wird, die aber zum Starten dieser Maschine und zum Betrieb elektrischer Hilfsgeräte einen **Akkumulator** im Pufferbetrieb mit einem Generator arbeiten lassen. Zu diesen Geräten gehören Kraftfahrzeuge, Notstromaggregate, Schiffsmaschinen.

Anwendungssystematik Batterien und Akkumulatoren

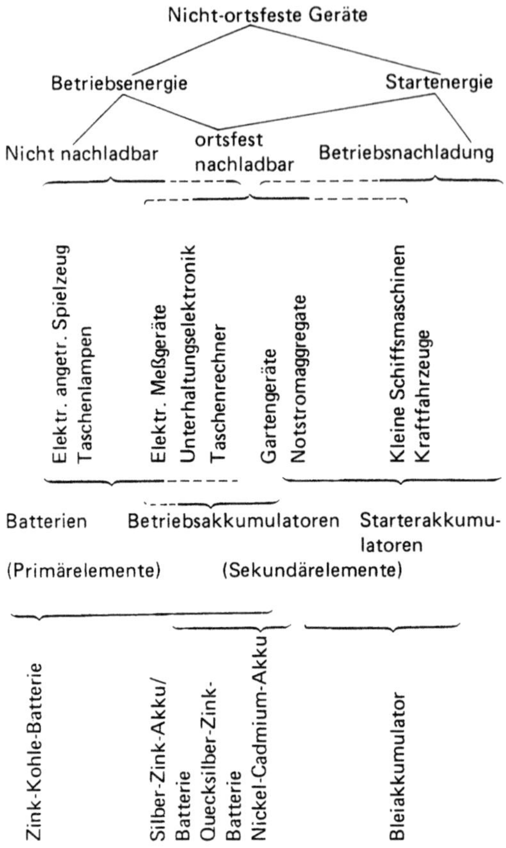

Für diese elektrischen Energiespeicher, d.h. für die Batterie und den Akkumulator, ist die Speicherung der Energie in chemischen Verbindungen charakteristisch. Bei dieser Form der Energiespeicherung läßt sich eine pro Volumeneinheit wesentlich größere Energie speichern, als bei der Speicherung im elektrischen oder magnetischen Feld. Allerdings ist der Wirkungsgrad der Speicherung in chemischen Verbindungen schlechter.

Die Speicherung der elektrischen Energie in Batterien und Akkumulatoren erfolgt durch den Aufbau chemischer Verbindungen bei deren Auflösung elektrische Energie durch freie Ladungsträger abgegeben wird. Dieser Vorgang soll für Akkumulatoren exemplarisch am Beispiel des Bleiakkumulators deutlich gemacht werden.

2.2.2.1 Der Bleiakkumulator

Der **Bleiakkumulator** ist als Speicherbatterie in Kraftfahrzeugen eine der am weitesten verbreiteten chemisch-elektrischen Energiespeicher. Akkumulatoren aus anderen Materialien, z.B. Blei-Nickel-Cadmium oder Silber-Zink sind für Sonderanforderungen möglich, aber ihr Preis-Leistungs-Verhältnis ist schlechter und sie entsprechen in ihrem Verhalten nicht den speziellen Anforderungen des Einsatzes von Akkumulatoren als Starterbatterien in Kraftfahrzeugen. Akkumulatoren werden im industriellen Sprachgebrauch als Batterien bezeichnet, trotzdem sie wiederaufladbar sind.

Energiespeicherung pro Raumeinheit

Bleiakkumulator 12 V 60 Ah	Mono (Rund)zellenbatterie 1,5 V	Elektrolyt-Kondensator 100 μF/100 $V_=$	Eisendrossel 0,1 H/1 $A_=$
Maße: ca. 250 × 200 × 170 mm^3	Maße: ca. 55 mm × 32 mm Ø	Maße: ca. 30 mm × 10 mm Ø	Maße: ca. 50 mm × 10 mm Ø
Volumen: ca. $8{,}5 \cdot 10^{-3}$ m^3	Volumen: ca. $44{,}2 \cdot 10^{-6}$ m^3	Volumen: ca. $2{,}35 \cdot 10^{-6}$ m^3	Volumen: ca. $3{,}93 \cdot 10^{-6}$ m^3
Entladung mit 20-stündigem Strom von der Nennspannung bis Entladeschlußspannung	Entladung mit 2 h Einschaltdauer pro Tag von der Lastspannung 1,3 V auf 1,14 V in 10 h mit 0,25 A	Entladung auf 87,5 % der Nennspannung	Entladung auf 87,5 % des Nennstromes
$W_A \approx 3\,A \cdot 11{,}25\,V \cdot 20\,h$	$W_B \approx 0{,}25\,A \cdot 1{,}22\,V \cdot 10\,h$	$W_C = \frac{10^{-4}\,F \cdot 10^4\,V^2(1-0{,}87\,s^2)}{2}$	$W_L = \frac{0{,}1\,H \cdot 1\,A^2(1-0{,}87\,s^2)}{2}$
$W_A \approx 675$ Wh	$W_B \approx 3{,}05$ Wh	$W_C = 0{,}117$ Ws	$W_L = 0{,}0117$ Ws
spezifischer Energiespeicherwert (bei Teilentladung)			
$w_A \approx 286 \cdot 10^6\,\frac{Ws}{m^3}$	$w_B \approx 248 \cdot 10^6\,\frac{Ws}{m^3}$	$w_C = 0{,}05 \cdot 10^6\,\frac{Ws}{m^3}$	$w_L = 0{,}003 \cdot 10^6\,\frac{Ws}{m^3}$
Vergleichswerte: $w_A : w_B : w_C : w_L \approx 1 : 0{,}87 : 0{,}0017 : 0{,}0001$			

Die **Bleibatterie** ist im Prinzip aus mehreren in Reihe geschalteten Zellen aufgebaut, bei denen durch Addition der Teilspannungen die gewünschte Gesamtspannung der Batterie entsteht. Jede Zelle besteht aus zwei Elektroden, als Platten bezeichnet, zwischen denen sich verdünnte Schwefelsäure als **Elektrolyt** befindet. Die positiven Elektroden bestehen aus Bleidioxyd, die negativen Elektroden aus reinem Blei.

Um die aktive Oberfläche der Elektroden möglichst groß zu erhalten, werden mehrere parallel geschaltete Platten in der Zelle ineinander geschachtelt. Bei den Platten können

Prinzip einer Zelle der Bleibatterie

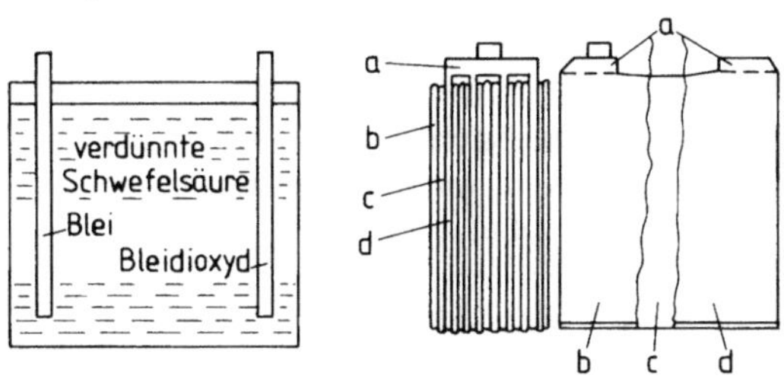

a Plattenverbinder
b Negative Platten
c Kunststoffseperatoren
d Positive Platten

Großoberflächenplatten (Gro), bei denen die positive Platte lamelliert und die negative Platte als Lochkasten ausgeführt ist (lange Lebensdauer, großes Gewicht);

Gitterplatten (Gi, GiS), bei denen die positive Platte und die negative Platte als Gitterplatten ausgeführt sind (kürzere Lebensdauer, kleineres Volumen);

Panzerplatten (pz, PzS), bei denen die positive Platte aus Kunststoff mit Taschen für das Bleidioxid und die negative Platte als Gitterplatte ausgeführt ist (erschütterungsunempfindlich, mittlere Lebensdauer, mittleres Gewicht),

unterschieden werden.

Die Schwefelsäure als Elektrolyt dissoziiert in reinem Wasser in positive Wasserstoffionen und negative Säurerestionen. Dabei kann man sich vorstellen, daß das elektrisch als Isolator wirkende reine Wasser die sich auf der Anziehungskraft verschieden geladener Teile gründende Verbindung der Schwefelsäure auflöst. Durch die Dissoziation der Schwefelsäure im Wasser stehen bewegliche Ladungsträger für eine Stromleitung zwischen den Elektroden zur Verfügung.

Dissoziation des Schwefelsäuremoleküls

$$H_2SO_4 \rightarrow 2\,H^+ + SO_4^{--}$$

Aus der negativen Elektrode, bestehend aus reinem Blei, lösen sich aus dem Metall einzelne Bleiatome und gehen im Elektrolyten in Lösung. Diesen Bleiatomen fehlen zwei Elektronen der äußeren Schale, sie sind zweifach positiv geladen. Die im Gitterverband zurückbleibenden Bleiatome enthalten zwei Elektronen zu viel, sie sind zweifach negativ geladen. Dieser Vorgang findet seinen Gleichgewichtszustand, wenn die Anziehungskraft zwischen den positiven Bleiatomen in der Lösung und den negativ geladenen in der Elektrode genau so groß wird, wie der Lösungsdruck.

Der gleiche Vorgang erfolgt an der positiven Elektrode, bestehend aus Bleidioxyd, nur das hier Teile mit zwei Elektronen zuviel, also negative Ladungen, in den Elektrolyten in Lösung gehen. Zurück bleiben positive Ladungen.

Bei der geladenen Batterie ist die elektrische Energie in den chemischen Bindungen des Elektrolyten gespeichert, die aber nur im Zusammenwirken mit dem Material der Elektroden freigesetzt werden kann.

Durch die elektrische Belastung mit einem Verbraucher, d.h. die Batterie wird entladen,

- fließt ein Strom über die Elektroden, durch die Anschlußleitungen und den Verbraucher;
- wandern die Wasserstoffionen zur positiven Elektrode, an der Wasser entsteht;
- wandern die negativen Säurerestionen zur negativen Elektrode;
- bildet sich an den Elektroden unlösliches Bleisulfat.

Durch das gebildete Wasser und die gleichzeitige Bindung von Säureionen wird die Säurekonzentration während der Entladung verringert, die **Säuredichte** sinkt bei konstantem Entladestrom nahezu linear mit der Zeit ab. Damit sinkt auch die Batteriespannung. Die Entladung erfolgt gleichmäßig für alle in Reihe liegenden Zellen durch den gleichen Ladestrom.

Prinzipielle Funktionsweise der Bleibatterie

negative Elektrode:

$$\underbrace{Pb - 2e^-}_{\to Pb^{++}} + SO_4^{--} \to PbSO_4$$

positive Elektrode:

$$PbO_2 + 2e^- + 4H^+ + SO_4^{--} \to PbSO_4 + 2H_2O$$

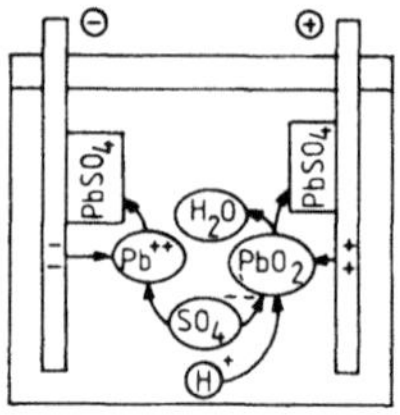

Entladevorgang

Der äußere Stromkreis wird bei der geladenen Batterie über einen Verbraucher geschlossen.

Negative Elektrode (Überschuß negativer Ladungsträger)

$$Pb \to Pb^{++} + 2e^-$$

Abgabe von positiv geladenem Blei in den Elektrolyten. Abgabe von negativen Elementarladungen in den Stromkreis.

$$Pb^{++} + SO_4^{--} \to PbSO_4$$

Bildung von Bleisulfat durch Verbindung von Blei und dem Säurerestion

Das negativ geladene Säurerestion wandert durch den Elektrolyten zu den positiv geladenen Bleiionen an der negativen Elektrode.

Positive Elektrode (Mangel negativer Ladungsträger)

$$PbO_2 + 4H^+ \to Pb^{++++} + 2H_2O$$

Reaktion des Bleidioxyds mit den Wasserstoffionen des Elektrolyten, bei der Wasser und vierwertiges freies Blei gebildet wird.

$$Pb^{++++} + 2e^- \to Pb^{++}$$

Die aus dem äußeren Stromkreis über den Verbraucher zugeführten Elementarladungen reduzieren das vierwertige zu zweiwertigem Blei durch Aufnahme zweier Elektronen.

$$Pb^{++} + SO_4^{--} \to PbSO_4$$

Bildung von Bleisulfat durch Verbindung wie an der negativen Elektrode.

Bei der entladenen Batterie sind die Elektroden mit Bleisulfat bedeckt, die Säuredichte ist auf ihren Endwert abgesunken, die Entladeschlußspannung ist erreicht. Die in der Batterie gespeicherte elektrische Energie ist entnommen worden. Die Säuredichte während der Entladung ist proportional der Spannung der unbelasteten Batterie, d.h. bei Unterbrechung des Entladestromes ist die Zellenspannung gleich der Ruhespannung.

Die Spannung einer Batterie ist im geladenen Zustand gleich der Nennspannung, die nach DIN 40729/72311 definiert ist. Für eine Zelle soll die Nennspannung 2 V betragen, sechs in Reihe geschaltete Zellen geben bei üblichen Starterbatterien für Kraftfahrzeuge eine Batterie-Nennspannung von 12 V.

Eine Batterie gilt als entladen, wenn die festgelegte **Entladeschlußspannung** von 1,75 V (DIN 72311) erreicht ist. Dabei sinkt die Säuredichte von der Nenndichte auf die Entladedichte.

Während der Entladung wird elektrische Energie abgegeben. Die Menge der abgegebenen Energie zwischen Nennladezustand und Entladezustand ist abhängig von der Größe des Entladestromes. Die **Nennkapazität** einer Batterie wird als Ladungsmenge angegeben und gilt für die Entladung mit dem sogenannten **20-stündigem Entladestrom**. Ist der Entladestrom kleiner, d.h. die Zeit bis zur völligen Entladung größer, dann ist auch die Kapazität größer und umgekehrt. Ebenso ist die Kapazität von der Säuretemperatur und dem Zustand der Platten abhängig.

Wenn der Entladestrom das zehnfache des 20-stündigen Entladestromes beträgt, sinkt die Kapazität auf 80 % des Nennwertes ab. Dieser Strom entlädt die Batterie daher schneller als in 2 Stunden.

Wenn der höchste zulässige Strom beim Startvorgang des Kraftfahrzeuges entnommen wird, wobei diese Entladung im Dauerbetrieb zur Zerstörung der Batterie infolge unzulässiger Erwärmung führen würde, wird die Kapazität weiter abgesenkt.

Säuredichte während der Entladung

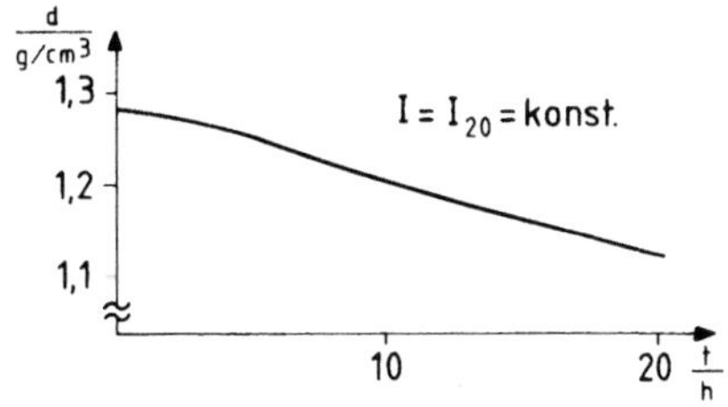

Typenbezeichnung von Starterbatterien

12 V 44 Ah 210 A

Nennspannung 12 V
Nennkapazität 44 Ah
Höchster Kurzzeitentladestrom 210 A

Säurenenndichte von Starterbatterien 1,26–1,28 $\frac{g}{cm^3}$

Entladedichte von entladenen Starterbatterien 1,12–1,13 $\frac{g}{cm^3}$

Faustformel für die Bestimmung der Ruhespannung

$$\frac{U_R}{V} \approx \frac{d}{g/cm^3} + 0{,}84\ V$$

Kapazität von Starterbatterien

$$W = \int_{T_E} I_E \, dt$$

Bei konstantem Entladestrom I_E während der Entladezeit T_E ist

$$W = I_E T_E$$

Der 20-stündige Entladestrom ist

$$I_{20} = \frac{W_N}{20\ h} \quad \text{d.h.} \quad T_E = 20\ h$$

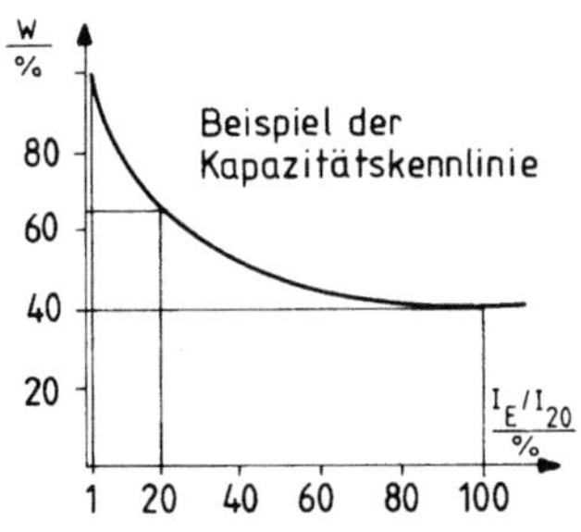

Entlade-strom	$I_E = I_{20}$	$I_E = 20\,I_{20}$	$I_E = 100\,I_{20}$
Kapazität	$W = W_N$	$W = 0{,}63\,W_N$	$W = 0{,}4\,W_N$
Entlade-zeit	$T_E = 20\,h$	$T_E = 0{,}63\,h$	$T_E = 0{,}08\,h$

Während der Entladung verhält sich die Batterie wie eine Spannungsquelle mit Innenwiderstand. Der Innenwiderstand der Batterie setzt sich aus verschiedenen Anteilen zusammen,

- dem Polarisationswiderstand als Übergangswiderstand zwischen Elektroden und Elektrolyten;
- dem Widerstand der Elektroden;
- dem Widerstand des Elektrolyten als Leitungsmedium für die Ionen;
- dem Widerstand der inneren Verbindungen.

Da sich die Dichte und Viskosität des Elektrolyten mit dem Ladezustand ändert, ändert sich auch der Innenwiderstand. Daher ist der Innenwiderstand z.B. auch stark temperaturabhängig.

Wird die Batterie unter die Entladeschlußspannung entladen, dann bildet sich auf den Platten weißes Bleisulfat, daß beim Laden nicht mehr aufgelöst wird, die Batterie ist **sulfatiert.**

Akkumulatoren heißen **Sekundärelemente,** weil der Zustand der chemischen Verbindungen im Element vom entladenen wieder in den geladenen Zustand gebracht werden kann.

Wenn die Batterie an ein Ladegerät angeschlossen wird und ein Gleichstrom entgegengesetzt dem Verbraucherstrom durch sie fließt, wird sie wieder geladen. Dabei wird das auf den Platten abgelagerte Bleisulfat wieder zu Blei bzw. Bleidioxyd und in Verbindung mit Wasser zu Schwefelsäure zurückgebildet. Der Zustand vor der Entladung wird wieder hergestellt.

Batterie als Spannungsquelle

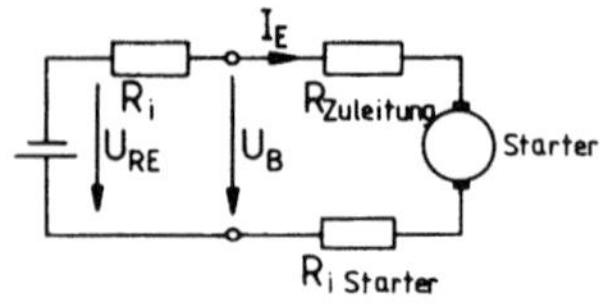

Verlauf der Spannungen einer Batteriezelle beim Entladen

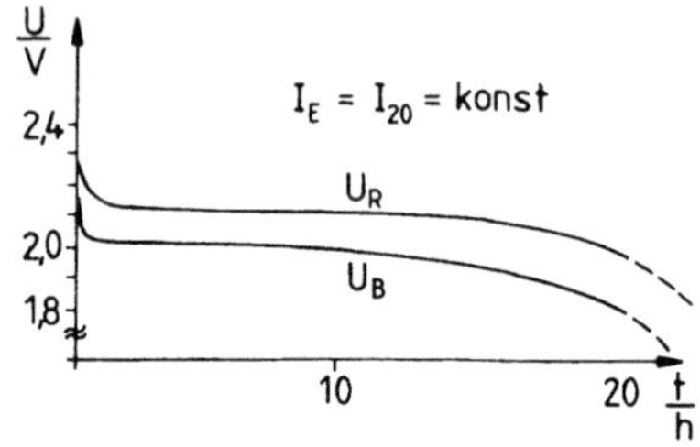

Laden einer entladenen Batterie

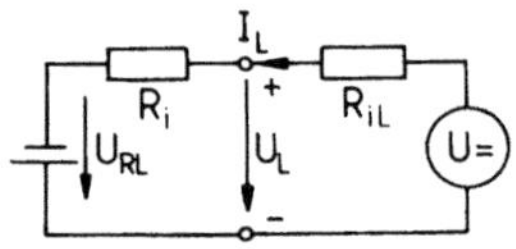

Verlauf der Ladespannung

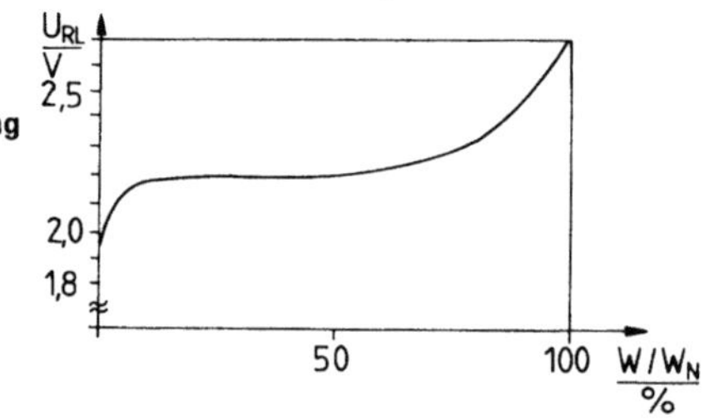

Ladevorgang

Mit einem Ladegerät wird ein Ladestrom durch die Batterie geleitet, der äußere Stromkreis wird über eine Quelle höherer Spannung als die Batteriespannung geschlossen.

Negative Elektrode der Batterie/negativer Anschluß des Ladegerätes:

$$PbSO_4 + 2e^- + 2H^+ \rightarrow Pb + H_2SO_4$$

Aufnahme von negativen Elementarladungen aus der Ladestromquelle; Bindung von Wasserstoffionen an Säurerestionen; Bildung von Blei.

Positive Elektrode der Batterie/positiver Anschluß des Ladegerätes:

$$PbSO_4 - 2e^- + 2H_2O \rightarrow PbO_2 + H_2SO_4 + 2H^+$$

Abgabe von negativen Elementarladungen an die Ladestromquelle; Bildung von Schwefelsäure und Bleidioxyd; Bindung von Wasser.

Die dabei zuführbare elektrische Energie, d.h. die Ladungsmenge ist begrenzt durch die zur Verfügung stehende Bleisulfatmenge. Ist kein Bleisulfat mehr vorhanden, dann wird die elektrische Energie das Wasser elektrolytisch in Wasser- und Sauerstoff zersetzen. Die Batterie gast, es bildet sich Knallgas, die Säuredichte steigt über den zulässigen Wert an. Die **Gasungsspannung** von 2,4 V pro Zelle wird dennoch beim Laden überschritten, um sicherzustellen, daß das gesamte Bleisulfat umgesetzt ist.

Elektrolyse von Wasser und Knallgasbildung

$$2H_2O \pm 2e^- \rightarrow 2H_2 + O_2$$

Beim Laden der Batterie muß der Ladestrom gegen die Gegenspannung der Batterie, die sich aus der Restspannung und dem Spannungsfall am inneren Widerstand zusammensetzt, durch die Batterie fließen. Die Ladespannung ist abhängig vom Ladezustand, der Temperatur des Elektrolyten und dem Ladestrom. Um die Batterie ordnungsgemäß laden zu können, muß ein spezielles Ladegerät ↑ verwendet werden, das eine Sonderform des Netzgerätes darstellt. Die Anforderungen an das Verhalten der Ausgangsgrößen dieses Gerätes unterscheiden sich erheblich von denen an Netzgeräte für elektronische Schaltungen. In den DIN 41772, 41773, 41774 sind die Anforderungen festgelegt. Sie werden bestimmt vom Verhalten der zu ladenden Batterie, d.h. vom Typ der Batterie, von deren Ladezustand und deren Kapazität, sowie der Umgebungstemperatur und der zur Verfügung stehenden Ladezeit.

Prinzipschaltung eines Batterieladegerätes

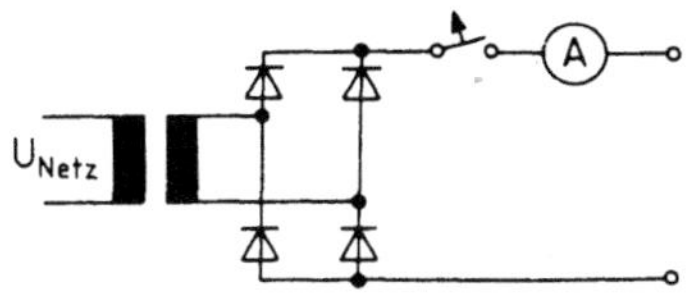

Die **Ladespannung** einer Batterie ist die Klemmenspannung beim Laden. Sie liegt immer über der Ruhespannung, nimmt mit fortschreitender Ladung, kleiner werdender Säuretemperatur und größer werdendem Ladestrom zu. Dabei sind mehrere Randbedingungen zu beachten:

– Unterhalb der Gasungsspannung kann die Batterie mit relativ hohen Strömen geladen werden. Begrenzt wird der Ladestrom durch die maximal zulässige Säuretemperatur in der Batterie, die 55 °C nicht überschreiten soll.

Zulässiger Ladestrom unterhalb der Gasungsspannung nach DIN 41774

$$\frac{I_{L(u)}}{A} \approx \frac{0{,}20}{h} W_N$$

Beispiel: $W_N = 44$ Ah
$I_{L(u)} \approx 8{,}8$ A

– Oberhalb der Gasungsspannung muß der Ladestrom begrenzt werden, da die Platten durch zu starkes Gasen angegriffen werden. Beachtet werden muß dabei ebenfalls die Säuretemperatur. Mit der Gasung steigt die Säuredichte schnell auf den Endwert von 1,28 kg/l bei 20 °C an, um dann konstant zu bleiben. Nach ca. zwei Stunden stationärer Spannung und

Zulässiger Ladestrom oberhalb der Gasungsspannung nach VDE 0510

$$\frac{I_{L(o)}}{A} = \frac{0{,}08}{h} W_N$$

Beispiel: $W_N = 44$ Ah
$I_{L(o)} = 3{,}5$ A

Säuredichte ist der **Volladezustand** und die **Ladeschlußspannung** erreicht. Weiteres Laden mit höheren Strömen würde zur Beschädigung der Platten und zu starker Erhöhung der Säuretemperatur führen. Die Batterie „kocht" aus.

- Stark sulfatierte Batterien erwärmen sich stärker bei der Ladung. Sie haben bei gleicher Säuredichte eine höhere Ladespannung. Diese Batterien dürfen nur mit dem Ladeschlußstrom so lange geladen werden, bis die Säuredichte wieder normal ist. Wird dieser Zustand nicht erreicht, dann ist die Batterie nicht mehr brauchbar. Bei höheren Ladeströmen besteht bei sulfatierten Batterien die Gefahr des Auskochens.
- In Ruhe stehende Batterien müssen, damit sie durch Selbstentladung nicht sulfatieren, mit einem kleinen Erhaltungsladestrom durch ein sogenanntes „Frischhalte-Ladegerät" beaufschlagt werden.

Zulässiger Ladeschlußstrom bis zur Abschaltung

$$I_{L(e)} = \frac{0{,}01}{h} W_N$$

Beispiel: $W_N = 44$ Ah
$I_{L(e)} = 0{,}44$ A

Erhaltungsladestrom

$$I_{L(erh)} = \frac{0{,}001}{h} W_N$$

Beispiel: $W_N = 44$ Ah
$I_{L(erh)} = 0{,}044$ A

- Bei der Ladung von Batterien ist unbedingt zu beachten, daß bei und nach der Ladung entstehendes Knallgas hochexplosiv ist. Daher ist in der Nähe von Batterien offenes Feuer und Funkenbildung zu vermeiden, es muß für eine gute Durchlüftung gesorgt werden. Weiter ist zu beachten, daß Schwefelsäure eine stark ätzende Wirkung hat, daher ist in VDE 0510 vorgeschrieben: „Besteht die Gefahr, daß das Bedienungspersonal schädlichen Elektrolyteinflüssen ausgesetzt ist, so sind geeignete Schutz- und Gegenmittel gegen Verätzungen durch Säuren bereitzuhalten und zu verwenden. Als Schutzmittel gelten z.B. Schutzanzüge, -Handschuhe, -Brillen usw., als Gegenmittel z.B. 2,5 %ige Boraxlösung (Augenspülgläser)". Als Gegenmittel gegen Säurespritzer und Säureniederschläge wird die Verwendung von Neutralon empfohlen.

Die stationäre Ladekennlinie eines Ladegerätes zur Ladung von Starterbatterien sollte mehreren Bedingungen genügen. Für das Laden unterhalb der Gasungsspannung muß ein konstanter einstellbarer Ladestrom geliefert werden. Die Ladespannung steigt dabei mit fortschreitender Ladung von der Anfangsladespannung bis zur Gasungsspannung an. Beim Laden bis zum Volladezustand muß eine konstante Spannung in Höhe der Gasungsspannung geliefert werden, deren Amplitudentoleranz nach VDE festgelegt ist. Nach Erreichen der Volladung muß der Ladestrom auf den Ladeschlußstrom begrenzt werden. Die Kennlinie des Ladegeräts sollte in den festgelegten Grenzen liegen. Die schnellste Ladung wird erreicht, wenn die vorgegebenen Grenzen voll ausgenutzt werden. Werden diese Grenzen überschritten besteht die Gefahr der langfristigen Zerstörung der Batterie.

Ladekennlinie einer 12 V 44 Ah Starterbatterie

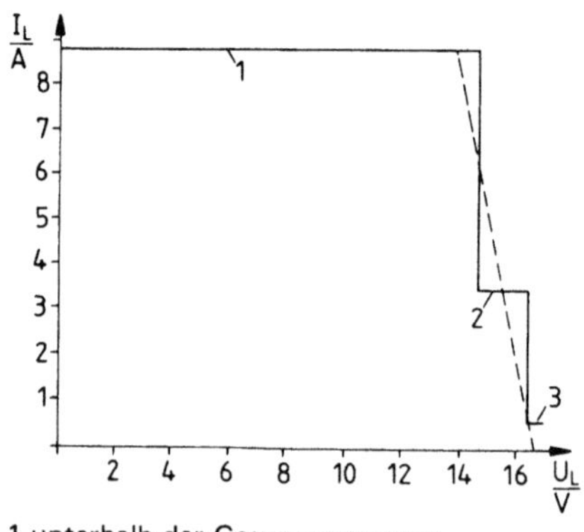

1 unterhalb der Gasungsspannung
$I_{L(u)} = 8{,}8$ A $\quad U_L \leqslant 14{,}4$ V

2 oberhalb der Gasungsspannung
$I_{L(o)} = 3{,}5$ A bis zur Ladeschlußspannung $U_L \leqslant 16{,}2$ V

3 Ladeschlußstrom bis zur Abschaltung
$I_{L(e)} = 0{,}44$ A
bei $W_N = 44$ A
$U_N = 12$ V

Beim Laden bzw. Entladen des Akkumulators entstehen Verluste. Diese bestimmen den Wirkungsgrad.

Wenn man dabei von der gespeicherten Ladungsmenge ausgeht, ist der **Strommengenwirkungsgrad** maßgebend. Die Verluste setzen sich dabei aus den Verlusten durch die irreversible Elektrolyse des Wassers, durch lokale Reaktionen der Elektroden u.a.m. zusammen. Betrachtet man die umgesetzten Energiemengen, dann müssen die Spannungsfälle an den Innenwiderständen und die Polarisationsverluste berücksichtigt werden, die durch eine gegenüber der Ruhespannung höhere Ladespannung und kleinere Entladespannung zu erkennen sind, es wird der **Wattstundenwirkungsgrad** angegeben.

Wirkungsgrad von Batterien

Strommengenwirkungsgrad $\eta_{Ah} = \frac{Q_E}{Q_L}$

$$\eta_{Ah} = \frac{I_E T_E}{I_L T_L}$$

$$\eta_{Ah} < 0{,}9$$

Wattstundenwirkungsgrad (Energiewirkungsgrad) $\eta_{Wh} = \frac{U_E I_E T_E}{U_L I_L T_L}$

$$\eta_{Wh} = \eta_{Ah} \cdot \frac{U_E}{U_L}$$

$$\eta_{Wh} < \eta_{Ah}$$

$$\eta_{Wh} < 0{,}75$$

Trockengeladene Batterien

Die positiven und negativen Platten der Batterie werden beim Hersteller formiert, d.h. die Platten bestehen aus fein verteiltem Bleioxyd oder fein verteiltem metallischen Blei als Bleischwamm. Sie werden im gereinigten, getrockneten und chemisch konservierten Zustand in das Batteriegehäuse eingebaut. Die Batterie ist in diesem Zustand ohne Elektrolyten geladen längere Zeit lagerfähig. Soll sie in Betrieb genommen werden, dann werden die Zellen mit verdünnter Schwefelsäure aufgefüllt. Nach einer Standzeit von ca. 20 Minuten, in der die Säure in die Poren des Bleischwamms und des Bleioxyds eindringen kann, steht die fertig geladene Batterie zur Verfügung.

2.2.2.2 Die Zink-Kohle-Batterie

Batterien sind **Primärelemente,** die nach der Entladung verbraucht sind und nicht wieder mit Energie geladen werden können. Die am weitesten verbreitete Batterie ist die Zink-Kohle-Batterie als **Trockenelement**. Sie besteht aus Zink- und Kohleelektroden in einem Ammoniumchlorid-Elektrolyten. Beide Elektroden-Materialien haben gegenüber dem gemeinsamen Elektrolyten eine Potenzialdifferenz, die gegeneinander gepolt ist. Die Batterie wird dabei als galvanisches Element bezeichnet, wobei die elektrolytische Spannung als Batteriespannung wirkt.

Berührungsspannung zwischen Grenzschichten

Zwischen den Elektroden der Batterie herrscht eine Potentialdifferenz, die sich aus den entgegengesetzten Potentialen der Elektroden gegenüber dem gemeinsamen Elektrolyten zusammensetzt.

In den Grenzschichten zweier Medien treten bei molekularen Abständen ($< 10^{-9}$ mm) elektrostatische Wechselwirkungen mit Ladungsträgerausgleich auf, die dazu führen, daß vorher äußerlich elektrisch neutrale Medien positiv oder negativ ionisiert werden. Es entstehen Potentialdifferenzen, die aus der Diffusion von Ladungsträgern von einem Medium in das andere erklärbar sind.

Berührungsspannung zwischen Medien im molekularen Abstand

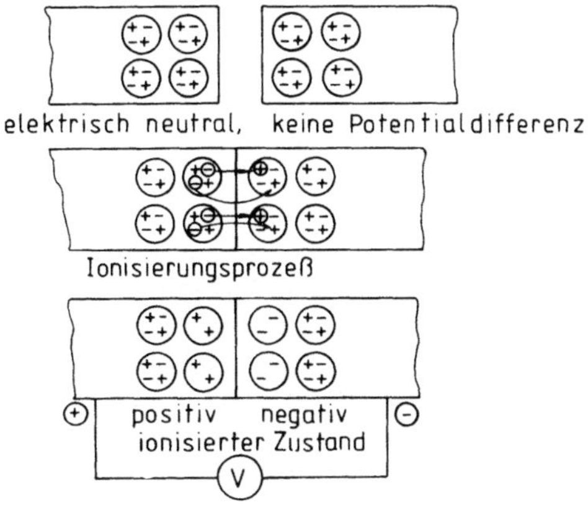

Durch die im Grenzbereich entstehende feste Raumladung wird eine Potentialschwelle aufgebaut, die einen weiteren Ladungsträgerausgleich verhindert. Die gleiche Vorstellung kann bei einer Grenzschicht zwischen einem Elektrolyten und einer festen Elektrode verwendet werden. Die Berührungsspannungen werden genormt gegenüber einer gemeinsamen Bezugselektrode, der Normal-Wasserstoff-Elektrode, angegeben und sind in der elektrochemischen Spannungsreihe zusammengestellt. Die Spannung zwischen zwei Elektroden unterschiedlichen Metalls mit gemeinsamen Elektrolyten kann als Potentialdifferenz aus dieser Reihe abgelesen werden.

Elektrolytische Spannungsreihe der Metalle

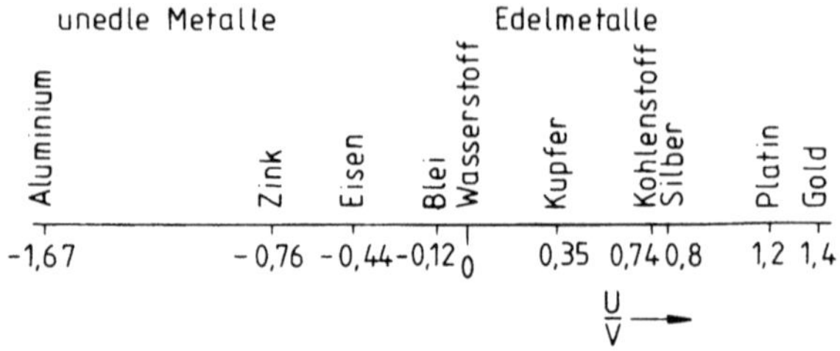

Zink-Kohle-Element: $U_B = 0{,}74\ V - (-0{,}76\ V) = 1{,}5\ V$

Für die Zink-Kohlebatterie ergibt sich eine Spannung von 1,5 V. Der Aufbau der Batterie ist einfach, sie wird als Massenprodukt hergestellt. Ein Zinkmantel bzw. Zinkbecher ist mit einem trockenen Elektrolyten gefüllt. In der Mitte ist eine stabförmige Kohleelektrode angeordnet. Ein Anschluß der Batterie bildet der Zinkbecher, der zweite Anschluß ist an der Kohleelektrode befestigt.

Die Wirkungsweise kann in Analogie zum Bleiakkumulator dargestellt werden.

Prinzipielle Funktionsweise der Zink-Kohle-Batterie

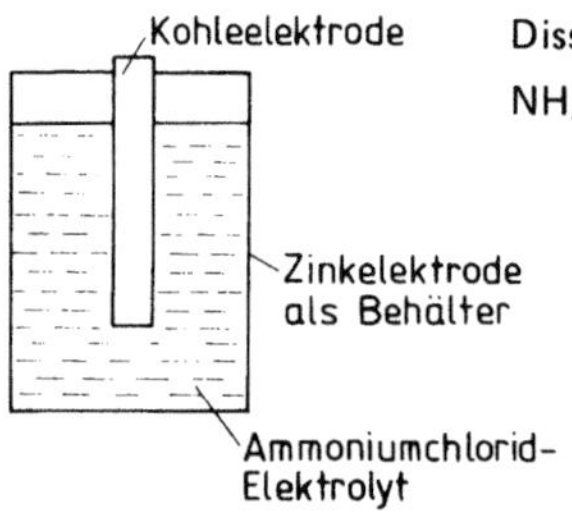

Dissoziation des Elektrolyten:

$NH_4Cl \rightarrow NH_4^+ + Cl^-$

Der Elektrolyt ist eine eingedickte Ammoniumchloridlösung, die in Ammonium- und Chlor-Ionen dissoziiert. Die Ammonium-Ionen sind positiv geladen und verhalten sich wie die Wasserstoffionen des Blei-Akkumulators. Sie wandern zur Kohle-Elektrode, wo sie eine negative Ladung aufnehmen und zusammen mit Wasser Ammoniak und Wasserstoff bilden. Das Ammoniak wandert in den Elektrolyten, dieser verändert sich von Ammoniumchlorid zu einer Ammoniaklösung, die als Elektrolyt unbrauchbar ist.

Ammonium-Ionen an der Kohle-Elektrode

$$2NH_4^+ + 2e^- + 2H_2O \rightarrow 2NH_4OH + 2H_2$$

Der an der Kohleelektrode entstehende Wasserstoff würde mit der Zeit die Oberfläche der Elektrode bedecken und sie gegen den Elektrolyten abschirmen. Um den Wasserstoff zu binden, wird die Kohleelektrode mit Braunstein umgeben.

Bindung des Wasserstoffs an der Kohleelektrode durch Braunstein

$$H_2 + 2MnO_2 \rightarrow Mn_2O_3 + H_2O$$

Das negative Chlor-Ion wandert zur Zink-Elektrode und verbindet sich dort mit dem metallischen Zink. Dabei ist das in dem Elektrolyten diffundierte Zink positiv geladen. Die überschüssigen negativen Ladungen verbleiben in der Elektrode. Bei der Entladung wird die Zinkelektrode abgebaut.

Chlor-Ionen an der Zink-Elektrode

$$\left.\begin{array}{l} Zn \rightarrow Zn^{++} + 2e^- \\ Zn^{++} + 2Cl^- \rightarrow ZnCl_2 \end{array}\right\} \text{vereinfachte Darstellung der Reaktion}$$

Wichtig ist für den Einsatz dieser Batterien, daß durch konstruktive Maßnahmen eine über einen größeren Entladebereich relativ konstante Ausgangsspannung erreicht wurde. Erst wenn die Batterie weitgehend entladen ist, wird die Spannung abgesenkt. Da bei der Entladung die Zinkelektrode abgebaut wird, tritt bei einer entladenen Batterie der Elektrolyt aus dem Gehäuse unter Umständen in die Umgebung aus. Daher wird bei auslaufsicheren Batterien zusätzlich die Zinkelektrode von einem Stahlmantel umgeben.

Entladekurven einer Zink-Kohle-Monozelle bei unterschiedlicher Einschaltdauer

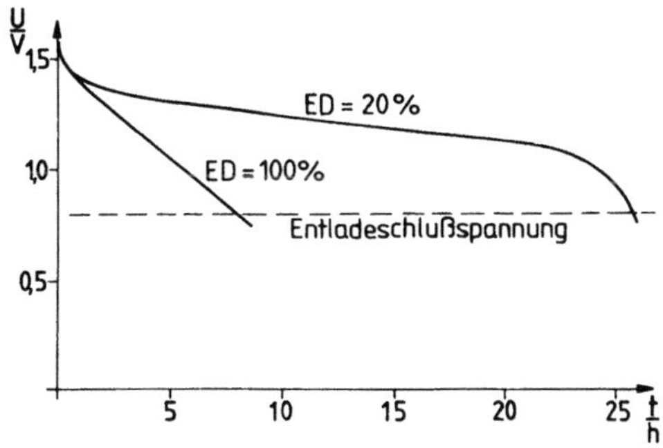

2.2.3 Projekt „Netzgerät"

In [1] wird ein Unterrichtsprojekt beschrieben, bei dem ein handelsübliches Batterieladegerät zu einem stabilisierten Netzgerät modifiziert wird.

Mit diesem Projekt lassen sich auch eine ganze Reihe fachlicher Aspekte des Bereichs Gleichspannungsversorgung abdecken.

Stabilisierte Netzgeräte↑ werden in einem weiten Anwendungsbereich eingesetzt, die verschiedenen Ausführungsformen beinhalten alle Möglichkeiten der Analogelektronik. Ebenso sind aber die Bereiche Wechselstromtechnik, Transformator als magnetisches Bauelement, Gleichrichtung sinusförmiger Größen und Strom- sowie Spannungsglättung fachinhaltlich mit diesem Projekt abzudecken. Wenn die Schüler an diesem Gerät eigenständig arbeiten, dann lassen sich hier große Bereiche der Meßtechnik, z.B. Messen von Gleich-, Misch- und Wechselgrößen oder Messen in elektronischen Schaltungen praktisch durchführen.

Andererseits werden die Ausführungsformen von Netzgeräten von den Anforderungen der Produktion bestimmt. Die technologische Entwicklung zusammen mit der Veränderung der Produktion und der Arbeit in der Produktion läßt sich exemplarisch an dieser komplexen Baugruppe aufzeigen. Wenn neben dem Aspekt „Produktion" der der „Wartung und Reparatur" durch Facharbeiter betrachtet wird, dann läßt sich die Veränderung der Aufgaben des Facharbeiters gerade in der Zeit seit 1970 hieran aufzeigen. Der Schwerpunkt des Interesses der Betroffenen müßte dadurch von der technischen Ausführung des Konsumartikels hin zur Produktion, deren Veränderungen und der Betrachtung der technisch hochkomplexen Produktionsanlagen zur Herstellung von Massengütern gehen.

2.2.3.1 Projektvorschlag

Die Konstruktion eines Netzgerätes erscheint nicht als sinnvolle Aufgabe für Schüler der berufsbildenden Schule. Einerseits wird die Konstruktion von Netzgeräten nicht nach rein elektrotechnischen Gesichtspunkten durchgeführt, sondern sie stellt eine Optimierungsaufgabe dar, deren Richtung durch die Produktionsanforderungen und die Möglichkeit der Integration dieser Baugruppe in das damit zu versorgende Gerät vorgegeben werden. Diese Bedingungen sind in der Schule nicht faßbar. Andererseits „sind Konstruktions- und

[1] *Buchholz, Christian* u.a.: Projektunterricht ..., a.a.O.

Mögliche fachinhaltliche Lernzielbereiche eines Projektes „Modifizierung eines Ladegerätes zu einem stabilisiertem Netzgerät".

Meßtechnik

- Definition von Gleich-, Misch- und Wechselgrößen;
- Bestimmen des arithmetischen Mittelwertes, Gleichrichtwertes und des Effektivwertes sinusförmiger und nicht-sinusförmiger elektrischer Größen;
- Messen mit Drehspulinstrumenten, Drehspulinstrumenten mit Gleichrichter und Dreheiseninstrumenten;
- Messen mit Vielfachinstrumenten;
- Grundlegende Prinzipien der analogen und digitalen Meßtechnik;
- Messen mit Digital-Multimetern;

Dimensionierungsfragen bei Netzgeräten, zumindesten, wenn sie Transformator und Gleichrichter betreffen, so komplex, daß sie auch vom Lehrer nicht durch Anwendung der Grundgesetze der Elektrotechnik, sondern nur durch Verwendung von vorgegebenen Kenngrößen und Tabellen gelöst werden können. Diese Art der Ingenieurtätigkeit ist jedoch zumindest für den Auszubildenden im gewerblich-technischen Bereich nicht sinnvoll." [1]

Die Analyse eines Netzgerätes kann jedoch von Schülern in Zusammenarbeit mit dem Lehrer, wenn die Anfangsgründe der Elektrotechnik zumindestens in den Bereichen grundlegende Meßtechnik und Grundkenntnisse von Gleich- und Wechselgrößen vorhanden sind, selbständig erarbeitet werden. „Zumindestens aus Motivationsgründen sollte ein Projekt aber auch Produktionselemente beinhalten. Die Herstellung eines Gerätes, das Operieren mit realen Elementen und das Zusammenfügen zu einem Endprodukt ist wichtig. Hier sollte sich aber der Konstruktionsbereich auf den von den Schülern leistbaren Teil beschränken. Dies ist die Stabilisierungsschaltung. Der Gleichrichterteil, belastet mit den Impulsströmen der Glättungseinrichtung, die Glättungseinrichtung selbst, bei der der Glättungskondensator über die Streuinduktivität des Transformators geladen wird, sind Elemente, deren Dimensionierung nicht geleistet werden kann." [2]

Der Projektvorschlag geht daher von der Vorstellung aus, daß in der Schule entsprechend den Interessen der Schüler gearbeitet wird, daß bei dieser Arbeit die notwendigen fachlichen Kenntnisse und Fähigkeiten erlernt werden. Der Produktionsaspekt bestimmt also nicht den Arbeitsablauf, die konstruktive Komponente der Arbeit wird nicht durch die Ingenieurtätigkeit geprägt. Andererseits wird nicht allein auf Merkmale der späteren beruflichen Tätigkeit abgestellt, d.h. die Möglichkeiten der eigenständigen schöpferischen Tätigkeit sollen offen bleiben, der gesellschaftliche Bezug durch Betrachtung der

[1] *Buchholz, Christian* u.a.: Projektunterricht ..., a.a.O., S. 41.

[2] *Buchholz, Christian* u.a.: Projektunterricht ..., a.a.O., S. 42.

- Messen von Oberschwingungsspannungen mit dem Oszilloskop;
- Meßtechnische Erfassung von Ausgleichsvorgängen in Regelkreisen.

Elektrische Netzwerke

- Bestimmen von Innenwiderständen elektrischer Quellen;
- Verhalten und Ersatzschaltbilder von Konstant-Spannungsquellen und Konstant-Stromquellen.

Schaltvorgänge

- Laden und Entladen von Kapazitäten;
- Laden und Entladen von Induktivitäten;
- LC-Siebkreise.

Bauelemente

- Prinzipieller Aufbau und Funktion von Widerständen, Kondensatoren, Dioden, Gleichrichtern, Transistoren, integrierten Schaltkreisen der Analogtechnik, Transformatoren und Drosseln;
- Betriebsmeßgeräte;
- Überstromschutzorgane.

Schutzmaßnahmen

- Schutzmaßnahmen nach VDE 0100;
- Überlastungs- und Kurzschlußschutz elektrotechnischer Geräte.

Regelungstechnik

- Grundlegende Prinzipien der Regelung;
- Prinzip von Verstärkung und Gegenkopplung;
- Definition der Größen eines Regelkreises.

Netz- und Ladegeräte

- Aufbau, Anforderungen und Kennlinien von Ladegeräten;
- Aufbau, Anforderungen und Kennlinien von stabilisierten Netzgeräten;
- Auswirkungen von Produktionsanforderungen an die technische Ausformung elektronischer Geräte für industriellen Gebrauch und als Konsumartikel.

historischen Entwicklung und der Produktionsbedingungen sowie deren Einfluß auf die reale Ausführung des Gerätes sollen Teil des Projektes sein.

Real wird vorgeschlagen, ein handelsübliches Batterieladegerät zu einem stabilisierten Netzgerät zu modifizieren. Dieses Ladegerät besteht aus einigen wenigen Bauelementen, deren Funktionen prinzipiell klar ist. Unter dem Gesichtspunkt des Einsatzes zur Ladung von Starter (Auto)-Batterien erscheint es nicht möglich, mit einem so einfachen Gerät die Anforderungen dazu zu erfüllen. Es werden Zweifel an der Eignung des Gerätes für den vorgesehenen Einsatz als Ladegerät bei der meßtechnischen Untersuchung des Gerätes auftreten. Z.B. ist die Leerlaufspannung des Gerätes kleiner als die Ladespannung einer Batterie. Die Ursache der stark fallenden Lastkennlinie ist nicht etwa die Streuung des Transformators, sondern der Durchlaßwiderstand des Gleichrichters. Im Rahmen der Betrachtung der Herstellungskosten dieses Gerätes und während der Messung wird sicher auffallen

- daß die Anzeige des Ladestrominstrumentes mit der Größe des wirklichen Ladestromes wenig zu tun hat, der Meßfehler liegt zwischen 40 und 100 %;
- daß der Nennstrom des Gerätes um 50 % höher angegeben wird, als der Nennstrom der Gleichrichterbrücke.

Bei einer genaueren Überlegung erkennt man jedoch, daß mit der verwendeten Selen-Gleichrichterbrücke der einfachste und preisgünstigste Weg beschritten wurde, dem Ladegerät die gewünschte fallende Lastkennlinie zu geben und es gleichzeitig auch für kurzzeitige Kurzschlüsse auszulegen. Bei der Belastung des Gerätes mit einer Autobatterie ist dann zu erkennen, daß eine ordnungsgemäße Ladung möglich ist. Das Prinzip, nach dem eine Gleichrichterschaltung auf eine Gegenspannungsquelle arbeitet, dürfte den meisten Schülern neu, aber aus der experimentellen Untersuchung heraus erklärbar sein.

Schaltung eines handelsüblichen Ladegerätes

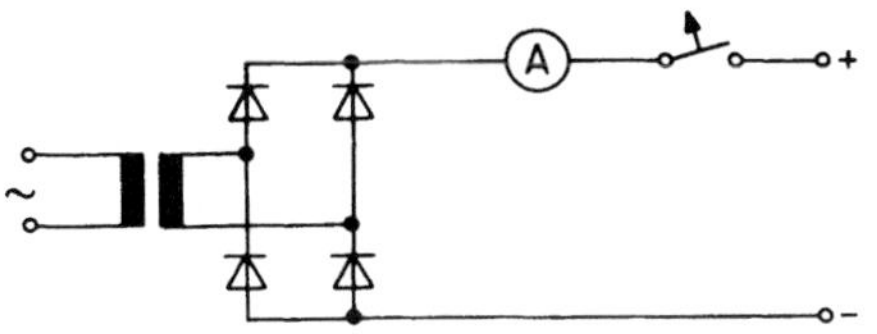

Aufnahme der Lastkennlinie bei ohmscher Last

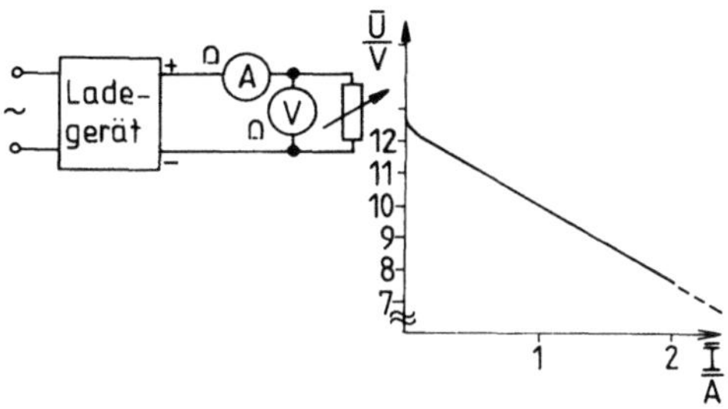

Relativer Spannungsfall zwischen Leerlauf und Vollast, bezogen auf die Leerlaufspannung:

$$\frac{\Delta \bar{U}}{\bar{U}_0} = \frac{4{,}6\ \text{V}}{12{,}4\ \text{V}} = 37{,}1\ \%$$

Betrieb des Ladegerätes

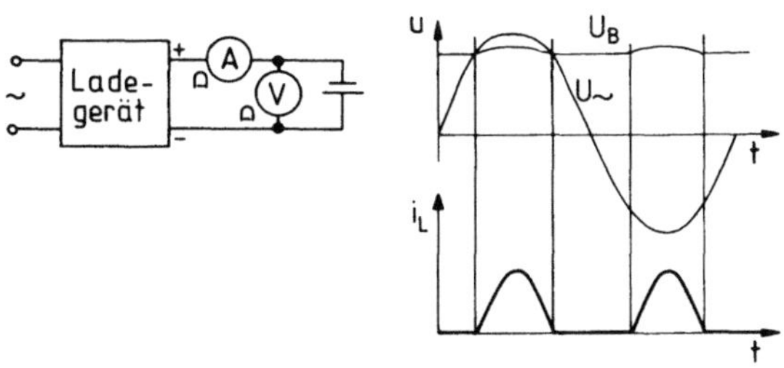

Beispiel eines Arbeitspunktes:

Ruhespannung Batterie	$\bar{U}_R$ = 12,9 V
Ladespannung	$\bar{U}_B$ = 13,4 V
Ladestrom	$\bar{I}_L$ = 0,9 A

Unter Verwendung des Grundaufbaues, bestehend aus dem Gehäuse und dem Speisetransformator kann aus diesem Ladegerät mit wenig Aufwand von den Schülern ein stabilisiertes Netzgerät nach eigenen Vorstellungen entwickelt werden. Komplizierte Berechnungen sind zur Realisierung nicht nötig, wohl aber meßtechnische Fertigkeiten. Um erfolgreich verändern zu können, muß die vorliegende Realität des Ladegerätes erkannt sein. Zur Veränderung müssen die Ziele der Arbeit, also die eigenen Bedürfnisse, geklärt sein.

2.2.3.2 Einfachste Realisierungsmöglichkeit

Nach einer gründlichen Analyse der Funktion des Ladegerätes, speziell der Bauelemente Transformator↑ und Gleichrichter↑, wobei das vorhandene Gerät meßtechnisch untersucht werden muß, kann die Modifikation beginnen. Zuerst sollte die Selen-Gleichrichterbrücke↑ des Ladegerätes durch eine Silizium-Gleichrichterbrücke↑ [1] mit geringerem Durchlaßspannungsfall ersetzt werden. Dadurch wird die für das Netzgerät benötigte höhere Vollastspannung erreicht. In einem zweiten Arbeitsgang muß durch ein Glättungselement eine Glättung der gleichgerichteten Spannung erreicht werden. Hierzu wird ein entsprechend großer Elektrolytkondensator verwendet. Die Spannungsstabilisierung kann durch Aufbau einer Stabilisierungsschaltung↑ aus Einzelbauelementen oder, wie in komfortableren Industriegeräten üblich, mit einem integrierten Spannungsregler↑ erfolgen.

Zusätzlich muß das Netzgerät mit einer Einspeiseschaltung, bestehend aus Sicherung und Schalter im Primärkreis versehen werden. Daran können Teile der VDE 0100↑ diskutiert werden in ihrer Bedeutung zum Schutz von an diesem Gerät Arbeitenden und zum Schutz des Gerätes selbst.

Sekundärseitig kann noch die Spannungsamplitude durch ein Drehspulinstrument↑ angezeigt werden. Dabei sollte auf die unterschiedlichen Anforderungen bei der Messung elektrischer Größen durch digitale und analoge Meßgeräte↑ eingegangen werden. Dies stellt einen typischen Anwendungsfall dar, bei dem Betriebsmessungen durch Kontrollinstrumente sowohl bei analoger als auch digitaler Anzeige Vor- und Nachteile bieten.

Ein Netzplan einfachster Form stellt den Ablauf zur Erarbeitung des Projektes übersichtlich dar.

Modifikationen des Ladegerätes

1. Schritt: Ersatz der Selengleichrichterbrücke durch eine Silizium-Gleichrichterbrücke und Einbau eines Glättungskondensators

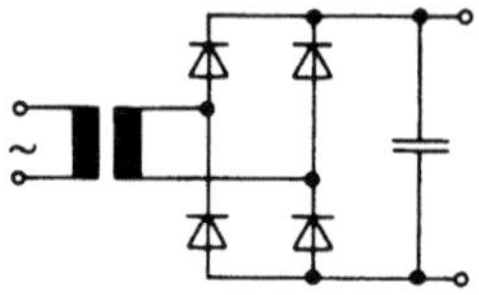

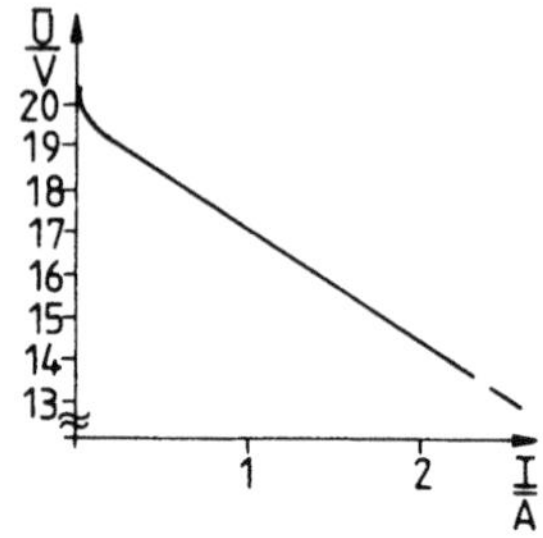

Relativer Spannungsfall zwischen Leerlauf und Vollast, bezogen auf die Leerlaufspannung

$$\frac{\Delta \bar{U}}{\bar{U}_0} = \frac{6{,}4\ \text{V}}{19{,}3\ \text{V}} = 33{,}2\ \%$$

Schaltung des stabilisiertem Netzgerätes

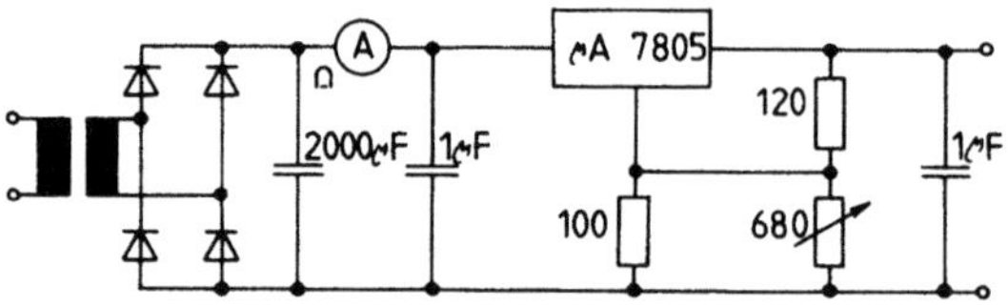

$\bar{I}_{out} = 1\,\text{A}$, $\Delta\bar{U} = 0{,}1\,\text{V}$ zwischen Leerlauf und Vollast

[1] *Claussnitzer, H.*: Einführung in die ET; Kap. 8.2.1.

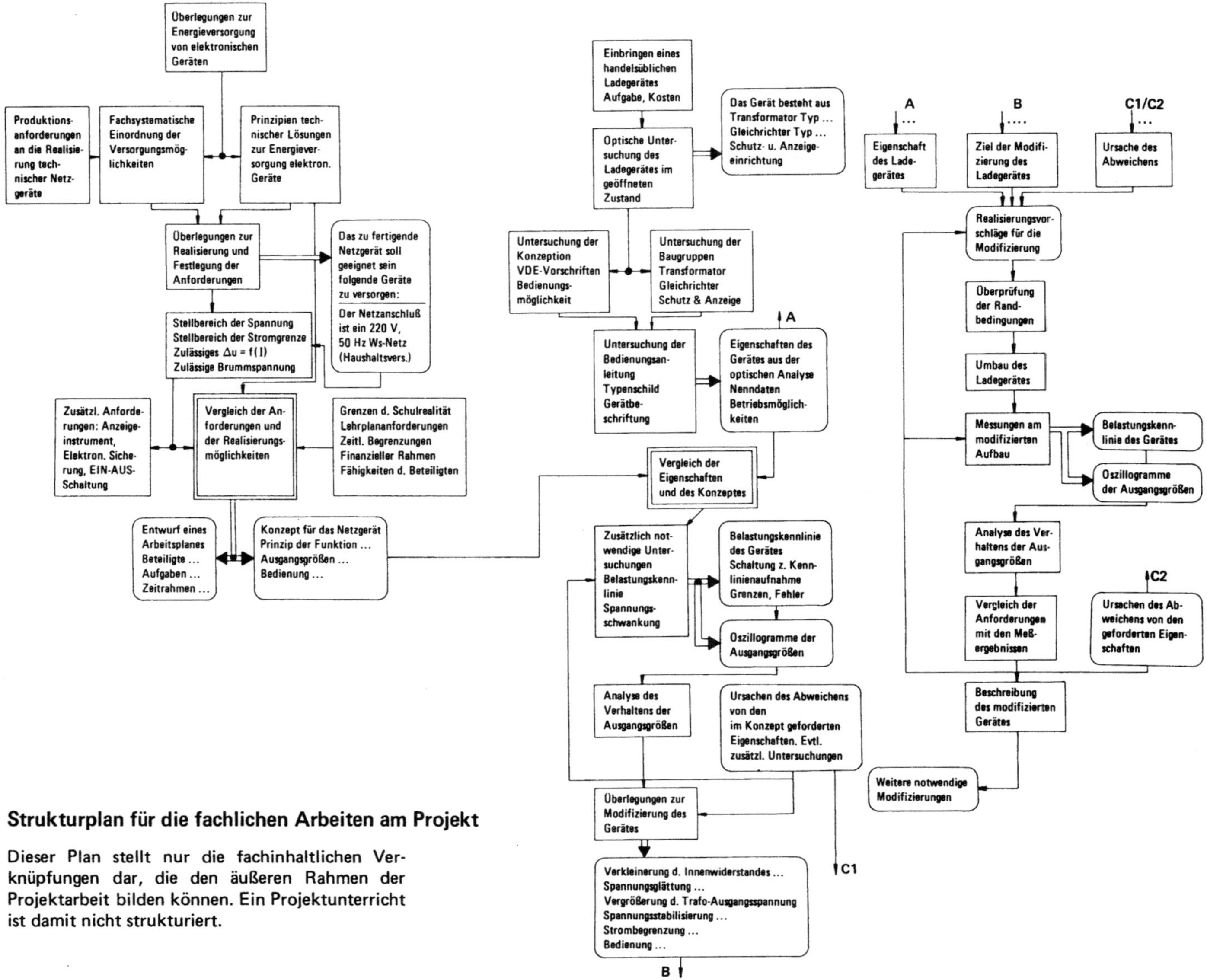

Strukturplan für die fachlichen Arbeiten am Projekt

Dieser Plan stellt nur die fachinhaltlichen Verknüpfungen dar, die den äußeren Rahmen der Projektarbeit bilden können. Ein Projektunterricht ist damit nicht strukturiert.

2.3 Wechselspannungs-Kleinverbraucher

Fast ein Viertel der in der Bundesrepublik Deutschland „verbrauchten" elektrischen Energie wird in den Haushalten umgesetzt. Dabei sind die Anschlußleistungen der einzelnen Haushaltsgeräte, gemessen an den Größenordnungen industrieller Geräte, sehr klein. Aber die Vielzahl der Geräte, mit denen der Haushalt ausgerüstet ist, ergeben auch bei niedrigen Einschaltdauern eine hohe umgesetzte Energie. Der dabei bisher erreichte nahezu totale Ersatz körperlicher Arbeit durch elektrische Geräte und der zu erwartende Einsatz programmgesteuerter Geräte im Reproduktionsbereich ist nicht unumstritten, da dadurch letztlich die gemeinsame Arbeit im Haus überflüssig gemacht und damit eines der Elemente familiären Lebens substituiert wird.

Die Versorgung der Haushalte mit elektrischer Energie setzte um die Jahrhundertwende ein und betraf zuerst nur die Versorgung mit elektrischem Licht. Die elektrische Energie war viel zu kostenaufwendig, elektrische Geräte zu teuer, um für den Durchschnittshaushalt erschwinglich zu sein. In den 30-iger Jahren dieses Jahrhunderts wurden die ersten elektrischen Haushaltsgeräte in die Massenproduktion aufgenommen, der Staubsauger, der „Fön" gehörten aufgrund ihrer neuen Arbeitsmöglichkeit bald in jeden Haushalt. Nach 1950 setzten sich dann eine Vielzahl elektrischer Haushaltsgeräte durch, dieser Markt hatte in wenigen Jahren größere Umsatzzahlen im Elektrobereich als die Großmaschinenherstellung.

Die ersten Geräte wurden meist noch vom Handwerk in Fachgeschäften verkauft und dort auch gewartet und repariert. Doch bald setzte mit der Aufnahme der Massenproduktion komplexer Geräte der Trend ein, die Wartung und Reparatur durch den Hersteller vornehmen zu lassen. Die handwerkliche Ausbildung reichte nicht aus, die Vielzahl komplexer Geräte warten zu können. Damit wurde aber auch gleichzeitig der Verkauf in die großen Spezialgeschäfte oder Warenhäuser verlagert, so daß jetzt der Handwerksbereich aus diesem Arbeitsgebiet nahezu verdrängt ist. Gleichzeitig sind die Geräte jedoch immer mehr nach den speziellen Anforderungen der Produktion verändert worden, sie sind nicht mehr reperaturfähig bzw. komplette Module müssen bei einfachen Fehlern ausgetauscht werden. Die Kosten dafür sind dann vielfach in der Größenordnung des gesamten Gerätes.

Wenn dieser Trend zu den „Wegwerf"-Geräten sich weiter durchsetzt, sinken zwar die Herstellungs- und Verkaufspreise, letztendlich geschieht dies jedoch auf Kosten interessanter und vielseitiger menschlicher Arbeitsmöglichkeit und einer Verschwendung an Rohstoffen, die insgesamt gesehen die Kosten für das einzelne Mitglied der Gesellschaft höher werden läßt.

2.3.1 Kleintransformatoren

Durch Einspeisung über einen Transformator werden elektrische Geräte von der Potentialfestlegung und der Spannungsamplitude des energieliefernden Netzes unabhängig. Zusätzlich werden durch den Innenwiderstand des Transformators bei Fehlern im Gerät der Stoß- wie der Dauerkurzschlußstrom entsprechend der Transformatorkurzschlußspannung begrenzt. Zur Speisung von Kleingeräten werden Transformatoren bis zu einer Nennspannung von 1 kV und einer Nennleistung von 16 kVA nach VDE 0550 als Kleintransformatoren bezeichnet.

2.3.1.1 Prinzipieller Aufbau und Wirkungsweise

Der Aufbau des Transformators steht im engen Zusammenhang mit dem prinzipiellen Aufbau elektrischer Maschinen. Transformatoren sind **ruhende elektrische Maschinen,** die elektrische Energie aus Versorgungsnetzen bestimmter Spannung an Verbraucher oder Netze anderer Spannung, aber gleicher Spannungsform und Frequenz übertragen. Diese Aufgaben bestimmen zusammen mit den Anforderungen der Übertragung elektrischer Energie durch magnetisch gekoppelte Systeme die Ausführung des Transformators. Je nach speziellen Ausführungen und Anforderungen kann man verschiedene synonyme Bezeichnungen unterscheiden, die alle das gleiche Prinzip in verschiedenen Ausführungen kennzeichnen.

Allen Formen des Transformators ist gemeinsam das Prinzip der engen **magnetischen Kopplung** zwischen der felderzeugenden und der energieabgreifenden Wicklung. Die felderzeugende Wicklung wird vom Versorgungsnetz mit einer Wechselspannung gespeist, die in den energietechnischen Anwendungsfällen sinusförmig ist, deren Frequenz konstant ist und deren Amplitude in engen Grenzen belastungsabhängig schwankt. Es kann ferner davon ausgegangen werden, daß das Netz Wirk- und Blindleistung [1] ohne Schwierigkeiten zur Verfügung stellt.

Das Wechselspannungsnetz liefert der felderzeugenden Wicklung die Blindleistung zum Aufbau eines **magnetischen Wechselfeldes** [2]. Die Amplitude des **Wechselflusses** wird von der Windungszahl der Wicklung und der **Spannungszeitfläche**, die in einer Spannungshalbschwingung vom Netz abgegeben wird, bestimmt. Die zum Aufbau des Feldes benötigte **Magnetisierungs-Blindleistung** hat einen **Magnetisierungsstrom** zur Folge, der als induktiver Blindstrom vom Netz geliefert wird. Dieser Magnetisierungsstrom bildet die **magnetische Spannung** pro Windung, die benötigt wird, um den Fluß über die **magnetischen Widerstände** des **magnetischen Kreises** zu treiben. Die Netz-

[1] *Claussnitzer, H.*: Einführung in die ET; Kap. 5.6.

[2] *Claussnitzer, H.*: Einführung in die ET; Kap. 4.

Systematik Kleintransformatoren

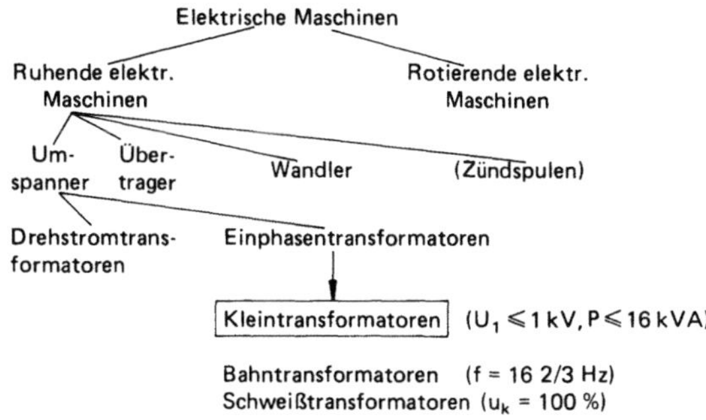

Prinzip der ruhenden-rotierenden elektrischen Maschinen

Ruhende — elektrische Maschinen	Rotierende
Aufgabe ist Energiewandlung, Zwischenträger ist das magnetische Feld	
Elektr. Energie → Elektr. Energie	Elektr. Energie ↔ Mechan. Energie
Aufbau ist gekennzeichnet durch enge magn. Kopplung zweier Wicklungen	
Energieabgreifende Wicklung fest → Streuung bestimmt Betriebsverhalten	Energieabgreifende Wicklung rotiert → Blindleistung belastet Wicklungen

Anschluß des Transformators an das speisende Wechselspannungsnetz

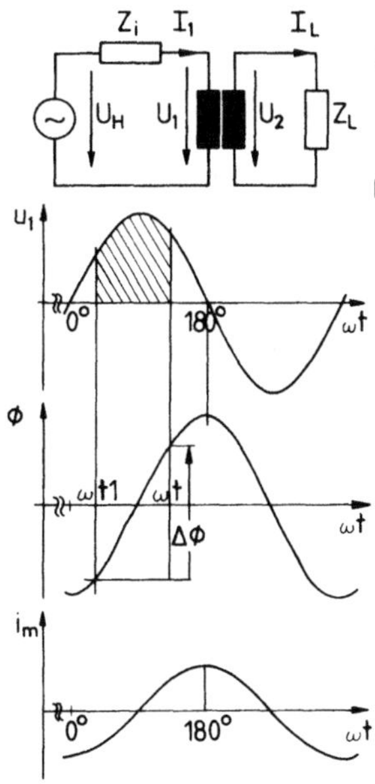

$u_H = \hat{u}_H \sin \omega t$

$|\vec{Z}_i \vec{I}_1| \ll U_H$

$u_1 = u_H$ für $|\vec{Z}_i \vec{I}_1| \to 0$

$u_1 = \hat{u}_1 \sin \omega t$

Induktionsgesetz

$$\Delta\Phi = \frac{1}{N_1} \int_{t_1}^{t} u_1 d\tau$$

$$2\hat{\Phi} = \frac{1}{\omega N_1} \int_{0}^{180^\circ} \hat{u}_1 \sin \omega t \, d\omega t$$

$$\hat{\Phi} = \frac{\hat{u}_1}{\omega N_1}$$

$$V = R_m \Phi$$

$$i_m = \frac{V}{N_1}$$

$$i_m = \frac{R_m}{N_1} \Phi$$

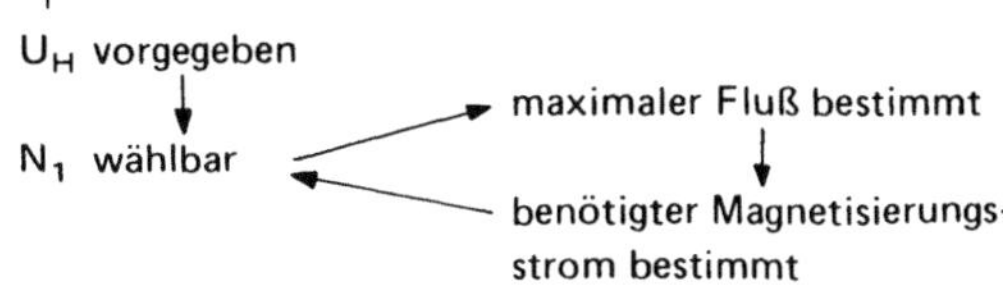

spannungsamplitude liegt fest, durch Erhöhen der Windungszahl der felderzeugenden Wicklung kann der Fluß vermindert werden, der Magnetisierungsstrom für den erzeugten Fluß ebenfalls reduziert werden. Durch Verwendung von magnetisch gut leitendem Material, also Eisen zur Flußführung, kann der magnetische Widerstand und damit die benötigte magnetische Spannung, d.h. der Magnetisierungsstrom, bei gleichem Fluß herabgesetzt werden.

Der von der felderzeugenden Wicklung, also der Netzwicklung aufgebaute Wechselfluß wird von der Lastwicklung, also der energieabgreifenden Wicklung, so umfaßt, daß in ihr eine Wechselspannung induziert wird. Die Amplitude dieser Spannung hängt von der Amplitude, Form und Frequenz des umfaßten Flusses und der Windungszahl der Wicklung ab. Die größte Amplitude wird erreicht, wenn der gesamte von der Netzwicklung erzeugte Fluß umfaßt wird.

Der beide Wicklungen koppelnde Eisenkern hat also die Aufgaben, einmal den magnetischen Widerstand des Weges für den Fluß herabzusetzen, zum anderen den Fluß so zu führen, daß ein möglichst großer Teil die Lastwicklung durchsetzt.

Durch die Kopplung beider Wicklungen mit einem magnetischen Zwischenkreis kann also eine Wechselspannung potentialfrei übertragen werden, denn beide Wicklungen sind galvanisch nicht verbunden.

Der die Wicklungen koppelnde Fluß ist in seiner Amplitude umgekehrt proportional der Windungszahl der Netzwicklung. Die in der Lastwicklung induzierte Spannung ist proportional der Windungszahl der Lastwicklung. Das Verhältnis der Windungszahlen beider Wicklungen entspricht den Amplituden der anliegenden Spannungen.

Magnetische Kopplung zwischen Netz- und Lastwicklung

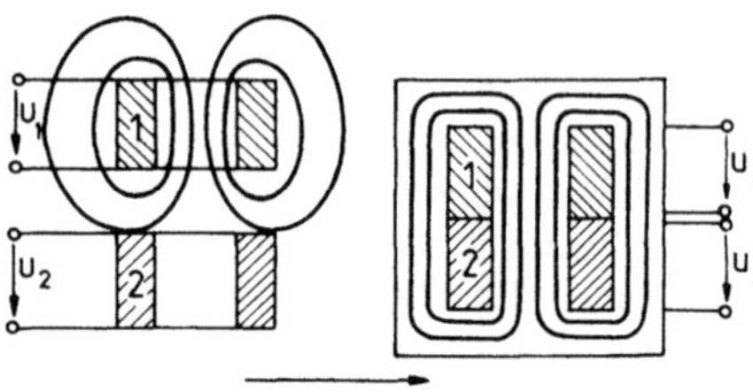

Magnetische Kopplung verbessert durch enge räumliche Zuordnung und Flußführung im Eisenkern.

Bei idealer magnetischer Kopplung durchsetzt der gesamte Fluß der Netzwicklung 1 die Lastwicklung 2:

$$u_1 = \hat{u}_1 \sin \omega t$$

$$\text{mit } \Delta\Phi = \frac{1}{N_1} \int u_1 dt \text{ wird } \Phi = \hat{\Phi} \sin(\omega t - 90°)$$

$$\text{mit } u_2 = N_2 \frac{d\Phi}{dt} \text{ ist } u_2 = \hat{u}_2 \sin \omega t$$

$$\frac{\hat{u}_1}{\omega N_1} \Leftarrow \hat{\Phi} \Rightarrow \frac{\hat{u}_2}{\omega N_2}$$

$$\frac{\hat{u}_1}{\hat{u}_2} = \frac{N_1}{N_2}$$

Der Scheitelwert ist proportional dem Effektivwert der Spannung

$$\frac{U_1}{U_2} = \frac{N_1}{N_2} = ü$$

Dieser Faktor ist das Windungszahl-Übersetzungsverhältnis, das bei unbelastetem Transformator gleich dem Spannungsübersetzungsverhältnis ist.

Durch Variation der Windungszahlen ist es also möglich, die Amplitude der an der Lastwicklung abgreifbaren Spannung zu verändern. Durch diese Möglichkeit der Spannungsanpassung ist die Übertragung elektrischer Energie über größere Entfernungen mit hoher Spannung ebenso möglich wie die Versorgung elektronischer Geräte mit niedriger Spannung aus Energieversorgungsnetzen. Der Transformator als Bauelement stellt eines der wichtigsten und am meisten verbreiteten Geräte der elektrischen Energietechnik dar.

2.3.1.2 Besonderheiten der Modellbildung

Entsprechend der Wichtigkeit dieses Bauelementes für die Anwendung ist sein Stellenwert in der Ausbildung. Hier beschränkt sich aber die Darstellung des Transformators zumeist auf die Darstellung des Betriebsverhaltens und die Möglichkeiten zur Dimensionierung. Die Funktionsweise wird nur so vereinfacht dargestellt, daß das Verhalten eines realen Transformators zwar beschrieben, aber nicht erklärt werden kann. Ursache dafür sind die Schwerpunkte der Modellbildung.

Der prinzipielle Aufbau ist einfach und übersichtlich, die prinzipielle Funktionsweise kann auf einer sehr vereinfachten Stufe leicht durchschaut werden. Die vereinfachte Darstellung des einphasigen Zweiwicklungs-Transformators läßt sich mit Einschränkungen auch auf komplexe Bauformen, wie Drehstrom-Mehrwicklungs-Transformatoren übertragen. Im Gegensatz zum prinzipiellen ist jedoch die Beschreibung des realen Betriebsverhaltens, erklärt an einem nicht idealisierten Modells, d.h. die Darstellung des realen Transformators, wesentlich komplexer. Die Modelldarstellung erfordert die Beachtung einiger Besonderheiten, die für einfachere Bauelemente nicht gelten:

- Durch einen Transformator werden mit dem Übersetzungsverhältnis↑ die elektrischen Größen einer Seite auf die andere Seite mit einem Umrechnungs- oder Maßstabsfaktor abgebildet.
- Der Transformator ist ein Vierpol, bei dem Primär- und Sekundärwicklung bzw. Eingangs- und Ausgangsseite potentialgetrennt sind und nur durch das koppelnde magnetische Feld verbunden werden.
- Durch den Laststrom in der Sekundärwicklung treten Rückwirkungen auf das koppelnde magnetische Feld auf, die das Verhalten des Transformators bei Last bestimmen.
- Der Transformator stellt ein magnetisches Bauelement dar, bei dem die Abweichungen von der idealisierten Darstellung durch die Streuung der magnetischen Feldlinien und durch die nichtlineare Magnetisierungskennlinie des Eisens nicht vernachlässigbar sind, sondern das Betriebsverhalten entscheidend beeinflussen. Dabei sind diese Einflüsse schwer darzustellen und kaum exakt zu erfassen.

Anforderungen an die Modelldarstellung am Beispiel Transformator

Entsprechend der praktischen Bedeutung der Modelldarstellung des Transformators ist die Darstellung im ingenieurwissenschaftlichen Bereich, orientiert an den Notwendigkeiten der Anwendung, zweidimensional:

- Die Beschreibung des Verhaltens erfolgt mit einem elektrischen Ersatzschaltbild, das die Veränderung der Ausgangsgrößen bei Verstellung der Belastung ausreichend genau abbilden läßt. Mit Hilfe des Zeigerdiagramms kann am Ersatzschaltbild die Amplitude und Phase der Ausgangsspannung bei fester Netzspannung bestimmt werden.
- Die Beschreibung der Dimensionierung erfolgt mit mathematischen Modellen, die mit Hilfe von Parametern, dargestellt in Tabellen oder in Kennlinien eine ausreichend genaue Berechnung des Transformators gestattet. Die mathematischen Modelle können, soweit sie die elektrischen Größen betreffen, aus dem elektrischen Ersatzschaltbild abgeleitet werden.

Beide Darstellungen haben nicht die Erläuterung der Funktionsweise zum Ziel, sondern dienen der Bestimmung des Verhaltens und der Dimensionierung von Transformatoren. Die Modelle sind abstrakt und können kaum in Verbindung mit der Funktion oder dem Aufbau des Transformators gebracht werden. Die Elemente des elektrischen Ersatzschaltbildes können nicht am realen Transformator lokalisiert werden. Es kann damit z.B. nicht das Verhalten eines Schweißtransformators in Verbindung mit seinem speziellen Aufbau gebracht werden. Dazu erscheint eine Modelldarstellung notwendig, die vom realen Aufbau ausgeht, das grundsätzliche Funktionsprinzip mit abbildet und geeignet ist, das Betriebsverhalten in Verbindung mit der Funktion zu sehen.

Die Modelldarstellung des Transformators zur Bestimmung des Verhaltens erfolgt mit dem elektrischen Ersatzschaltbild, die zur Bestimmung der Funktion mit dem magnetischen Ersatzschaltbild. Beide bilden das gleiche Bauelement unter verschiedenen Anforderungs-Gesichtspunkten ab.

2.3.1.3 Modelldarstellung des magnetischen Kreises

Aus der Darstellung der prinzipiellen Wirkungsweise ist ersichtlich, daß das magnetische Grundfeld vom einspeisenden Netz durch die Primär- oder Netzwicklung des Transformators aufgebaut wird. Die magnetische Kopplung zur Sekundär- oder Lastwicklung erfolgt durch den magnetischen Kreis, wobei der magnetische Fluß von dem beide Wicklungen mechanisch verbindenden Eisenkern geführt wird. In einer am realen Transformator orientierten Modelldarstellung muß also die Primärwicklung als felderzeugende Quelle, der koppelnde Eisenkern als magnetischer Leiter und die Sekundärwicklung als Belastung abgebildet werden.

Primärwicklung als felderzeugende Quelle

Die Primärwicklung des Transformators liegt am einspeisenden, energieliefernden Wechselspannungsnetz. Die Amplitude des Flusses ist der magnetisierenden elektrischen Spannung proportional. Dieser Zusammenhang zwischen dem Effektivwert der Speisespannung und dem Scheitelwert des Flusses wird für sinusförmige Spannung in der sog. **Transformatorgleichung** beschrieben.

Die elektrische Spannung der Netzeinspeisung erzeugt also einen eingeprägten magnetischen Fluß durch die Netzwicklung. Der **Magnetisierungsstrom** liefert die magnetische Spannung, um den Fluß über die Widerstände des magnetischen Kreises zu treiben.

Die Primärwicklung kann also in ihrer magnetisierenden Wirkung durch eine Quelle nachgebildet werden, die einen eingeprägten Fluß abgibt, der der elektrischen Spannung proportional ist, und dabei die benötigte magnetische Spannung aufbringt, die dem Magnetisierungsstrom entspricht.

Transformatorgleichung

Aus dem Induktionsgesetz folgt für den eingeschwungenen Zustand

bei sinusförmiger / bei rechteckförmiger Speisespannung:

bei sinusförmiger	bei rechteckförmiger
$\hat{\Phi}_S = \frac{\hat{u}_1}{N_1} \cdot \frac{T}{2\pi}$	$\hat{\Phi}_R = \frac{\hat{u}_1}{N_1} \cdot \frac{T}{4}$
$U_1 = \frac{\hat{u}_1}{\sqrt{2}}$	$U_1 = \hat{u}_1$
$U_1 = 4{,}44\, f N_1 \hat{\Phi}$	$U_1 = 4\, f_0 N_1 \hat{\Phi}$

Ohmsches Gesetz des magnetischen Kreises

$\vec{B} = \mu_0 \mu_r \vec{H}$ Die magn. Feldstärke ist der Induktion proportional.

Im homogenen Feld ist

$\Phi = BA$ wenn die Fläche A senkrecht zur Induktion $\vec{B}$ liegt

$V = Hl$ wenn die Feldstärke $\vec{H}$ längst des Weges $\vec{l}$ konstant ist und die gleiche Richtung hat.

$$\Phi = \frac{\mu_0 \mu_r A}{l} \cdot V$$

$$V = R_m \cdot \Phi$$

Magnetischer Leitwert $G_m = \frac{\mu_0 \mu_r A}{l}$

Magnetischer Widerstand $R_m = \frac{1}{\mu_0 \mu_r} \frac{l}{A}$

Eisenkern als Reihenschaltung magnetischer Widerstände

Der von der magnetischen „Strom"-Quelle gelieferte eingeprägte Fluß muß so geführt werden, daß er die anzukoppelnde Sekundärwicklung möglichst voll durchsetzt. Dazu wird ein Eisenkern benutzt aus magnetisch gut leitendem Material. Der magnetische Widerstand dieses Kerns ist gegenüber der umgebenden Luft soviel kleiner, daß erstmal davon ausgegangen werden kann, daß er den gesamten Fluß führt. Diese Näherung gilt nicht exakt, sie gilt auch nicht für den Fall der Eisensättigung oder der Belastung der Sekundärwicklung.

Der Eisenkern ist ein räumlich ausgedehntes Gebilde, daß einen durch seine Permeabilität und seine Abmessungen bestimmten magnetischen Widerstand hat, der längst des Flußweges verteilt ist. Dieser verteilte magnetische Widerstand kann ähnlich wie der elektrische Leitungswiderstand durch eine Vielzahl von verteilten Einzelwiderständen, mehrere oder einen konzentrierten Widerstand nachgebildet werden.

Magnetische Konstant-Wechselfluß-Quelle:

Verknüpfung mit den felderzeugenden elektrischen Größen

bei sinusförmiger Speisespannung

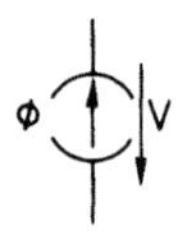

$$\Phi = \frac{U}{4{,}44\, fN}$$

$$V = IN$$

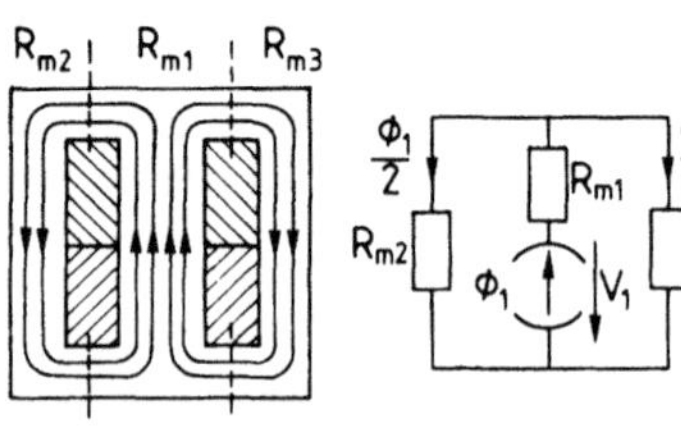

$$R_{m1} = \frac{R_{m3}}{2} = \frac{R_{m2}}{2}$$

Symmetrischer Kernaufbau: $R_{m2} = R_{m3}$ als Parallelschaltung

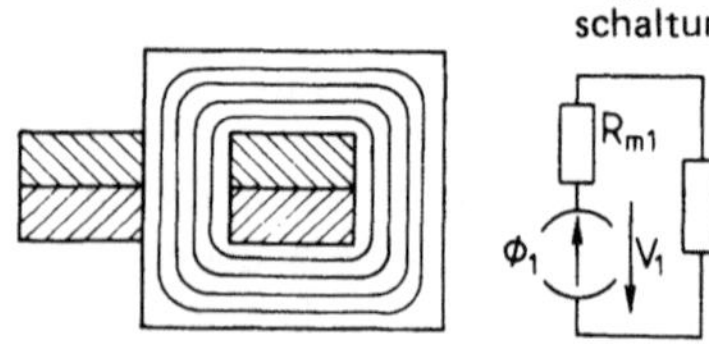

$$R_{m0} = \frac{R_{m2} R_{m3}}{R_{m2} + R_{m3}}$$

$$R_{m0} = \frac{R_{m3}}{2}$$

Die zur Überwindung des magnetischen Widerstandes benötigte magnetische Spannung kann mit dem ohmschen Gesetz des magnetischen Kreises bestimmt werden. Wenn man die Besonderheiten im Verhalten von Eisen im magnetischen Feld in erster Näherung vernachlässigt, dann ist die magnetische Spannung proportional dem Fluß, bei einem sinusförmigen Wechselfluß sind Fluß und magnetische Spannung gleichphasig. Da der Fluß der erzeugenden, ebenfalls sinusförmigen Speisespannung um 90° nacheilt, eilt auch der Magnetisierungsstrom der Speisespannung um 90° nach, die aufgenommene Leistung ist eine induktive Blindleistung.

Die Feldenergie ist eine beim Aufbau des Feldes gespeicherte potentielle Energie, die beim Abbau des Feldes wieder in das Netz zurück geliefert wird.

Durch das besondere Verhalten des Eisens im magnetischen Feld ist der magnetische Widerstand des Eisenweges nicht konstant. Der Magnetisierungsstrom des Eisens setzt sich aus mehreren Komponenten zusammen, die aus der Magnetisierungskennlinie abgeleitet werden können:

– Eisen hat unterhalb der Sättigung einen nahezu konstanten magnetischen Widerstand, der sehr viel kleiner als der vergleichbarer Luftstrecken ist. Dieser Widerstand ist proportional der Steigung der Magnetisierungskennlinie.
– Im Sättigungsbereich wird der magnetische Widerstand sehr viel größer, er nähert sich dem einer vergleichbaren Luftstrecke an. Der Übergang vom ungesättigten in den gesättigten Zustand erfolgt je nach Qualität des Eisens mehr oder minder sprunghaft.

Symmetrischer Kernaufbau: $R_{m1} = R_{m0}$ als Reihenschaltung

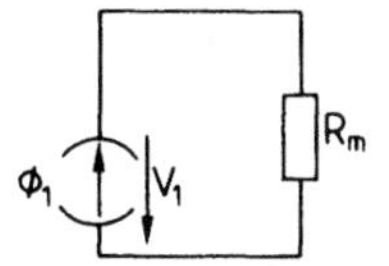

Φ_1 ist eingeprägt

R_m ist durch den Kernaufbau festgelegt

$$V_1 = \Phi_1 \underbrace{(R_{m0} + R_{m1})}$$

$$R_m = R_{m0} + R_{m1}$$

$$V_1 = \Phi_1 R_m$$

Blindleistung zur Magnetisierung:

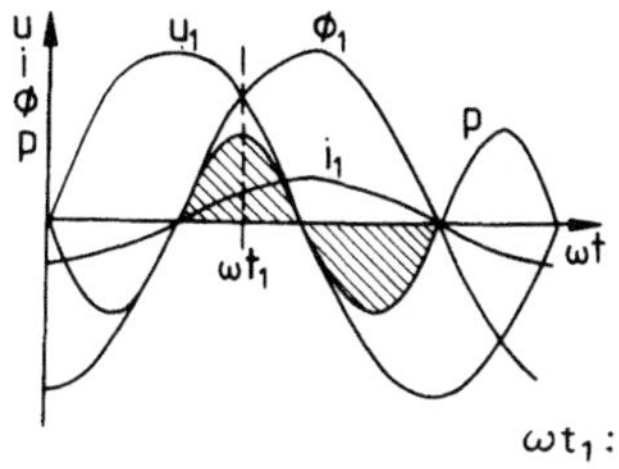

$$V_1 = \Phi_1 R_m \qquad V_1 = i_1 N_1$$

$$i_1 = \frac{R_m}{N_1} \Phi_1$$

Der Momentanwert der Leistung ist

$$p = u_1 \cdot i_1$$

$$\omega t_1: \; \hat{p} = \hat{u}_1 \sin 45° \cdot \hat{i}_1 \sin 45°$$

$$\hat{p} = \frac{\hat{u}_1}{\sqrt{2}} \cdot \frac{\hat{i}_1}{\sqrt{2}}$$

Der arithmetische Mittelwert der Leistung ist Null, $p = U_1 I_1 (-\sin 2\omega t)$

$P = \int p\,dt$

die Wirkleistung ist: $P = 0$

die Blindleistung ist: $Q = U_1 I_1$

Magnetischer Widerstand des Eisens:

Der magnetische Widerstand ist umgekehrt proportional der relativen Permeabilität.

$$R_m = \frac{1}{\mu_0 \mu_r} \cdot \frac{l}{A} \qquad R_m \sim \frac{1}{\mu_r}$$

Das Verhältnis von Induktion zur Feldstärke bestimmt die relative Permeabilität

$$B = \mu_0 \mu_r H \qquad \frac{B}{H} \sim \mu_r$$

Ungesättigtes Eisen (U): $\mu_{rU} \gg 1$
Gesättigtes Eisen (S): $\mu_{rS} \approx 1$ } $R_{mU} \ll R_{mS}$

– Im ungesättigten Bereich treten bei der Ummagnetisierung des Eisens Verluste auf. Diese Verluste bedingen einen Eisenverluststrom, der sich aus zwei Komponenten zusammensetzt, die aus den Ummagnetisierungs- und den Wirbelstromverlusten ermittelt werden können. In der mit Nennfrequenz und -spannung aufgenommenen Magnetisierungskennlinie eines Transformators sind beide Komponenten zusammen enthalten. Der Eisenverluststrom bewirkt eine Verbreiterung der Magnetisierungskennlinie, da seine Polarität von der Ummagnetisierungsrichtung abhängt, entsteht die Hysterese.

Um die weiteren Betrachtungen zu vereinfachen, wird eine linearisierte Hysterese konstanter Breite im ungesättigten Bereich und sprunghaften Übergang in den Sättigungsbereich als Magnetisierungskennlinie angenommen.

Magnetisierungskennlinie des Eisens

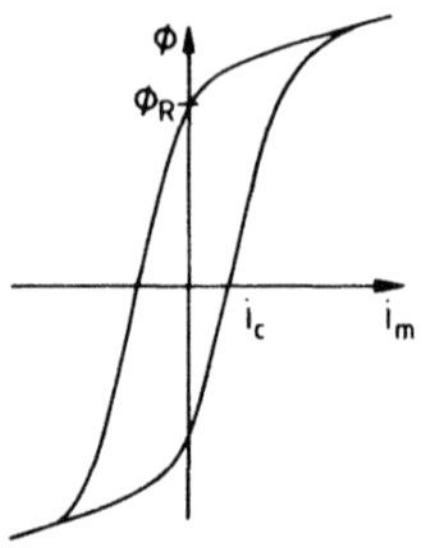

Φ_R remanenter Fluß, wird bei der Entmagnetisierung von höheren Flußwerten her erreicht, wenn der Magnetisierungsstrom Null ist.

i_C Koerzitiv-Magnetisierungsstrom muß bei der Entmagnetisierung aufgebracht werden, um den Kern flußfrei zu machen

Vereinfachte, linearisierte Hysterese

mit Eisenverlusten:

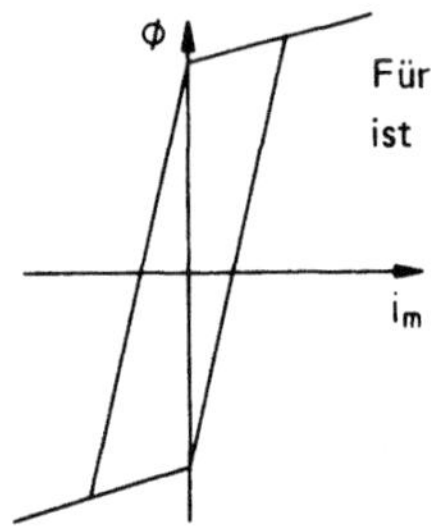

Für $\Delta\Phi \leqslant 2\Phi_s$
ist μ_r = konst. $\gg 1$

ohne Eisenverluste:

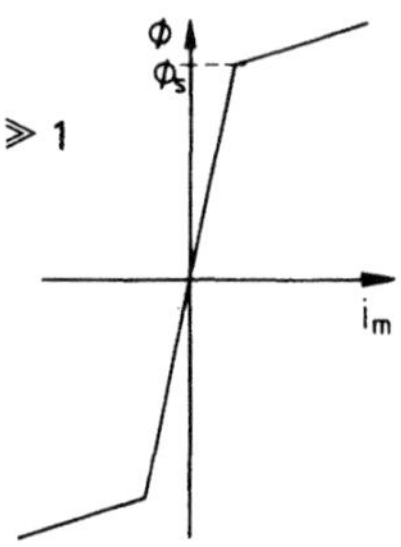

Schaltung zur Aufnahme der Hysterese mit dem Oszilloskop (auch mit elektronischen Integrierer ↑ möglich)

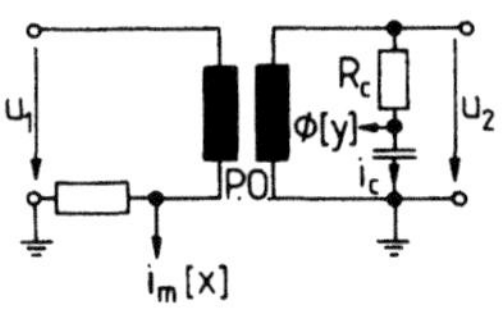

$R_c \gg \omega C$

$i_c \approx \dfrac{u_2}{R_c}$

$u_c = \dfrac{1}{C} \int i_c dt$

$u_c = \dfrac{1}{R_c C} \int u_2 dt$

$u_c \sim \Phi$

Der Magnetisierungsstrom kann aus der Spiegelung des Flußzeitverlaufs an der Hysterese ermittelt werden. Dabei wird für gleiche Zeitpunkte der der Flußamplitude entsprechende Magnetisierungsstrom ermittelt und aufgetragen. Der Magnetisierungsstrom kann in einzelne Komponenten zerlegt werden und auf seine Wirkungen analysiert werden:

Entwicklung des Magnetisierungsstroms durch Spiegelung an der Hysterese

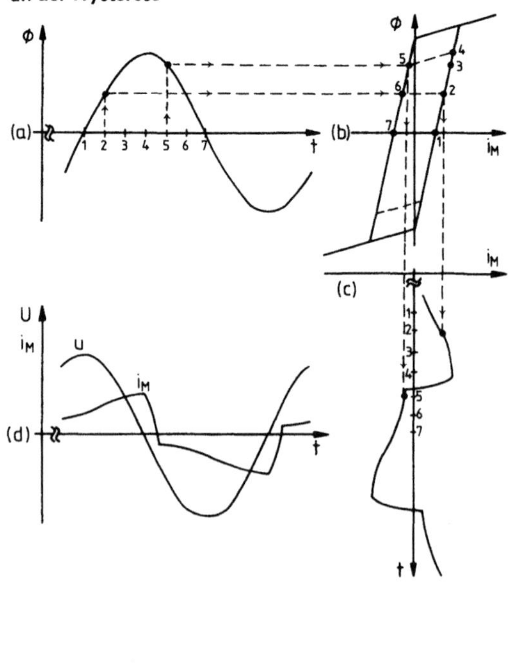

Die nicht-lineare Magnetisierungskennlinie wird mit einem sinusförmigen Fluß beaufschlagt. Es entsteht ein nicht-sinusförmiger Magnetisierungsstrom. Dieser kann, in einen sinusförmigen Anteil, der die magnetische Spannung aufbringt entsprechend der linearen Magnetisierungskennlinie, und einen nicht-sinusförmigen Anteil der die Eisenverluste deckt entsprechend der Breite der Hysterese, zerlegt werden.

Zerlegung des Magnetisierungsstromes

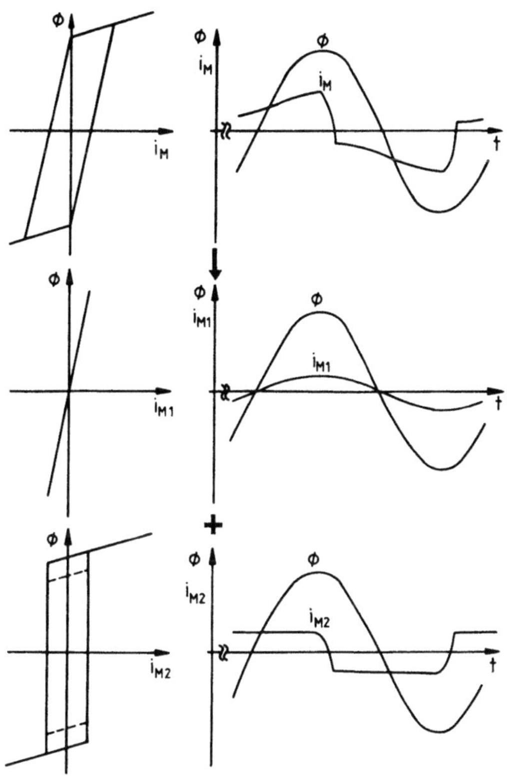

Zumeist werden zur besseren Ausnutzung des Materials Transformatoren mit einer Speisespannung betrieben, die den Transformatorkern nahezu in den gesättigten Bereich treibt. Je größer der Fluß werden kann, desto kleiner kann bei gleicher Spannung die Windungszahl sein. Je geringer bei gleichem Fluß der Eisenquerschnitt sein kann, desto kürzer ist die Wicklungslänge. Aber mit steigendem Fluß und verkleinertem Eisenquerschnitt steigt die Flußdichte. Kommt dabei der Eisenkern in den gesättigten Bereich der Magnetisierungskennlinie, dann steigt der Magnetisierungsstrom stark an, der Wicklungsquerschnitt muß vergrößert werden. Durch Veränderung von Windungszahl und Eisenquerschnitt kann das wirtschaftliche Optimum gesucht werden, bei dem die Kosten für den Material- und Lohnanteil am geringsten sind. Zusätzlich müssen dabei die Investitionskosten und die Betriebskosten, die von der Einschaltdauer abhängen, verglichen werden.

Vergrößerung des Magnetisierungsstromes bei Erreichen der Sättigung

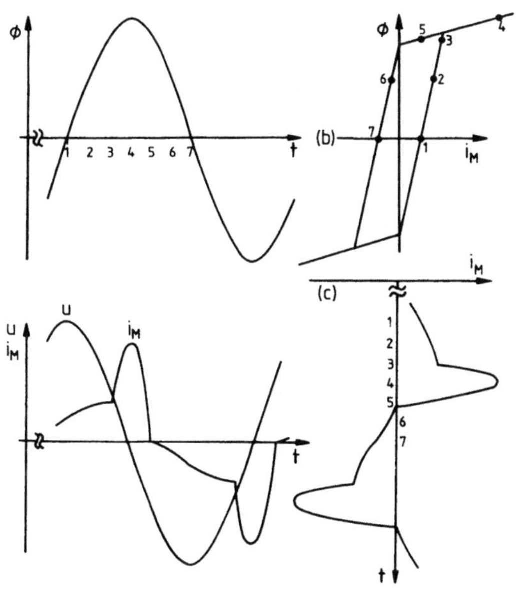

Die Sättigung des Eisens wird bei der größten Flußamplitude erreicht. Kennzeichnend dafür ist der erheblich ansteigende magnetische Widerstand, das Eisen verhält sich nahezu wie Luft. Da der Fluß aber durch die Speisespannung eingeprägt ist, muß eine erheblich größere magnetische Spannung, ein erheblich größerer Magnetisierungsstrom aufgebracht werden, um den Fluß über den nunmehr größeren magnetischen Widerstand zu treiben.

Sowohl die Eisenverluste als auch die Sättigung können im magnetischen Ersatzschaltbild berücksichtigt werden. Dies erscheint jedoch für eine grundsätzliche Betrachtung nicht notwendig, da

– der Betrieb im Sättigungsbereich im Normalbetrieb nicht auftreten sollte;
– die Eisenverluste das grundsätzliche magnetische Verhalten nicht beeinflussen und der Eisenverluststrom dem Magnetisierungsstrom überlagert werden kann.

Das vereinfachte magnetische Ersatzschaltbild eines unbelasteten Einphasentransformators kann durch die Reihenschaltung eines magnetischen Widerstandes, der den magnetischen Widerstand des Eisenkerns im ungesättigten Betrieb nachbildet, mit einer Konstant-Fluß-Quelle, die die magnetisierende Wirkung der flußerzeugenden Wicklung darstellt, aufgebaut werden. Dabei sind dann Eisenverluste und Sättigungserscheinungen vernachlässigt.

Vereinfachtes Ersatzschaltbild des unbelasteten Transformators

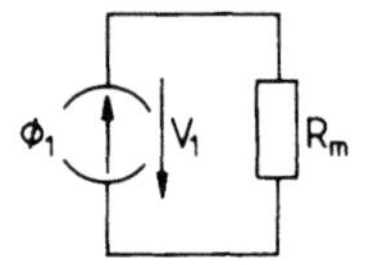

desgl., aber unter Berücksichtigung des Streuweges.

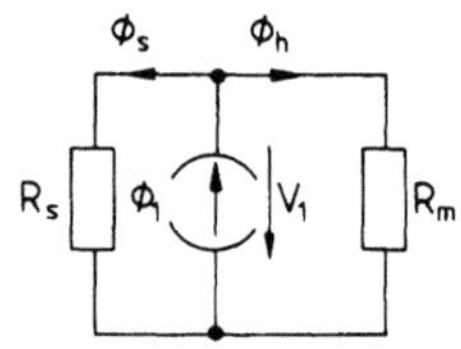

Normalbetrieb ohne Sättigung:

$R_m \ll R_s$

$\Phi_h \gg \Phi_s$

Der von der Netzwicklung erzeugte Fluß kann in Streu- und Hauptfluß zerlegt werden. Der Streufluß schließt sich über den Streuweg, der ein Luftweg mit sehr großem magnetischen Widerstand ist.

Dieses Ersatzschaltbild bildet die Funktion des magnetischen Kreises unter der Voraussetzung nach, daß der gesamte Fluß vom Eisenkern des Transformators geführt wird. Dies trifft näherungsweise jedoch nur zu, wenn die magnetischen Widerstände im Eisenkreis klein sind gegenüber dem Widerstand der den Kern umgebenden Luft, d.h. bei einem unbelasteten Transformator. Wenn das Eisen des Transformatorkerns in den gesättigten Bereich kommt, dann wird der magnetische Sättigungs-Widerstand sehr groß. Die magnetische Spannung steigt erheblich an, ein erheblicher Teil des von der felderzeugenden Spule eingeprägten Flusses schließt sich über die umgebende Luft. Dieser Fluß ist der Streufluß, der den Hauptfluß reduziert. Der magnetische Widerstand für den Streufluß muß also parallel zur magnetischen Flußquelle angeordnet werden.

Vollständiges magnetisches Ersatzschaltbild des belasteten einphasigen Zweiwicklungs-Transformators

Die Sekundärwicklung eines Transformators ist, damit sie vom gesamten Fluß, den die Primärwicklung erzeugt, durchsetzt wird, möglichst eng mit dieser gekoppelt. Dennoch läßt sich eine gewisse räumliche Trennung aus konstruktiven Gründen nicht vermeiden.

Prinzipielle Anordnungsmöglichkeiten der Wicklungen

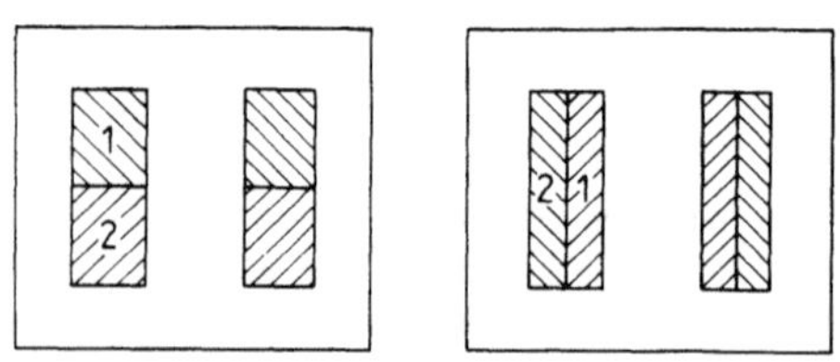

Scheibenwicklung Lagenwicklung

Das bisher betrachtete Transformator-Beispiel hat eine Scheibenwicklung, bei der die Sekundärwicklung neben der Primärwicklung angeordnet ist.

Wird die Sekundärwicklung mit einem Verbraucher belastet, dann fließt ein Strom durch sie. Dieser Strom kann je nach Art der Belastung verschiedene Form und Phasenlage gegenüber der Sekundärspannung haben (Phasenverschiebung durch ohmsche, kapazitive und induktive Widerstände [1], — Ströme in Gleichrichterschaltungen ↑).

Der Strom in der Sekundärwicklung hat eine magnetische Spannung zur Folge, die belastete Sekundärwicklung wirkt als magnetische Spannungsquelle. Diese magnetische Spannungsquelle liegt in Reihe zur magnetischen Flußquelle. Parallel zu dieser Quelle muß ebenfalls, wie bei der Primärwicklung, ein den Streuweg nachbildender magnetischer Widerstand angeordnet werden.

Eine Vergrößerung oder Verkleinerung des Flusses durch die Konstant-Fluß-Quelle ist nicht möglich, die magnetische Spannung der Sekundärwicklung muß von der Primärwicklung aufgenommen werden. Die magnetische Spannung an der Primärwicklung wird um die der Sekundärwicklung vergrößert, bis Gleichgewicht herrscht.

Damit ist die magnetische Spannung an den beiden in Reihe liegenden Quellen entgegengesetzt nahezu gleich groß. Diese magnetische Spannung ist aber um ein mehrfaches größer, als die zur Überwindung der magnetischen Widerstände nötige. Damit liegt an den magnetischen Streuwiderständen eine erhebliche magnetische Spannung, die zwei entgegengesetzt nahezu gleich große Teil-Streuflüsse zur Folge hat. Jeder dieser Teil-Streuflüsse umschließt nur eine Wicklung, der Fluß, der beide Wicklungen koppelt, ist um den gesamten Streufluß beider Wicklungen kleiner, als der durch die Primärwicklung erregte Fluß.

Vereinfachtes Ersatzschaltbild des belasteten Transformators

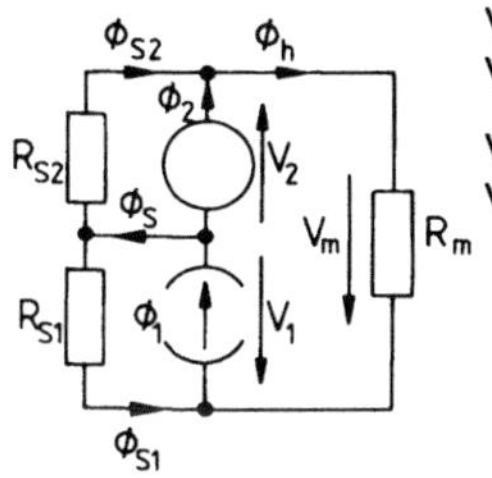

$$\left.\begin{array}{l} V_2 = i_2 N_2 \\ V_1 = i_1 N_1 \end{array}\right\} \begin{array}{l} V_m = V_1 - V_2 \\ V_m = i_m N_1 \end{array}$$

$$\left.\begin{array}{l} V_2 = \Phi_{S2} R_{S2} \\ V_1 = \Phi_{S1} R_{S1} \end{array}\right\} \begin{array}{l} \Phi_h = \Phi_1 - \Phi_{S1} \\ V_m = \Phi_h R_m \end{array}$$

$$\Phi_2 = \Phi_1 - \Phi_S$$

Der in der Lastwicklung wirksame Nutzfluß ist der um den Streufluß verminderte Fluß der Netzwicklung. Der Streufluß ist angenähert proportional dem Laststrom.

Stromübersetzung

$V_1 = V_2 + V_m$ $\qquad$ $V_m \leqslant V_2$ ohne Sättigung
Übliche Werte sind $V_m \leqslant 10\,\%\ V_2$

$$V_1 \approx V_2$$

$$I_1 N_1 \approx I_2 N_2$$

$$\frac{I_1}{I_2} \approx \frac{N_2}{N_1} = \frac{1}{ü}$$

Die Wicklungsströme werden reziprol zu den Windungszahlen oder mit dem Reziprokwert des Windungszahl-Übersetzungsverhältnisses transformiert.

Der Streufluß ist in Phase mit der magnetischen Spannung der Sekundärwicklung, er ist also in Phase mit dem Belastungsstrom und diesem proportional. Dabei kann die Phasenlage der Last um 180° geändert werden von kapazitiver zu induktiver Belastung.

Bei dieser Phasendrehung der Last ändert sich die Phasenlage des Streuflusses zum Hauptfluß ebenfalls um 180°. Bei gleichbleibenden eingeprägtem Fluß der Primärwicklung wird bei ohmscher Last der Hauptfluß phasenverschoben, aber nur wenig in der Amplitude geändert im

[1] *Claussnitzer, H.*: Einführung in die ET; Kap 5.4.

Gegensatz zur induktiven und kapazitiven Last. Hier sind Streu- und Hauptfluß in Phase oder in Gegenphase. Bei induktiver Last wird die Hauptflußamplitude um die Amplitude des Streuflusses vermindert, bei kapazitiver Last vergrößert. Bei gleichbleibender Speisespannung wird also bei ohmscher Last die Ausgangsspannung bzw. Spannung der Sekundärwicklung gegenüber der Speisespannung nacheilend, aber wenig in der Amplitude geändert. Bei induktiver Last ist die Phasenlage von Primär- und Sekundärspannung gleich, aber die Amplitude wird kleiner, bei kapazitiver Last steigt die Amplitude der Sekundärspannung über den Leerlauffall an.

Diese Überlegungen berücksichtigen nur das Verhalten des magnetischen Kreises, ohmsche Spannungsfälle, die eine Verminderung der Amplitude der Erregerspannung zur Folge haben, sind unberücksichtigt geblieben. Es kann also mit diesem Modell die grundsätzliche Funktion des Transformators als Zusammenwirken elektrischer und magnetischer Vorgänge erkannt werden. Ebenso kann das Verhalten in den Grundzügen vorhergesagt werden.

Um das Verhalten jedoch quantitativ darzustellen, ist dieses Ersatzschaltbild, auch wenn es erweitert und detaillierter wird, nicht sehr gut geeignet.

Veränderung der Lastspannung bei verschiedenen Belastungsarten

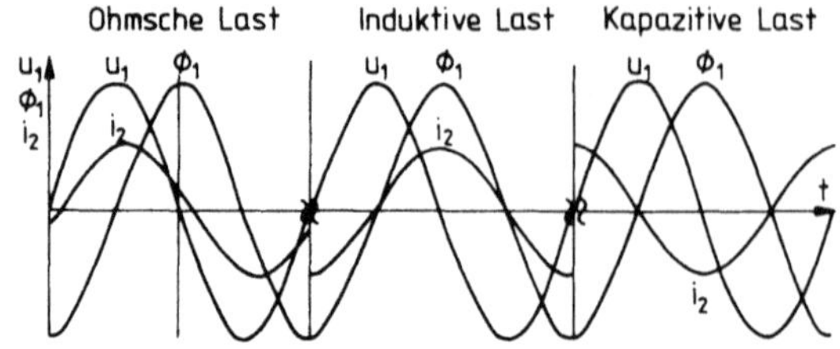

1. Primäre Spannung, Fluß in der Netzwicklung und Laststrom

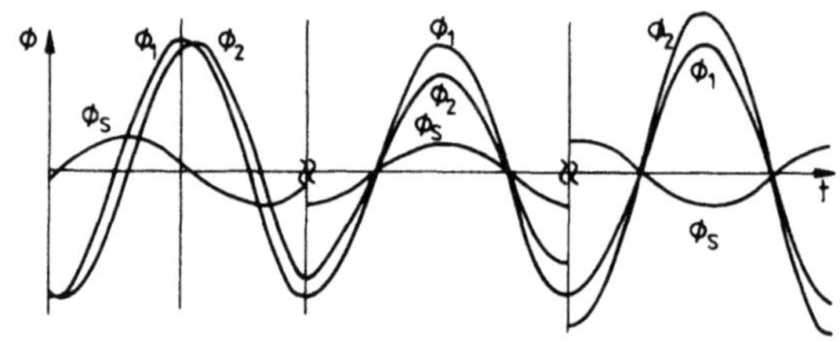

2. Fluß der Netzwicklung, Streufluß und Fluß der Lastwicklung

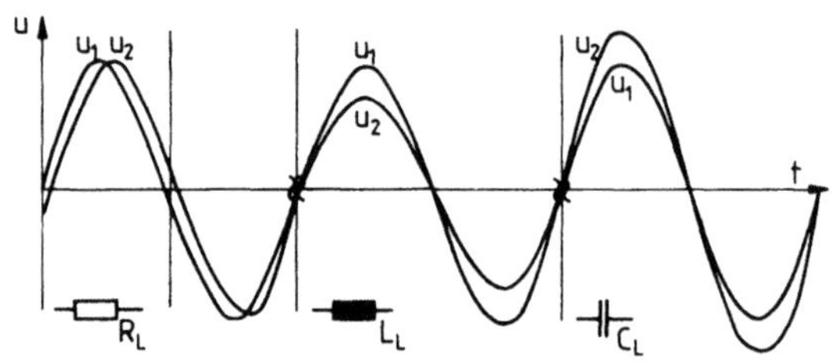

3. Primäre Spannung und Lastspannung

2.3.1.4 Modelldarstellung des Transformatorverhaltens mit dem elektrischen Ersatzschaltbild

Läßt das magnetische Ersatzschaltbild Rückschlüsse zwischen dem Verhalten des Transformators und seiner Funktionsweise bzw. seinem Aufbau zu, so dient das elektrische Ersatzschaltbild der Darstellung des Transformatorverhaltens. Aus ihm läßt sich das mathematische Modell des Transformatorverhaltens leicht ableiten. Es stellt eine durch die ingenieurwissenschaftliche Betrachtungsweise des Transformators eingeführte Modelldarstellung dar, die auch bei anderen Bauelementen üblich und leicht handhabbar ist.

Das elektrische Ersatzschaltbild wird als Vierpol-Ersatzschaltbild aufgebaut. Die Grundelemente können aus dem Verständnis der magnetischen Zusammenhänge abgeleitet werden.

Modelldarstellungen des Einphasentransformators

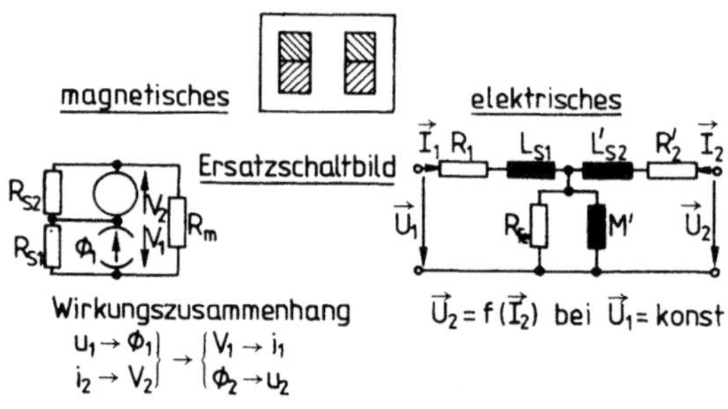

Streuinduktivitäten und Gegeninduktivität

Der jede Wicklung durchsetzende Fluß kann in einen Streuanteil, der nur die erzeugende Wicklung umschließt und einen Nutzanteil, der auch die gekoppelte Wicklung durchsetzt zerlegt werden. Daraus folgend kann man sich die elektrische Spannung an jeder Wicklung in zwei Anteile aufgeteilt denken:

– der Streuanteil der elektrischen Spannung bewirkt an einer Streuinduktivität den Streufluß ↑;
– der Nutzanteil der elektrischen Spannung bewirkt an der Hauptinduktivität den Nutzfluß ↑.

Die **Streuinduktivitäten** können für jede Wicklung getrennt betrachtet werden, die Hauptinduktivitäten beider Wicklungen sind magnetisch miteinander verkoppelt. Beide Hauptinduktivitäten werden zu einer **Gegeninduktivität** zusammengefaßt, ein gemeinsamer gleichgroßer Fluß durchsetzt die Gegeninduktivität. Streu- und Gegeninduktivität müssen für die Wicklungsspannung jeweils in Reihe liegen, die Spannung teilt sich auf beide Anteile auf, von der gesamten Spannung wird der Streu- und Nutzfluß bewirkt.

Der sekundäre Streufluß ist dem Laststrom entsprechend der von diesem erzeugten magnetischen Spannung proportional. Der primäre Streufluß entspricht dem Netzstrom. Da die Spannung an der Ersatzinduktivität der zeitlichen Stromänderung durch diese proportional ist, muß die sekundäre Streuinduktivität vom Laststrom, die primäre vom Netzstrom durchflossen werden. An der Gegeninduktivität muß die den Hauptfluß erzeugende Spannung liegen, durch sie darf nur der Magnetisierungsstrom fließen.

Wicklungswiderstände

Die Spannung an der Gegeninduktivität muß also die um den Spannungsfall an den **Wicklungswiderständen** und um den Streufluß erzeugenden Anteil verminderte Netzspannung sein. In Reihe zu den Streuinduktivitäten und jeweils vor der Gegeninduktivität sind also die Wicklungswiderstände anzuordnen.

Deutung der Streu- und Hauptinduktivität

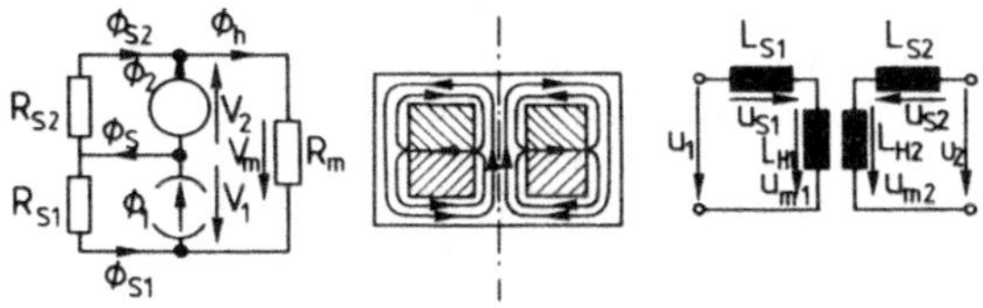

Gegeninduktivität

Gleicher Fluß in beiden Induktivitäten

$$L_{H1} = N_1 \Phi i_{1m} \qquad L_{H2} = N_2 \Phi i_{2m}$$

Bei gleichen Windungszahlen und gleichen Strömen ist

$$M = N \Phi i_m$$

Bei verschiedenen Windungszahlen sind auch die Ströme verschieden. Da bei gleichem Fluß und gleichem Aufbau die wirksame magnetische Spannung, d.h. die Durchflutung gleich groß ist in beiden Wicklungen, gilt

$$M = \sqrt{N_1 i_{1m} \cdot N_2 i_{2m}}\,\Phi$$

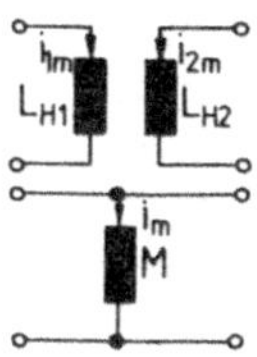

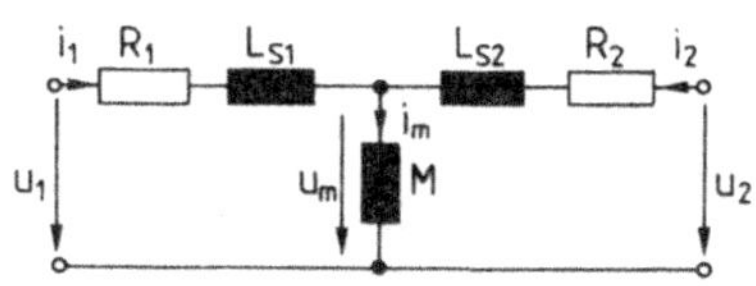

Eisenverlustwiderstand

Die Eisenverluste↑ bewirken einen von der Amplitude und der Frequenz des Flusses, d.h. auch der magnetisierenden Spannung abhängigen Eisenverluststrom. Parallel zur Gegeninduktivität wird ein fiktiver **Eisenverlustwiderstand** angeordnet, dessen umgesetzte Leistung denen der Eisenverluste entsprechen würde. Das Ersatzschaltbild gilt bei vorgegebenen Wert des Eisenverlustwiderstandes nur für sinusförmige Speisespannung fester Frequenz.

Die durch den Transformator bewirkte Potentialtrennung zwischen speisenden Netz und Last kann bei Bedarf durch einen an den Ausgang des Ersatzschaltbildes angefügten idealen Übertrager nachgebildet werden.

Eisenverlustwiderstand

Ummagnetisierungsverluste $P_U \sim \frac{d\Phi}{dt}, \hat{\Phi}$

Wirbelstromverluste $P_W \sim \left(\frac{d\Phi}{dt}\right)^2, \hat{\Phi}^2$

Die gesamten Eisenverluste werden für sinusförmigen Fluß in Abhängigkeit von der Induktions-Amplitude und der Ummagnetisierungsfrequenz angegeben.

$$P_{Fe} \sim f^2, B^2$$

Die Frequenz ist bei sinusförmiger Netzspannung gleich der Netzfrequenz, also konstant. Die Induktion ist proportional der Amplitude der magnetisierenden Spannung.

$$P_{Fe} \sim U_m^2$$

$$P_{Fe} = \frac{U_m^2}{R_{Fe}}$$

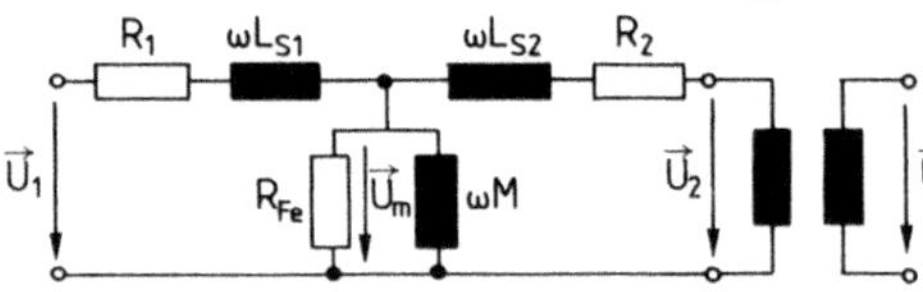

Übersetzungsverhältnis

Die infolge der verschiedenen Windungszahlen mit dem Übersetzungsverhältnis transformierten elektrischen Größen können im elektrischen Ersatzschaltbild nur umgerechnet abgebildet werden. Um in dem Ersatzschaltbild rechnen zu können, sind sämtliche Größen auf eine Wicklung, meist die Netzwicklung zu beziehen. Die Größen der anderen Wicklung müssen dann mit einem Faktor so umgerechnet werden, als wenn der Transformator das Windungszahlübersetzungsverhältnis Eins hätte. Sie werden dann mit ( )′ gekennzeichnet.

Dazu müssen Spannungen und Ströme jeweils mit dem Windungszahl-Übersetzungsverhältnis umgerechnet werden. Bei Widerständen ändern sich Strom und Spannung, Widerstände müssen daher mit dem Produkt der Umrechnungsfaktoren beider Größen, also mit dem Quadrat des Windungszahl-Übersetzungsverhältnisses umgerechnet werden. Der Eisenverlust-Widerstand bleibt als Größe der Netzseite unverändert. Die Gegeninduktivität setzt sich aus Anteilen der Netz- und der Lastwicklung zusammen, aus beiden Teilinduktivitäten wird der quadratische Mittelwert gebildet. Da nur der Anteil der Lastwicklung umgerechnet werden muß, muß die Gegeninduktivität nur mit dem Windungszahl-Übersetzungsverhältnis umgerechnet werden.

Übersetzungsverhältnis

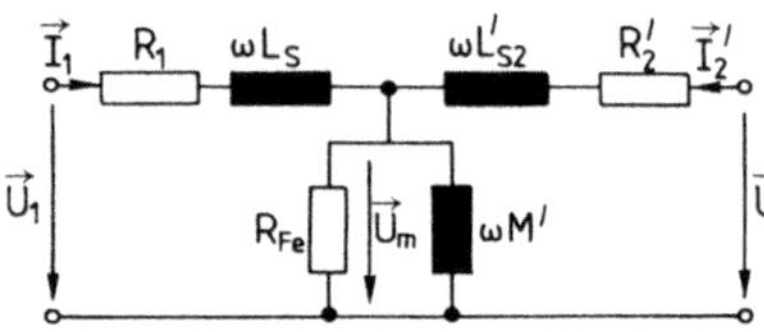

Übersetzungsverhältnis $ü = \frac{N_1}{N_2}, \quad ü \neq 1$

Spannung: $U_1 = üU_2$, $U_2' = üU_2$

Strom: $I_1 = \frac{1}{ü} I_2$, $I_2' = \frac{1}{ü} I_2$

Widerstand: $R_2 = \frac{U_2}{I_2}$, $R_2' = \frac{U_2'}{I_2'}$, $R_2' = ü^2 R_2$

Streuinduktivität: $\omega L_{S2}' = ü^2 \omega L_{S2}$

Gegeninduktivität:

$$M = \sqrt{L_{1H} \cdot L_{2H}}$$

$$M' = \sqrt{L_{1H} \cdot L_{2H}'}$$

$$M' = \sqrt{L_{1H} ü^2 L_{2H}}$$

$$M' = üM$$

Das so gewonnene elektrische Ersatzschaltbild bildet für Frequenzen, bei denen die Wicklungskapazitäten noch keine Rolle spielen sowie bei sinusförmiger Speisespannung unter Vernachlässigung der Nichtlinearitäten des Eisens das Verhalten der elektrischen Größen nach. Bei Speisung mit konstanter Netzwechselspannung kann also z.B. die zu erwartende Lastspannung bei bestimmten Lastströmen aus dem Ersatzschaltbild so berechnet werden, daß das Ergebnis mit dem wirklichen Wert des abgebildeten Transformators übereinstimmt.

Der allgemeine mathematische Ansatz der Ströme und Spannungen am Ersatzschaltbild liefert für die Ausgangsspannung bei Laständerung eine Differentialgleichung, die in ihrer Kompliziertheit keine brauchbare Deutung des Transformatorverhaltens zuläßt. Für den praktischen Bedarf erscheint es sinnvoller, die Einspeisung auf sinusförmige Speisespannungen und die Belastung auf sinusförmige Lastströme zu beschränken.

In diesem Fall läßt sich die allgemeine Form auf eine Darstellung in der komplexen Zahlenebene transformieren und die Gleichungen vereinfachen sich dadurch erheblich. Aber auch hierbei ist die geschlossene Lösung des Gleichungssystems nicht üblich, da es nicht auswertbar ist. Die Lösung wird als graphische Lösung mit Hilfe der **Zeigerdarstellung** [1] in der komplexen Ebene gefunden. Das Zeigerdiagramm ist in allgemeiner oder verkürzter Form für bestimmte Betriebszustände gebräuchlich zur Darstellung des Transformatorverhaltens. Bei Kleintransformatoren ist diese Darstellung nur eingeschränkt brauchbar, da der Magnetisierungsstrom meist relativ groß, bezogen auf den Laststrom ist. Der Magnetisierungsstrom ist aber nicht sinusförmig.

Mathematische Modellbildung aus dem elektrischen Ersatzschaltbild

1. Allgemeine Form

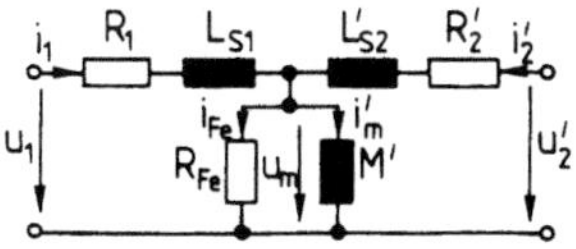

$$u_1 = i_1 R_1 + L_{S1} \frac{di_1}{dt} + u_m$$

$$u'_2 = i'_2 R'_2 + L'_{S2} \frac{di'_2}{dt} + u_m$$

$$i_1 + i'_2 = i_{Fe} + i'_m$$

$$u_m = i_{Fe} R_{Fe} \qquad u_m = M' \frac{di'_m}{dt}$$

Gesucht: $u'_2 = f(i'_2)$ bei u_1 = konst. Wechselspannung

2. Spezielle Form für sinusförmige Speisespannung und Laststrom

$i_1 \rightarrow \vec{I}_1$, $u_1 \rightarrow \vec{U}_1$ ... usw. } Transformation in die komplexe Zahlenebene

$$\vec{U}_1 = \vec{I}_1 R_1 + j\omega L_{S1} \vec{I}_1 + \vec{U}_m$$

$$\vec{U}'_2 = \vec{I}'_2 R'_2 + j\omega L'_{S2} \vec{I}'_2 + \vec{U}_m$$

$$\vec{I}_1 + \vec{I}'_2 = \vec{I}_{Fe} + \vec{I}'_m$$

$$\vec{U}_m = \vec{I}_{Fe} R_{Fe} \qquad \vec{U}_m = j\omega M' \vec{I}'_m$$

Gesucht: $\vec{U}'_2 = f(\vec{I}'_2)$ bei $\vec{U}_1$ = konst.

3. Spezielle Lösung durch Zeigerdarstellung für sinusförmige Größen

Darstellung der Arbeitsschritte

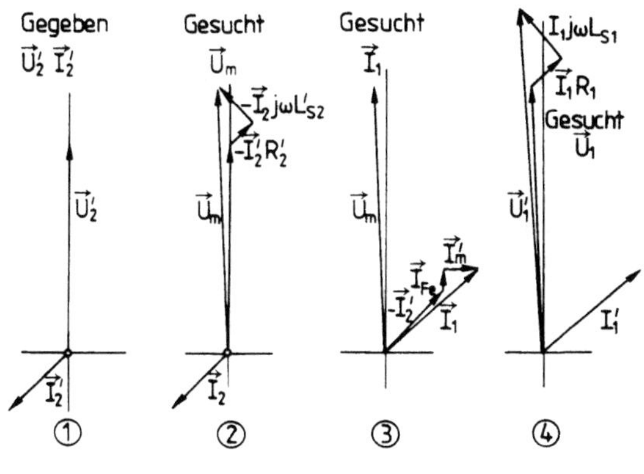

[1] *Claussnitzer, H.*: Einführung in die ET; Kap. 5.3.

Aus dem Zeigerdiagramm kann die Spannungserhöhung an der Lastwicklung bei kapazitiver Last abgelesen werden. Dabei muß aber deutlich werden, daß diese Darstellung für den praktischen Gebrauch nur begrenzte Bedeutung hat. Bei einem Netztransformator soll der Längsspannungsfall im Normalbetrieb möglichst klein sein, bezogen auf die Nennspannung sind Werte von 5 bis 10 % üblich. Damit wird das **Kappsche Dreieck** so klein, daß aus der graphischen Lösung exakte Werte kaum ablesbar sind.

Zeigerdiagramme bei ohmisch-induktiver und ohmisch-kapazitiver Last

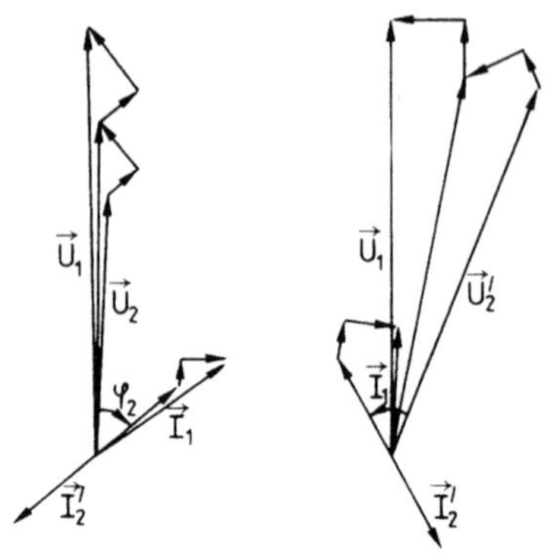

Das Zeigerdiagramm erscheint also zur Darstellung des prinzipiellen Betriebsverhaltens geeignet. Nicht oder nur sehr eingeschränkt kann damit die quantitative Veränderung der elektrischen Größen bestimmt werden. Ebenso schlecht ist die Funktion damit erklärbar.

Vereinfachtes Zeigerdiagramm mit dem Kappschen Dreieck

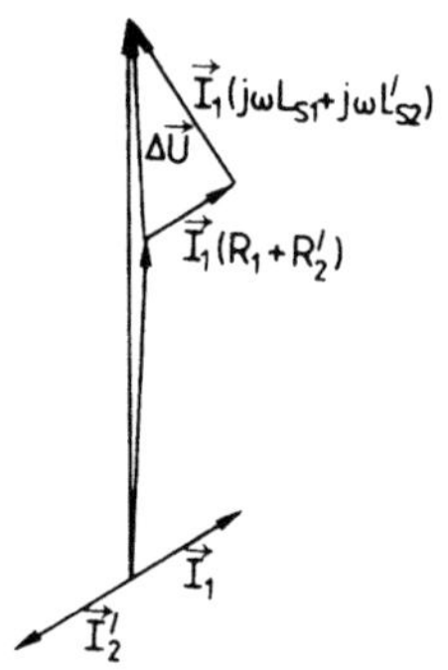

$$\left.\begin{matrix} I_{Fe} \to 0 \\ I_m \to 0 \end{matrix}\right\} \quad \vec{I}_1 \approx -\vec{I}_2$$

Der Längsspannungsfall des Transformators $\Delta\vec{U}$ wird unter Vernachlässigung des Eisenverlust- und Magnetisierungsstromes ermittelt. Das Dreieck der Spannungsfälle wird als Kappsches Dreieck bezeichnet.

2.3.1.5 Das Betriebsverhalten

Das Betriebsverhalten des Transformators wird durch das Zeigerdiagramm qualitativ richtig abgebildet. Interessant ist sein Verhalten bei sinusförmiger Speisespannung konstanter Amplitude und sinusförmigem Laststrom im Bereich zwischen Leerlauf und Nennlast sowie im Kurzschluß. Zusätzlich kann das dynamische Einschalt- und Kurzschlußverhalten untersucht werden.

Leerlauf

Im **Leerlauf** ist der Längsspannungsfall sehr klein, da nur der Magnetisierungs- und der Eisenverluststrom in der Netzwicklung fließt. Daher kann das elektrische **Leerlaufersatzschaltbild** auf die Darstellung der Querreaktanz vereinfacht werden.

Leerlaufersatzschaltbild und Leerlauf-Zeigerdiagramm

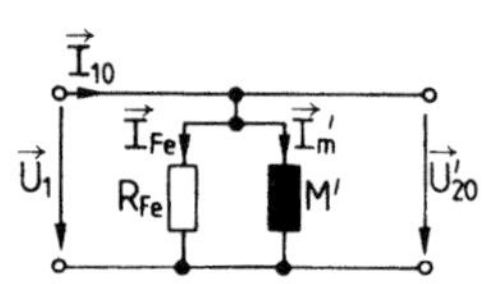

Voraussetzung:

$$|(\vec{I}_{Fe}+\vec{I}_m)\,(R_1+j\omega L_{S1})| \ll U_{20}'$$

$$\vec{U}_1 \approx \vec{U}_{20}'$$

$$\vec{I}_{10} = \vec{I}_{Fe} + \vec{I}_m'$$

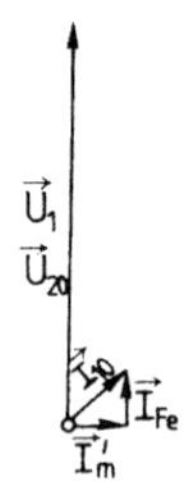

Übliche Angabe des relativen Leerlaufstromes:

$$i_0 = \frac{I_{10}}{I_{1N}}$$

Belastung

Bei **Belastung** kann das Verhalten durch das vollständige elektrische Ersatzschaltbild abgebildet werden. Die Belastungskennlinie kann theoretisch aus dem Zeigerdiagramm ermittelt werden. Sie stellt die Ausgangsspannung in Abhängigkeit vom Ausgangsstrom, jeweils bezogen auf den Nennwert, quantitativ dar. Je nach Phasenlage des Laststromes ergeben sich verschiedene Kennlinien. Da der von der Amplitude der magnetisierenden Spannung abhängige Magnetisierungs- und Eisenverluststrom einen zusätzlichen Spannungsfall an der Reaktanz der Netzwicklung verursachen, ist die Lastkennlinie nicht linear.

Angegeben wird die Ausgangsspannung für den Nennbetrieb, also die Nenn-Ausgangsspannung für die Nennleistung bei Nennfrequenz und Nenn-Eingangsspannung. Weicht der Nenn-Leistungsfaktor von Eins ab, dann wird er besonders angegeben.

Belastungskennlinie

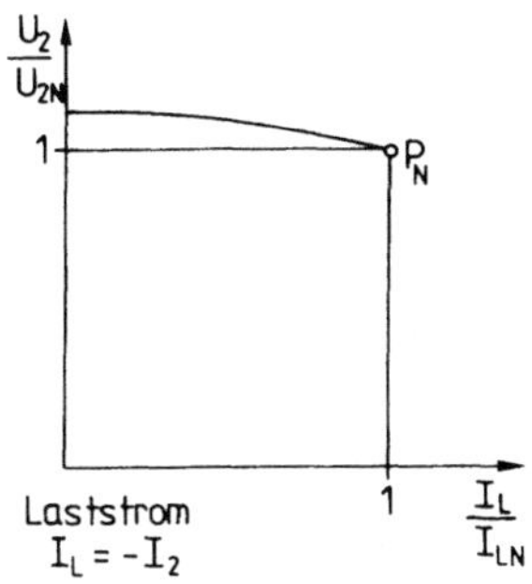

Leistungsschildangaben

Auszug VDE 0550 § 7:

a) Bei Transformatoren bis 1000 VA Nennleistung in nicht abgedeckter Ausführung, die zum Einbau bestimmt sind, genügt die Angabe des Ursprungszeichens und der Typen-Nummer. Außerdem können besonders kleine Bauelemente durch Farbpunkte oder auf ähnliche Art und Weise gekennzeichnet werden. Bei diesen Transformatoren sind die fehlenden Aufschriften auf einem Beiblatt anzugeben (Ausnahmen siehe „Besondere Bestimmungen").

b) Alle übrigen Transformatoren müssen mit nachstehenden Aufschriften versehen sein:
   1. Nenn-Eingangsspannung(en);
      Für Dreiphasentransformatoren ist die Leiterspannung anzugeben.
   2. Nenn-Ausgangsspannung(en);
   3. Nennleistung bzw. Nenn-Ausgangsströme;
   4. Nennfrequenz(en);
   5. Ursprungszeichen (Name oder Firmenzeichen des Herstellers);
   6. Typ oder Katalognummer;

Kurzschluß

Im **Kurzschluß** sind die Klemmen der Lastwicklung kurzgeschlossen. Das elektrische Kurzschluß-Ersatzschaltbild kann auf die Darstellung der Längsreaktanz vereinfacht werden. Der Spannungsfall des infolge der geringeren magnetisierenden Spannung verkleinerten Magnetisierungs- und Eisenverluststromes an der Reaktanz der Netzwicklung kann gegenüber dem des relativ großen Kurzschlußstromes vernachlässigt werden. Im Kurzschluß liegt die gesamte speisende Spannung an der Längsreaktanz, daher ist bei Speisung mit Nennspannung der Dauerkurzschlußstrom ein Vielfaches des Nennstromes. Bei Speisung mit verminderter Spannung sinkt der Kurzschlußstrom proportional der Spannung ab. Er ist gleich

Kurzschluß-Ersatzschaltbild, -Zeigerdiagramm und -Spannung

Voraussetzung

$|\vec{I}_{Fe} + \vec{I}'_m| \ll I_{1K}$

$R = R_1 + R'_2 \qquad L_S = L_{S1} + L'_{S2}$

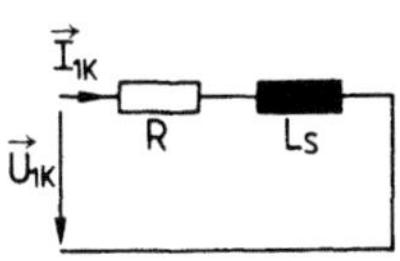

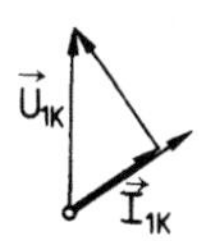

Der Kurzschlußstrom ist $\vec{I}_{1K} \approx \dfrac{\vec{U}_{1K}}{R + j\omega L_S}$

Bei Speisung mit Kurzschlußspannung: $I_{1N} \approx \dfrac{U_{1KN}}{|R + j\omega L_S|}$

Relative Kurzschlußspannung: $\dfrac{u_K}{\%} = \dfrac{U_{1KN}}{U_{1N}} \cdot 100$

dem Nennstrom bei Speisung mit der sog. Kurzschlußspannung. An der Längsreaktanz liegt dann die Spannung, die bei Nennstrom im Normalbetrieb als Längsspannungsfall die Netzspannung auf die (transformierte) Lastspannung vermindert. Die **relative Kurzschlußspannung**, d.h. die Kurzschlußspannung bezogen auf die Nennspannung, stellt einen wichtigen Kennwert des Transformators dar. Sie ist ein Kennwert für den Spannungsfall im Nennbetrieb ebenso wie für die Amplitude des Dauerkurzschlußstromes.

Bei Speisung mit Nennspannung: $I_{1KN} \approx \frac{U_{1N}}{|R + j\omega L_S|}$

$$\frac{I_{1KN}}{I_{1N}} \approx \frac{U_{1N}}{U_{1KN}}$$

$$\frac{I_{1KN}}{I_N} \approx \frac{100}{u_K}$$

Spannungsfall im Nennbetrieb: $U_{2N} = U_{1N} - \Delta U_N$

$$\frac{U_{2N}}{U_{1N}} = 1 - \frac{u_K}{100}$$

2.3.1.6 Ausführungsformen von Kleintransformatoren

In VDE 0550 sind die Vorschriften für den Einsatz und die Ausführung von Kleintransformatoren festgelegt. Hiernach handelt es sich bei Transformatoren mit einer Nennspannung bis 1000 V, einer Nennfrequenz bis 500 Hz und einer Nennleistung bis zu 16 kVA um Kleintransformatoren.

Diese Kleintransformatoren werden eingesetzt in Niederspannungsnetzen als Netzanschlußtransformator für kleinere Geräte, als Trenntransformator zum potentialfreien Anschluß, als Speisetransformator mit Schutzfunktion für Spielzeuge, als Klingeltransformator, als Schweißtransformator u.a.m.

Spielzeug-, **Klingel-** und **Schweißtransformatoren** müssen **kurzschlußfest** ausgeführt sein, da der Kurzschluß im Sekundärkreis zum Normalbetrieb gehört. Nach VDE 0550 werden diese Transformatoren als „unbedingt kurzschlußfeste Transformatoren" bezeichnet. Der Kurzschlußstrom kann dann bei einer relativen Kurzschlußspannung von 100 % gleich dem Nennstrom sein. Dabei ist der Transformator aber zumeist thermisch nur für eine Einschaltdauer [1] von weniger als 100 % ausgelegt. Eine Schutzfunktion des Transformators im Sinne der Potentialtrennung vom Speisenetz kann durch Schutzisolierung, z.B. bei Ausführung der Wicklung als Zweikammerwicklung oder durch eine mit dem Schutzleiter verbundene Schutzwicklung zwischen Netz- und Lastwicklung erreicht werden.

Anwendung und Unterricht

Projekt: Analyse eines Elektro-Schweißgerätes

Problem im Transformatorbereich:

– Analyse der Funktion des Streusteges mit dem magnetischen Ersatzschaltbild

– Ausgangskennlinien zwischen Leerlauf und Kurzschluß

– VDE 0541

Belastungskennlinien eines Schweißtransformators:

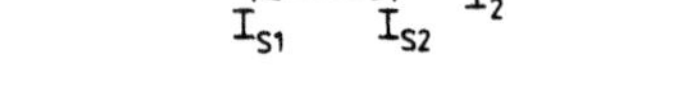

$$\frac{U_S}{V} = 20\ V + 0{,}04\ \frac{I_S}{A}$$

Betriebsbereich $I_{S1} \ldots I_{S2} \leqslant 600$ A
$U_{S1} \ldots U_{S2} \leqslant 44$ V

Nennschweißstrom bei 60 % Einschaltdauer

[1] *Baumann* u.a.: Fachkenntnisse ET, Fachstufe 1 ET; Kap. 2.4.

Trenntransformatoren haben galvanisch getrennte, gegeneinander schutzisolierte Wicklungen und erfüllen die Anforderungen der „Schutztrennung" nach VDE 0100 zwischen Netz und Betriebsstromkreis. Es können bei einem Fehler im angeschlossenem Gerät keine Berührungsspannungen zwischen den leitfähigen Teilen des Gerätes und der Erde auftreten. Trenntransformatoren werden bei Arbeiten mit elektrischen Werkzeugen bei besonderer Gefährdung, z. B. bei metallisch leitenden Standorten, wie Stahlgerüsten eingesetzt. Für den Anschluß des Verbrauchers am Trenntransformator wird eine Steckdose ohne Schutzkontakt vorgesehen. Es darf jeweils nur ein Verbraucher am Trenntransformator angeschlossen werden.

Es werden ortsfeste und ortsveränderliche Trenntransformatoren hergestellt, die nach VDE 0550 mit dem Symbol $\frac{\circ}{\circ}$ gekennzeichnet werden. Die höchste Nennleistung ist für Drehstromtransformatoren 10 kVA, für Einphasentransformatoren 4 kVA, die höchste Nenneingangsspannung ist 500 V, der höchste Nennlaststrom 16 A.

Die Eingangswicklung von ortsfesten Trenntransformatoren darf zum Anschluß des Transformators an mehrere Nenn-Eingangsspannungen und zur Anpassung an Spannungsschwankungen des Netzes mit Anzapfungen für den Bereich ± 5 % versehen sein. Zum Umklemmen der Anschlüsse muß Werkzeug notwendig sein. Auch an ortsfeste Trenntransformatoren darf nur ein Verbraucher angeschlossen werden.

Sicherheitstransformatoren werden für Schutzkleinspannungen bis 42 V lastseitig gebaut. Durch diese kleinen Spannungen werden die Auswirkungen eines elektrischen Schlages für den Menschen auf ein erträgliches Maß vermindert. Die höchste zulässige Nennleistung ist 10 kVA, die Transformatoren sind für eine erhöhte Prüfspannung ausgelegt. Für die Wicklungsanschlüsse gelten die gleichen Bedingungen, wie bei den Trenntransformatoren.

Steuerstromkreise von Be- und Verarbeitungsmaschinen werden nach VDE 0113 über **Steuerstromkreis-Transformatoren** eingespeist. Durch die galvanische Trennung von Steuer- und Hauptstromkreis sollen Gefahren, die bei der Bedienung der Anlage z.B. im Fehlerfall auftreten können, herabgesetzt werden. In VDE 0550 sind die Anforderungen an Steuerstromkreis-Transformatoren zusammengestellt. Beim Einschalten von Schützspulen werden kurzzeitig große Lastströme bei kleinem Leistungsfaktor benötigt. Um ein zuverlässiges Schalten der Schütze zu garantieren, darf im Schaltaugenblick mit der größten auftretenden Kurzzeitbelastung und der gleichzeitig nötigen Halteleistung der anderen Schaltelemente sowie der Grundlast durch die Meldeleuchten die Ausgangsspannung des Transformators nicht um mehr als 5 % unter die Nennspannung sinken. Es sind Anzapfungen für die Netzwicklung um ± 5 % vorzusehen, um Spannungsfälle auf den Leitungen ausgleichen zu können.

Die Wicklungen sind galvansich getrennt und für eine Prüfspannung von mehr als 2,5 kV ausgelegt. Das Symbol für diese Transformatoren ist nach VDE 0550 △ (mit $\frac{\circ}{\circ}$), also angelehnt an das des Trenntransformators.

Spartransformatoren haben einen gemeinsamen Wicklungsteil für die Netz- und die Lastwicklung. Beide Wicklungen sind also nicht galvanisch getrennt. Der gemeinsame Wicklungsteil wird sowohl vom Last- als auch vom Netzstrom durchflossen. Da beide Ströme entgegengesetzt gerichtet sind, bleibt nur der resultierende Strom, der Magnetisierungs- und der Eisenverluststrom wirksam. Dadurch kann dieser gemeinsame Wicklungsteil mit erheblich verminderten Querschnitt ausgeführt werden.

Spartransformator-Lastspannung

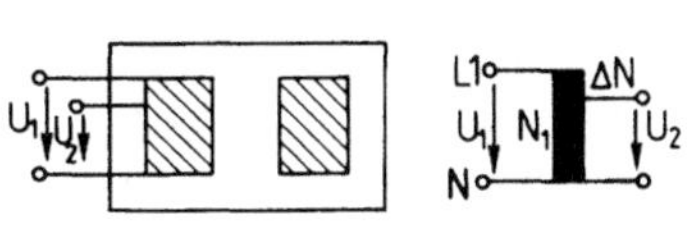

$$U_1 = 4{,}44\, f N_1 \Phi$$
$$U_2 = 4{,}44\, f\,(N_1 - \Delta N)\, \Phi$$
$$\Delta U = 4{,}44\, f\, \Delta N \Phi$$
$$\frac{U_2}{U_1} = 1 - \frac{\Delta N}{N_1}$$

Spartransformatoren lassen sich besonders vorteilhaft einsetzen, wenn das Übersetzungsverhältnis nahezu Eins ist und wenn eine Potentialtrennung nicht notwendig ist. Nicht nur die Investitionskosten sind bei diesen Transformatoren infolge des geringen Aufwandes für die Wicklungen niedrig, auch die Betriebskosten vermindern sich, da fast keine Wicklungsverluste durch die Lastströme auftreten. Die Kurzschlußspannung von Spartransformatoren ist sehr klein, ihre Belastungskennlinie wenig geneigt. Spartransformatoren dürfen nicht als Schutztransformatoren für die Speisung von Kleinspannungsanlagen eingesetzt werden, da bei einem falschen Anschluß die Leiter der Kleinspannungsanlage eine unzulässig hohe Spannung gegen Erde haben können.

Falscher Anschluß eines Spartransformators

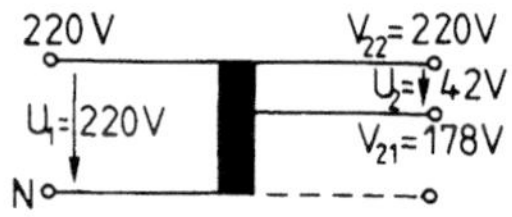

Ringstelltransformatoren werden zur feinstufigen Einstellung von Wechselspannungen unter Belastung in großen Spannungsbereichen eingesetzt. Ihr Wirkungsgrad ist sehr groß, der Innenwiderstand der abgegriffenen Spannung sehr klein im Gegensatz zum ohmschen Spannungsteiler.

Schaltung der Wicklungen von Ringstelltransformatoren

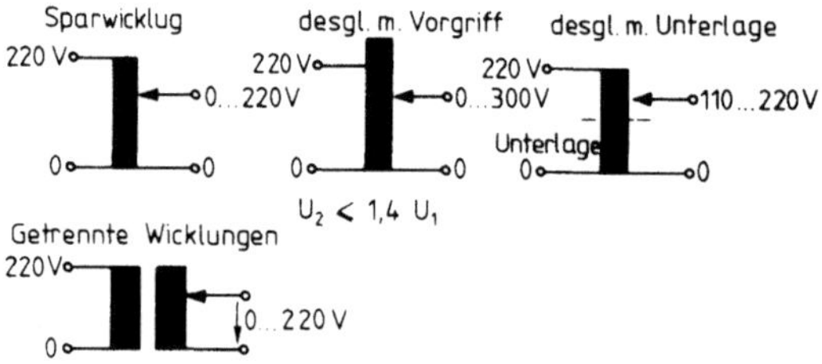

Der Kern des Ringstelltransformators ist aus kornorientiertem Blech gewickelt, isoliert und mit Kupferlackdraht so bewickelt, daß der Stellbereich an der Oberfläche abgegriffen werden kann. Dazu ist die Wicklung, bis auf den kollektorähnlichen offenen Teil, eingegossen. Mit einem meist aus einer Kohlerolle bestehenden Stromabnehmer kann an dem offenen Wicklungsteil die Spannung abgegriffen werden, ohne daß ein Windungsschluß entsteht.

Die Wicklung kann als einfache Sparwicklung, aber mit vollen Querschnitt über den Stellbereich, als Sparwicklung mit Vorgriff oder mit Unterwicklung, aber auch mit getrennter Primär- und Sekundärwicklung ausgeführt werden.

2.3.2 Kleinmotore

Bis ca. 1960 stellte die Fertigung und der Einsatz von Kleinmotoren für die Elektroindustrie einen von der Stückzahl und dem Umsatz her relativ unbedeutenden Faktor dar. Dies hat sich jedoch, gerade in den letzten 10 Jahren, entscheidend verändert. Durch den sprunghaft vergrößerten Einsatz von elektrisch angetriebenen Haushaltsgeräten ist der Kleinmotor als ein Element in Konsumgeräten zu einem massenhaft gefertigten Bauteil geworden. ,,Die Stückzahlen der gefertigten Kleinmotoren steigen ständig an .... Für den durchschnittlichen Haushalt rechnet man heute schon in Deutschland (gemeint ist die Bundesrepublik Deutschland; der Verf.) mit etwa 10– 20 Kleinmotoren. ... Der Ausstoß liegt im Augenblick (1979; der Verf.) in der Größenordnung von fünfzig Millionen Stück/Jahr (gemeint ist die Produktion in der Bundesrepublik Deutschland; der Verf.), so daß der wertmäßige Umsatz der Kleinmotoren den der anderen elektrischen Maschinen bereits überflügelt hat". [1] Die großen Stückzahlen der produzierten Kleinmotoren, die diesen Bereich als Markt für die Industrie interessant machen, und die an einer kostengünstigen Massenfertigung orientierte Ausführung der Kleinmotoren haben in den letzten Jahren relativ weitreichende technische Veränderungen und spezielle Ausformungen dieses Bauelements entstehen lassen. Der Kleinmotor ist ein Bauelement, an dessen realer Ausführung sich das bei Großmaschinen noch relativ klar erkennbare Funktionsprinzip kaum noch aufzeigen läßt. „Der konstruktive Aufbau dieser Motoren paßt sich weitgehend den Fertigungsverfahren der feinwerktechnischen Massenfertigung an. Hierbei werden die Motorteile vornehmlich als Stanz- und Ziehteile sowie als Druckguß- und Spritzgußteile hergestellt, um bei niedrigen Herstellungskosten eine hohe Präzision zu erreichen." [2]

Einsatzbereich und **Anwendungsbeispiel** für den Einsatz von Kleinmotoren im unmittelbaren Lebensbereich:

Haushaltsgeräte	Küchenmaschine Kühlgerät Waschmaschine
Hygienegeräte	Haartrockner Trockenrasierer Elektr. angetriebene Zahnbürste
Mediengeräte	Plattenspieler Tonbandgerät Film-, Diaprojektor
Klimageräte	Heizlüfter Heizungspumpe Antrieb von Hilfsaggregaten der Heizung
Heimwerktechnik	Bohrmaschine Kreissäge Rasenmäher
Spielzeugtechnik	Elektr. Eisenbahn Batterieangetriebenes Spielzeugauto Spielroboter
Bürotechnik	Elektr. Schreibmaschine Kopiergerät Ein-, Ausgabegeräte von DV-Anlagen
Kraftfahrzeugtechnik	Scheibenwischerantrieb Pumpenantrieb der Scheibenwaschanlage Lüfterantrieb

Aus den Anforderungen der Massenproduktion resultiert der zunehmende Trend zur Konstruktion geschlossener Elemente, die weder repariert werden können, noch deren Funktionsprinzip ohne Zerstörung durch Öffnen des Gehäuses gezeigt werden kann. „Die Stückzahl der zur Reparatur anfallenden Kleinmotoren fällt, weil sich wegen der hohen Lohnkosten auf der einen und der niedrigen Herstellungskosten auf der anderen Seite (also als Auswirkung der weitgehend automatisierten Fertigung; der Verf.) die Instandsetzung praktisch nicht mehr lohnt." [3] An diesem Beispiel kann exemplarisch gezeigt werden, wie sich bei Veränderung des Konsums die Produktion und das zu produzierende Element oder Gerät verändert und die Anforderung an den mit diesem Gerät arbeitenden Facharbeiter im Gefolge der Produktionsveränderung völlig umstrukturiert wird. Der Kleinmotor ist zu einem in sehr vielfältigen Formen gefertigten Bauelement geworden, das ähnlich wie Module in der Informationstechnik, bei Funktionsstörungen ausgewechselt wird und nicht mehr reparierbar ist. Kenntnisse dieses Gerätes sind notwendig in der Beurteilung des ordnungsgemäßen Verhaltens, in der fachsystematischen Zuordnung der speziellen Ausführungsform und der Beurteilung der Daten im Zusammenhang mit der Funktion.

Ein anderer Zweig der Entwicklung von Kleinmotoren ist in völlig anderer Richtung gelaufen. Es handelt sich hier um Motoren, die in der Produktion eingesetzt werden. Die fortschreitende Rationalisierung und Automatisierung verlangt nach mechanischer Energie in kleinen dosier-

[1] Kleinmotore (ohne Verfasser) in: Elektrische Maschinen 58 (1979), H. 2, S. 31 ff.

[2] *Armin Richter:* Einphasenmotoren, AEG-Telefunken-Handbücher Bd. 4. Elitera-Verlag Berlin 1972, S. 88.

[3] Kleinmotoren a.a.O., S. 31.

baren Mengen an vielen Punkten des Produktionsablaufs. Wichtig ist dabei, daß „die einzelnen Antriebe der am Prozeß beteiligten Maschinen individuell geregelt werden können .... (Es) scheint sich bei Neuentwicklungen immer mehr der elektrische Einzelantrieb durchzusetzen. Da die erforderlichen Drehmomente meist unter 2 bis 3 Nm liegen, bietet sich hier ein breites Einsatzgebiet für drehzahlgeregelte Antriebe mit Kleinmotoren". [1]

Die Anforderungen an die hier einzusetzenden Motoren sind sehr speziell, die Kostenfrage wird nur sekundär gesehen. Es werden Kleinmotoren entwickelt, die sehr speziell ausgeformt sind in ihrem Verhalten, mit denen es möglich ist, die menschliche Arbeitskraft auch bei wenig kraftaufwendigen Arbeiten im Produktionsprozeß zu ersetzen.

Ein in Ausführung und Ansteuerung sehr aufwendiger, aber in den Eigenschaften für diesen Anwendungszweck nahezu idealer Motor ist der Elektronikmotor. „Elektronisch geregelte Gleichstrommotoren mit Permanenterregung vereinigen in sich die gute Regeldynamik, den hohen Wirkungsgrad und den großen Drehzahlstellbereich eines Gleichstrom-Kommutatormotors mit der hohen Lebensdauererwartung und dem geringen Laufgeräusch eines Asynchronmotors. Dazu kommt noch eine hohe Nenndrehzahl (bis zu 100 000 U/min), die nur durch die Lagereigenschaften begrenzt wird und die Möglichkeit des Schrittbetriebes." [2]

Die Reparatur und Wartung dieser Maschinen erfordert relativ große Fachkenntnisse und stellt einen Teil der Arbeit von Facharbeitern im Bereich der Wartung von Produktionsanlagen dar.

2.3.2.1 Fachsystematische Zuordnung von Kleinmotoren

Die leistungsmäßige Zuordnung stellt eine Abgrenzung im **Leistungsspektrum** der elektrischen Maschinen dar und sagt nichts über die Ausführungsform der Maschinen aus. Kleinmotoren sind im allgemeinen Motoren mit Leistungen unter 1 kW, wobei hier noch bei Leistungen unter 1 W Mini- oder Kleinstmotoren unterschieden werden können.

Innerhalb dieses Leistungsbereichs der Kleinmotoren soll weiter nach dem **Funktionsprinzip** und der **realen speziellen Ausführung** unterschieden werden. Man kann hier wieder zwischen Drehfeld- und Stromwendermaschinen unterscheiden, wobei Drehfeldmotoren in Asynchron- und Synchronmotoren unterteilt werden können. Diese Systematik unterscheidet sich nicht von der allgemeinen Systematik elektrischer Maschinen. Die speziellen Funktionsprinzipien sind jedoch teilweise sehr unterschiedlich zu den Mittel- und Großmaschinen.

[1] *H. Kühnlein, M. Liska:* Elektronisch kommutierte Gleichstrom-Kleinmotoren in Industrieantrieben, in ETG-Fachberichte Elektrische Klein- und Kleinstmotoren. VDE-Verlag, Berlin 1975, S. 37.

[2] *H. Kühnlein, M. Liska*: Elektronisch kommutierte Gleichstrom-Kleinmotoren in Industrieantrieben, a.a.O., S. 31.

Systematik der elektrischen Motore nach Leistungsbereichen

Elektrische Motore
- Kleinstmotore ($P < 1$ W)
- Kleinmotore ($1 \text{ W} < P < 1$ kW)
- Mittelmotore ($1 \text{ kW} < P < 10^3$ kW)
- Großmotore ($P > 10^3$ kW)

Systematik der Klein(st)motore nach dem Funktionsprinzip

- Drehfeldmotor
  - Asynchronmotor
    - Anwurfmotor
    - Betriebs-, Anlauf-, Doppel- Kondensatormotor
    - Widerstandshilfsphasenmotor
    - Spaltpolmotor
  - Synchronmotor
    - Magnetläufermotor
    - Hysteresemotor
    - Reluktanzmotor
    - Impulsfeldmotor
- Stromwendermotor
  - Gleichstromkommutatormotor
  - Dauermagnetmotor
  - Elektronikmotor
  - Scheibenläufermotor
  - Universalmotor

Systematik der Drehfeld-Klein(st)motore nach dem Prinzip der Drehfeld-Erzeugung im Ständer

- Dreisträngig — Steinmetzschaltung
- Zweisträngig
  - Haupt- und Hilfswicklung
    - Hw. im Anlauf
    - Hw. im Dauerbetrieb
  - Haupt- und Kurzschlußwicklung auf Spaltpol
- Einsträngig
  - Haupt- und Kurzschlußwicklung auf Spaltpol
  - Hauptwicklung

2.3.2.2 Aufbau und Betrieb von Kleinmotoren

Bei den **Drehfeldmotoren für asynchronen Betrieb** ist die einfachste Form der Drehstrommotor mit dreisträngigen symmetrischen Wicklungen zum Betrieb am Drehstromnetz oder zum Betrieb am Einphasennetz in **Steinmetzschaltung**. Mit dieser Schaltung läßt sich jedoch nur für einen Betriebspunkt ein **Kreisdrehfeld** erzeugen. In diesem Betriebspunkt sind dann auch die Betriebsdaten die gleichen wie bei einer Drehstromeinspeisung. In allen anderen Betriebsbereichen ist nur ein **elliptisches Drehfeld** zu erreichen, das höhere Verluste, d.h. schlechteren Wirkungsgrad, und ein stark verringertes Drehmoment zur Folge hat. Da aber Maschinen unter 1 kW meist nicht an Drehstromnetzen betrieben werden und der Aufwand für den Betriebskondensator der Steinmetzschaltung relativ groß ist bei gleichzeitiger Verminderung der vom Motor abgebbaren Leistung, ist diese Form des Anschlusses in der Praxis selten zu finden.

Zum Betrieb an Einphasennetzen sind Drehfeldmotoren für asynchronen Betrieb, also Einphasen-Induktionsmotoren, mit Ständerwicklungen aufgebaut, bei denen durch Besonderheiten der Wicklung oder der Außenbeschaltung der Wicklung oder des Polaufbaues im Betrieb ein **Drehfeld** erzeugt wird.

Die Bedingung zur Erzeugung eines Kreisdrehfeldes↑ bei einer zweipoligen Maschine ist die Übereinstimmung zwischen räumlichen und zeitlichen Winkel, den die Erregerwicklungen zueinander bilden und den die Flüsse der Wicklungen zueinander haben.

Auch bei Einphasen-Drehfeldmaschinen sind die Wicklungsstränge symmetrisch angeordnet. Das Wechselfeld, das eine **einsträngige Wicklung** erzeugt, ist ein sich zeitlich sinusförmig änderndes magnetisches Feld. Für den rotierenden Läufer ist jedoch die räumliche Änderung in Bezug auf sein drehendes System interessant. Es muß die Induktionsverteilung am Ständerumfang dargestellt werden, und zwar für den rotierenden Läufer. Das Wechselfeld kann dazu in zwei zeitlich konstante gegenläufig mit synchroner Drehzahl rotierende Drehfelder zerlegt werden. Beide Drehfelder haben die gleiche zeitlich konstante Ampli-

Drehstrommotor mit Steinmetzschaltung am Einphasennetz

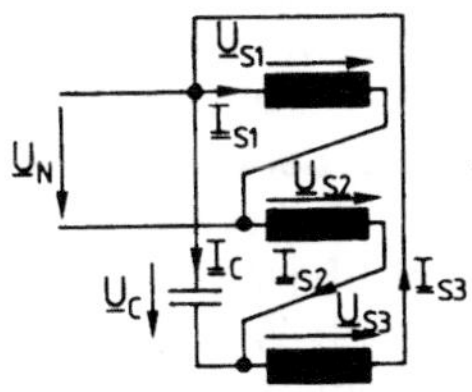

$\underline{U}_N = \underline{U}_{S1}$
$\underline{U}_N = -\underline{U}_{S2} - \underline{U}_{S3}$ $\Big\}$ $\varphi_S = 60°$

$\underline{U}_C = -\underline{U}_{S3}$ $\qquad \varphi_C = 90°$

$\underline{I}_C = \underline{I}_{S3} - \underline{I}_{S2}$

Symmetrische Strangspannungen sind erreicht, wenn
- die Kondensatorspannung so groß wie die Netzspannung ist;
- der Phasenwinkel der Stranggrößen 60° beträgt

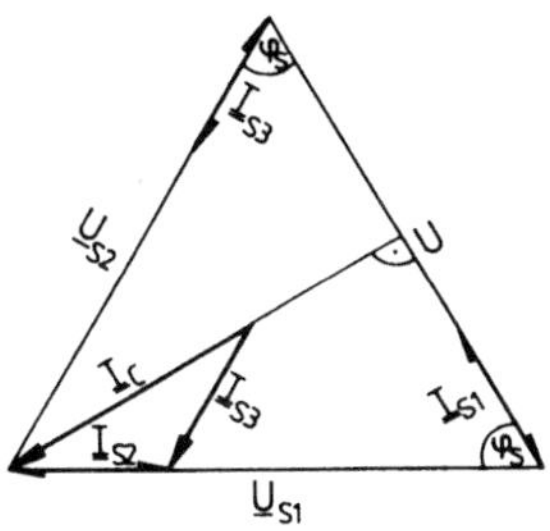

Drehmoment-Drehzahlkennlinie des Drehstrommotors mit Steinmetzschaltung

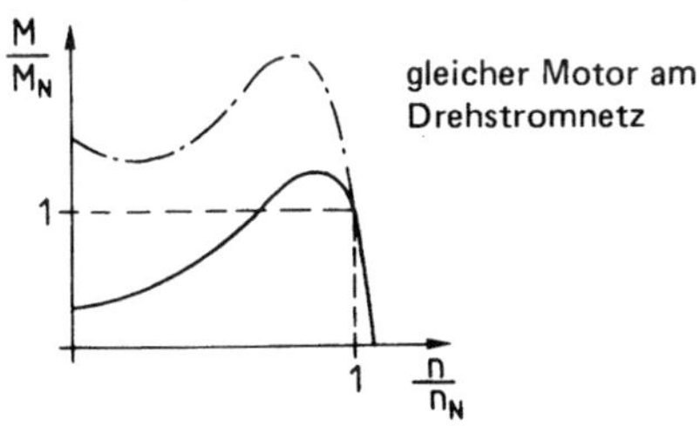

Wechselfeld des Einphasen-Einstrang-Drehfeldmotors

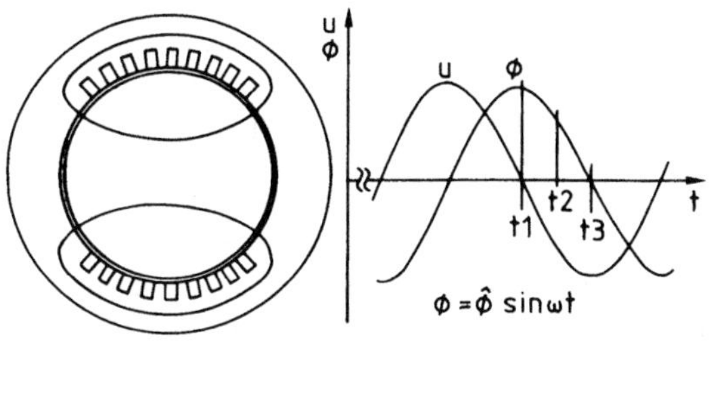

tude und ergeben addiert immer den zeitlich-räumlichen Verlauf des Wechselfeldes. Beide Drehfelder können als Vektoren dargestellt werden, die einander entgegengesetzt mit gleicher Winkelgeschwindigkeit rotieren. Da beide Amplituden gleich groß sind, wird das elliptische Feld bei einem symmetrischen Aufbau zum Wechselfeld. Die Wirkung der beiden gegenläufigen Drehfelder kann man sich als getrennte Wirkung beider Felder in zwei gekoppelten Maschinen vorstellen, die als Mit- und Gegenmaschine bezeichnet werden. Wenn der Läufer sich in einer Richtung zu drehen beginnt, dann ist das in gleicher Richtung rotierende Drehfeld das Mitsystem, in der Mitmaschine läuft der Läufer mit der Schlupffrequenz s↑. Es wird ein Mitmoment erzeugt. In der Gegenmaschine läuft der Läufer entgegen dem Drehfeld um, die Maschine läuft mit dem Schlupf 2 − s und arbeitet im Bremsbereich. Solange das Mitmoment größer als das Gegenmoment ist, tritt ein resultierendes Moment an der Welle auf, das den Antrieb gegen das Lastmoment bewegt. Gegenüber dem Drehstrommotor tritt also immer ein inneres bremsendes Moment auf, das den Wirkungsgrad der Maschine verschlechtert. Je mehr sich das Wechselfeld dem Drehfeld annähert, desto geringer wird das Bremsmoment.

Bei einem **zweisträngigen Motor**, z. B. einem Betriebskondensatormotor↑, wird ein elliptisches Drehfeld erzeugt. Hierbei ist die Induktionsamplitude des Gegensystems immer kleiner als die des Mitsystems, das Bremsmoment wird kleiner und der Wirkungsgrad besser. Es muß aber beachtet werden, daß je nach Beschaltung des Hilfsstranges die Spannung am Hilfsstrang mit der Drehzahl verändert wird. Damit wird auch die Aufteilung auf Mit- und Gegensystem verändert, ebenso wie das Mit- und Gegenmoment. Da die Frequenz der induzierten Spannung des Gegensystems im Läufer sehr groß ist, werden die Motoren nicht mit Stromverdrängungsläufern ausgerüstet. Durch den Effekt der Stromverdrängung würde das bremsende Moment des Gegensystems noch verstärkt werden.

Zerlegung des Wechselfeldes in mit- und gegenläufiges Drehfeld

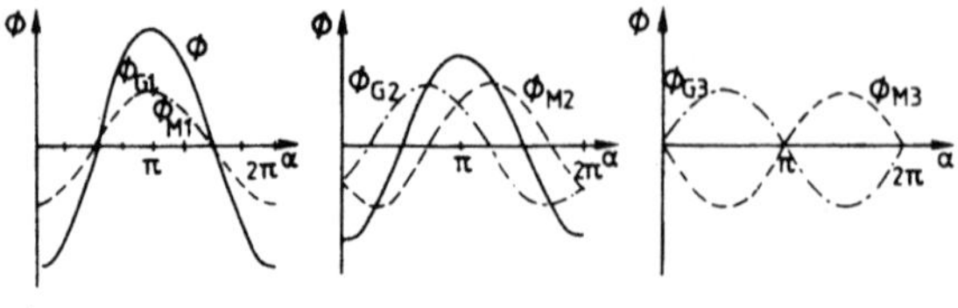

$t_1 = \frac{T}{4} + t_0$	$t_2 = \frac{T}{8} + t_1$	$t_3 = \frac{T}{4} + t_1$
$\phi_1 = \hat{\phi}$	$\phi_2 = 0{,}707\,\hat{\phi}$	$\phi_3 = 0$
$\phi_{M1} = 0{,}5\,\hat{\phi}\,\sin(\alpha - 90°)$	$\phi_{M2} = 0{,}5\,\hat{\phi}\,\sin(\alpha - 135°)$	$\phi_{M3} = 0{,}5\,\hat{\phi}\,\sin(\alpha - 180°)$
$\phi_{G1} = 0{,}5\,\hat{\phi}\,\sin(\alpha - 90°)$	$\phi_{G2} = 0{,}5\,\hat{\phi}\,\sin(\alpha - 45°)$	$\phi_{G3} = 0{,}5\,\hat{\phi}\,\sin(\alpha - 0°)$

Mit- und gegenläufiges Drehfeld

$$\Phi_{(t)} = \Phi_M(\alpha) + \Phi_G(\alpha)$$

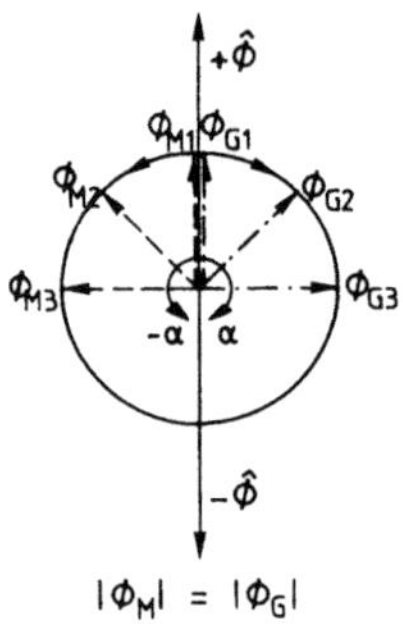

Idealisierte Drehmoment-Drehzahl Kennlinie

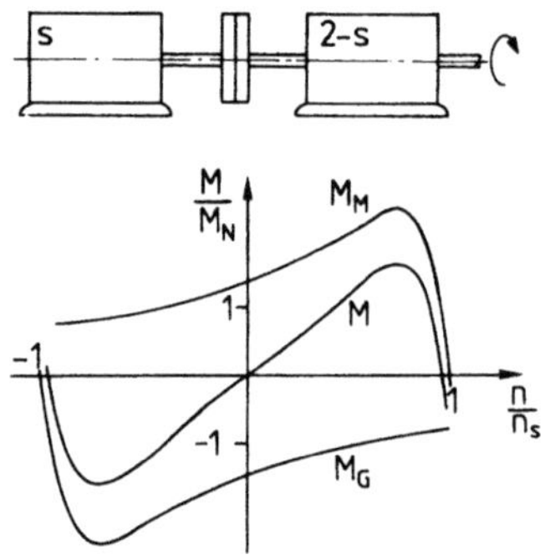

Elliptisches Drehfeld eines zweisträngigen Drehfeldmotors

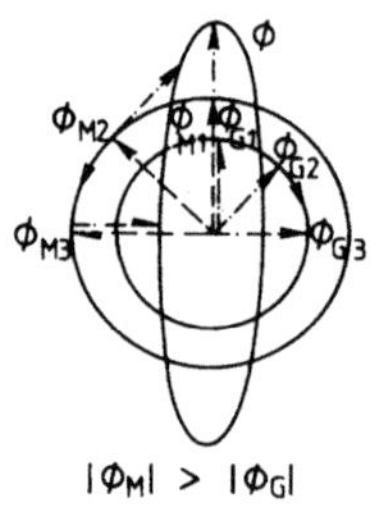

$$\Phi_{(t)} = \Phi_M(\alpha) + \Phi_G(\alpha)$$
$$M = M_M - M_G$$

Die einfachste Form eines Einphasen-Drehfeldmotors ist der **Anwurfmotor**, der nur eine einphasige Ständerwicklung enthält und bei dem der Läufer als Käfigläufer ausgeführt ist. Beim Anlauf wird der Läufer durch äußere Einwirkung in die Nähe der synchronen Drehzahl gebracht. Das Wechselfeld des Ständers kann in ein mit- und ein gegenläufiges Feld zerlegt gedacht werden, wovon durch den rotierenden Läufer mit seinen induzierten Strömen das mitläufige Feld verstärkt wird und im Betrieb als Drehfeld wirkt. Diese elementare Form des Motors ist jedoch, da er kein Anlaufmoment entwickeln kann, in der Praxis wenig verbreitet.

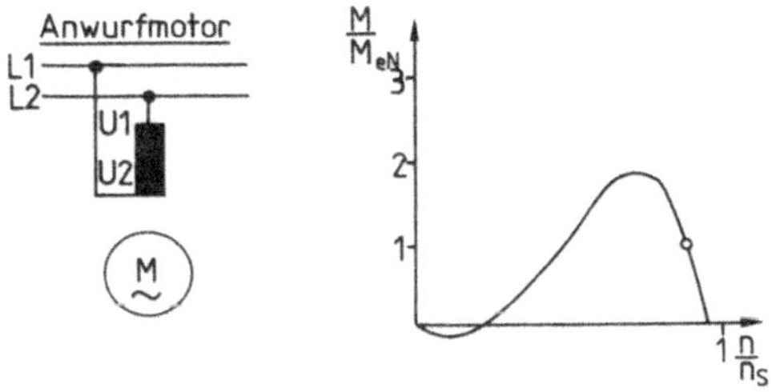

Um ein Anlaufmoment zu erzeugen, wird die Ständerwicklung in zwei Teilwicklungen zerlegt. Eine Teilwicklung wird vom Netz direkt gespeist, die **Hauptwicklung.** Die zweite Teilwicklung als **Hilfswicklung** wird über einen Kondensator oder Widerstand mit einen möglichst um 90°-phasenverschobenen Strom gespeist. Da diese Wicklung im Ständer auch um ca. 90° räumlich gedreht angeordnet ist, wird ein elliptisches Drehfeld erzeugt.

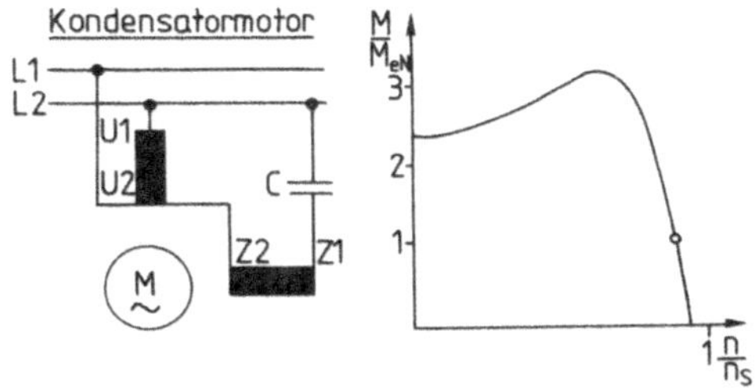

Die Hilfswicklung kann im Dauerbetrieb eingeschaltet bleiben, dann wird der Motor als **Betriebskondensatormotor** bezeichnet. Dieser Motor wird nur für leichte Anlaufbedingungen eingesetzt.

Am weitesten verbreitet ist die Ausführung als **Anlaufkondensatormotor**. Die Hilfswicklung wird nur für den Anlauf benötigt. Nach dem Hochlauf des Motors wird über äußere Schaltorgane, z.B. Fliehkraftschalter, Zeitrelais o.ä., die Hilfswicklung abgeschaltet, der Motor arbeitet als Einphasen-Induktionsmotor mit dem mitlaufenden Drehfeld. Dieser Motor wird z.B. als Kompressorantriebsmotor in Kühlschränken eingesetzt.

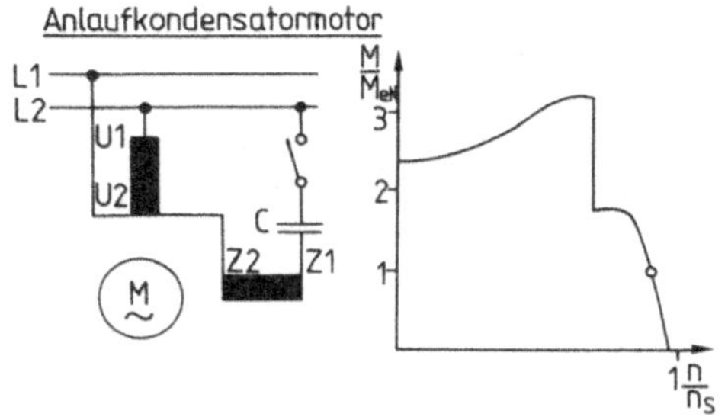

Ebenso kann die Hilfswicklung beim **Widerstandshilfsphasenmotor** über einen Widerstand eingespeist werden. Es ist auch eine Ausführung als **Doppelkondensatormotor** möglich, wobei die Hilfswicklung über einen Betriebskondensator im stationären Betrieb und über Betriebs- und Anlaufkondensator bei Hochlauf eingespeist wird. Beide Formen des Einphasen-Induktionsmotors mit Hilfswicklung werden bei besonderen Anforderungen eingesetzt.

Als **Anlaßkondensatoren** werden aus Kostengründen ungepolte Elektrolytkondensatoren [1] mit gegeneinander angeordneten Elektrolytschichten verwendet, sog. Motor-Kondensatoren. Diese können bei kurzen Betriebszeiten auch an Wechselspannung betrieben werden.

Anlaßkondensator für Aussetzbetrieb AB

Nennspieldauer 3 min, d.h. 20 Schaltzyklen pro Stunde;
relative Einschaltdauer ED maximal 0,55 %;
die zulässige Belastungsdauer ist damit 1 s.

Als **Betriebskondensatoren** werden selbstheilende Metallpapierkondensatoren [1] verwendet, die für den Dauerbetrieb ausgelegt sind. Die Kosten für einen Betriebskondensator sind gegenüber einem Anlaßkondensator um mehr als eine Größenordnung höher.

Die Kondensatorspannung hängt von der Drehzahl der Maschine ab. Sie steigt wie der Kondensatorstrom etwa quadratisch mit der Drehzahl an. Die höchste mögliche Kondensatorspannung darf nicht größer als die Kondensatornennspannung sein, die wiederum die Kondensatorkosten bestimmt.

Die Erzeugung elliptischer Drehfelder aus einer Einphaseneinspeisung kann auch durch eine besondere Konstruktion des Pols im **Spaltpolmotor** erreicht werden. Dieser Motor besitzt im Ständer ausgeprägte Pole, wobei ein **Hauptpol** das Wechselfeld erzeugt. Ein Teil des Feldes wird über einen **Hilfspol**, den Spaltpol, der mit einer Kurzschlußwicklung versehen ist, abgezweigt. Infolge der Kurzschlußwicklung entstehen zwei Wechselfelder, die sich zu einem resultierenden Feld zusammensetzen, dessen Feldmaximum vom Hauptpol zum Spaltpol wandert, das Spaltpolfeld ist um nahezu 90° gegenüber dem Hauptfeld verschoben. Das resultierende Feld ist ein elliptisches Drehfeld. Dieser Motor ist der am einfachsten aufgebaute Kleinmotor, er kann ohne Zusatzeinrichtungen direkt an das Wechselspannungsnetz angeschlossen werden. Allerdings lassen sein schlechtes Anzugsmoment und sein geringer Wirkungsgrad (10–40 %) einen nur begrenzten Einsatz zu. Spaltpolmotore mit Leistungen über 200 W werden nicht gebaut, da die Verlustleistung nicht mehr abgeführt werden kann. Bei Leistungen bis ca. 100 W werden in Haushaltsmaschinen vorzugsweise Spaltpolmotore eingebaut. Bei den in diesem Bereich üblichen Großserien von 10^5 bis 10^6 Stück ist der Spaltpolmotor trotz seines größeren Bauvolumens bei gleicher Leistung, d.h. höheren Materialkosten, gegenüber dem Kondensatormotor durch den einfacheren Aufbau ohne Kondensator in der Fertigung preisgünstiger.

Aufbau und Feldverteilung im 4-poligen Spaltpolmotor

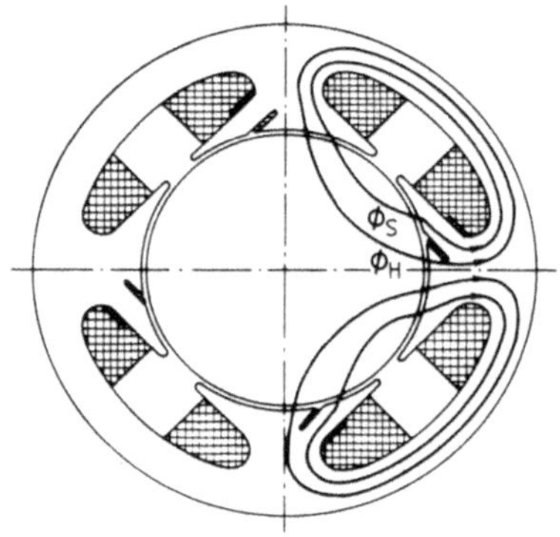

Zeigerdiagramm der Flüsse

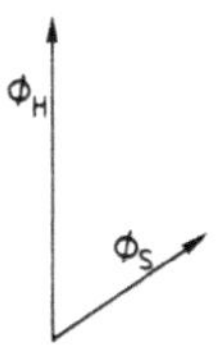

Drehmoment-Drehzahl-Kennlinie

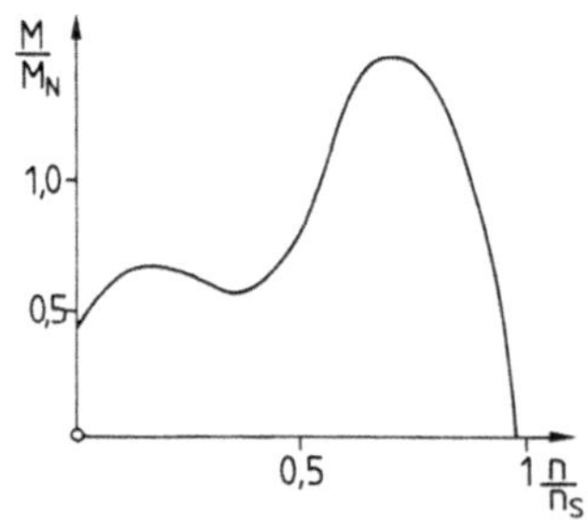

[1] *Betz,* u.a.: Grundkenntnisse ET; Kap. 26.

Zum Betrieb von Geräten mit zeit- bzw. frequenzproportionalen Drehbewegungen, wie Uhren, Zeitzählern usw. werden Motore mit absoluter Drehzahlkonstanz benötigt. Dazu sind nur Synchronmotore geeignet. Um ein möglichst „rundes" Drehfeld zu erzeugen, wird bei **Einphasen-Synchronmotoren** meist eine mehrsträngige Wicklung vorgesehen. Zu beachten ist bei diesen Synchronkleinmotoren noch die Frage des Selbstanlaufs der Maschinen. Unterschieden werden kann zwischen Magnetläufermotoren, Hysterese-Motoren und Reluktanz-Motoren.

Magnetläufermotore sind dauermagnet-erregte Synchronmotore. Sie haben statt der gleichstrom- erregten Erregerwicklung einen Permanentmagneten in den Polen eingebaut. Magnetläufermotore können als Innenpolausführung ohne Bürsten oder als Außenpolausführung aufgebaut sein. Diese Motore haben, wie die großen Synchronmaschinen, eine hohe Leistung bei kleiner Baugröße. Das Leistungsgewicht kann bis zu 1/25 eines Hysteresemotors betragen. Nachteilig sind die relativ großen Pendelmomente durch das elliptische Drehfeld, die bei manchen Antrieben störend wirken. Magnetläufermotore werden vorzugsweise in Zeitrelais und Programmsteuergeräten eingesetzt.

Beim **Reluktanzmotor** wird das Reaktionsmoment ausgenutzt, das durch eine ausgeprägte Polform entsteht. Reluktanzmotore enthalten Läufer mit ausgeprägten Polen, die Erregung wird von der Netzwicklung aufgebracht. Der Läufer ist ein Käfigläufer, die Pole sind durch Ausfräsungen entstanden, der Anlauf kann asynchron erfolgen.

Prinzipieller Aufbau des Reluktanzmotors

Beim **Hysteresemotor**, der vor allem für kleine Leistungen unter 1 W eingesetzt wird, ist der Ständer meist nach dem Spaltpolprinzip aufgebaut, es entsteht also ein elliptisches Drehfeld. Der Läufer besteht aus hartmagnetischen Werkstoff, d.h. Eisen mit besonders ausgeprägter Hysterese. Die vom Ständerfeld im asynchronen Lauf in den Läufer induzierte Spannung erzeugt eine Flußänderung, wobei sich aber infolge der Hysterese die magnetische Feldstärke zeitlich verschoben ändert. Es entstehen Kräfte, die ein asynchrones Drehmoment, das unabhängig von der Drehzahl relativ konstant ist, erzeugen. Bei synchronen Lauf verhält sich der Motor wie ein Magnetläufermotor. Der Hysteresemotor arbeitet im Normalbetrieb mit synchroner Drehzahl. Wird er abgebremst, dann geht er ohne sprunghafte Momentenänderungen in den asynchronen Betrieb über, er fällt nicht ruckartig außer Tritt. Nachteilig ist der schlechte Wirkungsgrad des Hysteresemotors, der kleiner als 30 % ist. Ursache dafür ist die große Magnetisierungsleistung, die nötig ist, um den hartmagnetischen Läufer umzumagnetisieren. Dies ist jedoch bei den kleinen Leistungen, für die der Hysteresemotor eingesetzt wird gegenüber dem Vorteil des einfachsten Aufbaus uninteressant.

Drehmoment-Drehzahl-Kennlinie des

Reluktanzmotors **Hysteresemotors**

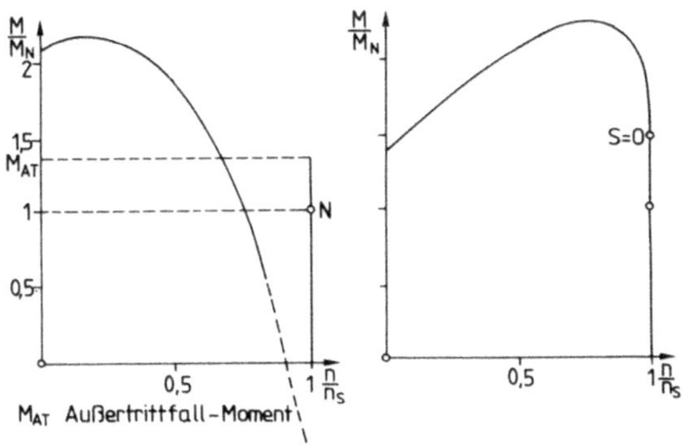

Eine Sonderform der Synchronmotoren stellt der **Impulsfeldmotor** dar, der kein Drehfeld hat. Dieser Motor besteht aus einem gezahnten Läufer und zwei ihn umfassende ebenfalls gezahnte Polhörner. Die Erregerwicklung erzeugt ein Wechselfeld, das sich zwischen den Polhörnern durch den Läufer hindurch ausbreitet. Der Läufer stellt sich so ein, daß möglichst zwei Zähne sich jeweils gegenüberstehen. Wenn der sinusförmige Fluß Null wird, kann der Läufer einen Zahn weiter rücken, also zwei Zahnteilungen pro Periode dreht sich der Läufer. Die Drehzahl ist umgekehrt proportional der Zahnzahl. Das abgegebene Drehmoment ist bei solchen Motoren sehr klein, ihr Wirkungsgrad sehr schlecht, sie können nicht selbst anlaufen. Sie werden verwendet für Synchronuhren und andere dauernd laufende Zeitschaltgeräte, bei denen der Vorteil der niedrigen Drehzahl und einfachen Bauform ausschlaggebend ist.

Prinzipieller Aufbau des Impulsfeldmotors

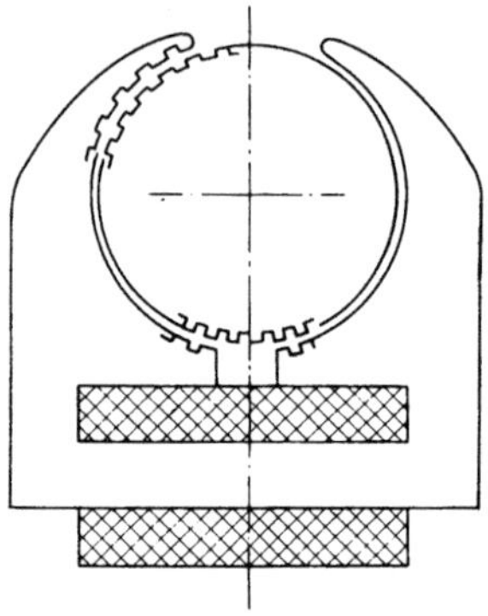

Synchrone Drehzahl des Impulsfeldmotors

Pro Wechselfluß-Periode rückt der Läufer 2 Zähne weiter.

Pro Sekunde rückt der Läufer 2f Zähne weiter.

Der Läufer hat 1 Umdrehung vollzogen, wenn die z-Zähne am Umfang einmal durchgelaufen sind.

Die Drehzahl ist damit $n = \frac{2f}{z}$

bzw. $\frac{n}{\text{min}} = \frac{120f}{z}$

Für alle Drehfeldmotoren ist die obere Drehzahlgrenze durch die höchste mögliche Drehfelddrehzahl von 3000 U/min bei 50 Hz vorgegeben. Sind größere Drehzahlen notwendig, dann kann mit **Zwischenläufermotoren** bei denen innerhalb des Käfigläufers eines Drehfeldmotors↑ nochmals ein Käfigläufer rotiert, die Drehzahl verdoppelt werden. Es können aber auch Stromwendermotore eingesetzt werden, deren Drehzahl nur durch die Belastungsgrenze des Kommutators begrenzt wird. Diese Motore lassen sich für Gleich- und Wechselspannungseinspeisung herstellen. Die Verwendung von Antrieben kleinster Leistung mit Gleichspannungsversorgung steigt mit der Entwicklung einfacher integrierter Steuerungselektronik.

Die grundsätzliche Ausführung des **Wechsel-** oder **Gleichstrom-Kommutatormotors**↑ gleicht der bei großen Maschinen. Vorteile gegenüber den Drehfeldmaschinen sind die möglichen verschiedenen Drehzahl-Drehmoment-Kennlinien, die durch Reihenschluß-, Nebenschluß-, Doppelschluß- oder fremderregte Wicklungen möglich sind, der gute Wirkungsgrad und die möglichen hohen Drehzahlen. Die Drehzahl kann bei speziellen Ausführungen bis 10 000 U/min gesteigert werden. Nachteilig ist der Verschleiß des Kommutators und der Bürsten. Angewendet werden diese Motoren in großen Stückzahlen im Kraftfahrzeug, z.B. als Scheibenwischermotor, bei batteriegetriebenen Geräten, bei elektrisch gesteuerten Kleingeräten und bei Produktionsantrieben.

Eine spezielle Ausführungsform sind dauermagneterregte Gleichstrommotore. Bei **Gleichstrom-Außenpol-Motoren** wird die Erregerwicklung durch einen im Polsystem angeordneten Permanentmagneten ersetzt. Dadurch kann der Wirkungsgrad, da die Erregerverluste entfallen, gesteigert werden. Bei **Gleichstrom-Innenpol-Motoren** sind die Erregerpole mit den Dauermagneten im Läufer angeordnet. In der Ständerwicklung erfolgt die Stromwendung durch elektronische Schalter, die z.B. von Hallgeneratoren angesteuert werden. Diese Ausführung wird als **Elektronikmotor** bezeichnet, die Drehzahl dieses Motors kann z.B. bei Präzisions-Schleifmaschinen-Antrieben bis 100 000 U/min betragen.

Der Elektronikmotor ist ein kollektorloser Gleichstrommotor, dessen Feld durch einen Permanentmagneten erzeugt wird. Der in der Herstellung aufwendige Stromwender, dessen Bürsten Verschleißteile sind und einer intensiven Wartung bedürfen, ist durch eine Kommutierungselektronik ersetzt. Dabei ist das Läuferfeld durch die Permanenterregung ein Gleichfeld, das Ständerfeld ist ein Wechselfeld. Das Ständerwechselfeld ist ein Drehfeld, dessen zeitliche Stellung fest der jeweiligen Läuferstellung zugeordnet ist. Dazu wird die Läuferstellung über Hallgeneratoren erfaßt. Die Ausgangssignale der Hallgeneratoren steuern über Verstärkerschaltungen Leistungstransistoren an, die den Ankerstrom so auf die Ständerwicklungen kommutieren, daß im Zusammenwirken zwischen Läufer- und Ständerfeld ein zeitlich möglichst konstantes Drehmoment gleichbleibender Richtung entsteht. Dazu sind mindestens 4 Wicklungen symmetrisch im Ständer verteilt, die paarweise angesteuert werden.

Prinzip des Elektronikmotors

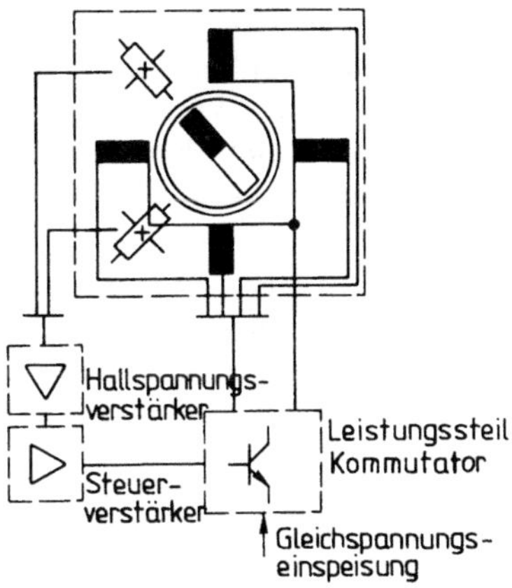

Die Drehzahl-Drehmoment-Kennlinie entspricht der des Gleichstrom-Nebenschlußmotors↑ an einem Netz konstanter Spannung. Durch Erweiterung der Steuerelektronik um entsprechende Reglerelemente kann das Verhalten des Elektronikmotors den Bedürfnissen des Anwenders angepaßt werden. Durch eine Drehzahlregelung kann die fallende Kennlinie auf eine konstante Drehzahl angehoben werden. Durch eine Strombegrenzung, die auch den Laststrom für die Steuerelektronik auf zulässige Werte begrenzt, kann das maximale Moment festgelegt werden.

Drehzahl-Drehmoment-Kennlinie

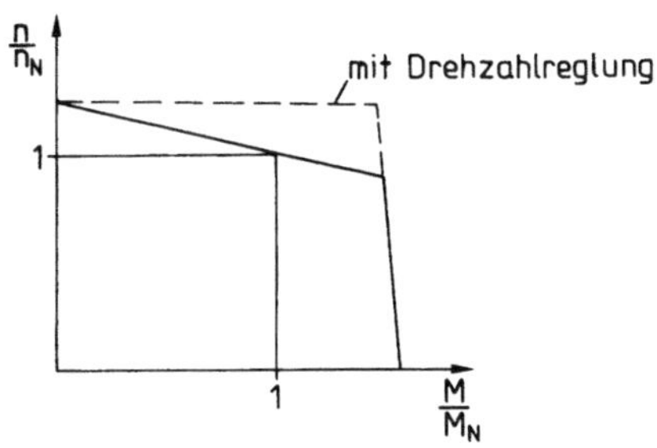

2.3.3 Schutzmaßnahmen für elektrische Kleinverbraucher

Die elektrische Spannung ist für die menschlichen Sinne nicht direkt wahrnehmbar. Daher besteht eine besondere Gefahr des unabsichtlichen Berührens spannungsführender Teile für den Menschen. Der menschliche Körper leitet dann den elektrischen Strom, er stellt also für eine Spannungsquelle einen Verbraucher dar, wobei die Einwirkungen auf die Körperfunktionen verschieden sind. Je nach der Höhe des Stromes und der Einwirkungszeit ist die Gefahr für die Gesundheit des Menschen unterschiedlich. Um Anhaltswerte für die

Beurteilung der Wirksamkeit des Schutzes durch die Begrenzung der Stromamplitude oder der Einwirkungszeit im Berührungsfall zu haben, werden Schutzkennlinien angegeben, die die zu erwartenden Wirkungen kennzeichnen in einem für den Menschen ungünstigsten Fall.

Es muß also durch geeignete Schutzmaßnahmen sichergestellt werden, daß entweder keine Berührung spannungsführender Teile möglich wird oder daß bei einer Berührung die Spannung schneller abgeschaltet wird als Schäden für den Menschen entstehen können oder daß durch Standortisolierung kein unzulässig hoher Strom durch den Menschen fließen kann. In der VDE 0100 über die „Bestimmungen für das Errichten von Starkstromanlagen mit Nennspannungen bis 1000 V" sind die einzuhaltenden Sicherheitsbestimmungen festgelegt.

Wirkungen des Stromes auf den Menschen

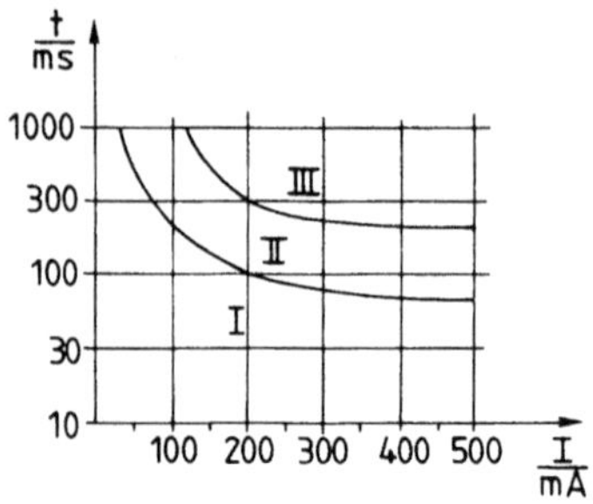

Bereich I:
Kein Einfluß auf die Herzschlagfolge und das Reizleitungssystem.

Bereich II:
Unregelmäßigkeiten in der Herzschlagfolge, Verkrampfungen und Bewußtlosigkeit möglich.

Bereich III:
Lebensgefahr durch Herzkammerflimmern u.a.

Widerstand des Menschen und zulässige Berührungsspannung

Den VDE-Bestimmungen ist ein zulässiger Strom von 50 mA durch den Menschen zu Grunde gelegt. Dabei wird von einem Körperwiderstand von 1000 Ω im ungünstigsten Falle ausgegangen.

$$U_B \leq 1000\ \Omega \cdot 50\ \text{mA}$$
$$U_B \leq 50\ \text{V}$$

2.3.3.1 Schutzklassen und Schutzarten

Um den Schutz gegen zu hohe **Berührungsspannung** zu charakterisieren, werden elektrische Verbrauchsgeräte in drei **Schutzklassen** eingeteilt:

- Geräte der Schutzklasse I sind Geräte mit einfacher Betriebsisolierung und Schutzleiteranschluß (Symbol ⊕).
- Geräte der Schutzklasse II sind Geräte mit Schutzisolierung zusätzlich zur Betriebsisolierung ohne Schutzleiteranschluß (Symbol ⧈).
- Geräte der Schutzklasse III sind Geräte zum Anschluß an Schutzkleinspannung, d.h. Nennspannung bis 42 V bzw. für den Geltungsbereich von VDE 0107 bis 24 V als Leiterspannung (Symbol ◈).

Neben den Schutzklassen sind nach DIN 40050 die **Schutzarten** für elektrische Geräte, also Schaltgeräte, Installationsgeräte, Leuchten usw. festgelegt. Diesen Normen entsprechende Geräte werden mit Kennzeichen versehen, die die Einsatzmöglichkeiten angeben. Dazu werden nach den Kennbuchstaben IP zwei Ziffern verwendet, wobei die erste Ziffer den Schutz gegen feste Fremdkörper, die zweite den gegen das Eindringen von Wasser kennzeichnet. Die Vorschriften zum Einsatz dieser geschützten Geräte sind in VDE 0100 § 45 ... 50 festgelegt.

Schutzarten für elektrische Geräte

Beispiel:

IP 00 0 ... Kein Schutz gegen Fremdkörper
...0 Kein Schutz gegen Eindringen von Wasser

IP 44 4 ... Kein Schutz gegen kornförmige Fremdkörper
... 4 Schutz gegen Spritzwasser
(Schutzart von Installationsmaterial für Duschräume)

IP 50 5 ... Schutz gegen Staubablagerung
... 0 Kein Schutz
(Schutzart von Deckenleuchten in Arbeitsräumen)

Die Schutzarten können durch Kurzzeichen auf den Geräten gekennzeichnet sein.

Beispiel:

IP .4 ⚠ IP 5. ※

2.3.3.2 Schutzmaßnahmen mit Schutzleiter

Zur Verringerung der Gefährlichkeit für den Menschen sind in der VDE 0100 „zusätzliche **Schutzmaßnahmen**, die bei Versagen der Betriebsisolierung und damit bei dem Bestehenbleiben zu hoher Berührungsspannungen wirksam werden können" angegeben. Dies sind

Schutzmaßnahmen **mit Schutzleiter** durch

Schutzerdung, Nullung, Schutzleitungssystem, FU-Schutzschaltung, FI-Schutzschaltung;

Schutzmaßnahmen **ohne Schutzleiter** durch Schutzisolierung des Betriebsmittels und/oder des Standortes, Schutzkleinspannung, Schutztrennung.

Schutzerdung ⏚ nach VDE 0100 § 9

„Die Schutzerdung soll das Bestehenbleiben zu hoher Berührungsspannung an den leitfähigen, nicht zum Betriebsstromkreis gehörenden Teilen der Betriebsmittel verhindern." Die Schutzerdung erfolgt durch Verbindung von nicht zum Betriebsstromkreis gehörenden leitfähigen Teilen des Betriebsmittels, z.B. Gehäuse, über einen **Schutzleiter** mit einem Erder. Dieser Erder kann eine besondere im Erdreich vergrabene leitende Erdplatte sein, aber auch ein Anschluß an das Wasserrohrnetz. Die letztere Möglichkeit ist vielfach nicht mehr zulässig, da teilweise nicht leitende Wasserrohre verwendet werden.

Die Schutzerdung ist auch wirksam, wenn das Netz nicht geerdet ist, d.h. im Fehlerfall kein Strom über den Schutzleiter fließen kann, da keine Potentialdifferenz zwischen dem Standort des Menschen und dem berührbaren Teil des Gerätes auftreten kann.

Wenn das speisende Netz eine Betriebserde hat, dann bildet sich im Fehlerfall ein **Erdschlußstrom** aus. Dieser Erdschlußstrom soll bei der Schutzerdung im Fehlerfall beim Überstromschutzorgan des Gerätes die Auslösung bewirken. Dazu muß sicher gestellt sein, daß der Erdschlußstrom groß genug wird, um die Abschaltung in kurzer Zeit zu garantieren. Dies wird schwierig bei Absicherungen von Geräten für größere Ströme, da dann der Schleifenwiderstand des Erdungskreises sehr klein sein muß, d.h. der Aufwand für einen ausreichenden Erder sehr groß wird. Daher kann die Schutzmaßnahme „Schutzerdung" bei Stromkreisen mit größerer Leistungsabnahme kaum noch durchgeführt werden.

Fehlerstromkreis für einen Fehlerfall in einem schutzgeerdetem Motor

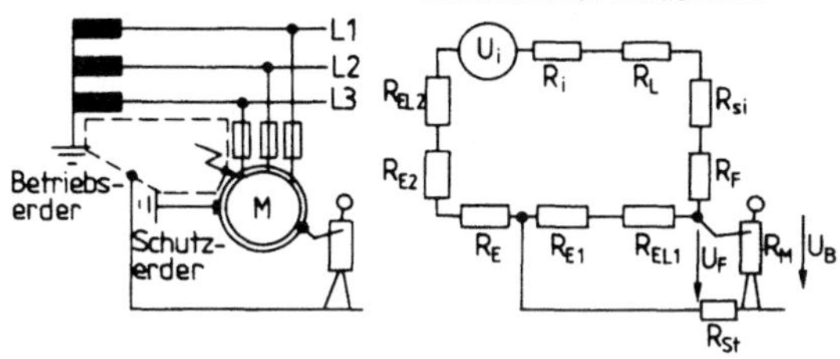

Bezeichnung der Widerstände im Fehlerstromkreis

R_i	Innenwiderstand der Quelle (Transformator)
R_L	Leiterwiderstand der Zuleitung
R_{Si}	Sicherungswiderstand
R_F	Fehlerstellenwiderstand
$R_{EL1,2}$	Widerstand der Erdungsleiter
$R_{E1,2}$	Widerstand der Erder
R_E	Widerstand des Erdreichs
R_M	Körperwiderstand
R_{St}	Standortwiderstand

Die Bedingung für die Schutzerdung ist, daß im Fehlerfall für den Abschaltstrom des vorgeschalteten Schutzorgans die zulässige Berührungsspannung von 50 V nicht überschritten wird. Dabei teilt sich die Fehlerspannung in die Berührungsspannung und den Spannungsfall am Standortwiderstand auf. Ohne Berücksichtigung des Standortwiderstandes (ungünstiger Fall) muß der Schutzerdungswiderstand

$$R_S \leqslant \frac{50\ \text{V}}{I_A} \qquad R_S = R_{E1} + R_{EL1}$$

sein, wenn der Abschaltstrom des Überstromschutzorgans

$$I_A = k I_N$$

ist. Dieser Wert ist in der Praxis nur zu erreichen

- bei Schmelzsicherungen mit niedrigen Nennströmen,
- bei Leitungsschutzschaltern vom Typ H.

Maximaler Schutzerdungswiderstand bei vorgeschaltetem Leitungsschutzschalter vom Typ H

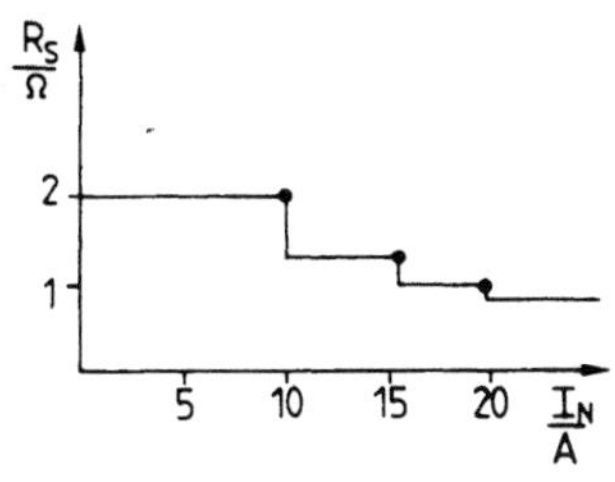

Leitungsschalter Typ H
I_N = 10; 16; 20; 25 A
k = 2,5

$$R_S \leqslant \frac{50\ \text{V}}{k I_N}$$

Nullung ⏚ nach VDE 0100 § 10

„Die Nullung soll das Bestehenbleiben zu hoher Berührungsspannung an nicht zum Betriebsstromkreis gehörenden Anlagenteilen verhindern."

Die Nullung erfolgt durch Verbindung von nicht zum Betriebsstromkreis gehörenden leitfähigen Teilen des Betriebsmittels, z.B. Gehäuse mit dem **Nulleiter**. Im Fehlerfall, d.h. wenn ein Körperschluß entstanden ist, fließt ein Fehlerstrom über den Nulleiter. Bei der Nullung mit besonderem Schutzleiter, der „modernen" oder „langen" Nullung, ist im Hausanschluß ein Schutzleiter mit dem Netz-Null verbunden. Dieser Schutzleiter wird dann zu jedem Anschluß geführt. Bei der Nullung ohne besonderen Schutzleiter, der „klassischen" oder „kurzen" Nullung werden in jedem Anschluß direkt die berührbaren Metallteile oder bei Steckdosen der Schutzkontakt mit dem Netz-Null verbunden.

Nullung ist also nur bei Netzen mit einem unmittelbar geerdeten Leiter, meist dem Mittelpunktleiter, möglich. Dabei muß durch entsprechende Dimensionierung der Leiterquerschnitte dafür gesorgt werden, daß im Fehlerfall der Abschaltstrom des vorgeschalteten Schutzorgans erreicht wird.

Bei der langen Nullung ist zu beachten, daß das Überstromschutzorgan nicht den Nullleiter abschalten darf. Die kurze Nullung stellt eine technisch wenig aufwendige, kostengünstige Schutzmaßnahme dar. Nachteilig ist aber, daß im Falle eines Nulleiterbruchs im Fehlerfall, auch wenn nur ein Verbraucher eingeschaltet ist, alle anderen Gehäuse die volle Spannung führen. In neu zu errichtenden Anlagen ist daher diese Schutzmaßnahme nur noch bei Anlagen mit Leiterquerschnitten ab 10 mm² zulässig.

Fehlerstromkreis für einen Fehlerfall in einem durch Nullung geschütztem Gerät

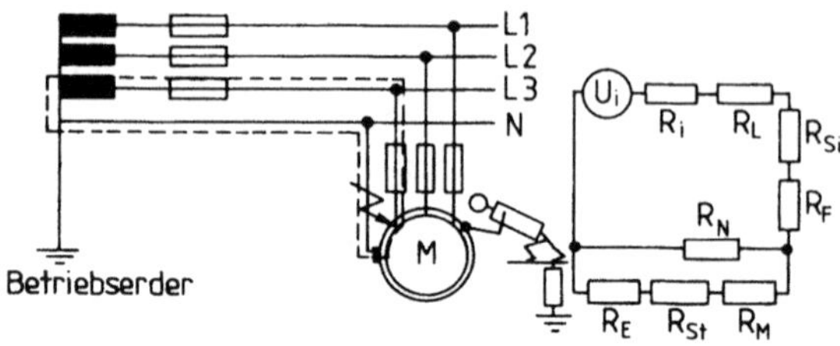

(R_N Leitungswiderstand des Nulleiters)

Bei der Nullung muß der kleinste noch mögliche Kurzschlußstrom die vorgeschaltete Überstromschutzeinrichtung zum Ansprechen bringen.

Fehlerstrom

$$I_F = \frac{U_i}{R_i + R_L + R_{Si} + R_F + \dfrac{R_N(R_M + R_{St} + R_E)}{R_N + R_M + R_{St} + R_E}}$$

Der Fehlerstrom durch den Menschen muß unter 50 mA bleiben oder die Überstromschutzeinrichtung innerhalb von 0,2 s abschalten.

Gehäusespannung im Falle eines Nulleiterbruchs bei der kurzen Nullung

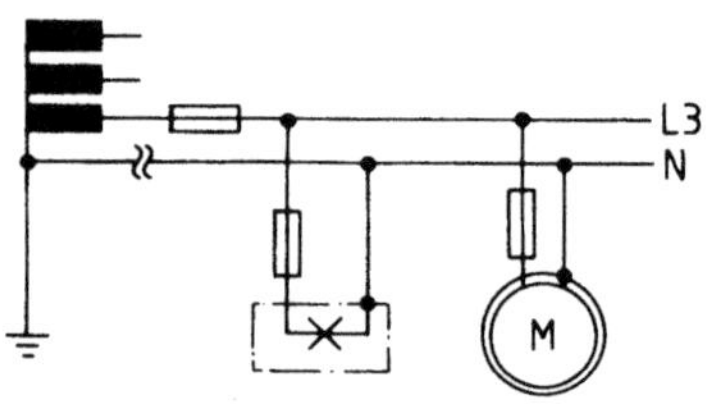

Schutzleitungssystem ⏚ nach VDE 0100 § 11

„Das Schutzleitungssystem soll das Auftreten zu hoher Berührungsspannungen verhindern".

Dazu sind alle zu schützenden, nicht zum Betriebsstromkreis gehörenden Anlagenteile durch ein **Schutzleitungssystem** miteinander und fest mit den der Berührung zugänglichen Gebäudekonstruktionsteilen, mit den Erdern und dem Schutzleiter ver-

Schutzleitungssystem

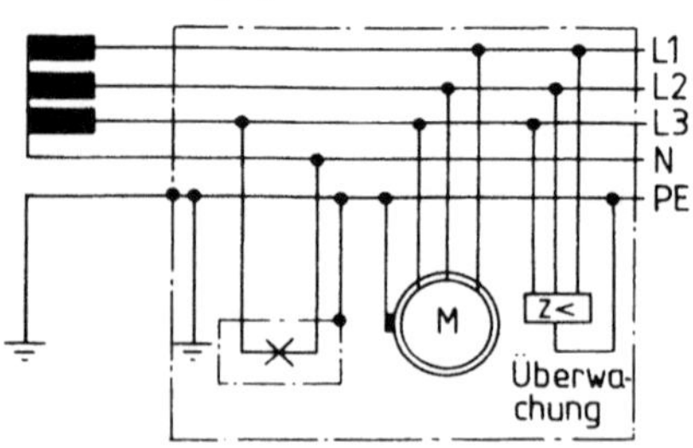

bunden. Dadurch wird sichergestellt, daß alle berührbaren Teile immer das gleiche Potential haben. Bei einem Fehlerfall wird die Anlage nicht abgeschaltet, sondern es wird der Fehler in der Isolation angezeigt. Die Anzeigeinstrumente stellen die einzige Betriebsverbindung zwischen dem Versorgungsnetz und dem Schutzleitungssystem dar. Daher ist die im Fehlerfall mögliche Berührungsspannung sehr niedrig.

Die Installation eines Schutzleitungssystems ist sehr aufwendig. Sie wird nur bei medizinisch genutzten Räumen oder speziellen Industrieanlagen angewendet, bei denen einerseits wichtige Geräte im Falle eines Isolationsfehlers nicht abgeschaltet werden dürfen, andererseits gefährdete Menschen direkt mit den Geräten Kontakt haben können.

FI-Schutzschaltung ⊕ nach VDE 0100 § 13

Bei einem Fehlerfall, bei dem spannungsführende Teile das mit dem Schutzleiter verbundene Gehäuse eines Gerätes berühren, fließt über den Schutzleiter ein Strom. Damit ist die Summe der Ströme in den Betriebszuleitungen nicht mehr Null. Mit dem **Fehlerstrom(FI)-Schutzschalter** werden die Betriebszuleitungen überwacht, deren Stromsumme im fehlerfreien Betrieb immer Null ist. Im Fehlerfall bleibt ein Differenzstrom übrig, der die Druchflutung eines Stromwandlers ↑ bildet, also als magnetische Spannung für den Meßkern des FI-Schutzschalters wirkt und in diesem einen Fluß zur Folge hat. Der Fluß induziert in der Auslösespule eine Spannung, die die Auslösung des Schalters bewirkt.

Damit steht ein System zur Verfügung, das bei sehr niedrigen Strömen sehr schnell auslösen kann, so daß bei entsprechend niedrigen Widerständen im Fehlerkreis die Gehäusespannung unter der zulässigen Betriebsspannung bleibt.

Prinzipielle Wirkungsweise der Fehlerstrom-Schutzschaltung

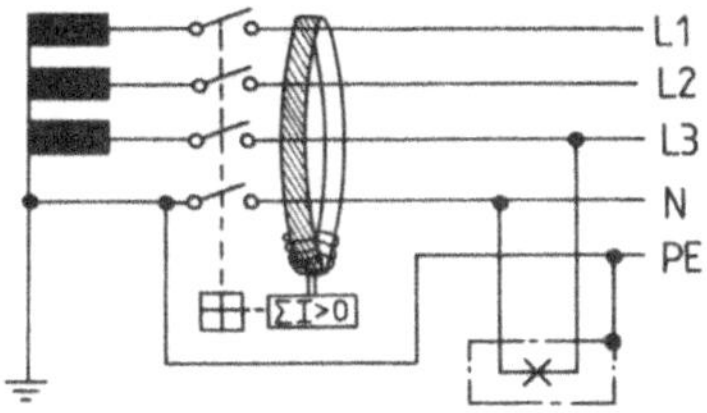

Ansprechempfindlichkeit von Fehlerstrom-Schutzschaltern

I_{FN} = 500 mA; 300 mA; 30 mA

FU-Schutzschaltung ⊕ nach VDE 0100 § 12

Mit dem **Fehlerspannungs(FU)-Schutzschalter** soll im Fehlerfall verhindert werden, daß an einem nicht zum Betriebsstromkreis gehörenden leitfähigen Anlageteil, z.B. einem Gerätegehäuse, eine zu hohe Berührungsspannung auftreten kann. Liegt eine Spannung an diesem Teil von maximal 24 V (bei landwirtschaftlichen Anlagen u.a.) bzw. 50 V, dann wird innerhalb von 0,2 s abgeschaltet.

Die FU-Schutzschaltung besteht aus einen Überspannungsauslöser, dessen Spule zwischen den zu schützenden leitenden Geräteteilen und einem Hilfserder liegt. Im Fehlerfall kann so ein Fehlerstrom den Fehlerspannungsschalter auslösen. Problematisch sind bei dieser Schaltung die Erdungsbedingungen, da einerseits der Hilfserderwiderstand nicht zu groß sein darf, andererseits durch Anschluß beider Klemmen des FU-

Prinzipielle Wirkungsweise der Fehlerspannungs-Schutzschaltung

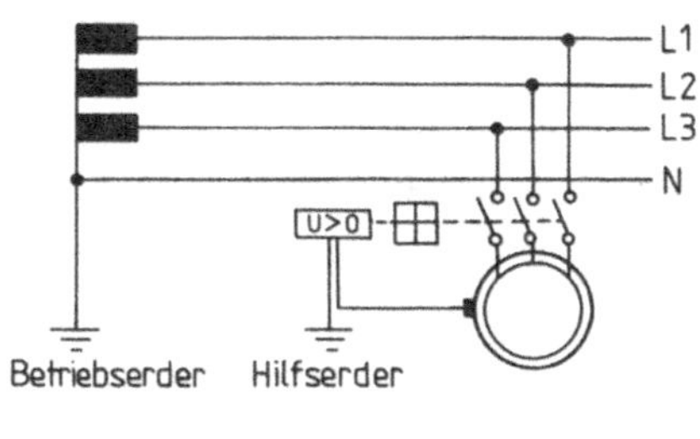

Schutzschalters an das gleiche Potential eine Auslösung nicht unmöglich werden darf. Daher wird die FU-Schutzschaltung nur noch in Sonderfällen angewendet.

2.3.3.3 Schutzmaßnahmen ohne Schutzleiter

Bei diesen Schutzmaßnahmen kann zwischen der Schutztrennung, der Schutzkleinspannung und der Schutzisolierung unterschieden werden. Dabei kann der Schutzleiter entfallen, es kann keine unzulässige Berührungsspannung an den so geschützten Geräten auftreten.

Schutztrennung $\frac{o}{o}$ nach VDE 0100 § 14

Bei der Schutztrennung wird der Stromkreis des Verbrauchers und des speisenden Netzes durch einen Trenntransformator ↑ so getrennt, daß bei einem Isolationsfehler im Verbraucher kein Fehlerstromkreis entstehen kann. Es besteht keine galvanische Verbindung zwischen dem speisenden Netz und der Betriebserde. Zulässig ist diese Schutzmaßnahme nur bei Speisenennspannungen von maximal 500 V, Verbrauchernennströmen von maximal 16 A und Verbrauchernennspannungen von 380 V. Die Trenntransformatoren werden mit dem Symbol o|o gekennzeichnet. Ortsveränderliche Trenntransformatoren müssen schutzisoliert sein, sie sind durch das Symbol ▣ gekennzeichnet. An einen Trenntransformator darf nur ein Verbraucher angeschlossen werden, es sei denn Verbrauchersysteme sind durch ihre Konstruktion oder durch Verbindungsleitungen potentialmäßig fest gekoppelt.

Prinzipielle Schaltung bei Schutztrennung

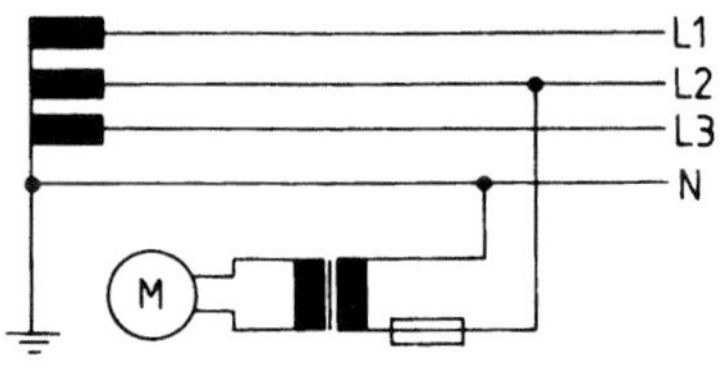

Schutzkleinspannung ◈ nach VDE 0100 § 8

Bei der Schutzkleinspannung wird die **Nennspannung** auf 42 V begrenzt, um zu hohe Berührungsspannungen zu verhindern. Dazu muß die Kleinspannungsanlage galvanisch vom speisenden Netz getrennt sein. Zur Einspeisung können Schutz- oder Klingeltransformatoren ↑, Akkumulatoren ↑ oder Batterien ↑ verwendet werden. Die Kleinspannungsanlage darf nicht geerdet sein, sie darf nicht mit Anlagen höherer Spannung leitend verbunden sein. Es darf also nicht über einen Spartransformator ↑ eingespeist werden. Bei elektromotorisch betriebenen Spielzeug ist die Nennlastspannung der Kleinspannungsanlage auf 24 V begrenzt.

Möglichkeit überhöhter Berührungsspannung bei Einspeisung über einen Spartransformator

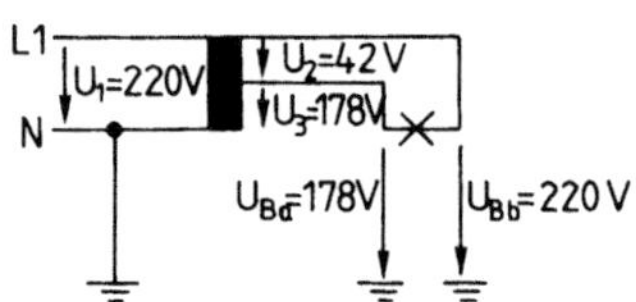

Schutzisolierung ⧈ nach VDE 0100 § 7

Bei der Schutzisolierung wird durch eine **zusätzliche Isolierung** verhindert, daß eine im Verbraucher mögliche Fehlerspannung von außen zugänglich wird. Alle der Berührung zugänglichen leitfähigen Teile, die im Fehlerfall mittelbar oder unmittelbar ein Potential gegen das Erd- oder Standortpotential annehmen können, sind fest und dauerhaft mit Isolierstoff bedeckt. Schutzisolierte Geräte sind durch das Symbol ⧈ gekennzeichnet.

2.3.3.4 Überstromschutzeinrichtungen

Wenn in einem elektrischen Gerät ein Fehler auftritt, z.B. in einer Motorwicklung ein Windungsschluß ↑ entsteht, dann vermindert sich zumeist der Verbraucherwiderstand zum Kurzschlußwiderstand. Damit steigt die Stromaufnahme des Gerätes stark an. Es bilden sich Kurzschlußströme aus, die punktuell an der Kurzschlußstelle sehr hohe Temperaturen erzeugen können und die noch intakten stromführenden Teile ebenso wie die Zuleitungen, Schalter u.a.m. stark überlasten mit der möglichen Folge unzulässiger Erwärmungen und der Zerstörung. Es ist auch möglich, daß der Fehler in der Überlastung des Gerätes besteht, wobei die dann auftretenden Überlastströme ebenfalls zu unzulässigen Erwärmungen führen können. Treten diese Erwärmungen über längere Zeiträume auf, dann wird die Durchschlagfestigkeit der Isolation gefährdet. Mit **Überstromschutzeinrichtungen** soll im Fehlerfall durch schnelles Abschalten das Gerät und die Zuleitung geschützt werden.

Zum Schutz von Kleinverbrauchern und Leitungen in Niederspannungsanlagen werden Schmelzsicherungen und Leitungsschutzschalter verwendet.

Schmelzsicherungen lösen bei größeren Strömen als dem Nennstrom aus, indem ein Schmelzleiter nach einer vom Strom abhängigen Zeit schmilzt und so den Stromkreis unterbricht. Der Schmelzleiter selbst befindet sich in einem Schmelzeinsatz, der aus einem hohlen Keramikkörper besteht und durch Metallkappen an den Enden verschlossen ist. Der Schmelzleiter ist in Quarzsand eingebettet. Durch diese Sandeinbettung wird eine definierte Wärmeabführung sichergestellt und nach dem Schmelzen des Leiters der Stromkreis sicher unterbrochen, es kann sich kein Lichtbogen ausbilden. Verwendet werden Leitungsschutzsicherungen nach dem DIAZED-System oder dem NEOZED-System, bei denen durch Schraubeinsätze im Sicherungssockel sicher gestellt ist, daß nur die passende oder eine Sicherung mit geringerem Auslösestrom verwendet werden kann.

Bei den Schmelzsicherungen werden verschiedene Nennstromstärken nach einem Farbkode und nach der Auslösecharakteristik zwischen flinken und trägen Sicherungen unterschieden.

Prinzipieller Aufbau des Schmelzeinsatzes einer DIAZED-Sicherung

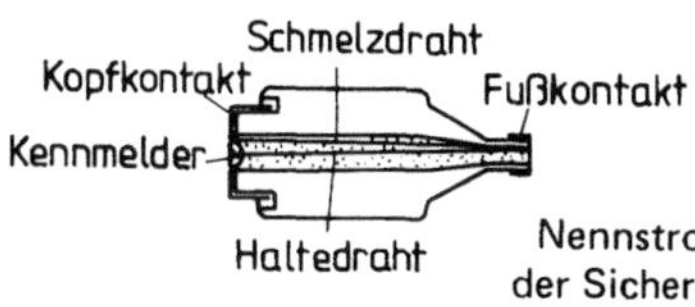

Nennstrom der Sicherung	Farbe des Kennmelders
10 A	rot
16 A	grau
20 A	blau
25 A	gelb
63 A	kupfer

Auslösezeit von flinken und trägen Schmelzeinsätzen

Die Kennlinie ist eine mittlere Kennlinie, die von einem Streubereich umgeben ist. Bei Nennströmen größer als 50 A und trägen Schmelzeinsätzen verschiebt sich die Auslösekennlinie.

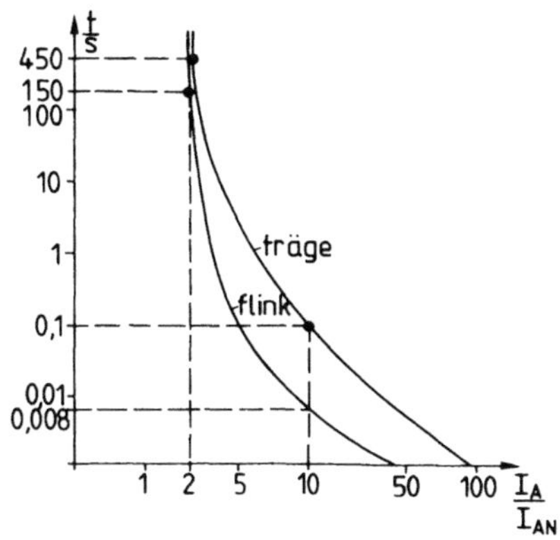

Leitungsschutzschalter sind Schaltautomaten, die mit einem thermischen Überstromauslöser und einem elektromagnetischen Kurzschluß-Schnellauslöser ausgerüstet sind. Zusätzlich können sie von Hand betätigt werden, sie stellen jedoch keinen Schalter für große Schalthäufigkeiten dar, sondern ein Sicherungsorgan.

Bei den Leitungsschutzschaltern werden entsprechend VDE 0641 verschiedene Typen mit unterschiedlichen Auslösekennlinien hergestellt. Leitungsschutzschalter vom Typ L dürfen in Haushaltsanlagen für Licht- und Steckdosenstromkreise nur bis zu einem Nennstrom von 10 A, des Typs H bis zu 16 A verwendet werden.

Leitungsschutzschalter des Typs H haben einen geringeren Kurzschlußauslösewert, sie werden z.B. bei Warmwassergeräten mit größeren Nennströmen eingesetzt. Der Typ G hat einen höheren Kurzschlußauslösewert als die beiden anderen Typen und ist vorzugsweise mit Geräten für großen Einschaltstromstößen, wie z.B. Motoren, Transformatoren geeignet. Die Nennstrom-Stufung ist bei diesem Typ besonders fein, da meist jedes Gerät einzeln abgesichert und der Leitungsschutzschalter direkt angepaßt wird. Leitungsschutzschalter des Typs G dürfen nicht für Licht- und Steckdosenkreise im Haushalt verwendet werden. Die Abschaltung innerhalb von 0,2 s muß beim Typ L beim 5-fachen, beim Typ H beim 3-fachen Nennstrom erfolgen.

Kennwerte der Leitungsschutzschalter

	Nennströme [A]	Kurzschlußauslösung	thermisch Ausl. in 1 Stunde
Typ L	6; 10; 16; 20; 25	3,5 ... 5 I_N	bis 10 A bei 1,9 I_N über 10 A bei 1,75 I_N
Typ H	10; 16; 20; 25	2 ... 3 I_N	bis 10 A bei 1,9 I_N über 10 A bei 1,75 I_N
Typ G	0,3; 0,5; 0,75... ...20; 25	8 ... 12 I_N	1,4 I_N

Auslösekennlinien der Leitungsschutzschalter

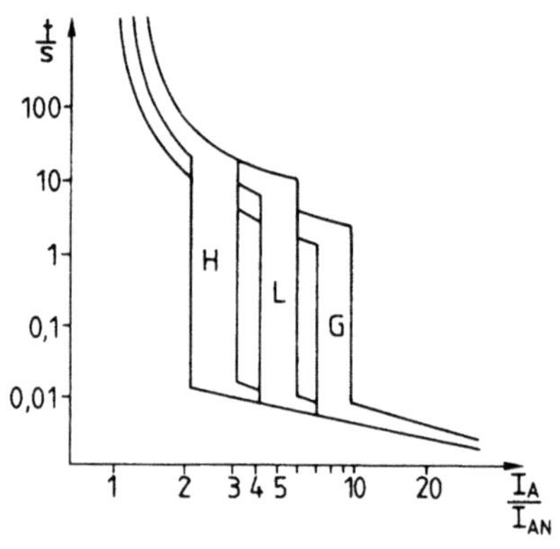

Selektivität in Niederspannungsanlagen soll im Fehlerfall garantieren, daß nur der betroffene Teil der Anlage abgeschaltet wird. Bei Sicherungen wird die Selektivität durch jeweils um zwei Nennstromstufen höhere Werte bei Hintereinanderschaltung gewährleistet. Leitungsschutzschalter werden in Haushaltsanlagen mit einer trägen Schmelzsicherung von 63 A abgesichert. Dabei wird vorausgesetzt, daß das Mindestschaltvermögen von 1,5 kA des Leitungsschutzschalters entsprechend den VDE-Vorschriften garantiert ist. Untereinander kann bei Leitungsschutzschaltern keine Selektivität hergestellt werden.

2.3.4 Elektrische Heizung und Beleuchtung

Die von den Elektrizitätsversorgungsunternehmen für Industrie und Haushalt zur Verfügung gestellte Energie wird fast ausschließlich in drei Energieformen umgewandelt:

– mechanische Energie durch elektrische Maschinen,
– thermische Energie durch elektrische Heizgeräte,
– Strahlungsenergie durch elektrische Leuchten.

Diese Verwendungsarten der elektrischen Energie sind in ihren grundsätzlichen Formen und ihren Prinzipien der Geräte schon seit den Anfängen der Nutzung elektrischer Energie für kommerzielle Zwecke bekannt. Dabei sind historisch betrachtet zwei Bereiche besonders wichtig für die technische Entwicklung. Dies sind einmal die elektrischen Generatoren und Motoren und zum anderen die elektrischen Lampen.

Das Bedürfnis nach einer künstlichen Lichtquelle, die den Tag verlängern konnte, war schon immer beim Menschen vorhanden. Aber erst durch die Nutzung der elektrischen Energie zur Lichterzeugung wurde es möglich, Wohnungen, Arbeitsplätze und Verkehrswege künstlich ausreichend zu beleuchten. Dabei genügte es nicht, nur eine technische Lösung für die Lampe zu entwickeln, sondern erst durch die integrierte Entwicklung von einfachen Lampen, Leuchten, Energieverteilungsanlagen und Generatoren, d.h. durch die Möglichkeit der Installation von Niederspannungsnetzen in Betrieben und Haushalten wurde auch die elektrische Beleuchtung für viele Zwecke einsetzbar.

Schon lange vor der Entwicklung der Glühlampe waren **Kohlebogenlampen** bekannt. Diese Lampen haben zwar eine gute Lichtausbeute, aber durch den Abbrand der Kohle sind aufwendige mechanische Konstruktionen notwendig, die den Elektrodenabstand konstant halten. Kohlebogenlampen sind, da sie als extrem punktförmige Lichtquellen sehr großer Intensität nur zur Beleuchtung großer Räume und Flächen geeignet sind, nie weit verbreitet gewesen. Die notwendige Entwicklung der **Glühfadenlampe** durch Edison im Jahre 1879 war eine gezielte Ingenieurarbeit, die Teil eines Konzeptes zur elektrischen Energieversorgung in den Städten war. Sie konnte sich durchsetzen, da es sich um eine industriell verwertbare, also produzierbare Lösung handelte, die auch noch durch entsprechende Werbemaßnahmen schnell Verbreitung fand.

Die Weiterentwicklung im Lampenbereich war die **Leuchtstoffröhre**, die seit 1911, zuerst als farbige Lichtreklame, später als weißes Licht zur Beleuchtung von Arbeitsräumen benutzt wurde.

Glühlampen um 1895

Kohlebogenlampe um 1895

Aufbau und Prinzip

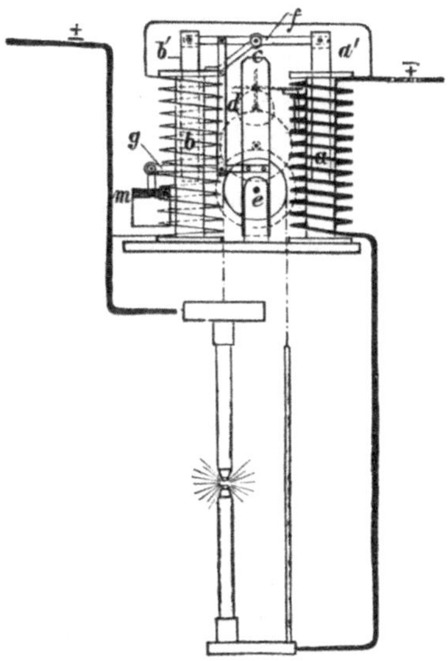

Bezogen auf den Verbrauch elektrischer Energie stellen die Lampen den geringsten Anteil dar, da schon sehr kleine elektrische Leistungen große Lichtströme erzeugen. Einen weitaus größeren Anteil am elektrischen Energieverbrauch haben die Heizgeräte. **Elektrische Heizgeräte** sind schon seit den Anfängen der elektrischen Energietechnik bekannt. Durch die relativ großen Energiekosten war ihre Verbreitung jedoch eingeschränkt. Erst mit sinkenden Kosten der Primärenergie und mit steigenden Investionskosten für den Bau von Kraftwerken und die Installation von Netzen wurden elektrische **Speicherheizungen** interessant. Mit diesen Heizungen war es möglich, eine gleichmäßige Belastung der Kraftwerke zu erreichen. Seit ca. 1960 werden elektrische Speicherheizungen im großen Maße eingesetzt.

2.3.4.1 Elektrowärmegeräte

Bei den Elektrowärmegeräten kann zwischen zwei generellen Anwendungsbereichen unterschieden werden, für die auch spezielle Ausführungsformen des „Energiewandlers Elektrowärmegerät" entwickelt wurden. Ein Anwendungsbereich ist die elektrische **Heißwasserbereitung.** Vorteil der Verwendung von Elektroenergie ist hier die rückstandsfreie, abgasfreie Umwandlung, der genau dosierbare Einsatz und die Möglichkeit, jederzeit sehr große Leistungen abzunehmen, um in kürzester Zeit große Wassermengen stark aufzuheizen. Für Heißwasserbereiter können drei große Gruppen, die Heißwasserspeicher, die Durchlauferhitzer und die Kochendwassergeräte unterschieden werden, die jeweils spezielle Anwendungsgebiete haben.

Der zweite große Anwendungsbereich ist die elektrische **Raumheizung.** Die Vorteile sind hier die gleichen wie bei der elektrischen Heißwasserbereitung, nur sind die umgesetzten Energiemengen, nicht die Leistung eines Gerätes, sehr viel größer. Es ist dabei aber zu bedenken, daß die Elektroenergie keine Primärenergie ist. Sie wird mit einem relativ schlechten Wirkungsgrad aus thermischer Energie gewonnen, die wiederum aus fossiler Energie, Kernenergie oder aus Wasserkraftenergie entsteht. Sicher ist es volkswirtschaftlich sinnvoller, die elektrische Energie in den Bereichen zu nutzen, wo Primärenergie nur mit schlechtem Wirkungsgrad, unzumutbaren Umweltbelastungen oder nicht vertretbaren Kapitalaufwand direkt umwandelbar ist. Beispiele für Ergebnisse dieser Überlegungen sind die elektrisch angetriebenen Wärmepumpen.

Für die elektrischen Raumheizgeräte ist die am weitesten verbreitete Gruppe die der Speicherheizgeräte, bei denen in Schwachlastzeiten der EVU's über besondere Steueranlagen thermische Speicher aufgeheizt werden. Damit wird sichergestellt, daß Grundlastkraftwerke im Dauerbetrieb mit günstigster Auslastung arbeiten können. Elektrische Direktheizungen sind als Ergänzungsheizungen mit Konvektoren kleiner Leistung, Flächenheizgeräten, Infrarotheizgeräten und am gebräuchlichsten als Heizlüfter verbreitet. Indirekte elektrische Heizungen sind dann die elektrisch betriebenen Wärmepumpen.

Einen Sonderbereich stellen die **elektrischen Herde** dar, bei denen die elektrische Energie als thermische Energie zur Zubereitung der Nahrungsmittel benutzt wird.

Die Geräte dieses Bereichs enthalten elektro-thermische Energiewandler, sie arbeiten mit Elektrowärme.

Wenn ein Strom durch einen elektrischen Widerstand fließt, dann wird thermische Energie durch Umwandlung elektrischer Energie erzeugt. Thermische Energie ist durch eine Temperaturerhöhung und eine Wärmeabstrahlung erkennbar.

Vorstellbar ist dieser Vorgang der Energiewandlung durch eine Anregung der Elementarteilchen im Leitermaterial. Der Ladungsträgertransport durch den Leiter regt die Atome und Moleküle des Leiters durch Energieaufnahme zu **Wärmeschwingungen** an. Die Temperatur ist ein Maß für diese Wärmeschwingungen. Bei 0 K ist keine Wärmeschwingung mehr vorhanden.

Die Menge der zugeführten Energie beim Erwärmungsvorgang ist größer als die im zu erwärmenden Körper verbleibende Energie, also im betrachteten Fall die Differenz zwischen der zugeführten elektrischen Energie und der im Körper die Erwärmung bewirkenden thermischen Energie, da thermische Energie in die Umgebung abgeführt wird. Die Temperaturerhöhung selbst ist abhängig von den spezifischen Eigenschaften des Stoffes, die durch die **spezifische Wärmekapazität** gekennzeichnet werden.

Thermische Energie und Erwärmung

Die spezifische Wärmekapazität gibt als Materialkonstante an, welche Wärmemenge notwendig ist, um eine bestimmte Menge des Materials um eine bestimmte Temperatur zu erwärmen

$$c = \frac{W_{th}}{m\Delta\vartheta}$$

W_{th} thermische Energie
m Masse
$\Delta\vartheta$ Temperaturdifferenz

Wasser

$$c_W = 4{,}187\ \frac{J}{gK}$$

Beim Übergang von einem Aggregatzustand in einen anderen wird Energie aufgenommen oder abgegeben, ohne daß eine Temperaturveränderung auftritt. Diese Wärmemenge wird als **Schmelz**- bzw. **Verdampfungswärme** bezeichnet und ist ebenfalls eine spezifische Größe des Stoffes.

Schmelzen und Verdampfen

	Schmelz-temp. $\frac{\vartheta_s}{K}$	Schmelz-wärme $\frac{W_S}{Ws/kg}$	Siede-temp. $\frac{\vartheta_D}{K}$	Verdampf. Wärme $\frac{W_D}{Ws/kg}$	$\frac{c}{Ws/kgK}$
Aluminium	931	356 000	2330	–	895
Kupfer	1356	171 000	2570	–	386
Wasser	273	333 000	373	2 260 000	4187

Beim Wasser ist also

- für das Schmelzen die gleiche Wärmemenge nötig, wie für die Erwärmung um 80 K
- für das Verdampfen die gleiche Wärmemenge nötig, wie für die Erwärmung um 540 K

Die größten thermischen Energiemengen lassen sich beim Übergang von einem Aggregatzustand in einen anderen speichern.

Die in einem Körper durch Umwandlung erzeugte thermische Energie stellt in diesem ein höheres Energieniveau her, als in der Umgebung. Mit der Zeit tritt hier in den meisten Anwendungsfällen durch thermisch leitende Verbindungen zur Umgebung oder Konvektion ein Ausgleich auf, die Temperaturdifferenz gleicht sich aus, die Wärme wird an die Umgebung abgegeben. Bei durch Verluste unerwünscht erwärmten Körpern geschieht dies durch Kühlmaßnahmen, wie sie mit Kühlkörpern, besonderen Lüftern und ähnlichen erreicht werden. Bei absichtlich erwärmten Körpern, also elektrischen Heizgeräten, wird zumeist die Wärme auf die umgebene Luft abgegeben.

Die rechnerische Betrachtung der **Wärmeleitung** ist grundsätzlich die gleiche, wie die des elektrischen Strömungsfeldes, nur daß hier nicht ein homogenes Feld, sondern eine ungleichmäßige Verteilung vorliegt, die sich mit der Zeit relativ langsam ändert.

Ein thermisch leitender Körper stellt dem sich bei einer Temperaturdifferenz ausbildenden **Wärmestrom** einen **Wärmewiderstand** entgegen. Dieser Wärmewiderstand ist von der Geometrie des Körpers und seinem Material abhängig, die **spezifische Wärmeleitfähigkeit** ist ebenso wie die elektrische Leitfähigkeit eine Materialkonstante.

Die durch einen Wärmeleiter in einer bestimmten Zeit hindurchtretende Wärmemenge hängt vom Wärmewiderstand und der anliegenden Temperaturdifferenz ab.

Wärmeübertragung

Wärmeübertragung erfolgt durch Wärmeleitung, Konvektion und Strahlung.

Elektrowärmegeräte arbeiten vor allem mit natürlicher bzw. erzwungener Konvektion, wie z.B. Speicherheizgeräte. Die Wärmestrahlung wird bei Infrarotstrahlern ausgenutzt.

Die Abführung von unbeabsichtigten Verlusten, z.B. in Transistoren erfolgt durch Wärmeableitung in einen Kühlkörper und Abgabe von diesem durch Konvektion oder Strahlung an die Umgebung.

Wärmeleitung und elektrische Leitung

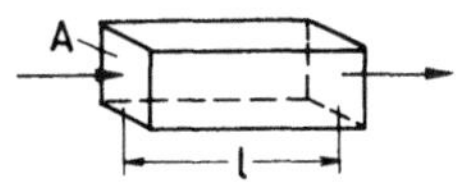

thermischer Widerstand	*elektrischer Widerstand*
$R_{th} = \frac{1}{\lambda}\frac{l}{A}$	$R = \frac{1}{\kappa}\frac{l}{A}$
spezifische Wärmeleitfähigkeit	*spezifische elektr. Leitfähigkeit*
Kupfer: $\lambda_{Cu} = 372\,\frac{W}{Km}$	$\kappa_{Cu} = 56{,}2\,\frac{Sm}{mm^2}$
Porzellan: $\lambda_P \approx 1\,\frac{W}{Km}$	$\kappa_P \approx 10^{-19}\,\frac{Sm}{mm^2}$
Wärmemenge	*Ladungsmenge*
$W_{th} = \frac{t \cdot \Delta\vartheta}{R_{th}}$	$Q = \frac{t \cdot U}{R}$
Wärmestrom	*Elektrischer Strom*
$P_{th} = \frac{\Delta\vartheta}{R_{th}}$	$I = \frac{U}{R}$

Der sich dabei ausbildende Wärmestrom ist die pro Zeiteinheit hindurchtretende Wärmemenge. In Analogie zum elektrischen Strömungsfeld kann man

- den Wärmestrom vergleichen mit dem elektrischen Strom,
- den Wärmewiderstand mit dem elektrischen Widerstand,
- die Temperaturdifferenz als Meßgröße der Energiedifferenz mit der elektrischen Potentialdifferenz und
- die Wärmemenge mit der elektrischen Ladungsmenge, die den Energietransport kennzeichnet.

Heißwasserbereiter sind ortsfest einzubauende Geräte. Sie bestehen aus einem Behälter, der bei Speichergeräten gut wärmeisoliert ist. Als Heizer werden überwiegend Rohrheizkörper, wie sie von Tauchsiedern bekannt sind, verwendet. Zum besseren Wärmeübergang können die Rohre von einer Kühlkörpermanschette umgeben sein bzw. sie werden gewendelt ausgeführt. Thermisch gesteuerte Geräte enthalten betriebsmäßig wirkende Temperaturregler, aufgebaut mit Thermofühlern. Bei Druckgeräten ist noch zusätzlich ein Sicherheitstemperaturbegrenzer enthalten. Durchlauferhitzer ohne Temperaturbegrenzer sind so eingerichtet, daß nur bei Wasserdurchfluß der Stromkreis geschlossen ist.

Fachsystematik der Heißwasserbereiter im Haushalt

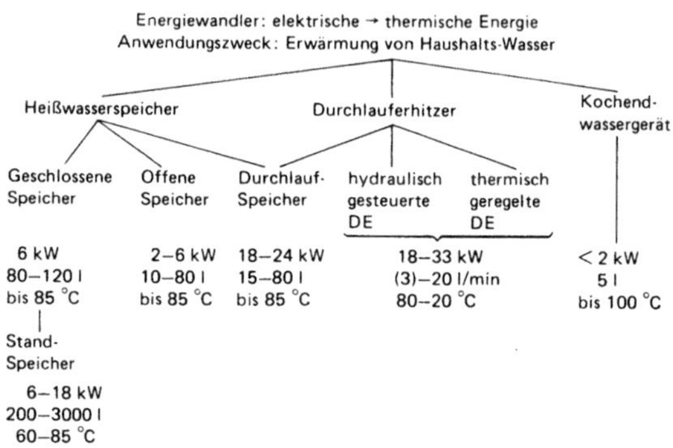

Elektro-thermische Energiewandlung

Mit der Energie von 1 J kann bei einem Wirkungsgrad von 100 % 0,239 g Wasser um 1 K aufgeheizt werden. Die spezifische Wärme des Wassers ist:

$$c = \frac{Q}{m \Delta \vartheta}$$

$$c_W = 4{,}187 \frac{J}{gK}$$

Q zugeführte Energie
m Wassermenge
$\Delta\vartheta$ Temperaturdifferenz

Für energietechnische Betrachtungen an Heißwasserbereitern wird zumeist mit

$$c_W = 1{,}163 \frac{Wh}{kg\,K}$$

gerechnet.

Energiebedarf und Aufheizzeit von Heißwasserbereitern:

Für die Berechnung des Energiebedarfs muß der Gerätewirkungsgrad berücksichtigt werden

$$W = \frac{Q}{\eta}$$

$$W = c \cdot m \cdot \Delta\vartheta \cdot \frac{1}{\eta}$$

Der Wirkungsgrad der Heißwasserbereiter ist unterschiedlich und hängt von der Bauart, dem Zustand des Gerätes und dem Temperaturbereich ab.

Beispiel: Mit einem Kochendwassergerät werden folgende Daten gemessen
5 l Wasser werden von 16 °C auf 100 °C mit einer Energie von 0,55 kWh aufgeheizt

$$\eta = \frac{1{,}163\ \text{Wh} \cdot 5\ \text{kg} \cdot 84\ \text{K}}{\text{kg K} \cdot 0{,}55\ \text{kWh}}$$

$$\eta = 0{,}89$$

Die Aufheizzeit ist von der aufgenommenen Leistung des Gerätes abhängig:

$$P \cdot t = W$$

$$t = \frac{W}{P}$$

Beispiel: Für das im obigen Beispiel benutzte Kochendwassergerät ist bei einer Leistung von 2 kW die Aufheizzeit

$$t = \frac{0{,}55\ \text{kWh}}{2\ \text{kW}}$$

$$t = 0{,}275\ \text{h}$$

$$t = 16{,}5\ \text{min}$$

Der **Heißwasserspeicher** besteht aus einem wärmegedämmten Innenbehälter, der ständig mit Wasser gefüllt ist. Dieses Wasser wird durch den Heizkörper immer auf der eingestellten Temperatur gehalten bzw. dahin aufgeheizt. Bei Wasserentnahme fließt durch den Druck in der Zuflußleitung kaltes Wasser nach. Diese Geräte sind zur Versorgung mehrerer Entnahmestellen geeignet. Bei größeren Speichern kann es wirtschaftlich sein, den Speicher ähnlich wie die (Nachtstrom-) Speicherheizung zu günstigeren Energiepreisen gesteuert vom EVU in Schwachlastzeiten aufzuheizen. Ebenso können derartige Speicher auch durch Wärmepumpen aufgeheizt werden. Größere Speicher sind geschlossene Heißwasserspeicher, die für den Wasserleitungsdruck im Betrieb ausgelegt sind. Kleine Speicher sind offene Heißwasserspeicher, bei denen der Innenbehälter Verbindung mit der Außenluft hat. Sie sind als Überlaufgeräte nur zur Versorgung einer Entnahmestelle geeignet.

Schaltung und Aufbau eines Druckspeichers

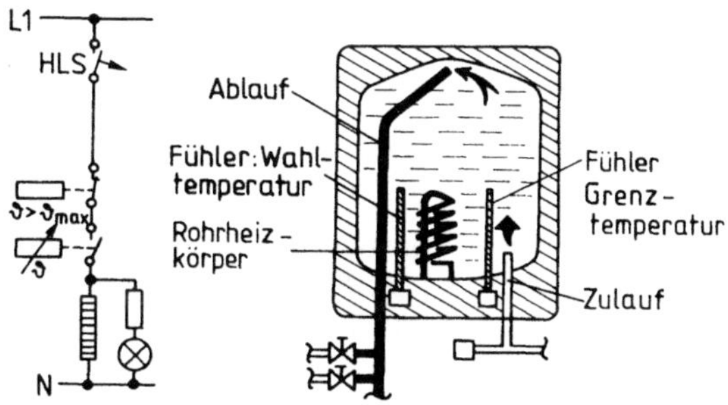

Jedes Gerät sollte einzeln abgesichert werden.

Bei **Durchlauferhitzern** besteht der thermisch aktive Teil aus einem sehr kleinen Innenbehälter, der fast vollständig von der Heizspirale gefüllt ist. Bei **hydraulisch gesteuerten** Durchlauferhitzern ist die Heizleistung gleichbleibend, die Heizspirale wird eingeschaltet, sowie Wasser durch das Gerät fließt. Dadurch ändert sich die Auslauftemperatur direkt mit der durchfließenden Wassermenge. Diese Durchlauferhitzer kön-

Leistungsbedarf von Durchlauferhitzern

$$P \cdot t = c \cdot m \cdot \Delta\vartheta \frac{1}{\eta}$$

$$P = \frac{c \cdot m \cdot \Delta\vartheta}{t \cdot \eta}$$

Durchflußmenge $D = \frac{m}{t}$ bei konstantem Durchfluß

$$P = \frac{c \cdot \Delta\vartheta \cdot D}{\eta}$$

Nennanschlußleistungen von Durchlauferhitzern sind

P_N = 12/18/21/24/33 kW

nen nicht mit Thermostat-Mischbatterien oder Einhand-Mischbatterien betrieben werden.

Bei **thermisch gesteuerten** Durchlauferhitzern wird die Heizspirale durch den Temperaturregler geschaltet. Damit soll die Auslauftemperatur unabhängig von der Durchlaufmenge und der Einlauftemperatur konstant bleiben bis zur Grenzleistung, die erreicht ist, wenn die Heizspirale dauernd eingeschaltet bleibt. Dieser Durchlauferhitzer-Typ kann mit allen handelsüblichen Amaturen betrieben werden.

Damit ist die Heißwasserleistung

$$D = \frac{P\eta}{c} \cdot \frac{1}{\Delta\vartheta} \quad \text{Annahme} \quad \eta = 0{,}9$$

angepaßt $c_W = 1{,}163 \frac{Wh}{kg\,K}$

$$c_W = 69{,}8 \cdot 10^{-3} \frac{kW\,min}{l\,K}$$

(mit der Annahme 1 l Wasser wiegt 1 kg)

$$\frac{D}{l/min} \approx 12{,}9 \frac{P}{kW} \frac{K}{\Delta\vartheta}$$

Da $\eta > 0{,}9$ ist und das spezifische Gewicht des erwärmten Wassers kleiner als angenommen ist, sind die meßbaren Temperaturerhöhungen geringfügig größer.

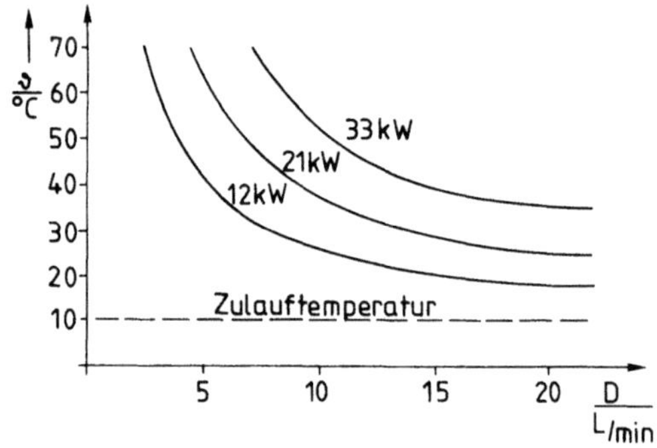

Bei einem **Kochendwassergerät** ist der Behälter aus besonders temperaturbeständigem Material ausgeführt. Auf den Boden des Behälters ist eine Heizplatte mit den Fühlern des Trockengehschutzes und des Temperaturwählbegrenzers angeordnet. Die Besonderheit dieser Geräte ist die Möglichkeit, daß Wasser bis zum Kochen erhitzen zu können und die selbsttätige Abschaltung beim Erreichen der gewählten Temperatur. Kochendwassergeräte zeichnen sich durch hohen Benutzerkomfort und niedrige Anschaffungs- und Einbaukosten aus.

Die Bestimmungen für Elektrowärmegeräte für den Hausgebrauch sind in VDE 0720 unter Teil 1, Teil 2D und 2E festgelegt. Die Normen für elektrische Heizwasserbereiter sind in DIN 44531, die Gebrauchseigenschaften, Regeln für den Anschluß für Heizwasserspeicher u.a.m. sind in DIN 44532, für Kochendwassergeräte in DIN 44536 und DIN 44537, für Durchlauferhitzer in DIN 44851 festgelegt.

Bei der **elektrischen Raumheizung** sind vorteilhaft die bequeme Bedienung, die fehlende Umweltbelastung beim Verbraucher, die große Verfügbarkeit, die schnelle und genaue Dosierbarkeit u.a.m. Dem stehen gegenüber der schlechte thermische Wirkungsgrad der zentralen Erzeuger elektrischer Energie, die Übertragungsverluste, die hohen Investitionskosten auf der Erzeuger-, Verteiler- und, zumindestens bei der Speicherheizung, auch auf der Verbraucherseite. Zusätzlich ist zu beachten, daß die Umweltbelastung, zumindestens im Bereich der Luftverschmutzung, insgesamt u.U. geringer ist, dafür aber punktuell an der Erzeugerstelle auftritt, an der große Mengen luftverunreinigender Abfallstoffe anfallen. Zusätzlich ist die hohe thermische Belastung der Umwelt beim Erzeuger zu berücksichtigen. Pauschal kann man feststellen, daß als Dauerheizung nur die Speicherheizung mit Einschränkungen vertretbar ist.

Durch die **Speicherheizungen** werden die während der Schwachlastzeiten verfügbaren Kraftwerksleistungen zum Betrieb von elektrischen Heizungen ausgenutzt.

„In der BRD basiert die Stromerzeugung zu 85 % auf Wärmekraftwerken, Anlagen, die aus technischen und wirtschaftlichen Gründen über 24 Stunden gleichmäßig betrieben werden müssen. Der Stromverbrauch wechselt jedoch entsprechend den Lebens- und Arbeitsgewohnheiten über den Tag fortlaufend. Elektrizität läßt sich in großen Mengen nicht speichern, diese Energie muß jeweils im Augenblick der Benutzung erzeugt werden. Zur gleichmäßigen Auslastung von Kraftwerken und Versorgungseinrichtungen trägt die Speicherheizung erheblich bei." [1]

Veränderung der Netzbelastung durch Speicherheizung

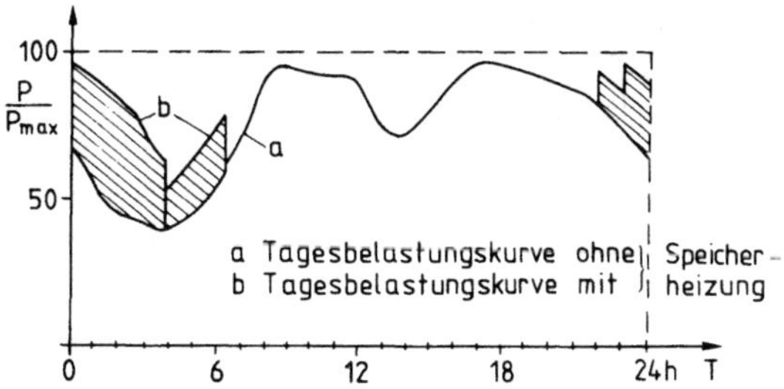

Durch die gestaffelte Zuschaltung läßt sich der Nachteinbruch ausgleichen und eine höhere Grundlast ist möglich.

Es können verschiedene Bauarten der **Speicheröfen** unterschieden werden.

Die einfachste Ausführung ist die des mit natürlicher Konvektion arbeitenden Ofens, bei dem der elektrisch beheizte Speicherkern nur mit einer dünnen Wärmedämmschicht gegenüber dem Außenmaterial isoliert ist und die gespeicherte Wärme über einen längeren Zeitraum an die Ofenoberfläche und von dort durch natürliche Konvektion an die Umgebungsluft abgegeben wird. Dabei ist keine Steuerung der Wärmeabgabe möglich.

Etwas komfortabler sind Öfen, bei denen zwischen Speicherkern und Wärmedämmung Luftkanäle angeordnet sind. Dadurch wird ein Teil der Wärme über die Oberfläche des Ofens kontinuierlich und ein steuerbarer Teil an die durchströmende Luft abgegeben. Die an die Luft abgegebene Menge kann durch Klappen an der Austrittsöffnung gesteuert werden. Diese Öfen eignen sich für ganztägig gleichmäßig beheizte Räume, wie Büroräume u.ä.

Eine für Haushalte mit wechselnden Wärmeansprüchen geeignete Form ist die Ausführung mit erzwungener Konvektion. Dabei wird keine Wärme mehr über die Ofenoberfläche abgegeben, da diese sehr gut thermisch isoliert ist gegenüber dem Speicherkern. Die gesamte Wärme wird durch eine steuerbare Zwangsbelüftung über Lüftkanäle den Kern bei Bedarf entzogen.

Die **Aufladung des Speicherkerns** erfolgt abhängig von den Bedürfnissen des Verbrauchers nach den Möglichkeiten des EVU's.

Die Bedürfnisse des Verbrauchers werden durch zur Verfügungstellung einer für einen Tageszyklus ausreichenden Wärmemenge aus dem Speicherkern befriedigt. Dazu müssen die Wettersituation und die Restwärme im Kern erfaßt werden. Der Witterungsfühler arbeitet zusammen mit einem Sollwerteinsteller im Steuergerät. Von diesem Steuergerät wird eine von beiden Einflüssen bestimmte Steuerspannung abgegeben. Diese wirkt zusammen mit dem Kernfühler, der die Restwärme erfaßt. Ist die Außentemperatur hoch oder der gewünschte Sollwert niedrig, dann wird die Kernaufladung während einer kürzeren, als der zulässigen Zeit durchgeführt werden

Blockschaltbild einer Speicherheizung mit Aufladeautomatik und Zeitglied für Rückwärtssteuerung

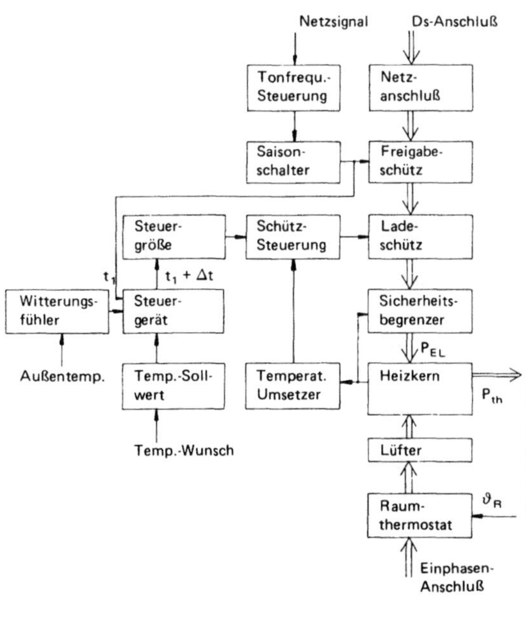

[1] *Heinz Diedrich*: Elektrische Raumheizung, in: RWE Bau-Handbuch/technischer Ausbau 1979/80. RWE-AG Essen, S. 298.

können. Ebenso kann bei großer Restwärme, d.h. bei hoher Kerntemperatur die Aufladung schneller beendet werden. Die durch beide Größen ermittelte benötigte Wärmemenge wird bei einer Aufladeautomatik mit Zeitglied für Rückwärtssteuerung in eine benötigte Aufladezeit gewandelt. Dieser Zeitraum wird an das Ende der Niedertarif-Freigabezeit verlegt. Wenn die vom EVU vorgesehene Freigabezeit für die Niedertarif-Aufladung beginnt, dann wird die Zuschaltung der Speicherheizung durch ein Zeitrelais so lange verzögert, bis die verbleibende Zeit bis zum Ende der Freigabezeit noch zum Aufheizen des Speicherkerns ausreicht. So wird vermieden, daß alle Nachtspeichergeräte bei Beginn dieses Zeitbereichs gleichzeitig zugeschaltet werden.

Das Signal für den Beginn der Freigabezeit wird zentral über die sogenannte **Tonfrequenz-Rundsteueranlage** an Gruppen von Heizungen, die selektiv geschaltet werden, abgegeben. Dadurch kann das EVU nun direkt in den Lastverlauf eingreifen. Durch das Zuschalten einzelner Heizungsgruppen ist die Lastüberwachungszentrale in der Lage, Lastspitzen zu vermeiden und Lasteinbrüche auszugleichen.

Die Entladung des Speicherofens erfolgt durch Steuerung des Lüfters im Speichergerät, der die Luft durch den Speicherkern treibt. Der Lüfter wird im einfachsten Fall durch einen Raumthermostaten gesteuert.

Die **Freigabezeiten** werden vom EVU in die Zeit der Kleinstbelastung gelegt. Der benötigte Zeitraum der Freigabe wird aus den meteorologischen Daten für das Einzugsgebiet des EVU ermittelt. Bei extrem kalten Wetterlagen kann es notwendig sein, die Nachladung auch in der Mittagsabsenkung oder schon bei relativ hohen Lastwerten am frühen Abend durchzuführen. Da die Freigabezeit im Normalfall in den Schwachlastzeiten liegen, werden die Speichergeräte von Grundlastkraftwerken gespeist. Daher kann der für diese Geräte eingeräumte niedrige Leistungspreis für das EVU noch wirtschaftlich sein.

Dennoch müßte beachtet werden, daß die durch die Speichergeräte abgenommene elektrische Leistung in der insgesamt abgenommenen Leistung enthalten ist. Sicher ist ein relativ großer Anteil der Steigerungsraten im Verbrauch elektrischer Energie auf die in den letzten 10 Jahren sprunghafte Zunahme der Speicherheizung zurückzuführen. Dennoch ist der weiteren Entwicklung eine Grenze gesetzt, wenn die geeigneten Bereiche der Belastungskurven ausgefüllt sind. Es ist weiter zu sehen, daß es nicht möglich ist, alle Einbrüche aufzufüllen, da Speicheröfen nur im Winter in Betrieb sein können. Daher muß bei der Prognose der weiteren Steigerungsraten in der Energieabnahme von den EVU's die Entwicklung für die Anschlußleistung der Speichergeräte berücksichtigt werden.

Die Vorschriften für Raumheizgeräte mit Wärmespeicherung sind in VDE 0720 Teil 9 enthalten. Die für elektrische Raumheizgeräte geltenden Normen sind DIN 44570 für Speicherheizgeräte mit statischer Entladung und nicht steuerbarer Wärmeabgabe, DIN 44572 für Speicherheizgeräte mit dynamischer Entladung und steuerbarer Wärmeabgabe sowie DIN 44840 für Begriffe der elektrischen Raumheizgeräte.

Installierte Speicherheizleistung im Bereich der Rheinisch-Westfälischen Elektrizitätswerk AG (RWE) nach [1]

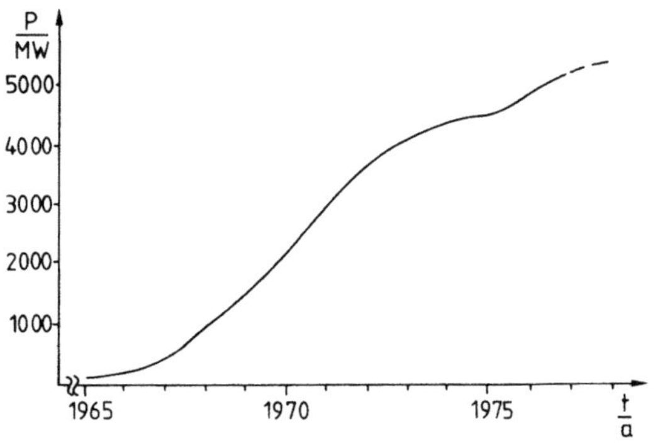

[1] *Heinz Diedrich*: Elektrische Raumheizung a.a.O., S. 298.

Ein spezielles Elektrowärmegerät, das aber die weiteste Verbreitung gefunden hat, stellt der **elektrische Herd** dar. Mit ihm wird durch die Umwandlung der elektrischen Energie in Kochplatten oder Backofenheizungen die thermische Energie, die zur Zubereitung der Speisen benötigt wird, erzeugt.

Kochplatten bestehen aus einer plan gedrehten, wärmefesten Stahlplatte, in die Heizwicklungen eingebettet sind. Meist sind drei Wicklungen mit jeweils unterschiedlichen Widerständen und Leistungen vorhanden. Die maximale Leistung wird abgegeben, wenn alle drei Teilwicklungen parallel an der vollen Netzspannung liegen, die geringste Leistung, wenn alle Teilwicklungen in Reihe geschaltet sind. Dazwischen sind üblicherweise vier weitere Schaltstellungen angeordnet, die eine feinstufige Leistungsverstellung zulassen.

Modernere Kochplatten sind mit einem Thermoschalter ausgerüstet, so daß mit einem 13-stufigen Wahlschalter die Temperatur der Kochplatte vorgewählt werden kann. Vom Verwendungszweck her ist diese Lösung günstiger, da für die Zubereitung der Nahrungsmittel die Temperatur und nicht die Leistung der Kochplatte maßgebend ist.

Elektrische Kochplatten

Plattendurchmesser: 145/180/220 mm

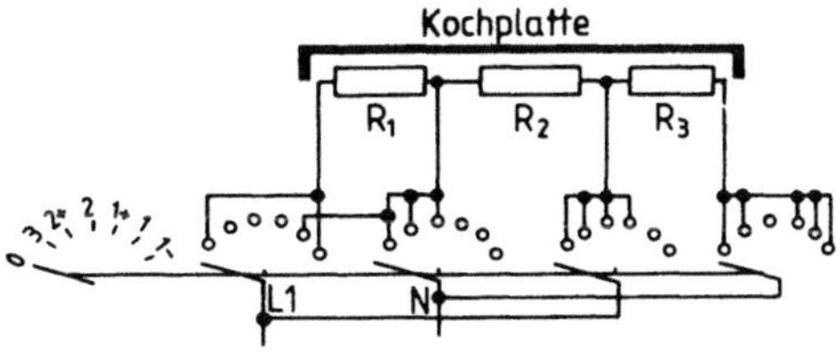

Schnellkochplatte

$R_1 = 60{,}5\,\Omega$ $P_{1max} = 800$ W
$R_2 = 53{,}8\,\Omega$ $P_{2max} = 900$ W } bei 220 V
$R_3 = 161{,}3\,\Omega$ $P_{3max} = 300$ W

Höchste Leistung bei Schaltstellung (3):

3 Heizwicklungen parallel an 220 V

$P_{(3)} = 2000$ W

Mittlere Leistung bei Schaltstellung (2):

Heizwicklung 2 liegt an 220 V

$P_{(2)} = 900$ W

Kleinste Leistung bei Schaltstellung (1 –):

3 Heizwicklungen in Reihe an 220 V

$P_{(1-)} = 176$ W

2.3.4.2 Elektrische Lampen

Elektrische Lampen sind Energiewandler, mit denen elektrische Energie in Strahlungsenergie des sichtbaren Bereichs umgewandelt wird. Lampen als der strahlende, aktive Teil von Leuchten dienen zur Beleuchtung von Wohnräumen, Arbeitsplätzen, Verkehrswegen u.a.m. Durch sie wird es möglich, den Arbeitstag beliebig über den Tageslichtbereich hinaus auszudehnen, sich nachts fortzubewegen oder im häuslichen Bereich auch nach Einbruch der Dunkelheit tätig zu werden. Neben dem elektro-mechanischen Energiewandler elektrische Maschine stellt die elektrische Lampe ein das Leben und die Arbeit des Menschen stark veränderndes technisches Gerät dar.

Es können zwei grundsätzliche Gruppen technischer Lampen-Ausführungen unterschieden werden, die sehr unterschiedliches Verhalten und damit auch unterschiedliche Anwendungen haben. Das physikalische Prinzip der Lichterzeugung unterscheidet zwischen Glühlampen und Gasentladungslampen.

Bei **Glühlampen** wird durch einen elektrischen Strom dem Glühfaden der Lampe elektrische Energie zugeführt, die zunächst zu einer Erwärmung des Glühfadens führt. Bei hohen Temperaturen beginnt der Glühfaden zu glühen, um dann sichtbares Licht neben der Wärme auszustrahlen.

Bei **Gasentladungslampen** wird auf die Atome von Edelgasen durch die anliegende elektrische Spannung, d.h. das elektrische Feld über freie bewegliche Entladungsträger eine Energie durch Ionisation übertragen. Dabei werden Ladungsträger kurzzeitig auf ein höheres Energieniveau gebracht, um dann beim Zurückfallen in das alte Niveau elektromagnetische Strahlungsenergie abzugeben. Es wird dabei sehr wenig Wärme frei, aber außer dem sichtbaren Licht auch Strahlung im nicht-sichtbaren, kurzwelligen Bereich abgegeben. Diese Strahlung wird durch besondere Leuchtschichten auf der Innenseite der Lampe in den sichtbaren Bereich transformiert.

Die Lichttechnik als eigenständige technische Wissenschaft arbeitet mit besonderen Begriffen, Bezeichnungssystemen, Maßen und Einheiten. Der von einer Lampe abgegebene **Lichtstrom** wird in Lumen (lm) gemessen. Bei gleicher zugeführter elektrischer Leistung ist der Wirkungsgrad, d.h. die **Lichtausbeute** verschiedener Lampentypen unterschiedlich. Da der Lichtstrom nach allen Seiten mit verschiedener spezifischer Intensität austritt, die Lampe aber zur Beleuchtung bestimmter Stellen und Flächen der Umgebung benutzt wird, ist die Angabe der **Lichtstärke** wichtig, die den Lichtstrom je Raumwinkeleinheit angibt. Die Lichtstärke wird in Candela (cd) gemessen. Mit der **Lichtverteilungskurve** wird angegeben, wie die Lichtstärke einer Lampe sich mit dem Ausstrahlungswinkel ändert.

Die **Beleuchtungsstärke** wird für das beleuchtete Objekt bestimmt. Sie ist das Verhältnis von Lichtstrom zu beleuchtender Fläche und wird in Lux (lx) gemessen. Um die Lichtfarbe des Lichtstromes einer Lampe beurteilen zu können, wird die Strahlungsverteilung im **Lichtspektrum** angegeben. Dies ist der Lichtstrom in Abhängigkeit von der Wellenlänge des abgestrahlten Lichts. Das Verhalten von Lampen kann mit diesen Kenngrößen bestimmt und beschrieben werden.

Energieverteilung bei Lampen

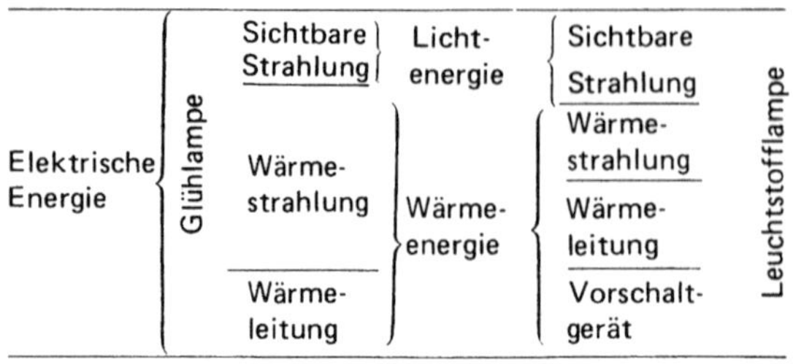

Lichtstrom und Lichtausbeute unterschiedlicher Lampen in Abhängigkeit von der elektrischen Leistung

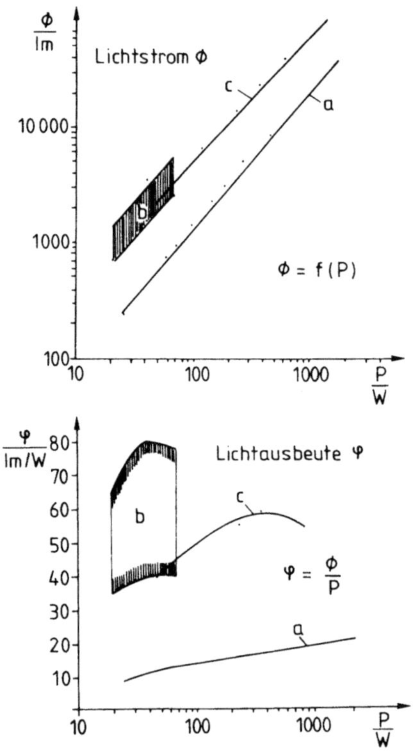

a Glühlampen der Hauptreihe

b Leuchtstofflampen, Standardlampen mit unterschiedlichen Lichtfarben

c Quecksilberdampf-Hochdrucklampen mit Yttrium-Vanadat-Leuchtstoff

Bei den Gasentladungslampen sind die **Leuchtstofflampen** am weitesten verbreitet. Daneben sind für besondere Anwendungen, wie Straßenbeleuchtung u.ä. noch Hochdruck-Leuchtstofflampen gebräuchlich.

Die Leuchtstofflampe besteht aus einem Glasrohr, das mit dem zu ionisierenden Gas gefüllt ist. An beiden Enden der Röhre sind die Elektroden angebracht, die die Elektronen zur Ionisation im Betrieb emittieren. Dazu sind die Elektroden mit einem Metalloxid, z.B. Bariumoxid, beschichtet. Zur Zündung werden die Elektroden vorgeglüht, dann wird die Lampe mit einem Spannungsstoß gezündet. Anschließend muß sie mit einem konstanten Strom betrieben werden, da infolge des Lawineneffektes bei Ionisation der Innenwiderstand der Lampe so weit absinken kann, daß der Entladungsstrom zur Zerstörung führt. Zur Strombegrenzung wird daher im Betrieb meistens eine Drosselspule vorgeschaltet.

Lichtspektrum einer Leuchtstofflampe

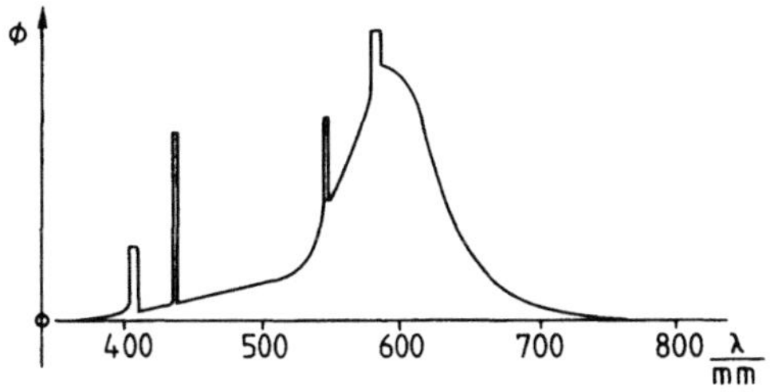

Prinzipieller Aufbau der Leuchtstofflampe

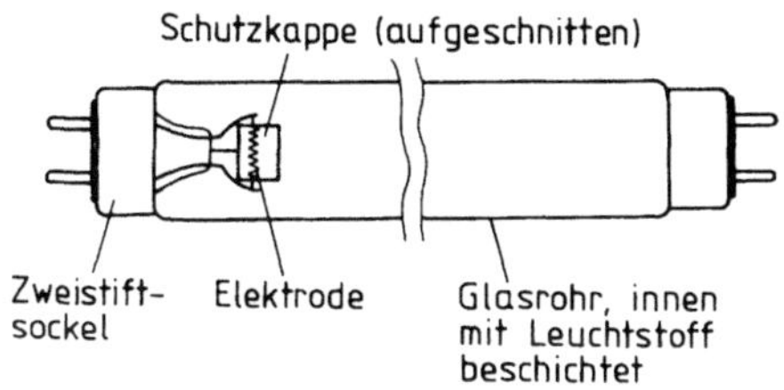

Lichtverteilungskurven verschiedener Leuchten

Lichtstärke in Abhängigkeit vom Raumwinkel

a Rundreflektor, engstrahlend Hochdrucklampe

b Spiegelreflektor mit 2 Leuchtstofflampen

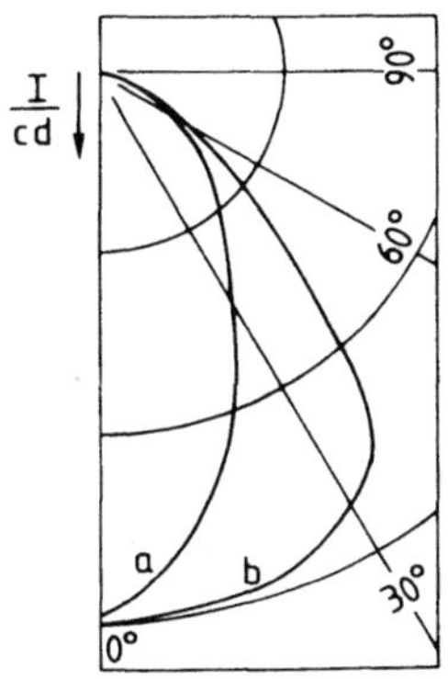

Wirkungsgrad von Leuchtstofflampen

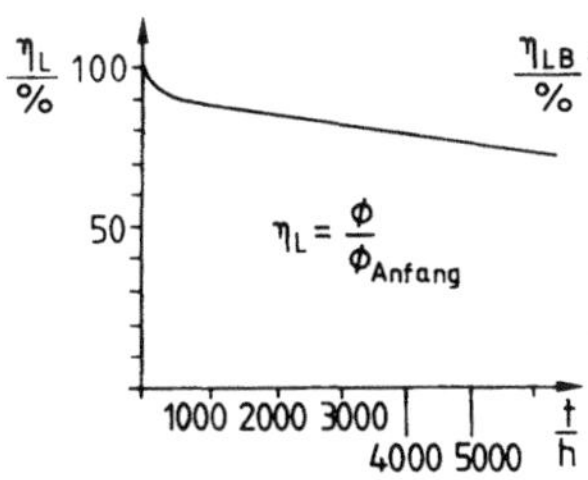

Optischer Leuchtenwirkungsgrad in Abhängigkeit von der Brennzeit

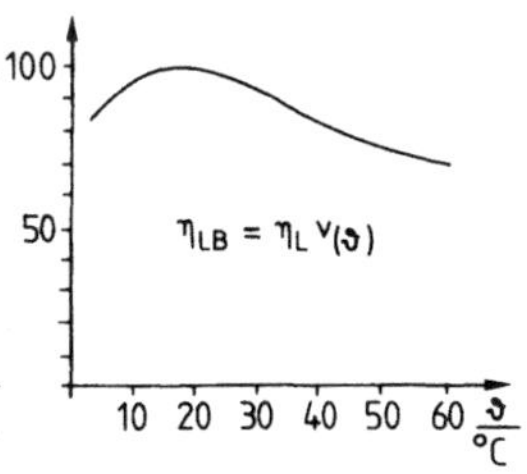

Leuchtenbetriebswirkungsgrad in Abhängigkeit von der Umgebungstemperatur

Beleuchtungsstärke und Wirkungsgrad

$$I = \frac{\Phi}{A}\,\eta_B$$

Φ Lichtstrom

A beleuchtete Fläche

η_B Beleuchtungswirkungsgrad

Der Beleuchtungswirkungsgrad gibt an, welcher Anteil des Lichtstromes auf die Nutzfläche fällt. Er hängt vom Leuchtenbetriebswirkungsgrad, dem Raumwirkungsgrad und der Lichtverteilung der Leuchte ab.

Die Grundschaltung der Leuchtstofflampe besteht aus einem Starter, der Leuchtstofflampe und der Vordrossel. Der **Starter** ist parallel zur Leuchtstofflampe geschaltet. Wenn die Lampe eingeschaltet wird, ist der Starterkontakt geöffnet, die Netzspannung liegt an der Lampe und dem Starter. Die Lampe zündet mit ungeheizten Elektroden nicht bei der anliegenden Spannung. Der Starter, bestehend aus einem Bimetallschalter, wird durch die bei Netzspannung einsetzende Glimmentladung geheizt. Nach kurzer Zeit schließt der infolge der Glimmentladung erwärmte Bimetallkontakt den Startschalter. Es fließt ein Strom über die Vordrossel, den Starterschalter und die beiden Glühwendel der Elektroden der Lampe.

Schaltungen von Leuchtstofflampen

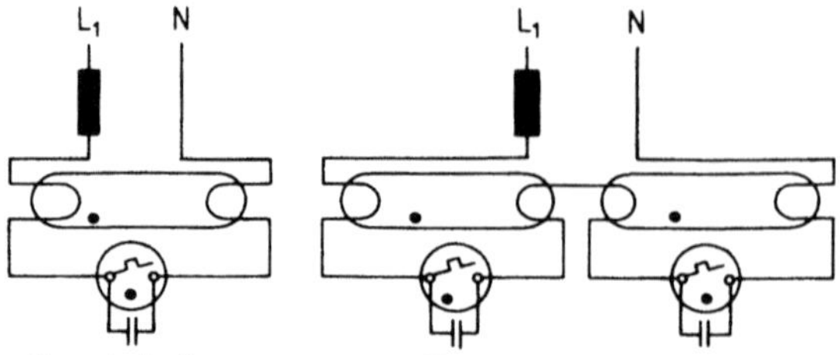

Die Elektroden werden vorgeheizt, gleichzeitig kühlt sich der Bimetallkontakt ab, er öffnet nach einiger Zeit. Dadurch wird der Heizstrom unterbrochen, an der Vordrossel entsteht infolge der schnellen Stromänderung ein Spannungsstoß, der sich der Netzspannung überlagert. Dieser Spannungsstoß von ca. 1000 V reicht bei vorgeheizten Elektroden aus, die Lampe zu zünden. Durch die Vordrossel wird jetzt der Strom begrenzt, es liegt etwa die halbe Spannung an der Drossel sowie an der Parallelschaltung von Lampe und Starter. Damit ist die Spannung am Starter nicht mehr für eine Glimmentladung ausreichend. Gleichzeitig haben Spannungsschwankungen des Netzes wenig Einfluß auf das Verhalten der Lampe, der Lampenstrom bleibt konstant.

Die Vordrossel ist immer in den Außenleiter zu legen, damit bei evtl. Erdschlüssen in einer Elektrode die Lampe nicht ohne Strombegrenzung arbeitet und zerstört wird. Zum Starter ist parallel ein Entstörkondensator angeordnet.

Da der Leistungsfaktor infolge der Vordrossel relativ schlecht ist ($\cos\varphi \approx 0{,}5$) wird bei Anschlußwerten über 1,5 kVA je Anlage meist vom EVU eine Kompensation mit Kondensatoren auf einen Leistungsfaktor von mehr als 0,9 vorgeschrieben.

Kompensationsschaltung bei Leuchtstofflampen

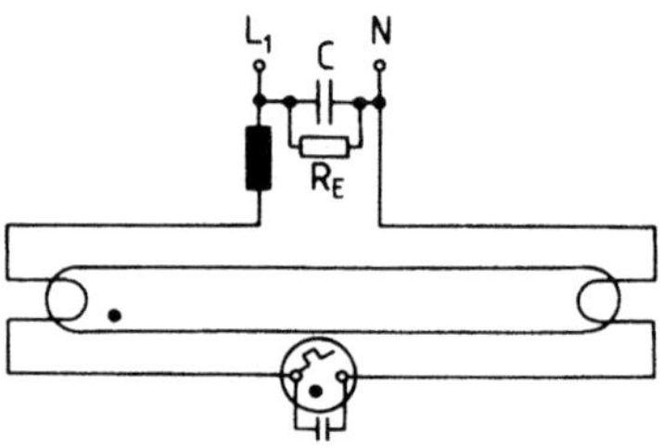

Zum Kompensations-Kondensator ist ein Entladewiderstand (1/4 W Widerstand) anzuordnen.

$R_E = 1\,\mathrm{M\Omega}$

Die Helligkeit der Lampen schwankt bei Betrieb mit Wechselspannung mit der Netzfrequenz, es tritt bei Beleuchtung drehender Teile ein Stroboskopeffekt auf. Um die hierdurch möglichen Gefährdungen auszuschließen, sollten Arbeitsplätze an rotierenden Maschinen von mehreren Lampen, verteilt auf die verschiedenen Leiter des Drehstromnetzes beleuchtet werden.

Leuchtstofflampen haben gegenüber Glühlampen Vorteile, wie

- eine hohe Lichtausbeute von 30–80 lm/W,
- eine große Lebensdauer von ca. 7500 Stunden bei einer Schaltung je 3-stündiger Brennzeit,
- eine geringe Schwankung des Lichtstromes bei Spannungsschwankungen

und Nachteile, wie

- die Temperaturabhängigkeit des Lichtstromes,
- die Abnahme des Leuchtenbetriebswirkungsgrades mit der Brennzeit,
- die notwendigen Zusatzgeräte für den Betrieb der Lampe,
- die verzögerte Zündung beim Einschalten,
- die räumliche Ausdehnung der Lampen.

Angewendet werden Leuchtstofflampen zur Allgemeinbeleuchtung in Arbeitsräumen, Verkaufsräumen u.a. Es werden vorzugsweise Standardlampen benutzt. Dabei gibt es eine Vielzahl von verschiedenen standardisierten Leuchtfarben, die durch die Beschichtung der Röhre mit Leuchtstoff bzw. die Mischung der Gasfüllung entstehen. Durch die unterschiedlichen Spektren ist die Farbwiedergabe ebenfalls unterschiedlich. Für verschiedene Anwendungsgebiete werden bestimmte Typen empfohlen, wobei die Farbwiedergabeeigenschaft in vier Stufen unterteilt ist, es wird Stufe 1 für höchste Ansprüche und Stufe 4 für geringe Ansprüche benannt.

Empfehlungen und Stufen der Farbwiedergabe zur Verwendung von Leuchtstofflampen
(1 ≙ hohe Ansprüche, 2 ≙ geringere Ansprüche)

Bezeichnungen der Philips-Leuchtstofflampen:	weiß universal	weiß de luxe	warmton de luxe	comfort de luxe	brillant de luxe	weiß super 80	warmton super 80
Lebensmittelhandel		1	1			1	1
Bücherverkauf	2	1	1			1	1
Blumenladen		1				1	
Walzwerk	2						
Büroarbeitsplatz	2	1				1	
Speiseraum	2	1	1			1	1
Wohnbereich				1			
Hobby-, Nebenräume	2	1	1			1	1
Hörsale, Schulräume	2	1	1			1	1
Altersheime			1	1			1

Die zweite große Gruppe der Lampen sind die **Glühlampen.** Üblich sind Glühlampen mit einem Wolfram-Wendel als Glühdraht. Dieser Wolframdraht wird gewendelt, um eine hohe Temperatur und eine große Lichtausbeute zu erreichen. Der Glaskolben, der den Wendel umschließt, ist mit einer Mischung aus Stickstoff- und Edelgas gefüllt, damit das Wolfram beim Glühen nicht oxydiert. Der Lichtstrom der Glühlampe ist überproportional von der Wendeltemperatur abhängig, die wiederum sehr stark vom hindurchfließenden elektrischen Strom abhängt. Daher folgt der Lichtstrom mehr als proportional den Spannungsschwankungen des speisenden Netzes. Ist die Speisespannung zu niedrig, dann ist der Lichtstrom zu klein, steigt die Speisespannung über den Nennwert an, dann ist der Lichtstrom zwar größer, aber die Lebensdauer der Lampe sinkt sehr stark ab.

Durch den glühenden Wendel wird ein großer Anteil der elektrischen Energie in thermische Energie umgesetzt, nur etwa 10 % wird in Strahlungsenergie umgewandelt.

Der Glaskolben der Glühlampe ist mit einem genormten Sockel versehen, der die Anschlüsse enthält. Meist werden Schraubsockel verwendet, wobei bis 200 W der Sockel E 27 (Elektrogewinde, 27 mm Außendurchmesser), von 300 W bis 2000 W der Sockel E 40 üblich ist. Glühlampen für erschütterungsreichen Betrieb, z.B. in Fahrzeugen haben einen Bajonettsockel.

Neben diesen Standardlampen sind viele Sonderausführungen üblich.

Bei den **Reflektorglühlampen** ist der pilzförmige Glaskolben innen verspiegelt. Dadurch wird der Ausstrahlungsbereich verkleinert. Diese Lampen werden mit geblasenen Kolben und mit Preßglaskolben, wobei die Lebensdauer dieser Lampen doppelt so groß ist, ausgeführt. Eine andere Sonderausführung, die vor allem bei Kraftfahrzeug-Glühlampen üblich ist, sind **Halogen-Glühlampen.** Bei den üblichen Glühlampen mit Stickstoff-Edelgasfüllung verdampft bei der hohen Glühtemperatur ein Teil des Wolframwendels. Dadurch wird der Wendel geschwächt und es schlägt sich ein undurchsichtiger Metallbelag an der Kolbeninnenseite nieder, der die Lichtausbeute vermindert. Ist im Füllgas der Glühlampe ein Halogen-Gas, z.B. Jod enthalten, dann verbindet sich das verdampfte Wolfram bei höheren Temperaturen mit dem Jod zu gasförmigen Wolframjodid. Dieses Wolframjodid-Gas wird, wenn es an den Wendel gelangt, durch die dort herrschende Temperatur von über 1700 K wieder in Wolfram, das sich am Wendel niederschlägt, und Jod zerlegt. Um diesen Prozeß in Gang zu halten, sind hohe Wendeltemperaturen und damit hohe Glaskolbentemperaturen notwendig. Die Glaskolben von Halogen-Glühlampen sind daher aus Quarzglas gefertigt. Durch die höhere Wendeltemperatur ist die Lichtausbeute größer, ebenso ist die Lebensdauer etwa doppelt so groß wie bei normalen Glühlampen.

Problematisch ist bei Glühlampen der Einschaltvorgang. Da im Einschaltaugenblick der Glühwendel noch kalt ist, ist sein Widerstand sehr viel kleiner als im Nennbetrieb. Entsprechend groß ist der Einschaltstromstoß, der den Wendel zwar schnell aufheizt, aber eine große Belastung für das Speisenetz darstellt.

Einschaltstromstoß von Glühlampen

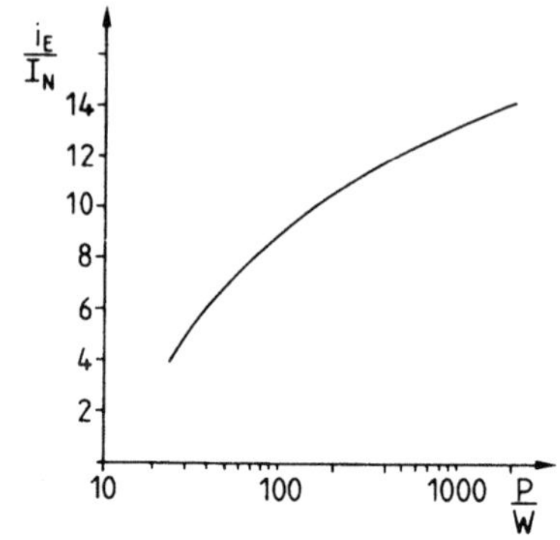

Glühlampen haben im Vergleich zu Leuchtstofflampen Vorteile durch

- eine „warme" Lichtfarbe, die dem Abendlicht-Spektrum sehr nahe kommt und vom Menschen als warm und angenehm empfunden wird,
- eine von der Schalthäufigkeit nahezu unabhängige Lebensdauer,
- die punktförmige Ausbildung der Lichtquelle, die einen einfachen Leuchtenaufbau gestattet,
- fehlende Zusatzgeräte für den Betrieb,

aber auch Nachteile, wie

- eine geringere Lebensdauer von 1000 bis 2000 Stunden,
- eine schlechte Lichtausbeute von 10 bis 15 lm/W,
- einen stark mit der Netzspannung schwankenden Lichtstrom,
- einen großen Einschaltstromstoß.

Glühlampen werden zur Beleuchtung von Wohnungen und als Zusatzbeleuchtung von Arbeitsplätzen sowie als Fahrlicht in Fahrzeugen verwendet.

Lebensdauer von Glühlampen

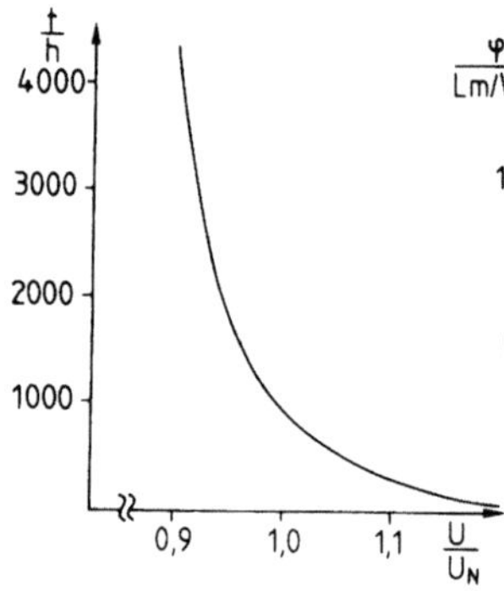

Lichtausbeute von Glühlampen

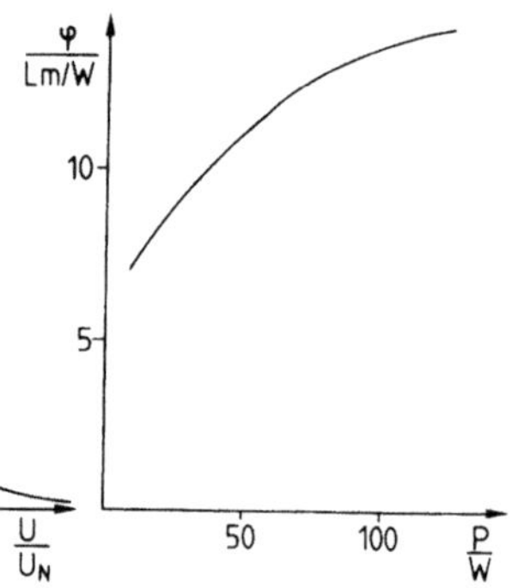

2.3.5 Projekt „Waschmaschinenantrieb"

Eines der am weitesten verbreiteten Haushaltsgeräte ist die **elektrische Waschmaschine**. Dieses Gerät wird mit mehreren Elektromotoren ausgerüstet, mindestens ist ein Antriebsmotor für die Trommel, eine elektrisch angetriebene Laugenpumpe und ein Stellmotor für das Programmschaltwerk vorhanden. Die Ausführungsformen dieser Elektromotoren sind, bedingt durch die Massenproduktion der Geräte, bestimmt von den Anforderungen der Fertigung zumindestens im gleichen Maße wie von den speziellen Anforderungen des anzutreibenden Geräteteils. In [1] sind Trommelantriebe von Waschmaschinen genauer untersucht worden. Interessant wäre eine Untersuchung der Waschmaschinen in einem Schulprojekt mit dem Ziel der Analyse des An-

[1] *Ulrich, Bodo*: Antriebsmotoren für Waschautomaten mit hoher Drehzahlspreizung in: ETG-Fachberichte Elektrische Klein- und Kleinstmotoren. VDE-Verlag Berlin 1975, S. 1–7.

triebssystems zum Zwecke der Fehlersuche und Reparatur ebenso wie mit dem Ziel der Analyse des Zusammenhangs von Fertigungskosten, Betriebssicherheit und Bedienungskomfort. Diese im Bereich der Radio- und Fernsehtechnik in den Schulen übliche Vorgehensweise sollte auch auf die Antriebstechnik übertragbar sein. Dabei lassen sich die für das Projekt „Netzgerät" dargestellten Aspekte der Veränderung der Qualifikationsanforderungen der mit diesem Gerät Beschäftigten in Produktion, Wartung und Reparatur ebenso an der Waschmaschine aufzeigen. Es soll daher hier im folgenden nur die technische Analyse des Trommelantriebs durchgeführt werden.

2.3.5.1 Analyse des Trommelantriebs

Widerstandsmoment-Drehzahl-Kennlinie einer Waschautomatentrommel

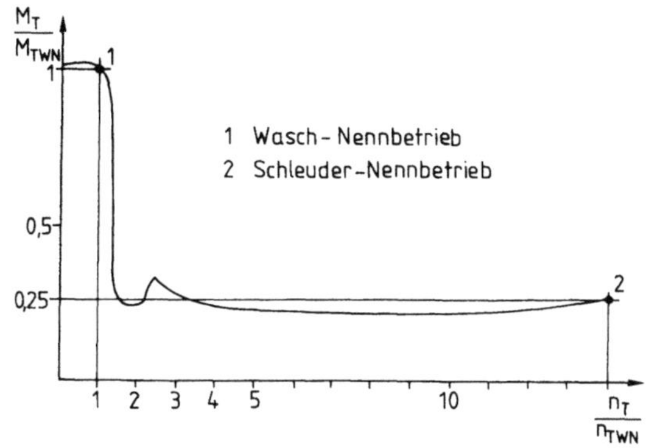

Die Anforderungen an den Trommelantrieb der Waschmaschine werden durch den Wasch- und Schleudervorgang bestimmt. Während des **Waschvorgangs** wird mit relativ geringer Drehzahl eine große bewegliche Masse, die in der Waschlauge befindliche Wäsche, bewegt. Dabei ist zum Durchwalken der Wäsche ein großes Drehmoment beim Heben der Massen aus der Lauge und zur Überwindung des Reibungsmoments der Wäsche in der Trommel unter Wasser aufzubringen. Dieses Moment ist im unteren Drehzahlbereich relativ konstant und kann als Anlaufmoment über einen fest mit der Trommel verbundenen Stab mit Federwaage am Ende bei abgenommenen Keilriemen der Maschine angenähert bestimmt werden. Das Moment während der Trommeldrehung kann durch einen Druckaufnehmer im Motorfundament gemessen werden, da die Motoren zumeist auf Gummipuffern gelagert sind. Nach dem Spülen der Wäsche, bei dem die Belastungen ähnlich wie beim Waschen sind, wird die Wäsche **geschleudert**. Dabei muß die Drehzahl der Trommel auf den 10 ... 20-fachen Wert der Waschdrehzahl gesteigert werden. Bei niedrigen Drehzahlen tritt dabei infolge der Unwucht der ungleichmäßig verteilten Wäsche, die ein Resonanzmoment zur Folge hat, eine Drehmoment-Spitze auf. Bei höherer Drehzahl bleibt das Trommelmoment bis zur höchsten Schleuderdrehzahl gleich.

Der Antriebsmotor muß für die Trommel eine Drehmoment-Drehzahl-Kennlinie ↑ haben, die bei niedrigen Drehzahlen einen stabilen Betriebspunkt bei sehr großem Moment erlaubt. Der Übergang von diesem Betrieb zu hohen Drehzahlen durch Vorgaben der Steuerung muß relativ schnell erfolgen. Um die hohe Schleuderdrehzahl bei Ende des Schleudervorgangs schnell zu vermindern, sollte der Antrieb elektrisch abbremsbar sein.

Motormoment eines polumschaltbaren Einphasen-Kondensator-Motors

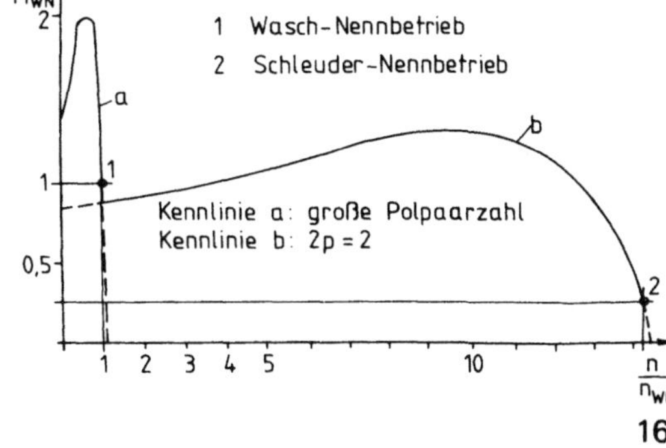

Die beiden extrem weit auseinanderliegenden Betriebsdrehzahlen können mit einem polumschaltbaren Einphasen-Kondensator-Motor ↑ erreicht werden. Dabei müssen die Polpaarzahlen entsprechend den Drehzahlen ein Verhältnis 1 : 10 bis 1 : 20 haben. Die hochpolige Wicklung wird als dreisträngige Wicklung, die niederpolige als zweisträngige Wicklung ausgeführt, für beide wird aus Kostengründen der gleiche Betriebskondensator ↑ verwendet. Die beim Betrieb mit der zweisträngigen Wicklung erreichbare höchste Motordrehzahl liegt bei der asynchronen Betriebsdrehzahl, etwa 2850 U/min bei 50 Hz Netzfrequenz. Diese Drehzahl wird im Verhältnis 1:3 auf die Trommel-Schleuderdrehzahl von etwa 900 U/min untersetzt. Bei einem maximalen Riemenscheibendurchmesser der Trommel von ca. 270 mm und des Motors von 90 mm kann noch ein normaler Keilriemen verwendet werden. Elektrisch gebremst wird durch Umschalten auf Betrieb mit der hochpoligen Wicklung.

Dieser Antrieb stellt eine nahezu verschleißfreie technische Lösung dar, die eine hohe Lebensdauer hat. Aufwendig ist die Herstellung der polumschaltbaren Wicklung des Motors.

Bei einem **integrierten Zweimotorenantrieb** werden ein höher-poliger Einphasen-Kondensator-Motor↑ und ein Universalmotor↑ auf einer Welle zu einer Baueinheit zusammengefaßt verwendet. Der Universalmotor wird in Reihenschlußschaltung↑ betrieben. Dadurch ist ein schneller Hochlauf möglich. Nach dem Schleudern kann elektrisch abgebremst werden durch Umschalten auf den Einphasen-Kondensator-Motor. Es wird ein Einphasen-Kondensator-Motor mit geringerer Polzahl eingesetzt, die Nenndrehzahl des Universalmotors wird so hoch wie möglich gewählt, mit einer Übersetzung von 1:8 ... 1:10 zwischen Motor und Trommel mit einer entsprechend kleinen Keilriemenscheibe am Motor. Dadurch wird die preisgünstigste Lösung erreicht, die

- geringen Aufwand für den Motor,
- höheren Aufwand für den Keilriemen,
- erheblichen Wartungsaufwand für die Kohlebürsten,
- eine Funkentstörung für den Kommutator

erfordert sowie

- große Laufgeräusche infolge der hohen Motordrehzahl verursacht.

Motormoment eines integrierten Zweimotorenantriebs

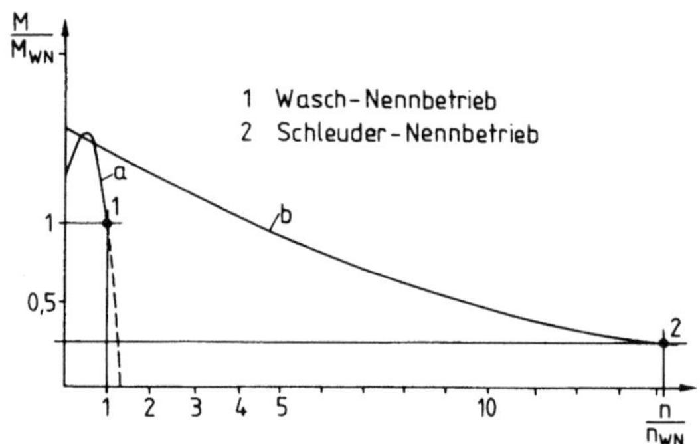

Kennlinie a: Einphasen-Kondensator-Motor
Kennlinie b: Universalmotor

Durch Verwendung eines **Getriebemotors** kann mit einem polumschaltbaren Einphasen-Kondensator-Motor↑ mit einem Polpaarzahl-Verhältnis von 4:2 eine elektrotechnisch einfache, mechanisch aber aufwendigere Lösung erreicht werden. Dabei ist das Getriebe kompakt mit dem Motor zu einer Einheit zusammengebaut, die Freilauf und Fliehkraftkupplung enthält. Eine detaillierte Darstellung ist in [1] enthalten.

[1] *Ulrich, Bodo*: Antriebsmotoren für Waschautomaten, a.a.O.

Eine durch die Entwicklung der Leistungselektronik naheliegende elektrotechnische Lösung stellt die Verwendung eines **Dauermagnet-Gleichstrom-Motors**↑ mit einem Leistungsstellglied↑ dar. Im einfachsten Fall wird der Motor über eine halbgesteuerte Einphasenbrücke↑ angesteuert. Dabei wird die Drehzahl geregelt. Vom Programmschaltwerk werden verschiedene Solldrehzahlen vorgegeben, die Istdrehzahl wird aus der Ankerspannung abgeleitet. Wird statt des Gleichstrom-Motors ein Universalmotor↑ verwendet, dann kann die Einphasenbrücke durch ein Triac [1] ersetzt werden, wobei die Drehzahlerfassung durch einen Tachogenerator↑ oder einen Impulsgeber↑ erfolgen muß. Mit diesen Maschinen lassen sich beliebige Drehzahlen einstellen, es ergibt sich ein einfacher, kompakter Motoraufbau.

Nachteilig ist der erhöhte Wartungsaufwand, da hohe Motordrehzahlen bis 12000 U/min notwendig sind, um das gewünschte große Moment bei niedriger Trommeldrehzahl mit vernünftigen Aufwand zu erzielen. Die Kohlebürsten, der Kommutator und der Keilriemen sind entsprechend stark beansprucht. Beim Gleichstrom-Kommutator-Motor sind noch Schwierigkeiten mit der Elektronik beim Anfahren infolge zu großer Ströme zu erwarten. Beide Varianten haben eine erhöhte Netzrückwirkung infolge der Stromoberschwingungen, die eine Siebung nötig machen. Diese Lösung ist keine preisgünstige Lösung.

2.3.5.2 Projektvorschlag

Im Zentrum der Projektarbeit kann die Waschmaschine unter dem Aspekt „gesteuerter und geregelter Kleinantrieb" stehen. Die arbeitsteilige Analyse der verschiedenen Antriebsysteme eines oder mehrerer Geräte sollte der Ausgangspunkt sein. Hier kann aufgezeigt werden, daß auch komplexe technische Geräte einer gezielten Analyse zugänglich sind, wenn nicht versucht wird, die betrachteten Einzelheiten konstruktiv nachzuerfinden oder analytisch die Gesamtheit des Gerätes zu erfassen.

Die Analyse des Antriebs kann in zwei Richtungen erfolgen:

- es können die Möglichkeiten der Steuerung über Schaltwerke, Programmschalter oder auch Mikroprozessoren aufgezeigt werden;
- es können die Motoren in ihrer Funktion und ihrem Verhalten im Antrieb betrachtet werden.

Dabei sind die Gesichtspunkte der Produktion, der Kosten aber auch der Wartung und Reparatur zu berücksichtigen.

Zur Analyse der Systeme sind Grundfertigkeiten und Fähigkeiten der elektrischen Meßtechnik notwendig. Es müssen Zeitfolgen von Steuersignalen aufgenommen werden, es ist nötig Drehzahl-Drehmoment-Kennlinien zu messen. Dabei sind die Sicherheitsregeln beim Arbeiten in Starkstromanlagen bis 500 V entsprechend den VDE-Vorschriften ebenso wie die konstruktiv im Gerät angewendeten Schutzmaßnahmen nach VDE 0100 bzw. DIN 40050 zu beachten. Die meßtechnische Untersuchung sollte auch die Fehlerfälle, die simuliert werden müssen, umfassen. Ein Strukturplan für die fachlichen Arbeiten am Projekt zeigt die fachlichen Verknüpfungen, die einzeln oder insgesamt bei der Arbeit berücksichtigt werden können.

[1] *Tholl, H.*: Bauelemente der Halbleiterelektronik, T 2; Kap. 2.

Strukturplan für die fachlichen Arbeiten am Projekt

Dieser Plan stellt nur die fachlichen Verknüpfungen dar, die den äußeren Rahmen der Projektarbeit bilden können. Ein Projektunterricht ist damit nicht strukturiert.

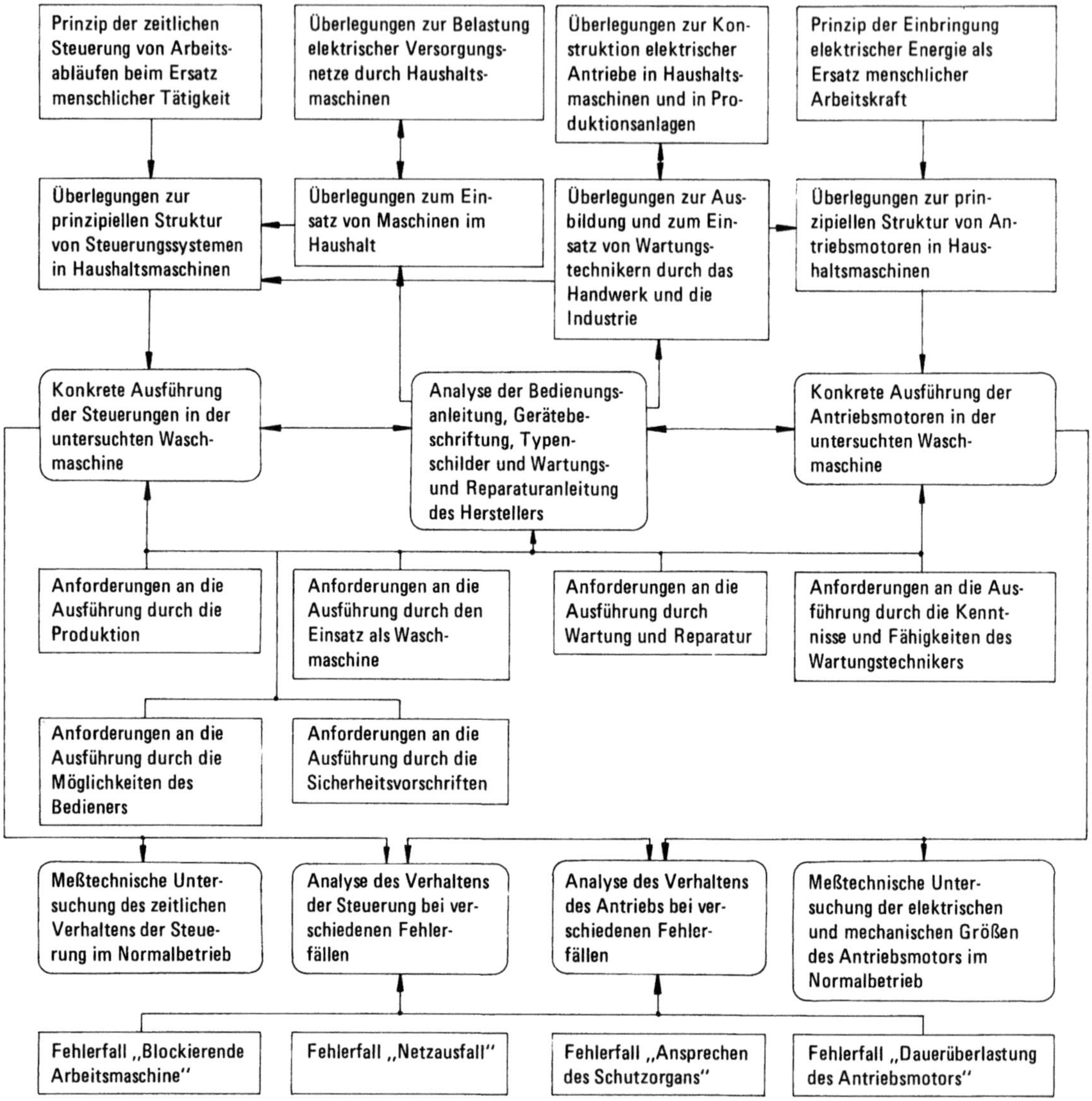

2.4 Elektrische Industrieantriebe

Das zeitliche Raster

1883	Gründung der AEG als „Deutsche Edison-Gesellschaft für angewandte Elektricität"
1903	Gründung von Siemens-Schuckert
1890–1900	Bau von Zentralstationen zur Gleichspannungsversorgung in Großstädten
1891	Versuchs- Drehstromübertragung Lauffen–Frankfurt
um 1910	Verbund elektrischer Großverbraucher mit zentralen Kraftwerken, vorzugsweise zur Ausnutzung der Wasserkraft
um 1870	gebrauchs- und produktionsfähiger Gleichstrommotor
1880	erster industriemäßiger Einsatz des Gleichspannungsgenerators als Edison-Maschine
um 1890	gebrauchs- und produktionsfähiger Drehstrommotor
um 1900	gebrauchs- und produktionsfähiger Turbo-Drehstromgenerator

Der breite Einsatz elektrischer Antriebe als Ersatz von Dampfmaschinen, Gasmaschinen u.ä. setzte Anfang dieses Jahrhunderts ein. Er ging parallel mit dem Aufbau der elektrischen Energieversorgung, dem Entstehen leistungsfähiger energietechnischer Industrieunternehmen und dem sprunghaften Ansteigen der industriellen Produktion, der Einführung großindustrieller Produktionsmethoden.

„Die elektrische Kraftverteilung ist ... nationalökonomisch und sozialpolitisch von hervorragender Wichtigkeit. Die Elektrizität wird dabei in großen Zentralstationen ... erzeugt und durch ihre Vermittlung wird die Kraft auf viele Stellen verteilt." [1]

„Der Gebrauch von Elektromotoren hat sich in den letzten Jahren rapide ausgedehnt. In allen Städten, in welchen durch elektrische Zentralstationen eine bequeme Zuleitung des elektrischen Stromes vorhanden ist, wird für den Betrieb von Elektromotoren jetzt schon (vor 1907, d. Verf.) ebenso viel und mehr an Strom verbraucht, als für die Erzeugung von Licht. ... In diesem Sinne trägt also die Elektrizität das ihrige mit dazu bei, um die jetzt im Vordergrund des Interesses stehende soziale Frage der Lösung dadurch näher zu bringen, daß sie den Kleinen dieselben Vorteile in der Arbeitsleistung zuwendet, welche die Großen schon lange haben." [2]

„Eine sehr wertvolle Anwendung der elektrischen Arbeitsleistung besteht aber darin, daß es durch sie möglich ist, kleine Motoren, kleine Kräfte unter 1/2 Pferdestärke bequem aufzustellen und zu betreiben. Die Maschinenbetriebskraft in kleinem Umfange ist es gerade, welche dem kleinen Gewerbe notwendig ist. Aus Mangel an Maschinenbetrieb kommt es in Nachteil gegenüber dem Großgewerbe. Durch Einführung von elektrischen Strom... werden nun aber dem Kleingewerbe Motoren schon von 1/16 Pferdestärke geliefert, welche ihre Arbeit zu billigem Preise leisten..." [3]

Dieser Optimusmus hat sich nicht bestätigt, die industrielle Großproduktion war nicht nur aus Gründen der Verfügung über die menschliche Arbeitskraft vervielfältigende Maschinen der handwerklichen Produktion überlegen. Es zeigte sich, daß gerade durch den Einsatz der elektrischen Energie im Produktionsprozeß der Vorgang der Verdrängung kleiner und mittlerer Produktionsstätten eher beschleunigt wurde. Andererseits wurden neue Arbeitsbereiche geschaffen, die z.B. in der Errichtung, Wartung und Reparatur elektrischer Anlagen zu finden waren. In [4] werden dazu Ratschläge und Vorschriften für die „Elektromonteure und Wärter elektrischer Anlagen" gegeben:

„Bei der Vielseitigkeit der Elektrotechnik in ihrer praktischen Anwendung ist es notwendig, daß der Elektromonteur ein Hilfsmittel zur Hand hat, welches ihn über die verschiedenen, bei der Montage zu beachtenden Vorschriften und Regeln Aufschlüsse gibt."

[1] *Graetz, L.*: Die Elektrizität und ihre Anwendungen. Stuttgart 1907, 13. und 14. Aufl., S. 502.
[2] *Graetz, L.*: a.a.O., S. 503.
[3] *Graetz, L.*: a.a.O., S. 502.
[4] *Häntzschel-Clairmont, W.*: Taschenbuch für Elektromonteure und Wärter elektrischer Anlagen. Berlin 1914/15, S. VII.

Gleichstrom-Dynamomaschine, Nebenschluß mit Regulierungswiderstand; 100 Volt, 50 Ampère (um 1900)

Das Bild zeigt eine weitgehend von maschinenbautechnischen Anforderungen geprägte Form der Gs-Maschine.

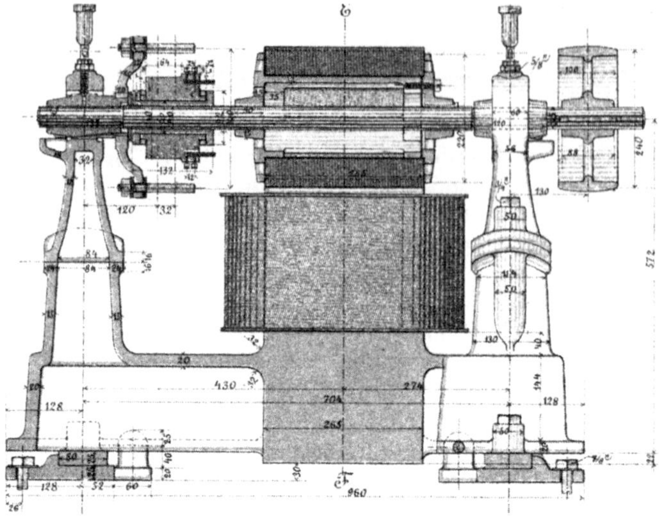

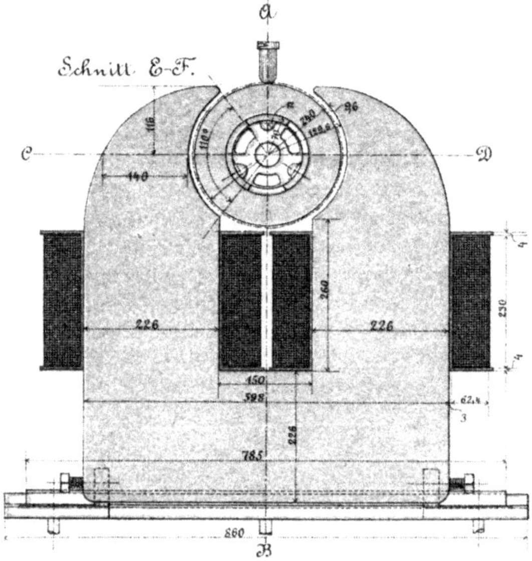

(Bilder nach *A. Holzt*: Die Schule des Elektrotechnikers, Leipzig)

Es werden dann u.a. auf

34 Seiten die „Vorschriften und Normen des VDE" von 1912,

83 Seiten die „Bedingungen" der 24 wichtigsten Elektrizitätswerke in Deutschland „für die Herstellung elektrischer Anlagen",

15 Seiten „Ratschläge aus der Praxis" zur Montage und Fehlersuche an elektrischen Maschinen

gegeben. Dabei werden nur Gleichstrom-Versorgungsanlagen und Gleichstrommaschinen berücksichtigt. Wechselstromtechnik spielte damals offenbar noch keine so große Rolle. Die Tätigkeit des Monteurs bei der Inbetriebnahme stellt sich z.B. ungefähr so dar: „Das Einstellen der Bürsten ist für das erste Anlassen und Ausprobieren der Maschine besonders wichtig und erfolgt bei größeren Maschinen am besten nach den speziellen Anweisungen, welche die Erbauer der Maschinen dafür geben." [1] Danach wird jedoch der „Untersuchung und Fehlerabstellung an Maschinen" ein relativ breiter Raum eingeräumt.

In der Produktion selbst wurden viele nur die Kraft des Menschen benötigende Arbeitsgänge mechanisiert durch den Einsatz dosierter elektrischer Energie. Damit wurden aber gleichzeitig neue Produktionsmethoden möglich, die den dort eingesetzten Menschen in anderer Weise beanspruchten.

[1] *Häntzschel-Clairmont, W.*: a.a.O., S. 139.

Elektrisch angetriebene Fräsmaschine um 1900

„Sehr vorteilhaft sind die Elektromotoren in großen Fabriken, bei denen sie die großen, umständlichen und viel Effekt konsumierenden Haupttransmissionen beseitigen... (Man bringt) vorteilhaft an jeder Arbeitsmaschine einen Elektromotor an, zu dem die Kraft durch bequem zu legende Drähte geleitet wird, statt durch die unbequemen und kraftverzehrenden Riementransmissionen.

Die Vorzüge der Elektromotoren bestehen in ihrer sofortigen Betriebsbereitschaft, in ihrer Gefahrlosigkeit, in dem kleinen Raum, welchen sie einnehmen und der Billigkeit der Anlage, verglichen mit den Anlagekosten für kleine Gasmaschinen oder Dampfmaschinen und endlich darin, daß sich ihr Verbrauch direkt nach der Leistung richtet." [1]

Das mögliche Anwendungsspektrum der elektrischen Motoren wurde schon am Anfang dieser Entwicklung als nahezu unbegrenzt eingeschätzt.

„Seitdem aber die Elektrizität einmal in der Reihe der schwere Arbeit verrichtenden Kräfte eingetreten und durch ihre leichte und rasche Fortpflanzungsfähigkeit im Stande war, ihre Arbeit weit von dem Orte zu verrichten, an dem sie erzeugt wurde, seit dieser Zeit lag auch die Möglichkeit vor, die Elektrizität zur Beförderung von Eisenbahnen, Trambahnen, Booten und dergleichen zu verwenden.

In der Tat wurde schon im Jahre 1879, bald nach der Erfindung der Dynamomaschine von Siemens & Halske die erste elektrische Bahn gebaut" [2]. Die ersten Bahnen wurden, da Gleichspannungsnetze und Gleichstrommotoren zur Verfügung standen, mit Gleichspannung betrieben. Für den Nahverkehr entstanden dabei keine größeren Schwierigkeiten, wenn auch „die Drähte, die über die Straßen dabei laufen müssen und namentlich die vielen Querdrähte, welche den Fahrdraht tragen, unter Umständen den ästhetischen Eindruck der Straßenbilder stören. ... Als Motoren werden für elektrische Trambahnen gewöhnlich Hauptstrommotoren gewählt, die ganz in eine Eisenhülle eingeschlossen werden, um durch den Straßenschmutz nicht gebrauchsunfähig zu werden. ... Um den Wagen verschiedene Geschwindigkeiten zu erteilen, wird an den Stand des Führers ein Regulator angebracht, den man Kontroller nennt und der durch Drehung einer Kurbel Widerstände in den Stromkreis einschalten resp. aus ihm auszuschalten gestattet.

Natürlich herrscht in der elektrischen Industrie seit langer Zeit das Bestreben, die Elektrizität nicht bloß in den Trambahn-

Energieversorgung einer elektrischen Straßenbahnanlage

B Bleisicherung
D Mit Dampfmaschinen abgetriebene Dynamomaschinen
Str Stromrichtungsanzeiger
I Induktionsspule als Blitzschutz

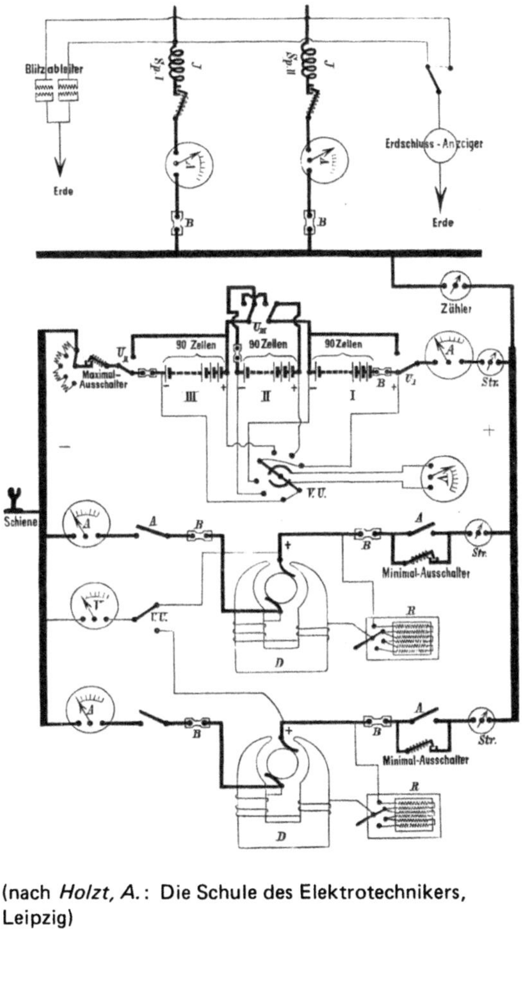

(nach *Holzt, A.*: Die Schule des Elektrotechnikers, Leipzig)

[1] *Graetz, L.:* Kurzer Abriß der Elektrizität, Stuttgart 1921, S. 100.

[2] *Graetz, L.:* 1921, a.a.O., S. 118.

betrieb, sondern auch in den Betrieb der großen Eisenbahnen, für den Fernverkehr einzuführen. Aber für den Fernverkehr braucht man hier, ebenso wie bei der gewöhnlichen Kraftübertragung, hohe Spannungen, um geringe Verluste in den Leitungen zu haben. Und für hohe Spannungen ist, wie gesagt, nur der Wechselstrom resp. Drehstrom geeignet."[1]

Die Schwierigkeiten bestanden hier in dem Problem des Wechselstrommotors, als man erkannt hatte, daß eine Drehstromzuführung technisch nicht realisierbar ist.

„Seit einigen Jahren werden derartige Wechselstrommotore, sogenannte Kollektormotore, von den großen Fabriken zu immer größerer Vollkommenheit gebracht, und sie sind jetzt schon so leistungsfähig geworden, daß man daran geht, Teile der großen Eisenbahnlinien elektrisch zu betreiben." [2]

Dennoch sollte es noch vierzig Jahre dauern, bis Anfang der 60er Jahre dieses Jahrhunderts die Elektrifizierung der Bahn und damit das große Geschäft in der elektrischen Energietechnik abgewickelt werden konnte. 1921 standen indes noch weitere Überlegungen einer Elektrifizierung entgegen, „außer finanziellen Erwägungen, welche hierbei natürlich eine sehr gewichtige Rolle spielen, (kommen) insbesondere auch militärische Rücksichten in Betracht, welche einer solchen Umwandlung nicht günstig sind. Es ist natürlich zu beachten, daß eine elektrische Bahn im Kriegsfalle oder auch bei Streiks viel leichter zu beschädigen und unverwendbar zu machen ist, als eine Dampfbahn" [3].

Dennoch sind die Vorteile elektrisch angetriebener schienengebundener Fahrzeuge so groß, daß heute zumindest die Hauptstrecken elektrifiziert sind, zumal der für die Staatssicherheit wichtige Verkehr über Straßen oder durch die Luft abgewickelt werden kann.

Im Bereich der in der Produktion eingesetzten elektrischen Antriebe bestanden von Anfang an ebenfalls zwei Probleme:

- Es wurden vielfach drehzahlvariable Antriebe benötigt. Die Verstellung der Drehzahl war jedoch nur bei Gleichstrommaschinen in weiten Grenzen einfach möglich, die elektrische Energieversorgung erfolgte aber zumindest bei Großverbrauchern schon bald nur noch mit Drehstrom. Das Umwandlungsproblem wurde mit größtem technischen Aufwand gelöst, die Kette der Lösungsmöglichkeiten reicht von Maschinenumformern, Kontaktgleichrichtern über den gesteuerten Quecksilberdampf-Stromrichter hin bis zu den heute verwendeten Halbleiter-Leistungsthyristoren.
- Es wurden für einen optimalen Ersatz der menschlichen Arbeitskraft vielfach auch drehzahl- oder drehmomentgeregelte Antriebe benötigt. Dazu standen aber keine Leistungsstellglieder größerer Leistung, keine schnellen Leistungsverstärker zur Verfügung. Erst durch die Entwicklung der Analog-Elektronik in Verbindung mit den Halbleiter-Leistungsstellgliedern wurde es möglich, schnelle, exakt geregelte Antriebe zu bauen.

Steuerbarer Quecksilberdampfstromrichter
(Fabr. AEG um 1960)

[1], [2], [3] *Graetz, L.*: 1921, a.a.O., S. 119.

Als diese beiden Probleme gelöst waren, konnte an die Veränderung der Großproduktion durch den Einsatz geregelter Antriebe gegangen werden. Damit war es möglich die Ausgangsmaterialien für die Massenfertigung von Konsumgütern, wie z.B. Bleche in bester Qualität mit höchster Präzision, preisgünstig zu fertigen.

Schon bei der Einführung der gittergesteuerten Quecksilberdampf-Stromrichter wurden die grundsätzlichen Konzeptionen geregelter Industrieantriebe entwickelt. Einziger Nachteil dieser Antriebstechnologie war der unhandliche, wartungsaufwendige und sehr teure Stromrichter. Trotzdem hat „die AEG ... die Möglichkeiten, die der gittergesteuerte Stromrichter für die Speisung motorischer Antriebe hat, frühzeitig erkannt ... Bereits 1937 wurde ein Umkehrstromrichter in Kreuzschaltung für den Antrieb eines Stauchgerüstes geliefert ... Seit 1950 sind insgesamt über 400 Stromrichteranlagen für motorische Antriebe mit einer Gesamtnennleistung von mehr als 225 MW von der AEG in Auftrag genommen worden" [1].

Drehzahlregelung mit ankerspannungsabhängiger Feldschwächung

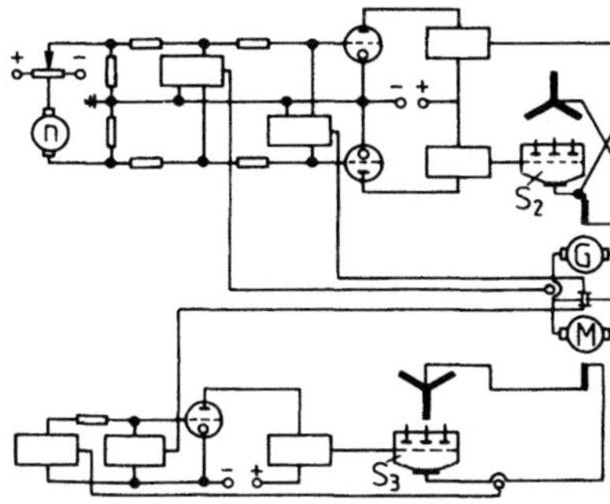

Quecksilberdampfstromrichter zur Gleichrichtung des Erregerstromes (1958)

Die schon mit dem Quecksilberdampfstromrichter, und erst recht die mit der Halbleitertechnologie erreichbaren Regelgeschwindigkeiten hatten Rückwirkungen auf die konstruktive Ausführung der Gleichstrommotore. Es wurden spezielle, trägheitsarme Motoren entwickelt, deren Kommutierung und deren Läuferwicklung so ausgelegt war, daß höchste Stellgeschwindigkeiten erreicht werden können [2]. Die Entwicklung scheint hier zum Abschluß gekommen zu sein. Veränderungen werden durch den breiteren Einsatz mechanisch einfacherer, wartungsfreier Motore mit einem höheren Aufwand in der Leistungselektronik, wie dem mit veränderlicher Frequenz gespeisten Synchronmotor oder ähnlichen Systemen, zu erwarten sein.

2.4.1 Analyse von Drehfeldmaschinen

Bei den **Drehfeldmaschinen** wird von einem Drehstromnetz [3] zur Verfügung gestellte elektrische Energie in magnetische Energie in Form eines mit konstanter Geschwindigkeit rotierenden Feldes umgesetzt. Dieses rotierende magnetische Feld durchsetzt ein drehbares Polrad oder einen Läufer. Dabei können zwei verschiedene Formen von Drehfeldmaschinen unterschieden werden:

- **Synchronmaschinen** mit einem gleichstromerregten Polrad, die Erregerwicklung auf dem Polrad wird von einem Gleichstrom durchflossen;
- **Asynchronmaschinen** mit einem selbsterregten Läufer, dessen Wicklung von einem aus der in der Läuferwicklung induzierten Spannung resultierenden Wechselstrom durchflossen wird.

Fachsystematik elektrische Maschinen

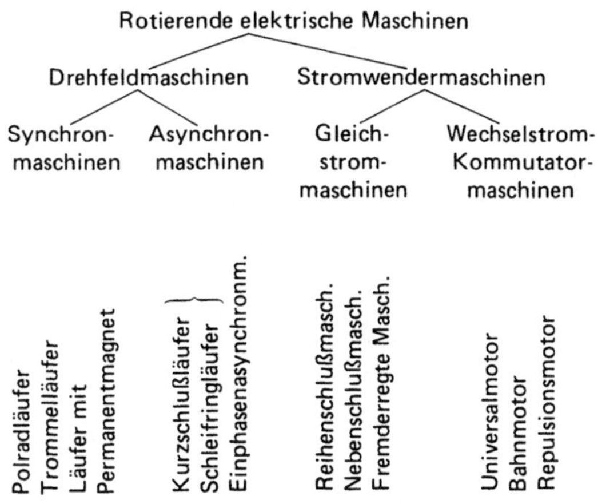

[1] *Reinhardt, Gustav*: Übersicht und Einführung in Stromrichterantriebe, in AEG-Mitteilungen 48 (1958) 11/12.

[2] *Pfaff, Gerhard*: Regelung elektrischer Antriebe, S. 24.

[3] *Clausnitzer, H.*: Einführung in die ET; Kap. 5.7.

2.4.1.1 Entstehung des Drehfeldes

Eine an eine Wechselspannung gelegte Wicklung erzeugt (Induktionsgesetz [1]) ein **magnetisches Wechselfeld.** Mehrere räumlich getrennte Wicklungen, gespeist mit verschiedenen gleichfrequenten Wechselspannungen erzeugen ein aus den überlagerten Wechselfeldern resultierendes magnetisches Gesamt-Wechselfeld. Bei Drehfeldmaschinen sind die drei an die drei Phasen des Drehstromsystems angeschlossenen Wicklungsstränge gleichmäßig auf dem Umfang des Ankers verteilt. Die drei um 120° räumlich verdrehten Wicklungen werden von den drei zeitlich um ein Drittel der Periodendauer gegeneinander verschobenen sinusförmigen Wechselspannungen des Drehstromnetzes gespeist. Dadurch entsteht ein resultierendes magnetisches Feld, daß eine zeitlich konstante Amplitude hat und sich mit einer von der Frequenz des speisenden Netzes abhängigen Drehzahl im Anker der Maschine dreht, ein **Drehfeld**. Für den stehenden Anker bedeutet dies, daß auf der inneren Oberfläche für einen Schnitt in Längsrichtung der Maschine ein zeitlich sinusförmig sich veränderndes magnetisches Wechselfeld hindurchtritt. Da der Anker, um den magnetischen Widerstand herabzusetzen, aus Eisen aufgebaut ist, treten Hysterese- und Wirbelstromverluste↑ auf, der Anker von Drehfeldmaschinen ist in jedem Fall geblecht.

Die Drehzahl des Drehfeldes hängt von der Anzahl der Wicklungsstränge ab, die jeder Phase der Drehstromeinspeisung zugeordnet sind. Wenn an jede Phase ein Wicklungsstrang geschaltet wird, dann bezeichnet man die Ankerwicklung als **zweipolige Wicklung**, die **Polpaarzahl** ist Eins. Das Drehfeld dreht sich dann einmal pro Netzperiode im Anker. Wird die Anzahl der Wicklungsstränge der Ankerwicklung, d.h. die Polpaarzahl vervielfacht, dann vermindert sich die Drehzahl des Drehfeldes um den gleichen Faktor. Damit ist die höchste Drehzahl durch die Netzfrequenz festgelegt; niedrigere Drehzahlen sind, da nur die Polpaarzahl vervielfacht werden kann, als ganzzahlige Bruchteile dieser höchsten Drehzahl möglich.

[1] *Claussnitzer, H.*: Einführung in die ET; Kap. 4.4.

Schematische Übersicht der Wicklungsanordnung in einer Drehfeldmaschine

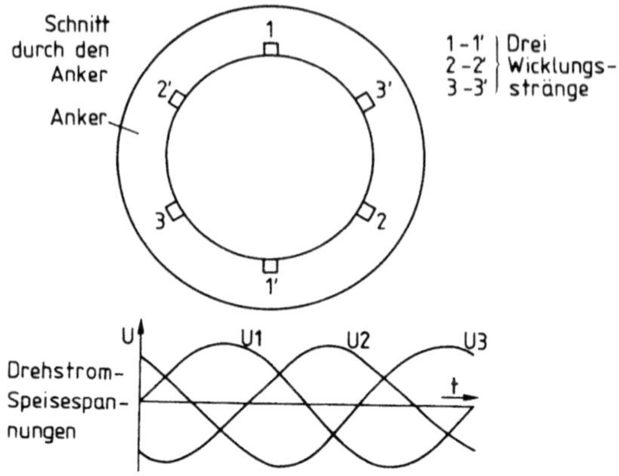

Entstehung des Drehfeldes (schematisch ohne Läufer)

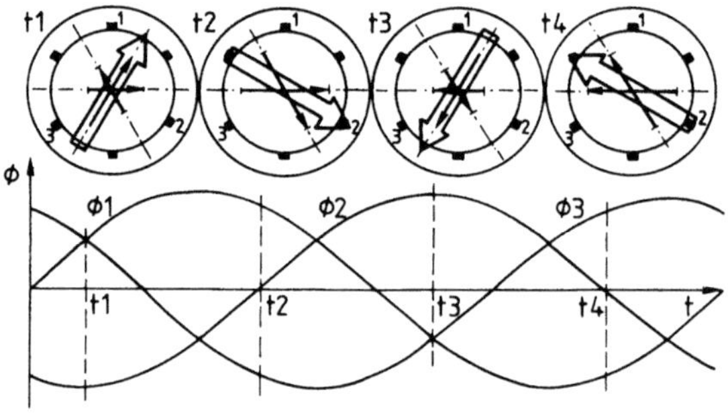

Drehzahl des Drehfeldes

Polpaarzahl p = 1
Polzahl 2p = 2: Drehfelddrehzahl $\frac{n^*}{sec} = \frac{1}{T}$

Drehfelddrehzahl im Umdrehungen pro Minute $\frac{n}{min} = \frac{60}{T}$

Drehfelddrehzahl als Funktion der Netzfrequenz $\frac{n}{min} = 60 \cdot f$

Polzahl $2p \geq 2$:

Drehfelddrehzahl mehrpoliger Maschinen $\frac{n}{min} = \frac{60 \cdot f}{p}$

Mögliche Drehfeldzahlen bei einer Netzfrequenz von 50 Hz

2p	2	4	6	8	10	12
n/min	3000	1500	1000	750	600	500

2.4.1.2 Nutzung des Drehfeldes zur Erzeugung eines Drehmomentes bei Synchronmaschinen

Das durch die Ankerwicklung erzeugte Drehfeld durchsetzt den Läufer der Maschine. Dieser ist bei Synchronmaschinen ein Läufer mit ausgeprägten Polen, das **Polrad**, oder bei großen Maschinen mit hohen Drehzahlen aus mechanischen Gründen ein **Trommelläufer.** Um den magnetischen Widerstand für das Drehfeld herabzusetzen ist das Polrad aus magnetisch gut leitendem Material, Eisen, aufgebaut. Das Polrad trägt die vom Erregerstrom durchflossene **Erregerwicklung,** an seiner Welle kann bei synchronen Lauf der Maschine ein zeitlich konstantes Drehmoment abgenommen werden. Auch ohne Erregung stellt sich das Polrad, wenn das Lastmoment bzw. die Reibungsverluste klein genug sind, so ein, daß für das Drehfeld der geringste magnetische Widerstand vorhanden ist, es rotiert synchron mit dem Drehfeld. Dadurch wird die vom speisenden Drehstromnetz aufzubringende magnetische Energie, für die der Magnetisierungsstrom ein Maß ist, ein Minimum. Ohne Erregung ist das abgegebene Drehmoment nur klein, die für das Feld aufzubringende Wechselerregerleistung jedoch groß. Da das magnetische Feld im Polrad ein Gleichfeld ist, kann durch Einbringung einer magnetischen Gleichspannung in das Polrad die Wechselerregerleistung des Ankers verringert werden. Dies geschieht bei Kleinmaschinen durch einen Permanentmagneten und bei größeren Maschinen durch die vom Erregergleichstrom durchflossene Erregerwicklung. Der Erregergleichstrom hat eine magnetische Gleichspannung [1] zur Folge, die, da sie mit dem Polrad rotiert, für die Ankerwicklung als magnetische Wechselspannung erscheint. Ist die magnetische Erregerspannung des Polrades kleiner, als die für das Drehfeld benötigte magnetische Spannung, dann muß von der Ankerwicklung durch einen Magnetisierungsstrom zusätzliche magnetische Spannung aufgebracht werden, die Maschine nimmt neben dem Wirkstrom zur Deckung der Verluste einen induktiven (Magnetisierungs-)Strom auf. Ist der Erregerstrom gerade groß genug, um die be-

[1] *Claussnitzer, H.*: Einführung in die ET; Kap. 4.1.2.2.

Schenkelpolläufer (Polrad)

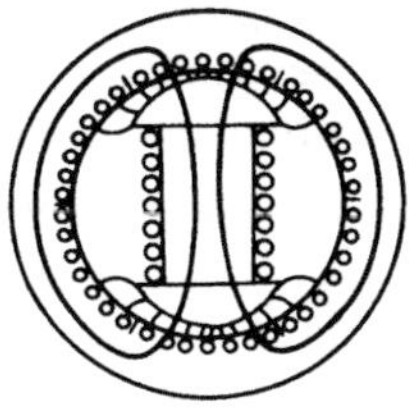

Volltrommelläufer

Drehmoment der Schenkelpolmaschine (ohne Reibung)

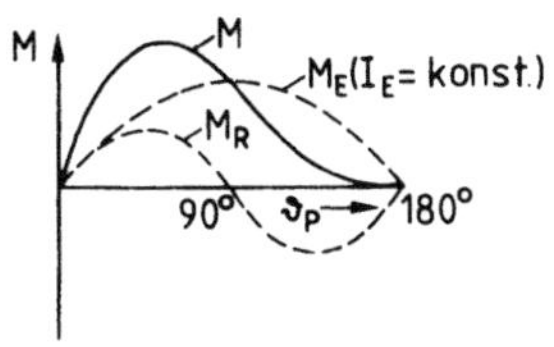

Reaktionsmoment M_R infolge ausgeprägter Polform des Polrades (auch ohne Erregung),

Erregungsmoment M_E infolge Erregerstrom,

$M = M_R + M_E$ als Funktion des Lastwinkels,

ϑ_P: Winkel des Polrades gegenüber dem Drehfeld

Zusammenhang zwischen Erregerstrom und Ankerstrom der unbelasteten Synchronmaschine

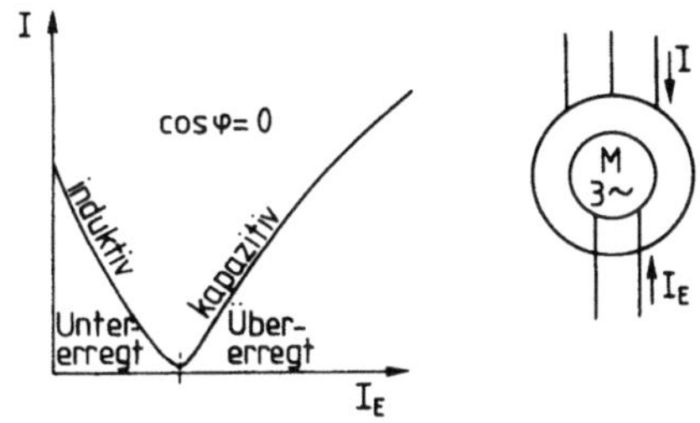

Vereinfachtes magnetisches Ersatzschaltbild der unbelasteten Synchronmaschine

V_N magn. Spannung der Ankerwicklung
V'_E magn. Spannung der Erregerwicklung
R_A magn. Widerstand der Anker
R'_δ magn. Widerstand des Luftspalts
R'_p magn. Widerstand des Polrades
Φ Hauptfluß (ohne Streuung)

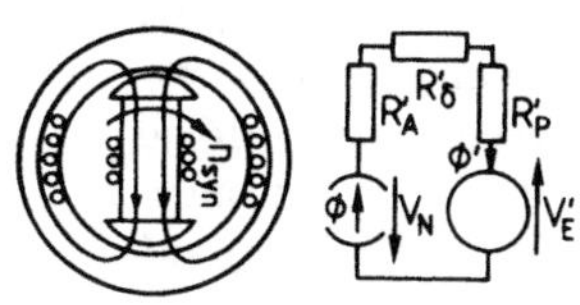

(Betrachtung eines Wicklungsstranges)

Der Hauptfluß ist durch die konstante Amplitude der Netzspannung ein eingeprägter Fluß, die Ankerwicklung wirkt wie eine Konstantflußquelle. Die zur Überwindung des magnetischen Widerstandes notwendige magnetische Spannung wird von der Anker- und der Er-

nötigte magnetische Spannung zu erzeugen, dann wird ein reiner Wirkstrom aufgenommen. Wird der Erregerstrom darüberhinaus gesteigert, dann nimmt die Ankerwicklung zur Kompensation einen kapazitiven Blindstrom auf, sie wird im übererregtem Zustand zum Blindleistungslieferanten.

2.4.1.3 Belastung des Synchronmotors

Jede mechanische Belastung, also die Abnahme eines Drehmoments durch eine Arbeitsmaschine, bremst das Polrad ab. Da dieses aber synchron mit dem Drehfeld umläuft, wird es bei Belastung nacheilend gegen das Drehfeld verschoben. Je größer das Lastmoment ist, desto größer ist der Winkel, um den das Polrad nacheilt, der **Polradwinkel**. Dadurch wird jedoch das von der Spannung an der Ankerwicklung bestimmte magnetische Feld verzerrt, es konzentriert sich an den auflaufenden Polschuhkanten. Wenn der Erregerstrom unverändert so bleibt, daß die leerlaufende Maschine vom Netz nur die Wirkverluste deckt, dann muß bei steigender Belastung ein reiner Wirkstrom aufgenommen werden. Die aufgenommene elektrische Leistung deckt die Verluste und die abgegebene mechanische Leistung. Wird der Polradwinkel infolge steigendem Lastmomentes zu groß, dann **kippt** das Polrad aus der stabilen Lage, es läuft nicht mehr mit dem Drehfeld mit, die Maschine gerät **außer Tritt.**

Das Lastverhalten der Synchronmaschine wird durch das **Kreisdiagramm** beschrieben, daß in der idealisierten Form nur für den Trommelläufer gilt. Das Kreisdiagramm stellt die Ortskurve des Ankerstromes bei Einspeisung mit konstanter Netzspannung mit dem Erregerstrom als Parameter dar. Dabei werden sowohl Wicklungs- als auch Eisenverluste ebenso wie die Eisensättigung vernachlässigt. Bei der Konstruktion der Ortskurve wird der Erregerstrom infolge des synchron umlaufenden Läufers als sinusförmiger Wechselstrom in der Wirkung auf den ruhenden Anker betrachtet. Der Lastwinkel gibt dabei an, um welchen Winkel in der Zeigerdarstellung der Erregerstrom gegenüber der Lage im Leerlauf gedreht ist. Im Leerlauf ohne Erregung ist der Ankerstrom um 90° nacheilend, bei steigendem Erregerstrom wird der Ankerstrom zuregerwicklung aufgebracht. Die Erregerwicklung wirkt wie eine magnetische Konstantspannungsquelle, da der Erregerstrom eingeprägt ist.

$$V_N + V_E = \Phi(R_A + R_\delta + R_p)$$
$$V_N = \Phi(R_A + R_\delta + R_p) - V_E$$
$$V_N \lesseqgtr 0 \text{ für } V_E \gtreqless \Phi(R_A + R_\delta + R_p)$$

$V_N > 0$ bedeutet, daß die Ankerwicklung als magnetische Quelle arbeitet, also induktive Leistung vom Netz aufnimmt (untererregt)

$V_N < 0$ bedeutet, daß die Ankerwicklung als magnetischer Verbraucher arbeitet, also induktive Leistung an das Netz abgibt (übererregt)

Polrad- und Lastwinkel

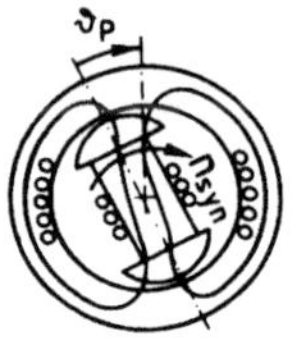

Der Polradwinkel ist der Winkel, um den das Polrad durch Belastung gegenüber der Lage im Leerlauf verdreht ist. Bei mehrpoligen Maschinen ($p > 1$) wird der Lastwinkel angegeben, der entsprechend der auf dem Ankerumfang, d.h. auf 360° verteilten „Pole" ein p-vielfaches des Polradwinkels ist

Lastwinkel: $\vartheta = p \cdot \vartheta_p$

Ortskurve des Ankerstromes des Trommelläufers

Zeigerdiagramm der leerlaufenden Maschine (Verluste und Eisensättigung vernachlässigt)

ohne Erregung

mit Erregung (2/3 Leerlauferregung)

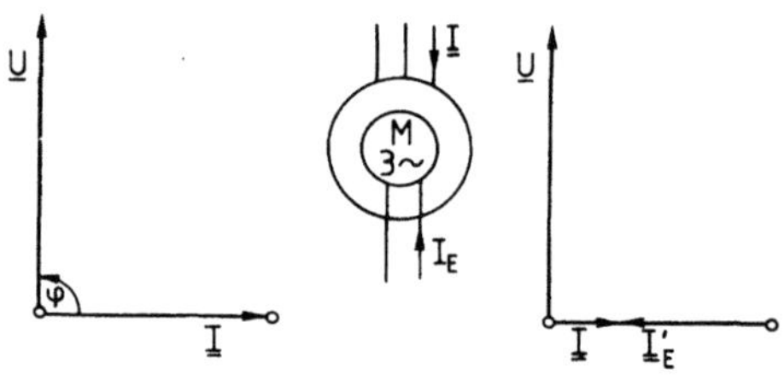

nehmend vom Erregerstrom kompensiert. Bei steigender Last wird das Polrad um den Polradwinkel, der in den Anker transformierte Zeiger des Erregerstromes um den Lastwinkel, gegenüber seiner Ausgangslage gedreht. Konstanter Erregerstrom ergibt einen Kreis als Ortskurve des transformierten Erregerstromes. Die Verbindung zwischen Ursprung und Erregerstrom-Zeiger ist der Ankerstromzeiger, die fehlende Durchflutung wird von der Ankerwicklung aufgebracht. Wird die Maschine mit konstanter Last betrieben, dann bewegt sich bei veränderter Erregung der' Zeiger des Ankerstromes auf einer Parallelen zur Abzisse, die Wirkleistung ist konstant. Dabei verändert sich sowohl der Lastwinkel als auch der Leistungsfaktor. Bei steigender Last kann je nach Erregungszustand der Lastwinkel größer als 90° werden, das Kippmoment wird überschritten, die Maschine gerät außer Tritt. Bei einer Schenkelpolmaschine wird infolge der Ausbildung der Pollücke und dem daraus folgenden erhöhtem Magnetisierungsbedarf bei steigendem Lastwinkel die Kreisform der Erregerortskurve verzerrt.

Ortskurven für konstante Erregung

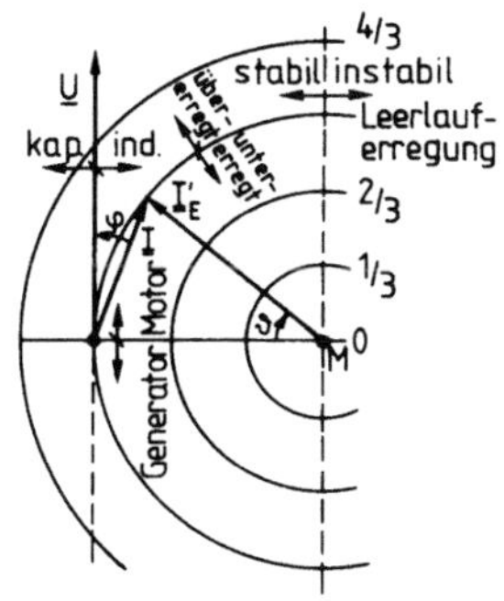

Bei konstantem Erregerstrom bewegt sich der Zeiger des transformierten Erregerstromes um M auf einem Kreis. Dies ist auch die Ortskurve des Ankerstromes. Mit steigender Last steigt der Ankerstrom überproportional an, da der Phasenwinkel größer wird.

Ortskurven für konstante Last

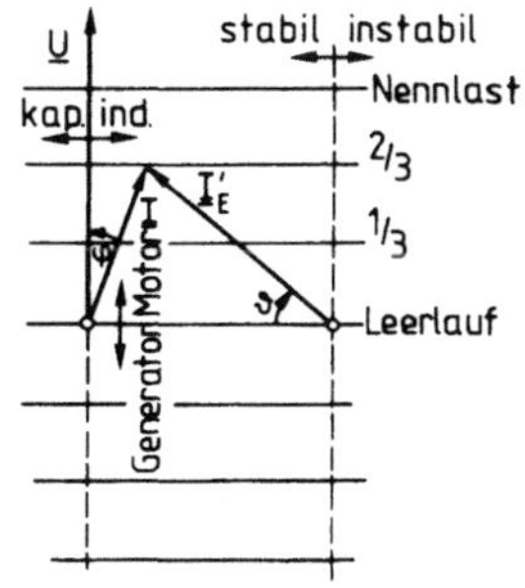

Bei konstanter Last bewegt sich der Zeiger des Ankerstromes und des transformierten Erregerstromes auf Parallelen zur Abszisse. Durch Vergrößerung des Erregerstromes kann der Blindleistungsbedarf verkleinert werden.

Aus den Ortskurven kann der im Betrieb nötige Erregerstrom ermittelt werden.

Ortskurve des Ankerstromes des Schenkelpolläufers

(Verluste und Eisensättigung vernachlässigt)

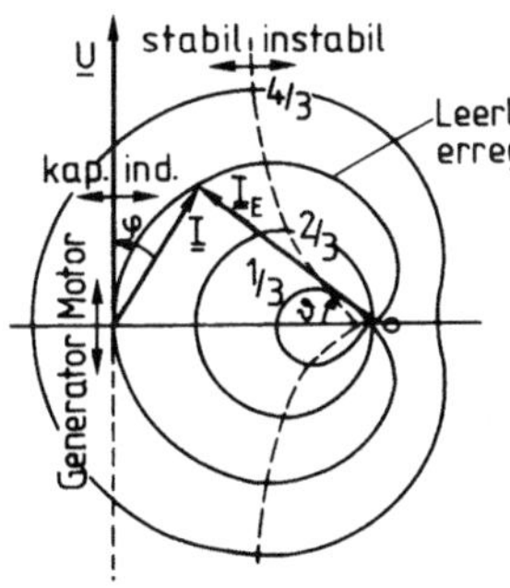

Verzerrung der Ortskurve gegenüber dem Trommelläufer durch das Reaktanzmoment infolge der Pollücke.

(nach *Bödefeld/Sequenz*: Elektrische Maschinen, Springer Verlag 1971)

2.4.1.4 Ausführung und Einsatz von Synchronmaschinen

Anwendungsbereich der Synchronmaschine ist zum weitaus überwiegenden Teil der Generatorbetrieb in Kraftwerken und als Drehstromlichtmaschine in Kraftfahrzeugen. Als Antriebsmaschine werden **Drehstromsynchronmotore** nur bei sehr großen Antriebsleistungen verwendet. Vorteile der Synchronmaschine sind der relativ einfache Aufbau mit größerem Luftspalt, als die Asynchronmaschine (die Erregerleistung wird von einem Gleichstromkreis aufgebracht), mit wartungsarmen Schleifringen gegenüber dem aufwendigen Kommutator der Stromwendermaschine und die Möglichkeit, über die Erregung den Blindleistungsbedarf zu steuern. Nachteilig ist für die meisten Anwendungsfälle die starre Drehzahl, das Problem des Hochlaufs und der Aufwand für den zusätzlichen Erregerkreis. Die technische Entwicklung ist aber auf den vermehrten Einsatz von Synchronmotoren gerichtet. Um drehzahlvariable Antriebsmaschinen zu erhalten, wird die Maschine von einer Umrichterschaltung↑ mit Leistungshalbleitern mit einer Drehspannung veränderbarer Frequenz gespeist. Damit sind Drehzahlen über 3000/min möglich, der Blindleistungsbedarf ist gering und das Anfahren wird problemlos. Die Erregerleistung wird ohne Schleifringe und Bürsten induktiv nach dem Transformatorprinzip übertragen. Dieser **Stromrichtermotor** wird bisher jedoch nur in Sonderfällen eingesetzt.

2.4.1.5 Nutzung des Drehfeldes zur Erzeugung eines Drehmomentes bei Asynchronmaschinen

Bei der **Asynchronmaschine** kann der Läufer als **Kurzschluß-** oder **Schleifringläufer** ausgebildet sein. Bei beiden Typen führt die durch das Ankerfeld in der Läuferwicklung induzierte Spannung und der daraus folgende Läuferstrom zu einem Drehmoment. Im Folgenden wird zunächst nur der Kurzschlußläufermotor, die am meisten verbreitete und einfachste Form einer elektrischen Maschine, betrachtet.

Der Kurzschlußläufer besteht aus einem geblechten Eisenkern und einer in Nuten an seiner Oberfläche untergebrachten Kurzschlußwicklung. Das von der Ankerwicklung erzeugte Drehfeld↑ durchsetzt den Läufer. Wenn sich der Läufer mit der Drehzahl des Drehfeldes dreht, also synchron läuft, wird er von einem Gleichfeld durchsetzt. In der Wicklung des Läufers wird keine Spannung induziert, da sich der Fluß nicht zeitlich ändert. Wenn der Läufer festgebremst wird, dann wird seine Oberfläche von einem sich zeitlich sinusförmig ändernden magnetischen Wechselfeld durchsetzt. Zwei in Längsrichtung der Maschine liegende Leiter der Läuferwicklung, die an den Enden kurzgeschlossen sind, umfassen einen Teil der vom Fluß durchsetzten Oberfläche des Läufers. In dieser kurzgeschlossenen Spule wird eine elektrische Spannung induziert (Induktionsgesetz [1]), die einen Kurzschlußstrom zur Folge hat. Das Drehfeld des Ankers wirkt auf den kurzschlußstromdurchflossenen Leiter (stromdurchflossener Leiter im magnetischen Feld [2]), es entsteht eine Kraft in radialer Richtung, auf die Welle der Maschine wird ein Drehmoment ausgeübt. Der Fluß wird dabei durch den Kurzschlußstrom aus der Läuferwicklung verdrängt in den Luftspalt bzw. den Raum

[1] *Claussnitzer, H.*: Einführung in die ET; Kap. 4.4.

[2] *Claussnitzer, H.*: Einführung in die ET; Kap. 4.6.

Fachsystematik Asynchronmaschinen

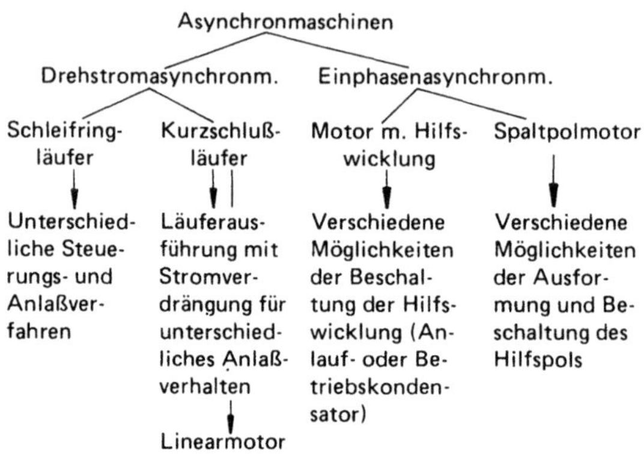

Käfigwicklung eines Kurzschlußläufers

Induktion einer Spannung in der Leiterschleife am abgewickeltem Läuferumfang (schematisch)

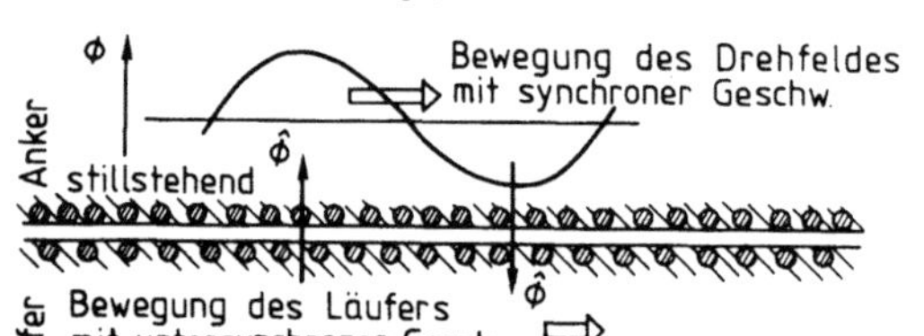

Schematische Darstellung der Flüsse und magnetisches Ersatzschaltbild

V_N magn. Spannung d. Ankerwicklung
V_L magn. Spannung d. Läuferwicklung
R_A magn. Widerstand des Ankers
R_S magn. Widerstand des Streuweges
R_L magn. Widerstand des Läufers
Φ_H Hauptfluß
Φ_S Streufluß
Φ_L Läuferfluß

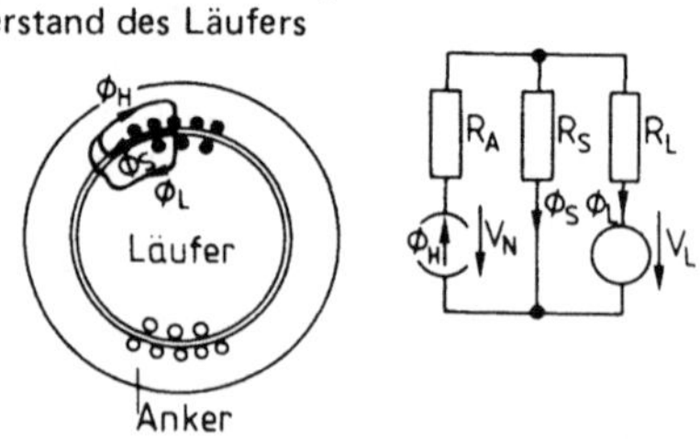

zwischen der Läufer- und der Ankerwicklung. Die Ankerwicklung muß durch den Ankerstrom die magnetische Spannung zur Überwindung der magnetischen Widerstände im Anker und im Streuweg aufbringen. Die magnetische Spannung am Streuweg ist so groß, wie die durch den Kurzschlußstrom in der Läuferwicklung erzeugte magnetische Gegenspannung.

2.4.1.6 Belastung von Asynchronmotoren

Das im Stillstand der Maschine aufgebrachte Drehmoment ist das **Anlaufmoment** oder **Kurzschlußmoment.** Der Läufer führt einen Kurzschlußstrom mit Netzfrequenz. Wenn sich der Läufer durch das Anfahrmoment zu drehen beginnt, wird weiter eine Wechselspannung in der Läuferwicklung induziert, deren Frequenz jedoch mit steigender Läuferdrehzahl abnimmt. Damit eine Spannung in der Läuferwicklung induziert wird und damit beim Kurzschlußläufer ein Drehmoment abgenommen werden kann, muß sich der Läufer also langsamer als das Drehfeld drehen, der Läufer dreht sich mit einem **Schlupf** gegenüber dem Drehfeld. Die Differenz zwischen Drehfelddrehzahl und Läuferdrehzahl ist die **Schlupfdrehzahl.** Der Schlupf ist das Verhältnis der Schlupfdrehzahl zur Drehfelddrehzahl. Er ist damit auch das Verhältnis der Frequenz der Läuferspannung zur Frequenz der Netzspannung.

Schlupf

Drehzahlabhängigkeit → Stillstand: $n = 0 \curvearrowright f_L = f_N$

Drehzahlabhängigkeit → Synchronismus: $n = n_D \curvearrowright f_L = 0$

$$\frac{f_L}{f_N} = 1 - \frac{n}{n_D}$$

n_D: Drehfelddrehzahl, f_N: Netzfrequenz
n: Läuferdrehzahl, f_L: Läuferfrequenz

Schlupfdrehzahl $n_s = n_D - n$

Schlupf $s = \frac{n_s}{n_D}$

$$s = 1 - \frac{n}{n_D}$$

$$\boxed{s = \frac{f_L}{f_N}}$$

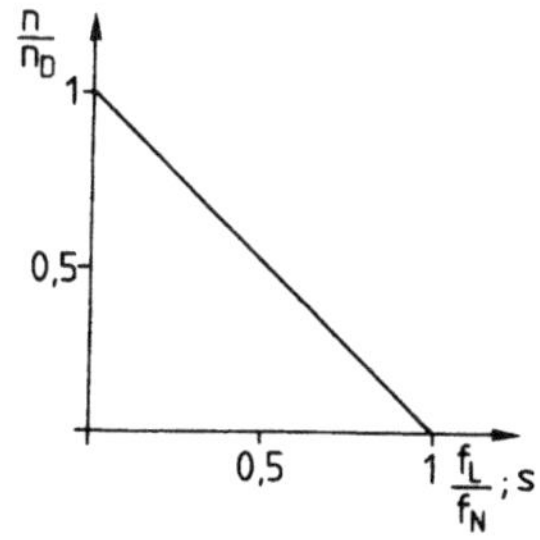

Der Schlupf ist eine wichtige Kenngröße des Drehzahlverhaltens der Asynchronmaschine. Mit sinkendem Schlupf nimmt nicht nur die Frequenz, sondern auch die Amplitude der Läuferspannung ab, da die Änderungsgeschwindigkeit des Läuferflusses abnimmt. Damit verändert sich auch der Läuferstrom und das Drehmoment der Maschine. Beschrieben wird das Lastverhalten durch das Kreisdiagramm, die Ortskurve des Ankerstromes. Diese Ortskurve wird als Darstellung elektrischer Größen aus dem elektrischen Ersatzschaltbild der Maschine abgeleitet. Dazu wird die Asynchronmaschine wie ein Transformator ↑ betrachtet. Unterschiede bestehen in

- dem rotierendem Sekundärteil, in dem sich die Frequenz der induzierten Spannung ändert. Dies wird durch ein mit dem Schlupf veränderbares Übersetzungsverhältnis berücksichtigt;
- der ausschließlichen Betrachtung des Kurzschlußfalles im Sekundärkreis bei Einspeisung mit konstanter Netzspannungsamplitude, aber bei mit dem Schlupf veränderbaren Reaktanzen des Sekundärkreises;
- dem Luftspalt, der Primär- und Sekundärseite trennt und zu einem im Vergleich mit dem Transformator wesentlich größeren Leerlaufstrom führt.

Das **Vierpolersatzschaltbild** kann trotzdem im wesentlichen wie das des Transformators aufgebaut werden. Die primäre Ankerwicklung liegt an der Netzspannung und erzeugt den Fluß der Maschine. Der Streufluß↑ wird im Ersatzbild der Streureaktanz, der Hauptfluß↑ der Hauptreaktanz zugeordnet, beide Reaktanzen liegen in Reihe entsprechend der Aufteilung der anliegenden Spannung auf Erzeugung des Streu- und des Hauptflusses. Von der primären Streuinduktivität↑ wird die magnetische Spannung für den Primär-Anteil des Streuflusses aufgebracht, die primäre Streureaktanz wird daher vom Ankerstrom durchflossen. Dieser fließt auch durch den Ankerwicklungswiderstand, die Netzspannung wird um den Spannungsfall an diesen Widerständen vermindert als flußerzeugende Spannung wirksam. Der Ankerwicklungswiderstand ist in Reihe zur Streureaktanz angeordnet. Die Hauptreaktanz wirkt ebenfalls durch den Hauptfluß für den Sekundärkreis, an ihr liegt die innere Spannung der Maschine. Diese ist die wirksame Spannung für den Sekundärkreis. Parallel zur Hauptreaktanz liegen in Reihe die sekundäre Streureaktanz und der (sekundäre) Läuferwicklungswiderstand.

Ersatzschaltbild der Asynchronmaschine mit Kurzschlußläufer

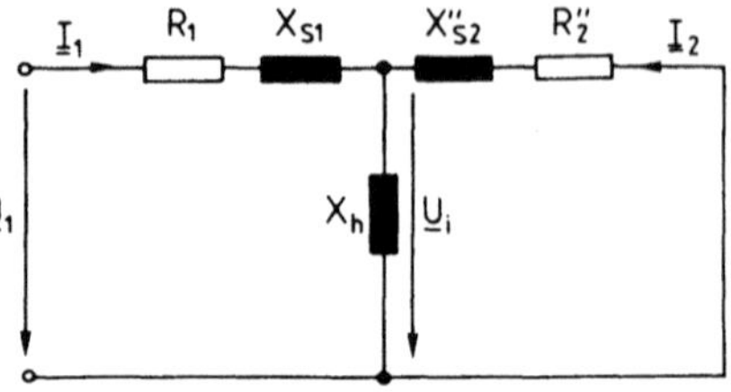

Das Ersatzschaltbild stellt in einem geschlossenen Vierpol zwei durch die magnetische Kopplung verkettete elektrische Stromkreise, den der Anker- und den der Läuferwicklung gemeinsam dar. Dazu müssen alle Größen eines Kreises, zumeist des Sekundär-, also hier des Läuferkreises, auf die des anderen Kreises, also hier des Ankerkreises, so umgerechnet werden, daß sie im richtigen Maße wirken. Bei der Umrechnung müssen zuerst die aus der Geometrie und dem Aufbau der Wicklungen folgenden Faktoren berücksichtigt werden. Dies ist einmal wie beim Transformator das Windungszahlübersetzungsverhältnis↑. Da sich hier jedoch einer räumlich verteilten Ankerwicklung eine kurzgeschlossene Käfigwicklung gegenübersteht, muß zusätzlich ein Wicklungsfaktor berücksichtigt werden. Beide Faktoren sind durch den Aufbau der Maschine festgelegt und sollen nicht weiter berücksichtigt werden, da die absolute Größe der Läuferströme und -spannungen, zumindest bei dem Kurzschlußläufer, nur für den Konstrukteur interessant ist.

Ein weiterer Faktor ist die variable Frequenz im Läuferkreis. Die im Läuferkreis induzierte Spannung ist von der Frequenz des im Läufer wirkenden Wechselflusses abhängig. Diese Spannung sinkt mit der Läuferfrequenz infolge der kleiner werdenden Flußänderungsgeschwindigkeit proportional ab. Die im Läufer induzierte Spannung ist proportional dem Schlupf. Im Ersatzschaltbild sind jedoch alle Größen auf die feste Netzfrequenz und Netzspannungsamplitude bezogen, die Netzspannung multipliziert mit dem Schlupf ergibt die Läuferspannung. Aus der Läuferspannung folgt mit der Impedanz des Kurzschlußkreises der Läuferstrom. Der Wirkwiderstand der Läuferwicklung ändert sich, wenn die Stromverdrängung vernachlässigt wird, sicher nicht; der Blindwiderstand ist abhängig von der Frequenz im Läuferkreis,

Transformation der Läufergrößen des Ersatzschaltbildes

Induzierte Spannung bei sinusförmigen Wechselgrößen

$$U_i = 4{,}44\, fN\xi \cdot \Phi \curvearrowright \frac{\text{Ankerkreisspannung}}{\text{Läuferkreisspannung}} = \frac{U_{i1}}{U_{i2}} = \frac{f_1 N_1 \xi_1}{f_2 N_2 \xi_2}$$

(Index 1: Ankerkreis; Index 2: Läuferkreis; ξ: Wicklungsfaktor)

$$U'_{i2} = U_{i2}\frac{N_1\xi_1}{N_2\xi_2} \quad \text{(Wicklungsaufbau)}$$

$$U''_{i2} = U'_{i2}\frac{f_1}{f_2} \quad \text{(Läuferfrequenz)}$$

$\Rightarrow$ $\boxed{U''_{i2} = U'_{i2}\, s}$ $\quad$ $\boxed{I''_2 = I'_2}$

$$I'_2 = \frac{U'_{i2}}{R'_2 + j\omega_2 L'_{S2}}$$

$$I''_2 = \frac{U''_{i2}}{R''_2 + j\omega_1 L''_{S2}}$$

$I'_2 \Rightarrow I''_2$

$$\frac{U''_{i2}}{\frac{R'_2}{s} + j\omega_1 L'_{S2}} = \frac{U''_{i2}}{R''_2 + j\omega_1 L''_{S2}}$$

$\boxed{R''_2 = \frac{R'_2}{s}}$ $\quad$ $\boxed{X''_{S2} = X'_{S2}}$

wenn die durch ihre Geometrie bestimmte Induktivität der Läuferschleifen als konstant angenommen wird. Um den durch diese Impedanz bestimmten Strom von der Läufer- auf die Ankerseite zu transformieren muß bei konstanter transformierter Läuferspannung die Impedanz transformiert werden. So entsteht die nicht ohne weiteres einsichtige Umformung, bei der die real mit dem Schlupf größer werdende Reaktanz als transformierter Wert konstant bleibt, während der real konstant bleibende Widerstand transformiert mit dem Reziprokwert des Schlupfes steigt.

Die auf die Ankerseite bezogene Ortskurve der Ankerspannung kann mit Hilfe des Ersatzschaltbildes konstruiert werden. Dazu müssen Leerlauf- und Kurzschlußstrom bestimmt werden. Daraus können dann die Daten der Elemente des Ersatzschaltbildes berechnet werden und die Ortskurve kann dargestellt werden.

Die meßtechnische Bestimmung der Daten der Asynchronmaschine erfolgt mit dem Leerlaufversuch↑, dem Belastungsversuch↑ und dem Kurzschlußversuch↑. Mit diesen Daten kann das statische Verhalten↑ eines Kurzschlußläufermotors bestimmt werden. Die für die praktische Verwendung als Antriebsmaschine nötigen Daten können den Lastkennlinien↑ entnommen werden, für die theoretische Betrachtung der Maschine kann die Ortskurve↑ verwendet werden.

Bei der Konstruktion der Ortskurve geht man vom Leerlauf-, Kurzschluß- und Nennpunkt aus. Alle drei Betriebspunkte liegen auf der Kreis-Ortskurve. Die Mittelsenkrechten auf den Verbindungen der Punkte schneiden sich im Mittelpunkt der Ortskurve.

Zu jedem Betriebspunkt der Ortskurve kann ein Stromzeiger gelegt werden, dessen senkrechter Anteil ein Maß für die aufgenommene Wirkleistung und dessen waagerechter Anteil ein Maß für die Blindleistung ist. Die Abszisse ist gleichzeitig die **Netzleistungslinie.** Im Kurzschlußpunkt deckt die aufgenommene Leistung die Verluste der Maschine, die als Senkrechte unter dem Kurzschlußpunkt abgegriffen werden können. Sie setzen sich aus den Anker- und

Konstruktion der Ortskurve des Ankerstromes

1. Leerlauf; Maschine angetrieben bis $n = n_D$, dann ist der Läuferstrom Null, der Läuferkreis bleibt ohne Wirkung

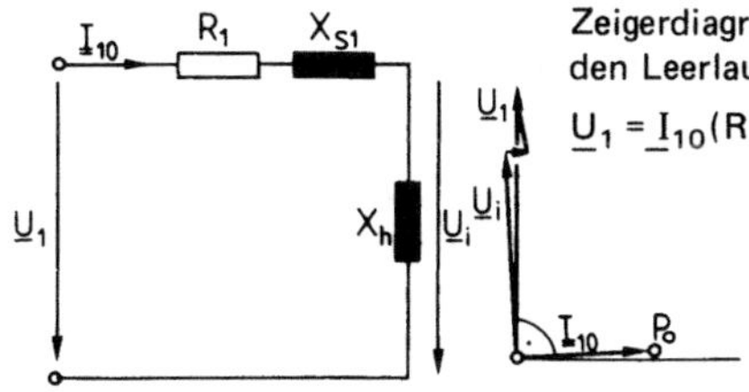

Zeigerdiagramm für den Leerlauffall:
$\underline{U}_1 = \underline{I}_{10}(R_1 + jX_{S1}) + \underline{U}$

Infolge der schlechten magnetischen Kopplung zwischen Anker und Läufer, die durch einen Luftspalt getrennt sind, ist der Magnetisierungsstrom im Vergleich zum Transformator sehr viel größer. Er beträgt 25 % bis 60 % des Nennstromes.

2. Kurzschluß; Läufer festgebremst

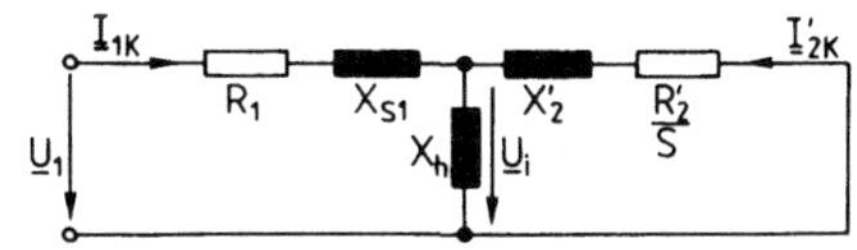

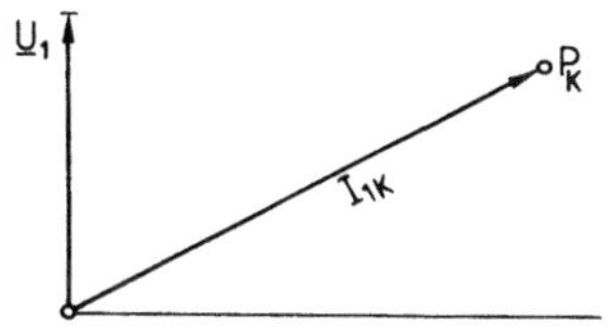

3. Betrieb der Maschine; Läufer mechanisch belastet

Die Ortskurve des Ankerstromes ist ein Kreis, von dem der Leerlauf- und der Kurzschlußpunkt bekannt sind. Die Messung der Nenndaten ergibt den dritten Betriebspunkt, mit dem die Konstruktion der Ortskurve möglich wird. Der Mittelpunkt liegt im Schnittpunkt der Mittelsenkrechten.

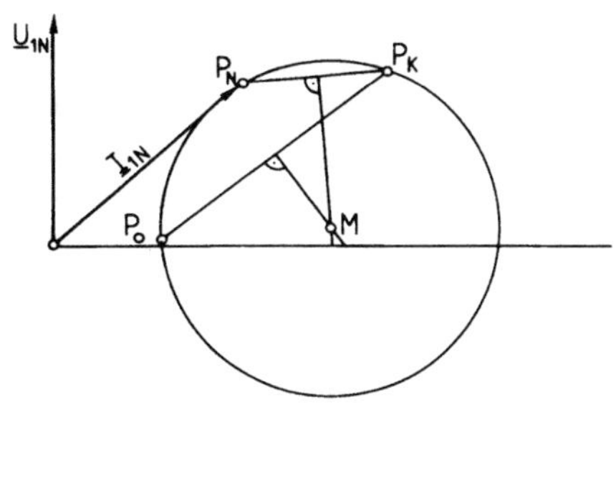

Läuferverlusten zusammen. Mit der Annahme gleichmäßiger Verlustaufteilung ist der Mittelpunkt der Strecke ein Teil der Verlustlinie, die den Kreis im Punkt für unendlichen Schlupf schneidet. Für diesen Punkt treten nur noch Ständerverluste auf, da der Läuferstrom der Maschine Null wird.

Die Verlustlinie stellt gleichzeitig die **Drehmomentlinie** dar, da die oberhalb dieser Linie senkrechte Verbindung zum Betriebspunkt ein Maß für die Läuferverluste und damit gleichzeitig für das Drehmoment ist. Im Leerlauf und bei unendlich großen Schlupf ist das Drehmoment der Maschine Null.

Die **mechanische Leistungslinie** ist die Verbindung zwischen Leerlauf- und Kurzschlußpunkt, bei beiden Betriebspunkten ist die abgegebene mechanische Leistung Null.

Der Ortskurve können mit Hilfsgeraden alle relevanten Werte der Maschine entnommen werden.

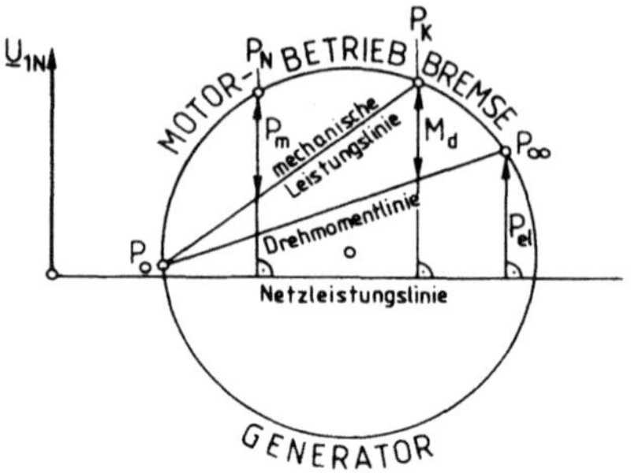

Zwischen Leerlauf und Kurzschluß arbeitet die Maschine im Motorbetrieb, die mechanische Leistung ist positiv. Zwischen Kurzschluß und unendlichem Schlupf ist die mechanische Leistung negativ, aber die elektrische noch positiv, die Maschine arbeitet als Bremse. Unterhalb der Abszisse ist die elektrische Leistung negativ, die Maschine arbeitet im Generatorbetrieb.

Die Benutzung der Ortskurve wird in der praktischen Anwendung problematisch, da der Parameter Schlupf einen nicht linearen Verlauf auf dem Kreisumfang hat. Der interessierende Betriebsbereich zwischen Leerlauf und Nennbetrieb bzw. Kurzschluß ist dabei auf einen Bruchteil des gesamten Kreisumfangs zusammengedrückt. Der meiste Teil der Ortskurve beschreibt Betriebspunkte, die im Normalbetrieb nicht erreicht werden.

2.4.2 Analyse von Stromwendermaschinen

Bei den Stromwendermaschinen wird durch den **Stromwender** oder **Kommutator** im Anker ein magnetisches Wechselfeld variabler, von Polzahl und Drehzahl abhängiger Frequenz erzeugt. Dieser Teil der Maschine rotiert, ihm steht ein ruhender Teil, der Ständer gegenüber, in dem die Ständerwicklungen ein ruhendes Feld erzeugen. Dadurch können Stromwendermaschinen in einem relativ großen Drehzahlbereich betrieben werden, eine durch die starre Netzfrequenz festgelegte obere Drehzahl existiert nicht. Es können je nach Speisung und Aufbau der Wicklungen verschiedene Drehzahl-Drehmoment-Kennlinien erreicht werden. Je nach Art der Speisespannung werden zwei Formen von Stromwendermaschinen unterschieden:

- **Gleichstrommaschinen,** bei denen die Anker- und die Ständerwicklung mit Gleichspannung gespeist werden;
- **Wechselstrom-Kommutatormaschinen,** bei denen die Anker- und die Ständerwicklung mit Wechselspannung gleicher Frequenz gespeist werden.

Beide Maschinen zeigen im Prinzip gleiches Verhalten und unterscheiden sich nur geringfügig im Aufbau und den Belastungsgrenzen.

2.4.2.1 Prinzip der Stromwendung

Auf eine stromdurchflossene Spule in einem ruhenden magnetischen Feld wird eine Kraft [1] ausgeübt, die senkrecht zur Stromdichte und zur Induktion gerichtet ist. Das ruhende magnetische Feld wird von den Ständerwicklungen erzeugt, es soll dabei vorerst nur die gleichspannungsgespeiste Stromwendermaschine betrachtet werden. Die Ständerwicklungen sind paarweise gegenüberliegend so angeordnet, daß sich der erzeugte Erregerfluß über einen Eisenrückschluß, das ist das Gehäuse der Maschine, und über dem Ankerkörper schließen kann. Das Gehäuse braucht dabei nicht geblecht zu sein, da es sich hier beim Erregerfluß um einen Gleichfluß, wie bei der Synchronmaschine, handelt.

Kräfte auf eine stromdurchflossene Spule im Magnetfeld

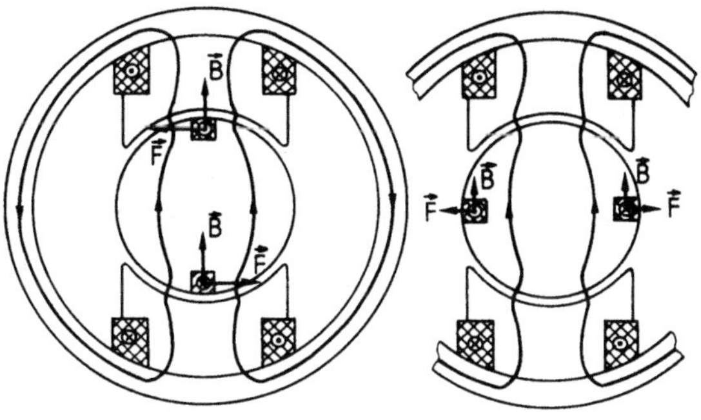

Auf der Ankeroberfläche der Maschine ist in Nuten die Ankerwicklung angeordnet, die vom Ankerstrom durchflossen wird. Auf eine stromdurchflossene Spule dieser Wicklung, die sich im Bereich des Polbogens d.h. des Erregerfeldes befindet, wird eine tangential gerichtete Kraft ausgeübt. Diese Kraft bewegt den drehbaren Anker so, daß die Ankerwicklung in die neutrale Lage zwischen den Polen gebracht wird. In dieser Lage umfaßt die Spule das gesamte Ankerfeld, es tritt keine Kraft in tangentialer Richtung auf, die Spule bleibt in dieser Lage, gleichgültig, ob sie vom Strom durchflossen wird oder nicht. Der Kommutator des Ankers bewirkt, daß die im Polbereich befindlichen Spulen der Ankerwicklung immer von einem Strom gleicher Richtung so durchflossen werden, daß eine Kraft gleichbleibender Richtung auftritt, während die zwischen den Polen befindlichen Spulen stromlos sind. Dazu werden die Enden jeder Spule so an den Kommutator geführt, daß über Bürsten der Ankerstrom durch die Spulen fließen kann.

Einbringen des Ankerstromes über den Kommutator

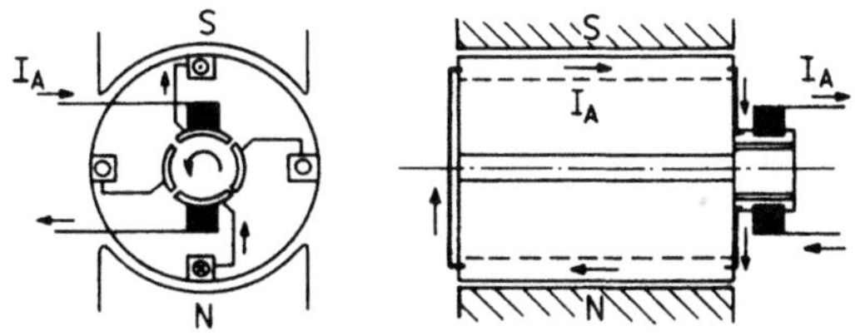

Es entsteht im Anker ein magnetisches Wechselfeld mit von der Drehzahl abhängiger Frequenz. Da der Anker aus Eisen aufgebaut ist, entstehen Hysterese- und Wirbelstromverluste↑, der Anker von Stromwendermaschinen ist in jedem Fall geblecht. Um auf dem Anker eine möglichst große Zahl von stromdurchflossenen Leitern unterzubringen, werden möglichst viele Spulen auf dem Ankerumfang gleichmäßig verteilt. Je nach Wicklungsart unterscheidet man dabei Schleifen- oder Wellenwicklungen. Ebenso kann die Anzahl der Pole der Erregerwicklung vergrößert werden, wodurch die Ausnutzung der Maschine verbessert, aber auch die Frequenz des Ankerfeldes erhöht wird.

[1] *Claussnitzer, H.*: Einführung in die ET; Kap. 4.6

2.4.2.2 Aufbau und Betrieb von Gleichstrommaschinen

Wenn sich die Spulen der Ankerwicklung im Erregerfeld drehen, wird in ihnen entsprechend dem Induktionsgesetz [1] eine elektrische Spannung induziert. Bei der unbelasteten Maschine ist der Ankerstrom sehr klein, es muß nur ein Drehmoment zur Überwindung der Lager- und Luftreibung aufgebracht werden. Das magnetische Feld wird als allein durch das Erregerfeld bestimmt angenommen. Die Feldverteilung am Umfang des Ankers ist so, daß unter den Polen die Induktion konstant ist und in den Pollücken sehr schnell auf Null absinkt. Eine Spule, die durch einen Pol hindurchgedreht wird, umfaßt bei Eintritt in den Polbereich den vollen Fluß, in der Mitte keinen Fluß und bei Austritt wiederum den vollen Fluß, nur mit umgekehrter Richtung. Während des Poldurchgangs ändert sich der umfaßte Fluß nahezu linear, seine Änderungsgeschwindigkeit ist nur von der Amplitude des Erregerflusses, der Drehzahl und der Geometrie der Wicklung abhängig. Die in der Spule induzierte Spannung ist in dieser Zeit nahezu konstant, ihre Amplitude ist der Änderungsgeschwindigkeit des Flusses und der Windungszahl der Spule proportional. Die Änderungsgeschwindigkeit des Flusses hängt von seiner Amplitude und der Drehzahl der Maschine ab, ebenso die induzierte Spannung. In der Spulenstellung zwischen den Polen ist die induzierte Spannung Null, die Stromwendung erfolgt im spannungslosen Zustand. Durch die gleichmäßige Verteilung der Wicklungsspulen auf dem Ankerumfang und die Reihenschaltung der einzelnen Spulen wird der in der Pollücke entstehende Spannungseinbruch, da er bei den verschiedenen Spulen zu verschiedenen Zeitpunkten auftritt, in Relation zur Gesamtspannung der Reihenschaltung klein. Der Stromwender richtet diese Spannung gleich, er kommutiert sie. Die an den Anschlußklemmen des Ankers anstehende Gleichspannung ist zeitlich nicht absolut konstant, sondern enthält Oberschwingungsspannungen.

In der Ankerwicklung induzierte Spannung bei Leerlauf

$u_i = N \frac{d\Phi}{dt}$ Φ = konst. unter dem Polbogen

$\Phi \approx 0$ in der Pollücke

Verteilung der Induktion am Ankerumfang

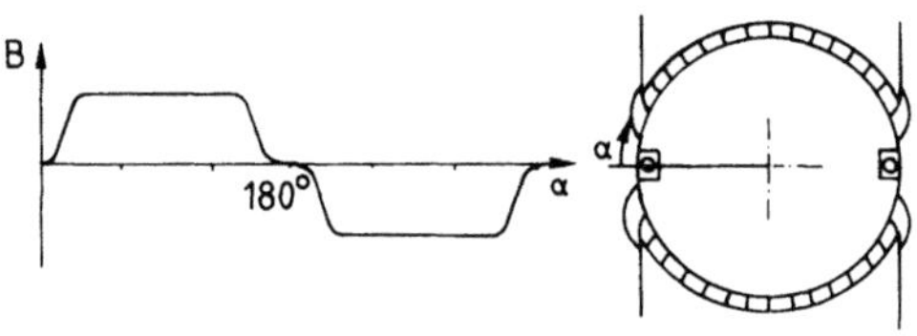

Umfaßter Fluß bei Drehung der Spule

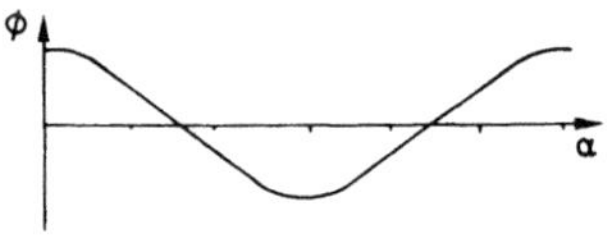

$N \left(\frac{d\Phi}{dt}\right)_{max} = K_1 \hat{\Phi} n$

K_1 Maschinenkonstante

n Maschinendrehzahl

Induzierte Spannung bei gleichmäßiger Drehung der Spule entspricht dem Induktionsverlauf am Ankerumfang.

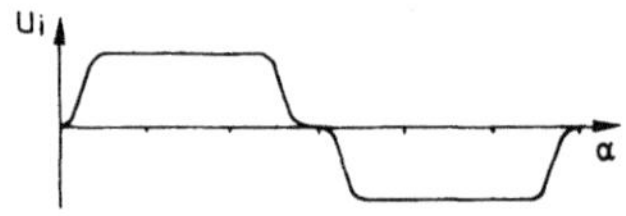

$u_i = N \frac{d\Phi}{dt}$

In der Ankerwicklung induzierte Spannung: $\boxed{U_i = K_1 \Phi n}$

Kommutierte Ankerspannung der leerlaufenden Maschine bei mehreren in Reihe geschalteten Spulen der Ankerwicklung

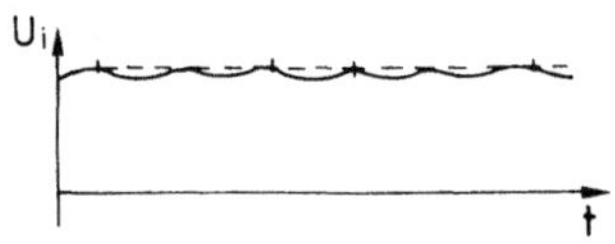

Bei der belasteten Maschine fließt ein Ankerstrom, der zusammen mit dem Erregerfluß das Antriebsmoment der Maschine erzeugt. Dieser Ankerstrom baut ebenfalls ein magnetisches Feld auf, das sich im Anker dem Erregerfeld überlagert. Das Ankerfeld ist quer zum Erregerfeld gerichtet, es wird

Schematische Darstellung des Einflusses der Ankerrückwirkung

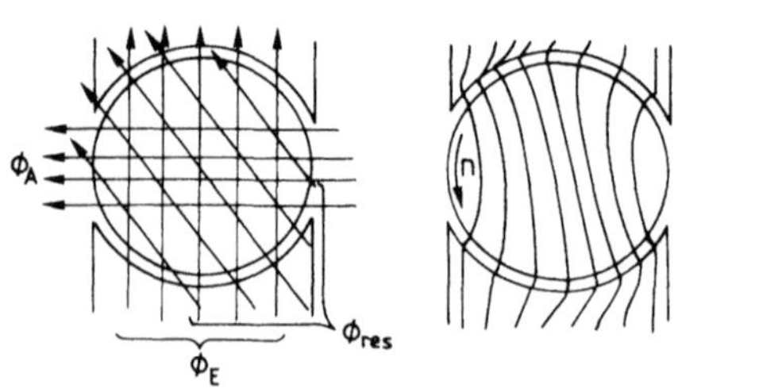

[1] *Claussnitzer, H.*: Einführung in die ET; Kap. 4.4.

von den stromdurchflossenen Ankerspulen aufgebaut. Das resultierende Feld, gebildet aus der Überlagerung beider Felder, ist gegenüber der Richtung des Erregerfeldes in Richtung des Ankerfeldes gedreht um einen vom Verhältnis Erreger- zu Ankerstrom abhängigen Winkel. Damit verzerrt sich die Feldkurve gegenüber dem Leerlauf, die Kommutierung erfolgt nicht mehr im spannungslosen Zustand, da die kommutierende Spule sich im Kommutierungsbereich nicht im feldfreien Raum dreht, d.h. der umfaßte Fluß ändert sich im vom Ankerstrom abhängigen Maße. Um im Kommutierungsbereich einen feldfreien Raum zu erreichen werden im Ständer der Maschine **Wendepole** so angeordnet, daß sie das resultierende Feld aus Anker- und Erregerfeld in diesem Bereich kompensieren. Dabei sind die Wendepole zwischen den Hauptpolen in der Lage der Bürsten auf dem Kommutator angeordnet. Die Wendepolwicklung wird vom Ankerstrom durchflossen. Sie ist so ausgelegt, daß das resultierende Feld bei der Stromwendung möglichst klein ist.

Vereinfachte Darstellung der Überlagerung von Erregerfeld, Ankerfeld und Wendepolfeld

Unter der Voraussetzung, daß keine Nichtlinearitäten, z.B. durch Sättigung auftreten, dürfen die drei Feldanteile getrennt betrachtet und zu einem Gesamtfeld überlagert werden.

1. Erregerfeld (ohne Ankerrückwirkung)

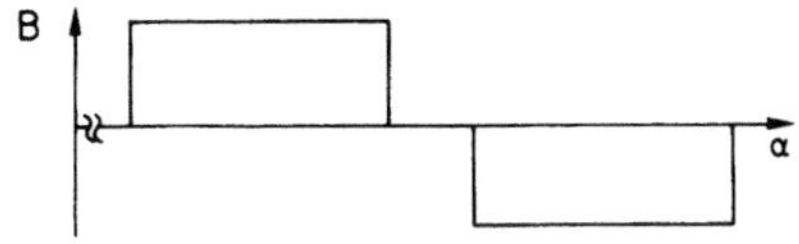

2. Ankerfeld (ohne Erregung)

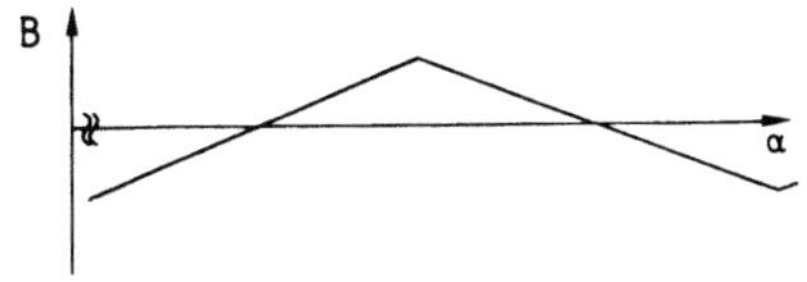

3. Resultierendes Feld (ohne Wendepole)

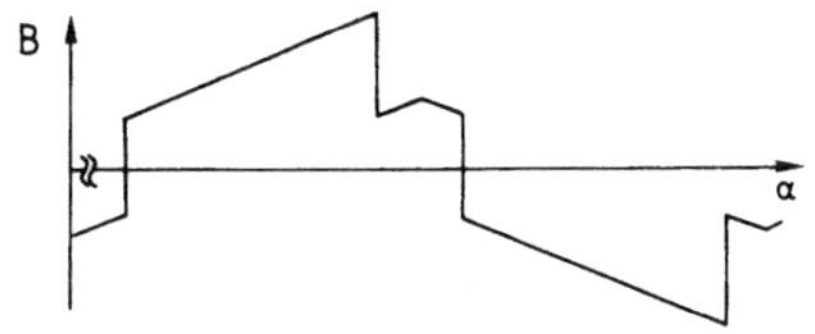

4. Wendepolfeld

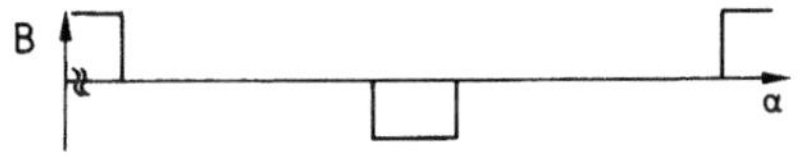

5. Resultierendes Feld mit Ankerrückwirkung und Wendepolen

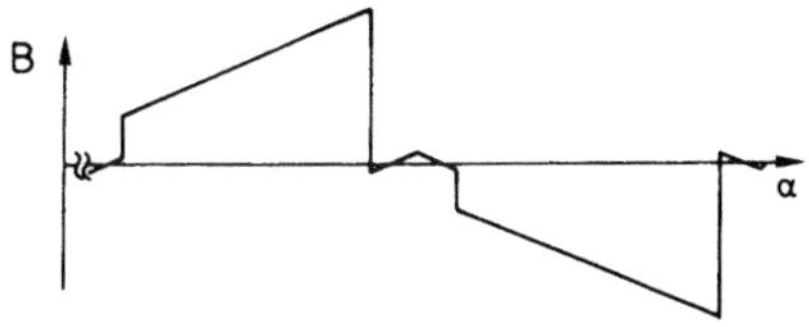

Um eine Verzerrung des wirksamen Feldes im Polbereich, die zu einer Sättigung des Eisens einer Polschukante und damit insgesamt zu einer Schwächung des resultierenden Feldes führen kann, zu vermeiden, wird eine **Kompensationswicklung** in die Poloberfläche eingebaut. Dazu wird bei großen Gleichstrommaschinen und bei kleinen Maschinen, die mit großen Überlasten betrieben werden, in Nuten des Polbogens eine vom Ankerstrom durchflossene Wicklung vorgesehen.

Prinzipieller Aufbau mit Erreger-, Anker-, Wendepol- und Kompensationswicklung

Beispiel: Reihenschlußmotor

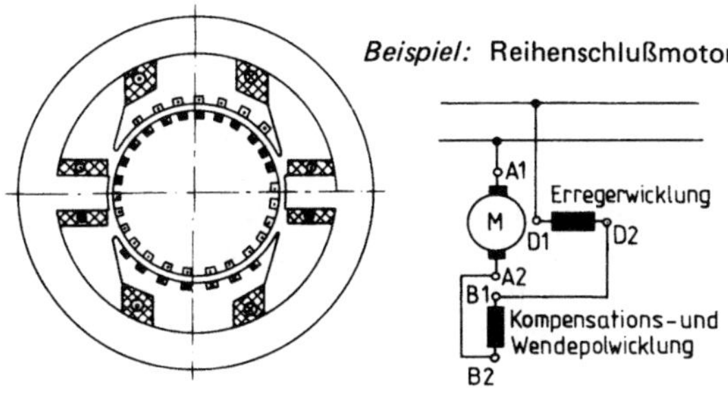

Der verzerrte Flußverlauf im Anker hat auch eine Verzerrung der induzierten Spannung bei nicht-kompensierten Maschinen zur Folge, da im Bereich des Polbogens das Erregerfeld nicht mehr homogen ist. Der Ankerstrom hat neben der Rückwirkung auf das Erregerfeld einen Spannungsfall an den Wicklungswiderständen der Ankerwicklung und an den Bürsten des Kommutators zur Folge. Die den Erregerstrom treibende Ankerspannung setzt sich also aus drei Anteilen zusammen, wobei die induzierte Gegenspannung meist im Normalbetrieb sehr viel größer, als die beiden andern Anteile ist.

Ankerspannung

$$U_A = U_i + 2U_B + I_A R_A$$

U_B Bürstenspannungsfall
R_A Wicklungswiderstand von Anker- und evtl. Kompensations- sowie Wendepolwicklung.

Das von der Maschine abgegebene Drehmoment kann aus der in der Zusammenwirkung von Erregerfeld und Ankerstrom am Ankerumfang erzeugten Tangentialkraft bestimmt werden. Die Maschinen sind so aufgebaut, daß möglichst nur Tangentialkräfte auftreten. Wirksam sind der resultierende Fluß und die stromdurchflossenen Spulen des Ankers im Polbereich. Das Moment ist also proportional dem Produkt der zusammenwirkenden Größen Erregerfluß und Ankerstrom, die Proportionalitätskonstante ist von den Maschinendaten abhängig.

Drehmoment

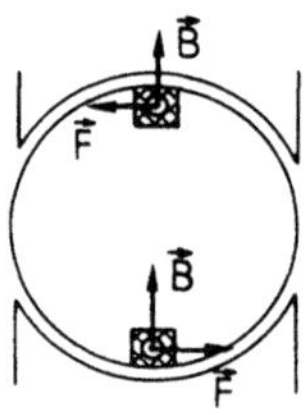

Die Kraft ist von der jeweiligen Induktionsamplitude und dem Leiterstrom abhängig, d.h. vom an der Ankeroberfläche wirksamen Fluß und dem Ankerstrom

$$F \sim \Phi \cdot I_A$$

Das Moment folgt durch Multiplikation mit dem Hebelarm, das ist der Radius der Maschine. Sämtliche konstanten Maschinendaten, die in den Proportionalitätsfaktor eingehen, sind zur Maschinenkonstanten K_2 zusammengefaßt.

$$\boxed{M_A = K_2 \Phi I_A}$$

2.4.2.3 Betriebsverhalten von Gleichstrommaschinen

Das Verhalten der Gleichstrommaschinen wird bestimmt von den elektrischen Größen

Erregerfluß, Ankerstrom, Ankerspannung.

Zusammen mit den konstruktiven Daten der Maschine folgen daraus im stationären Betrieb die mechanischen Größen

Drehmoment, Drehzahl.

Je nach Schaltung der Erregerwicklung und des Ankers inbezug auf die speisende Quelle kann verschiedenes Betriebsverhalten erreicht werden.

Bei einem **fremderregten Gleichstrommotor** werden die Anker- und die Erregerwicklung aus verschiedenen Quellen so gespeist, daß für jeden Betriebspunkt die gewünschte Drehzahl über die Ankerspannung und das gewünschte Drehmoment über den Ankerstrom eingestellt werden kann. Durch die Differenz zwischen der speisenden Ankerspannung und der induzierten Spannung,

1. Maschinengleichung und **2. Maschinengleichung**

$$U_i = K_1 \Phi n \qquad M = K_2 \Phi I_A$$

$$U_A = U_i + 2U_B + I_A R_A$$

$$U_A = U_i + I_A R_A \quad \text{wenn } U_B \text{ vernachlässigt wird}$$

Fremderregter Gleichstrommotor

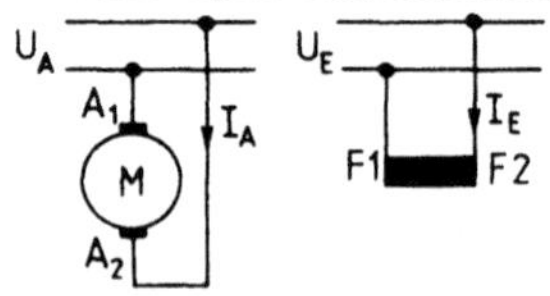

$$n = \frac{U_A - I_A R_A}{K_1 \Phi}$$

$$M_A = K_2 \Phi I_A$$

$$\Phi = K_3 \frac{U_E}{R_E}$$

Lastkennlinien des fremderregten Gleichstrommotors

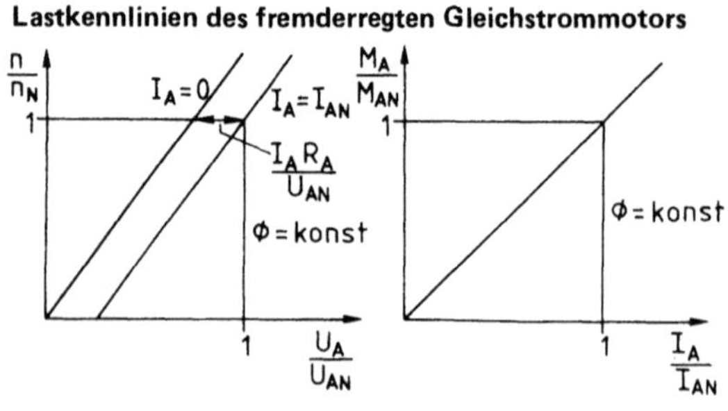

die als treibende Spannung am Ankerwiderstand liegt, wird der Ankerstrom bestimmt. Fremderregte Gleichstrommotoren werden vorzugsweise als Antriebsmaschinen in geregelten Antrieben, wie z.B. Walzwerksantrieben, eingesetzt. Im üblichen Betrieb werden die Maschinen mit konstantem Erregerfeld und variabler Ankerspannung betrieben. Damit ist in erster Näherung die Drehzahl proportional der Speisespannung und das Drehmoment proportional dem Speisestrom. Werden höhere Drehzahlen benötigt, als durch die höchste Ankerspeisespannung möglich, dann kann durch Verminderung des Erregerfeldes im **Feldschwächbereich** die Drehzahl gesteigert werden. Dabei sinkt jedoch das abgegebene Drehmoment.

Lastkennlinien im Feldschwächbereich

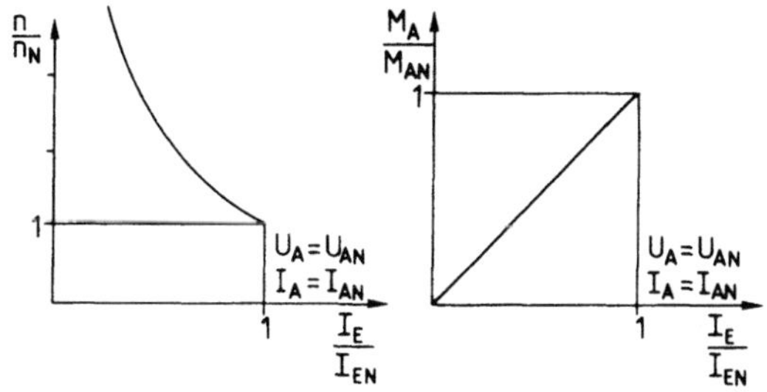

Bei einer **Nebenschlußmaschine** werden die Anker- und die Erregerwicklung aus der gleichen Spannungsquelle gespeist, beide Wicklungen sind parallel geschaltet. Dadurch sind Erreger- und Ankerfeld nur noch gemeinsam veränderbar, das Drehmoment und die Drehzahl sind fest funktional verbunden. Jede Änderung der Speisespannung hat eine Änderung der Drehzahl und des Drehmoments zur Folge. Wird die Maschine an einem Netz konstanter Speisespannung mit variabler Last betrieben, dann zeigt sich das charakteristische **Nebenschlußverhalten.**

Gleichstrom-Nebenschlußmotor

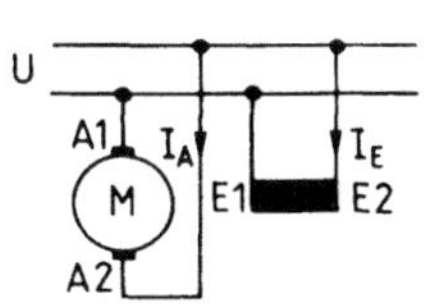

$$U_A = U_E$$

$$n = \frac{U - I_A R_A}{K_1 \Phi} \qquad \Phi = K_3 \frac{U}{R_E}$$

$$n = \frac{R_E}{K_1 K_3}\left(1 - \frac{I_A R_A}{U}\right)$$

$$M_A = \frac{K_2 K_3}{R_E} U I_A$$

Unter Vernachlässigung der Ankerrückwirkung kann davon ausgegangen werden, daß der Erregerfluß konstant ist. Damit ist bei konstanter Speisespannung die Drehzahl bei steigender Last, d.h. steigendem Ankerstrom, leicht linear abfallend entsprechend dem Spannungsfall am Ankerwiderstand. Das von der Maschine abgegebene Drehmoment ist dem Ankerstrom proportional. Nebenschlußverhalten bedeutet also: relativ starre, durch die Speisespannung vorgegebene und wenig abfallende Drehzahl bei steigender Last, jedes von der Arbeitsmaschine benötigte Drehmoment wird durch Vergrößerung der Ankerstromaufnahme abgegeben.

Lastkennlinien bei Betrieb an konstanter Speisespannung mit veränderlichem Lastmoment

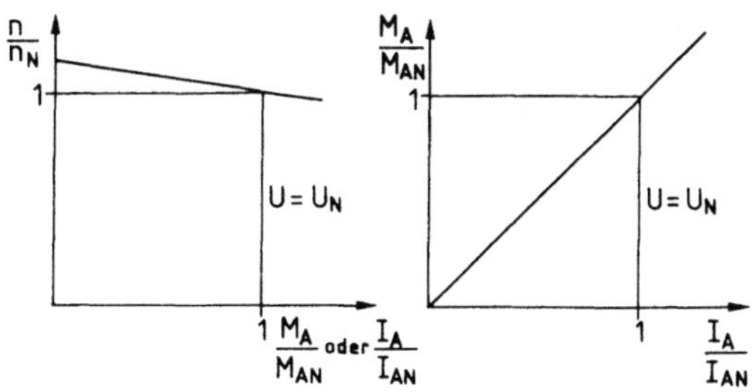

Bei einer nicht kompensierten Maschine kann jedoch die Ankerrückwirkung nicht vernachlässigt werden. Infolge des bei Belastung steigenden Ankerstromes wird der wirksame Fluß geschwächt, d.h. der Fluß nimmt mit steigendem Ankerstrom ab. Bei der Nebenschlußmaschine, die mit konstantem Erregerstrom betrieben wird, kann dies ein labiles Drehzahlverhalten zur Folge haben. Wenn die Verminderung des wirksamen Flusses im Anker stärker ist, als die Wirkung des Spannungsfalls am Ankerwiderstand bei steigendem Laststrom, dann steigt die Drehzahl mit steigender Last an. Bei entsprechender Charakteristik der Arbeitsmaschine kann dies zu unangenehmen Drehzahlerhöhungen führen.

Einfluß der Ankerrückwirkung bei nichtkompensiertem Motor

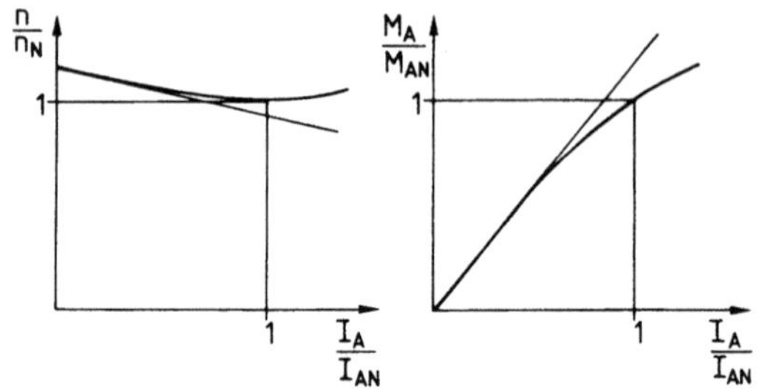

Gleichstrom-Nebenschlußmaschinen werden bei einfachen drehzahlgeregelten Antrieben und in geringem Umfang bei drehzahlgesteuerten Antrieben eingesetzt. In diesem Bereich ist jedoch die Konkurrenz der wesentlich einfacheren und preiswerteren Asynchronmaschine, die ebenfalls Nebenschlußverhalten zeigt, zu sehen.

Bei einer **Reihenschlußmaschine** werden die Anker- und die Erregerwicklung vom gleichen Strom durchflossen, beide Wicklungen sind in Reihe geschaltet.

Dadurch sind Erreger- und Ankerfeld nur noch gemeinsam veränderbar, das Drehmoment und die Drehzahl sind funktional fest miteinander verbunden. Jede Änderung des Speisestromes hat eine Änderung des Drehmoments und der Drehzahl zur Folge. Wird die Maschine an einem Netz konstanter Speisespannung mit variabler Last betrieben, dann zeigt sich das charakteristische **Reihenschlußverhalten**. Unter Vernachlässigung der Ankerrückwirkung kann davon ausgegangen werden, daß der gesamte Erregerfluß den Anker durchsetzt. Treten keine Sättigungserscheinungen auf, dann ist der Erregerfluß proportional dem Maschinenstrom. Da Erregerfluß und Ankerstrom als Produkt das Drehmoment der Maschine bestimmen, steigt das Moment der Reihenschlußmaschine quadratisch mit dem Erregerfluß bzw. dem Maschinenstrom an.

Gleichstrom-Reihenschlußmotor

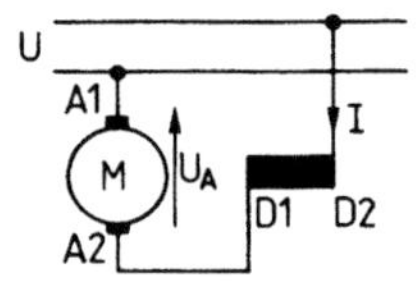

$$I_A = I_E = I$$

$$n = \frac{U_A - IR_A}{K_1\Phi} \qquad \Phi = K_3 I$$

$$n = \frac{R_A}{K_1K_3}\left(\frac{U}{IR_A} - \frac{R_E}{R_A} - 1\right)$$

$$M_A = K_2K_3I^2$$

Lastkennlinien bei Betrieb an konstanter Speisespannung mit veränderlichem Lastmoment

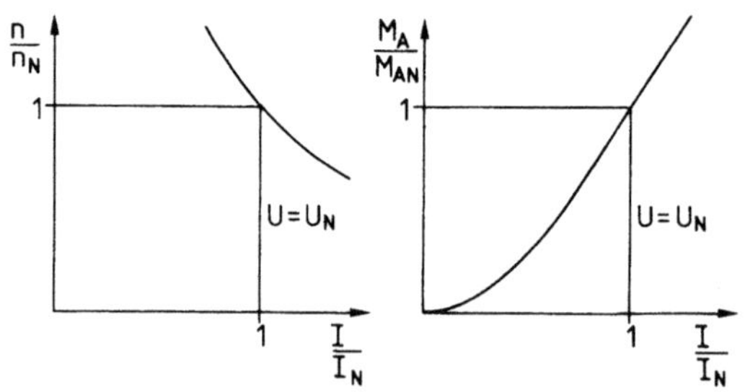

Die Drehzahl stellt sich entsprechend dem Lastmoment durch die Arbeitsmaschine ein, wobei bei steigendem Lastmoment die Maschine abgebremst wird. Dadurch wird die in der Ankerwicklung induzierte Spannung kleiner und der Maschinenstrom steigt an. Es ergibt sich bei verminderter Drehzahl ein neuer stabiler Betriebspunkt bei größerem Maschinenmoment. Das größte Moment kann die Maschine im Stillstand als Anfahrmoment aufbringen, da dann die gesamte Speisespannung an Anker- und Erregerwicklungswiderstand anliegt und der Ankerstrom ebenso wie der Erregerfluß die höchsten Werte erreicht. Infolge von Sättigungserscheinungen kann dabei der Fluß nicht mehr proportional dem Erregerstrom sein, das Moment steigt bei größeren Strömen als dem Nennstrom nur noch linear mit dem Strom an.

Bei Entlastung der Maschine steigt die Drehzahl, völliges Entlasten führt zum Durchgehen. Dabei wird gleichzeitig die am Anker liegende Spannung vergrößert und das Feld geschwächt, so daß die Drehzahl bis zur Zerstörung der Maschine wächst, wenn das Reibungsmoment nicht vorher einen stabilen Betriebspunkt ergibt.

Der Reihenschlußmotor ist für große Anfahrmomente geeignet, die er bei gegenüber dem Nebenschlußmotor sehr viel kleineren Ankerströmen abgeben kann. Seine stark fallende Drehzahl-Drehmoment-Kennlinie ergibt stabile Betriebspunkte bei Lasten, wie sie Hebezeuge oder Fahrzeugantriebe darstellen. Hier wird der Gs-Rs-Motor vielfach eingesetzt.

Anfahrmomente des Reihen- und Nebenschlußmotors

Reihenschlußmotor	Nebenschlußmotor
Drehmoment	
$M_R = K_2 K_3 I_A^2$	$M_N = K_2 K_3 \frac{U}{R_E} I_A$
Anfahrstrom bei n = 0	
$I_{(0)} = \frac{U}{R_A + R_E}$	$I_{(0)} = \frac{U}{R_A} + \frac{U}{R_E}$
Anfahrmoment bei gleicher Speisespannung	
$M_{RA} = \frac{K_2 K_3}{(R_A + R_E)^2} U^2$	$M_{NA} = \frac{K_2 K_3}{R_E R_A} U^2$
Anfahrmoment bei gleichem Speisestrom	
$M_{RA} = K_2 K_3 I^2$	$M_{NA} = K_2 K_3 I_E I_A$ $I_A + I_E = I$ $\curvearrowright I_A < I;\ I_E < I$

$M_{RA} > M_{NA}$ bei gleichem Speisestrom

Der **Doppelschlußmotor** enthält sowohl eine Neben- als auch eine Reihenschluß Erregerwicklung. Dabei verstärkt die Reihenschlußwicklung das Erregerfeld der Nebenschlußwicklung. Die Kennlinien und das Betriebsverhalten des Doppelschlußmotors stellen eine Mischung von dem des Reihen- und des Nebenschlußmotors dar. Es ergeben sich günstige Anfahrmomente bei kleinem Ankerstrom und bei großen Drehzahlen eine wenig abfallende Drehzahlcharakteristik.

Gleichstrom-Doppelschlußmotor

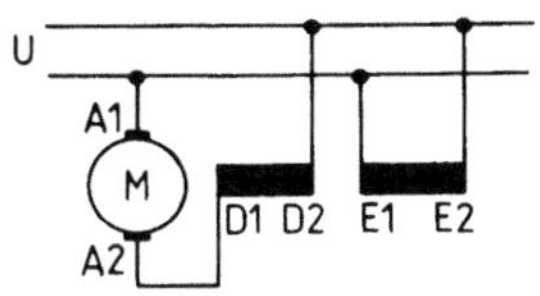

2.4.2.4 Wechselstrom-Kommutatormaschinen

Bei den **Wechselstrom-Kommutatormaschinen** ist grundsätzlich das Betriebsverhalten und der Aufbau ähnlich dem der Gleichstrom-Kommutatormaschinen. Es werden Anker- und Erregerwicklung aus einer Wechselspannungsquelle gespeist. Da bei sinusförmiger Wechselspannung in gleicher Weise das Erregerfeld und der Ankerstrom die Polarität wechseln, bleibt

Schaltung und Drehmomentenverlauf des Wechselstrom-Kommutator-Motors

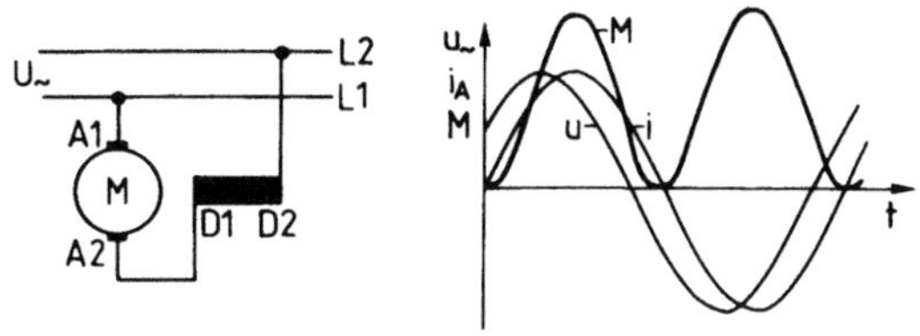

die Richtung des Drehmoments der Maschine gleich. Es entsteht ein mit der doppelten Netzfrequenz um den Mittelwert pulsierendes Moment. Die Wicklungen der Erregerpole und des Ankers müssen jedoch bei Wechselspannungseinspeisung anders als bei Gleichspannungseinspeisung aufgebaut werden. Der Ständer der Maschine muß einen geblechten Eisenrückschluß zwischen den Polen enthalten, die Pole müssen ebenfalls geblecht sein. Schwierigkeiten kann es noch bei der Kommutierung des sinusförmigen Wechselstromes geben, da an der Spuleninduktivität induktive Spannungen auftreten können, die zu einer höheren Belastung des Kommutators führen.

Wechselstrom-Kommutatormotoren bilden in Reihenschlußausführung die Standard-Vollbahn-Maschine für 16 2/3 Hz Betriebsfrequenz.

2.4.3 Leistungsstellglieder

Elektrische Energieversorgung von Antrieben

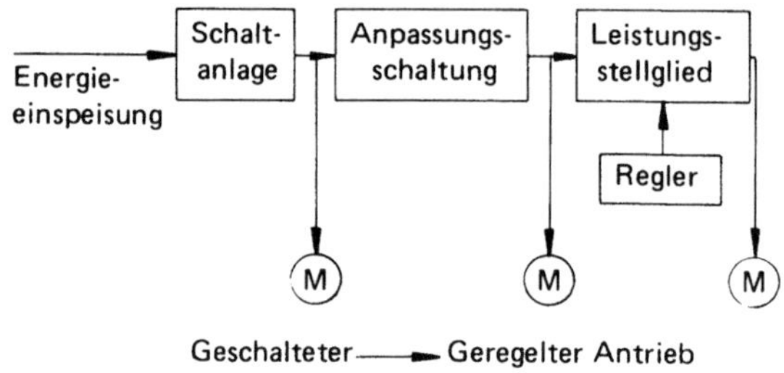

Elektrische Antriebe werden über ein Netzanschlußgerät mit dem Energieversorgungsnetz verbunden. Dieses Gerät kann aus dem Leistungsschalter↑, der Meß- und Schutzschaltung↑ zur Auslösung für den Fehlerfall und dem Leistungstransformator↑ zur Anpassung der Spannungen bestehen. Zusätzlich kann eine Anlaßschaltung vorhanden sein, die z.B. in Verbindung mit dem Leistungsschalter eine Stern-Dreieck-Umschaltung↑ ermöglicht. Ist der einzuspeisende Motor ein Gleichstrommotor, dann muß noch ein Gleichrichtergerät zur Wandlung der eingespeisten Wechselspannung in eine Gleichspannung vorhanden sein. Soll der Antrieb im geregelten Betrieb arbeiten, dann muß die zugeführte elektrische Energie stellbar gemacht werden. Die Verstellung der elektrischen Speisedaten für den Motor erfolgt durch ein **Leistungsstellglied**, bei dem zumeist durch eine Steuerspannung am Eingang, vorgegeben als Ausgangsgröße des Reglers, die Ausgangsspannung in der Amplitude oder der Frequenz verändert werden kann.

2.4.3.1 Prinzip der Gleich- und Wechselrichtung

Die elektrische Energieversorgung erfolgt bei ortsfesten Anlagen üblicherweise mit Drehstromsystemen [1], die eine sinusförmige Wechselspannung mit konstanter Frequenz und konstanter Amplitude abgeben. Ortsveränderliche Anlagen werden mit elektrischer Energie in Form von konstanter Gleichspannung oder konstanter Wechselspannung mit konstanter Frequenz gespeist.

Das Prinzip ist also die Energieversorgung dieser Anlagen aus Netzen konstanter Spannung und bei Wechselspannung konstanter Frequenz. Damit lassen sich elektrische Antriebe, die mit konstanter Drehzahl betrieben werden oder in einem engen Drehzahlbereich arbeiten sollen oder bei denen sich die Drehzahl entsprechend dem Lastmoment einstellen kann, ohne großen Aufwand an das Speisenetz anschließen. Damit werden zwar nicht immer der günstigste Betriebsbereich bezüglich des Wirkungsgrades und der schnellste Hochlauf zum Nennbetriebspunkt erreicht, jedoch ist der Aufbau des Antriebs einfach und preisgünstig.

[1] *Claussnitzer, H.:* Einführung in die ET; Kap. 5.7.

Werden höhere Anforderungen gestellt, dann muß die Energieversorgung mit einem **Leistungsstellglied** an die jeweiligen Bedingungen des Antriebs angepaßt werden. Es können je nach Aufgabe verschiedene Leistungsstellglieder unterschieden werden. Bei Gleichstromantrieben↑, wie z.B. einem Walzenantrieb, muß die Gleichspannung als Speisespannung stufenlos regelbar sein. Die Verstellung muß bei den geregelten Antrieben schnell erfolgen, sie muß bei Antrieben größerer Leistung möglichst verlustarm erfolgen. Dies wird durch einen **gesteuerten Stromrichter** erreicht, der im Kern aus steuerbaren Halbleiterventilen, den **Thyristoren** [1], aufgebaut ist.

Soll ein Antrieb sehr großer Leistung mit großer Drehzahlkonstanz bei wechselndem Moment, wie z.B. ein Pumpenantrieb in einem Kraftwerk, betrieben werden, dann kann wegen des guten Wirkungsgrades, der großen Betriebssicherheit und des gewünschten Betriebsverhaltens ein Synchronmotor↑ die optimale Antriebsmaschine darstellen. Um die Drehzahl dieses Motors verändern zu können, muß er über einen Stromrichter, der eine Wechselspannung veränderbarer Frequenz abgibt, einen **Wechselrichter**, eingespeist werden.

In Batteriefahrzeugen steht eine Gleichspannungsquelle zur Verfügung, deren gespeicherte Energie mit höchstem erreichbaren Wirkungsgrad in Antriebsenergie umgewandelt werden soll. Dazu muß der Antriebsmotor möglichst immer mit einer Speisespannung versorgt werden, die den gewünschten Motorstrom fließen läßt, d.h. das gewünschte Motordrehmoment zur Folge hat. Die verlustarme Verstellung der Batteriespannung erfolgt durch einen elektronischen Schalter, den **Pulsstromrichter**, der die Gleichspannung so „pulst", daß im Mittelwert der gewünschte Strom fließt.

Prinzip eines ankerspannungsgesteuerten Gleichstromantriebs

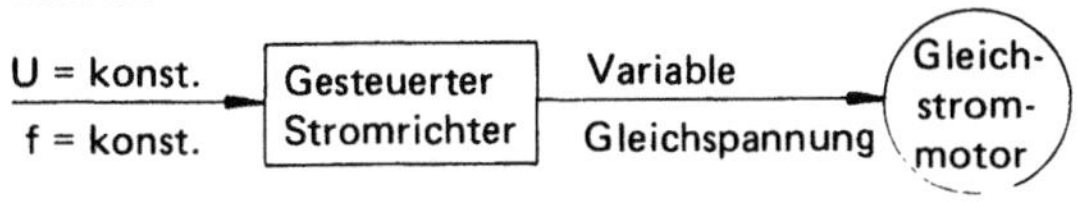

Prinzip eines drehzahlvariablen Antriebs mit Synchronmotor

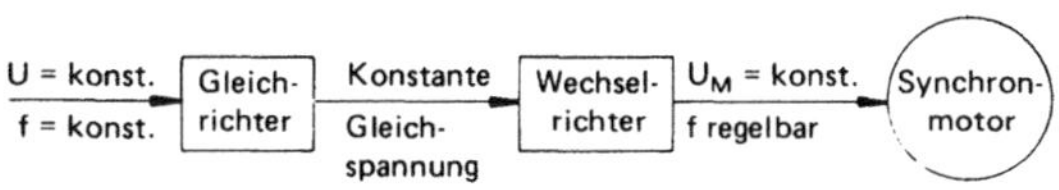

Prinzip eines mit einer Pulsspannung gespeisten Gleichstrommotors

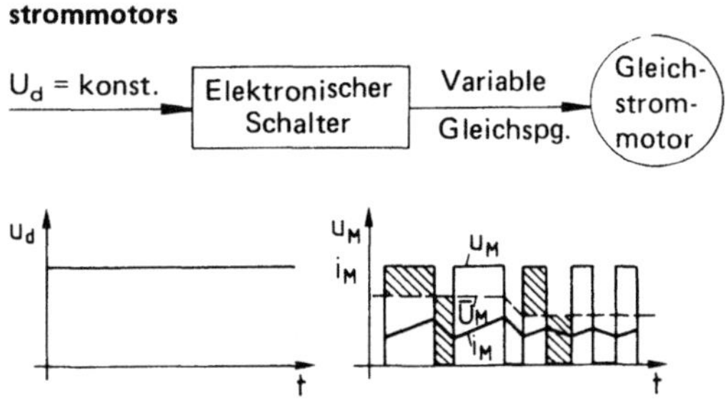

2.4.3.2 Netzgeführte Stromrichter

Um von einem Wechselspannungsnetz Energie an einen Gleichspannungsverbraucher zu liefern, werden **netzgeführte Stromrichter** eingesetzt. Diese bestehen aus Dioden [2]

[1] *Hille/Schneider*: Fachkunde ET; Kap. 17.31.
[2] *Hille/Schneider*: Fachkunde ET; Kap. 17.

oder Thyristoren, die als ideale Schalter betrachtet werden können. Gegenüber der relativ hohen Versorgungsspannung kann man im allgemeinen die Durchlaßspannung [1] dieser Elemente ebenso wie den Rückstrom [1] bei energietechnischen Anwendungen vernachlässigen. Die Schalterfunktion bedeutet, daß das Element leitend wird, wenn bei der Diode eine positive Spannung anliegt oder beim Thyristor eine positive Spannung und ein Zündimpuls an der Steuerelektrode anliegen. Beide Elemente sperren, wenn der Strom durch Null geht und nach dem Nulldurchgang wenigstens für einen kurzen Zeitraum eine negative Spannung anliegt.

Diode und Thyristor als Schalter:

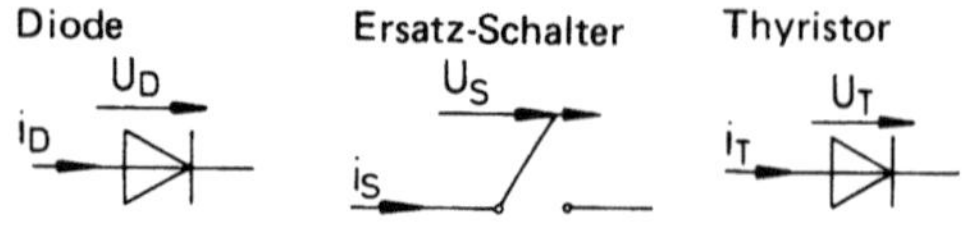

Sperrzustand: Diode und Thyristor verhalten sich prinzipiell gleich.

Diode	Ersatz-Schalter	Thyristor
$i_D = -i_R$	$i_S = 0$	$i_T = -i_D$ oder i_{AK}
$u_D < 0$	$u_S \lesseqgtr 0$	$u_T \lesseqgtr 0$

Übergang in den leitenden Zustand

u_D wird Null, danach muß i_D positiv sein.	u_S wird Null nach Schließen der Kontakte.	u_T wird Null, wenn ein Steuerimpuls anliegt. Danach muß i_T positiv sein.

Leitender Zustand: Diode und Thyristor verhalten sich prinzipiell gleich.

$u_D = u_F$	$i_S \gtrless 0$	$u_T = u_{AK}$
$i_D > 0$	$u_S = 0$	$i_T > 0$

Es sollen zunächst die ungesteuerten Stromrichter, also die **Gleichrichter**, betrachtet werden.

Übergang in den Sperrzustand: Diode und Thyristor verhalten sich prinzipiell gleich.

i_D wird Null, danach muß u_D negativ sein	i_S wird Null nach Freiwerden der Schaltstrecke	i_T wird Null, danach muß u_T negativ sein

Die einfachste Schaltung ist die **Einphasen-Einwegschaltung.** Zwischen Wechselspannungsquelle und Gleichstromverbraucher wird eine Diode geschaltet. Liegt eine positive Spannung an der Diode, dann wird diese durchschalten, der Strom fließt in positiver Richtung zum Verbraucher. Kehrt die Wechselspannung ihre Richtung um, dann wird auch der Strom durch die Diode seine Richtung umkehren wollen. Bei Nulldurchgang des Stromes sperrt die Diode. Die negative Spannungshalbwelle wird von der Diode aufgenommen.

Einphasen-Einwegschaltung

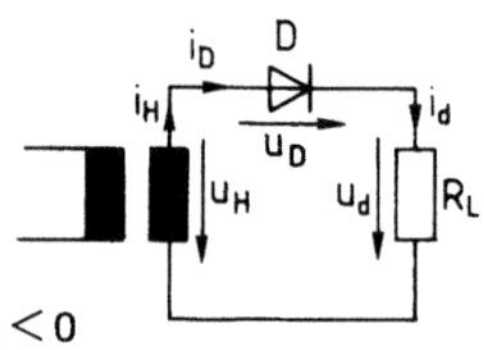

$u_H = u_D + u_d$

$i_H = i_D = i_d$

Sperrzustand: $i_D = 0 \quad u_D < 0$

$\curvearrowright i_d = 0 \quad u_H = u_D$

Leitender Zustand: $u_D = 0 \quad i_D > 0$

$\curvearrowright i_D = i_d \quad u_H = u_d$

Der Verbraucher ist ein Ohmscher Widerstand. An ihm liegt der Ausschnitt der Speisespannung, den die Diode nicht aufgenommen hat, also die positive Halbwelle. In der negativen Halbwelle ist der Verbraucherstrom und die Verbraucherspannung Null. Die Verbraucherspannung wird als **einpulsige Gleichspannung** bezeichnet, da pro Netzspannungsperiode ein Puls der Gleichspannung auftritt. Der Mittelwert der Verbraucher-Gleichspannung ist, bezogen auf den Scheitelwert der Speisespan-

Strom- und Spannungszeitverläufe bei sinusförmiger Speisespannung

$u_H = \hat{u}_H \sin \omega t$

$$i_H = \begin{cases} \dfrac{\hat{u}_H}{R_L} \sin \omega t & \text{für} \quad \omega t_1 \leq \omega t < \omega t_1 + \pi \\ 0 & \text{für} \quad \omega t_1 + \pi < \omega t < \omega t_1 + 2\pi \end{cases}$$

$$\boxed{U_H = \frac{\hat{u}_H}{\sqrt{2}}}$$

$$\boxed{I_H = \frac{\hat{u}_H}{2 R_L}}$$

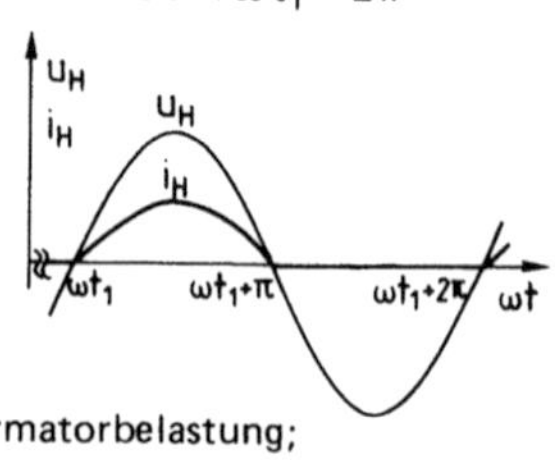

als Kennwerte der Transformatorbelastung;

[1] *Hille/Schneider*: Fachkunde ET; Kap. 17.31.

nung, weniger als 1/3, also sehr klein. Der Gleichspannungsmomentanwert schwankt um die volle Speisespannungsamplitude. Die notwendige Bauleistung des Netztransformators ist ca. 3,5-mal größer als die Verbrauchergleichleistung, wobei unberücksichtigt ist, daß der Netztransformator magnetisch unsymmetrisch belastet ist, da die Sekundärseite einen Gleichstrom führen muß.

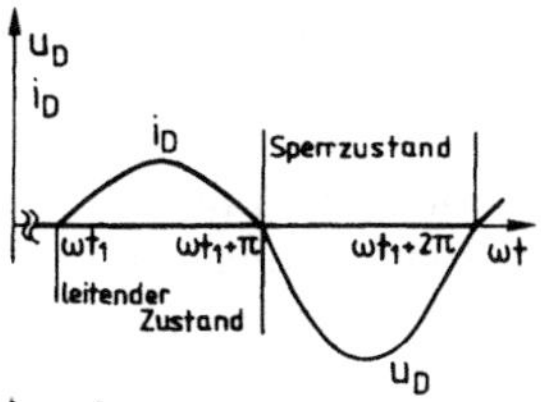

$$i_D = i_d$$

$$u_D = \begin{cases} 0 & \text{für} \quad \omega t_1 \leqslant \omega t < \omega t_1 + \pi \\ \hat{u}_H \sin\omega t & \text{für} \quad \omega t_1 + \pi \leqslant \omega t < \omega t_1 + 2\pi \end{cases}$$

$$\boxed{\hat{u}_D = \hat{u}_H} \qquad \boxed{\hat{i}_D = \hat{i}_d}$$

als Kennwerte der Diodenbelastung;

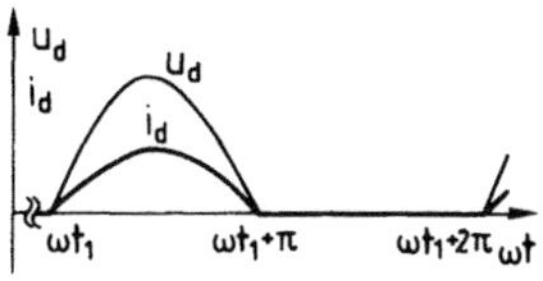

$$u_d = \begin{cases} u_H \sin\omega t & \text{für} \quad \omega t_1 \leqslant \omega t < \omega t_1 + \pi \\ 0 & \text{für} \quad \omega t_1 + \pi \leqslant \omega t < \omega t_1 + 2\pi \end{cases}$$

$$i_d = \frac{u_d}{R_L}$$

$$\overline{U}_{di} = \frac{1}{2\pi} \int_0^{\pi} \hat{u}_H \sin\omega t \, d\omega t$$

Ideelle Gleichspannung ohne innere Spannungsfälle:

$$\boxed{\overline{U}_{di} = \frac{1}{\pi} \hat{u}_H} \qquad \boxed{\overline{I}_d = \frac{\overline{U}_d}{R_L}}$$

als Kennwerte des Lastwiderstandes.

Verhältnis der abgegebenen Gleichleistung zur benötigten Transformatorleistung

Gleichleistung

$$P_d = \overline{U}_d \cdot \overline{I}_d$$

$$P_d = \frac{1}{\pi^2} \frac{\hat{u}_H^2}{R_L}$$

Sekundäre Transformatorwicklungsleistung

$$P_{TS} = U_H \cdot I_H$$

$$P_{TS} = \frac{1}{2\sqrt{2}} \frac{\hat{u}_H^2}{R_L}$$

Die Transformatorbauleistung ist ohne Berücksichtigung der Vormagnetisierung gleich der sekundären Wicklungsleistung.

$$P_{TE} = \frac{1}{2\sqrt{2}} \frac{\hat{u}_H^2}{R_L}$$

Die Transformatorbauleistung beträgt das ca. 3,5-fache der Gleichleistung

$$\boxed{P_{TE} = \frac{\pi^2}{2\sqrt{2}} P_d}$$

Zur Glättung der stark oberschwingungshaltigen Gleichspannung kann ein **Glättungs-Kondensator** parallel zum Verbraucher geschaltet werden. Die **Spannungsglättung** erfolgt durch Parallelschaltung, wobei der Kondensator einen Energiespeicher darstellt, bei dem in der Zeit, in der durch die Diode Netz und Verbraucher getrennt sind, die im elektrischen Feld gespeicherte Energie an den Verbraucher abgegeben wird. Ein Maß für die im Kondensator gespeicherte Energie ist die Spannung beim Sperren der Diode. Danach wird er durch den Verbraucher entladen, die Kondensatorspannung und damit die Verbraucherspannung sinken in dem Maß, indem die Ladung dem Kondensator entzogen wird. Je größer die Kapazität ist, umso weniger pulsiert die Spannung bei gleicher entnommener Ladungsmenge. Die Sperrspannung an der Diode steigt jedoch an, da diese Spannung die Differenz zwischen der Transformator- und der Kondensatorspannung ist. Die Sperrspannung an der Diode kann bei idealer Glättung den doppelten Scheitelwert der Transformatorspannung erreichen. Die Glättung wird umso besser, je größer die Kapazität des Glättungskondensators gegenüber dem Widerstand des Verbrauchers ist, d.h. je größer die Zeitkonstante des Glättungskreises ist. Ohne Verbraucher, d.h. im Leerlauf würde die Spannung ideal geglättet sein, an den offenen Klemmen der Gleichrichterschaltung würde dann der Scheitelwert der Transformatorspannung als konstante Gleichspannung anliegen.

Strom- und Spannungszeitverläufe bei Spannungsglättung

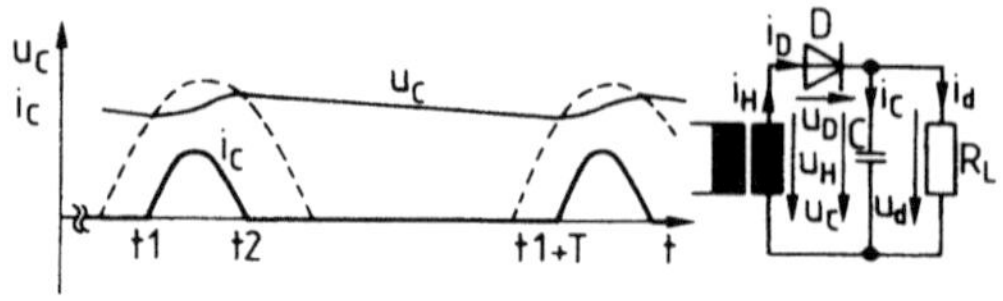

Leitender Zustand: $u_D = 0;\ i_D = i_C + i_d;\ u_C = u_H$

Aufladung des Glättungskondensators

$$\Delta u_C = \frac{1}{C}\int_{t_1}^{t_2} i_C\,dt$$

Sperrzustand: $i_D = 0;\ i_d = -i_C;\ u_d = u_C$

Entladung des Glättungskondensators

$$\Delta u_C = -\frac{1}{C}\int_{t_2}^{t_1+T} i_d\,dt$$

Während der Ladezeit wird die Transformatorleerlaufspannung durch den Ladestromimpuls um den inneren Spannungsfall des Transformators vermindert. Dadurch wird der Ladevorgang über den Zeitpunkt des Maximums der Transformatorleerlaufspannung hinaus verlängert.

Näherungsweise Bestimmung von Brummspannung und Glättungskapazität

Die Spannungsänderung während der Entladung ist

$$\Delta u_C = -\frac{1}{C}\int_{t_2}^{t_1+T} i_d\,dt$$

Der Gleichstrommittelwert während der Entladezeit ist

$$\overline{I}'_d = \frac{1}{t_1 + T - t_2}\int_{t_2}^{t_1+T} i_d\,dt$$

$$\Delta u_C = -\frac{\overline{I}'_d(t_1 + T - t_2)}{C}\ \left(= -\frac{Q}{C}\right)$$

Die Entladezeit ist ein Bruchteil der Periodendauer

$$t_1 + T - t_2 = kT \qquad 0{,}5 < k < 1{,}0$$

Der Gleichstrommittelwert während der Entladezeit wird gleich den Lastgleichstrom angenommen:

$$\overline{I}'_d \approx \overline{I}_d$$

Die Brummspannung ist die maximale Differenz der Momentanwerte der Lastgleichspannung und damit auch der Glättungskondensatorspannung

$$U_{BrSS} = |\Delta u_C|$$

$$U_{BrSS} \approx \frac{\overline{I}_d kT}{C}$$

$$\boxed{U_{BrSS} \approx \frac{\overline{U}_d kT}{R_L C}}$$

Die Entladezeitkonstante wird von der Glättungskapazität und dem Lastwiderstand bestimmt:

$$\tau = R_L C$$

$$\boxed{U_{BrSS} \approx \overline{U}_d \, \frac{k \cdot T}{\tau}}$$

Beispiel: Gefordert ist $\frac{U_{BrSS}}{\overline{U}_d} \leqslant 10\,\% \curvearrowright k \approx 0{,}8$

Gegeben sind $R_L = 10\,\text{k}\Omega$

$T = 20\,\text{ms}\ (\widehat{=}\ 50\,\text{Hz})$

Gesucht ist die Glättungskapazität

$$C \approx \frac{\overline{U}_d}{U_{BrSS}} \, \frac{kT}{R_L}$$

$$C \approx \frac{20 \cdot 10^{-3}\,\text{s}}{0{,}1 \cdot 10^4\,\Omega} k$$

$$\frac{C}{\mu F} \approx 20\,k$$

$$\underline{\underline{C \geqslant 16\,\mu F}}$$

Sperrspannung an der Diode bei Spannungsglättung

Sperrzustand $u_D = u_H - u_C$

Bei idealer Glättung wird die Kondensatorspannung gleich dem Scheitelwert der Transformatorspannung. Damit ist die höchste mögliche Diodenspannung

$$\hat{u}_{Dmax} = 2\hat{u}_H$$

Um den Strom durch den Verbraucher zu glätten, kann eine **Glättungsdrossel** in Reihe zum Verbraucher geschaltet werden. Die **Stromglättung** erfolgt durch Reihenschaltung einer Induktivität als Energiespeicher, die in der Zeit, in der durch die Diode Netz und Verbraucher getrennt sind, die im magnetischen Feld gespeicherte Energie an den Verbraucher abgibt. Ein Maß für die in der Induktivität gespeicherte Energie ist der Strom bei Umkehr der Spannung an der Diode. Danach wird sie durch den Verbraucher entladen, der Strom sinkt in dem Maß, in dem vom Verbraucher Spannungszeitfläche gegen das Netz aufgenommen wird. Je größer die Induktivität ist, umso weniger schwankt der Strom. Die Sperrspannung einer Diode verändert sich nicht durch die Stromglättung, aber die Stromführungsdauer der Diode steigt bei abnehmenden Spitzenstrom. Die Stromführungsdauer kann bis auf die volle Periodendauer ansteigen bei idealer Stromglättung.

Strom- und Spannungszeitverläufe bei Stromglättung

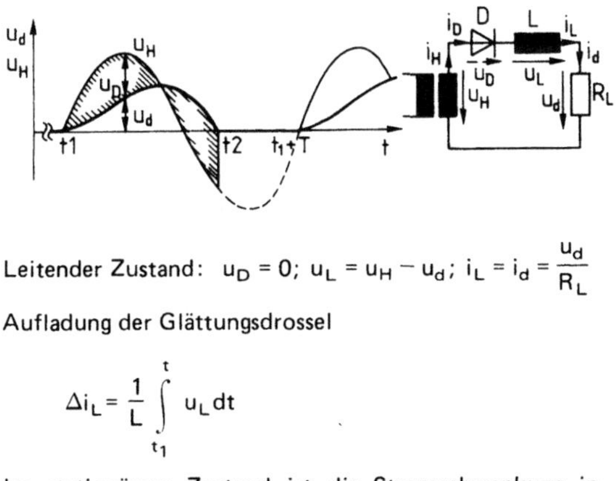

Leitender Zustand: $u_D = 0$; $u_L = u_H - u_d$; $i_L = i_d = \frac{u_d}{R_L}$

Aufladung der Glättungsdrossel

$$\Delta i_L = \frac{1}{L} \int_{t_1}^{t} u_L \, dt$$

Im stationärem Zustand ist die Stromschwankung in einer Periode Null, da die Stromführungsdauer kleiner als eine Periode ist.

$$\int_{t_1}^{t_2} u_L \, dt = 0 \qquad t_2 - t_1 < T$$

Diese wird um so eher erreicht, je größer die Induktivität der Glättungsdrossel gegenüber dem Widerstand des Verbrauchers ist, d.h. je größer die Zeitkonstante des Glättungskreises ist. Ohne Verbraucher, im Kurzschluß, würde die Stromführungsdauer ideal die volle Periode erreichen, aber der Strom wäre nicht ideal geglättet.

Die Stromführung beginnt, wenn die Speisespannung positiv und damit die Diode leitend wird. Die Transformatorspannung teilt sich dann auf Glättungsinduktivität und Lastwiderstand auf.

$$i_d = \frac{1}{L}\int_0^t u_L \, dt$$

$$i_d = \frac{1}{L}\int_0^t (\hat{u}_H \sin \omega t - i_d R_L) \, dt$$

$$\underbrace{L \frac{di_d}{dt}}_{\text{Drossel-,}} + \underbrace{R_L i_d}_{\text{Last-,}} = \underbrace{\hat{u}_H \sin \omega t}_{\text{Speisespannung}}$$

Anfangsbed.: $t = 0,\ i_d = 0,\ \left.\frac{di_d}{dt}\right|_{t=0} = 0$

Strommaximum $\hat{i}_d$ bei $u_D = 0$

Um die Ausnutzung des Transformators zu verbessern und den Mittelwert der Verbraucher-Gleichspannung, bezogen auf die Speisespannung, zu vergrößern, werden mit der **Einphasen-Mittelpunktschaltung** beide Halbwellen der Speisespannung ausgenutzt. Wenn die Speisespannung positiv ist, wird eine Diode leitend, in der negativen Halbwelle sperrt diese Diode und die an der zweiten Transformatorwicklung liegende, umgekehrt gepolte Diode übernimmt den Verbraucherstrom. Damit wird die negative Halbwelle der Speisespannung am Verbraucher ebenfalls als positive Spannung wirksam. Die Gleichspannung ist eine **zweipulsige Gleichspannung**, der Mittelwert der Verbraucherspannung ist, bezogen auf den Scheitelwert der Speisespannung, doppelt so groß wie bei der Einwegschaltung. Der Aufwand für den Speisetransformator ist jedoch größer, da eine zweite Sekundärwicklung vorzusehen ist. Allerdings wird der Transformator mit dieser Schaltung magnetisch symmetrisch belastet, da die Summe der Ströme beider Sekundärwicklungen ein Wechselstrom ist. Die Sperrspannung der beiden Dioden ist doppelt so groß, wie der Scheitelwert der Speisespannung.

Einphasen-Mittelpunktschaltung

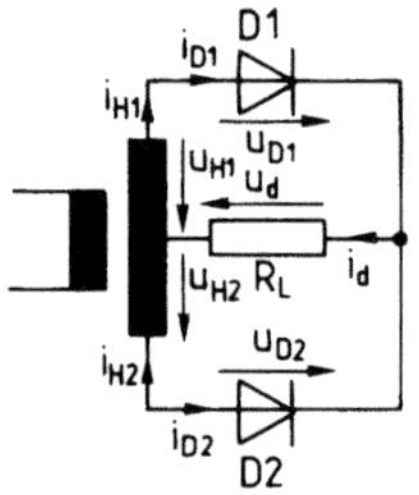

$u_{H1} = u_{D1} + u_d\,;\ -u_{H2} = u_{D2} + u_d$

Die Mittelpunktschaltung kann aus zwei Einwegschaltungen zusammengesetzt gedacht werden. Die obere Schaltungshälfte (Index 1) wirkt in der positiven Halbwelle, die untere Schaltungshälfte (Index 2) in der negativen Halbwelle der Speisespannung.

Strom- und Spannungszeitverläufe bei sinusförmiger Speisespannung

$$u_{H1} = u_{H2} = \hat{u}_H \sin \omega t$$

$$i_H = i_{H1} + i_{H2} = \frac{\hat{u}_H}{R_L} \sin \omega t$$

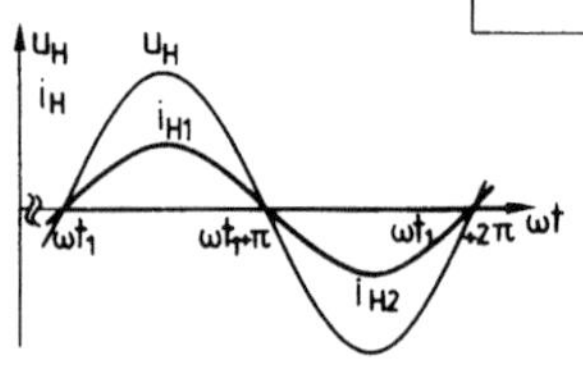

$$U_H = \frac{\hat{u}_H}{\sqrt{2}}$$

$$I_H = \frac{\hat{u}_H}{\sqrt{2}\, R_L}$$

$$I_{H1} = \frac{\hat{u}_H}{\sqrt{4}\, R_L}$$

$$I_{H2} = \frac{\hat{u}_H}{\sqrt{4}\, R_L}$$

als Kennwerte der Transformatorbelastung;

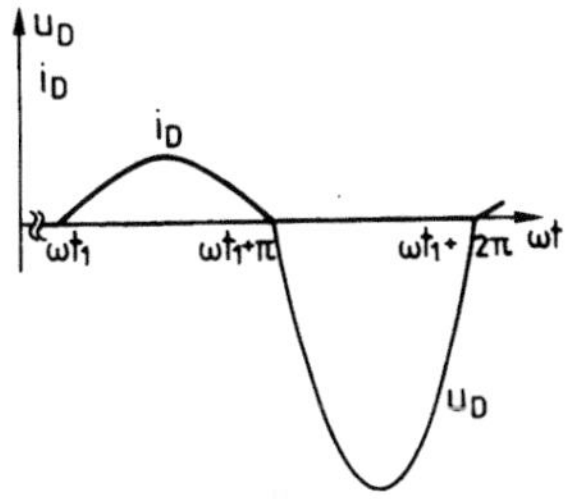

$$i_D = \begin{cases} i_d & \text{für} \quad \omega t_1 \leqslant \omega t < \omega t_1 + \pi \\ 0 & \text{für} \quad \omega t_1 + \pi \leqslant \omega t < \omega t_1 + 2\pi \end{cases}$$

$$u_D = \begin{cases} 0 & \text{für} \quad \omega t_1 \leqslant \omega t < \omega t_1 + \pi \\ 2\hat{u}_H \sin \omega t & \text{für} \quad \omega t_1 + \pi \leqslant \omega t < \omega t_1 + 2\pi \end{cases}$$

$$\boxed{\hat{u}_D = 2\hat{u}_H} \qquad \boxed{i_D = i_d}$$

als Kennwerte der Diodenbelastung;

$$u_d = |\hat{u}_H \sin \omega t|$$

$$i_d = \frac{u_d}{R_L}$$

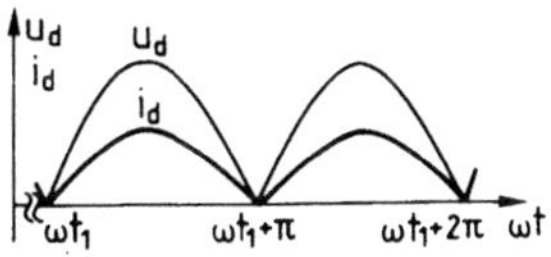

$$\overline{U}_{di} = \frac{2}{2\pi} \int_0^{\pi} \hat{u}_H \sin \omega t \, d\omega t$$

Ideelle Gleichspannung ohne innere Spannungsfälle:

$$\boxed{\overline{U}_{di} = \frac{2}{\pi} \hat{u}_H} \qquad \boxed{\overline{I}_d = \frac{\overline{U}_d}{R_L}}$$

als Kennwerte des Lastwiderstandes.

Verhältnis der abgegebenen Gleichleistung zur benötigten Transformatorleistung

Gleichleistung

$$P_d = \overline{U}_d \overline{I}_d$$

$$P_d = \frac{4}{\pi^2} \frac{\hat{u}_H^2}{R_L}$$

Sekundäre Transformatorwicklungsleistung

$$P_{TS} = 2 U_{H1} \cdot I_{H1}$$

$$P_{TS} = \frac{1}{\sqrt{2}} \frac{\hat{u}_H^2}{R_L}$$

Primäre Transformatorwicklungsleistung

$$P_{TP} = U_H I_H$$

$$P_{TP} = \frac{1}{2} \frac{\hat{u}_H^2}{R_L}$$

Transformatorbauleistung

$$P_{TM} = \frac{1 + \sqrt{2}}{2} \cdot \frac{\hat{u}_H^2}{R_L}$$

Die Transformatorbauleistung beträgt das ca. 1,5-fache der Gleichleistung

$$\boxed{P_{TM} = \frac{(1 + \sqrt{2})\,\pi^2}{8} P_d}$$

Durch Zufügen von zwei weiteren Dioden kann die zweite Transformatorsekundärwicklung eingespart werden, dann führt die Sekundärwicklung den Strom in beiden Richtungen. Für den Verbraucher bleiben die Strom- und Spannungsverläufe gegenüber der Einphasen-Mittelpunktschaltung, unverändert, denn bei der **Einphasen-Zweiwegschaltung**, der **Brückenschaltung**, werden ebenfalls beide Halbwellen der Speisespannung ausgenutzt. Bei der positiven Halbwelle der Speisespannung sind zwei Dioden der Schaltung stromführend, an den beiden anderen des zweiten Weges liegt jeweils die Speisespannung als Sperrspannung. Kehrt sich die Polarität der Speisespannung um, also bei der negativen Halbwelle, dann werden die beiden bisher gesperrten Dioden leitend und durch sie fließt ein Strom in Durchlaßrichtung. Die bisher stromführenden Dioden sperren, an ihnen liegt die Speisespannung als negative Sperrspannung.

Gegenüber der Mittelpunktschaltung ist bei der Brückenschaltung der Aufwand für den Transformator geringer, aber es werden die doppelte Anzahl Dioden benötigt. Da jedoch die Sperrspannung der Dioden nur halb so groß wie bei der Mittelpunktschaltung ist und die Größe der Sperrspannung bei höheren Anschlußspannungen den Preis der Dioden nennenswert beeinflußt, ergibt sich insgesamt als preiswerteste Schaltung die Brückenschaltung. Diese wird auch fast ausschließlich bei netzgeführten Stromrichtern verwendet.

Das Verhalten der Einphasen-Brückenschaltung bei den verschiedenen Belastungsarten ist sehr unterschiedlich. Wird die Schaltung mit einem Widerstand ohne Glättung betrieben, dann führt jede Diode eine Hälfte des Laststromes und während der Sperrzeit muß sie eine Hälfte der Speisespannung aufnehmen. Die Stromführungsdauer ist die halbe Periodendauer. Die abgegebene zweipulsige Gleichspannung entspricht dem Gleichrichtwert der Speisespannung. Genauer betrachtet, ist die Gleichspannung um die doppelte Durchlaßspannung der Dioden vermindert und bei Belastung sind die Spannungsfälle am Netzinnenwiderstand und dem Speisetransfor-

Einphasen-Brückenschaltung

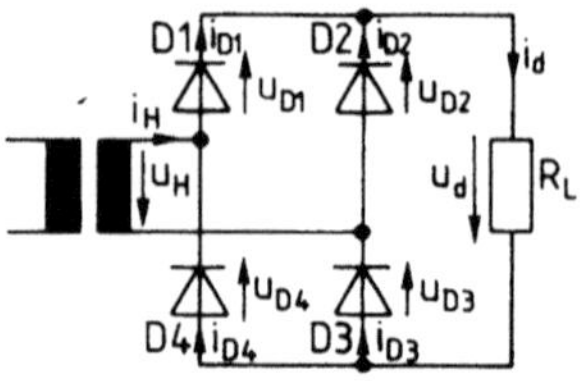

$u_H = u_{D1} + u_d + u_{D3}$

$-u_H = u_{D2} + u_d + u_{D4}$

während ωt_1 bis $\omega t_1 + \pi$ ist D1 und D3 leitend

$u_{D1} = u_{D3} = 0 \qquad u_d = u_H$

während $\omega t_1 + \pi$ bis $\omega t_1 + 2\pi$ ist D2 und D4 leitend

$u_{D2} = u_{D4} = 0 \qquad u_d = -u_H$

Strom- und Spannungszeitverläufe bei sinusförmiger Speisespannung

$u_H = \hat{u}_H \sin \omega t$

$i_H = \frac{\hat{u}_H}{R_L} \sin \omega t$

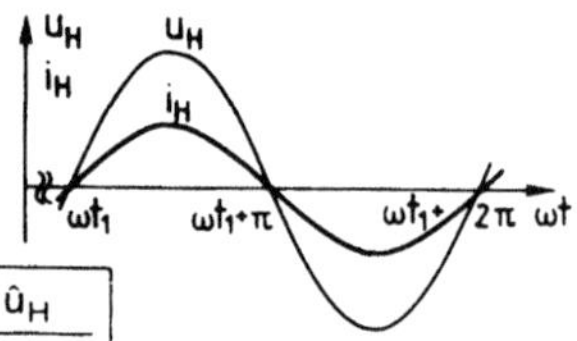

$$\boxed{U_H = \frac{\hat{u}_H}{\sqrt{2}}} \qquad \boxed{I_H = \frac{\hat{u}_H}{\sqrt{2}\, R_L}}$$

als Kennwerte der Transformatorbelastung;

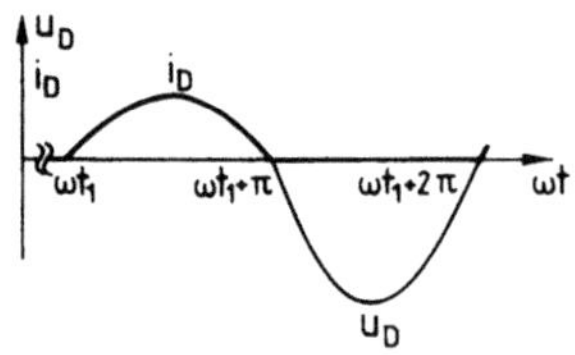

$$i_D = \begin{cases} i_d & \text{für} \quad \omega t_1 \leqslant \omega t < \omega t_1 + \pi \\ 0 & \text{für} \quad \omega t_1 + \pi \leqslant \omega t < \omega t_1 + 2\pi \end{cases}$$

$$u_D = \begin{cases} 0 & \text{für} \quad \omega t_1 \leqslant \omega t < \omega t_1 + \pi \\ \hat{u}_H \sin \omega t & \text{für} \quad \omega t_1 + \pi \leqslant \omega t < \omega t_1 + 2\pi \end{cases}$$

$$\boxed{\hat{u}_D = \hat{u}_H} \qquad \boxed{\hat{i}_D = \hat{i}_d}$$

als Kennwerte der Diodenbelastung;

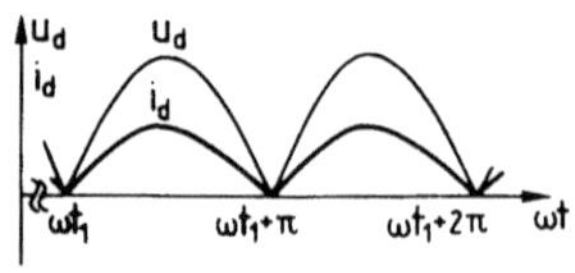

$u_d = |\hat{u}_H \sin \omega t|$

$i_d = \frac{u_d}{R_L}$

$$\boxed{\overline{U}_{di} = \frac{2}{\pi} \hat{u}_H} \qquad \boxed{\overline{I}_d = \frac{\overline{U}_d}{R_L}}$$

als Kennwerte des Lastwiderstandes.

mator zu berücksichtigen, wobei der Transformatorstrom sinusförmig ist. Die Lastkennlinie der mit Ohmschen Widerstand belasteten Schaltung ist ohne Glättung wenig abfallend, der Innenwiderstand ist klein.

Verhältnis der abgegebenen Gleichleistung zur benötigten Transformatorleistung

Gleichleistung

$$P_d = \overline{U}_d \overline{I}_d$$

$$P_d = \frac{4}{\pi^2} \frac{\hat{u}_H^2}{R_L}$$

Sekundäre Transformatorwicklungsleistung

$$P_{TS} = U_H I_H$$

$$P_{TS} = \frac{1}{2} \frac{\hat{u}_H^2}{R_L}$$

Transformatorbauleistung

$$P_{TB} = \frac{1}{2} \frac{\hat{u}_H^2}{R_L}$$

Die Transformatorbauleistung beträgt das ca. 1,2-fache der Gleichleistung

$$P_{TB} = \frac{\pi^2}{8} P_d$$

Im Vergleich zwischen den verschiedenen Gleichrichterschaltungen ist die Bauleistung des Transformators:

$$P_{TB} : P_{TM} : P_{TE} = 1 : 1{,}21 : 2{,}84$$

Lastkennlinie der Brückenschaltung mit ohmscher Last

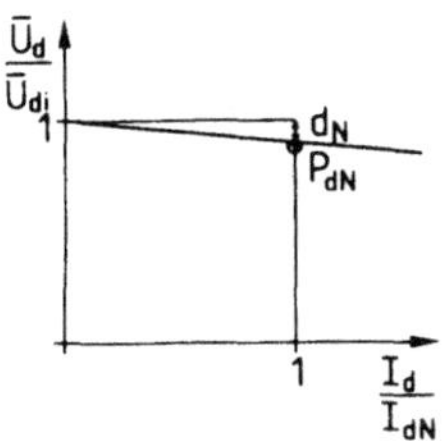

$$\frac{\overline{U}_d}{\overline{U}_{di}} = 1 - d \qquad d = \frac{\Delta \overline{U}_d}{\overline{U}_{di}}$$

d_N ist der relative Gleichspannungsfall zwischen Leerlauf und Nennlast. Im Leerlauf wird dabei von der ideellen Gleichspannung, die sich aus der Speisespannung ohne Spannungsfall bestimmt, ausgegangen.

Wird die Schaltung mit Spannungsglättung, also mit einem Glättungskondensator betrieben, dann wird durch die Kapazität die Stromführungsdauer der Dioden vermindert. Da aber die Ladungsmenge des Kondensators der Ladungsmenge des Gleichstroms in einer Halbwelle der Speisespannung entspricht, ist der Scheitelwert des Diodenstromes ebenso wie der Effektivwert des Transformatorstromes größer als ohne Glättung. Durch die Spannungsglättung steigt jedoch der Mittelwert der Gleichspannung mit der Zeitkonstante der Glättung an. Ohne Widerstandslast, im Leerlauf, ist die Gleichspannung gleich dem Scheitelwert der Speisespannung, je größer der Strom durch den Lastwiderstand wird, umso stärker ist die Schwankung der Gleichspannung, umso kleiner wird ihr arithmetischer Mittelwert. Die Lastkennlinie der mit einem Ohmschen Widerstand belasteten Schaltung mit Spannungsglättung ist

Strom- und Spannungszeitverläufe bei Spannungsglättung

In Analogie zur Betrachtung der Einwegschaltung wird bei gleicher Spannungsschwankung die Entladezeit um die halbe Periodendauer der Speisewechselspannung vermindert

$$\Delta u_c = - \frac{I_d \left(t_1 + \frac{T}{2} - t_2\right)}{C}$$

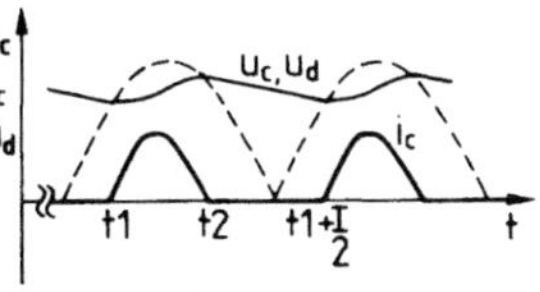

Die Entladezeit ist ein Bruchteil der halben Periodendauer

$$t_1 + \frac{T}{2} - t_2 = k \cdot \frac{T}{2} \qquad 0 < k < 1$$

Die Brummspannung ist

$$U_{Brss} \approx \frac{\overline{U}_d kT}{2 R_L C}$$

stärker abfallend, der Innenwiderstand ist größer als ohne Glättung und wird durch die Zeitkonstante des Lastwiderstandes und Glättungskondensators bestimmt.

Die Stromführungsdauer der Dioden ist kleiner als die halbe Periodendauer, es muß ein impulsförmiger Strom vom Transformator geführt werden. Die Sperrspannung ist nicht sinusförmig, ihr Scheitelwert aber nicht größer als der der Speisespannung.

Die notwendige Glättungskapazität ist bei der Brückenschaltung im Vergleich zur Einwegschaltung weniger als halb so groß.

Beispiel: Gefordert ist $\frac{U_{BrSS}}{\overline{U}_d} \leqslant 10\,\% \frown k \approx 0{,}7$

Gegeben sind $R_L = 10\ k\Omega$

$T = 20\ ms\ (\hat{=}\ 50\ Hz)$

Gesucht ist die Glättungskapazität

$$C \approx \frac{\overline{U}_d}{U_{BrSS}} \frac{kT}{2R_L}$$

$$\frac{C}{\mu F} \approx 10\,k$$

$$\underline{\underline{C \geqslant 7\ \mu F}}$$

Lastkennlinie der Brückenschaltung mit Spannungsglättung

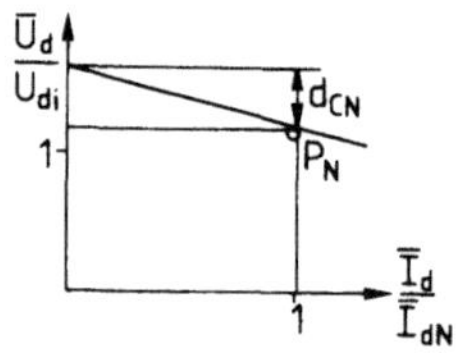

$$\overline{U}_{d\,(\overline{I}_d = 0)} = \hat{u}_H$$

$$\overline{U}_{di} = \frac{2}{\pi}\hat{u}_H$$

$$\frac{\overline{U}_d}{\overline{U}_{di}} = 1{,}57 - d_C$$

Wird die Schaltung mit Stromglättung, also mit einer Glättungsdrossel betrieben, dann wird durch die Induktivität die Stromführungsdauer der Dioden verlängert. Der Gleichstrom wird nicht mehr beim Nulldurchgang der Speisespannung ebenfalls Null, wie im ungeglätteten Fall. Die in der Glättungsdrossel gespeicherte magnetische Energie verlängert den Stromfluß. Dadurch werden die Folgedioden bei Nulldurchgang der Speisespannung Strom führen, während die stromführenden Dioden noch nicht sperren, da durch sie noch der Laststrom fließt.

In einem Kurzschlußvorgang, der **Kommutierung**, wird nun der Lastgleichstrom von den bisher stromführenden Dioden auf die Folgedioden kommutiert. Die Folgedioden zünden, wenn an ihnen die Sperrspannung positiv wird. Damit entstehen zwei parallele Kurzschlußkreise, jeweils gebildet aus einer stromführenden Diode, einer Folgediode und für beide Kurzschlußkreise gemeinsam der Transformatorwicklung. Da die Transformatorspannung beim Zünden der Folgediode so gerichtet ist, daß sie an der Folgediode positiv erscheinen würde, fließt auch der sich nun aufbauende Kurzschlußstrom in positiver Richtung durch die Folgediode.

Strom- und Spannungszeitverläufe bei idealer Stromglättung

Idealer Stromglättung i_d = konst.

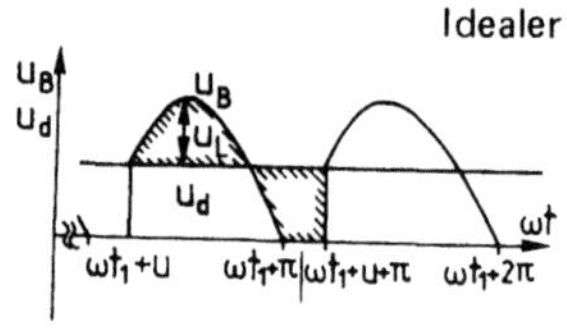

$$u_B = u_L + u_d$$

$$u_d = i_d R_L$$

$$\int_{\omega t_1 + u}^{\omega t_1 + u + \pi} u_L\,dt = 0$$

Während der Kommutierung ist die Brückenspannung u_B Null.

Kommutierungsvorgang bei der Einphasen-Brückenschaltung mit idealer Glättung

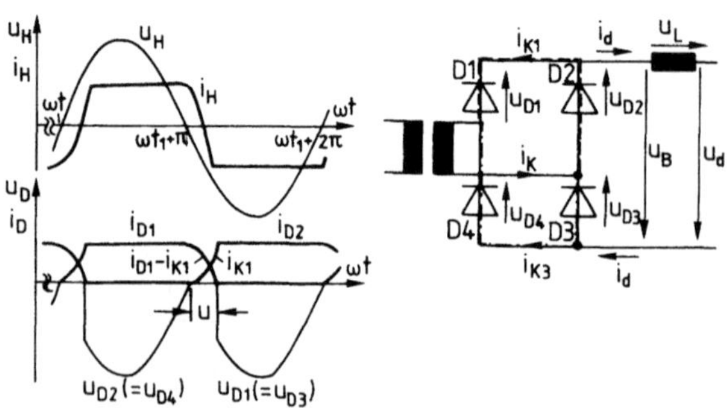

Der Transformator als Kurzschlußstromquelle bestimmt den Verlauf der Summe der beiden Kurzschlußströme, es fließt durch jeden der beiden Brückenzweige jeweils nur der halbe Transformatorkurzschlußstrom. Jeder Teilkurzschlußstrom fließt über eine Folgediode in Durchlaßrichtung, über die stromführende Diode entgegen der Durchlaßrichtung und über die Transformatorwicklung. Durch den halben Kurzschlußstrom wird der Laststrom verändert. Nach einiger Zeit, bestimmt durch die Reaktanzen des Kurzschlußkreises, hat der halbe Kurzschlußstrom in jedem Brückenzweig die Amplitude des Laststromes erreicht. Damit wird der Strom in den bisher stromführenden Dioden Null, wenn er seine Richtung umkehren will, sperren diese Dioden, die Kommutierung ist beendet. Die Transformatorspannung war in Durchlaßrichtung der Folgedioden gerichtet, sie tritt nach Ende der Kommutierung, wenn sie die Polarität während dieser Zeit nicht gewechselt hat, in Sperrichtung an der gelöschten Diode auf. Die beiden Folgedioden führen den Laststrom. In der Kommutierungszeit war der Transformator kurzgeschlossen, sämtliche Dioden der Gleichrichterschaltung waren stromführend, die Ausgangsspannung war während der Kommutierung Null.

1. $\omega t_1 + u \ldots \omega t_1 + \pi$
   D1 und D3 stromführend
   D2 und D4 sperren
2. bei $\omega t_1 + \pi$ wird
   u_{D2} und u_{D4} positiv
3. $\omega t_1 + \pi \ldots \omega t_1 + \pi + u$
   D1, D2, D3, D4 stromführend
4. $\omega t_1 + \pi + u \ldots \omega t_1 + 2\pi$
   D2 und D4 stromführend
   D1 und D3 sperren

Die Kommutierungsdauer wird mit u bezeichnet.

Durch die Stromglättung wird der arithmetische Mittelwert der Gleichspannung infolge der Kommutierung verkleinert. Ohne Widerstandslast, im Leerlauf, ist die Spannung ungeglättet.

Je größer die Induktivität der Glättungsdrossel gegenüber dem Lastwiderstand ist, desto besser ist der Gleichstrom geglättet. Die Lastkennlinie der mit Ohmschen Widerständen belasteten Brückenschaltung mit Stromglättung ist stärker abfallend infolge der Spannungseinbrüche bei der Kommutierung, der Innenwiderstand hängt von der Kurzschlußreaktanz des Speisetransformators und der Amplitude des zu kommutierenden Stromes ab.

Lastkennlinie der Brückenschaltung mit Stromglättung

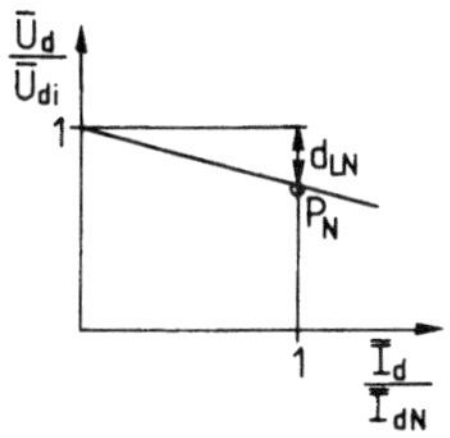

$$\frac{\overline{U}_d}{\overline{U}_{di}} = 1 - d_L$$

2.4.3.3 Gesteuerte Einphasen-Brückenschaltung

Die Amplitude der Gleichspannung, die eine mit Dioden aufgebaute Brückenschaltung abgibt, hängt hauptsächlich von der Amplitude der Speisewechselspannung ab. Um die Gleichspannung einzustellen bzw. regeln zu können, werden in der Schaltung statt der Dioden Thyristoren verwendet.

Im einfachsten Fall werden alle Dioden der Schaltung durch Thyristoren ersetzt, es entsteht die **vollgesteuerte Einphasen-Brückenschaltung**. An die Thyristoren wird verzögert gegen den natürlichen Zündzeitpunkt, d.h. den positiven Nulldurchgang der Sperrspannung, ein Zündimpuls geschaltet. Dadurch wird nicht die volle gleichgerichtete Wechselspannung wirksam, es fehlt mindestens die Spannungszeitfläche zwischen dem Nulldurchgang und dem Zündzeitpunkt. Es werden immer zwei Thyristoren gemeinsam gezündet. Da aber im Zündzeitpunkt an den beiden anderen Thyristoren eine negative Sperrspannung anliegt, kann der Zündimpuls gleichzeitig an alle Thyristoren der Brückenschaltung gelegt werden. Nur die bisher sperrenden Thyristoren, an denen eine positive Sperrspannung liegt, zünden.

Strom- und Spannungszeitverläufe der vollgesteuerten Einphasen-Brückenschaltung mit Widerstandsbelastung

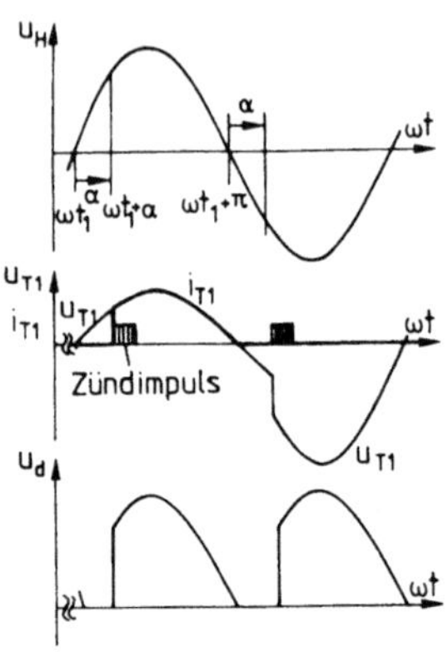

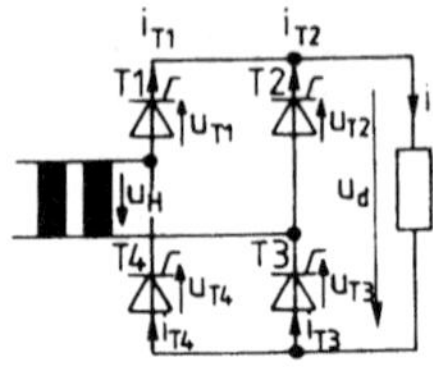

1. $\omega t_1 \dots \omega t_1 + \alpha$
   T1, T2, T3, T4 sperren

$$\left.\begin{aligned} u_{T1} &= -u_{T2} = \frac{1}{2} u_H \\ u_{T3} &= -u_{T4} = \frac{1}{2} u_H \end{aligned}\right\} u_d = 0$$

2. bei $\omega t_1 + \alpha$ wird an alle Thyristoren ein Zündimpuls geschaltet.

   T1 und T3 zünden, da an ihnen eine positive Sperrspannung anliegt.

3. $\omega t_1 + \alpha \dots \omega t_1 + \pi$
   T1 und T3 stromführend
   T2 und T4 sperren

Bei der vollgesteuerten Einphasen-Brückenschaltung mit Widerstandsbelastung ohne Glättung vermindert sich mit steigendem Zündwinkel der Mittelwert der abgegebenen Gleichspannung nach einer Sinusfunktion, da die Spannungszeitfläche bis zur Zündung der Folgethyristoren nach dem Nulldurchgang des Stromes fehlt. Die **Steuerkennlinie** verläuft also sinusförmig, die abgegebene Gleichspannung läßt sich bei einem Zündwinkel von 180° bis auf Null vermindern.

Steuerkennlinie der vollgesteuerten Einphasen-Brückenschaltung mit Widerstandsbelastung

$$\overline{U}_{d\alpha} = \frac{2}{2\pi} \int_{\alpha}^{\pi} \hat{u}_H \sin \omega t d\omega t$$

$$\overline{U}_{d\alpha} = \frac{1}{\pi} \hat{u}_H (1 + \cos \alpha)$$

$$\frac{\overline{U}_{d\alpha}}{\overline{U}_{di}} = \frac{1}{2} (1 + \cos \alpha)$$

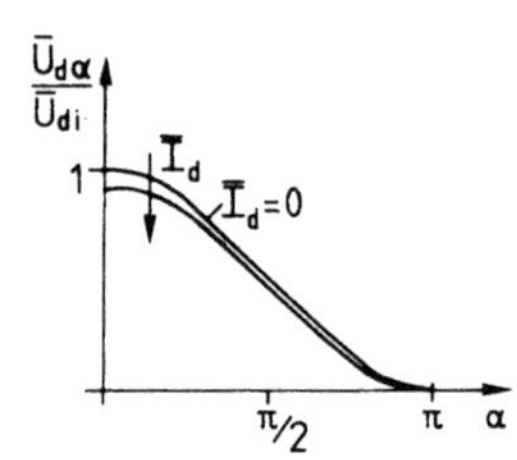

Bei der gleichen Schaltung mit Spannungsglättung wird der Zündzeitpunkt der Thyristoren nicht nur vom anliegenden Zündimpuls, sondern auch von der Entladung des Glättungskondensators bestimmt. Nur wenn der Zündimpuls zu einem Zeitpunkt anliegt, an dem die Kondensatorspannung kleiner als der Betrag des Speisespannungsmomentanwertes ist, können die Folgethyristoren zünden. Die **Steuerkennlinie** wird also bei kleinen Zündwinkeln nicht von der Steuerung beeinflußt. Bei größeren Steuerwinkeln sinkt die abgegebene Gleichspannung aber stärker, als ohne Glättung, da der Glättungskondensator nicht mehr genügend aufgeladen werden kann. Bei einem Zündwinkel von 180° ist die Gleichspannung ebenfalls Null.

Strom- und Spannungszeitverläufe der vollgesteuerten Einphasen-Brückenschaltung mit Spannungsglättung

Für Steuerwinkel α, die einen Zündzeitpunkt kleiner als t_1' ergeben, zünden die Thyristoren erst bei t_1'

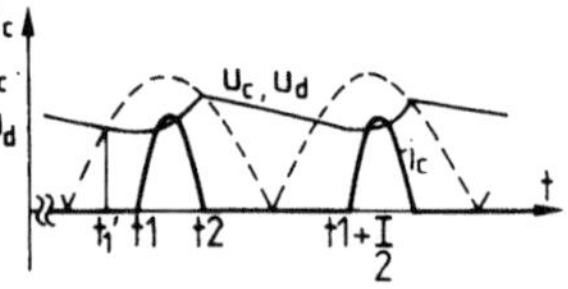

Steuerkennlinie der vollgesteuerten Einphasen-Brückenschaltung mit Spannungsglättung

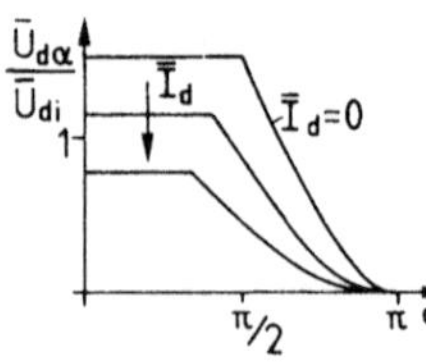

Bei der vollgesteuerten Einphasen-Brückenschaltung mit Widerstandsbelastung und Stromglättung erfolgt die Kommutierung nach Zündung der Folgethyristoren wie im ungesteuerten Betrieb. Die bei der Kommutierung aufzubringende Spannungszeitfläche ist unabhängig vom Zündwinkel konstant. Da der Gleichstrom bis zum Zünden der Folgethyristoren fließt, kehrt der Momentanwert der Gleichspannung im gesteuerten Betrieb am Ende jeder Halbperiode seine Richtung um. Der arithmetische Mittelwert der Gleichspannung wird im gesteuerten Betrieb durch eine negative Spannungszeitfläche vermindert. Dadurch wird bei $\alpha = 90°$ der Gleichspannungsmittelwert Null. Wird der Zündwinkel weiter vergrößert, dann kehrt die Gleichspannung ihre Richtung um. Vorausgesetzt, daß der Laststrom als Gleichstrom weiter in der gleichen Richtung fließt, bedeutet dies eine Energierücklieferung aus dem Gleichstromkreis in den Wechselstromkreis. Der Stromrichter arbeitet als **Wechselrichter**. Dieser Betriebszustand ist jedoch nur möglich, wenn ein aktives Element im Gleichstromkreis, z.B. ein Generator eine Energie liefern kann. Wechselrichterbetrieb ist nur bei einer **Gegenspannungsquelle** im Gleichstromkreis, die Energie abgeben kann, möglich. Die **Steuerkennlinie** dieser Schaltung wird bei einem kleineren Steuerwinkel als 180° beendet. Für den größten möglichen Steuerwinkel ist der Löschzeitpunkt, d.h. in der Wechselspannungsperiode der Zeitpunkt, der sich aus Zündzeitpunkt, Stromführungsdauer bis zur Zündung des Folgeventils und Kommutierungszeit zusammensetzt, so zu bemessen, daß ein ausreichender **Löschzeitraum** zur Verfügung steht. Während dieses Zeitraumes liegt an dem Thyristor eine negative Sperrspannung, die volle Sperrfähigkeit der Sperrschicht kann wieder hergestellt werden bis zum Wechsel der Polarität der Sperrspannung in den positiven Bereich.

Ist keine Gegenspannungsquelle vorhanden, dann ist der Gleichstrom Null, wenn der Mittelwert der Gleichspannung Null wird. Vorher wird die Stromführungsdauer kleiner als die Halbperiode. Es treten Zeiträume auf, in denen der Momentanwert des Gleichstromes Null ist. Der Stromrichter arbeitet im **Lückbetrieb**. Dieser Betriebszustand

Strom- und Spannungszeitverläufe der vollgesteuerten Einphasen-Brückenschaltung mit idealer Stromglättung unter Vernachlässigung der Kommutierung

Ideale Stromglättung i_d = konst.

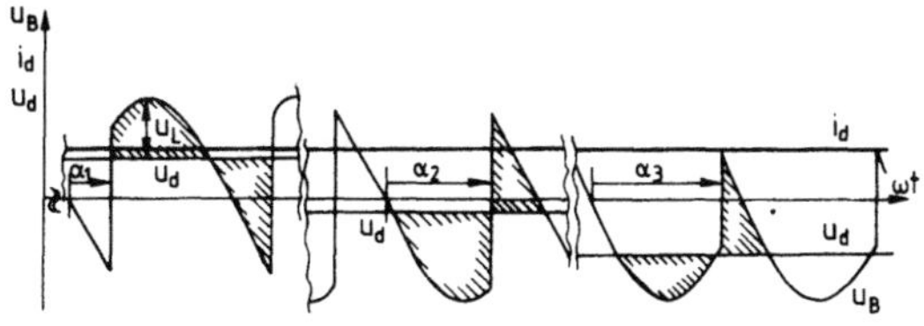

Strom- und Spannungszeitverläufe der vollgesteuerten Einphasen-Brückenschaltung im Wechselrichterbetrieb

Ideale Glättung, Kommutierung vernachlässigt.

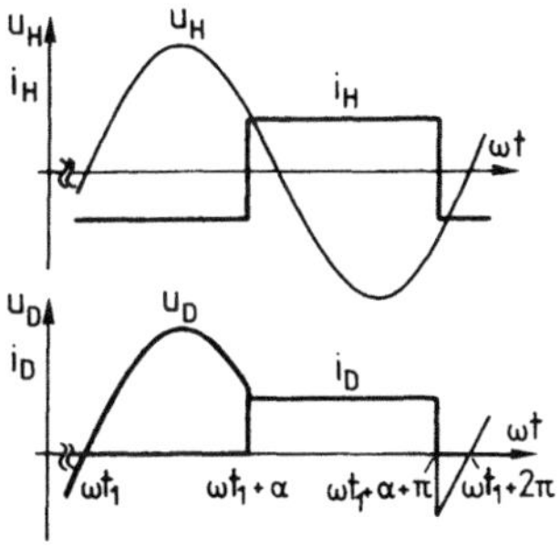

Löschwinkel mit negativer Sperrspannung während

$\vartheta = \omega t_1 + 2\pi - (\omega t_1 + \alpha + \pi)$

$\vartheta = \pi - \alpha$

$\alpha = \pi - \vartheta$

$\alpha < \pi$ für $\vartheta > 0$

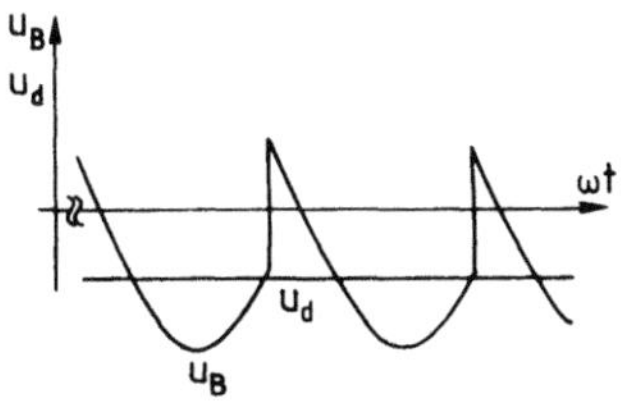

Steuerkennlinie der vollgesteuerten Einphasenbrückenschaltung mit Stromglättung

Wenn der Gleichstrom konstant ist, dann ist auch

$\overline{U}_{d\alpha} = u_{d\alpha}$

$$\overline{U}_{d\alpha} = \frac{2}{2\pi} \int_{\alpha}^{\alpha+\pi} \hat{u}_H \sin \omega t \, d\omega t$$

$$\overline{U}_{d\alpha} = \frac{2}{\pi} \cos \alpha$$

$$\frac{\overline{U}_{d\alpha}}{\overline{U}_{di}} = \cos \alpha$$

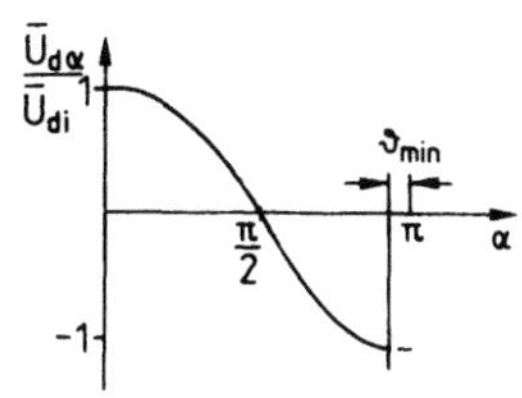

kann auch bei Betrieb auf eine Gegenspannungsquelle auftreten, wenn die Glättungsinduktivität zu klein ist. Da dabei nach Nulldurchgang des Gleichstromes die jeweils stromführenden Thyristoren den Strom sperren müssen und der Strom durch die Glättungsinduktivität „abgeschaltet" wird, sind erhebliche Überspannungen möglich, die u.U. die Thyristoren gefährden können.

Die Lastkennlinie der vollgesteuerten Einphasen-Brückenschaltung umfaßt **zwei Quadranten**, nämlich positive und negative Gleichspannung bei positiver Stromrichtung.

Lastkennlinie der vollgesteuerten Einphasen-Brückenschaltung bei Belastung mit konstantem Gleichstrom

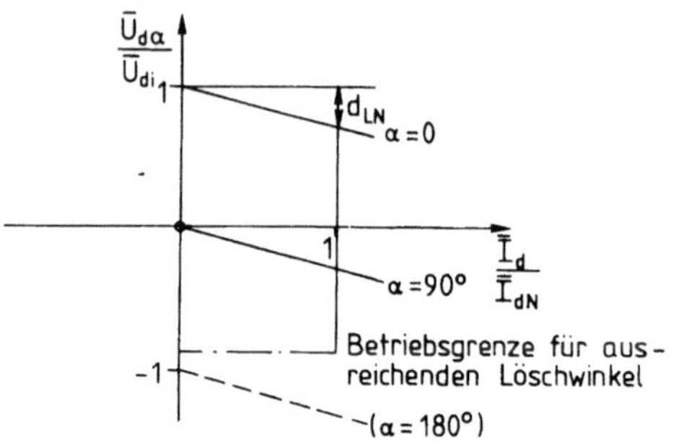

Für einen elektrischen Antrieb, der durch ein Leistungsstellglied dieser Art angesteuert wird, bedeutet dies, daß Motorbetrieb nur in einer Drehrichtung möglich ist, in der anderen Drehrichtung kann der Antrieb im Generatorbetrieb arbeiten. Es ist aber nicht möglich, aus dem Motorbetrieb den Antrieb im Bremsbetrieb zum Stillstand zu bringen. Dazu würde bei gleicher Spannungsrichtung, d.h. gleicher Drehrichtung, eine Stromumkehr notwendig sein. Dies lassen jedoch die Halbleiterventile nicht zu, sie können den Strom nur in einer Richtung führen. Bei vielen Antrieben ist es jedoch nicht möglich, die Drehrichtung des Antriebes umzukehren. Damit wird dieser Antrieb nicht in den Generatorbetrieb gefahren, der zweite mögliche Quadrant der Betriebskennlinie des Stromrichters wird nicht ausgenutzt. Es ist daher voll ausreichend wenn der Stromrichter bei diesen Anwendungsfällen eine zwischen dem Maximalwert und Null einstellbare Spannung abgeben kann. Der **Einquadrantenbetrieb** wird von einer **halbgesteuerten Einphasen-Brückenschaltung** mit einfachen Mitteln möglich gemacht. Die halbgesteuerte Schaltung besteht aus Thyristoren in einem Schaltungsteil und Dioden in dem anderen. Bei der **unsymmetrisch** halbgesteuerten Schaltung sind die Thyristoren in einem Brückenzweig, bei der **symmetrisch** halbgesteuerten sind die Thyristoren in einer Brückenhälfte angeordnet. Die Funktion der unsymmetrisch halbgesteuerten Einphasen-Brückenschaltung zur Speisung eines Motors kann durch Betrachtung zweier Betriebszustände beschrieben werden. Wenn der Gleichstrom in der Schaltung von einem gezündeten Thyristor und einer Diode geführt wird, ist die Funktion vergleichbar der einer ungesteuerten Schaltung. Der Gleichstrom wird dabei durch die Induktivität der Motorwicklung als gut geglättet vorausgesetzt, d.h. die Schaltung arbeitet im nicht lückenden Betrieb. Bei Nulldurchgang der Wechselspannung wird die Sperrspannung an der zweiten Diode der Schaltung positiv, diese Diode wird jetzt ebenfalls leitend. Damit kommutiert der Gleichstrom vom bisher stromführenden Thyristor auf die gezündete Diode, ein Zweig der Schaltung bildet für den Gleichstrom einen Freilaufzweig, die abgegebene Gleichspannung ist Null. Erst wenn der Folgethyristor gezündet wird, kommutiert der Gleichstrom wieder zurück auf den zweiten Schaltungszweig, die Transformatorspannung liegt wieder als Speisespannung am Gleichstromkreis. Die **Steuerkennlinie** dieser Schaltung ist gleich der der gesteuerten Schaltung ohne Glättung↑, d.h. sie liegt nur in einem Quadranten. Wechselrichterbetrieb ist mit halbgesteuerten Schaltungen nicht möglich.

Strom- und Spannungszeitverläufe der unsymmetrisch halbgesteuerten Einphasen-Brückenschaltung bei Belastung mit einem Gleichstrommotor

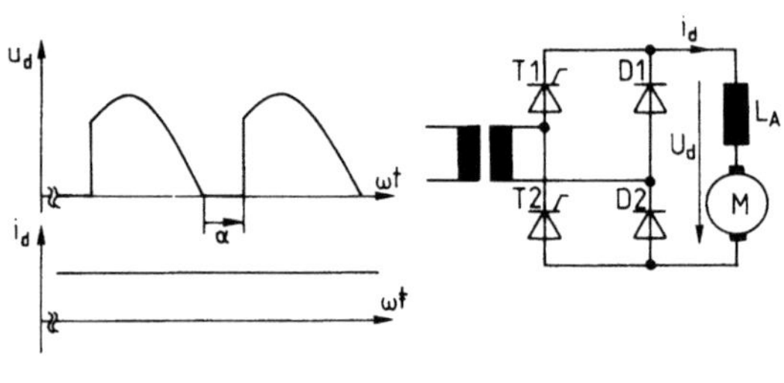

Soll ein Antrieb in allen vier Quadranten der Steuerkennlinie betrieben werden, dann kann der Stromrichter bei Nulldurchgang des Gleichstromes, d.h. des Stromes in der Ankerwicklung, mechanisch umgeschaltet werden. Diese relativ einfache Möglichkeit hat den Nachteil der verschleißbehafteten Schalterteile und der Zeitverzögerung während der Umschaltung. Schneller und verschleißfrei ist es, zwei antiparallel geschaltete Stromrichter zur Speisung der Ankerwicklung zu verwenden. Eine Umschaltung des Feldes der Maschine wird seltener vorgenommen, da die Zeitkonstante der Feldwicklung sehr viel größer als die der Ankerwicklung ist, damit also auch die Umschaltung erschwert wird.

Die **kreisstromfreie Gegenparallelschaltung** mit zwei Stromrichtern stellt ein Leistungsstellglied dar, mit dem **Vierquadrantenbetrieb** bei kürzesten Stellzeiten durchgeführt werden kann. Dabei wird eine Stromrichterschaltung mit Zündimpulsen versorgt, die zweite Schaltung ist außer Betrieb. Beide Schaltungen werden von einem Transformator gespeist und bestehen eigentlich nur aus jeweils zwei antiparallelen Thyristoren in jedem Teilzweig der Brücke.

Kreisstromfreie Gegenparallelschaltung

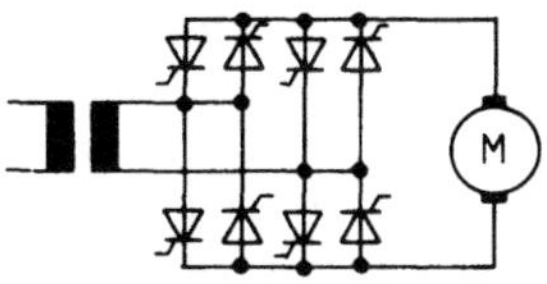

Bei der **kreisstromarmen Gegenparallelschaltung** sind zwei getrennte Stromrichter vorhanden, die beide mit Zündimpulsen so versorgt werden, daß der Kreisstrom sehr klein bleibt. Vorteil der kreisstromarmen gegenüber der kreisstromfreien Schaltung ist die schnelle Umschaltmöglichkeit, da beide Stromrichter jederzeit betriebsbereit sind.

Kreisstromarme Gegenparallelschaltung

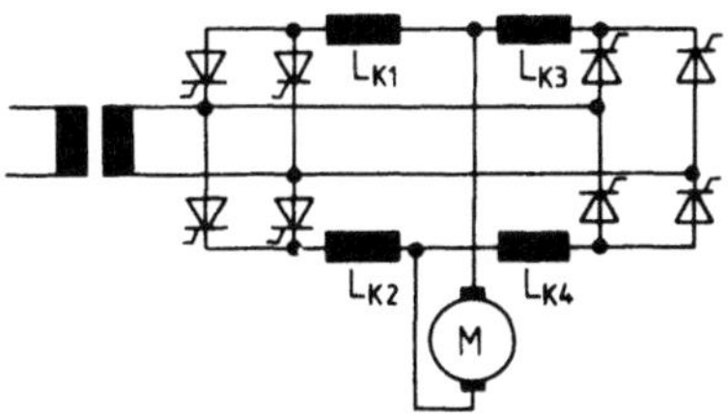

Da von beiden Brücken dauernd Gleichspannungen abgegeben werden, die durch die unterschiedlichen Zündwinkel einen verschiedenen Momentanwertverlauf haben, sind Kreisstromdrosseln notwendig, die die Differenz-Wechselspannung aufnehmen.

2.4.4 Regelung elektrischer Antriebe

Die **Regelungstechnik** stellt im Vergleich mit der Elektrotechnik oder der Informatik eine eigenständige technische Wissenschaft dar. Sie wird in ihren grundsätzlichen Erscheinungsformen und Methoden in vielen Lebens- und Praxisbereichen angetroffen und ihr Instrumentarium dort zur Lösung von Problemen benutzt. Charakteristisch für die regelungstechnische Betrachtung sind die **geschlossenen Wirkungszusammenhänge,** d.h. die **geschlossenen „Regelkreise"** im Gegensatz zu den **offenen Kreisen** bei der **Steuerung.**

Begriffsapparat und Verfahrensweisen der Regelungstechnik sind so angelegt, daß komplexe Systeme auf grundsätzliche Kategorialsysteme gleichen Verhaltens zurückgeführt werden können. Das Beschreibungswerkzeug meist mathematischer Art gestattet die formalisierte Aufstellung von Beurteilungskriterien, mit denen der Erfolg von Eingriffen in den Regelkreis beurteilt werden kann.

Bezogen auf den Anwendungsbereich Elektrotechnik/Energietechnik werden regelungstechnische Überlegungen und Anwendungen im Antriebsbereich an in ihrer abstrakten Form gleichartigen Systemen angewendet. Es gilt zumeist einen **elektrisch-mechanischen Energiewandler,** also eine elektrische Maschine, so mit **elektrischen Eingangsgrößen** zu beaufschlagen, daß das **gewünschte**

Zeitverhalten der **mechanischen Ausgangsgrößen** erreicht wird. Der Energieteil des Systems besteht für regelungstechnische Betrachtungen aus

– der Antriebs- und Arbeitsmaschine ↑,
– dem Leistungsstellglied ↑.

Der Meß- und Regelungsteil besteht aus

– der Meßeinrichtung ↑,
– dem Regler ↑.

Dieser prinzipielle Aufbau findet sich auch in anderen geregelten Systemen, wie geregelten Netzgeräten ↑, aber auch in anderen Lebensbereichen wieder. Unter regelungstechnischen Gesichtspunkten werden die einzelnen Systemteile als **Übertragungsglieder** betrachtet. Es genügt, ihr Zeitverhalten zu kennen, d.h. die Zeitfunktion, nach welcher sich die Ausgangsgröße bei bestimmten zeitlichen Verhalten der Eingangsgröße verändert. Das Gesamtverhalten des Systems wird dann durch die Struktur der Übertragungsglieder, d.h. durch die Verknüpfung ihrer Ein- und Ausgangsgrößen, beschrieben. Methodisch wird die Untersuchung des Verhaltens der Ausgangsgrößen eines Motors, z.B. der Drehzahl, bei definierten Eingriffen in das geschlossene System betrachtet. Die Eingriffe können einmal Veränderungen der anzustrebenden Werte für die Ausgangsgröße, also des Sollwertes sein. Es können aber auch Störeinflüsse untersucht werden, die an irgend einer Stelle des Systems einwirken, z.B. Änderungen des Lastmoments oder der Speisespannung. Ziel der Regelung ist es, durch geeignete Form des Übertragungsgliedes „Regler" das Zeitverhalten so zu verändern, daß es optimal entsprechend den Wünschen des Anwenders für die Ausgangsgrößen wird und daß der Einfluß von Störgrößen möglichst wirkungslos bleibt.

Durch den Regler wird das System geschlossen, die Übertragungsglieder werden so zusammengefügt, daß jede Abweichung der Ausgangsgröße eine Änderung der Eingangsgröße erzeugt, die über eine Beeinflußung der Stellglieder des Systems der Abweichung entgegen wirkt.

Das bei der Konstruktion von Regelkreisen verwendete Instrumentarium mathematischer Art ebenso wie spezielle regelungstechnische Methoden können in ihrer fachsystematischen Breite nicht Bestandteil einer Grundlagenausbildung in der Elektrotechnik, zumindest nicht für den nicht konstruktiv tätigen Facharbeiter, sein. Wohl aber sollten exemplarische Kenntnisse der Problemlösungsmöglichkeiten für ausgewählte Bereiche vorhanden sein. Daher soll im Folgenden für einen ausgewählten Antrieb die regelungstechnische Betrachtung zur Einführung der grundlegenden Methoden und Elemente der Regelungstechnik durchgeführt werden.

2.4.4.1 Übertragungsglieder und Übertragungsfunktionen

Ein drehzahlgeregelter Antrieb besteht z.B. aus

– der fremderregten Gleichstrommaschine ↑, die mit verstellbarer Ankerspannung und konstantem Nennfluß betrieben wird;
– dem Leistungsstellglied in halbgesteuerter Thyristor-Brückenschaltung ↑, die mit der Ansteuerschaltung integriert ist;
– der Drehzahlmeßeinrichtung, die digital Impulse zählt, integriert mit einem DA-Umsetzer ↑ und einem Ausgangsverstärker ↑ des analogen Signals;
– dem Regler, aufgebaut aus Operationsverstärkern mit variabler Beschaltung ↑.

Drehzahlgeregelter Gleichstromantrieb

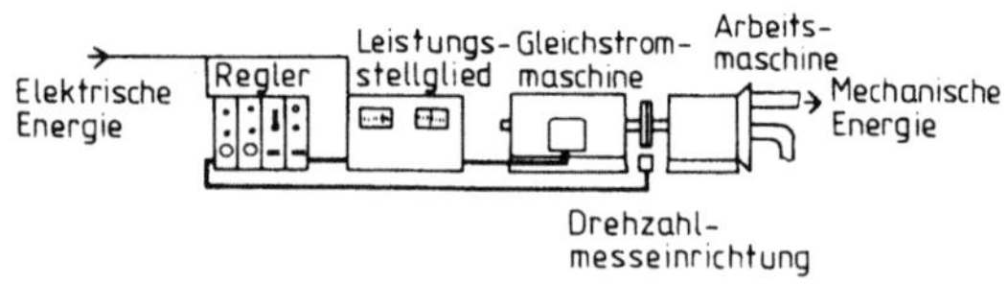

Für reglungstechnische Untersuchungen werden die einzelnen Elemente des Regelkreises als Blöcke abgebildet, die Verbindung zwischen den Blöcken stellt den **Informationsfluß** dar.

Das Ein/Ausgangsverhalten der **Übertragungsglieder** kann durch Symbole, die das Zeitverhalten beschreiben, abgebildet werden. Die Übertragungsglieder stellen die Elemente des Systems dar. Jedes dieser Übertragungsglieder kann wiederum aus einem oder mehreren zusammengeschalteten elementaren Übertragungsgliedern, die normierten Formen entsprechen, zusammengesetzt werden. Der Wirkungszusammenhang zwischen den einzelnen Übertragungsgliedern, die **regelungstechnischen Signale**, werden durch Pfeile in Richtung des Informationsflusses dargestellt. **Verzweigungsstellen** werden durch Punkte abgebildet. **Additionsstellen**, in denen die Informationssignale addiert werden, sind durch Kreise abgebildet. Die symbolische Darstellung bildet ein **Strukturbild**, es stellt den **Signalflußplan** dar. In diesem Signalflußplan werden das Zeitverhalten der Übertragungsglieder durch genormte Symbole, die mathematische Funktionen darstellen sollen, abgebildet. Mit Hilfe des Signalflußplanes kann die **Übertragungsfunktion** des Systems aufgestellt werden.

Um diese Übertragungsfunktion, die eine Zeitfunktion darstellt, für die Dimensionierung handhabbar zu machen, wird sie mit Hilfe der **Laplace-Transformation** aus dem Zeit- in einen Bildbereich überführt. Die Laplacetransformation stellt im Prinzip eine ähnliche Transformation dar, wie die Abbildung sinusförmiger elektrischer Signale mit Hilfe der Zeigerrechnung. Es wird der imaginäre Operator s eingeführt, der das Zeitverhalten energiespeichernder Elemente bei sinusförmigen Ein- und Ausgangsgrößen einfach beschreibt.

Blockdarstellung des Regelkreises

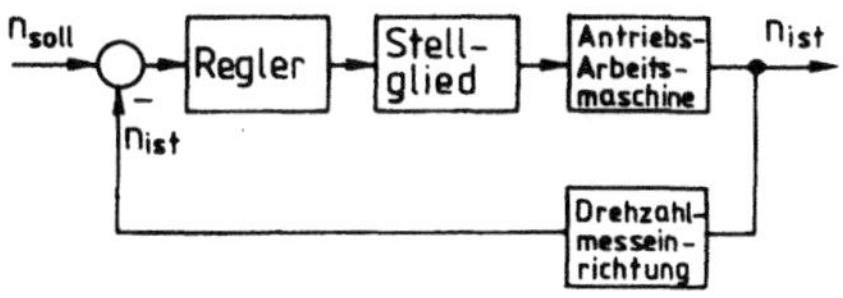

Genormte Bezeichnungen regelungstechnischer Größen nach DIN 19226

Sollgröße	w	Stellgröße	y
Istgröße	x	Regeldifferenz	$w - x = x_d$
Störgröße	z	Regelabweichung	$x - w = x_w$

Signalflußplan der Drehzahlregelung in Analogie zum Blockschaltbild

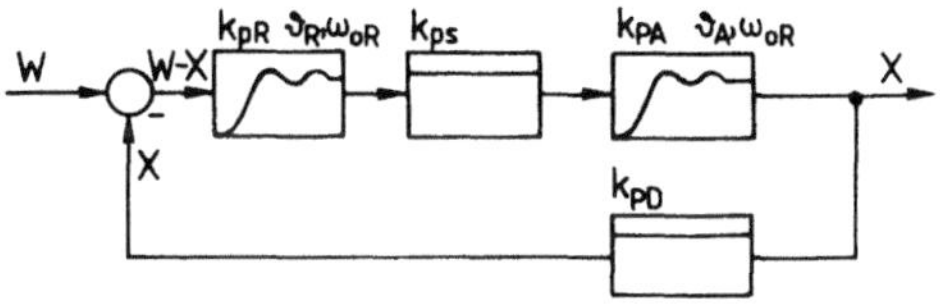

R Regler
S Stellglied
A Antriebs-, Arbeitsmaschine
D Drehzahlmeßeinrichtung

Imaginärer Operator s

$$s = j\omega$$

Bei sinusförmigen Größen ist damit

$$\frac{d}{dt} \rightarrow j\omega = s$$

$$u_{(t)} = L\frac{di}{dt} \rightarrow U = j\omega L I \qquad u_{(s)} = sL\,i_{(s)}$$

Die Lösung der Differentialgleichung eines Übertragungssystems und dessen Beschreibung erfolgt vielfach einfacher im Bildbereich der Laplacetransformation.

Die Betrachtung des Verhaltens der Übertragungsglieder wird also aus dem des zeitlichen Verhaltens bei beliebigen Signalen in das des Frequenzverhaltens bei sinusförmigen Signalen verschoben. Vorteil dieser transformierten Darstellung ist die Möglichkeit der Zusammenfassung des Frequenzverhaltens hintereinander geschalteter Glieder in einer logarithmischen Darstellung durch einfache Addition und die Möglichkeit Stabilitätskriterien auf die daraus resultierende Ortskurven- [1] oder Frequenzgangdarstellung↑ anzuwenden. Dabei wird die Übertragungsfunk-

[1] *Claussnitzer, H.:* Einführung in die ET; Kap. 5.3.

tion im sogenannten Bodediagramm als Amplituden- und Phasengang dargestellt mit dem Ziel, erkennen zu können, ob das System stabil ist und das gewünschte optimale Verhalten zeigt. Ebenso können die Folgen von Veränderungen der Übertragungsfunktion durch Eingriffe, z.B. am Regler erkannt werden. Praktische Bedeutung haben nur die Frequenzdarstellungen, für spezielle Betrachtungen im theoretischen Bereich wird auch die Ortskurvendarstellung verwendet [1].

Die Frequenzgänge der Übertragungsfunktionen einzelner hintereinander im Informationsfluß angeordneter Übertragungsglieder können zum resultierenden Frequenzgang durch Multiplikationen zusammengefaßt werden. Dazu müssen die Amplituden der einzelnen Frequenzgänge multipliziert und die Phasen addiert werden.

Im Amplitudenfrequenzgang wird der Logarithmus der Amplitude im linearen Maßstab dargestellt. Damit können die einzelnen Amplitudenfrequenzgänge der Übertragungsfunktionen, die zur Bestimmung der resultierenden Übertragungsfunktion multipliziert werden müssen, addiert werden. Der lineare Amplitudenmaßstab ist in dB geeicht. Die Phasen werden zur resultierenden Phase addiert und im linearen Maßstab dargestellt. Die Kreisfrequenz, d.h. der Betrag des Operators s wird im logarithmischen Maßstab dargestellt. Damit werden die Kennlinien der Grundelemente linearisiert und es kann in einem Diagramm ein sehr großer Frequenzbereich überstrichen werden.

Eingriffe zur Veränderung der gesamten Übertragungsfunktion können am Regler vorgenommen werden, dessen Übertragungsfunktion möglichst so ausgelegt sein soll, daß das gewünschte Verhalten erreicht wird. Dieses gewünschte Verhalten ergibt sich aus der Zielrichtung der Optimierung des Regelkreises. Man kann dabei generell in zwei Richtungen optimieren:

- Optimierung auf gutes **Führungsverhalten**, d.h. bei einer Änderung der Führungsgröße soll der Istwert dem Sollwert schnell und ohne größeres Überschwingen folgen. Der stabile Endwert wird ohne längere Schwingungen erreicht.
- Optimierung auf gutes **Störverhalten**, d.h. bei einer Störgrößenaufschaltung, z.B. einem Drehmomentstoß bei einer Drehzahlregelung, weicht der Istwert der

Frequenzgangdarstellung

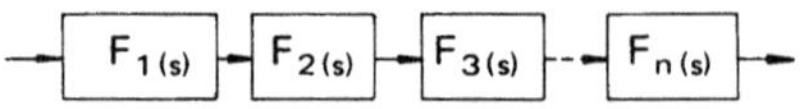

$$F_{(s)} = F_{1(s)} \cdot F_{2(s)} \cdot F_{3(s)} \cdot \ldots F_{n(s)}$$

$$\lg|F_{(s)}| = \lg|F_{1(s)}| + \lg|F_{2(s)}| + \lg|F_{3(s)}| + \ldots + \lg|F_{n(s)}|$$

$$\varphi_{(s)} = \varphi_{1(s)} + \varphi_{2(s)} + \varphi_{3(s)} + \ldots + \varphi_{n(s)}$$

$$|s| = \omega$$

Maßstab:

$\frac{|F_{(\omega)}|}{\mathrm{dB}} = 20 \lg |F_{(s)}|$ in linearer Teilung

$|s| = \omega$ in logarithmischer Teilung

Beispiel für eine Frequenzgangdarstellung

$$\vec{U}_a = \vec{U}_e \frac{1}{1 + j\omega RC}$$

$$F_{(s)} = \frac{\vec{U}_a}{\vec{U}_e} \qquad RC = T$$

$$F_{(s)} = \frac{1}{1 + sT}$$

$$\frac{|F_{(\omega)}|}{\mathrm{dB}} = 20(\lg 1 - \lg|(1 + sT|)$$

$$\frac{|F_{(\omega)}|}{\mathrm{dB}} = -20 \lg \sqrt{1 - \omega^2 T^2}$$

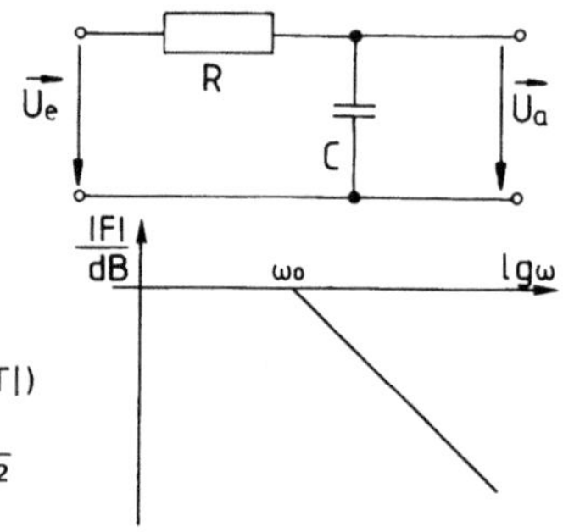

Verhalten bei einer Führungsgrößenänderung

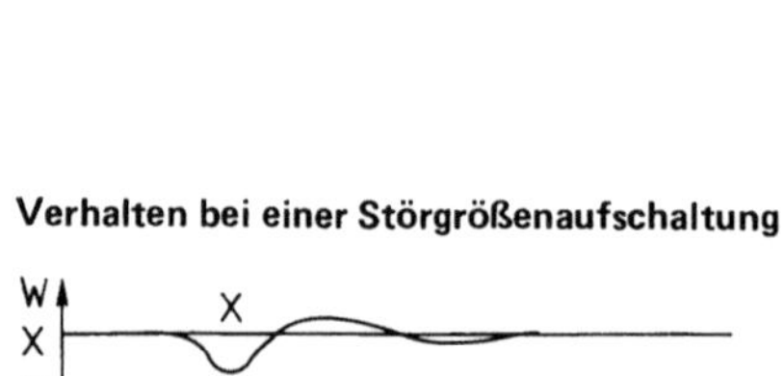

Verhalten bei einer Störgrößenaufschaltung

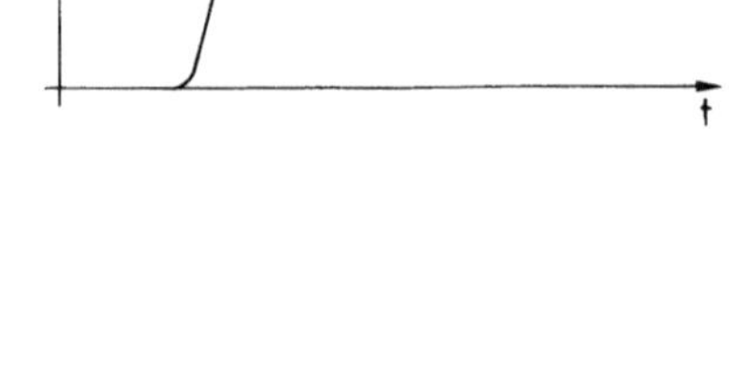

[1] *Pfaff, G.*: Regelung elektrischer Antriebe.

Regelgröße nur kurzzeitig und wenig von dem Sollwert ab. Der vor der Störgrößenaufschaltung vorhandene Wert wird schnell und genau ohne größeres Überschwingen wieder erreicht.

Beide Richtungen der Optimierung können zu gegensätzlichen Anforderungen an die Beschaltung des Reglers führen. Daher wird zumeist ein Kompromiß zwischen beiden Verhalten angestrebt. Verfahren der Optimierung sind in der theoretischen und der praktischen Regelungstechnik bekannt.

Beide Optimierungsrichtungen haben aber das gemeinsame Ziel, ein stabiles System zu erreichen. Für eine ausreichende **Stabilität** des geschlossenen Regelkreises muß der Amplituden- und der Phasengang des offenen Kreises, d.h. die Abbildung der Übertragungsfunktion des aufgeschnittenen Systems, bestimmten Kriterien genügen.

Kritisch in Bezug auf die Stabilität sind die Werte des Amplitudenfrequenzganges bei einer Phase von 180° zu sehen. Bei diesem Wert ist das Ausgangssignal von der Gegenphasigkeit zum Eingangssignal in die Gleichphasigkeit übergegangen. Dies führt bei entsprechenden Werten des Amplitudenverhältnisses durch die Mitkopplung zur Instabilität.

Kenngröße ist der **Amplitudenrand** ϵ als der reziproke Wert des Amplitudenverhältnisses, also des Betrages der Übertragungsfunktion, bei einer Phase von 180°.

Um den Übergang vom sicher stabilen Verhalten zur Stabilitätsgrenze zu kennzeichnen, wird der **Phasenrand** δ angegeben. Dies ist die Differenz zwischen der Frequenz, bei der der Betrag der Übertragungsfunktion 1 (0 dB-Linie) ist, und der Phasengrenze von 180°.

Als eine ausreichende Stabilitätsreserve wird ein Amplitudenrand von $\epsilon \geqslant 2{,}5$ (8 dB) und ein Phasenrand von $\delta \geqslant 30°$ angesehen.

Zur **Analyse des Systems** mit dem Ziel der Durchschaubarkeit der Abläufe und der Zweckmäßigkeit von Eingriffen bietet sich eine wesentlich einfachere Methode als die der mathematischen Untersuchung an, nämlich die der experimentellen Untersuchung, d.h. die Betrachtung der realen Übertragungsglieder in ihrem Verhalten im Zeitbereich. Dabei wird davon ausgegangen, daß das zu untersuchende System real vorhanden und zugänglich ist. An diesem System soll gearbeitet werden.

Wesentliches Merkmal der regelungstechnischen Untersuchungen ist die Zerlegung des gesamten Systems in einzelne Übertragungsglieder und die Betrachtung des Zeitverhaltens dieser Glieder. Das Zeitverhalten kann durch Beaufschlagung mit einer Testfunktion beurteilt werden. Im energietechnischen Bereich kommen hierfür praktisch nur Sprung- oder Anstiegsfunktionen in Frage. Es ist einsichtig, daß eine direkte Beaufschlagung, z.B. einer größeren elektrischen Maschine mit einer sinusförmigen Testfunktion variabler Frequenz im Untersuchungsbereich bis zur Resonanzfrequenz, aus technischen Gründen meist nicht möglich ist.

Testfunktionen zur Beurteilung des Verhaltens

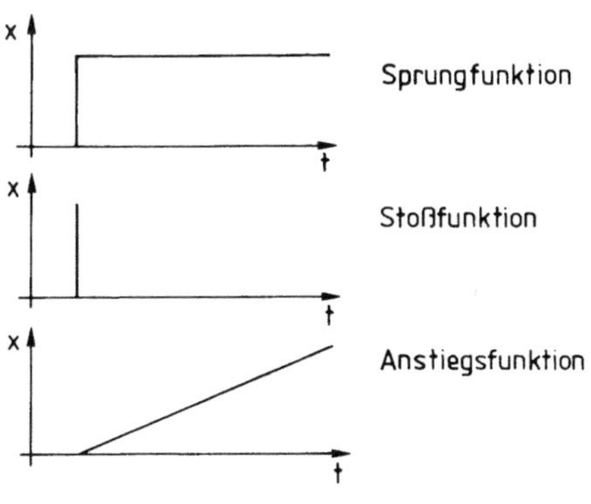

Für das Verhalten der Ausgangsgröße des getesteten Systems können verschiedene charakteristische Verläufe unterschieden werden. Aus ihnen kann man auf den Aufbau des Systems in Bezug auf seine unterschiedlichen Zeitkonstanten und deren Wirksamkeit, d.h. seine Energiespeicher schließen. Verwendet werden zur Abbildung des Verhaltens eine Anzahl normierter Übertragungsglieder. Technische Baugruppen, also Systemelemente des Regelkreises, lassen sich durch normierte Übertragungsglieder darstellen. Dabei werden entweder einzelne Glieder verwendet oder bei komplexen Gruppen werden mit mehreren normierte Gliedern neue Glieder zusammengesetzt. Die normierten Übertragungsglieder werden gekennzeichnet durch ein Symbol, das ihre Sprungantwort abbildet.

Man kann drei einfache **Grundglieder** unterscheiden.

Nach DIN 19226 heißen Glieder mit proportionalem Verhalten (P-Verhalten) **P-Glieder** (Proportional-Glieder). P-Verhalten hat ein Glied, bei dem das Ausgangssignal ohne Verzögerung oder andere dynamische Wirkungen direkt proportional dem Eingangssignal ist.

Beispiel für ein Proportionalglied ist bei der Gleichstrommaschine der Zusammenhang zwischen Ankerstrom und Drehmoment. P-Glieder folgen Eingangssignalen sofort, es werden nur zeitunabhängige Zusammenhänge beschrieben. Die Drehmomentänderung folgt jeder Änderung des Ankerstromes direkt proportional. Der funktionale Zusammenhang zwischen Eingangs- und Ausgangsgröße ist daher im Zeit- und Frequenzbereich gleich.

P-Verhalten im Zeitbereich

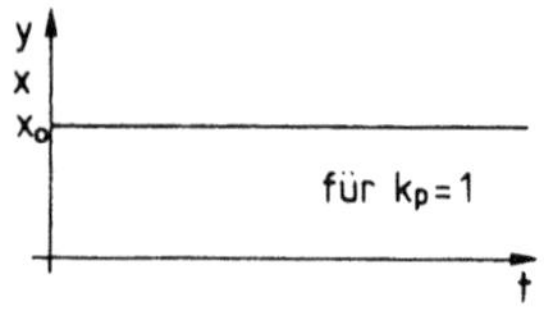

$y_{(t)} = K_P x_{(t)}$

Sprungantwort für $x_{(t)} = x_0$

$y_{(t)} = K_P x_0$

Symbol des P-Gliedes

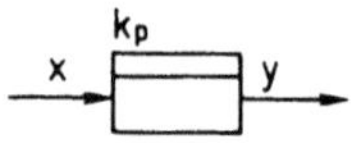

Kennzeichnend ist der Proportionalfaktor K_P.

P-Verhalten im Frequenzbereich

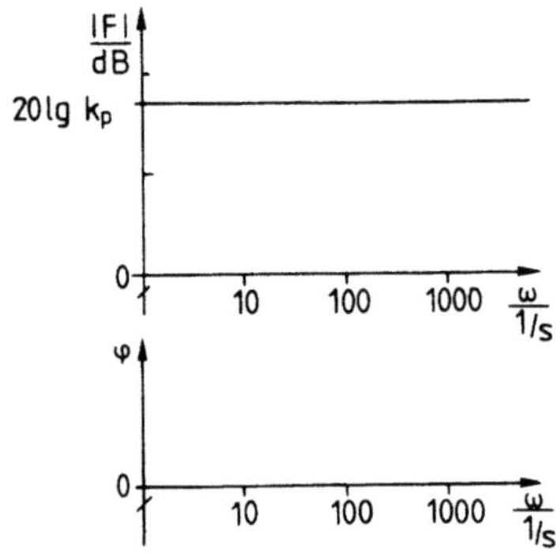

$f_{2(s)} = K_P f_{1(s)}$

Übertragungsfunktion

$F_{P(s)} = K_P$

Amplitudenfrequenzgang

$$\frac{|F_{P(\omega)}|}{dB} = 20 \lg K_P$$

Phasenfrequenzgang

$\varphi_{P(\omega)} = 0°$

Nach DIN 19226 heißen Glieder mit integrierendem Verhalten (I-Verhalten) **I-Glieder** (integrierende Glieder). I-Verhalten hat ein Glied, dessen Ausgangssignal – abgesehen von einem möglicherweise vorhandenen Anfangswert – ohne andere dynamische Wirkungen proportional dem Integral des Eingangssignals über der Zeit ist.

Beispiel für ein integrierendes Glied ist die träge Masse des Ankers einer Gleichstrommaschine, durch die das Beschleunigungsmoment die Drehzahl nur nach einer Integralfunktion verändern kann. Energiespeichernde Glieder zeigen I-Verhalten, da eine Energiespeicherung bei endlichen Eingangsgrößen nur mit der Zeit erfolgen kann. Um die Drehzahl der Gleichstrommaschine zu erhöhen, muß eine bestimmte Energiemenge zugeführt werden, wozu bei endlichen elektrischen Eingangsgrößen eine endliche Zeit benötigt wird.

I-Verhalten im Zeitbereich

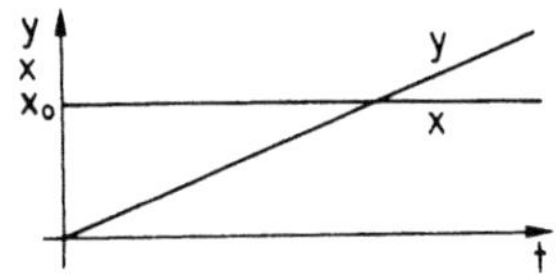

$y_{(t)} = K_I \int x_{(t)} dt$

Sprungantwort für $x_{(t)} = x_0$

$y_{(t)} = K_I x_0 t$

Anfangswert ist $y_{(0)} = 0$

Steigung ist $\frac{dy}{dt} = K_I x_0$

Kennzeichnend ist der Steigungsfaktor K_I.

Symbol des I-Gliedes

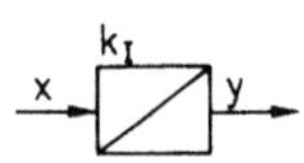

I-Verhalten im Frequenzbereich

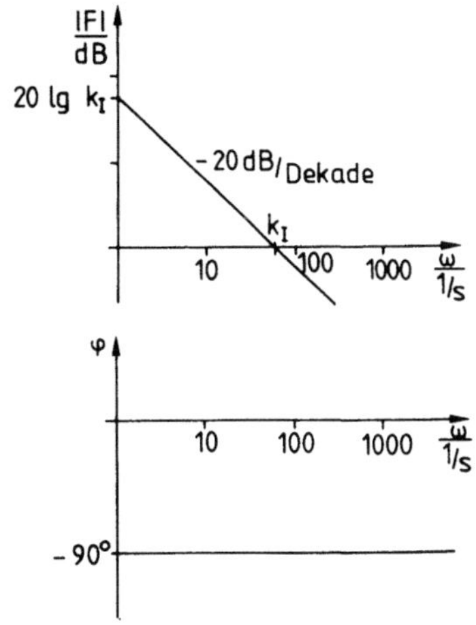

$$f_{2(s)} = \frac{K_I}{s} f_{1(s)}$$

Übertragungsfunktion

$$F_{I(s)} = K_I \frac{1}{s} \qquad F_{I(\omega)} = K_I \frac{1}{j\omega}$$

Amplitudenfrequenzgang

$$\frac{|F_{I(\omega)}|}{dB} = 20 \lg \frac{K_I}{\omega}$$

$$\frac{|F_{I(\omega)}|}{dB} = 20 (\lg K_I - \lg \omega)$$

(pro Dekade von ω Abfall um 20 dB)

Phasenfrequenzgang

$$\varphi_{I(\omega)} = -90°$$

(Operator $\frac{1}{j}$ entspricht Phasendrehung um $-90°$)

Nach DIN 19226 heißen Glieder mit differenzierendem Verhalten (D-Verhalten) **D-Glieder** (differenzierende Glieder). D-Verhalten hat ein Glied, dessen Ausgangssignal ohne andere dynamische Wirkungen proportional der zeitlichen Ableitung des Eingangssignals ist.

Beispiel für ein differenzierendes Glied ist jedes I-Glied, wenn Eingangs- und Ausgangssignal vertauscht werden. Die träge Masse des Ankers der Gleichstrommaschine zeigt D-Verhalten, wenn sich die Drehzahl verändert, da dann das auftretende Moment der Drehzahländerung mit der Zeit proportional ist. Energiespeichernde Glieder zeigen also auch D-Verhalten, wenn der Energieinhalt geändert wird. Schnelle Ener-

D-Verhalten im Zeitbereich

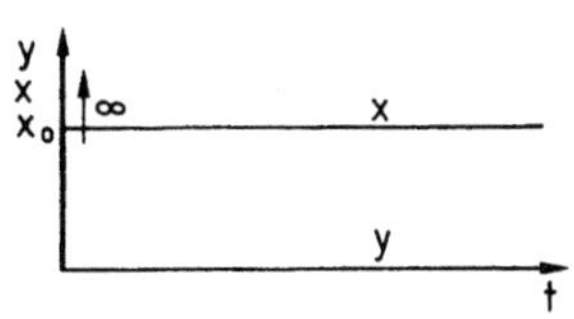

$$y_{(t)} = K_D \frac{dx}{dt}$$

Sprungantwort für $x_{(t)} = x_0$

$y_{(0)} = \infty$ für $t = 0$

$y_{(t)} = 0$ für $t > 0$

Kennzeichnend ist der differenzierende Faktor K_D.

Symbol des D-Gliedes

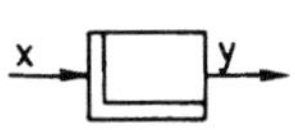

gieentnahme durch Abbremsen von Maschinen können z.B. zu stoßartigen Veränderungen der Drehzahl führen.

D-Verhalten im Frequenzbereich

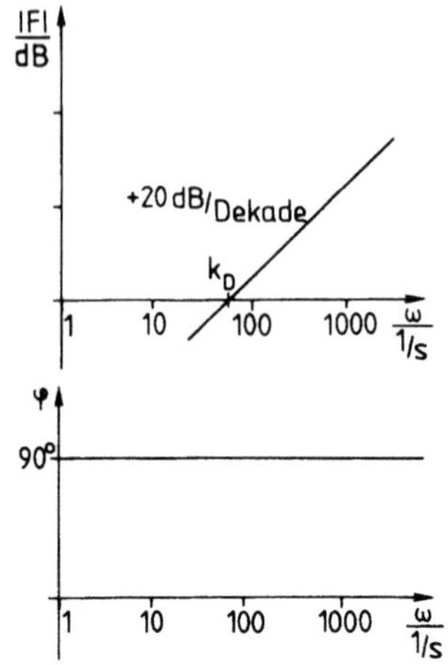

$f_{2(s)} = K_D s f_{1(s)}$

Übertragungsfunktion

$F_{D(s)} = K_D s$ $\qquad F_{D(\omega)} = j\omega K_D$

Amplitudenfrequenzgang

$$\frac{|F_{D(\omega)}|}{\text{dB}} = 20 \lg K_D \omega$$

$$\frac{|F_{D(\omega)}|}{\text{dB}} = 20(\lg K_D + \lg \omega)$$

(pro Dekade von ω Anstieg um 20 dB)

Phasenfrequenzgang

$\varphi_{D(\omega)} = +90^\circ$

(Operator $+j$ entspricht Phasendrehung um $+90^\circ$)

Die Grundglieder können zu neuen **zusammengesetzten Gliedern** kombiniert werden. Dabei werden die einzelnen Anteile der Grundglieder addiert, d.h. die Ersatzschaltung eines zusammengesetzten Gliedes ist die Parallelschaltung der Grundglieder mit der Summierung der Ausgangssignale.

PI-Glieder sind Glieder, die einerseits proportionales Verhalten zeigen, andererseits aber mit der Zeit das Eingangssignal zu einem Ausgangssignal integrieren. Bei einem konstanten Eingangssignal wird also ein linear mit der Zeit ansteigendes Ausgangssignal abgegeben.

PI-Verhalten im Zeitbereich

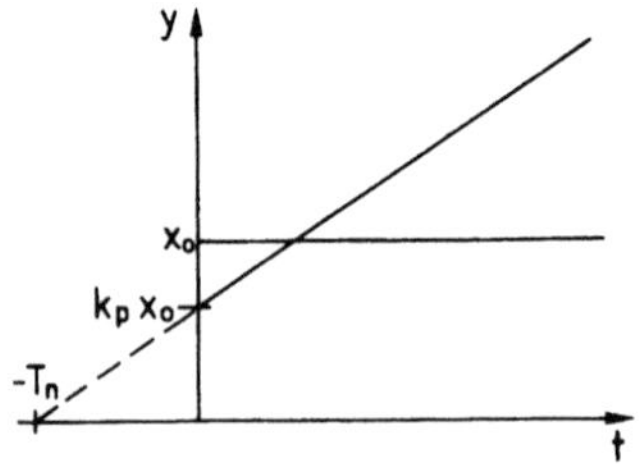

$y_{(t)} = K_P x_{(t)} + K_I x_{(t)} dt$

Sprungantwort für $x_{(t)} = x_0$

$y_{(t)} = K_P x_0 + K_I x_0 t$

Anfangswert ist $y_{(0)} = K_P x_0$

Steigung ist $\frac{dy}{dx} = K_I x_0$

Kennzeichnend sind

Steigungsfaktor K_I;

Nachstellzeit T_n

bei der $y_{(T_n)} = 0$ wäre

$$T_n = -\frac{K_P}{K_I}$$

Symbol des PI-Gliedes

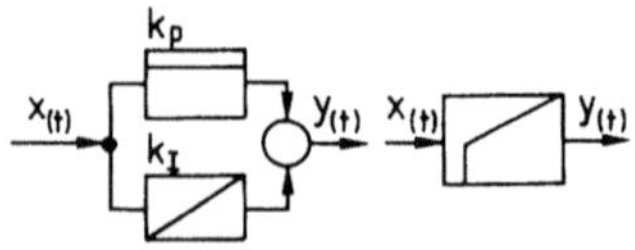

PI-Verhalten im Frequenzbereich

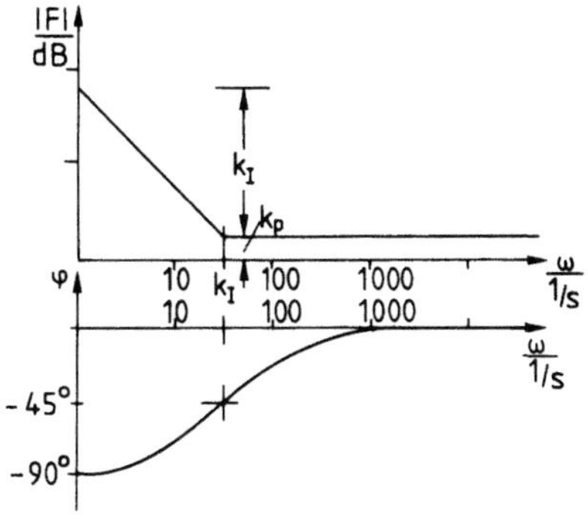

PID-Glieder verhalten sich bei der Beaufschlagung mit einer konstanten Eingangsfunktion nach dem ersten Impuls wie ein PI-Glied. Die Amplitude des ersten Impulses der Ausgangsgröße hängt von der Steilheit der Flanke des Eingangssignals ab. Bei der Betrachtung der Sprungantwort zeigt sich deutlich die Grenze der Brauchbarkeit der Sprungfunktion als Testfunktion. Wenn PI- oder PID-Glieder mit einer Anstiegsfunktion getestet werden zeigt sich klarer der Einfluß des D-Anteils.

PID-Verhalten im Zeitbereich

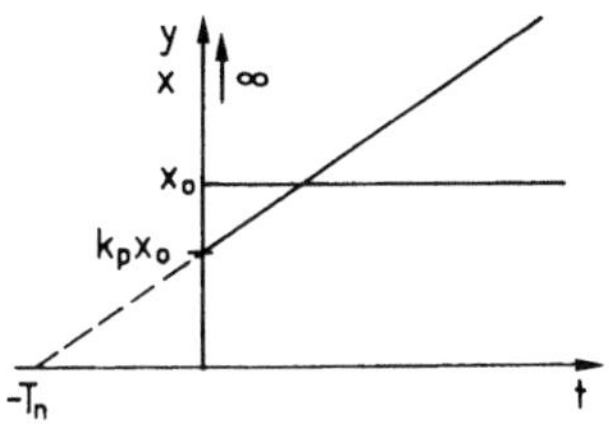

$$y_{(t)} = K_P x_{(t)} + K_I \int x_{(t)} dt + K_D \frac{dx}{dt}$$

Sprungantwort für $x_{(t)} = x_0$

$y_{(t)} = \infty$ für $t = 0$

$y_{(t)} = K_P x_0 + K_I x_0 t$ für $t > 0$

Anfangswert für $t_0 > 0$

$y_{(t_0)} = K_P x_0$

Steigung für $t > 0$

$$\frac{dy}{dx} = K_I x_0$$

Kennzeichnend sind
- differenzierender Faktor K_D
- Steigungsfaktor K_I
- Nachstellzeit T_n

Symbol des PID-Gliedes

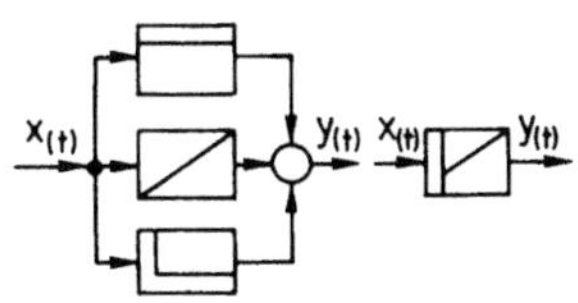

PID-Verhalten im Frequenzbereich

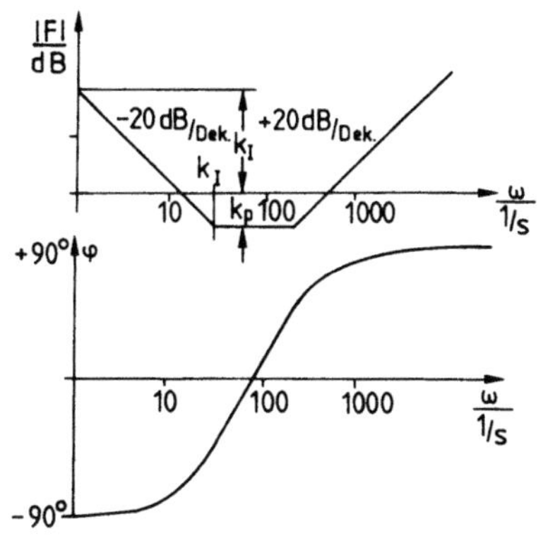

Glieder höherer Ordnung bilden Elemente ab, die mehrere Übertragungsglieder in Reihenschaltung zusammenfassen. Einfachstes Glied höherer Ordnung ist das **PT1-Glied** als Verzögerungsglied erster Ordnung. Es bildet das Verhalten eines Elementes ab, bei dem ein Energiespeicher in seinem Inhalt mit Verlusten verändert wird. Bei der Füllung dieses Speichers würde z.B. ein veränderlicher Energiefluß erfolgen, der nach einiger Zeit, wenn der Speicher gefüllt ist, endet. Bei Beaufschlagung mit einer Sprungfunktion bildet die Ausgangsgröße das gedämpfte Einlaufen in den durch den proportionalen Faktor bestimmten Endwert. Die Anfangssteigerung wird durch die Zeitkonstante des Systems bestimmt.

PT1- (oder VZ1-) Glied als Verzögerungsglied 1. Ordnung

PT1-Verhalten im Zeitbereich

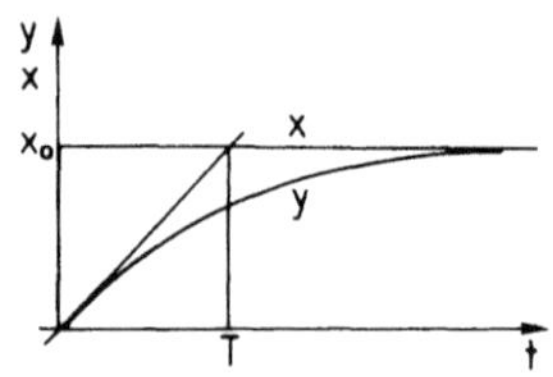

Symbol des PT1-Gliedes

PT1-Verhalten im Frequenzbereich

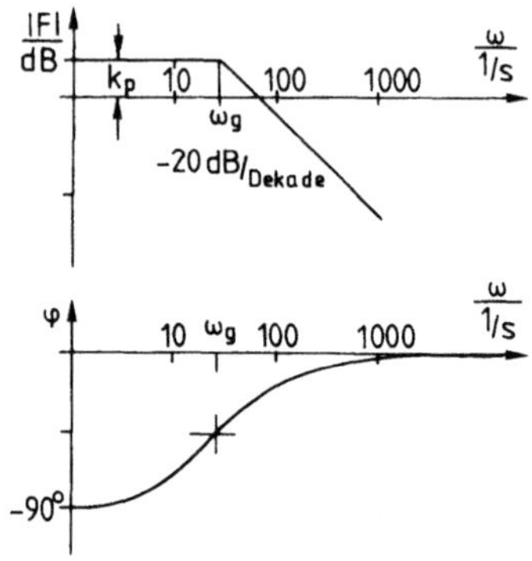

Bei einem **PT2-Glied**, das ein Verzögerungsglied zweiter Ordnung darstellt, werden die Inhalte zweier Speicher verändert. Bei der Füllung dieser Speicher treten Schwingungen auf, es können zwei Zeitkonstanten definiert werden.

Bei einer Sprungantwort mit Wendetangente läßt sich der Verlauf durch die Ausgleichszeit T_g und die Verzugszeit T_u angenähert beschreiben. Es wird dabei kein direkter Bezug auf die Zeitkonstanten der Energiespeicher genommen, sondern nur Kennwerte für die phänomenologische Beschreibung der Sprungantwort benutzt. Die Sprungantwort der Drehzahl eines fremderregten Gleichstrommotors bei einem Sprung der Ankerspannung ist also charakteristisch für ein System zweiter Ordnung, ein PT2-Glied.

PT2- (oder VZ2-) Glied als Verzögerungsglied 2. Ordnung

PT2-Verhalten im Zeitbereich

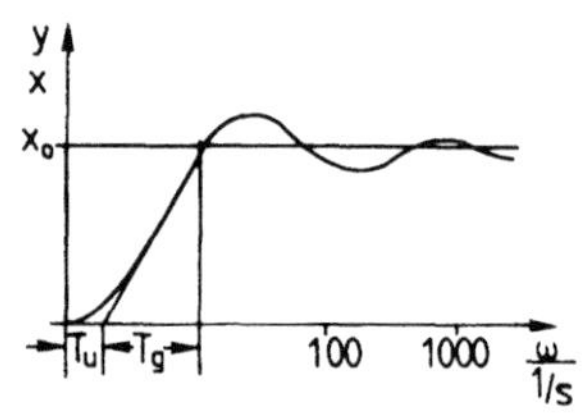

Symbol des PT2-Gliedes

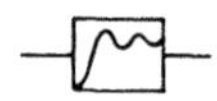

PT2-Verhalten im Frequenzbereich

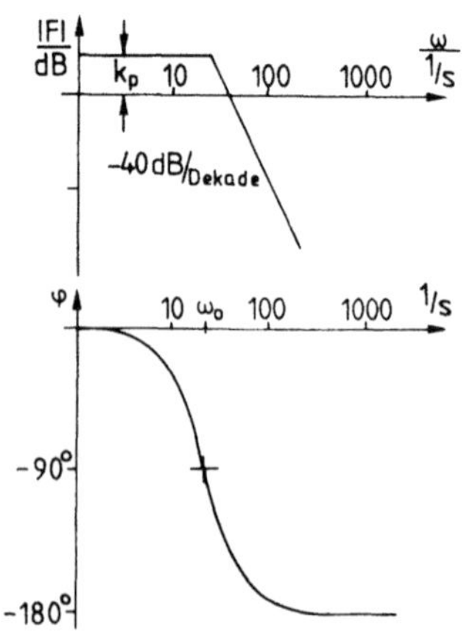

Die **Anstiegsfunktion** als Testfunktion eignet sich für die Beurteilung von D-Gliedern besser als die Sprungfunktion. Durch die Anstiegsfunktion wird eine definierte Steigung vorgegeben, die beim Differenzieren einen konstanten Wert ergibt. Aus dem Wert der Ausgangsfunktion kann also direkt auf die Wirkung der zeitlichen Änderung der Eingangsfunktionen geschlossen werden. Im praktischen Bereich ist es jedoch unter Umständen schwierig, Anstiegsfunktionen in einwandfreier Weise herzustellen.

Anstiegsfunktion als Testfunktion für PI- und PID-Glieder

Anstiegsfunktion $x_{(t)} = x_0 t$

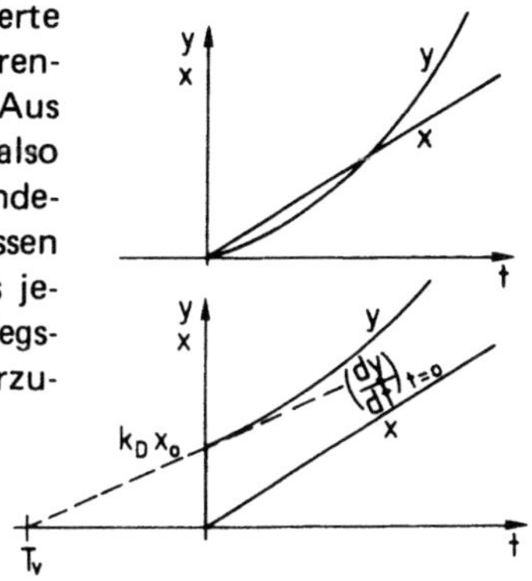

Anstiegsantwort

PI-Glied

$$y_{(t)} = K_P x_0 t + K_I x_0 \frac{t^2}{2}$$

PID-Glied

$$y_{(t)} = K_P x_0 t + K_I x_0 \frac{t^2}{2} + K_D x_0$$

Kennzeichnend ist

– Verzugszeit T_V

bei der $\left(\frac{dy}{dt}\right)_{t=0} = 0$ wäre

$$T_V = -\frac{K_D}{K_I}$$

2.4.4.2 Die drehzahlgeregelte Gleichstrommaschine

Bei der fremderregten Gleichstrommaschine können drei verschiedene Energiespeicher unterschieden werden. Dies sind die rotierende Masse des Läufers, das magnetische Feld des Ankers und das magnetische Feld der Erregerwicklung. Das Zeitverhalten dieser drei Speicher kann durch ihre Zeitkonstanten beschrieben werden, durch die Schwungmassenzeitkonstante, die Ankerzeitkonstante und die Erregerzeitkonstante. Diese Zeitkonstanten können bei der Prüfung des dynamischen Verhaltens eines Antriebs↑ meßtechnisch bestimmt werden. Aus den Zeitkonstanten kann das Übergangsverhalten der Antriebs- und Arbeitsmaschine bestimmt werden, es wird durch die Sprungantwort des Systems charakterisiert. Eine mit konstanter Erregung betriebene fremderregte Maschine, bei der also nur zwei Energiespeicher wirksam sind, verhält sich wie ein PT2-Glied. Ebenso können die Sprungantworten der anderen Glieder des Regelkreises bestimmt werden. Aus der Sprungantwort kann abgeschätzt werden, welche Übertragungsglieder das dynamische Verhalten der Strecke prägen.

Experimentelle Bestimmung des Übergangsverhaltens

Nach DIN 19226 ist „das Übergangsverhalten" durch „den zeitlichen Verlauf des Ausgangssignals bei Aufschaltung charakteristischer zeitlicher Verläufe des Eingangssignals" beschrieben. „Die Sprungantwort ist der zeitliche Verlauf des Ausgangssignals als Ergebnis einer Sprungfunktion am Eingang ... Bei einer Sprungantwort mit Wendetangente läßt sich der Verlauf durch die Ausgleichszeit T_g und die Verzugszeit T_u angenähert beschreiben".

Es wird dabei kein direkter Bezug auf die Zeitkonstanten der Energiespeicher genommen, sondern es werden nur Kennwerte für eine phänomenologische Beschreibung definiert.

Die Sprungantwort der Drehzahl eines fremderregten Gleichstrommotors bei einem Sprung der Ankerspannung ist charakteristisch für ein System 2. Ordnung, ein PT2 Glied.

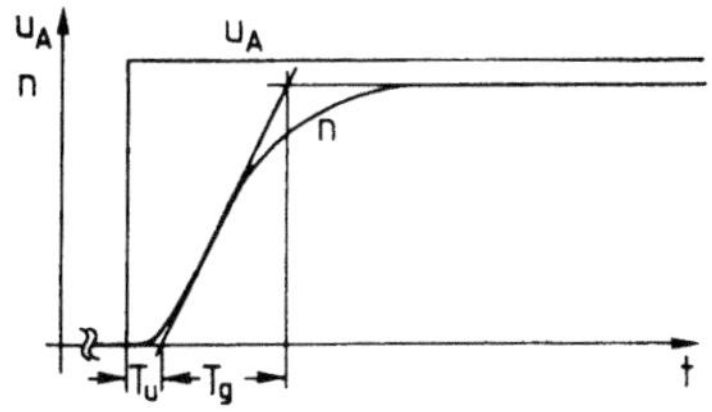

Wenn das Stellglied ein Thyristorstromrichter ist, dann wird sein Zeitverhalten durch die **Totzeit** bestimmt. Sie entsteht durch die Wartezeit bis zur möglichen Zündung des nächsten Thyristors. Diese Zeit ist im ungünstigsten Fall bei einem Zweipulsstromrichter eine halbe Periodendauer. Sie ist damit so klein, daß sie gegenüber den Zeitkonstanten des Maschinensatzes schon bei Maschinen mit Leistungen von mehr als 100 W vernachlässigbar wird.

Wenn die Drehzahlmeßeinrichtung als Bauelement zum Einsatz in geregelten Antrieben konzipiert ist, dann ist ihre Zeitkonstante mit einfachen technischen Mitteln so klein zu halten, daß sie gegenüber den Zeitkonstanten des Maschinensatzes ebenfalls vernachlässigt werden kann.

Das Übergangsverhalten wird durch die experimentell bestimmbaren Zeitkonstanten charakterisiert. Wenn die Vernachlässigung des Zeitverhaltens von Stellglied und Drehzahlmeßeinrichtung zulässig ist, dann kann man sich auf die Darstellung des Übergangsverhaltens des Maschinensatzes beschränken.

Der vereinfachte Signalflußplan der fremderregten Gleichstrommaschine kann in vereinfachter Form aus der Ankerkreisgleichung↑ bestimmt werden. Er besteht aus vier Übertragungsgliedern und zwei Summationspunkten. Ziel ist es, die Übertragungsfunktionen der einzelnen Glieder aufzustellen und aus dem Signalflußplan die Übertragungsfunktion des gesamten Systems zu bestimmen.

Sprungantwort des offenen Kreises ohne Regler

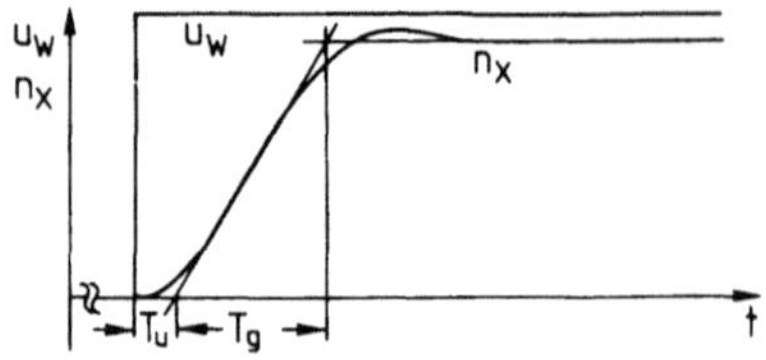

Ankerkreisgleichung↑

$$u_A = K_1 n\Phi + \frac{R_A M_{AN}}{K_2 n_{0N}\Phi}\left(\tau_I \frac{dn}{dt} + \tau_I \tau_A \frac{d^2n}{dt^2}\right)$$

als mathematische Lösung.

Signalflußplan der fremderregten Gleichstrommaschine (vereinfacht)

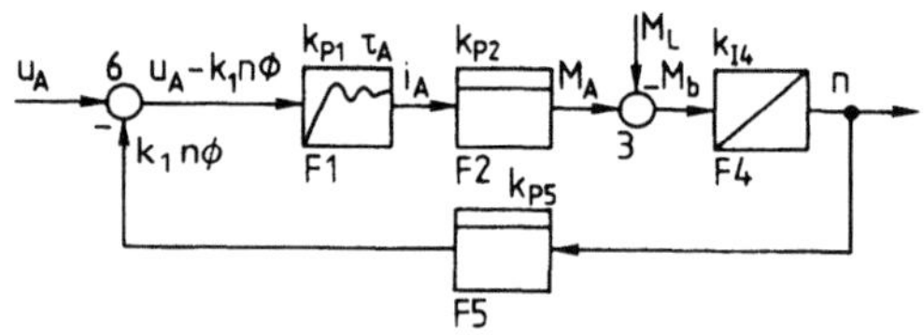

Im Hinführungszweig wird aus der Differenz zwischen Eingangs- und Ausgangsfunktion durch mehrere Übertragungsglieder die Ausgangsfunktion gebildet. Im Rückführungszweig befindet sich nur ein Übertragungsglied.

F1: $u_A - K_1 n\Phi$ als Eingangsfunktion des Ankerfeldes
i_A als Ausgangsfunktion des Ankerfeldes

$$u_A - K_1 n\Phi = R_A \left(i_A + \tau_A \frac{di_A}{dt}\right)$$

Übertragungsfunktion im
Zeitbereich: Frequenzbereich:

$$F_{1(t)} = \frac{i_A}{u_A - K_1 n\Phi} \qquad F_{1(s)} = \frac{i_{A(s)}}{R_A (i_{A(s)} + \tau_A s i_{A(s)})}$$

$$F_{1(t)} = \frac{1/R_A}{1 + \tau_A \frac{di_A}{i_A dt}} \qquad F_{1(s)} = \frac{1/R_A}{1 + \tau_A s}$$

Kennzeichnende Faktoren des Übertragungsgliedes:

Proportionalfaktor $K_{P1} = \frac{1}{R_A}$
Zeitkonstante $\tau_A = \frac{L_A}{R_A}$
} PT1-Glied

T_1 ist die Ankerzeitkonstante↑ τ_A

F2: i_A als Eingangsfunktion des Ankerfeldes
M_A als Ausgangsfunktion der Drehmomentbildung im Anker

$M_A = K_2 \Phi i_A$

Übertragungsfunktion im
Zeitbereich: Frequenzbereich:

$$F_{2(t)} = \frac{M_A}{i_A}$$

$F_{2(t)} = K_2\Phi$ $F_{2(s)} = K_2\Phi$

Kennzeichnender Faktor des Übertragungsgliedes:

Proportionalfaktor $K_{p2} = K_2\Phi$ P-Glied

Summationspunkt 3:

Ankermoment M_A als Eingangsgröße 1
Lastmoment M_L als negativ bewertete Eingangsgröße 2
Beschleunigungsmoment M_b als Ausgangsgröße

$M_b = M_A - M_L$

F4: M_b als Eingangsfunktion an der Schwungmasse
n als Ausgangsgröße an der Ankerwelle

$$M_b = \frac{M_{AN}}{n_{ON}} \tau_I \frac{dn}{dt}$$

Übertragungsfunktion im
Zeitbereich: Frequenzbereich:

$$F_{4(t)} = \frac{n}{M_b} \qquad F_{4(s)} = \frac{n_{(s)}}{\frac{M_{AN}}{n_{ON}} \tau_I s n_{(s)}}$$

$$F_{4(t)} = \frac{n}{\frac{M_{AN}}{n_{ON}} \tau_I \frac{dn}{dt}} \qquad F_{4(s)} = \frac{1}{\frac{M_{AN}}{n_{ON}} \tau_I \cdot s}$$

Kennzeichnender Faktor des Übertragungsgliedes:

Integralfaktor $K_{I4} = \frac{M_{AN}}{n_{ON}} \tau_I$ I-Glied

F5: n als Eingangsfunktion im Ankerkreis
$K_1 n\Phi$ als Ausgangsfunktion im Ankerkreis

Übertragungsfunktion im
Zeitbereich: Frequenzbereich

$$F_{5(t)} = \frac{K_1 n \Phi}{n}$$

$$F_{5(t)} = K_1 \Phi \qquad F_{5(s)} = K_1 \Phi$$

Kennzeichnender Faktor des Übertragungsgliedes:

Proportionalfaktor $K_{p5} = K_1 \Phi$ P-Glied

Summationspunkt 6:

Induzierte Ankerspannung $K_1 \Phi_n$ als negativ bewertete Eingangsgröße 1

Angelegte Ankerspannung u_A als Eingangsgröße 2

Ankerstromändernde Spannung als Ausgangsgröße $u_A - K_1 \Phi_n$

Aufstellung der Übertragungsfunktion

Im Hinführungszweig wird aus der Differenz zwischen Eingangs- und Ausgangsfunktion durch mehrere Übertragungsglieder die Ausgangsfunktion gebildet. Im Rückführungszweig befindet sich nur ein Übertragungsglied.

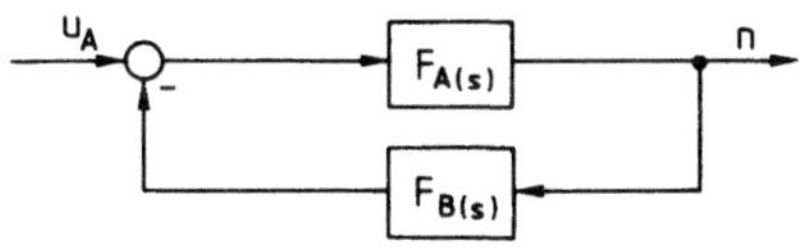

Aus der Parallelschaltung der beiden zusammengefaßten Übertragungsfunktionen von Hinführungszweig und Rückführungszweig kann die gesamte Übertragungsfunktion des Systems gebildet werden.

$$n_{(s)} = (u_{A(s)} - n_{(s)} F_{B(s)})\, F_{A(s)}$$

$$F_{(s)} = \frac{n_{(s)}}{u_{A(s)}}$$

$$F_{(s)} = \frac{F_{A(s)}}{1 + F_{A(s)} \cdot F_{B(s)}}$$

Die Hinführungs-Übertragungsfunktion setzt sich dabei aus drei Teilübertragungsfunktionen entsprechend dem Signalflußplan zusammen.

$$F_{A(s)} = \frac{K_{p1}}{1 + \tau_A s} \cdot K_{p2} \cdot \frac{K_{I4}}{s}$$

$$F_{A(s)} = \frac{K_{p1} K_{p2} K_{I4}}{(1 + \tau_A s)\, s}$$

$$F_{A(s)} = \frac{K_2 \Phi \tau_I M_{AN}}{R_A (1 + \tau_A s)\, n_{ON} \cdot s}$$

$$F_{B(s)} = K_1 \Phi$$

$$F_{(s)} = \frac{1}{\frac{R_A (1 + \tau_A s)\, n_{ON} \cdot s}{K_2 \Phi \tau_I M_{AN}} + K_1 \Phi}$$

Auch die Übertragungsfunktion des gesamten Systems zeigt in normierter Darstellung, daß es sich bei der fremderregten drehzahlgeregelten, mit konstantem Fluß betriebenen Gleichstrommaschine um ein PT2-Glied handelt. Dies ist auch schon aus der Differenzialgleichung zweiter Ordnung für die Ankerspannung zu erkennen. Aus der Normalform der Übertragungsfunktion kann der Wert für die Proportionalverstärkung, die Kennkreisfrequenz und die Dämpfung entnommen werden. Aus diesen Daten kann die Eigenfrequenz bestimmt werden, mit der die Maschine bei einem Lastsprung schwingt.

Normierung der Übertragungsfunktion

$$F_{(s)} = \frac{\frac{1}{K_1 \Phi}}{1 + \frac{R_A}{K_1 K_2 \Phi^2} \cdot \frac{n_{0N}}{\tau_I M_{AN}} s + \frac{R_A}{K_1 K_2 \Phi^2} \cdot \frac{\tau_A n_{0N}}{\tau_I M_{AN}} s^2}$$

Es handelt sich um ein PT2-Glied (s. auch Differentialgleichung 2. Ordnung für die Ankerspannung↑).

$$F_{(s)} = \frac{K_p}{1 + 2\frac{\vartheta}{\omega_0} s + \frac{1}{\omega_0^2} s^2} \quad \text{in Normalform}$$

Dabei ist für die fremderregte Gleichstrommaschine

- die Proportionalverstärkung $K_p = \frac{1}{K_1 \Phi}$
- die Kennkreisfrequenz $\omega_0 = \sqrt{\frac{K_1 K_2 \Phi^2 M_{AN}}{R_A n_{0N}} \cdot \frac{\tau_I}{\tau_A}}$
- die Dämpfung $\vartheta = \sqrt{\frac{R_A n_{0N}}{K_1 K_2 \Phi^2 M_{AN}} \cdot \frac{1}{\tau_I \tau_A}}$

Aus diesen Daten kann die Eigenfrequenz bestimmt werden, mit der der Motor bei einem Lastsprung schwingt:

- Eigenkreisfrequenz $\omega_d = \omega_0 \sqrt{1 - \vartheta^2}$

2.4.4.3 Der Regler

Der den Regelkreis schließende Regler kann mehrere zeitlich verschieden wirkende Komponenten enthalten. Im einfachsten Fall wird es sich um einen Operationsverstärker handeln, der mit einem P-, I- und D-Verhalten erzeugendem Netzwerk beschaltet ist, d.h. es kann ein Rechenverstärker↑ als Regler benutzt werden.

Im geschlossenen Wirkungskreis der Regelung ist der Regelverstärker ein Glied, dessen Übertragungsfunktion so gewählt wird, daß die gesamte Regelung das gewünschte Verhalten zeigt. Die einfachste Reglerbeschaltung ist die P-Beschaltung. Die Übertragungsfunktion des Reglers ist in diesem Fall ein konstanter Faktor.

Hinweis: Regelverstärker können im Prinzip wie Rechenverstärker↑ aufgebaut und betrachtet werden. Dies gilt jedoch nur für einfache P- oder I-beschaltete Verstärker. In der Praxis werden jedoch Regelverstärker mit einer einstellbaren PID-Beschaltung benötigt. Dies läßt sich aber am einfachsten mit einem invertierenden Operationsverstärker und getrenntem Summierverstärker realisieren.

Charakteristisch ist bei einem **P-Regler** die bleibende Regelabweichung, die notwendig ist, um den Regler auszusteuern. Am Eingang des Regelverstärkers muß ein Signal anliegen, um ein Ausgangssignal zu erzeugen. Mit größer werdender Verstärkung wird das notwendige Eingangssignal zwar immer kleiner, die Regelung kann jedoch, da Störeinflüsse mit verstärkt werden, zur Instabilität neigen.

Sprungantwort des P-Reglers

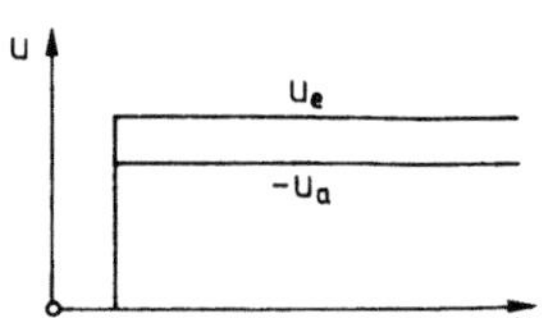

$K_p = \frac{R_N}{R_1}$

(Rechenverstärker $K_p \rightarrow a$, vgl. 3.3.2.2)

Wenn das Zeitverhalten des zu regelnden Systems das eines PT2-Gliedes ist, dann kann mit den in der Sprungantwort ermittelten Zeitkonstanten die Beschaltung des Reglers näherungsweise nach einer Faustformel bestimmt werden.

Um die bleibende Regelabweichung im P-geregelten System auszuschalten und evtl. vorhandene Neigungen zum Schwingen zu dämpfen, wird ein zusätzlicher integrierender Anteil eingeführt. Der PI-Regler hat einen bei einer Führungsgrößenänderung sofort wirkenden P-Anteil und einen über größere Zeiträume bemerkbaren I-Anteil. Durch die integrierende Wirkung wird ein Ausgangssignal mit der Zeit aufgebaut, daß im geregelten System das Eingangssignal des Reglers, d.h. die Soll-Ist-Wertdifferenz, zu Null werden läßt.

Charakteristisch ist bei einem PI-Regler das langsame Ausregeln der restlichen Regelabweichung. Die Beschaltung des PI-Reglers kann für die Regelung eines PT2-Gliedes nach einer Faustformel für die Führungsgrößenänderung bestimmt werden.

Auch bei einem PI-Regler wird bei schnellen Änderungen der Führungsgröße ein nur der Proportionalverstärkung entsprechendes Signal abgegeben. Das zu regelnde Glied regelt den vorgegebenen Sprung entsprechend der proportionalverstärkten Soll-Ist-Wertdifferenz nicht besonders schnell aus. Durch eine zusätzliche D-Beschaltung wird bei einem PID-Regler ein der Änderung des Eingangssignals entsprechendes Ausgangssignal bei Änderungen der Soll-Ist-differenz abgegeben.

Für den Einsatz des Reglers zur Regelung eines PT2-Gliedes können nach einer Faustformel aus den Daten der Sprungantwort die Beschaltungselemente des Operationsverstärkers dimensioniert werden.

Reglerbeschaltung

Für Führungsgrößenänderung $K_P \approx 0{,}7 \frac{T_g}{T_u}$,

kleinste Schwingungsdauer, 20% Überschwingen nach [1].

Sprungantwort des PI-Reglers

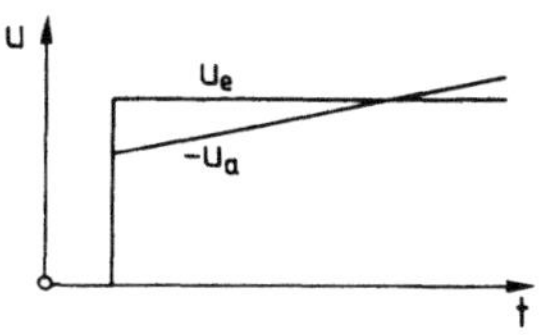

$K_P = \frac{R_N}{R_1}$ $T_n = R_N C_N$

(Rechenverstärker $K_P \to a$, $T_n \to T_i$, vgl. 3.3.2.2)

Reglerbeschaltung

Für Führungsgrößenänderung $K_P \approx 0{,}6 \frac{T_g}{T_u}$

kleinste Schwingungsdauer, 20 % Überschwingen nach [1]

Sprungantwort des PID-Reglers

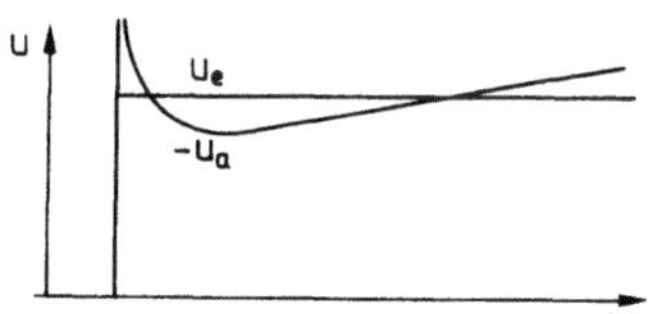

$K_p = \frac{R_N}{R_1}$

$T_n = R_N C_N$

$T_v = R_1 C_2$

(vgl. 3.3.2.2)

Reglerbeschaltung

Für Führungsgrößenänderung $K_P \approx 0{,}95 \frac{T_g}{T_u}$

$T_n \approx 1{,}35\, T_g$

$T_v \approx 0{,}47\, T_u$

kleinste Schwingungsdauer, 20% Überschwingen nach [1].

Die mit den Näherungsberechnungen der Faustformeln ermittelten Werte der Reglerbeschaltungen werden um diesen Wert einstellbar ausgeführt. Damit wird im ersten Schritt experimentell die Sprungantwort des gesamten Regelkreises ermittelt. Die gemessenen Werte, also im Fall des drehzahlgeregelten Gleichstrommotors die der Ausgleichszeit T_g und der Verzugszeit T_v entsprechend einem PT2-Glied, werden mit dem gewünschten Zeitverhalten verglichen. Ebenso wird die Amplitude der eventuellen Überschwingung über dem Endwert bestimmt. Dann wird die Reglerbeschaltung so verändert, daß die gewünschten Werte möglichst genau erreicht werden.

Dieser relativ einfache Vorgang kann durch einige Randbedingungen komplizierter werden. Problematisch kann bei größeren Maschinen die Beaufschlagung mit einer Sprungfunktion wer-

[1] *Mann* und *Schiffelgen*: Einführung in die Regelungstechnik. München 1972, S. 164.

den, wenn das System nicht ausreichend gegen Schwingungen gedämpft ist. Weiter können unzulässige Beanspruchungen der elektrischen und mechanischen Betriebsteile auftreten. Zu große Änderungsgeschwindigkeiten und zu große Amplituden des Ankerstromes können zu Schwierigkeiten bei der Stromwendung und zu Beschädigungen des Kommutators führen. Zu große Soll-Ist-Wertdifferenzen können zu Übersteuerungen des Regelverstärkers und damit zu Verfälschungen der Sprungantwort führen, die bei kleineren Amplituden nicht auftreten. Diese Übersteuerungen von Verstärker und Stellglied wirken grundsätzlich dämpfend auf das System.

2.4.5 Projekt „drehzahlgeregelter Antrieb"

Bei der gesellschaftlichen Bedeutung geregelter elektrischer Antriebe für die Produktionen in unserer Industriegesellschaft und bei der Bedeutung dieses Bereichs für die berufliche Tätigkeit des Facharbeiters sollte er eigentlich einen breiten Raum in der Ausbildung in Schule und Betrieb einnehmen. Dem stellen sich jedoch zwei Probleme zunächst technischer Art entgegen:

- Geregelte Antriebe in der Größenordnung des Leistungsumsatzes von Industrieantrieben sind technisch und finanziell sehr aufwendig. Wenn sie in der Schule einen Bezug zur Realität herstellen sollen und nicht nur der Kennlinienaufnahme dienen, dann muß das Leistungsstellglied ebenso wie die Regel- und Meßeinrichtung Bestandteil des Antriebs sein.
- Die von der Antriebsmaschine abgegebene mechanische Leistung muß umgesetzt werden, dies kann mit einem angekuppelten Generator geschehen, im Gegensatz zur technischen Realität, bei der Umformersätze praktisch nicht mehr verwendet werden. Der Aufwand für Belastungsmaschine und deren Steuerung verdoppelt jedoch mindestens die Kosten für die Anlage. Ein Umsatz der mechanischen Leistung in Verformungsarbeit, Hubarbeit oder in einer mechanischen Bremse ist nur bei sehr kleinen Leistungen möglich.

Umsetzung abgegebener mechanischer Leistung

$P_{ab} = 2\pi n M_A$ als abgegebene Leistung

$W_{ab} = P_{ab} \cdot t$ als umgesetzte Energie

Umsetzung durch Speicherung als potentielle Energie in gehobenen Lasten:

$W_{auf} = F \cdot s$

Beispiel: $P_{ab} = 500$ W bei 1000 U/min, $t \geqslant 5$ s, $s \leqslant 1$ m

$$F = \frac{500\,\text{W} \cdot 5\,\text{s}}{1\,\text{m}}$$

$F = 2500$ N

Es müßten ca. 250 kg in 5 Sekunden um 1 Meter gehoben werden!

Dagegen ist die Abbildung des geregelten Antriebs in einem Modell kleinerer Leistung technisch realisierbar. Dies setzt jedoch voraus, daß die Verbindung zum realen Antrieb hergestellt werden kann und daß Fähigkeiten und Fertigkeiten der Handlung an der realen Maschine gelernt werden können. Es müßte also z.B. von den Schülern die Übertragung der Bedeutung des Trägheitsmoment für einen im Modell abgebildeten Walzwerksantrieb ebenso geleistet werden können, wie die Arbeit des Anklemmens eines großen Gleichstrommotors.

Die konkreten Arbeiten in diesem Bereich können also nur an Modellen durchgeführt werden. Dabei kann der eigentliche Zweck des abgebildeten Antriebs im Modell meist nicht dargestellt werden. Daher ist zu überlegen, wie weit man die Realität und das Modell trennt. Die Realität wird theoretisch und praktisch in der wahren Umgebung betrachtet und auf ihre Kernmerkmale abstrahiert, ebenso wie auf ihre reale komplexe Ausführung hin analysiert. Das Modell knüpft an die Kernmerkmale an und setzt sie in eine für den Einsatz in der Schule, im Unterricht, geeignete Form um. Es wird also in der Schule mit den handelsüblichen Modell-Antriebssätzen in einer für antriebstechnische Betrachtungen und Handlungen modifizierten Form gearbeitet in Verbindung, d.h. in engem Kontakt, zu einem realen Antrieb, über den Unterlagen eingebracht werden und der in seiner Funktion besichtigt werden kann.

Der konkrete Projektvorschlag hat die Untersuchung eines geregelten Walzwerksantriebs, wie in [1] beschrieben, zum Inhalt. Ausgangspunkt ist dabei die Betrachtung der Notwendigkeit, in einer marktwirtschaftlich orientierten Industriegesellschaft weitgehend automatisierte industrielle

[1] *B. Schoele*: Tandem-Kaltwalzwerke, ein Beispiel für die Projektierung von Industrie-Großanlagen; Technische Mitteilungen AEG-Telefunken 63 (1973).

Produktionsanlagen einzusetzen. Dies kann dokumentiert werden an den beobachtbaren Entwicklungstendenzen der technischen Ausrüstung dieser Anlagen, speziell im Bereich der Steuerung und Regelung. Tendenz ist hier klar der vermehrte Einsatz von prozeßrechnergesteuerten Anlagen. Diese setzen jedoch meist noch voraus, daß innerhalb des Prozesses ablaufende Einzelvorgänge geregelt ablaufen. Es können aus Beschreibungen von Produktionsanlagen oder in der Darstellung der Projektierung neuer Anlagen die Bedingungen für diese Entwicklung vermittelt werden. Dies sind vordergründig zumeist produktionstechnische Ursachen, wie z.B. besondere Anforderungen an die Qualität des herzustellenden Produktes. Dahinter steht jedoch der Druck zur Senkung der Produktionskosten. Qualitätsansprüche sind dann meist so zu interpretieren, daß mit einer Anlage die geforderte Qualität mit möglichst geringem Materialaufwand gerade noch erreicht wird.

„In Walzwerksbetrieben besteht z.B. die Forderung, im Kaltwalzwerk vorgegebenen Nennmaße des Walzgutes mit kleinsten Toleranzen zu produzieren. Eine Überschreitung des Dickenmaßes bedeutet einen Materialverbrauch, der bei einem Durchsatz von bis zu 100 000 t Stahl je Monat in einer Hochleistungswalzstraße erhebliche Mehrkosten verursacht. Andererseits wird die Qualität für die Weiterverarbeitung durch Überschreitung genauso vermindert, wie durch Unterschreitung vorgegebener Maße. Toleranzanforderungen in der Dicke von 1 % bei Blechdicken unter 0,2 mm sind üblich. Diese Maßgenauigkeit bei der produzierten Menge läßt sich nur durch sehr schnelle und hochgenaue Regelung der Antriebe der Anlage erreichen. Diese Antriebe müssen sehr große mechanische Kräfte bei genau einzuhaltenden Drehzahlen auf die Walzgerüste übertragen, wobei Veränderungen der Drehzahlen und Kräfte sehr schnell ausgeführt werden müssen.

Aufgabe des elektrischen Antriebs ist es also, eine variable mechanische Energie an einer bestimmten Stelle der technischen Anlage zur Verfügung zu stellen, die mit einer vorgegebenen Drehzahl und einem vorgegebenen Drehmoment abgegeben wird. Beide Größen müssen den jeweiligen Bedürfnissen anpaßbar sein, d.h. in bestimmten Zeiträumen über bestimmte Stellbereiche veränderbar sein. Die technische Anlage legt dabei die Anforderungen an den Antrieb fest. Dazu soll im folgenden die elektrische Ausrüstung eines Walzgerüstes beschrieben werden.

Eine Kaltwalzstraße besteht aus mehreren hintereinander angeordneten Walzgerüsten. Die Walzgerüste werden durch Elektromotoren angetrieben. Ein Walzgerüst besteht aus zwei Arbeitswalzen, die am Band liegen und zwei Stützwalzen, die die Walzkräfte (bis 30 MN) aufnehmen. Durch die Arbeitswalzen wird das Band auf eine geringere Dicke gebracht und zwischen den Walzgerüsten auf Zug gehalten (bis 500 kN). Am Gerüst wird das Band geschmiert und gekühlt. Vor und hinter den Gerüsten wird das Band von Haspeln auf- bzw. abgewickelt.

Jedes Gerüst erhält einen Gleichstromantrieb, dessen Drehzahl genau mit den Drehzahlen der anderen Gerüste abgestimmt sein muß. Daneben muß das vom Antrieb aufgebrachte Drehmoment den gewünschten bzw. zulässigen Zug des Bandes zum vorhergehenden Gerüst entsprechen. Der Gleichstromantrieb selbst besteht aus mehreren Motoren. Ober- und Unterwalze können getrennt angetrieben werden (Zwillingsantrieb). Auf einer Welle können bis zu drei Motoreinheiten zusammen einen Wellenantrieb bilden. Dadurch wird es möglich höhere Drehzahlen zu erreichen, ohne ein Getriebe zu benutzen. Das Schwungmoment der Einheit soll so niedrig wie möglich gehalten werden, um größere Beschleunigungs- oder Verzögerungswerte zu erzielen.

Der für ein Gerüst eingesetzte Gleichstromantrieb kann in drei Gegenstandsbereiche zerlegt werden:

Gleichstrommotor; Antrieb der Walzen.
Stromrichter; Stellglied für den Antrieb.
Meß- und Regelungsteil; Erfassung der Meßwerte, Regler und Ansteuerung des Stellgliedes.“ [1]

Für die Betrachtung des geregelten Walzwerksantriebs, so wie er beschrieben wurde, stellen diese drei Bereiche also die Kernmerkmale des Antriebs dar. Diese müssen in einem Modell, das didaktischen Anforderungen an einen Experimentalunterricht im Rahmen eines Projektes ge-

[1] *Gronwald, Detlef* und *Möhlenbrock, Rolf*: Regelungstechnik, Projektbericht 4, Bundesinstitut für Berufsbildungsforschung, Berlin 1976, S. 11–13.

nügt, wiedererkannt werden können, es muß mit diesen Kernmerkmalen operiert werden. Unter dem Aspekt der Betrachtung des Antriebs im Rahmen der elektrotechnischen Qualifizierung des Facharbeiters ist kein Kernmerkmal die Verformung des Walzgutes durch die Walzen. Kernmerkmal ist jedoch der Bestandteil „Gleichstrommaschine, fremderregt, drehzahlgeregelt, momentenbegrenzt". Nachgebildet werden kann dieses Merkmal durch einen Gleichstrommotor, der aber nicht unter dem Aspekt der Kennlinienbetrachtung in den Unterricht einbezogen werden soll, sondern im Rahmen regelungstechnischer Betrachtungen. Die Konstruktion des Gleichstrommotors, der Aufbau der Wicklungen im Detail kann nicht Merkmal sein, diese Inhalte können innerhalb der Betrachtung des Einsatzes des Motors im Rahmen eines geregelten Antriebs nicht einfach einbezogen werden.

Zweites Kernmerkmal ist die Einspeisung des Motors durch ein Leistungsstellglied. Es ist dabei sicher wichtig die charakteristische Funktion des Leistungsstellgliedes zu betrachten, sein Verhalten in Bezug auf die Einspeisung in die Maschine aufzuzeigen und zu untersuchen. Es ist sicher nicht sinnvoll, im Rahmen dieser Betrachtungen den Thyristor als Halbleiterbauelement einzuführen, den Halbleitermechanismus in das Zentrum der Betrachtungen zu setzen, es sei denn man will ein Projekt nur als Aufhänger für ein anwendungsorientiertes Kurssystem benutzen.

Das dritte Kernmerkmal ist der Regler und die Meßeinrichtung im Zusammenwirken mit dem Leistungsstellglied. Hier wird als eigentlicher Kern die Regelungstechnik eingeführt. Ihre Bedeutung für die Funktion des Antriebs und die Übertragungsmöglichkeit regelungstechnischer Arbeitsweisen auf die Lösung anderer Probleme dürfte sicher an dieser Stelle geeignet dargestellt werden können.

Abgebildet können diese drei Kernmerkmale durch ein Modell sein, das aus Gleichstrommaschine, Leistungsstellglied, Meß- und Regeleinrichtung besteht. Die vom Antriebsmotor abgegebene Energie muß durch die Belastung des Antriebs mit einer Arbeitsmaschine abgenommen werden.

Grobstruktur der fachlichen Arbeiten am Projekt

Dieser Plan stellt nur die fachlichen Verknüpfungen dar, die den äußeren Rahmen der Projektarbeit bilden können. Ein Projektunterricht ist damit nicht strukturiert.

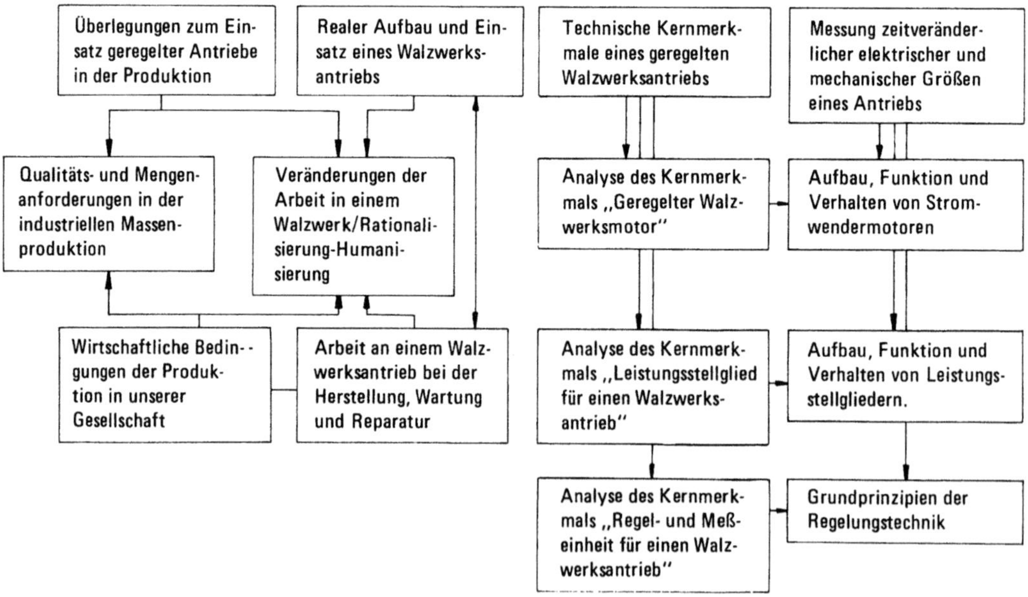

3 Einführung in die Informationstechnik

Die elektrische Informationstechnik behandelt Geräte und Verfahren zur Informationsübertragung und -verarbeitung. Die **Informationsübertragung** dient dem Informationsaustausch zwischen einer Informationsquelle und einem Informationsverbraucher, die räumlich getrennt sind. Die Verbindung zwischen Quelle und Verbraucher wird durch einen Übertragungskanal hergestellt. Bei der Übertragung über den Kanal darf die Information nicht verändert werden. Die **Informationsverarbeitung** dagegen hat die Aufgabe, Informationen gezielt zu verändern und neue Informationen aus bereits vorliegenden Informationen zu erstellen, indem Informationen logisch und arithmetisch verknüpft werden. Eine Voraussetzung für beide Bereiche ist die Umformung der in sehr unterschiedlicher Form von den Quellen gelieferten Informationen in elektrische Signale. Die in den elektrischen Signalen enthaltene Information ist im allgemeinen nach der Übertragung oder der Verarbeitung wiederum in eine für den Informationsverbraucher verständliche Darstellungsform zu überführen. Zur Umwandlung der Darstellungsformen der Informationen dienen Umformer, die ihrerseits die Informationen nicht verändern sollen.

Entsprechend den genannten Funktionen lassen sich die Geräte und Verfahren der Informationstechnik drei Bereichen zuordnen:

- Informationserfassung und -darstellung
- Informationsübertragung
- Informationsverarbeitung.

Obwohl in komplexen Anwendungen die Geräte und Verfahren aus allen Bereichen kombiniert werden, verweist eine derartige Einteilung auf das Funktionsprinzip der Komponenten und läßt sich in der gerätetechnischen Realisierung der Komponenten wiederfinden.

Bedeutung der Informationstechnik

In unserer hochentwickelten Industriegesellschaft nimmt die Verflechtung der einzelnen Bereiche in Staat und Industrie im nationalen und internationalen Rahmen beständig zu. Um das Zusammenwirken der Einzelbereiche zu organisieren, wächst die Notwendigkeit, Informationen über den Zustand und die Funktion der Teilbereiche zu erfassen, zu übermitteln, zu konzentrieren und auszuwerten, d.h. der Informationsfluß zwischen den Teilbereichen steigt ständig an. Diese Entwicklung spiegelt sich wieder in der stetigen Ausweitung der für diese Aufgaben eingerichteten Verwaltungen.

Der derzeitige Stand der Industrialisierung konnte nur erreicht werden, indem technische Hilfsmittel eingesetzt wurden, die die körperliche Arbeitsleistung der Menschen um ein Vielfaches übertreffen. Ebenso erfordern die wachsenden Aufgaben der Verwaltung den Ausbau der technischen Einrichtungen zur Informationserfassung, -übertragung und -verarbeitung. Der damit notwendige verstärkte Einsatz der Informationstechnik ist nicht unproblematisch und hat weitreichende gesellschaftliche Konsequenzen. Diese sind vergleichbar mit den Folgen bei der Einführung der Kraftmaschinen zu Beginn der Industrialisierung.

Eine Auswirkung betrifft die Arbeitsplätze der Menschen, deren Arbeitsgegenstand die Information ist. Wie durch den Einsatz von Kraftmaschinen die körperliche Arbeit reduziert wird, ersetzen zum Beispiel Informationssysteme (Datenbanken), Textautomaten und Prozeßdatenverarbeitungsanlagen intellektuelle Arbeit in Verwaltung und Produktion. Dadurch werden Arbeitsplätze überflüssig oder Arbeitsplatzstrukturen verändert.

Beispiel für eine Prognose zu diesem Thema: „Neueste amerikanische Schätzungen vermuten, daß in den USA bis zum Jahre 2000 durch neue Verfahren zur Umsetzung von Sprache in gedruckte Zeichen bis zu 10 Millionen Sekretärinnen und andere Bürokräfte ihre Jobs verlieren werden." (Computerwoche, 10.6.1977)

Auch im gesellschaftspolitischen Bereich ergeben sich durch den verstärkten Einsatz der Informationstechnik Probleme. Die Möglichkeit, in bisher unbekanntem Ausmaß Informationen zu sammeln, zu speichern und auszuwerten, macht es notwendig, den Zugang zu diesen Informationen zu regeln, damit es durch die Verfügung über diese Informationen nicht zu einem unkontrollierten Machtzuwachs einzelner Personen oder Gruppen kommt. Die kontroverse Diskussion über den Datenschutz verdeutlicht dieses Problem.

Informationstechnik im Unterricht

Neben den angedeuteten allgemeinen Implikationen ergeben sich für das Berufsfeld, und damit für die Berufsausbildung in Elektrotechnik, eine Reihe spezieller Konsequenzen aus der wachsenden Bedeutung der Informationstechnik.

Die Entwicklung einer Technik wird immer bestimmt durch das Ausmaß des gesellschaftlichen Interesses an diesem Bereich und durch die technischen Realisierungsmöglichkeiten. Das starke gesellschaftliche Interesse wurde aufgezeigt, und die technischen Möglichkeiten sind durch die Entwicklung der Halbleitertechnologie gegeben. Das bedeutet, daß der hohe Grad an Dynamik im Bereich der Informationstechnik auch in den nächsten Jahren erhalten bleiben wird. Damit kommen ständig neue Bauelemente und Systeme zum Einsatz, und die Einsatzbreite der Informationstechnik wächst laufend. Dies führt zu einem ständigen Anstieg des notwendigen technologischen Wissens bei einer gleichzeitigen Verringerung der Halbwertszeit dieses Wissens.

Durch den Aktualitätsverfall des technologischen Wissens — im Bereich der Informationstechnik ist die mittlere Halbwertszeit geringer als 5 Jahre — bringt eine stärkere Auffächerung der Elektroberufe, d.h. eine stärkere Spezialisierung, keine Lösung des Problems, sondern in der Ausbildung muß die Vermittlung von beständigerem Basiswissen und grundlegenden Fähigkeiten in den Vordergrund treten.

Das Basiswissen und die grundlegenden Fähigkeiten sind nicht unabhängig vom technologischen Wandel, jedoch nicht so stark betroffen wie das Detailwissen und die speziellen Fähigkeiten.

Die Auswirkungen des technologischen Wandels im Bereich der Informationstechnik auf das notwendige technologische Wissen läßt sich besonders anschaulich am Beispiel der eingesetzten Bauelemente aufzeigen: Der Übergang vom elektromechanischen Relais über die Röhre zum Transistor verlangte kein grundsätzliches Umdenken bei den Anwendern, denn die prinzipielle Funktion der Bauelemente in einer Schaltung bzw. einem Gerät blieb erhalten. Die Funktion einer Schaltung war anhand der einzelnen Bauelemente und ihrer Verschaltung der konkreten Anschauung zugänglich und nachvollziehbar.

Die Schaltungsanalyse und -synthese konnte bei diesem Stand der Entwicklung zum Basiswissen gerechnet werden. Nur das Wissen über den internen Aufbau der Bauelemente, zum Beispiel einer Doppelpentode, verlor bei Einführung der Transistortechnologie als Detailwissen seinen Wert.

Mit dem Einsatz von integrierten Halbleiter-Schaltkreisen hat sich dies grundsätzlich geändert. Integrierte Schaltkreise sind komplexe Bauelemente, die funktionsmäßig einer Schaltung aus mehreren aktiven und passiven Grundelementen entsprechen, aber elektrisch, logisch und mechanisch eine Einheit bilden, die nur als Funktionsblock einzusetzen und zu prüfen ist.

Heute werden integrierte Schaltkreise eingesetzt, die funktionsmäßig Schaltungen von über 10 000 Bauelementen entsprechen, d.h. selbst komplexe Schaltungen, wie zum Beispiel NF-Verstärker, SSB-Empfänger oder Addierer, bestehen aus einem einzigen Bauelement. Vollständige Geräte und Systeme sind oft mit wenigen dieser Bauelemente auf einer Platine realisiert.

Durch diese Entwicklung wird das Wissen über den internen Schaltungsaufbau weitgehend überholt, denn die komplexen Schaltkreise sind einer Schaltungsanalyse nicht mehr zugänglich und können vom Anwender nur aufgrund der Kenntnisse über ihr Ein/Ausgangsverhalten und ihre Kenn- und Grenzwerte gehandhabt werden. Die Anpassung der hochintegrierten Schaltkreise erfolgt oft nicht mehr über eine angepaßte Verschaltung, sondern über eine spezielle Programmierung.

Eine Konsequenz aus dieser Entwicklung muß sein, daß die Vermittlung von **system- und strukturanalytischen** Arbeitsmethoden als grundlegende Fähigkeiten im berufsbildenden Unterricht in den Vordergrund treten muß.

Außerdem verlangt der verstärkte Einsatz von programmgesteuerten Universalschaltkreisen im Bereich der digitalen Bauelemente, wie zum Beispiel der Mikroprozessoren, die **Behandlung von algorithmischen Verfahren** zur Problemlösung und deren Übertragung an technische Systeme in der Form von Programmen.

Aus der kurzen Darstellung der durch den technologischen Wandel verursachten Veränderungen des Basiswissens wird deutlich, daß diese Veränderung mit einer Steigerung des Abstraktionsgrads verbunden ist. Daher muß im Unterricht verstärkt auf die Anwendung des Basiswissens, auf konkrete Einzelprobleme eingegangen werden. Im Rahmen der exemplarischen Anwendung des Basiswissens kann auch die Vermittlung spezieller Detailkenntnisse über aktuelle Bauelemente und Geräte ihren Platz im Unterricht finden.

Historische Entwicklung der Systematik der elektrischen Informationstechnik

Vor über 100 Jahren begann im Jahre 1837 die Nutzung elektrischer Signale als Träger von Information mit der drahtgebundenen Telegrafie. Im Jahre 1877 wurde erstmals die drahtgebundene Telefonie und im Jahre 1896 die drahtlose Telegrafie eingesetzt. Mit der Einrichtung von Hörfunk und Fernsehen fand die Informationsübertragung über Funkstrecken eine allgemeine Verbreitung. In Abhängigkeit von den unterschiedlichen Trägersignalen, dem elektrischen Strom und der elektromagnetischen Strahlung, entwickelten sich die **Fernmeldetechnik** und die **Hochfrequenztechnik** als getrennte Bereiche. Die Anwendungen aus beiden Bereichen dienen dem Informationsaustausch zwischen Menschen, der sog. Nachrichtenübermittlung. Daher werden oft die beiden Bereiche unter dem Oberbegriff **Nachrichtentechnik** zusammengefaßt.

Mit der elektrischen Steuerung und Regelung technischer Systeme im Rahmen der Automatisierung gewann ab 1950 die Informationsverarbeitung in technischen Systemen und der Informationsaustausch zwischen technischen Systemen eine immer stärkere Bedeutung. Dabei wurde zum einen bei der Informationsübertragung auf die Geräte und Verfahren der Nachrichtentechnik zurückgegriffen, zum anderen aber prinzipiell neue Geräte und Verfahren insbesondere zur Informationsverarbeitung entwickelt. Dieser Bereich wird, da er Informationen zwischen technischen Systemen, sog. Daten, behandelt, oft als **Datentechnik** bezeichnet.

Die Einteilung der Informationstechnik aufgrund der Unterscheidung der Informationen in Nachrichten, d.h. Informationen für Menschen, und Daten, d.h. Informationen für technische Systeme, erweist sich heute immer weniger als sinnvoll, da sich diese Aufteilung in den eingesetzten Geräten und Verfahren nicht wiederfindet. Auch ist eine Zuordnung der Geräte und Verfahren aufgrund des Trägersignals heute überholt, da zum Beispiel in der Fernmeldetechnik Trägerfrequenzen über Funkstrecken übertragen und in der Hochfrequenztechnik Laser zur Informationsübertragung genutzt werden.

Die historischen Begriffe verweisen nicht mehr auf spezielle Funktionsprinzipien oder Verfahren, sondern nur noch auf die Unterschiede in der zeitlichen Entwicklung von Teilbereichen der komplexen Anwendungsfelder.

Zusammenhang zwischen Information, Zeichen und Signal

Die Informationen über Vorgänge in der Natur und in technischen Systemen betreffen im allgemeinen Meldungen über das Eintreten bestimmter Ereignisse, Mitteilungen über Zustandsgrößen oder deren Zeitverlauf.

Die Beschreibung des **Eintretens eines Ereignisses** erfolgt durch die Auswahl eines oder mehrerer Zeichen aus einem definierten Zeichenvorrat und deren Abbildung als elektrische Signale. Die eindeutige Zuordnung der Zeichen zu den Ereignissen erfordert eine Vereinbarung über den Zeichenvorrat und die Bedeutung der Zeichen. Diese Vereinbarung wird als **Code** bezeichnet.

In der elektrischen Informationstechnik hat sich die Darstellung durch die Kombinationen zweiwertiger, sog. binärer Zeichen wegen der einfachen Umsetzung in elektrische Signale weitgehend durchgesetzt, d.h. es wird fast ausschließlich mit **Binärcodes** gearbeitet.

Beispiel: Hausglocke

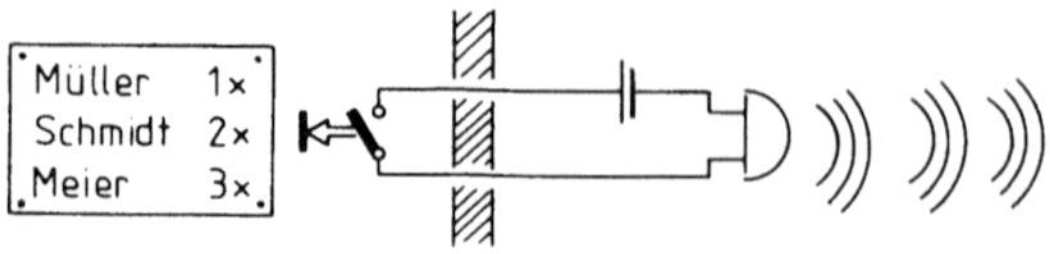

Code:

Information	Zeichen	elektr. Signal
Besuch für Müller	1 x klingeln	
Besuch für Schmidt	2 x klingeln	
Besuch für Meier	3 x klingeln	

Auch die Informationen über **Zustandsgrößen** können durch Zeichen dargestellt werden, indem der Wert der Größe ziffernmäßig, d.h. digital, angegeben wird. Der Zeitverlauf einer Größe wird bei dieser Darstellungsform durch eine Wertetabelle beschrieben, in der die in diskreten Zeitpunkten abgefragten Momentanwerte der Größe enthalten sind. Der zahlenmäßige Wert bzw. die Folge von Werten können mit Hilfe eines entsprechenden Binärcodes in Kombinationen zweiwertiger Signale umgesetzt werden.

Beispiele für die digitale Darstellung von Zustandsgrößen:

- Kilometerzähler eines Kraftfahrzeugs
- Digitaluhr
- Elektrizitätszähler
- Digitalvoltmeter
- Frequenzmesser

Digitale Darstellung des Zeitverlaufs einer Zustandsgröße

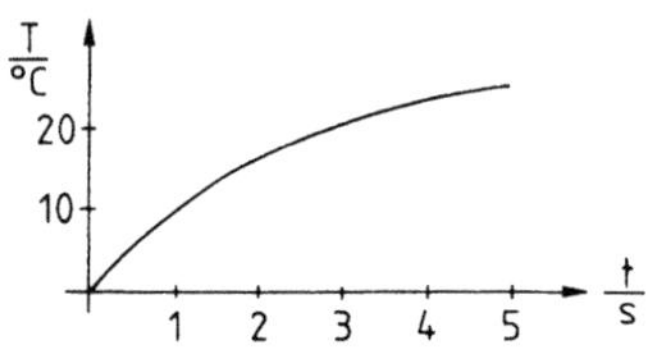

Zustandsgröße (z. B. Temperatur)

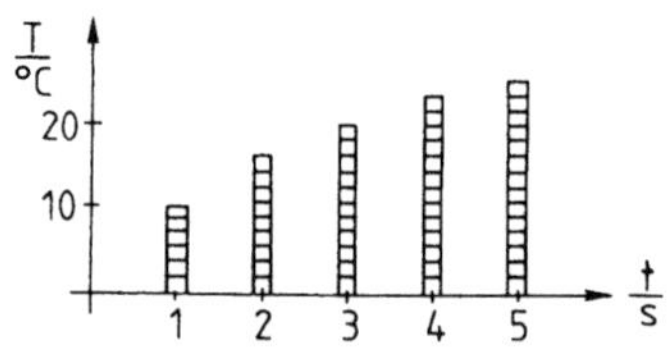

Wert- und zeitdiskrete Abbildung

Zeit (s)	Temp. (°C)
1	10
2	16
3	20
4	23
5	25

Wertetabelle

Neben der digitalen Darstellung einer Größe bzw. des Zeitverlaufs einer Größe durch binäre Signale besteht die Möglichkeit, die Zustandsgröße in eine analoge elektrische Größe umzuformen, d.h. maßstabsgetreu in ein analoges elektrisches Signal, ggf. mit entsprechendem Zeitverlauf, abzubilden.

Analoge Darstellung des Zeitverlaufs einer Zustandsgröße

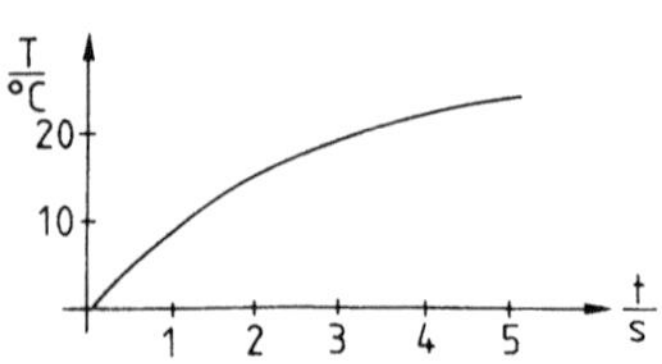

Zustandsgröße (z. B. Temperatur)

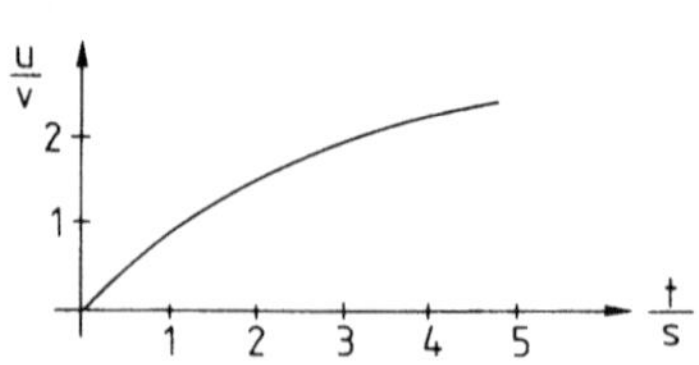

Maßstab:
1 V = 10 °C

Wert- und zeitkontinuierliche Abbildung als elektrische Größe

Die beiden Formen der Informationsdarstellung werden heute bei der Umformung, Übertragung und Verarbeitung eingesetzt. Die Unterschiede in der Darstellungsform führen dabei zu unterschiedlichen Geräten und Verfahren für digitale und analoge Signale. Entsprechend dieser Aufteilung können in der Informationstechnik die Bereiche: **Digitaltechnik** und **Analogtechnik** unterschieden werden. Die Digitaltechnik weist gegenüber der Analogtechnik einige Vorteile, zum Beispiel in bezug auf die Störsicherheit der Übertragung und den Aufwand für die arithmetischen und logischen Verknüpfungen, auf. Ihr Nachteil, der gerätetechnische Aufwand und die Zeitverzögerung für die Umsetzung kontinuierlicher Zustandsgrößen in eine digitale Darstellung, ist durch den Einsatz schneller monolithischer Analog-Digital-Umsetzer weitgehend aufgehoben und fällt nur noch bei der Umsetzung extrem schneller Vorgänge ins Gewicht. Ein großer Teil der Neuentwicklungen der Informationstechnik bezieht sich daher auf den Bereich der Digitaltechnik.

3.1 Informationserfassung und -darstellung

Bei der Informationserfassung werden den von der Quelle gelieferten Informationen durch elektrische Signale dargestellten Zeichen oder analoge elektrische Größen zugeordnet und bei der Informationsdarstellung werden die in den elektrischen Signalen enthaltenen Informationen in einer dem Verbraucher angepaßten Form ausgegeben. In beiden Fällen ist im allgemeinen eine **Signalumformung** notwendig, d.h. die physikalische Darstellungsform wird verändert.

Die Einrichtungen zur Informationsübertragung und -verarbeitung stellen Anforderungen an die elektrische Darstellungsform der Informationen, die oft von den Umformern nicht unmittelbar erfüllt werden. Ebenso verlangt der Informationsverbraucher die Informationen in einer Form, die nur in Sonderfällen mit der Darstellung zur Verarbeitung übereinstimmt. Deshalb ist die Informationserfassung an der Quelle, wie die Informationsausgabe an den Verbraucher, oft mit einer angepaßten **Signalumsetzung** verbunden. Bei der Signalumsetzung bleibt die elektrische Darstellung erhalten und nur die Form der Signale wird verändert.

Eine Quelle liefert im wesentlichen Meldungen über Ereignisse und Mitteilungen über Zustandsgrößen. Die Meldungen über Ereignisse werden fast immer und die Zustandsgrößen oft in der Form von Zeichen dargestellt. Die Informationserfassung besteht daher im wesentlichen in der Zuordnung des entsprechenden Zeichens zu einem Ereignis bzw. einer Zustandsgröße und der Darstellung des Zeichens durch elektrische Signale.

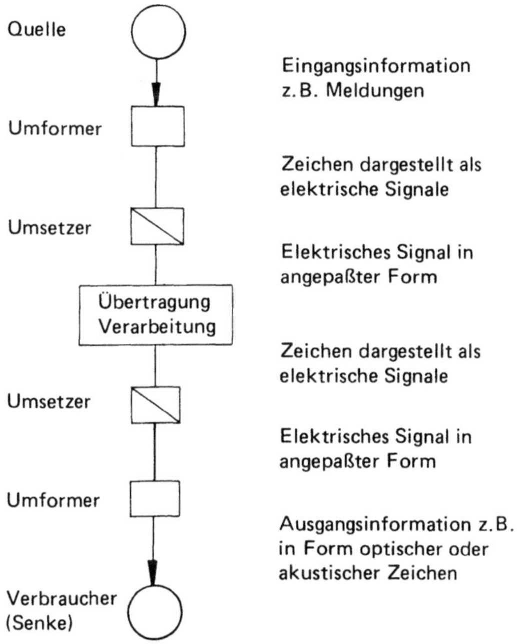

Systematik der Informationserfassung und -darstellung

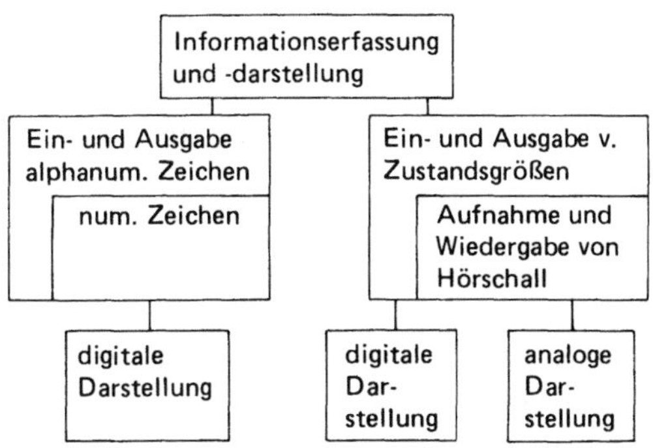

Sind nur wenige Ereignisse bzw. nur einzelne diskrete Werte von Zustandsgrößen als Information zu melden, so ist die Zuordnung relativ einfach, und es wird für jedes Ereignis bzw. jeden Wert ein Zeichen festgelegt. Man bezeichnet derartige elektrische Einrichtungen im allgemeinen als Meldeanlagen.

Sind jedoch eine Vielzahl von Ereignissen möglich und ist jeder beliebige Wert einer Zustandsgröße darzustellen, so wählt man zur Darstellung zweckmäßigerweise Zeichenkombinationen aus einem begrenzten Zeichenvorrat. Zweiwertige Zeichen, d.h. Zeichen aus einem Zeichenvorrat mit nur zwei Elementen, lassen sich durch elektrische Signale besonders einfach darstellen. Daher werden im allgemeinen Ereignisse und Werte von Zustandsgrößen Kombinationen von zweiwertigen Zeichen zugeordnet.

Oft werden Meldungen nicht unmittelbar erfaßt, sondern indirekt über den Menschen eingegeben. Dadurch besteht die Eingangsinformation oft aus den uns geläufigen Buchstaben und Dezimalziffern, den sog. **alphanumerischen Zeichen.** Eine wesentliche Aufgabe der Informationserfassung und -darstellung besteht daher in der Aufnahme von alphanumerischen Zeichen, d.h. ihre Umsetzung in Kombinationen einfacherer Zeichen und deren Darstellung durch elektrische Signale, sowie die Umsetzung entsprechender elektrischer Signale zur Ausgabe von alphanumerischen Zeichen in eine optische Darstellungsform.

Die direkte Erfassung von nichtelektrischen Zustandsgrößen erfolgt mit Hilfe von Umformern (vgl. Meßgrößenumformer↑), die die Zustandsgröße als analoge elektrische Größe abbilden. Zur Umsetzung der elektrischen Größe in einen digitalen Wert, d.h. für die Zuordnung der Größe zu einer Ziffernkombination, und deren Darstellung durch elektrische Signale, werden Analog-Digital-Umsetzer eingesetzt. Die Rückumsetzung, d.h. die Darstellung eines digitalen Werts als analoge elektrische Größe, kann mit Hilfe von Digital-Analog-Umsetzern geschehen.

Neben der Darstellung von Zustandsgrößen durch ihre Werte hat zur Zeit noch die Darstellung von akustischen Zustandsgrößen,

Beispiel: Rückleuchte eines PKWs als Meldeanlage

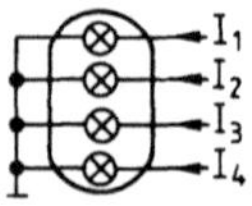

Meldung	Zeichen	elektr. Sig.
Abbiegen	gelbes Blinkl.	I1
Vorwärtsfahrt	dunkles Rotl.	I2
Bremsen	helles Rotl.	I3
Rückwärtsfahrt	helles weißes L.	I4

Beispiel: Personenrufanlage

Meldung	Zeichen			elektr. Sig.		
Herr X in Sekreteriat	L1	L2	L3	I1	I2	I3 (mA)
1 Müller	●	●	○	0	0	50
2 Schmidt	●	○	●	0	50	0
3 Meier	●	○	○	0	50	50
4 Schulz	○	●	●	50	0	0
5 Hinz	○	●	○	50	0	50
6 Kunz	○	○	●	50	50	0
7 Zipp	○	○	○	50	50	50

Leuchtanzeige

⊗	⊗	⊗
L1	L2	L3

● Lampe aus
○ Lampe ein

Beispiel: Morsetelegraf

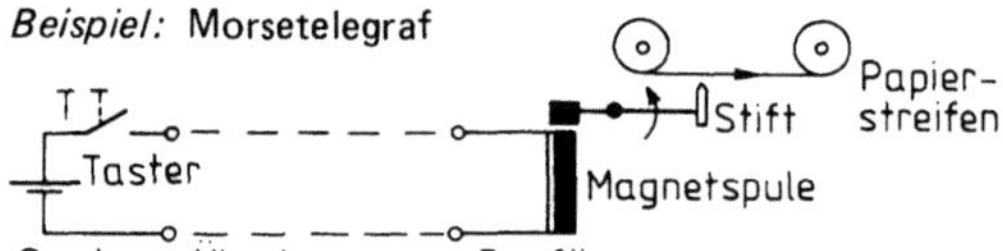

A ·–	H ····	O –––	V ···–	3 ···––
B –···	I ··	P ·––·	W ·––	4 ····–
C –·–·	J ·–––	Q ––·–	X –··–	5 ·····
D –··	K –·–	R ·–·	Y –·––	6 –····
E ·	L ·–··	S ···	Z ––··	7 ––···
F ··–·	M ––	T –	1 ·––––	8 –––··
G ––·	N –·	U ··–	2 ··–––	9 ––––·

Beispiel: Temperaturerfassung und -umsetzung

Umformer
(Thermo-
element)

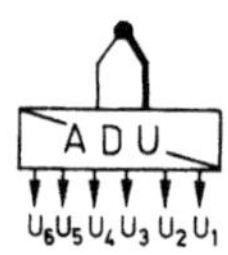

z.B.

Zustandsgröße: 100 °C
analoge elektr. Größe: 8 mV
binäre Zeichenkombin.: 001000
elektrische Signale:

U_6(V)	U_5(V)	U_4(V)	U_3(V)	U_2(V)	U_1(V)
0	0	5	0	0	0

z. B. Sprache und Musik, durch analoge elektrische Größen für den Informationsaustausch zwischen Menschen eine sehr große Bedeutung. In diesem Fall erfolgt nur eine Umformung der von der Quelle gelieferten akustischen in elektrische Größen und der elektrischen in akustische Größen für den Verbraucher. Die dafür eingesetzten Umformer werden als **elektroakustische Umformer** bezeichnet.

Auf die Erfassung und Übertragung von Bildinformationen, d. h. auf die Fernsehtechnik, wird hier nicht eingegangen.

3.1.1 Alphanumerische Informationsein- und ausgabe

Für eine universelle Informationserfassung durch den Menschen und die manuelle Eingabe dieser Information zur Übertragung und Verarbeitung eignen sich besonders die dem Menschen geläufigen alphanumerischen Zeichen. Ebenso ist diese Darstellungsform zur optischen Ausgabe der Information an den Menschen als Informationsverbraucher geeignet.

Die alphanumerischen Eingabeeinrichtungen haben die Aufgabe, die vom Menschen manuell eingegebenen Zeichen in elektrische Signale umzuformen und in einen zur Übertragung geeigneten Binärcode zu wandeln. Die Ausgabeeinrichtungen wandeln die binärcodierten Signale in alphanumerische Zeichen und zeigen diese optisch als sog. Klarschrift an.

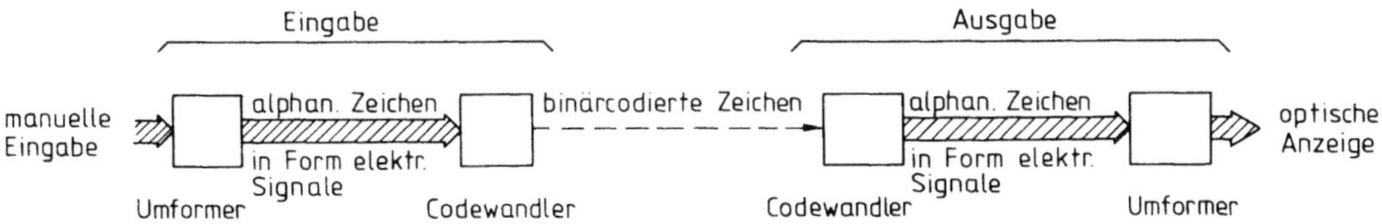

Der alphanumerische Zeichenvorrat besteht aus dem Alphabet mit 26 Buchstaben, den 10 Dezimalziffern und einigen Sonderzeichen, wie sie auch von der Schreibmaschine bekannt sind. Zur binären Darstellung des im allgemeinen 64 Zeichen umfassenden Zeichenvorrats sind 64 (2^6) Kombinationsmöglichkeiten, d.h. Kombinationen aus 6 Binärzeichen, notwendig. Wenn die Groß- und Kleinschreibung berücksichtigt werden soll, muß die binäre Darstellung um ein Binärzeichen erweitert werden.

Die Darstellung der alphanumerischen Zeichen durch eine Kombination binärer Zeichen kann nach verschiedenen Codes↑ erfolgen. Voraussetzung einer Informationsübertragung zwischen Sender und Empfänger ist jedoch die Benutzung des gleichen Codes. Daraus ergibt sich die Notwendigkeit zur Standardisierung der Codes. Ein derart standardisierter Code ist zum Beispiel der Internationale Fernschreibercode Nr. 2 des CCITT (Comité Consultatif International Telegraphique et Téléphonique). Hierbei werden nur 32 Zeichen, d.h. Kombinationen aus 5 Binärzeichen, benutzt und die Bedeutung der Zeichen durch ein Sonderzeichen umgeschaltet. Dadurch ist es möglich, mit diesem Code aus 5 Binärzeichen 52 alphanumerische Zeichen zu übertragen.

Internationaler Fernschreibecode Nr. 2 nach CCITT

alphanum. Zeichen	Binärkomb.	alphanum. Zeichen	Binärkomb.
A –	00011	Q 1	10111
B ?	11001	R 4	01010
C :	01110	S '	00101
D Wer da	01001	T 5	10000
E 3	00001	U 7	00111
F (frei)	01101	V =	11110
G (frei)	11010	W 2	10011
H (frei)	10100	X /	11101
I 8	00110	Y 6	10101
J Klingel	01011	Z +	10001
K (	01111	Wagenrückl.	01000
L)	10010	Zeilenvorsch.	00010
M .	11100	Umsch: Buchst.	11111
N ,	01100	Umsch: Ziffern	11011
O 9	11000	Leertaste	00100
P 0	10110	(frei)	00000

Ein anderer in der Informationsverarbeitung sehr weit verbreiteter Code zur Darstellung alphanumerischer Zeichen ist der ASCII-Code (American Standard Code of Information Interchange). Der Code wird aus 7 binären Zeichen gebildet und erlaubt die Darstellung von großen und kleinen Buchstaben, Dezimalziffern, üblichen Sonderzeichen und einer Reihe von Steuerzeichen zur automatischen Steuerung des Informationsaustauschs. Zur Eingabe der Zeichen wird die übliche alphanumerische Tastatur benutzt. Die Umschaltung von Klein- auf Großschreibung erfolgt wie bei der Schreibmaschine. Eine weitere Umschaltung auf die Steuerzeichen wird mit einer Kontrolltaste vollzogen.

ASCII-Tabelle:

b_6	0	0	0	0	1	1	1	1
b_5	0	0	1	1	0	0	1	1
b_4	0	1	0	1	0	1	0	1
b_3–b_0								
0000	nul	dle		0	C	P	'	P
0001	soh	dcl	!	1	A	Q	a	q
0010	stx	dc2	"	2	B	R	b	r
0011	etx	dc3	#	3'	C	S	c	s
0100	cot	dc4	S	4	D	T	4	t
0101	enq	nak	%	5	E	U	e	u
0110	ack	syn	&	6	F	V	f	v
0111	bel	etb	'	7	G	W	g	w
1000	bs	can	(	8	H	X	h	x
1001	Ht	em	)	9	I	Y	i	y
1010	lf	sub	·	:	J	Z	j	z
1011	vt	esc	+	;	K	[	k	{
1100	ff	fs	,	<	L	\	l	|
1101	cr	qs	·	=	M	]	m	}
1110	so	rs	.	>	N	^	n	–
1111	si	us	/	?	0	_	°	del

Steuerzeichen | Schriftzeichen

ASCII-Zeichen

3.1.1.1 Manuelle Informationserfassung

Bei der manuellen Erfassung alphanumerischer Zeichen werden die Zeichen in Binärzeichen kodiert und als elektrische Signale dargestellt. Zur Umformung der vom Menschen vorgegebenen alphanumerischen Zeichen in elektrische Signale dienen meist Tastaturen. Bei der Umformung von rein numerischen Zeichen werden auch Kodierschalter und Stellscheiben eingesetzt.

Die manuelle Eingabe besteht aus dem Öffnen und Schließen von Stromkreisen. Die dazu benutzten Taster sind entweder elektromechanische oder elektronische Bauelemente. Auch in diesem Bereich verliert die elektromechanische Lösung gegenüber der elektronischen Lösung stark an Bedeutung, da sich mit kontaktlosen Schaltern zuverlässigere und exaktere Signale erzeugen lassen.

Die Umsetzung der Zeichen in einen Binärcode kann nach drei Prinzipien erfolgen:

- mechanische Kodierung
- elektromechanische Kodierung
- elektronische Kodierung.

Systematik der manuellen Informationserfassung:

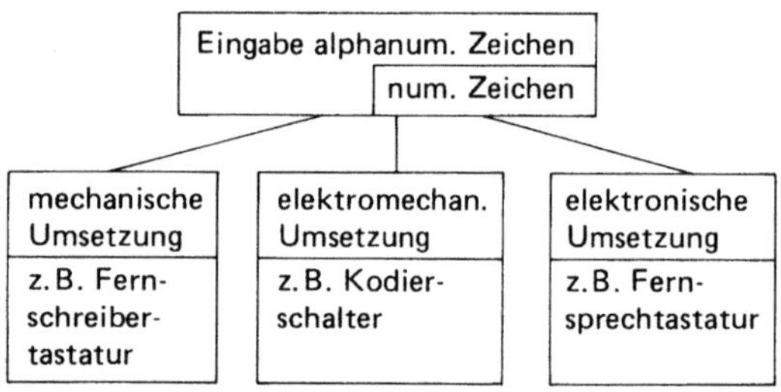

Hinweis: Die Geräte zur manuellen Datenerfassung eignen sich zur exemplarischen Darstellung der Entwicklung der Technologie und den damit verbundenen Arbeitsplatzveränderungen. In diesem Bereich erfolgte der Übergang von der Mechanik und Elektromechanik zur hochintegrierten Elektronik zum Teil schlagartig. Die Umstellung der Fernschreiber kann hierfür als Beispiel gelten. Die Arbeitszeit zur Produktion eines Fernschreibers verringerte sich bei dieser Umstellung zum Beispiel bei der Firma SEL von 75,3 auf 17,1 Stunden. In dem neuen Fernschreiber ersetzt ein integrierter Halbleiterschaltkreis 936 mechanische Teile. Aber nicht nur in der Produktion, auch im Service veränderte sich durch die Einführung von integrierten Schaltkreisen, programmierter Logik und Platinen-Stecksystem die Arbeitsplatzstruktur. Ein Vergleich des Aufbaus beider Fernschreibermodelle anhand der Prospekte und Service-Anleitungen kann diese Veränderung verdeutlichen.

Bei der **mechanischen Kodierung** werden durch das manuelle Anschlagen einer bestimmten Taste über ein mechanisches Hebelwerk mehrere Schalter entsprechend der zugehörigen Binärkombination betätigt. Dieses Funktionsprinzip fand durch seine Anwendung im Fernschreiber weite Verbreitung.

Prinzip der mechanische Kodierung

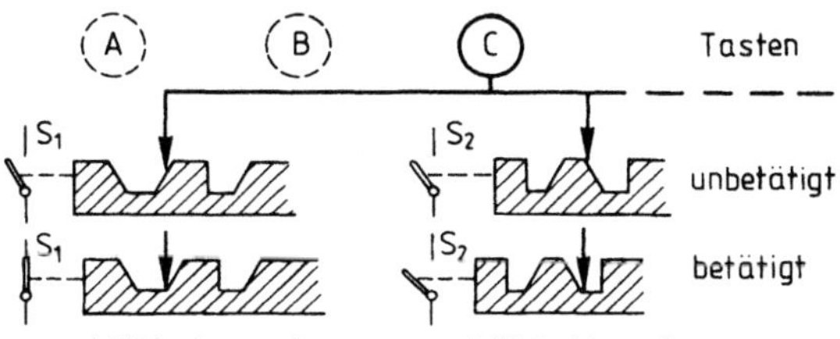

Beim Fernschreiber werden durch das Niederdrücken des Tastenhebels fünf Wählschienen entsprechend der Binärkombination entweder nach rechts oder links verschoben. Die Richtung der Verschiebung ist durch die schrägen Einschnitte der Wählschienen festgelegt. Durch die mechanische Koppelung der Wählschienen mit elektrischen Kontakten wird bei einer Verschiebung nach rechts ein Stromschritt, zum Beispiel das Binärzeichen 1, und bei einer Verschiebung nach links ein Pausenschritt, das Binärzeichen 0, erzeugt.

Die mechanische Kodierung wird auch bei den Stellscheiben zur Eingabe numerischer Zeichen, d. h. der Dezimalziffern 0 bis 9, benutzt.

Das Prinzip der Stellscheibe wurde bisher als Nummernschalter beim Fernsprechapparat benutzt. Eine Stellscheibe besteht aus der Fingerlochscheibe mit den Ziffernlöchern 0 bis 9, dem Federaufzugs- und Laufwerk und dem Kontaktteil. Bei der Wahl einer Ziffer wird eine Feder entsprechend aufgezogen und treibt beim Rücklauf das Laufwerk mit gleichmäßiger Ablaufgeschwindigkeit. Dabei wird der Kontaktteil betätigt, so daß ein Stromkreis im gleichmäßigen Rythmus unterbrochen wird. Die Anzahl der so erzeugten elektrischen Impulse entspricht der gewählten Dezimalzahl.

Zeitverlauf der Impulse eines Nummernschalters (z.B. Wahl der Ziffer 3)

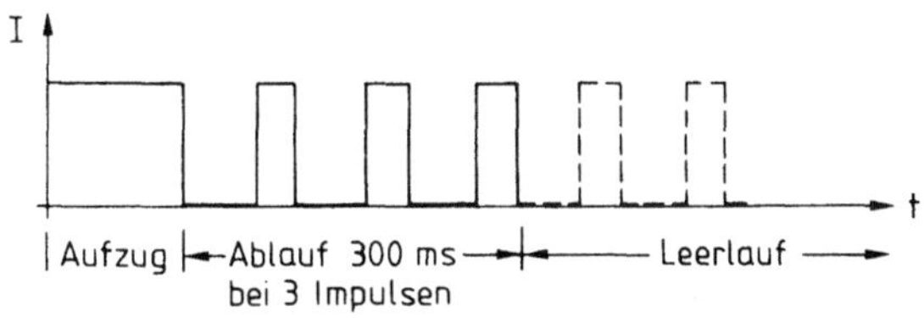

▶ *Schülerübung*

Aufnahme der Impulse einer Stellscheibe mit dem Speicheroszilloskop

Die der gewählten Ziffer entsprechenden Impulse können mit einem Speicheroszilloskop gut dargestellt werden.

Hinweis: Der Zeitverlauf der einzelnen Impulse kann aufgrund des **Prellens** der mechanischen Kontakte erheblich von dem dargestellten idealen Verlauf abweichen.

Geräte: Speicheroszilloskop, Netzgerät, Nummernschalter (Anschluß: gelb und grün) oder Fernsprechapparat (Anschluß: a- und b-Ader), Vorwiderstand

Schaltung:

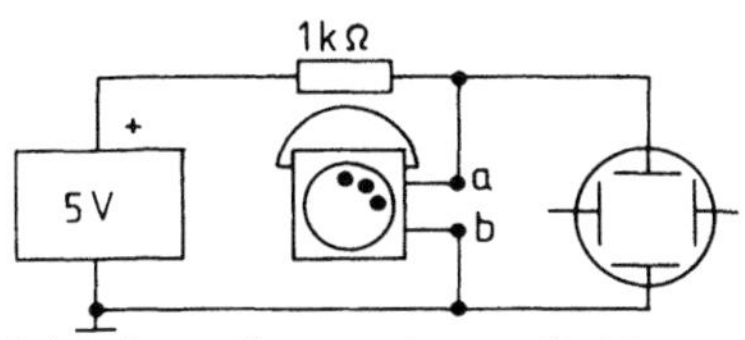

Bei der **elektromechanischen Kodierung** wird die Zuordnung zwischen den Tasten- bzw. Schalterstellungen und den binärkodierten elektrischen Signalen wie bei der mechanischen Kodierung durch den mechanischen Aufbau festgelegt. Als Schalter werden sowohl kontaktlose als auch elektromechanische Schalter eingesetzt.

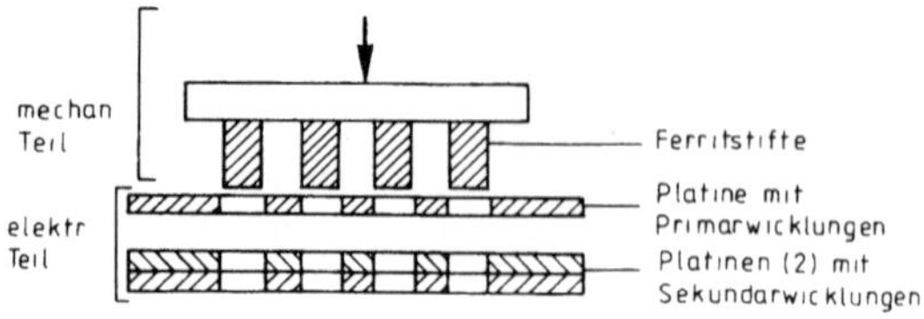

z.B. Taste S (= 01010011 im ASCII)

Ein Beispiel für die kontaktlose Umsetzung alphanumerischer Zeichen ist eine Tastatur, die nach dem Prinzip elektromagnetischer Übertrager arbeitet. Durch das Drücken einer Taste werden bewegliche Ferritkerne zwischen den Primär- und Sekundärwicklungen einer Reihe von Übertragern eingeführt und so eine magnetische Kopplung zwischen den Wicklungen hergestellt. Die Kodierung wird durch die Anordnung der als Leiterbahnen auf Platinen ausgeführten Sekundärwicklungen bestimmt. Maximal können für eine Taste, d.h. ein alphanumerisches Zeichen, 8 Sekundärwicklungen vorgesehen werden. Bei jedem Tastendruck wird auf die Primärwicklungen ein Spannungsimpuls gegeben, der an den als Leiterbahnen realisierten Sekundärwicklungen als entsprechend kodierte Binärsignale abgenommen werden kann.

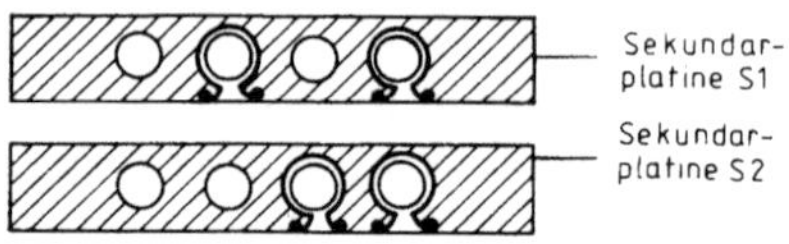

Prinzip einer Tastatur mit kontaktlosen Schaltern

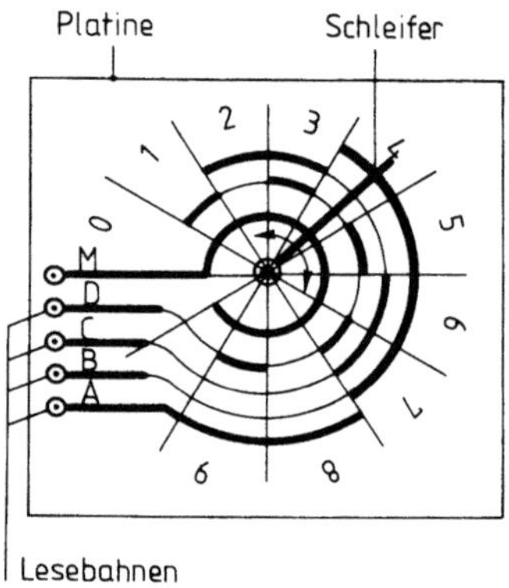

Position (Dezimal Ziffer)	Binär-kombin. A B C D
0	0 0 0 0
1	0 0 0 1
2	0 0 1 0
3	0 0 1 1
4	0 1 0 0
5	0 1 0 1
6	0 1 1 0
7	0 1 1 1
8	1 0 0 0
9	1 0 0 1

Mit M verbunden ≙ 1
Mit M nicht verbunden ≙ 0

Kodierschalter für 8-4-2-1 Code (BCD)

Kodierschalter sind im Prinzip Drehschalter, bei denen ein Verbindungsschleifer in eine der gewählten Ziffer entsprechenden Position auf einer mit kreisförmigen Ablesebahnen versehenen Platine gebracht wird. Die Ablesebahnen werden entsprechend dem Binärcode gestaltet. Die eingestellte Position wird auf der Frontplatte als Ziffer dargestellt. Der flache Aufbau erlaubt den Aufbau von Kodierschalterreihen zur Eingabe von Dezimalzahlen. Sie werden zum Beispiel zur Eingabe von Soll- und Grenzwerten bei Regeleinrichtungen oder Steuerungen häufig eingesetzt.

Die **elektronische Kodierung** ersetzt die relativ arbeitsaufwendigen und wartungsintensiven mechanischen Komponenten durch vollautomatisch herstellbare und wartungsfreie Bauelemente. Sie gewinnt deshalb immer stärkere Verbreitung. Selbst beim Fernschreiber und beim Fernsprechapparat löst die elektronische die mechanische Kodierung ab.

Bei der elektronischen Kodierung liefert jede Taste ein gleiches Signal. Ein Kodierer übernimmt die Aufgabe der Zuordnung zwischen dem alphanumerischen Zeichen, der betätigten Taste und den Binärzeichen. Damit ist die Zuordnung nicht mehr vom mechanischen Aufbau der Tastatur abhängig und sehr flexibel handhabbar.

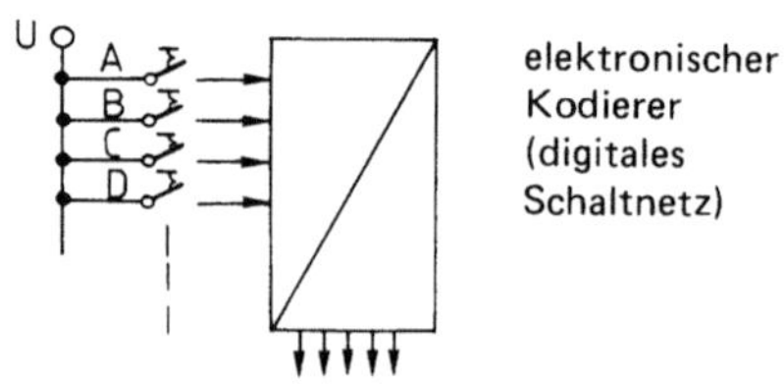

Binärkombination

Prinzipiell kann jeder elektromechanische oder kontaktlose Taster und Schalter in einer derartigen Tastatur eingesetzt werden. Einzig und allein die äußere Beschriftung unterscheidet die einzelnen Taster.

Zehnertastaturen werden oft aus Standardtastern und einer Diodenmatrix als Kodierer aufgebaut. Die Anzahl der Zeilen der Diodenmatrix entspricht der Anzahl der Eingangssignale, d.h. der Anzahl der Taster. Bei Betätigung eines Tasters wird auf die angeschlossene Zeile ein Eingangssignal gegeben, das entsprechend der Verbindung zwischen diesen Zeilen und den Spalten auf den Spaltenleitungen die Signalzustände bestimmt. Das Eingangssignal der Zeile ist damit den Ausgangssignalen der Spalten eindeutig zugeordnet. Durch die Anordnung der Diodenverbindungen wird der Code festgelegt. Die Dioden haben außerdem die Aufgabe, die einzelnen Zeilen zu entkoppeln.

► *Schülerübung*

Aufbau einer Zehnertastatur zur Erfassung der Dezimalziffern und Darstellung in einem BCD-Code

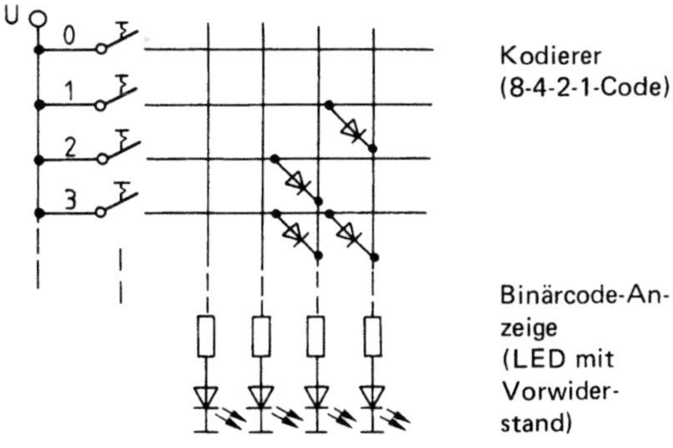

Material: 10 Taster, 4 LEDs, 4 Widerstände (220 Ω), 15 Dioden, Netzgerät (5 V)

Die umfangreicheren Kodierer für die Umsetzung der alphanumerischen Zeichen, zum Beispiel in den Fernschreibe- oder ASCII-Code, werden heute mit integrierten Halbleiterschaltkreisen im allgemeinen als programmierte Festwertspeicher ↑ (PROM) realisiert.

3.1.1.2 Numerische und alphanumerische Informationsausgabe

Bei der Ausgabe alphanumerischer Zeichen an den Menschen müssen die binärkodierten Zeichen als Buchstaben und Zahlen optisch sichtbar gemacht werden. Bei den Einrichtungen zur Informationsausgabe muß zwischen Anzeigen (engl. Display) und Schreibwerken unterschieden werden. Für die Anzeige rein numerischer Zeichen werden meist optoelektronische Siebensegment-Elemente eingesetzt. Für die Darstellung weniger alphanumerischer Zeichen werden optoelektronische Leuchtpunkt-Matrizen und für umfangreichere Klartexte Bildröhren benutzt.

Systematik der Ausgabeeinrichtungen

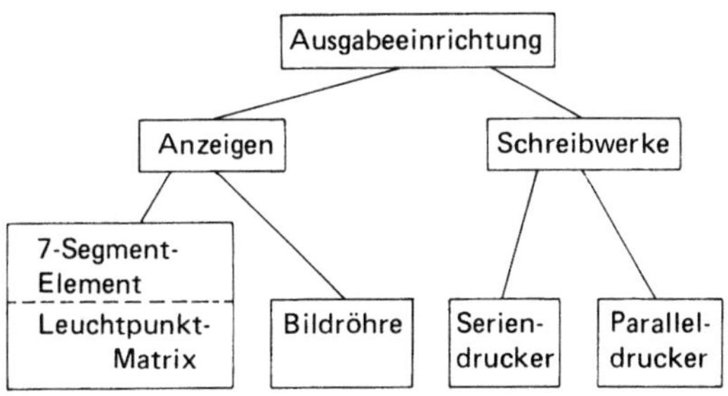

Schreibwerke dienen nicht nur zur Anzeige von Klartexten, sondern registrieren gleichzeitig die ausgegebene Information. Die Schreibwerke werden auch als Drucker bezeichnet und sind in einer sehr großen Vielfalt im Einsatz. Die Gestaltung eines Druckers hängt wesentlich von der Ausgabegeschwindigkeit ab. Bis zu einer Ausgabe von 300 Zeichen pro Sekunde werden Seriendrucker eingesetzt. Für höhere Ausgabegeschwindigkeiten kommen Paralleldrucker zum Einsatz.

Siebensegment-Anzeigen werden zum Beispiel in digitalen Meßgeräten, in Taschenrechnern und Digitaluhren verwendet. Ein Element besteht aus sieben Leuchtbalken, den Segmenten. Mit diesen Segmenten lassen sich die Ziffern 0 bis 9 und die Buchstaben A, C, E, F, H, L, P, U darstellen, indem jedes einzelne Segment entsprechend angesteuert wird. Codewandler zur Ansteuerung der Segmente sind für die BCD-Codes als integrierte Schaltkreise realisiert. Bei den Anzeigen ist zwischen aktiven und passiven Elementen zu unterscheiden. Aktive Anzeigen sind selbstleuchtend, d.h. sie erzeugen Licht, während bei den passiven Elementen durch die Steuerung der Reflexion das Licht der Umgebung ausgenutzt wird. Da die passiven Elemente keine Energie zur Lichterzeugung benötigen, ist ihr Leistungsbedarf wesentlich geringer als bei aktiven Elementen.

Aktive Elemente werden daher vorrangig bei netzbetriebenen Einrichtungen und passive Elemente bei batteriebetriebenen Geräten eingesetzt.

Das wichtigste **aktive Element** ist heute die **Lumineszenzanzeige**. Jedes der Segmente des Elements besteht aus einer lichtemittierenden Diode (LED [1]), die zur besseren Ablesbarkeit mit einer Frontlinse versehen ist. Die sieben Segmente sind in einem Gehäuse integriert, das zusätzlich ein achtes Segment zur Anzeige des Dezimalpunktes enthalten kann. Die Farbe des erzeugten Lichts hängt vom Halbleitermaterial der lichtemittierenden Dioden ab.

Die elektrischen Kennwerte der Anzeige entsprechen denen einer LED, d.h. die Schwellspannung beträgt 1,7–2,5 V und der Durchlaßstrom 5–20 mA pro Segment.

Passive Anzeigen werden mit **Flüssigkristall-Elementen** aufgebaut. Flüssige Kristalle bestehen aus organischen Substanzen, deren Moleküle einheitlich geordnet sind, d.h. kristalline Struktur aufweisen. Durch eine angelegte Spannung kann die Ausrichtung der Moleküle verändert werden. Dadurch

[1] *Böger, H.* u.a.: Einführung in die Elektronik; Kap. 8.9.10.1,
Tholl, H.: Bauelemente der Halbleiterelektronik, T. 2; Kap. 3.7
Baumann u.a.: Fachkenntnisse ET, Fachstufe 1 NT; Kap. EP25

Siebensegment-Anzeige

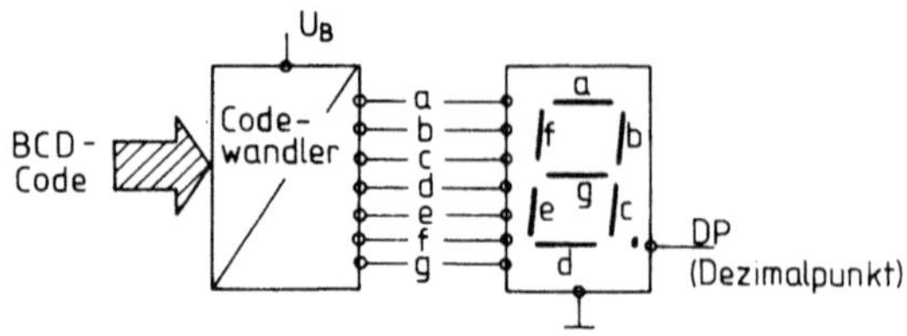

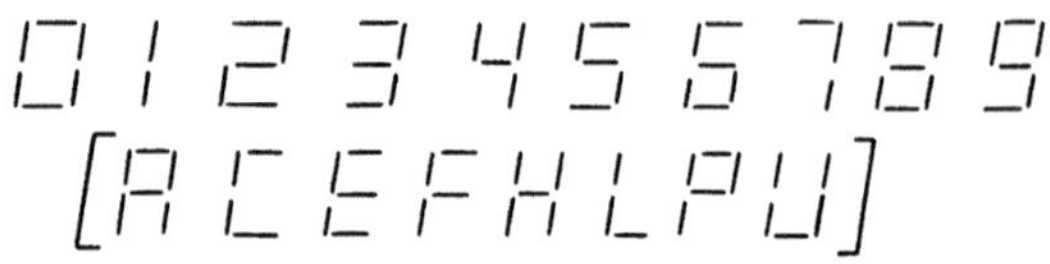

▶ *Schülerübung*

Ansteuerung einer LED-Anzeige mit Hilfe einer Zehnertastatur

Der Code zur Ansteuerung der Siebensegment-Anzeige ist zu entwickeln und ein Codewandler zur Umsetzung des 1-aus-10-Codes der Zehnertastatur in diesem Code aufzubauen.

1-aus-10-Code 0123456789	Siebensegment-Code abcdefg
1000000000	1111110
0100000000	0110000
0010000000	1101101
0001000000	1111001
0000100000	0110011
0000010000	1011011
0000001000	1011111
0000000100	1110000
0000000010	1111111
0000000001	1111011

Zum Anschluß des Anzeigeelements ist anhand des Datenblatts eine Tabelle zur Zuordnung der Segmente und der Anschlüsse sowie der Wert der Widerstände zur Strombegrenzung zu bestimmen (z.B. HP 5082–7760). (Der Aufbau kann auf einzelne Dezimalziffern beschränkt werden.)

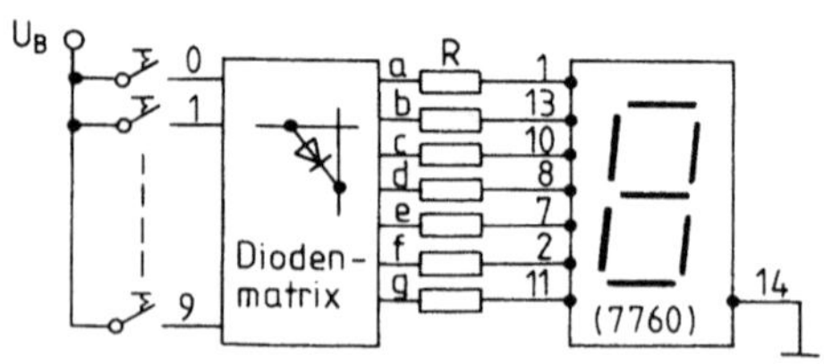

Material: LED-Anzeigeelement (z.B. HP 5085–7760), Netzgerät (5 V), 10 Taster, 7 Widerstände (ca. 220 Ω), 49 Dioden

ist es möglich, bei geeignetem Aufbau über die angelegte Spannung die Reflexion des Umgebungslichts zu steuern. Auch Flüssigkeitskristall-Elemente bestehen aus sieben Segmenten, die getrennt angesteuert werden können. Da ein Segment allein durch die Spannung angesteuert wird, d. h. kein Stromfluß notwendig ist, ist der Leistungsverbrauch sehr gering (1–10 $\mu W/cm^2$). Die Schwellspannung zur Ansteuerung eines Segments beträgt 0,75–1,5 V.

Anzeige mit Leuchtpunkt-Matrix

Ein Leuchtpunkt-Element bietet im Gegensatz zum Siebensegment-Element die Möglichkeit, sämtliche alphanumerischen Zeichen darzustellen. Ein Element wird im allgemeinen aus 5 x 7 Leuchtpunkten gebildet, die matrixförmig in einem Feld angeordnet sind.

Für Großanzeigen, zum Beispiel auf Flughäfen oder an Autobahnen, wird jeder Leuchtpunkt durch eine Glühlampe realisiert. In kleineren Anzeigen werden die Leuchtpunkte durch lichtemittierende Dioden oder durch Flüssigkristall-Zellen gebildet.

Die Ansteuerung der Leuchtpunkt-Elemente, d.h. die Auswahl aus 35 Leuchtpunkten für ein alphanumerisches Zeichen, erfordert einen relativ hohen Aufwand für den Codewandler.

Spezielle Codewandler sind als sog. Zeichengeneratoren in Form von integrierten Schaltkreisen verfügbar. Sie werden als Festwertspeicher ↑ (PROM) realisiert.

Beispiele für die Leuchtpunkt-Darstellung

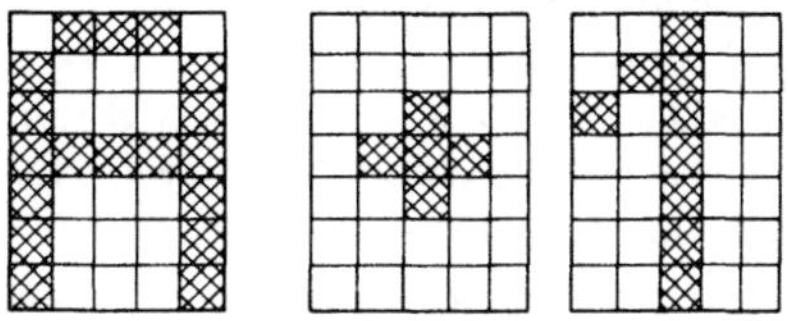

Lichtemittierende Diodenmatrix (5 x 7 Matrix)

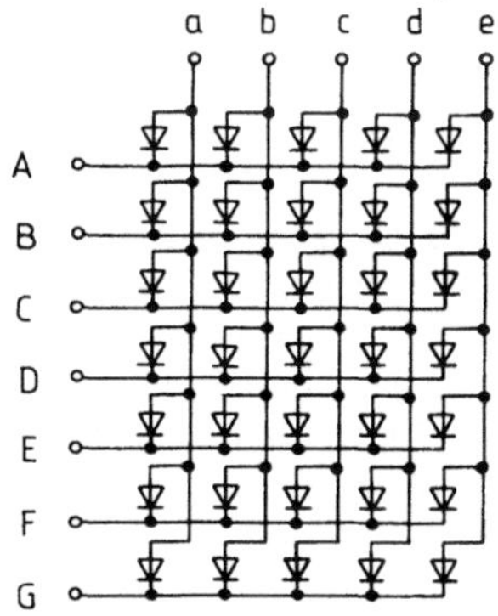

Um den Aufwand zu begrenzen – für eine Textausgabe sind immer mehrere Leuchtpunkt-Elemente anzusteuern – kann der Codewandler im Multiplexverfahren betrieben werden. Im Anzeigeelement können die Leuchtpunkte zeilenweise und in einer Anzeige mehrere Elemente zeitlich nacheinander von einem Codewandler angesteuert werden. Wenn dieser Vorgang genügend schnell wiederholt wird, kann das Auge die Leuchtunterbrechung nicht wahrnehmen und die dargestellten Zeichen erscheinen gleichmäßig hell.

Alphanumerische Bildschirmgeräte dienen zur schnellen Ausgabe und Anzeige von Klartexten. Ein üblicher Bildschirm erlaubt zum Beispiel die Darstellung eines Textes von 24 Zeilen mit je 80 alphanumerischen Zeichen. Bildschirmgeräte sind als Datenstationen an Datenverarbeitungseinrichtungen sehr weit verbreitet.

Ein Bildschirmgerät zur Anzeige von Klartext besteht aus folgenden Baugruppen:

- Bildröhre und Analogteil
- Digital-Analog-Umsetzer
- Zeichengenerator, einschließlich Zeilen- und Spaltensteuerung
- Bildwiederholspeicher

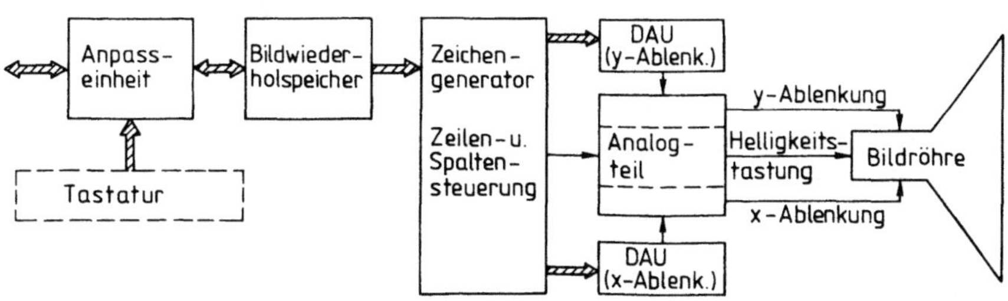

Oft werden Bildschirmgeräte mit Tastaturen gekoppelt als Ein- und Ausgabeeinheiten eingesetzt. Im Eingabebetrieb dient die Anzeige zur Kontrolle der eingegebenen Zeichen.

Eine einstellbare Anpasseinheit erlaubt im allgemeinen die Anpassung der ein- und ausgegebenen Zeichen an die Bedingungen unterschiedlicher Übertragungseinrichtungen.

Die **Bildröhre** ist eine Kathodenstrahlröhre, ähnlich der Fernsehröhre, mit dem entsprechenden Analogteil für die x- und y-Ablenkung des Kathodenstrahls und zur Steuerung der Helligkeit des Leuchtpunkts auf dem Schirm (vgl. Oszilloskop↑).

Von den verschiedenen Verfahren zur Darstellung der alphanumerischen Zeichen wird das **Punktrasterverfahren** am häufigsten eingesetzt. Bei diesem Verfahren wird jedes Zeichen, wie bei der Leuchtpunkt-Anzeige, aus einer Anzahl von Punkten dargestellt. Gebräuchlich sind für ein Zeichen Felder von 5 x 7 oder 7 x 9 Punkten. Der Elektronenstrahl durchläuft das Feld zeilen- oder spaltenweise, wobei an den Punkten entsprechend dem darzustellenden Zeichen der Strahl hell oder dunkel getastet wird.

Ein **Zeichengenerator** kombiniert mit einer Zeilen- und Spaltensteuerung übernimmt die Aufgabe der Codeumwandlung. Texte aus einer Reihe alphanumerischer Zeichen in einem Standard-Code, zum Beispiel ASCII-Code, werden in den Punktrastercode des Bildschirms umgesetzt. Der Punktrastercode ist die digitale Darstellung der analogen Ablenkspannungen für die x- und y-Richtung und des Signals zur Hell/Dunkel-Tastung.

Die digitale Darstellung der Ablenkspannungen wird mit Hilfe von **Digital-Analog-Umsetzern**↑ (DAU) in analoge Signale überführt und auf den x- und den y-Verstärker des Analogteils gegeben.

Ein Leuchtpunkt auf dem Bildschirm, durch den Aufprall der Elektronen des Kathodenstrahls erzeugt, leuchtet nach der Wegnahme der Erregung nur eine begrenzte Zeit nach. Daher muß das Bild auf dem Schirm in regelmäßigen Abständen regeneriert werden. Die notwendige Bildwiederholfrequenz beträgt je nach Bildschirm 20–60 Hz. Die ausgegebenen Zeichen werden aus diesem Grund in einem **Bildwiederholspeicher** aufbewahrt und mit der Bildwiederholfrequenz von dort auf den Bildschirm gegeben.

Wird das Bildschirmgerät in Verbindung mit einer Tastatur als Eingabegerät benutzt, so kann der Bildwiederholspeicher die Aufgabe eines Korrekturspeichers übernehmen, d.h. eingegebene Zeichen werden nicht sofort nach der Eingabe übertragen, sondern nach einer Kontrolle und evt. Korrektur aus diesem Speicher abgerufen.

Schreibwerke

Schreibwerke dienen nicht nur zur optischen Darstellung alphanumerischer Zeichen, sondern sie registrieren auch den ausgegebenen Klartext auf Papier. Daher kann die Auswertung der ausgegebenen Information zeitlich und räumlich unabhängig von der Ausgabe erfolgen und die Ausgabegeschwindigkeit kann an die hohe Übertragungs- und Verarbeitungsgeschwindigkeit moderner Anlagen angepaßt werden.

Ein wesentliches Kriterium für ein Schreibwerk ist daher eine möglichst hohe Ausgabegeschwindigkeit, denn das Schreibwerk begrenzt im allgemeinen als langsamstes Glied die Ausgabegeschwindigkeit einer Anlage. Die Mehrzahl der Schreibwerke besteht aus elektromechanischen Druckern, die sich prinzipiell durch ihre serielle oder parallele Arbeitsweise unterscheiden. Jedoch wird die Druckgeschwindigkeit nicht nur durch die prinzipielle Arbeitsweise bestimmt, sondern hängt auch ganz wesentlich von der Größe der beim Druckvorgang zu bewegenden Massen ab. Die Druckgeschwindigkeit ist umso größer, je kleiner die zu bewegenden Massen sind. Die Entwicklung der Vielzahl von unterschiedlichen Druckern ist geprägt von dem Bestreben, die bewegten Massen zu verkleinern und die Druckgeschwindigkeit zu erhöhen.

Seriendrucker geben die einzelnen Zeichen eines Textes nacheinander, d.h. seriell, aus. Sie sind daher immer langsamer als Paralleldrucker, die die Zeichen zeilenweise parallel drucken. Ältere Seriendrucker arbeiten, wie die üblichen Schreibmaschinen, mit Typenhebeln und bewegten Papierwagen. Eine Verbesserung in bezug auf die Ausgabegeschwindigkeit bringt der Ersatz der Typenhebel durch einen bewegten Kugelkopf oder ein Typenrad und eine stehende Papiereinrichtung, die nur in der Richtung des Zeilenvorschubs einen Papiervorschub vornimmt. Derartige Seriendrucker können bis zu 60 Zeichen pro Sekunde schreiben. Oft werden diese Seriendrucker mit Tastaturen kombiniert zur Ein- und Ausgabe benutzt, zum Beispiel als Fernschreiber oder als Protokolliereinrichtung.

Mit Mosaik- oder Nadeldruckern, einer modernen Form des Seriendruckers, läßt sich eine Druckgeschwindigkeit bis 160 Zeichen pro Sekunde erreichen. Diese Drucker haben keine Typenträger, sondern ein System von Nadeln, die ein Punktraster bilden. Die Zeichen werden durch eine Anordnung von Punkten, wie bei der Leuchtpunkt-Anzeige↑, dargestellt, indem die einzelnen Nadeln hydraulisch oder elektromagnetisch angesteuert werden. Die höhere Druckleistung dieser Drucker ergibt sich aufgrund der geringeren Masseträgheit der Nadeln gegenüber den Typenträgern.

Paralleldrucker, auch als Schnelldrucker bezeichnet, drucken eine ganze Zeile, die bis zu 180 Zeichen umfassen kann, in einem Vorgang. Ein typischer Vertreter dieser Druckerart ist der Walzendrucker. Meistens arbeiten diese Drucker nach dem Prinzip des „fliegenden Drucks". Bei diesem Verfahren dreht sich die Typenwalze, die für jede Schreibstelle über den Umfang verteilt den gesamten Zeichenvorrat trägt, mit konstanter Geschwindigkeit und ein Hammer schlägt in dem Zeitpunkt das Papier an die Walze, in dem das auszugebende Zeichen in der richtigen Position ist. Da sich in einer Zeile abzudruckende Zeichen nicht gleichzeitig in Druckposition befinden, erfolgt der Druck nicht streng parallel, sondern innerhalb einer Walzendrehung.

Derartige Drucker erreichen eine Druckgeschwindigkeit bis zu 2500 Zeilen pro Minute, d.h. bei 138 Zeichen pro Zeile eine Geschwindigkeit von 5750 Zeichen pro Sekunde. Diese hohen Geschwindigkeiten werden im allgemeinen nur bei Einsatz des Druckers in einem Rechenzentrum voll ausgenutzt.

3.1.2 Erfassung von Zustandsgrößen

Die Erfassung von Informationen über den Zustand und Funktion von technischen Prozessen ist die Voraussetzung für die Überwachung, Steuerung und Regelung, d.h. eine Voraussetzung für jede Automatisierung. Die wesentlichen Informationen über einen Prozeß liefern die Zustandsgrößen bzw. der Zeitverlauf der Zustandsgrößen. Diese Zustandsgrößen müssen erfaßt und in elektrische Signale umgesetzt werden, um sie mit den Einrichtungen der elektrischen Informationstechnik übertragen, speichern und verarbeiten zu können.

Zur Umformung von physikalischen Zustandsgrößen dienen **Meßgrößenumformer**↑ (vgl. 1.4 Messen nichtelektrischer Größen). Die Meßgrößenumformer liefern von den meist stetigen Zustandsgrößen analoge elektrische Abbildungen, d.h. stetige elektrische Signale.

Die Übertragung, Speicherung und Verknüpfung von analogen Signalen vermindert jedoch immer die Genauigkeit der Abbildung und ist relativ aufwendig. Aus diesem Grund findet die digitale Darstellung der Zustandsgrößen immer größere Verbreitung. Damit wird aber die Analog-Digital-Umsetzung, neben der Meßgrößenumformung, ein Kernpunkt der Erfassung von Zustandsgrößen.

Analog-Digital-Umsetzer (ADU)

Die Umsetzung der vom Meßgrößenumformer gelieferten analogen elektrischen Größe in binäre Signale durch den Analog-Digital-Umsetzer dauert eine bestimmte Zeit. Bei zeitveränderlichen Zustandsgrößen kann daher auch der Zeitverlauf nicht stetig abgebildet werden, sondern er wird nur zu bestimmten Zeitpunkten abgetastet. Entsprechend der Abtastung werden die Analog-Digital-Umsetzer unterschieden in

- Momentanwertumsetzer
- Mittelwertumsetzer

Momentanwertumsetzer übernehmen in einem Zeitpunkt den analogen Wert und setzen ihn relativ schnell, in 1 bis 50 μs, in einen binären Wert um. Bei schnell veränderlichen Zustandsgrößen muß die analoge Größe in einen als Analogspeicher eingesetzten Halteverstärker übernommen werden, um die Eingangsgröße des ADUs während der Umsetzzeit konstant zu halten.

Mittelwertumsetzer tasten die elektrische Abbildung der Zustandsgröße während einer Zeitspanne, im allgemeinen über 20 ms, ab und bilden den Mittelwert über diese Zeit. Sie arbeiten nach integrierenden Verfahren und sind daher gegen schnelle Wechselstörungen, zum Beispiel Rauschen und Netzbrummen, unanfällig. In Digital-Multimetern↑ werden fast ausschließlich Mittelwertumsetzer verwendet.

Durch die Verbreitung der digitalen Informationsverarbeitung und -übertragung stellt sich in einigen Fällen die umgekehrte Aufgabe, nämlich die Ausgabe digitaler Daten als analoge Größe. Zu diesem Zweck werden **Digital-Analog-Umsetzer** (DAU) eingesetzt.

3.1.2.1 Momentanwertumsetzer

Bei der **Momentanwertumsetzung** wird immer ein Vergleich der analogen Eingangsgröße mit binär gestuften internen Referenzgrößen durchgeführt. Zwei prinzipiell unterschiedliche Abgleichverfahren werden eingesetzt. Entweder wird die Eingangsgröße direkt mit einer Vielzahl interner Referenzspannungen parallel verglichen oder es erfolgt ein stufenweiser Angleich mit einer einstellbaren Referenzspannung.

– Direkte Umsetzung
– Stufenumsetzung

Bei der **direkten Umsetzung** ist jedem Wert der Eingangsgröße eine Referenzgröße zugeordnet, d.h. die Anzahl der Referenzgrößen ist abhängig von dem möglichen Wertebereich und der Unterteilung des Wertebereichs. Jede Referenzgröße wird mit der analogen Eingangsgröße verglichen und die Referenzgrößen gemeldet, die kleiner als die Eingangsgröße sind.

Die Meldung der Referenzgrößen stellt eine digitale Angabe der Eingangsgröße dar und kann mit Hilfe eines Kodierers zum Beispiel in den Dualcode umgesetzt werden.

Das direkte Verfahren ist das schnellste und vom Prinzip einfachste Verfahren. Es erfordert allerdings auch den größten Aufwand, da aufgrund der parallelen Arbeitsweise i.a. eine große Anzahl von Komperatoren erforderlich ist. Es wird daher nur in Sonderfällen eingesetzt, bei denen eine extrem hohe Umsetzgeschwindigkeit unbedingt erforderlich ist.

Beispiel für den Aufwand:

Zur Messung einer Spannung im Bereich von 0 bis 10 V mit einer Genauigkeit von 0,1 V sind 100 Referenzspannungen und 100 Komparatoren notwendig.

Systematik der Analog-Digital-Umsetzung

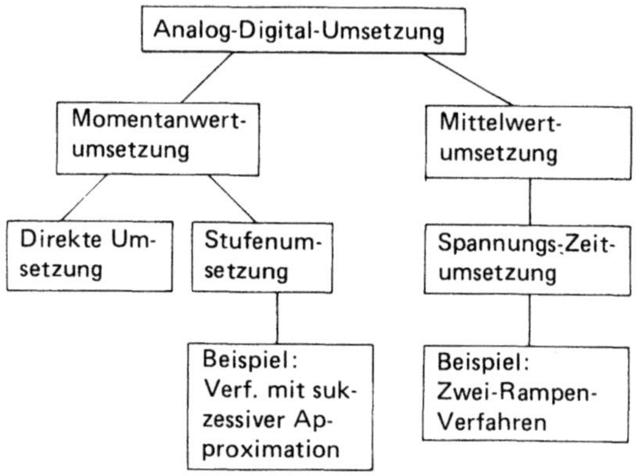

► *Schülerversuch*

Aufbau eines ADUs mit direkter Umsetzung für Spannung von 0 bis 3 V mit einer Genauigkeit von 1 V.

Hinweis: Für diese Anwendung können Operationsverstärker mit asymmetrischer Versorgung, d.h. mit nur einer Versorgungsspannung eingesetzt werden. In diesem Fall ist bei der Auswahl der Operationsverstärker darauf zu achten, daß der Aussteuerbereich unter 1 Volt ($U_e < 1$ V) beginnt.

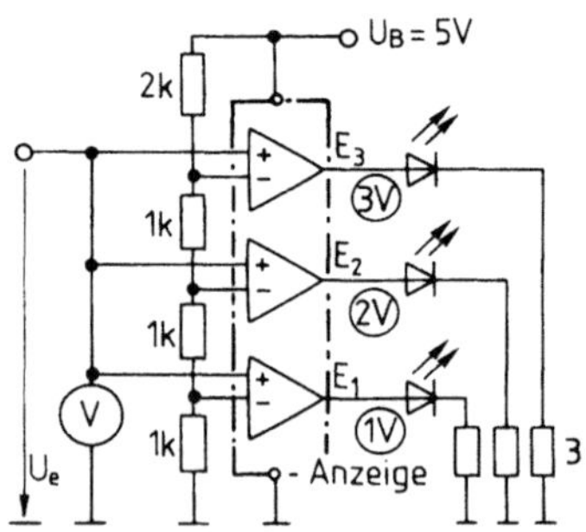

U_e	E_1	E_2	E_3	A
< 1 V	0	0	0	0 V
< 2 V	1	0	0	1 V
< 3 V	1	1	0	2 V
≥ 3 V	1	1	1	3 V

Material: 3 Operationsverstärker (z.B. 1 LM 324), 8 Widerstände (5 x 1 kΩ, 3 x 330 Ω), 1 Netzgerät, 3 LEDs, 1 Meßobjekt (evt. weiteres Netzgerät oder mit einem Potentiometer von U_B abgeleitet), 1 Digitalvoltmeter (zur Kontrolle)

Bei dem **Stufenumsetzer** wird eine digital einstellbare Referenzspannung schrittweise an die umzusetzende Spannung angeglichen. Bei Gleichheit wird die digitale Einstellung der Referenzspannung als digitaler Wert übernommen.

Um den Abgleichvorgang möglichst schnell durchzuführen, wird bei den Stufenumsetzern meist nicht ein Verfahren der Annäherung aus einer Richtung mit konstanter Schrittweite (vgl. 1.3.2) verwendet, sondern ein Verfahren des schrittweisen Einschachtelns mit binärgestufter Schrittweite (**sukzessive Approximation**). Mit dieser Abgleichstrategie werden Umsetzzeiten von 5 bis 50 μs erreicht.

Abgleich mit konstanter Schrittweite:

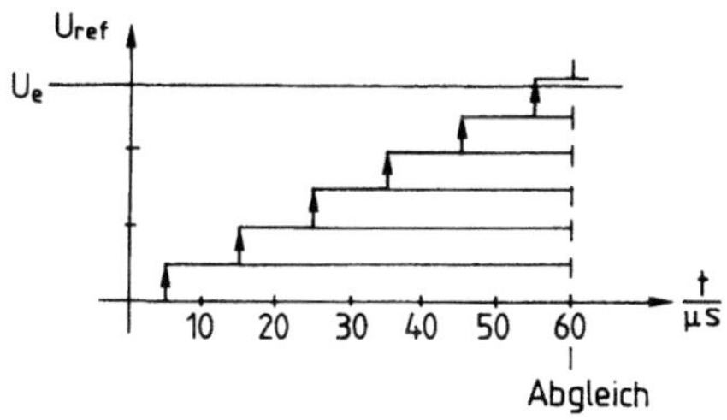

Bei der sukzessiven Approximation wird als erstes die größte Stufe der Vergleichsspannung an den Komparator geschaltet. Der Komparator trifft die Entscheidung, ob die Vergleichsspannung größer oder kleiner als die analoge Eingangsspannung ist.

Ist die Vergleichsspannung größer, wird die vorher angelegte Spannungsstufe zurückgenommen und die nächst kleinere Stufe eingeschaltet. Ist dagegen die Vergleichsspannung kleiner oder gleich der Eingangsspannung, dann wird der Wert für die erste Spannungsstufe in das Ergebnisregister übernommen und die zweite Stufe zusätzlich eingeschaltet. Dieser Ablauf wird für alle Spannungsstufen durchgeführt.

Abgleich mit sukzessiver Approximation

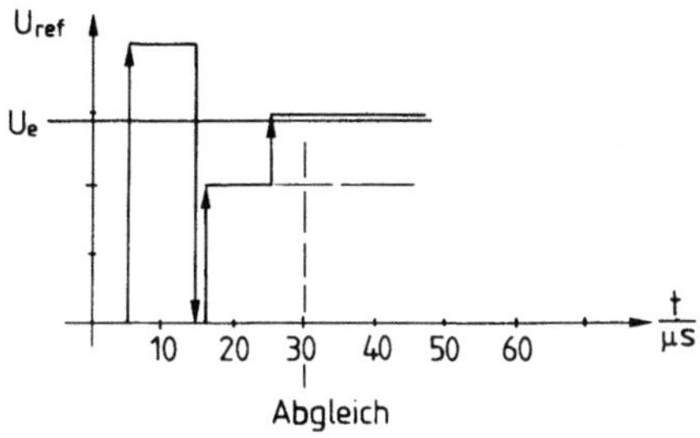

Prinzipielle Funktionsgruppen eines Stufenumsetzers

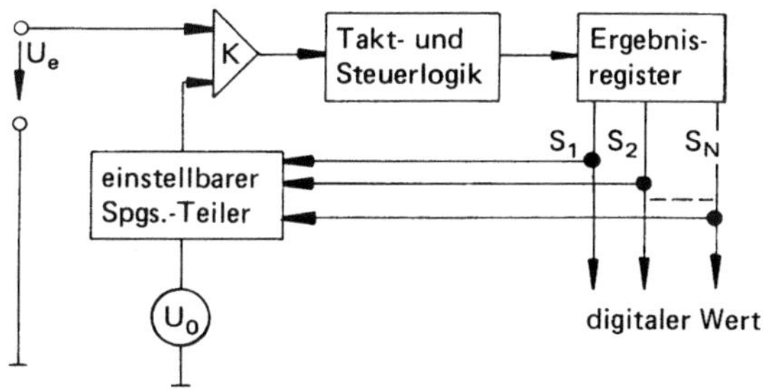

3.1.2.2 Mittelwertumsetzer

Das meist eingesetzte Verfahren zur **Mittelwertumsetzung** ist die Spannungs-Zeit-Umsetzung nach dem Zwei-Rampen-Verfahren (engl. Dual-Slop).

Ein derartiger Spannungs-Zeit-Umsetzer arbeitet in zwei Schritten. Im ersten Schritt wird die Eingangsspannung über eine definierte Zeitdauer integriert. Dazu dient ein Integrator ↑, der die Integration über eine zeitlineare Kondensatorauf- bzw. -entladung bewirkt. Der Endwert der aufintegrierten Eingangsspannung ist nur von deren Größe und deren Polarität abhängig. Im zweiten Schritt wird der Kondensator des Integrators mit Hilfe einer konstanten Referenzspannung entgegengesetzter Polari-

Prinzipielle Funktionsgruppen eines Spannungs-Zeit-Umsetzers

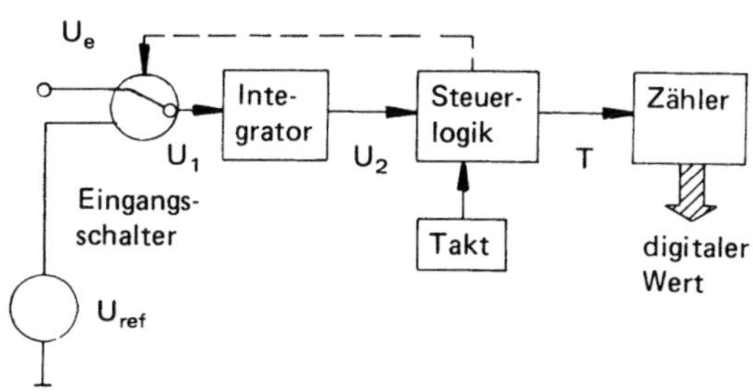

tät zeitlinear entladen. Die Zeitdauer der Entladung ist dem bei der Integration der Eingangsspannung erreichten Endwert proportional, d. h. sie ist ein Maß für die analoge Eingangsspannung.

Die Entladungszeit wird bestimmt, indem während der Entladung ein Takt mit konstanter Frequenz abgezählt wird. Eine Steuerlogik startet, wenn sie die Referenzspannung an den Eingang des Integrators schaltet, den Zähler. Am Ende der Entladung, d.h. wenn die Spannung am Ausgang des Integrators Null ist, wird der Takt gesperrt. Der Zählerstand entspricht zu diesem Zeitpunkt der analogen Eingangsspannung und kann als digitaler Wert angezeigt werden. Diese Art von ADU wird im allgemeinen bei direkt anzeigenden digitalen Meßinstrumenten eingesetzt. Die Umsetzzeit beträgt im allgemeinen 20 ms, d.h. sie ist wesentlich länger als bei den Stufenumsetzern.

3.1.2.3 Digital-Analog-Umsetzer (DAU)

Die Umsetzung eines digitalen Werts in eine analoge Größe wird zum Ansteuern analoger Anzeige- und Schreibgeräte oder zur Einstellung stetiger Stellglieder, wie zum Beispiel Ventile und Antriebe, notwendig.

Digital-Analog-Umsetzer arbeiten nach dem Prinzip der Summation gestufter Spannungen oder Ströme. Die Spannungen oder Ströme werden dazu mit Hilfe meist dualgestufter Spannungs- oder Stromteiler von einer Referenzquelle abgeleitet und auf einen Summierer ↑ geschaltet. Die Schaltereinstellung erfolgt entsprechend dem digitalen Wert der Größe.

Die Schalter, früher als elektromechanische Schalter realisiert, bestehen heute aus Transistorschaltern und sind mit dem Widerstandnetzwerk der Teiler und dem Summierer integriert als ein Bauelement verfügbar.

Am Ausgang des DAU wird bei Eingabe eines digitalen Werts nach einer Umsetzzeit für die Schaltereinstellung ein entsprechendes quasistetiges Analogsignal, z.B. ein Strom (max. 2–50 mA) oder eine Spannung (max. ± 10 V) bereitgestellt. Die Umsetzzeit liegt für eine Spannungsausgabe im Bereich von 1–30 μs und für die Stromausgabe im Bereich von 1–10 ms.

Beispiel für eine Umsetzung:

1. Spannung am Eingang des Integrators

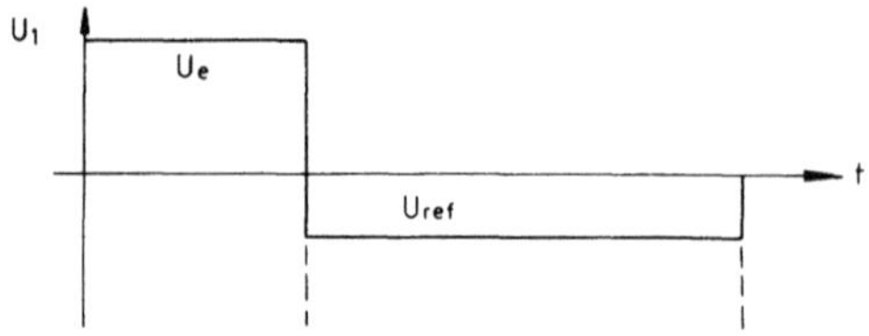

2. Spannung am Ausgang des Integrators

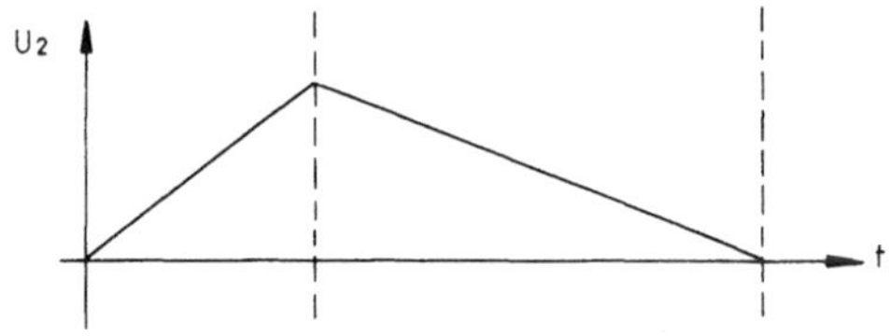

3. Signale am Eingang des Zählers

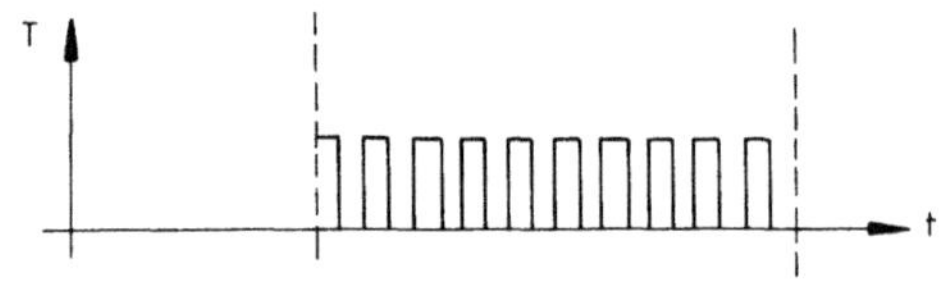

Prinzip eines Digital-Analog-Umsetzers

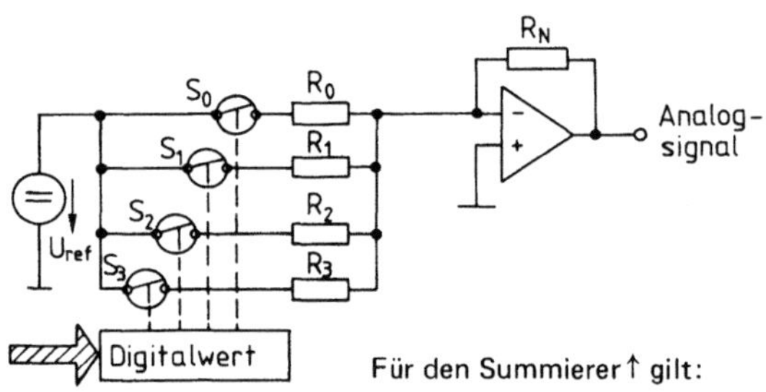

Für den Summierer ↑ gilt:

$$U_a = -\left(S_0 \frac{R_N}{R_0} + S_1 \frac{R_N}{R_1} + S_2 \frac{R_N}{R_2} + S_3 \frac{R_N}{R_3}\right) U_{ref}$$

(S = 0 oder S = 1)

Das Verhältnis der Widerstände R_N/R_i wird entsprechend dem Code der digitalen Daten gewählt, zum Beispiel bei einem dualgestuften digitalen Wert muß gelten:

$$2^3 : 2^2 : 2^1 : 2^0 = 8 : 4 : 2 : 1 = \frac{R_N}{R_3} : \frac{R_N}{R_2} : \frac{R_N}{R_1} : \frac{R_N}{R_0}$$

► *Schülerversuch*

Aufbau eines manuell einstellbaren 4 bit-DAU

- Festlegung des Codes (z.B. Dual- oder 8-4-2-1-Code)
- Bestimmung der Teilerwiderstände

(z.B. U_{ref} = 0,8 V, R_N = 10 kΩ, R_0 = 80 kΩ, R_1 = 40 kΩ, R_2 = 20 kΩ, R_3 = 10 kΩ)

Material für Schülerversuch:

2 Netzgeräte (Referenzquelle, OP-Versorgung)
1 Operationsverstärker (z.B. μA 741)
1 Zeigerinstrument (z.B. Vielfachinstrument)
4 Schalter, Widerstände (Die dem Code entsprechenden Werte können durch Widerstandskombinationen realisiert werden.)

Schaltung:

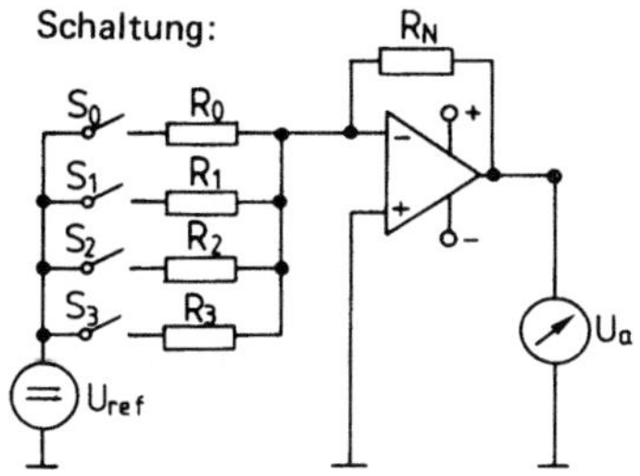

S_3	S_2	S_1	S_0	U_a
0	0	0	0	−0,0 V
0	0	0	1	−0,1 V
0	0	1	0	−0,2 V
0	0	1	1	−0,3 V
0	1	0	0	−0,4 V
0	1	0	1	−0,5 V
0	1	1	0	−0,6 V
0	1	1	1	−0,7 V
1	0	0	0	−0,8 V
1	0	0	1	0,9 V

3.1.3 Aufnahme und Wiedergabe von Hörschall

Als Hörschall werden die mechanischen Schwingungen von Luft oder anderen gasförmigen Medien bezeichnet, die im Wahrnehmungsbereich des menschlichen Ohrs liegen. Die Schwingungen der Luft im Frequenzbereich von ungefähr 16 Hz bis 20 kHz dienen zur Übertragung von Sprache und Musik und haben daher als ursprüngliche Form des Informationsaustauschs zwischen Menschen besondere Bedeutung. Die übertragene Information ist im Zeitverlauf des Schalldrucks enthalten. Für die Übertragung über größere Entfernung ist der Hörschall nicht geeignet, da der Schalldruck infolge der Dämpfung durch die Luft und der kugelförmigen Ausbreitung schnell mit der Entfernung abnimmt.

Wahrnehmungsbereich:

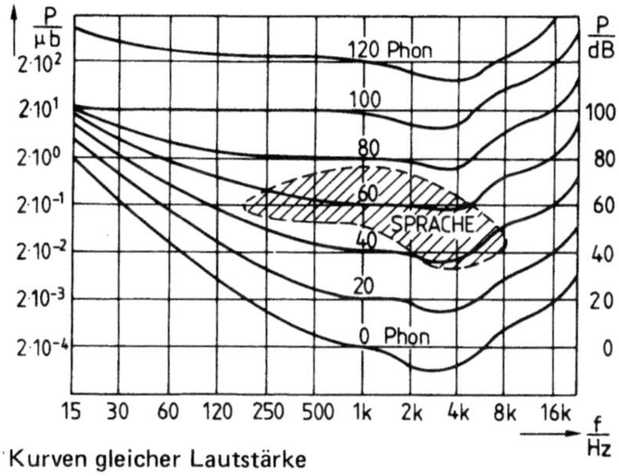

Kurven gleicher Lautstärke
0 Phon ≙ Hörschwelle
120 Phon ≙ Schmerzgrenze

Daher müssen für die Übertragung von Hörschall über große Entfernungen die Mittel der elektrischen Übertragungstechnik eingesetzt werden.

Übertragungsstrecke

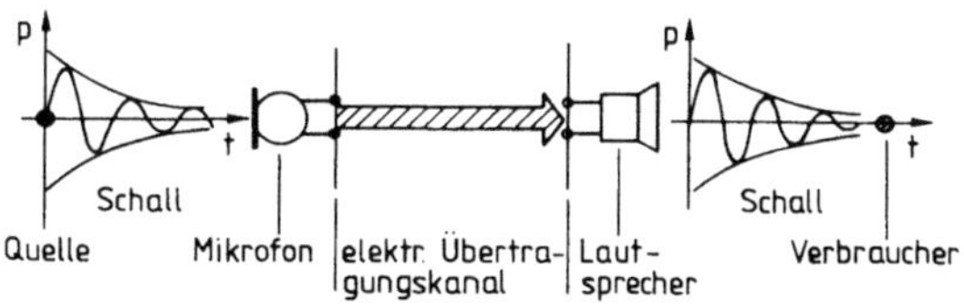

Der Zeitverlauf des Schalldrucks als eine spezielle Zustandsgröße wird dazu mit elektroakustischen Umformern erfaßt und als analoge elektrische Größe dargestellt. Die Übertragung der im Hörschall enthaltenen Nachricht erfolgt derzeit fast ausschließlich durch analoge elektrische Größen. Eine eventuelle Umsetzung der erfaßten elektrischen Größe dient zur Anpassung an die Anforderungen des Übertragungskanals und ändert im allgemeinen nicht die analoge Darstellung. Nach der Übertragung werden die elektrischen Signale mit Hilfe von elektroakustischen Umformern wieder als Hörschall ausgegeben.

Die elektroakustischen Umformer zur Erfassung des Schalls als elektrische Größe sind Schallempfänger, die entsprechend dem Einsatzbereich als Mikrofone oder Sprechkapseln bezeichnet werden. Die Umformer zur Ausgabe elektrischer Signale als Hörschall sind dementsprechend Schallsender, die als Lautsprecher, Hörkapseln oder Kopfhörer bezeichnet werden. Zur Umformung besteht bei allen elektroakustischen Umformern die Aufgabe, die mechanische Bewegung einer Membran in eine elektrische Größe umzusetzen und umgekehrt. Es sind im wesentlichen vier umkehrbare Umformerprinzipien möglich:

– elektromagnetische Umformung: Veränderung des Eisenwegs bei Spulen ↔ magnetische Flußänderung
– elektrodynamische Umformung: Bewegung einer Spule im Magnetfeld ↔ induzierte Spannung

– elektrostatische Umformung: Bewegung einer Kondensator-Elektrode ↔ Ladungsverschiebung
– piezoelektrische Umformung: Mechanische Verformung eines Piezokristalls ↔ Veränderung der Oberflächenladung

Das Kontaktmikrofon nimmt in bezug auf das Umformprinzip eine Sonderstellung ein.

Systematik der elektroakustischen Umformer

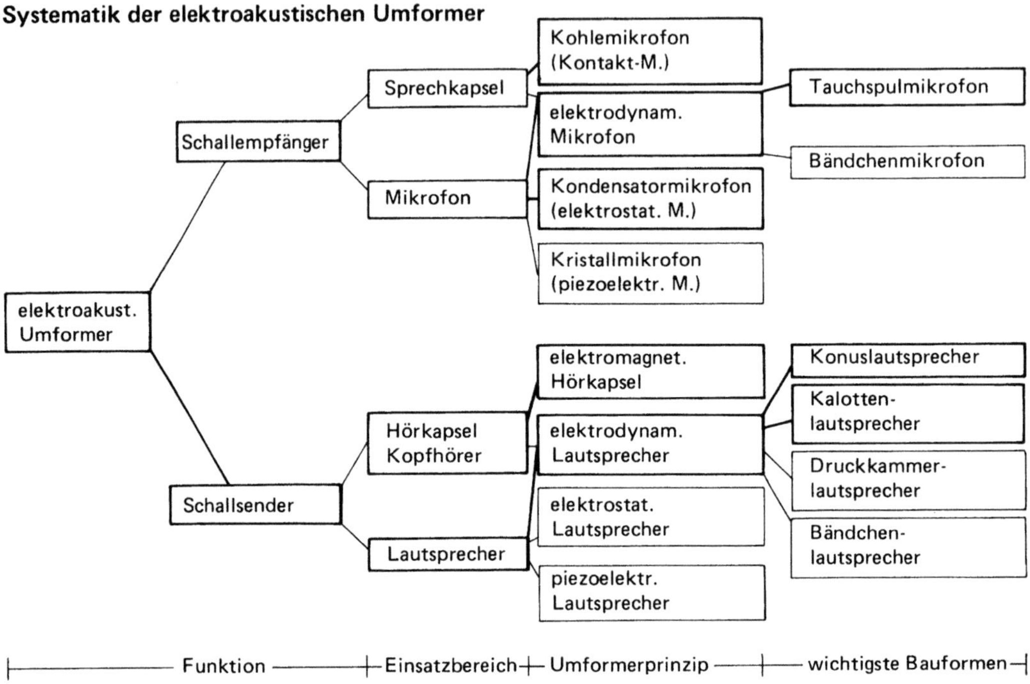

3.1.3.1 Mikrofon

Ein Mikrofon formt die Schallwellen, d. h. eine akustische Größe, in ein analoges elektrisches Signal um. Dazu wird entweder bei den passiven Umformern die elektrische Energie von der Schallenergie gesteuert oder bei den aktiven Umformern Schallenergie in elektrische Energie umgesetzt.

Ein **Kohlemikrofon**, das vor allem als Sprechkapsel bei Fernsprechanlagen eingesetzt wird, ist ein passiver Umformer. Es ist im Prinzip ein vom Schalldruck gesteuerter Widerstand. Der Raum zwischen einer beweglichen Metallmembran und einem massiven Kohleblock ist mit Kohlegrieß gefüllt. Die kleinen Kohlekörner im Zwischenraum werden von der durch den Schalldruck bewegten Membran entsprechend mehr oder weniger zusammengepreßt. Da der Übergangswiderstand zwischen der Membran und dem Kohleblock von der Packungsdichte der Kohlekörner bestimmt wird, ist dieser damit direkt vom Schalldruck abhängig. Die über den Widerstand gesteuerte elektrische Energie kann

Kohlemikrofon:

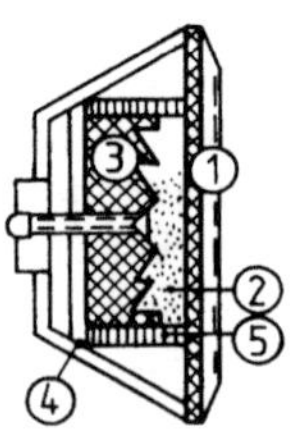

Schaltzeichen

1 Membran
2 Kohlegrieß
3 Kohleblock
4 Gehäuse
5 Filzring

erheblich größer sein als die auf die Membran auftreffende Schallenergie. Ein Kohlemikrofon kann daher Umformer- und Verstärkerfunktion übernehmen.

Allerdings besteht zwischen Widerstand und Schalldruck keine strenge Proportionalität. Die Abweichungen des Zeitverlaufs der elektrischen Ausgangsgröße von dem Zeitverlauf der akustischen Eingangsgröße werden als Verzerrungen bezeichnet. Kohlemikrofone verursachen erhebliche lineare und nichtlineare Verzerrungen. Sie sind daher für originalgetreue Schallumformung nicht geeignet, sondern werden im allgemeinen nur zur Sprachübertragung in der Fernsprechtechnik eingesetzt. Bei diesem Einsatz wird nur eine Verständlichkeit der Nachricht und keine Originaltreue verlangt.

Frequenzgang einer Sprechkapsel:
(Verhältnis von Ausgangsgröße zur Eingangsgröße in Abhängigkeit von der Frequenz)

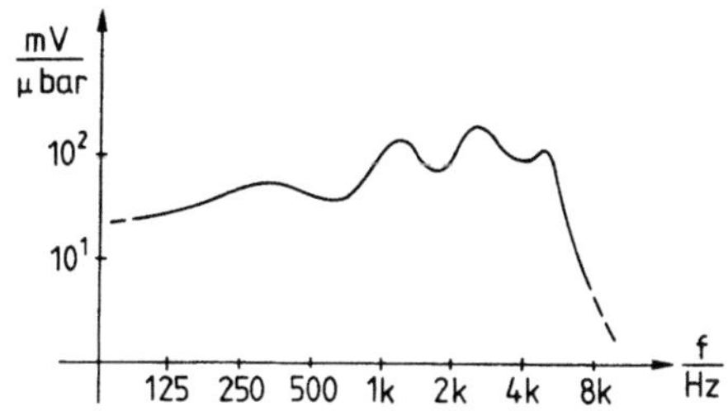

► *Schülerübung*

Qualitative Untersuchung einer Sprechkapsel

1. Qualitative Betrachtung der Abhängigkeit der Ausgangsspannung vom Sprachschalldruck mit dem Oszilloskop
2. Qualitative Untersuchung der Verzerrungen (Als Schallsender von Sinustönen kann ein Verstärker mit Lautsprecher dienen. Selbst bei nur angenäherter Hifi-Qualität können die Verzerrungen des Senders hier vernachlässigt werden.)

– Aufnahme der Ausgangsspannung über der Frequenz bei konstantem Schalldruck (s. Frequenzgang)
– Bestimmung der Grenzfrequenzen
– Betrachtung des Klirrfaktors ↑
(Auf einem Zweikanal-Oszilloskop sind das sinusförmige Signal des Schallsenders und die Ausgangssignale des Mikrofons durch geeignete Wahl der Eingangsempfindlichkeiten des Oszilloskops zur Deckung zu bringen. Der Klirrfaktor beträgt bei Sprechkapseln etwa 25 % und ist als Abweichung vom sinusförmigen Verlauf deutlich erkennbar.)

Schaltung:

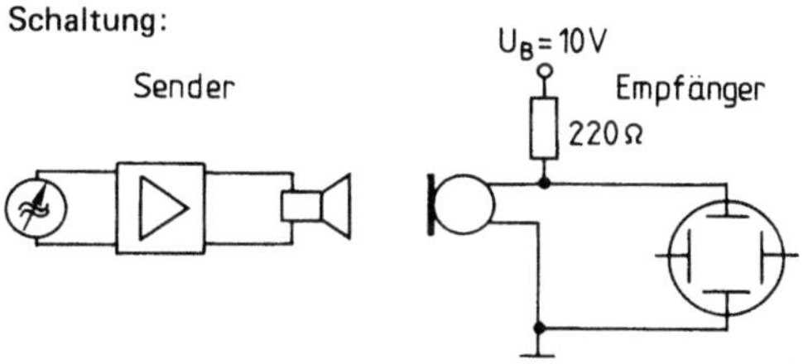

Hinweis: Die im Prinzip mit dieser Meßanordnung mögliche quantitative Bestimmung des Frequenzgangs bereitet in der Praxis aufgrund der Einflüsse von Schallreflexionen, Nebengeräuschen und Abstandsänderungen erhebliche Schwierigkeiten.

Elektrische Werte für eine Sprechkapsel (ZB):

Gleichstromwiderstand	150–300 Ω
Speisestrom	20–60 mA
Sprechspannung	0,5–1,5 V

Geräte: Sprechkapsel (ZB), Netzgerät, Oszilloskop (Zweikanal), Widerstand (220 Ω)
Sender: Verstärker, Lautsprecher, Tongenerator (Tonfrequenz-Verstärker vgl. 1.5.2)

Ein **Tauchspulmikrofon** ist ein aktiver Umformer. Eine mit der Membran verbundene Spule wird vom Schalldruck im konstanten Feld eines Dauermagneten bewegt. Dadurch wird in der Tauchspule eine Spannung induziert. Die Spannung ist proportional der Geschwindigkeit der Spulenbewegung, d.h. proportional der Schnelle des Schalls. Die Schallschnelle ist ihrerseits dem Schalldruck proportional. Durch einen geeigneten mechanischen Aufbau kann der Einfluß der Frequenz eliminiert werden, so daß ein Tauchspulmikrofon alle Töne des Hörbereichs unverzerrt umsetzt. Tauchspulmikrofone eignen sich daher für eine originalgetreue Klangumformung.

Tauchspulmikrofon

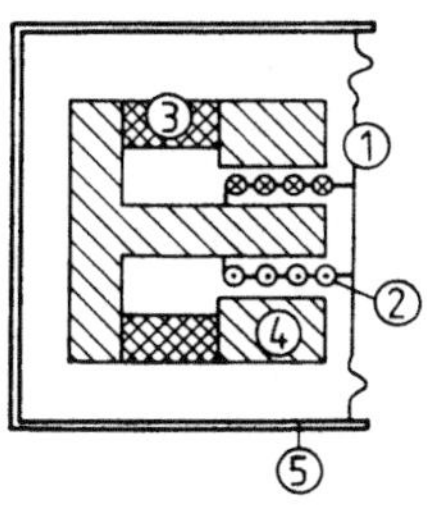

1 Membran
2 Tauchspule
3 Dauermagnet
4 Joch
5 Gehäuse

Die abgebbare elektrische Energie eines derartigen Mikrofons ist allerdings gering und die Spule ist relativ niederohmig. Daher können Tauchspulmikrofone nur in Verbindung mit angepaßten Verstärkern betrieben werden.

Als sog. Transistormikrofone werden Tauchspulmikrofone mit Transistorverstärkern auch in Fernsprechapparaten – bisher allerdings nur in Sonderfällen – eingesetzt. Derartige Transistormikrofone sind als Baueinheit mit jedem ZB-Kohlemikrofon austauschbar.

► *Schülerversuch*

Qualitativer Vergleich von Sprechkapsel und Tauchspulmikrofon anhand ihrer Frequenzgänge (vgl. Schülerübung: Sprechkapsel; die Aufnahme des Frequenzgangs eines Tauchspulmikrofons erlaubt nur vergleichende Aussagen, da die Verzerrungen des Schallsenders nicht mehr zu vernachlässigen sind.)

Ein **Kondensatormikrofon** ist ein passiver Umformer, bei dem der Schalldruck ein elektrostatisches Feld beeinflußt. Derartige Mikrofone bestehen aus einem Kondensator mit einer festen und einer beweglichen Elektrode. Die bewegliche Elektrode bildet die Membran. Wird die Membran durch den Schall bewegt, so verändert sich die Kapazität des Kondensators. Bei der meist eingesetzten Schaltung, der sog. Niederfrequenzschaltung, liegt der Kondensator mit der vom Schalldruck abhängigen Kapazität über einem hochohmigen Widerstand an einer Gleichspannungsquelle. Eine Änderung der Kapazität verursacht einen entsprechenden Ladestrom, der am Widerstand als eine dem Schalldruck entsprechende Wechselspannung abgegriffen werden kann.

Kondensatormikrofon

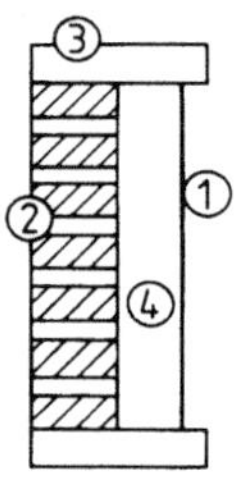

1 Membranelektrode
2 feste Elektrode
3 isolierende Membranbefestigung
4 Dielektrikum

Nf-Schaltung:

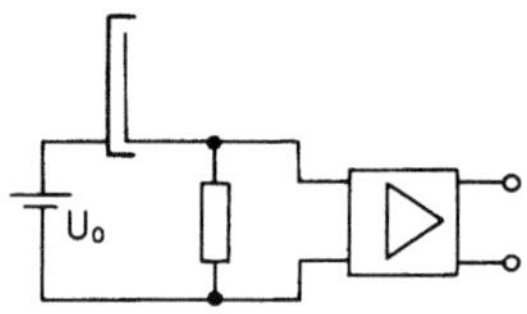

Kondensatormikrofone arbeiten besonders verzerrungsarm und werden als hochwertige Umformer für Meßzwecke und in Tonstudios eingesetzt. Sie sind allerdings sehr hochohmig (etwa 10^9 Ohm) und die angepaßten Verstärker müssen einen entsprechend hohen Eingangswiderstand aufweisen. Um die Einstreuungen gering zu halten, muß der Verstärker räumlich direkt am Mikrofon angeordnet werden, d.h. Kondensatormikrofone und Verstärker bilden im allgemeinen eine Baueinheit.

3.1.3.2 Lautsprecher

Ein Lautsprecher ist ein elektroakustischer Umformer zur Umsetzung elektrischer Wechselgrößen in Hörschall. In der Fernsprechtechnik wird der Umformer als Telefon- oder Hörkapsel bezeichnet.

Bei der **elektromagnetischen Telefonkapsel** wird der elektrische Wechselstrom in ein magnetisches Wechselfeld umgesetzt, dessen Kräfte auf eine Membran wirken. Die Schwingung der Membran überträgt sich als Schallschwingung auf die umgebende Luft.

Schaltzeichen:

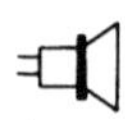

Lautsprecher

Telefonkapsel

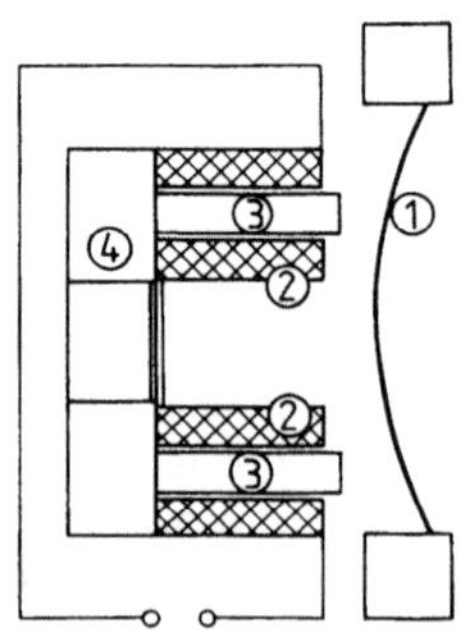

1 Membran
2 Spulen
3 Polschuhe
4 Ringmagnet

Prinzip einer elektromagnetischen Telefonkapsel

Die Stahlmembran der Telefonkapsel bildet mit einem mit Polschuhen versehenen Permanentmagneten einen magnetischen Kreis. Zwischen beiden liegt ein Luftspalt. In der Ruhelage wird die Membran durch das konstante Feld des ringförmigen Magneten vorgespannt. Im Betrieb überlagert sich dem konstanten Feld ein von zwei Spulen erzeugtes Wechselfeld. Die dem elektrischen Signal entsprechenden Feldänderungen veranlassen die Membran zu schwingen. Die Kraft auf die Membran hängt von der Größe des Luftspalts ab. Da ein großer Luftspalt die Empfindlichkeit herabsetzt, werden Telefonkapseln mit einem kleinen Luftspalt von 0,5 bis 1 mm gebaut. Das hat allerdings zur Folge, daß der Luftspalt und der von ihm bestimmte magnetische Widerstand des Kreises nicht mehr konstant ist, sondern von der Membranauslenkung wesentlich beeinflußt wird. Die Rückwirkungen der Membranschwingungen auf den magnetischen Kreis führen zu starken nichtlinearen Verzerrungen. Aus diesem Grund werden heute verstärkt **elektrodynamische Telefonkapseln** eingesetzt, deren Funktionsprinzip dem elektrodynamischen Lautsprecher entspricht.

Ein **elektrodynamischer Lautsprecher** ist prinzipiell eine Umkehrung des elektrodynamischen Mikrofons. Der elektrische Signalstrom durchfließt eine mit der Membran verbundene Spule, die im Feld eines Permanentmagneten beweglich aufgehängt ist. Auf die Spule wirkt eine Kraft, die dem elektrischen Wechselstrom und der Flußdichte des Feldes proportional ist. Die Bewegung der Spule wird auf die Membran übertragen, die sie als Schall abstrahlt. Die Schwingung der Membran soll allein von der Spule bestimmt werden und nicht durch Eigenschwingungen der Membran oder durch die Befestigung der Membran verzerrt werden. Die Membran ist daher meist als Konus aus weichem Material aufgebaut und am Rand elastisch eingespannt. Auch die Schwingspule soll möglichst leicht sein und besteht nur aus wenigen Windungen. Aus diesem Grund sind elektrodynamische Lautsprecher immer niederohmig. Als übliche und genormte Widerstandswerte gelten 4 Ω, 8 Ω und 16 Ω. Der Wirkungsgrad, d.h. das Verhältnis von abgegebener Schalleistung zur elektrischen Eingangsleistung, ist meist kleiner als 5 %.

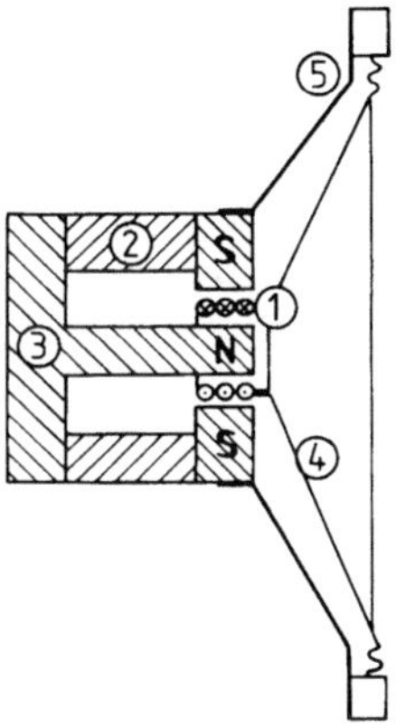

Prinzip eines elektrodynamischen Lautsprechers

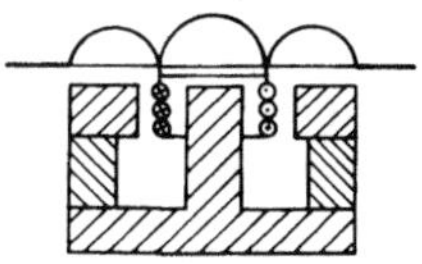

Hochtonlautsprecher mit Kalottenmembran

Für die Wellenlänge von Schallwellen gilt:

$$\lambda = \frac{c}{f}$$

f Frequenz
c Schallgeschwindigkeit (Luft: 344 m/s bei ca. 20 °C)

Elektrodynamische Konuslautsprecher eignen sich zur verzerrungsarmen Umformung von Signalen mit tiefer und mittlerer Frequenz, etwa im Frequenzbereich von 30 Hz bis 8 kHz. In diesem Frequenzbereich ist die Schallwellenlänge groß gegen den Durchmesser des Lautsprecherkonus und es können sich keine Teilschwingungen bilden.

Lautsprecherkombination aus zwei Lautsprechern

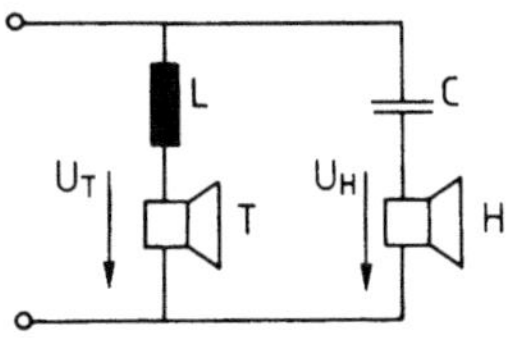

Für die Abgabe von Hörschall im oberen Frequenzbereich muß aber die Membran wesentlich kleiner ausgeführt werden, um Verzerrungen durch Teilschwingungen zu vermeiden. Daher wird die Membran bei sog. Hochtonlautsprechern als Kalotte mit einem kleinen Durchmesser (etwa 2 cm) ausgeführt.

Aus der Tatsache, daß der gesamte Frequenzbereich des Hörschalls nicht mit einem Lautsprecher verzerrungsarm abzustrahlen ist, ergibt sich die Notwendigkeit, hochwertige Schallsender aus mehreren Lautsprechern unterschiedlicher Bauform aufzubauen. Bei den am weitest verbreiteten elektrodynamischen Lautsprechern liegt das Verhältnis von unterer zu oberer Grenzfrequenz etwa bei 1:100, d.h. für die originalgetreue Übertragung des gesamten Hörbereichs sind daher mindestens zwei Lautsprecher notwendig. Die Mehrzahl der hochwertigen Hifi-Lautsprecherboxen enthält mindestens drei Lautsprecher, z.B. ein Konuslautsprecher als Baßlautsprecher und zwei Kalottenlautsprecher mit unterschiedlichem Membrandurchmesser als Mittel- und Hochtonlautsprecher. Bei derartigen Lautsprecherkombinationen wird das umzuformende elektrische Signal mit Hilfe von Frequenzweichen in einzelne Frequenzbereiche zerlegt und den entsprechenden Lautsprechern zugewiesen.

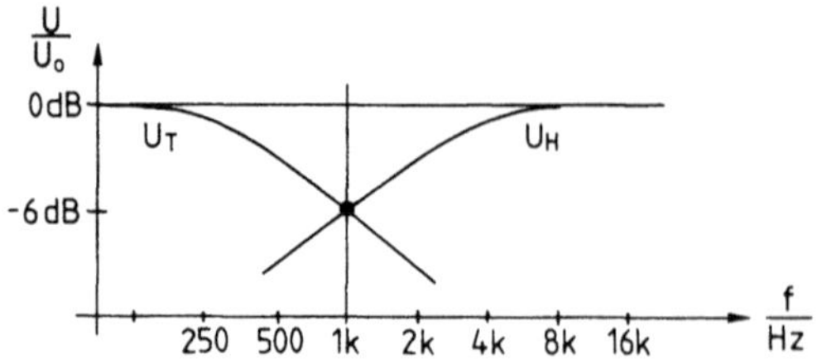

Frequenzgang einer 6 dB-Weiche

► *Schülerversuch*

Aufnahme des Frequenzgangs einer Lautsprecher-Frequenzweiche

Material: Frequenzweiche
Sinusgenerator (10 Hz–20 kHz)
2 Abschlußwiderstände (8 Ω)
2 Vielfachinstrumente

3.2 Informationsübertragung

Nachrichten und Daten können mit den Einrichtungen zur Informationserfassung als elektrische Signale dargestellt und als solche von den Einrichtungen zur Informationsübertragung schnell über große Entfernungen übermittelt werden.

Als Übertragungswege, sog. **Übertragungskanäle**, eignen sich sowohl Leitungen als auch Funkstrecken. Die von den Eingabeeinrichtungen gelieferten Signale sind im allgemeinen durch zusätzliche Einrichtungen, sog. **Signalumsetzer**, an die Anforderungen der Übertragungskanäle anzupassen, wie auch die übertragenen Signale für eine Ausgabe umzusetzen sind.

Soll bei der drahtgebundenen Übertragung mit einer Vielzahl von Verbindungsmöglichkeiten gezielt eine Verbindung zwischen zwei bestimmten Punkten hergestellt werden, so sind spezielle Hilfseinrichtungen für den Verbindungsaufbau notwendig, die als **Vermittlungseinrichtungen** bezeichnet werden.

Übertragungsstrecke:

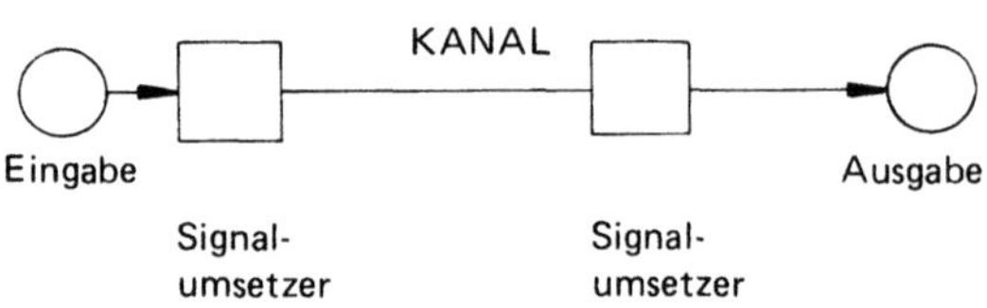

Verbindungsaufbau (Verbindung A–E):

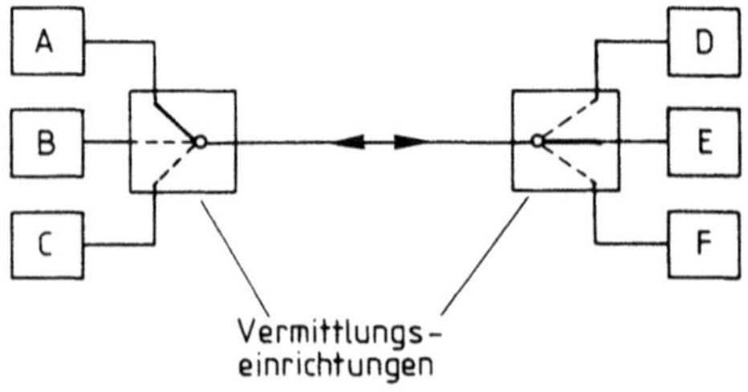

Historische Entwicklung

Die Anfänge der elektrischen Informationsübertragung fallen zeitlich mit dem Beginn des Einsatzes schneller Verkehrsmittel zusammen. Schon immer hatten die Menschen ein Interesse, insbesondere im militärischen Bereich, an einer schnellen Nachrichtenübertragung. Die Entwicklung der optischen Übertragungssysteme vom Fackeltelegraf des Polybios in der Antike bis zur optischen Telegrafenlinie zwischen Berlin und Koblenz des preußischen Kriegsministeriums (1830) zeigen dies deutlich. Durch den Ausbau der Eisenbahnlinien und der Dampfschiffahrt und des damit möglichen schnellen Transports von Personen und Waren über große Entfernungen wurden jedoch schnelle Nachrichtenverbindungen zur Organisation und Kontrolle dieses Verkehrs eine ökonomische und politische Notwendigkeit.

Daher wurden schon wenige Jahre nach dem ersten Nachweis der Elektrizität (A. Volta, 1797) versucht, die neue Entdeckung für die Informationsübertragung zu nutzen, lange bevor die Nutzung der Elektrizität für die Energieübertragung interessant wurde. Die Entwicklung einsatzfähiger **Telegrafensysteme**, d.h. Einrichtungen zur Übertragung als Zeichen codierter Nachrichten, dauerte nur etwa drei Jahrzehnte und war das Werk vieler Einzelerfinder.

Ihre Entwicklungen betrafen in erster Linie die Einrichtungen zur Informationsein- und ausgabe sowie der entsprechenden Codes. Obwohl mit dem Nadeltelegraf, bei dem ein Zeichen am Empfangsort durch die Stellung mehrerer elektromagnetisch ausgelenkter Magnetnadeln dargestellt wurde, ein funktionsfähiges System entwickelt war, wurde der praktische Einsatz durch den hohen Leitungsaufwand (Parallelleitungen) und das Fehlen gut isolierter Kabel verhindert. So erhielten z.B. 1839 weder Schilling v. Cannstadt noch Gauss und Weber den Auftrag zum Bau einer Telegrafenstrecke entlang der Eisenbahnlinie Leipzig-Dresden, weil sie die verlangte unterirdische Verlegung der Leitungen nicht realisieren konnten. Feuchtigkeitsbeständige Kabel waren erst verfügbar, als Wachs, Harz und Schellack durch Guttapercha als Isolation ersetzt wurden (J. d. Almeida, 1843).

Praktische Bedeutung erlangten der Schreibtelegraf von Morse (1837) und in Deutschland der Zeigertelegraf von Siemens (1846). Bei dem Morsetelegrafen↑ werden alphanumerische Zeichen als Kombinationen kurzer und langer Stromstöße kodiert am Empfangsort als Punkte und Striche auf einem Papierstreifen ausgegeben. Bei einem Zeigertelegrafen wird jedem Buchstaben eine Anzahl von Stromsignalen zugeordnet, die am Empfangsort einen elektromagnetisch bewegten Zeiger auf einer Buchstabenskala entsprechend einstellen. Die erste bedeutende Telegrafenlinie in Deutschland zwischen Berlin und Frankfurt (1848) war mit Zeigertelegrafen ausgerüstet. Der preußischen Regierung in Berlin erschienen damals die Informationen über das Geschehen in der Nationalversammlung in Frankfurt so wichtig, daß sie Siemens mit dem Bau dieser Linie beauftragte.

Nachdem die ersten praktischen Einsätze, trotz einiger technischer Unzulänglichkeiten, die Bedeutung der elektrischen Informationsübertragung für Politik und Wirtschaft gezeigt hatten, entstanden in den folgenden Jahren zwischen den internationalen Wirtschaftszentren und innerhalb der Kolonialreiche aufwendige Telegrafenlinien zu Land und unter Wasser.

Zum Beispiel: 1849 Petersburg–Moskau
1852 London–Paris
1858 Amerika–Europa (2500 sm)
1869 England–Indien (11000 sm)

Bis zur Jahrhundertwende war das Telegrafenkabelnetz auf über 300000 km angewachsen. Da bei der Telegrafie zur Übertragung der kodierten Zeichen immer eine Ver- und Entschlüsselung durch ausgebildetes Personal notwendig war, d.h. da Sender und Empfänger einer Nachricht nicht direkt in Verbindung treten konnten, wuchs das Interesse an der Ein- und Ausgabe der Nachrichten in der dem Menschen gewohnten Form als Text oder Sprache. Dies führte zur Entwicklung des Fernschreibers und des Telefons.

Während die Übermittlung von Fernschreiben an vorangegangene Entwicklung anknüpfen konnte, war damals die elektrische Übertragung der menschlichen Sprache vielen Menschen unvorstellbar. Folglich wurde Philipp Reis dem ersten Erfinder von Mikrofon↑ und Hörer↑ (1861) die Darstellung seines **Telefons** in der deutschen Fachpresse (Poggendorfsche Annalen für Physik und Chemie) verweigert, weil eine elektrische Übertragung von Sprache unglaubhaft sei. Erst 1876 konnte A. G. Bell durch die Vorführung eines Telefons auf der Weltausstellung in Philadelphia ein allgemeines Interesse für die Sprachübertragung wecken. Schon ein Jahr später ließen sich in Boston 5 Banken Telefone installieren und schon 1878 entstand das erste Fernsprechamt in Amerika (New Haven) zur Vermittlung der Verbindungen innerhalb der Stadt.

Die von Bell entwickelten Mikrofone und Hörer arbeiteten nach dem elektrodynamischen Umformerprinzip↑, daher waren die Signalleistungen klein und die Übertragungsentfernungen relativ gering (75 km). Die Einführung des Kohlemikrofons↑ brachte eine Verbesserung.

Die Begrenzung der Übertragungsentfernungen durch die Leitungsverluste und Störeinflüsse war damals ein schwerwiegendes Problem. Bei der Telegrafie konnten die Beschränkungen durch die störunanfällige Kodierung der Nachrichten, die empfindlichen Empfangsgeräte und die Einrichtung von Zwischenstationen weitgehend überwunden werden. Bei der Telefonie bestanden diese Möglichkeiten nicht und es mußten in erster Linie die Übertragungseigenschaften der Leitungen verbessert werden. Die anfänglich gewählte Lösung der Heraufsetzung des Leitungsquerschnitts und die Verwendung von Bronze als Leitungsmaterial machte Fernsprechverbindungen sehr aufwendig. Der mit dem Anwachsen der Anzahl der Verbindung notwendige Übergang von Freileitungen zu Kabeln verstärkte außerdem das Problem der induktiven und kapazitiven Kopplung (Nebensprechen↑) und der kapazitiven Verluste. Als Folge der theoretischen Behandlung dieser Probleme wurde die Leitungstheorie entwickelt und als praktische Maßnahmen die definierte Verseilung der Kabel (z.B. Dieselhorst-Martin-Verseilung) und die induktive Kompensation der Leitungskapazitäten (z.B. Pupinspulen) eingeführt. Trotz allem blieb das Problem bestehen, z.B. konnte man bei dem ersten deutschen Fernkabel (Rheinlandkabel, 1912) trotz Pupinisierung die Reichweite von 800 km nur durch Verwendung starkdrähtiger Leiter (3 mm Durchmesser) erreichen. Eine prinzipielle Lösung dieser Schwierigkeiten brachte erst der Einsatz von Leitungsverstärkern (etwa ab 1920).

Mit dem Anwachsen der Verbindungsmöglichkeiten im Fernsprechnetz, d.h. mit der Zunahme der Teilnehmerzahlen, gewann die Organisation des Verbindungsaufbaus in der Fernsprechtechnik immer größere Bedeutung. Die anfängliche Form des Verbindungsaufbaus war die Handvermittlung, d.h. der anrufende Teilnehmer teilt dem Vermittlungspersonal im Fernsprechamt die gewünschte Verbindung mit und dieses schaltete per Hand die entsprechenden Leitungen zusammen. In allen Städten mit Fernsprechverkehr entstanden in der Folge Fernsprechvermittlungsämter, bei denen alle Teilnehmerleitungen zusammenliefen. In den Großstädten mit mehreren Tausend Teilnehmern waren an den Schaltschränken des Vermittlungsamts ständig mehrere Hundert Beamte mit dem Verbindungsaufbau beschäftigt. Ihre Personalkosten betrugen bald 20 % der Gesamtkosten des Fernsprechnetzes. Außerdem entstanden bei der relativ langsamen Handvermittlung erhebliche Nutzungsausfälle der Leitungen während des Verbindungsaufbaus. Schon früh setzten daher Rationalisierungsmaßnahmen ein, mit dem Ziel, die Vermittlungsbeamten durch automatische Vermittlungseinrichtungen zu ersetzen. Die Grundlage für diese Entwicklung bildeten die von Strowger (1893) geschaffenen automatischen Vielfachumschalter, sog. Wähler. Diese Wähler im Fernsprechamt werden direkt vom anrufenden Teilnehmer über einen Zifferncode gesteuert, den er mit einem Nummernschalter↑ eingibt. Schon 1930 war etwa die Hälfte der 2 Millionen deutschen Fernsprechteilnehmer mit automatischen Vermittlungsämtern verbunden und seitdem ist die Handvermittlung praktisch aus allen Bereichen durch Selbstwähleinrichtungen verdrängt.

Nachdem Maxwell (1867) theoretisch und H. Hertz (1886) experimentell die nicht an Leiter gebundene Fernwirkung hochfrequenter elektromagnetischer Wellen nachgewiesen hatten, lag die technische Nutzung der elektromagnetischen Wellen zur drahtlosen Informationsübertragung nahe. Die ersten einsatzfähigen Übertragungssysteme wurden von Popow (1895 Empfänger, 1896 Sende- und Empfangseinrichtung) und Marconi (1896) entwickelt, indem sie Antennen einführten und im Empfänger als Anzeigeelement Kohärer (Branly, 1892) einsetzten. Während die Arbeiten von Popow für die weitere Entwicklung relativ folgenlos blieben, konnte Marconi die britische Admiralität vom militärischen Nutzen der drahtlosen Nachrichtenübertragung überzeugen und finanzielle Unterstützung erhalten. Schon 1899 benutzte die britische Marine die drahtlose Telegrafie während eines Manövers und erzielte Reichweiten von über 100 km. Diese Erfolge führten dazu, daß in mehreren Ländern, von der Marine unterstützt, die Entwicklung drahtloser Telegrafiesysteme aufgenommen wurde. Im Jahre 1902 konnte Marconi die erste transatlantische Verbindung herstellen. In Deutschland führte die Zusammenfassung der einzelnen deutschen Entwicklungen (Slaby: Abstimmung von Sender und Empfänger; Braun: Induktive Kopplung von Oszillator und Antenne) durch die Gründung der Firma Telefunken (AEG und Siemens) zu leistungsfähigen Übertragungssystemen. Im Herero-Krieg (1904) wurden zum erstenmal zwei Land-Funkabteilungen eingesetzt und 1906 wurde mit dem Bau der Großstation Nauen begonnen, um eine unzerstörbare Verbindung mit den Kolonien herzustellen. Der Durchbruch im zivilen Bereich wurde erreicht, als auf der Titanic-Konferenz (1912) drahtlose Übertragungseinrichtungen für alle Passagierschiffe als obligatorisch erklärt wurden.

Zu Beginn der drahtlosen Informationsübertragung war nur die Übermittlung von Telegrafiezeichen über Funkstrecken möglich. Die Voraussetzung für die drahtlose Telefonie, die Beeinflussung der ausgesendeten Hochfrequenz-Wellen durch die niederfrequenten Signale des Hörbereichs, war bei dem Einsatz von Funkensendern nicht gegeben. Bei den Funkensendern wird ein Schwingkreis durch die Entladung über eine Funkenstrecke zu einer gedämpften hochfrequenten Schwingung angeregt. Zwischen den einzelnen Funkenentladungen, muß eine Totzeit eingehalten werden, in der die Funkenstrecke wieder sperren kann, d.h. in der die Ionisierung der Luft abgebaut wird. Dadurch wird die Funkenfolge außerordentlich beschränkt. Die ersten Funkensender arbeiteten mit einer Funkenfrequenz von ca. 10 Hz und konnten daher nur zur Übertragung noch niedrigerer Signalfrequenzen eingesetzt werden. Das Problem der drahtlosen Telefonie konnte daher erst gelöst werden, als Sender entwickelt waren, die eine nicht-abklingende, konstante Hochfrequenz-Schwingung erzeugten. 1899 entdeckte Thomson, daß sich mit einem Lichtbogen als negativen Widerstand in einem Schwingkreis ungedämpfte Schwingungen erzeugen lassen. Davon ausgehend entwickelte Paulsen (1904) einen Lichtbogensender. Fast gleichzeitig lief die Entwicklung elektromechanischer Hochfrequenzmaschinen. Hochfrequenzmaschinen erzeugen einen konstanten Wechselstrom im Langwellenbereich↑ nach dem Generatorprinzip elektromechanischer Wandler. 1906 sendete Fessenden in den USA das erste Unterhaltungsprogramm (Musik und Sprache) mit einem derartigen Sender. Hochfrequenzmaschinen bis zu einer Leistung von mehreren hundert Kilowatt wurden darauf auch in Telegrafiesendern eingesetzt. Auch in Deutschland wurde die Mehrzahl der Großstationen mit Hochfrequenzmaschinen ausgerüstet, die teilweise mit einer elektromechanischen Frequenzvervielfachung (Goldschmidt, 1908) arbeiteten.

Eine wesentliche Weiterentwicklung der Rundfunktechnik brachte die Einführung der Elektronenröhren (Fleming, 1904: Zwei-Elektrodenröhre; v. Lieben 1905: gasgefüllte Drei-Elektrodenröhre; de Forest 1906: Drei-Elektroden-Vakuumröhre). Mit der Elektronenröhre als Schaltungselement war die Entwicklung leistungsfähiger Sender- und Empfängerschaltungen möglich, z.B. die Anwendung des Rückkopplungsprinzips (Meißner, 1913). Im Folgenden wurden Röhrenschaltungen als Verstärker, als Oszillatoren, als Modulatoren↑ und Demodulatoren↑ eingesetzt.

Während des ersten Weltkriegs wurden dann die drahtlosen Telefone, z.B. für die Verbindung zwischen Flugzeugen und Bodenstationen, weiterentwickelt, so daß danach eine relativ ausgereifte Röhrentechnik für den allgemeinen Einsatz zur Verfügung stand. 1921 begann als erste die Station Pittsburgh (USA) mit der regelmäßigen Ausstrahlung von Musik- und Sprachprogrammen und ein Jahr später nahmen die British Broadcasting Corporation und der deutsche Wirtschaftsrundfunk ihre Programme auf. 1923 wurden in Deutschland die ersten Unterhaltungssendungen regelmäßig ausgestrahlt.

Man war lange Zeit der Meinung, daß für Funkverbindungen über große Entfernungen, lange Wellen unbedingt erforderlich seien. Die Erfolge der zahlreichen Funkamateure brachten jedoch den Nachweis, daß mit Kurzwellen bei kleiner Sendeleistung außerordentlich große Reichweiten zu erzielen sind. An der Erforschung der Ausbreitung von Raumwellen↑, insbesondere der Reflexion von Kurzwellen an der Ionosphäre, hatten die Amateure wesentlichen Anteil. Ausgelöst wurde diese Entwicklung durch die Vorschrift, daß Funkamateure ihre Analgen nur im damals uninteressanten Kurzwellenbereich betreiben durften, z. B. wurden nach dem Krieg zahlreiche Militärgeräte an Amateure mit der Auflage verkauft, sie nur unter einer Wellenlänge von 200 m zu benutzten. Die Erkenntnisse über den Kurzwellen- und Ultrakurzwellenbereich brachten eine Erweiterung des allgemein nutzbaren Frequenzbereichs für den Hörfunk und waren eine Voraussetzung für die Einführung von Fernsehen und Richtfunk.

Das grundsätzliche Funktionsprinzip einer drahtlosen Bildübertragung ist seit den 20er Jahren bekannt (Korolus 1924, Mihaly 1928) und 1931 führte v. Ardennen auf der Funkausstellung in Berlin das erste vollelektronische Fernsehsystem vor. Der erste öffentliche Fernsehsender nahm schon 1934 seinen Probebetrieb in Berlin-Witzleben auf und die erste Direktübertragung erfolgte entsprechend dem Propagandakonzept der damaligen Machthaber 1936 von der Olympiade in Berlin. Trotz der technischen Erfolge und des großen politischen Interesses fand das Fernsehen zu dieser Zeit keine allgemeine Verbreitung, da die Empfangsgeräte im Gegensatz zu den Rundfunkempfängern zu aufwendig waren. Erst als nach dem zweiten Weltkrieg, die für den militärischen Bereich weiterentwickelten Bauelemente, insbesondere kleinere Mehrgitterröhren, zur Verfügung standen, wurde die Massenfertigung von Fernsehempfängern aufgenommen.

Literatur

Diels, H.: Antike Technik, Leipzig u. Berlin 1914; S. 64–82

Sonnemann, R. u. a.: Geschichte der Technik, Leipzig 1978; S. 256–262, 334–342, 403–411

v. Siemens, W.: Lebenserinnerungen, Leipzig 1943

Zipp, H. (Hrg.): Die Elektrotechnik Bd. II, Berlin (ca. 1930); Kap. XIV.3.I und 4, XV.1

3.2.1 Übertragungskanäle

Die Verbindung zwischen dem Sender und dem Empfänger einer Information wird durch den Übertragungskanal hergestellt. Nach der Art des Kanals wird zwischen drahtgebundener und drahtloser Informationsübertragung unterschieden. Bei der **drahtgebundenen Übertragung** in Leitungsnetzen wird die Verbindung zwischen zwei Punkten über die Vermittlungseinrichtung in den Leitungsknoten durchgeschaltet. Bei der **drahtlosen Übertragung** über Funkstrecken besteht die Möglichkeit der Lenkung des Informationsflusses innerhalb des Kanals nicht.

Ein Übertragungskanal wird charakterisiert durch die Güte und die Reichweite der Informationsübertragung. Beide Größen sind voneinander abhängig. Die Güte der Informationsübertragung wird wesentlich von der Güte der Signalübertragung bestimmt, die ihrerseits von den im Kanal auftretenden **Verzerrungen** und den von Außen einwirkenden **Störungen** abhängt. Es ist im allgemeinen die Aufgabe eines Kanals, nicht nur Sinusschwingungen einer Frequenz, sondern ein **Frequenzband** zu übertragen. Bei der Darstellung der Information durch eine analoge Zeitfunktion der elektrischen Größe, z.B. bei Sprache oder Musik, wird das Frequenzband durch den ursprünglichen Frequenzbereich der Größen vorgegeben und bei der Abbildung einer Zeichenfolge als eine zeitliche Folge diskreter elektrischer Signale, z.B. bei Buchstaben im Fernschreibecode, durch die Übertragungsgeschwindigkeit. Werden bei der Übertragung die Teilfrequenzen im Frequenzband unterschiedlich behandelt oder entstehen zusätzliche Oberwellen, dann stimmt die Zeitfunktion des Signals beim Empfänger nicht mehr mit dem gesendeten Signal überein, d.h. der Kanal überträgt nicht verzerrungsfrei. Die Verzerrungen eines Übertragungskanals können quantitativ erfaßt werden. Lineare Verzerrungen, d.h. frequenzabhängige Dämpfung und Laufzeiten, können durch den Frequenzgang↑, das Dämpfungs- und Phasenmaß oder das verzerrungsfrei übertragene Frequenzband beschrieben werden. Das Frequenzband wird durch die höchste und tiefste Frequenz, die Grenzfrequenzen, oder durch die Differenz der Grenzfrequenzen, die **Bandbreite**, charakterisiert. Nichtlineare Verzerrungen, d.h. die Entstehung signalfremder Frequenzanteile, werden durch den Klirrfaktor↑ oder den Intermodulationsfaktor↑ gekennzeichnet.

Störungen sind elektrische Größen, die sich dem Nutzsignal unkontrolliert überlagern. Auf die Güte der Informationsübertragung haben die Störungen einen unterschiedlichen Einfluß. Die Störungen mit ähnlicher Zeitfunktion wie das Nutzsignal sind besonders schädlich. Sie entstehen häufig durch Einstreuung aus benachbarten Kanälen. Die Übertragung von Gesprächen aus einer fremden Doppelleitung wird in der Fernsprechtechnik als **Nebensprechen** bezeichnet und durch die Nebensprechdämpfung quantitativ beschrieben. Daneben können periodische Störungen, wie z.B. Netzbrummen, und unregelmäßige Störungen, wie z.B. Rauschen durch atmosphärische Störungen, die Güte herabsetzen. Der Einfluß der Störungen wird quantitativ durch den Störabstand beschrieben. Der **Störabstand** ist das Verhältnis von Nutzsignal zu Störsignal am Empfänger und wird meist in Dezibel↑ angegeben. Bei vorgegebener Größe des Nutzsignals und entfernungsabhängiger Größe des Störsignals ist durch den minimalen Störabstand die Reichweite der Übertragung festgelegt.

Die Anforderungen an einen Übertragungskanal, d.h. die zulässigen Maximalwerte der Verzerrungen und Störungen, können nur in Abhängigkeit vom Einsatzzweck festgelegt werden. Denn in der Praxis bestimmen nicht nur die elektrischen Eigenschaften des Kanals, sondern auch der Informationsgehalt der Signale und die subjektiven Anforderungen des Empfängers die Güte. Zum Beispiel sind zur originaltreuen Darstellung von Hörschall Signale im Frequenzband von etwa 16 Hz bis 16 kHz unverzerrt zu übertragen. Für die Verständlichkeit von Sprache ist allerdings nur ein wesentlich kleinerer Frequenzbereich notwendig. Daher wird in der Fernsprechtechnik mit einem Frequenzband von 300 Hz bis 3400 Hz gearbeitet. Eine Einschränkung, die für anspruchsvolle Sprachübertragung und Musikübertragung schon sehr störend wirkt. Rundfunkübertragungen erfolgen daher im Frequenzbereich von 30 Hz bis 15 kHz. Für das Fernsehen bestehen durch die Abtastung der etwa 30000 Bildpunkte in 40 ms bei gleichzeitiger Übertragung der akustischen Information noch wesentlich höhere Anforderungen. Hierbei wird ein Frequenzband von 25 Hz bis 6 MHz notwendig.

Redundanz bezeichnet die Weitschweifigkeit bei der Darstellung einer Information. Bei eindeutigen Informationen und definierten binären Codes kann der mittlere Informationsgehalt von Nachrichten und Daten (Entropie) quantitativ als eine Anzahl der binären Elementarzeichen (Bit) angegeben werden. In diesem Fall ist die Redundanz als Verhältnis der zusätzlichen Binärzeichen zur Gesamtzahl der übertragenen Binärzeichen definiert und ebenfalls quantitativ beschreibbar.

Bei der Informationsübertragung binärer Zeichen werden oft gezielt redundante Informationen hinzugefügt und für Prüfzwecke eingesetzt. Alle fehlererkennenden Codes arbeiten mit redundanten Informationen.

Bei Nachrichten in der natürlichen Sprache kann die Redundanz im allgemeinen nicht eindeutig quantisiert werden, da die Sprache kein eindeutiger Code ist. Mit statistischen Methoden wurde jedoch ermittelt, daß die deutsche Sprache etwa 60 % redundante Informationen enthält.

Demonstration der Redundanz der Sprache:

1. Verständlichkeit der Sprache bei erheblich gestörter Rundfunkübertragung (Kofferradio im Kurzwellenbereich betreiben).
2. Text ans-hre-be-, be- d-m zwanz-g Proz-nt d-r Bu-h-stab-n fe-len.

▶ *Schülerübung*

Verminderung der Redundanz bei Kurztexten (Telegrammstil).

Da jede Nachricht redundante Informationen enthält, kann ein Informationsverlust durch Verzerrungen und Störungen bei der Übertragung in Kauf genommen werden, bzw. durch Erhöhung der Redundanz, können auch bei verlustbehafteten Kanälen Informationen richtig übertragen werden. Der Zusammenhang zwischen mittlerem Informationsgehalt, Redundanz, Störabstand und Frequenzband kann für binär codierte Zeichen mit Hilfe der Informationstheorie quantitativ beschrieben werden. Mit der Ausweitung der Übertragung von Informationen in digitaler Darstellung gewinnt die Informationstheorie an praktischer Bedeutung.

3.2.1.1 Drahtgebundene Kanäle

Die drahtgebundene Informationsübertragung kann über Kabel oder Freileitungen erfolgen. Die Freileitungen, meist an Holzmasten über Isolatoren befestigte Kupfer- oder Stahldrähte, sind aufgrund ihrer Stör-

Beispiele für Verseilungsarten

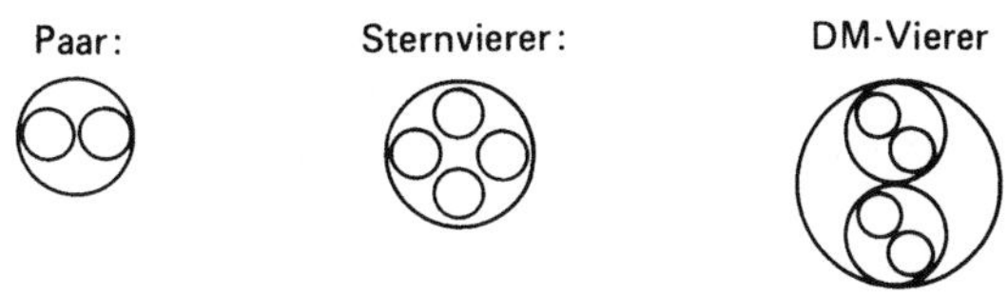

anfälligkeit weitgehend von Kabeln verdrängt. Die Störanfälligkeit von Freileitungen beruht auf der zeitweisen starken mechanischen Beanspruchung, z.B. durch Eisbildung und Winddruck, der Einstreuung von atmosphärischen Störungen und den witterungsbedingten Dämpfungsschwankungen. Daher wurden schon frühzeitig Kabel aus mehreren isolierten Kupferleitungen als Übertragungswege eingesetzt. Die Verlegung von Erdkabel als Fernkabel bietet Schutz gegen äußere Einwirkungen und senkt die mechanische Belastung der Einzelleitung. Daher können in Kabeln wesentlich dünnere Drähte (0,4–1,4 mm) als in Freileitungen (2–5 mm) benutzt werden. Die gegenseitige Beeinflussung der dicht nebeneinander liegenden Leitungen eines Kabels wird durch eine **Verseilung** vermindert. In der Fernsprechtechnik sind zur Dämpfung des Nebensprechens im wesentlichen folgende Verseilungsarten üblich:

- Paarverseilung:
  Verseilung von zwei Adern
- Sternvierer-Verseilung:
  Verseilung von vier Adern, die gegenüberliegenden Adern bilden jeweils eine Doppelleitung
- DM-Vierer-Verseilung (Dieselhorst-Martin-Verseilung):
  Verseilung von zwei miteinander verseilten Paaren

Durch die Verseilung wird die Kopplung, in erster Linie die induktive Kopplung, der Kanäle wesentlich verkleinert.

Neben dem Leitungswiderstand bewirken die Kapazitäten zwischen den beiden Leitern eines Kanals sowie zwischen diesen und einer leitenden Umgebung, eine Dämpfung des Signals. Die Übertragungseigenschaften eines Kanals werden durch diese Betriebskapazität um so negativer beeinflußt, je höher die Signalfrequenz ist. Die Betriebskapazität eines Kanals ist durch die geometrische Lage der Leiter zueinander und durch die relative Dielektrizitätskonstante des Isolierstoffs zwischen ihnen vorgegeben. Eine Möglichkeit die Dämpfung des Signals bei symmetrischen Doppelleitungen zu vermindern, besteht in der Kompensation der Betriebskapazität durch zusätzliche Induktivitäten. Derart kompensierte Kabel

Leitungstheorie:

Die Signalübertragung auf Leitungen erfolgt über elektrische und magnetische Felder, die sich entlang der Leitung mit endlicher Geschwindigkeit ausbreiten und Träger der Energie sind. In der Informationsübertragung ist im Gegensatz zu den meisten Anwendungen der Energietechnik die Zeit für die Ausbreitung des elektromagnetischen Felds längs der Leitung in bezug auf die Periodendauer der Signale nicht mehr zu vernachlässigen. Für elektrisch lange Leitungen besteht daher neben der Zeitabhängigkeit des Betrags und der Phase von Strom und Spannung auch eine Ortsabhängigkeit. Man bezeichnet eine Leitung als elektrisch lang, wenn die Wellenlänge der elektrischen Größen in der Größenordnung der Leitungslänge liegt.

Zur quantitativen Betrachtung der Zeit- und Ortsabhängigkeit von Strom und Spannung wird für die Leitung als Ersatzschaltung die Reihenschaltung unendlich vieler Leitungselemente der Länge dx gewählt. Jedes Element des Leitungspaars besteht aus Längswiderstand und Querleitwert.

Ersatzschaltbild für ein Leitungselement:

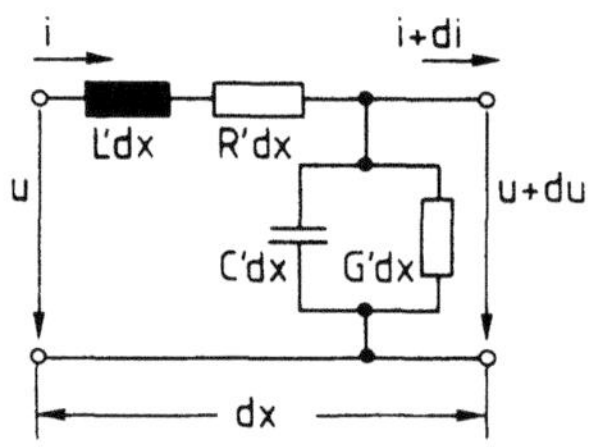

L' Induktivitätsbelag (Induktivität der Leitung je Längeneinheit)
R' Widerstandsbelag (Verlustwiderstand je Längeneinheit)
C' Kapazitätsbelag (Kapazität je Längeneinheit ≙ Betriebskapazität)
G' Ableitungsbelag (Verlustleitwert je Längeneinheit)

Durch den Ansatz der Kirchhoffschen Gleichungen auf ein Leitungselement im eingeschwungenen Zustand ergeben sich folgende zwei partielle Differentialgleichungen, die auch als Thomsonsche Telegrafengleichungen bezeichnet werden:

$$-\frac{\partial u}{\partial x} = L' \frac{\partial i}{\partial t} + R'i$$

$$-\frac{\partial i}{\partial x} = C' \frac{\partial u}{\partial t} + G'u$$

Diese Differentialgleichungen lassen sich für vorgegebenen Zeitverlauf und definierte Anfangs- oder Endwerte lösen und die Zeit- und Ortsabhängigkeit von Strom und Spannung quantitativ erfassen.

(Fricke/Lamberts/Schuchardt: Elektrische Nachrichtentechnik, Teil 1; Kap. 11)

Allerdings gelten die Ergebnisse nur für den eingeschwungenen Zustand, d.h. z.B. nicht für Telegrafiebetrieb, und nur für homogene Leitungen. Für die praktische Anwendung wird oft mit abgeleiteten Näherungsformeln gearbeitet.

werden nach dem Erfinder als Pupin-Kabel bezeichnet. **Pupin-Kabel** sind z.B. im Abstand vom 1,7 km mit Spulen von 12 mH versehen. Die Kompensation zweier frequenzabhängiger Widerstände kann exakt nur für eine Frequenz erreicht werden, d.h. eine Verkleinerung der Dämpfung durch Pupinisierung des Kabels wird nur für ein begrenztes Frequenzband bewirkt. Für Breitbandkabel, d.h. Kabel, die günstige Übertragungseigenschaften für ein breites Frequenzband aufweisen, können daher nur unpupinisierte symmetrische Doppelleitungen oder **Koaxialleitungen** eingesetzt werden. Koaxialleitungen bestehen aus einem Außenleiter und einem Innenleiter. Der Außenleiter umschließt den Innenleiter. Der Abstand zwischen beiden Leitern wird durch Kunststoffscheiben oder -wendel konstant gehalten. Die Dämpfung ist bei Koaxialkabel auch für hohe Frequenzen relativ klein, da abgesehen von den Distanzscheiben die Isolation zwischen den Leitern aus Luft besteht. Außerdem haben derartige Kabel den Vorteil, daß keine Abstrahlung auftritt. Koaxialkabel werden als Fernsehkabel, d.h. zur Übertragung von Fernsehsignalen über Leitungen, und als Trägerfrequenzkabel, d.h. zur Belegung eines Leitungspaars mit mehreren Kanälen, eingesetzt.

Bauformen von Leitungen:

Prinzip des Pupin-Kabels

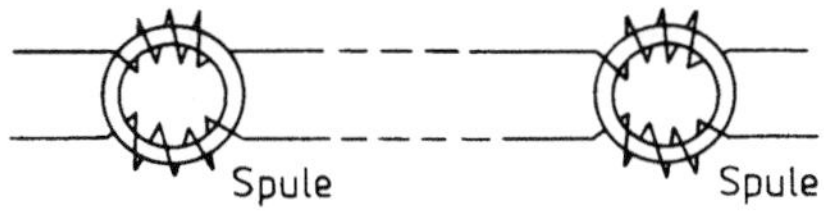

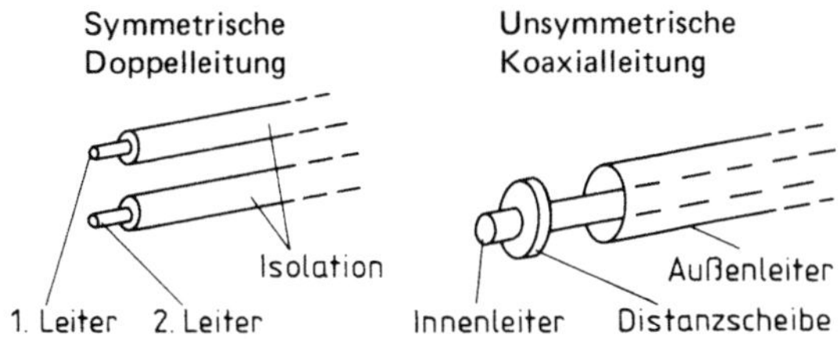

Beispiele für Dämpfungswerte

Doppelleitung	0,4 mm	0,150 Np/km
	1,4 mm	0,045 Np/km
Pupinkabel (M)	0,9 mm	0,019 Np/km
(bei 800 Hz)	1,4 mm	0,0095 Np/km
Koaxialkabel	(2,6/9,5 mm)	0,272 Np/km
(bei 1 MHz)		

Umrechnung der Pegelmaße:

10 dB ≙ 1,15 Np   1 Np ≙ 8,686 dB

Der Anwendungsbereich eines Kabels wird im wesentlichen von der Dämpfung bestimmt. Die Dämpfung pro Längeneinheit wird i.a. in einem logarithmischen Maß als Verhältnis der elektrischen Ein- und Ausgangsgrößen zwischen den Leitungspunkten angegeben. Der Zahlenwert des Verhältnisses wird für den natürlichen Logarithmus mit Neper (Np) und für den dekadischen Logarithmus mit Bel (B) oder seinem zehnten Teil, mit Dezibel (dB) bezeichnet. (vgl. 1.5.2.1) Eine frequenzunabhängige Dämpfung kann durch die Zwischenschaltung von Verstärkern in den Übertragungsweg aufgehoben werden. Eine frequenzabhängige Dämpfung führt zu Verzerrungen und kann nur begrenzt kompensiert werden.

3.2.1.2 Funkstrecken

Elektromagnetische Strahlung breitet sich im freien Raum wie Licht aus. Vom Erregerzentrum, der Sendeantenne, lösen sich elektromagnetische Wellen, entfernen sich mit Lichtgeschwindigkeit und können in entfernten Empfangsantennen eine elektrische Spannung induzieren. Um die Strahlung zur Informationsübertragung zu nutzen, ist es notwendig, sie als **Träger** entsprechend den Informationen zu beein-

Modulation des Trägers:

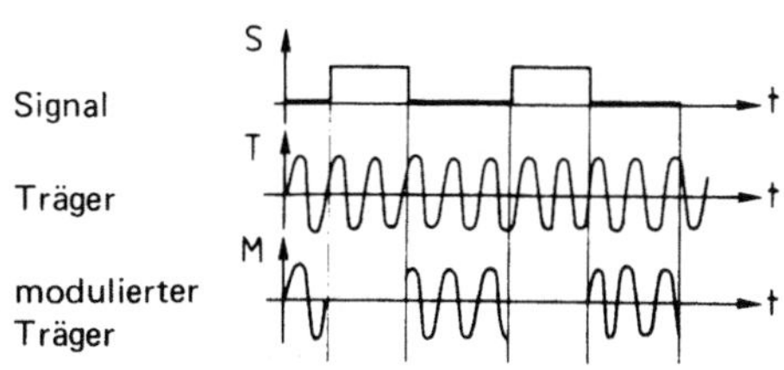

flussen. Denn konstante elektromagnetische Wellen, d.h. Wellen mit konstanter Amplitude und konstanter Frequenz, beinhalten keine Informationen. Die einfachste Form der Beeinflussung, das Ein- und Ausschalten des Senders, wird zur Übertragung binärer Zeichen, z.B. bei der Telegrafie, eingesetzt. Zur Übertragung von Sprache oder Musik wird i.a. entweder die Amplitude oder die Frequenz der hochfrequenten Größe im Sender in Abhängigkeit von den tonfrequenten Signalen verändert. Abgestrahlt werden dann amplituden- bzw. frequenzmodulierte elektromagnetische Wellen. Das Aufprägen eines niederfrequenten Signals auf einen hochfrequenten Träger wird als **Modulation**↑ bezeichnet.

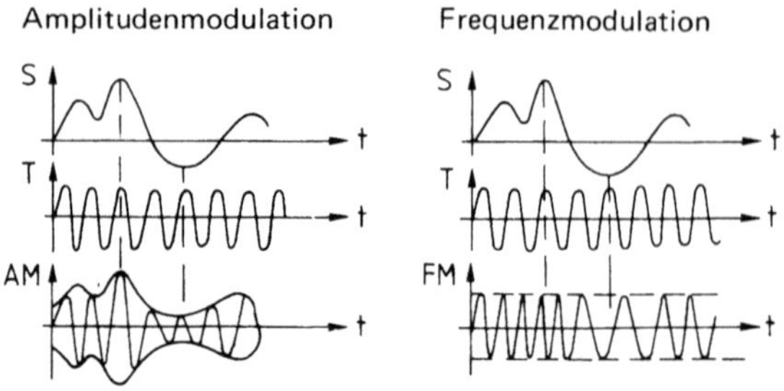

Der praktisch genutzte Frequenzbereich des Trägers geht etwa von 10 kHz bis 30 GHz. Dieser Ausschnitt des Frequenzspektrums elektromagnetischer Wellen wird nach unten durch die großen Abmessungen der auf die Wellenlänge abgestimmten Antennen und nach oben durch die Verluste in der Luft (Troposphäre) begrenzt. Im freien Raum ist die Ausbreitung elektromagnetischer Wellen unabhängig von der Frequenz. Für die Informationsübertragung sind jedoch die realen Bedingungen im erdnahen Bereich von Bedeutung und hier erfolgt die Ausbreitung durchaus unterschiedlich in den einzelnen Wellenbereichen.

Beispiele für die Nutzung des elektromagnetischen Frequenzspektrums:

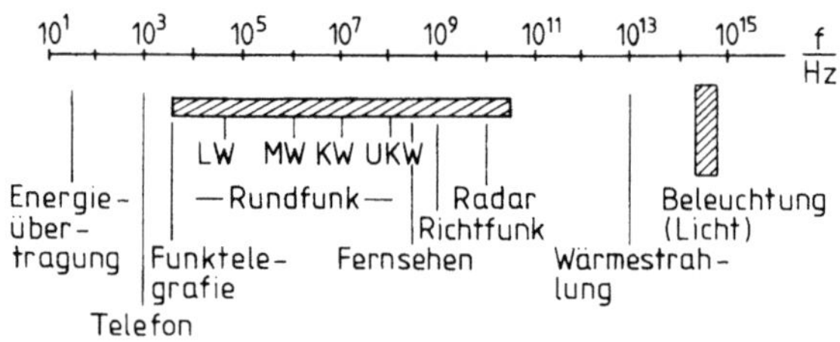

Der Einfluß der Erdoberfläche und der Atmosphäre auf die Ausbreitung von elektromagnetischen Wellen kann nur vernachlässigt werden, wenn zwischen Sender und Empfänger Sichtverbindung besteht. In allen anderen Fällen, d.h. bei jeder Fernübertragung, werden die Eigenschaften der Funkstrecke durch diese Einflüsse maßgeblich bestimmt. Entsprechend den beiden Einflußfaktoren wird zwischen Bodenwelle und Raumwelle unterschieden. Die **Bodenwelle** ist der Teil der Strahlung, der sich längs der Erdoberfläche ausbreitet. Aufgrund der Absorption von Strahlungsenergie durch den Boden, wird die Reichweite begrenzt. Die Schwächung des bodennahen Feldes durch Absorption nimmt mit der Frequenz der Welle zu. Außerdem werden die Wellen an der Erdoberfläche gebeugt, d. h. sie können begrenzt der Erdkrümmung folgen. Mit steigender Frequenz nimmt der Beugungseffekt ab, so daß Höchstfrequenzwellen außerhalb der Sichtweite nur noch ein sehr schwaches Feld verbreiten. Die frequenzabhängige Dämpfung durch die Bodenabsorption und die Beugung bewirkt, daß eine Fernübertragung durch die Bodenwelle nur mit relativ langen Wellen möglich ist.

Ausbreitung elektromagnetischer Wellen:

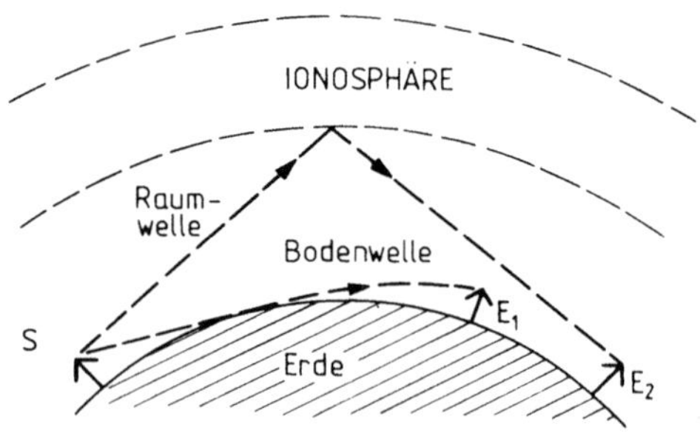

Die **Raumwelle** ist der nach oben abgestrahlte Teil der elektromagnetischen Wellen. Ohne Beeinflussung durch die Atmosphäre wäre sie für die Informationsübertragung auf der Erde nicht zu nutzen. Für einige Frequenzbereiche jedoch brechen und reflektieren die höheren Schichten der Atmosphäre die Raumwelle, so daß ein Teil auf die Erde zurückgelangt. Die für die Reflexion der Raumwelle verantwortliche Schicht wird als Ionosphäre bezeichnet. Die Ionosphäre beginnt etwa in 60 km Höhe und reicht bis etwa 500 km. In dieser Schicht befinden sich durch ultraviolette Strahlung ionisierte Gasmoleküle. Die elektrischen Eigenschaften der Ionosphäre sind starken tages- und jahreszeitlichen Schwankungen unterworfen, da die Ionisation im wesentlichen von der Sonneneinstrahlung abhängt. Diese Schwankungen und die unterschiedliche Gasdichte innerhalb der einzelnen Schichten der Ionosphäre (D-, E- und F-Schicht) haben Einfluß auf die Ladungsträgerdichte und bewirken eine Zeit- und Frequenzabhängigkeit der Reflexion, der Absorption und der Streuung von Trägerwellen im Bereich von 0,5–12 MHz.

Entsprechend den Ausbreitungsbedingungen werden die zur Informationsübertragung genutzten Wellen eingeteilt in

Längst- und Langwellen (Myria- und Kilometerwellen):
Wellen im Bereich von 10 bis 300 kHz breiten sich als wenig gedämpfte Bodenwellen über mehrere tausend Kilometer aus.

Verlauf der Ionendichte in der Ionosphäre:

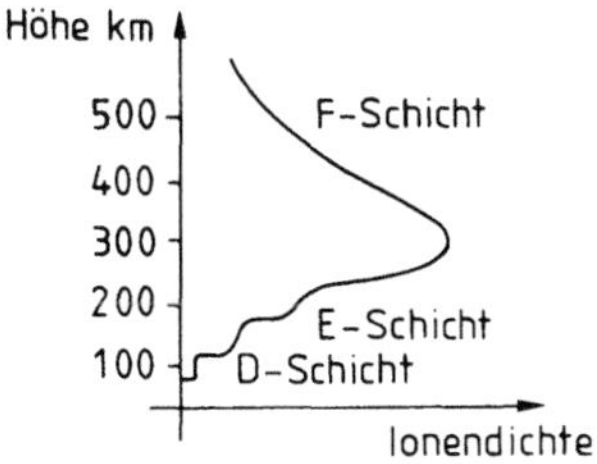

Frequenzbereiche:

Frequenz	Wellenlänge	internationale Kurzbezeichnung
3– 30 kHz	100– 10 km	VLF
30– 300 kHz	10– 1 km	LF
300–3000 kHz	1000–100 m	MF
3– 30 MHz	100– 10 m	HF
30– 300 MHz	10– 1 m	VHF
300–3000 MHz	100– 10 cm	UHF
3– 30 GHz	10– 1 cm	SHF

(Die Kurzbezeichnungen sind Abkürzungen der englischen Bezeichnungen, DIN 40015)

Zusammenhang zwischen Wellenlänge und Frequenz:

$$v_0 = \lambda \cdot f$$

mit $v_0 = 3 \cdot 10^8$ m/s: Ausbreitungsgeschwindigkeit elektromagnetischer Wellen, entspricht der Lichtgeschwindigkeit im Vakuum (Luft)

λ Wellenlänge
f Frequenz

Mittelwellen (Hektometerwellen):
Wellen im Bereich von 300 kHz bis 3 MHz breiten sich tagsüber als Bodenwellen bis zu einer Reichweite von hundert Kilometern aus. Nachts können sie an der Ionosphäre (D-Schicht) reflektiert werden und wesentlich größere Reichweiten erlangen.

Kurzwellen (Dekameterwellen):
Wellen im Bereich von 3 bis 30 MHz breiten sich als an der Ionosphäre reflektierte Raumwellen über sehr große Entfernungen aus. Ihre Bodenwellen werden sehr stark gedämpft. Da sie erst ab einem bestimmten Einfallswinkel an der Ionosphäre reflektiert werden, ist in Sendernähe kein Empfang möglich.

Ultrakurzwellen (Meterwellen):
Wellen im Bereich von 30 bis 300 MHz breiten sich als Raumwellen fast ohne Verluste auf Sichtweite aus. Durch geringe Beugung und schwache Streuung kann in Sonderfällen eine Reichweite über den Horizont erreicht werden.

Dezimeterwellen:

Wellen im Bereich von 300 MHz bis 3 GHz breiten sich als Raumwellen im Bereich der Sichtweite aus. Durch Streuung in wenigen Kilometern über der Erdoberfläche kann ein Teil der diffusen Sekundärstrahlung zur Erde zurückgelangen und zu Überreichweiten führen.

Zentimeterwellen:
Wellen im Bereich von 3 bis 30 GHz breiten sich quasi optisch als Raumwellen aus.

Prinzip des Satellitenfunks:

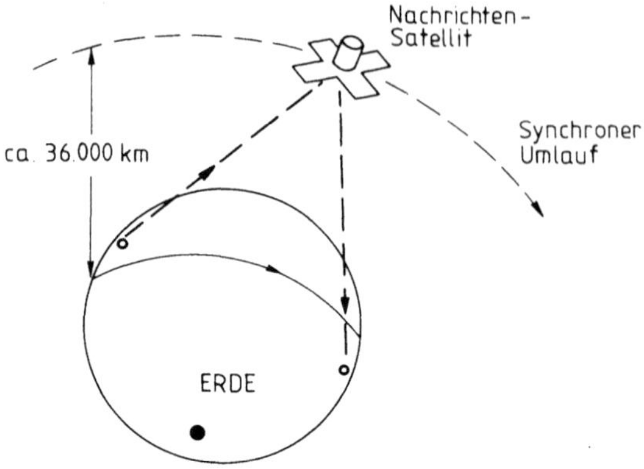

Dezimeter- und Zentimeterwellen werden nicht in der Atmosphäre auf natürliche Weise reflektiert und die Reichweite ist daher praktisch auf Sichtweite beschränkt. Durch den Einsatz von Relaisstationen lassen sich jedoch verlustarme Verbindungen über große Entfernungen mit Raumwellen dieses Frequenzbereiches aufbauen. Als derartige Relaisstationen können z.B. auch Erdsatelliten in einem Synchronenumlauf zur Erde gebracht werden. Relativ zur Erde steht der Satellit über ein und demselben Punkt und kann als ortsfeste Zwischenstation eine dauernde interkontinentale Verbindung ermöglichen.

3.2.2 Signalumsetzung

Drahtgebundene Übertragung:

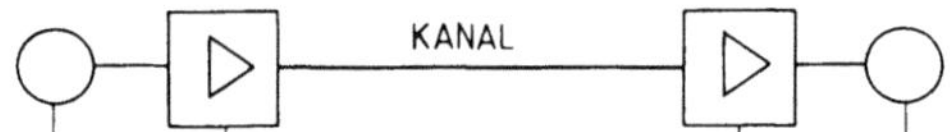

Drahtlose Übertragung:

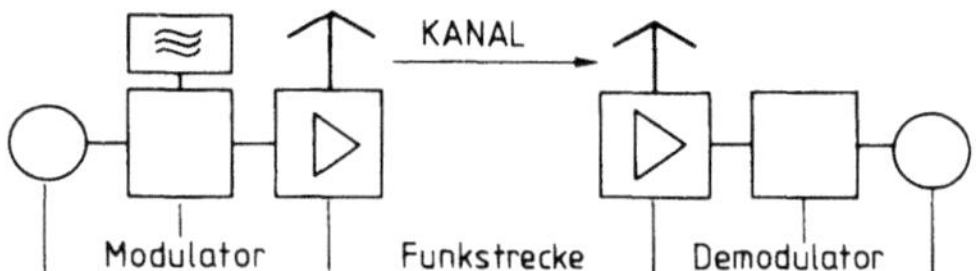

Durch die Signalumsetzung werden die Größen eines elektrischen Signals, z.B. Spannungsamplitude oder Frequenz, verändert, ohne dabei den Informationsgehalt des Signals zu beeinflussen. Die wichtigsten Umsetzungen bestehen in der **Verstärkung** der Amplitude eines Signals und der Verschiebung des Frequenzbereiches eines Signals durch **Modulation** und **Demodulation.** Eine Verstärkung ist fast bei jeder Übertragung notwendig, da die Verluste längs eines Übertragungskanals immer zur Herabsetzung der Signalamplitude führen. Eine Frequenzumsetzung ist für die drahtlose Übertragung notwendig, da sich nur hochfrequente Signale über Funkstrecken übertragen lassen. Aber auch bei der drahtgebundenen Übertragung wird die Frequenzumsetzung für die Mehrfachausnutzung von Leitungen (Trägerfrequenztechnik) eingesetzt. Zur Frequenzumsetzung am Sendeort dienen Modulatoren und zur Wiederherstellung der ursprünglichen Frequenz am Empfangsort Demodultoren.

3.2.2.1 Verstärker

Verstärker:

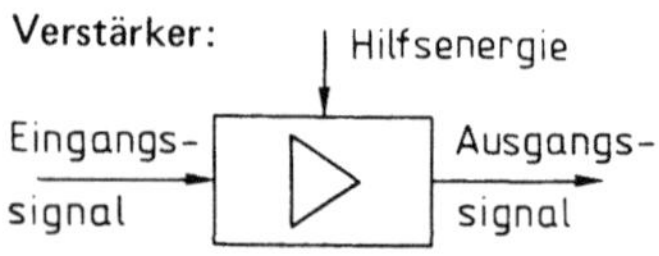

Verstärker dienen zur Anhebung der Signalspannungen, -ströme oder -leistungen. Sie sind notwendig, um die Signale an die Übertragungsbedingungen anzupassen, die Verluste bei der Übertragung zu kompensieren und die Signale entsprechend den Ausgabeanforderungen aufzubreiten. Das Funktionsprinzip eines Verstärkers beruht immer auf der Steuerung des Energieflusses einer Quelle durch das zu verstärkende Signal.

Grundsätzlich sind entsprechend ihrer Arbeitsweise unstetige und stetige Verstärker zu unterscheiden.

Unstetige Verstärker

Unstetige Verstärker eignen sich nur zur Verstärkung von Signalen mit diskreten Amplitudenwerten, wie sie z.B. in der Digitaltechnik vorkommen. Die üblichen Bauelemente eines unstetigen Verstärkers sind Relais oder Transistoren im Schalterbetrieb.

Mit einem Relais als elektrisch gesteuerten Schalter können bei geringer Steuerleistung große Leistungen geschaltet werden. Ein binäres Eingangssignal kann daher über das Relais eine Quelle steuern, so daß ein verstärktes binäres Ausgangssignal entsteht. Derartige Verstärker werden z.B. bei der Telegrafie zur Anhebung der längs einer Leitung abfallenden Signalspannung benutzt. Die Anzugs- und Abfallverzögerungen des Relais, im wesentlichen durch die mechanische Trägheit bewirkt, führen zu einer zeitlichen Verschiebung von Ein- und Ausgangssignal und begrenzen die übertragbare Signalfrequenz.

Ähnlich wie ein Relais können Transistoren [1] als elektrisch gesteuerte Schalter zur Verstärkung eingesetzt werden. Schaltverstärker werden in der Regel als Emitterschaltungen realisiert. Bei dem Einsatz als Schalter kennzeichnen die zwei Betriebszustände: „gesperrt" und „leitend" das Verhalten der Transistorstufen. Im Gegensatz zum Relais fließt bei einem Transistorschalter auch im gesperrten Zustand ein geringer Kollektorreststrom I_{CO} und im leitenden Zustand fällt eine kleine Kollektor-Emitterspannung (Sättigungsspannung) U_{CES} ab. Die Leistungshyperbel [2] ist beim Transistor als Schalter nur eine Grenze für die beiden stabilen Betriebszustände. Beim Schaltvorgang darf diese Grenze kurzzeitig überschritten werden.

Relais als Verstärker:

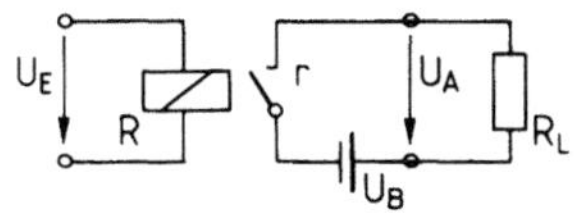

Verstärkung:

$$V = \frac{U_A}{U_E} = \frac{U_B}{U_E}$$

Relais als Telegrafieverstärker:

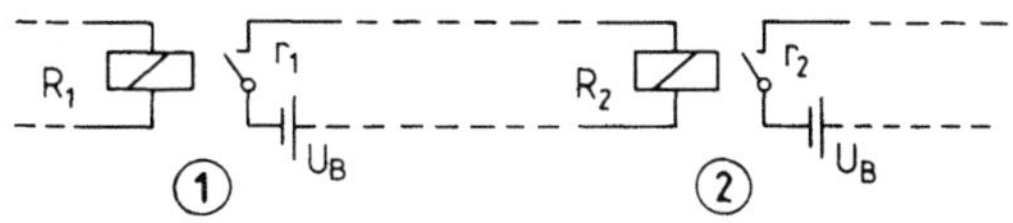

Durch die Verstärkung in Punkt ② werden die Verluste des Kanals zwischen Punkt ① und ② aufgehoben.

Transistorverstärker:

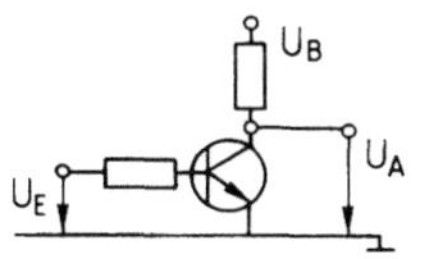

Spannungsverst.

$$V_U = \frac{U_A}{U_E} = \frac{U_{CE}}{U_{BE}}$$

Betriebszustände im Ausgangskennlinienfeld:

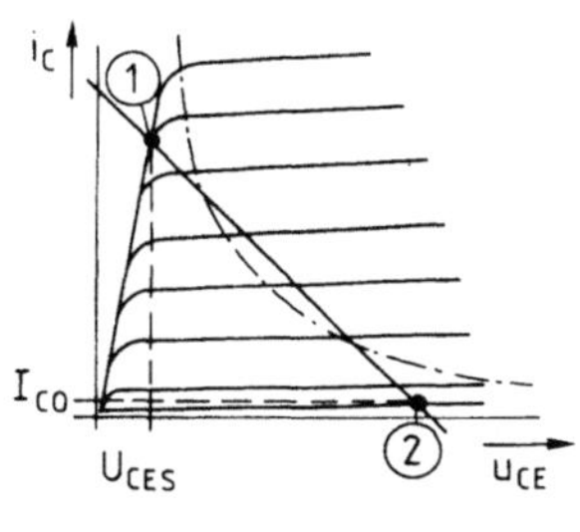

① Transistor leitet
② Transistor sperrt

[1] *Hille; Schneider*: Fachkunde für Elektroberufe; Kap. 17.2
Böger, H. u.a.: Einführung in die Elektronik; Kap. 10.6.5
Tholl, H.: Bauelemente der Halbleiterelektronik, T.1; Kap. 4.1 u. 4.10

[2] *Böger, H.* u.a.: Einführung in die Elektronik; Kap. 10.5.3.4

Das nicht ideale Schaltverhalten eines Transistors wird durch mehrere gegenüber dem Relais positive Eigenschaften aufgewogen. Transistorschalter haben

- geringe Schaltzeichen
- große Zuverlässigkeit (kein mechanischer Verschleiß)
- geringes Volumen und Gewicht

Allerdings arbeiten auch Transistorschalter nicht völlig trägheitslos, denn der Ladungsträgertransport im Halbleiter erfolgt mit endlicher Geschwindigkeit. Für das zeitliche Verhalten eines Transistorschalters gelten folgende Kennwerte:

- Verzögerungszeit t_d (delay time) } Einschaltzeit
- Anstiegszeit t_r (rise time) } Einschaltzeit
- Speicherzeit t_s (storage time) } Ausschaltzeit
- Abfallzeit t_f (fall time) } Ausschaltzeit

Schaltzeiten:

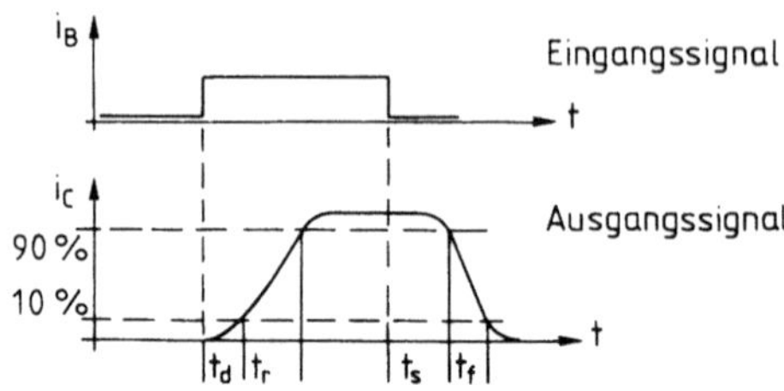

Stetige Verstärker

Ein stetiger Verstärker soll ein stetiges Eingangssignal für alle Amplitudenwerte linear verstärken. Als stetig steuerbare Bauelemente werden in den Verstärkern i.a. Transistoren, und in wenigen Sonderfällen Elektronenröhren, eingesetzt. Die Transistoren werden in einer der Grundschaltungen [1], meistens in der Emitterschaltung oder Sourceschaltung, betrieben.

In Abhängigkeit von der Signalfrequenz werden Breitband- oder Selektivverstärker eingesetzt. Ein **Breitbandverstärker** soll Signale in einem breiten Frequenzband verstärken. Sein Frequenzverhalten wird durch die untere und obere Grenzfrequenz charakterisiert, zwischen denen jedes Signal unabhängig von seiner Frequenz mit einem innerhalb festgelegter Toleranzen (± 3 dB) konstanten Verstärkungsfaktor übertragen wird. Das Verhältnis von unterer zu oberer Grenzfrequenz liegt bei Breitbandverstärkern etwa im Bereich von 1:50 bis 1:1000. Tonfrequenzverstärker↑ sind z.B. Breitbandverstärker.

Ein **Selektiv- oder Schmalbandverstärker** soll nur Signale innerhalb eines schmalen Frequenzbandes verstärken. Es ist i.a. wichtiger, daß Signale außerhalb des definierten Frequenzbandes nicht übertragen

Verstärkerstufe:

Bipolarer Transistor in Emitterschaltung | Feldeffekttransistor in Sourceschaltung

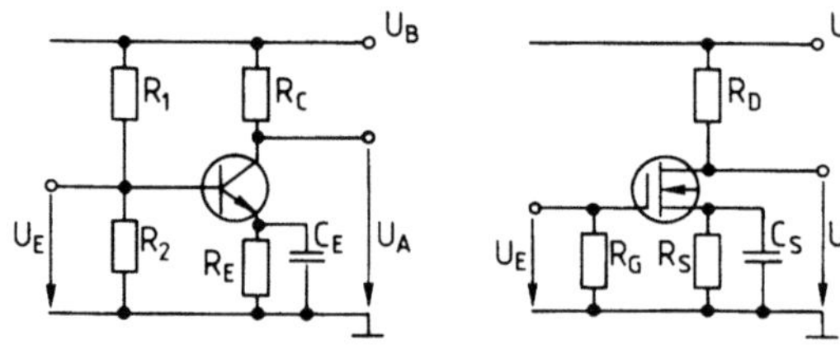

Zweistufiger Breitbandverstärker (RC-Verstärker):

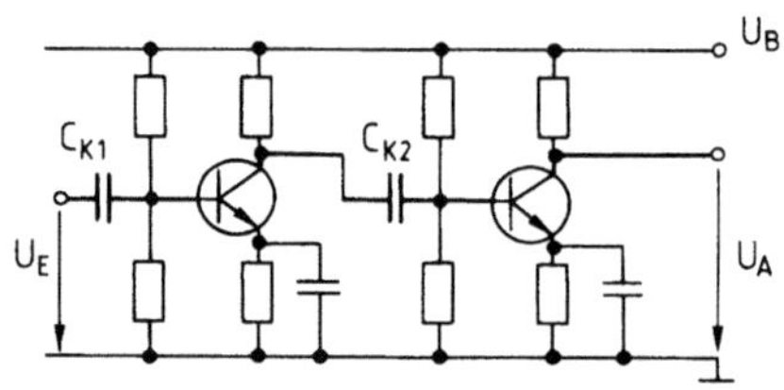

Koppelung bei mehrstufigen Verstärkern:

Koppelelemente | Frequenzgang

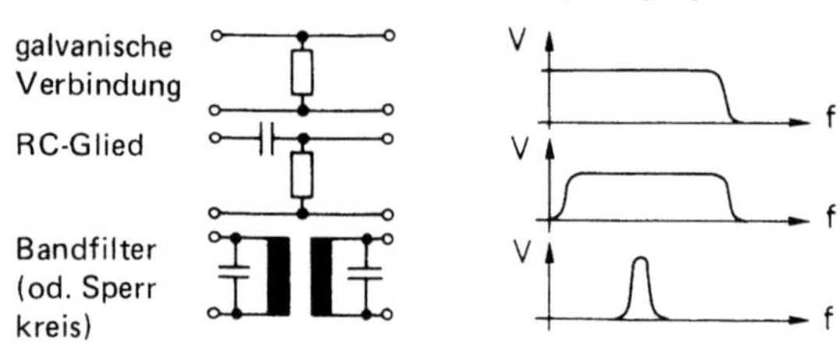

[1] *Baumann* u.a.: Fachkenntnisse ET, Fachstufe 1 NT; Kap. EP 19
Böger, H. u.a.: Einführung in die Elektronik; Kap. 10.6.4
Tholl, H.: Bauelemente der Halbleiterelektronik, T. 1; Kap. 4.4.1

werden, als das innerhalb des Übertragungsbandes ein linearer Frequenzgang erreicht wird. Selektivverstärker werden z. B. im HF-Teil von Rundfunkverstärkern eingesetzt.

In der Praxis bestehen Verstärker meist aus mehreren Stufen. Die Koppelelemente zwischen den einzelnen Stufen werden durch das zu übertragende Frequenzband weitgehend bestimmt. Breitbandverstärker, die auch Gleichgrößen verstärken sollen, verlangen eine galvanische Kopplung der Stufen (Gleichspannungsverstärker). Sonst eignen sich RC-Glieder für Breitbandverstärker (RC-Verstärker) zur Kopplung der Stufen.

Bei Selektivverstärkern werden als Koppelelemente Resonanzkreise in der Form von Bandfiltern oder Sperrkreisen eingesetzt, um das übertragene Frequenzband zu beschränken.

Bipolarer Transistor als Verstärker

Die Emitterschaltung [1] ist die Grundschaltung, die wegen ihrer Verstärkereigenschaften für Ströme und Spannungen am häufigsten eingesetzt wird. Die möglichen Betriebszustände des Transistors werden durch die Versorgungsspannung U_B und den Kollektorwiderstand R_C festgelegt. Die derart vorgegebenen Werte für den Kollektorstrom I_C ergeben im Ausgangskennlinienfeld [2] grafisch dargestellt eine Gerade, die als **Arbeitsgerade** bezeichnet wird. Durch die Vorgabe eines Basisstroms I_B oder einer entsprechenden Basis-Emitterspannung U_{BE} $(I_B = f(U_{BE}))$ wird ein statischer Betriebszustand definiert, der sich auf der Arbeitsgeraden als Punkt, als sog. **Arbeitspunkt**, darstellt. Die Gleichstromwerte der Ein- und Ausgangsgrößen sind durch die Einstellung des Arbeitspunktes der Verstärkerstufe festgelegt. Ein Eingangssignal an der Basis bewirkt eine Auslenkung der Betriebsgrößen um diesen Arbeitspunkt. Treten nur kleine Auslenkungen auf, d.h. ist die Signalamplitude klein gegenüber den Gleichgrößen, dann ergibt sich mit guter Näherung der geforderte lineare Zusammenhang zwischen Ein- und Ausgangssignal.

Die Gleichgrößen zur Arbeitspunkteinstellung werden üblicherweise aus der Versorgungsspannung abgeleitet. Eine Möglichkeit besteht in der Vorgabe der Basis-Emitterspannung durch einen Basisspannungsteiler. Durch den von den Widerständen R1 und R2 gebildeten Spannungsteiler

Betriebszustände im Ausgangskennlinienfeld:

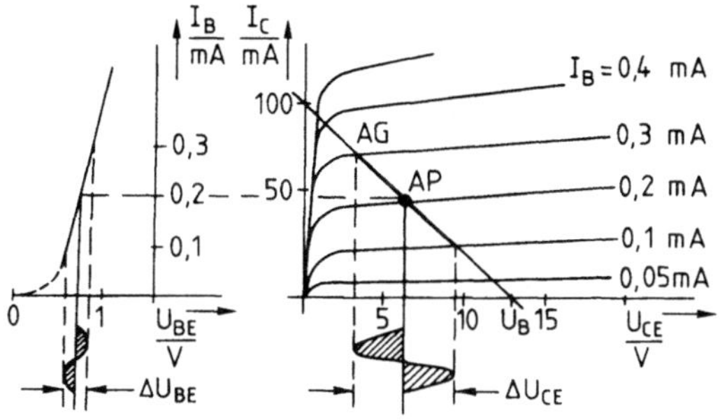

Eingangssignal — Ausgangssignal

AG Arbeitsgerade
AP Arbeitspunkt

Emitterschaltung mit Arbeitspunkteinstellung durch Basisspannungsteiler:

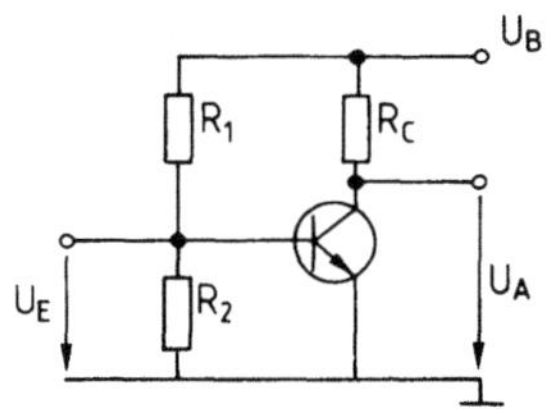

Eingangswiderstand der Verstärkerstufe:

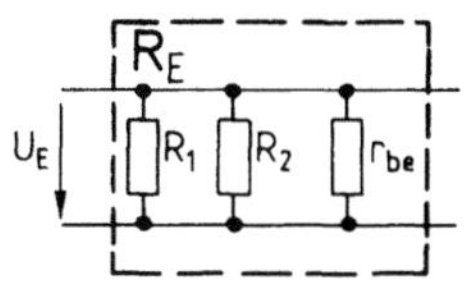

Für Wechselgrößen stellt die Versorgungsquelle einen nahezu idealen Kurzschluß dar, d.h. die Widerstände des Basisteilers liegen in der Wechselstrom-Ersatzschaltung parallel zum Transistor-Eingangswiderstand r_{be}.

[1] *Böger, H.* u.a.: Einführung in die Elektronik; Kap. 10.3

[2] *Baumann,* u.a.: Fachkenntnisse ET, Fachstufe 1 NT; Kap. ET 18
Tholl, H.: Bauelemente der Halbleiterelektronik, T. 1; Kap. 4.2.1

soll die Spannung an der Basis festgelegt werden. Dazu ist dieser niederohmig gegen den Eingangswiderstand des Transistors [1] auszuführen. Darin liegt auch ein Nachteil der Schaltung, die dadurch insgesamt einen kleinen Eingangswiderstand erhält. Denn für Wechselgrößen (Signale) besteht der Eingangswiderstand der Stufe aus der Parallelschaltung der beiden Basiswiderstände und des Transistor-Eingangswiderstands. Außerdem sind bei dieser Schaltung der Arbeitspunkt und damit die elektrischen Kenngrößen nicht sehr stabil, da sich die beiden wesentlichen Störeinflüsse auf die Arbeitspunktlage voll auswirken. Die Störfaktoren sind

- Temperaturabhängigkeit der Eingangskennlinie ($I_B = f(U_{BE})$),
- Exemplarstreuung (unterschiedliche Kennwerte bei verschiedenen Exemplaren des gleichen Typs).

Der Einfluß der temperaturabhängigen Basis-Emitterspannung auf den Basisstrom kann verringert werden, indem der Basisstrom mittels eines Basisvorwiderstands vorgegeben wird. Gleichzeitig ergibt sich mit dieser Schaltungsvariante ein höherer Eingangswiderstand der Stufe. Der Einfluß der Exemplarstreuung ist jedoch auch bei dieser Schaltung voll wirksam.

Emitterschaltung mit Arbeitspunkteinstellung durch Basisvorwiderstand.

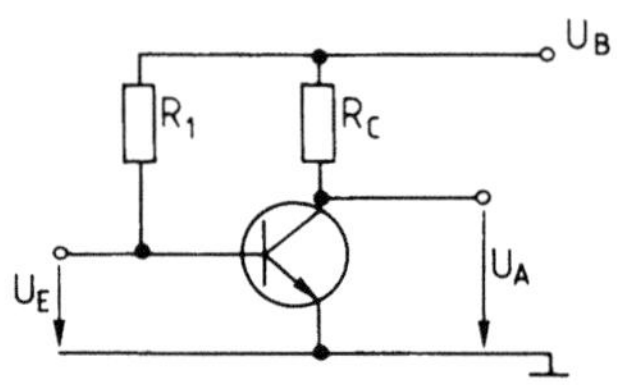

Eine universelle Maßnahme zur **Arbeitspunktstabilisierung,** d.h. zur Verringerung der Störeinflüsse auf den Betriebszustand, bildet die Gegenkopplung. Das Prinzip der **Gegenkopplung** besteht in der Rückführung eines Teils des Ausgangssignals mit negativen Vorzeichen auf den Eingang des Verstärkers. Dadurch wird das wirksame Signal am Eingang verkleinert, d.h. die Verstärkung nimmt ab, aber gleichzeitig wird jeder Veränderung unabhängig von ihrer Ursache entgegengewirkt. Wird z.B. durch Störeinflüsse die Verstärkung und damit das Ausgangssignal erhöht, so wird das wirksame Eingangssignal verkleinert und umgekehrt führt eine Verkleinerung des Ausgangssignals zu einer Vergrößerung des wirksamen Eingangssignals. Damit stellt sich ein Gleichgewichtszustand in einem stabilen Betriebszustand ein. Wenn eine Stabilisierung nur in bezug auf die Gleichstromwerte erwünscht ist, muß die Wirkung der Gegenkopplung auch auf diese beschränkt werden, d.h. Ausgangsgrößen mit der Signalfrequenz wirken dann nicht auf den Eingang zurück.

Prinzip der Gegenkopplung:

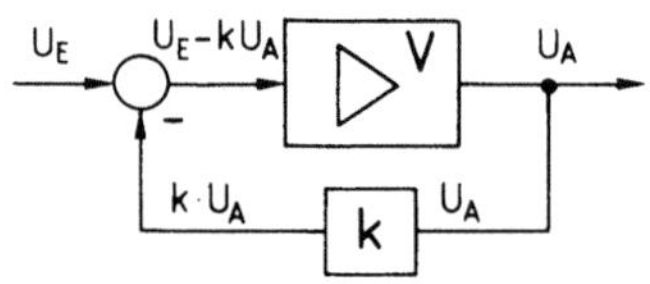

Kopplungsfaktor k

$$k = \frac{\text{rückgeführte Spannung}}{\text{Ausgangsspannung}}$$

Wirksame Verstärkung: $V' = \frac{U_A}{U_E} = \frac{1}{1/V + k}$

mit $U_E = \frac{U_A}{V} + kU_A$ aus $U_A = V(U_E - kU_A)$

für eine große Verstärkung V ergibt sich näherungsweise: $V' \approx \frac{1}{k}$, d.h. die Verstärkung ist nur von der Rückführung abhängig.

[1] *Böger, H.* u.a.: Einführung in die Elektronik; Kap. 10.6.2.4

Eine Arbeitspunktstabilisierung läßt sich bei der Emitterschaltung durch einen Emitterwiderstand erreichen. Die am Emitterwiderstand abfallende Spannung wirkt auf die durch den Basisspannungsteiler festgehaltene Basisspannung zurück. Wird z. B. durch irgendwelche Einflüsse der Kollektorstrom erhöht, so steigt der Spannungsabfall am Emitterwiderstand und verringert die Basis-Emitterspannung, die ihrerseits eine Verringerung des Kollektorstroms verursacht. Das bedeutet, es findet eine **Stromgegenkopplung** statt, die jeder Veränderung des Arbeitspunktes entgegenwirkt. Damit aber die Signalauslenkungen nicht ebenfalls durch die Gegenkopplung verhindert werden, wird der Emitterwiderstand für die Signalfrequenzen mit einem Kondensator überbrückt.

Arbeitspunktstabilisierung durch Stromgegenkopplung:

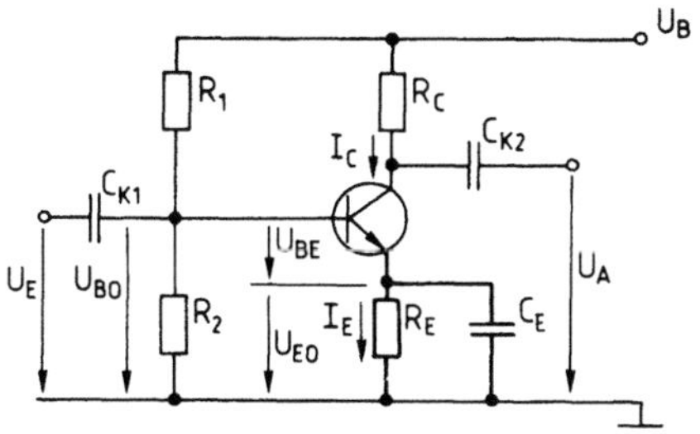

Basis-Emitterspannung: $U_{BE} = U_{BO} - U_{EO}$

Kopplungsfaktor: $k = \frac{I_E R_E}{I_C R_C} \approx \frac{R_E}{R_C}$

(gebräuchlicher Wert: U_{EO} ca. 1 V)

► *Schülerversuche*

Arbeitspunkteinstellung bei einer NF-Breitbandverstärkerstufe (RC-Verstärker):

- Festlegen des Arbeitspunktes im Ausgangskennlinienfeld (Datenblatt: $I_C = f(U_{CE})$, Parameter U_{BE}).
- Arbeitsgerade einzeichnen (R_C = 1,5 kΩ, U_B = = 12 V).
- Arbeitspunkt etwa in die Mitte der Arbeitsgeraden legen (U_{CE} ca. 6 V).
- Basis-Emitterspannung aus dem Datenblatt entnehmen (U_{BE} ca. 0,65 V).
- Einstellen des Arbeitspunktes am Potentiometer P (ca. 3 kΩ) mit einem Voltmeter (u_E = 0 V).
- Überprüfen des Aussteuerungsbereichs mit dem Oszilloskop am Ausgang (theoretische Lage und reale Lage des AP können aufgrund von Exemplarstreuung und Temperatureinfluß erheblich voneinander abweichen).
- Evtl. Korrektur der Arbeitspunkteinstellung am Potentiometer mit Hilfe des Oszilloskops.

Erweiterung des Versuchs:

1. Untersuchung der Kennwerte der Verstärkerstufe, z.B. Verstärkungsfaktor, Eingangswiderstand u.a. (vgl. 1.5.2):
   a) ohne Stromgegenkopplung;
   b) mit Stromgegenkopplung (aus U_{EO} ca. 1 V folgt der Emitterwiderstand R_E = 220 Ω; am Basispotentiometer P ist $U_{BO} = U_{BE} + U_{EO}$ einzustellen);
   c) mit Stromgegenkopplung überbrückt für Signalfrequenzen (Emitterkondensator C_E = = 10 µF).

Verstärkerstufe

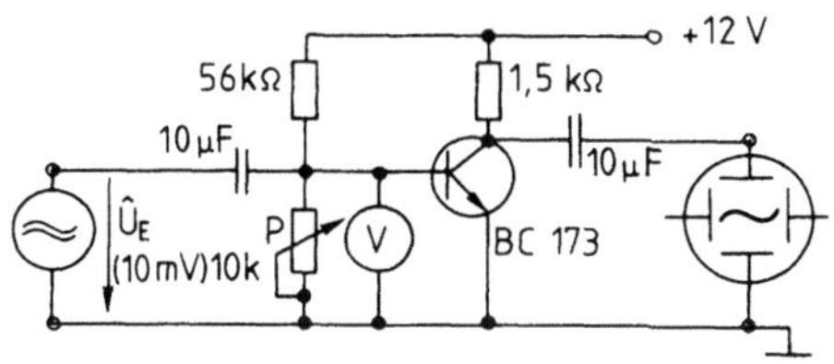

Material:

Verstärkerstufe (evtl. Schüleraufbau)
Sinusgenerator
Netzgerät (12 V)
Vielfachinstrument
Oszilloskop
Datenblätter (Ausgangskennlinienfeld)

Temperatureinfluß auf den Kollektorstrom und den Arbeitspunkt ohne Gegenkopplung (T: BC 173):

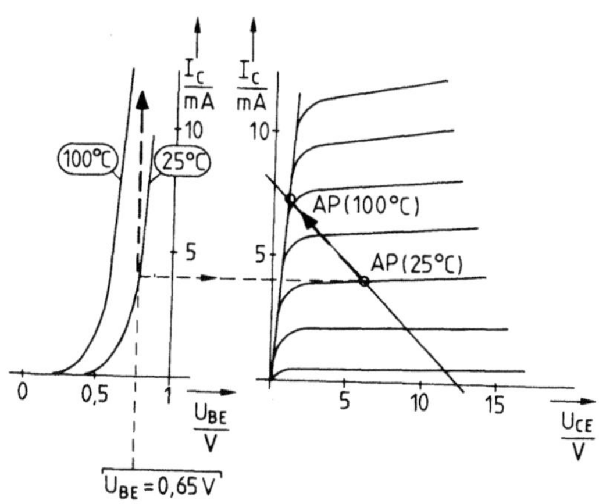

2. Untersuchung der Arbeitspunktstabilisierung:
   Eine Verschiebung des Arbeitspunktes bei einer voll ausgesteuerten Verstärkerstufe führt zur Verzerrung des Ausgangssignals. Eine qualitative Untersuchung der Arbeitspunktstabilität kann daher über die Betrachtung des Ausgangssignals auf dem Oszilloskop erfolgen.
   Die Verschiebung des Arbeitspunktes bei Erwärmung ist bei einer Stufe mit und ohne Stromgegenkopplung zu untersuchen (Transistoren mit Plastikgehäuse können mit einem Lötkolben aufgeheizt werden).

3.2.2.2 Frequenzumsetzer

Die an der Informationsquelle über die Umformer gewonnenen elektrischen Signale liegen oft in einem Frequenzbereich, der sich zur Übertragung über den Informationskanal nicht eignet. In diesem Fall ist eine Frequenzumsetzung vorzunehmen, bei der das Signal einem **Träger** mit geeigneter Frequenz aufgeprägt wird. Das Aufprägen niederfrequenter Signale auf einen hochfrequenten Träger wird als **Modulation** bezeichnet. Eine Modulation ist immer für eine drahtlose Informationsübertragung notwendig, wird aber auch zur drahtgebundenen Übertragung, z.B. zur Mehrfachausnutzung von Leitungen mittels Trägerfrequenzen, benutzt.

Nach der Übertragung sind der Träger und das Signal wieder zu trennen, damit das Signal im ursprünglichen Frequenzbereich wieder zur Verfügung steht. Den Vorgang der Rückgewinnung des Signals wird als **Demodulation** bezeichnet. Die Demodulation wird zum Teil, z.B. bei Überlagerungsempfängern↑, in zwei Stufen vorgenommen, d.h. der modulierte hochfrequente Träger wird in einem ersten Schritt in einen mittleren Frequenzbereich, in eine Zwischenfrequenz, umgesetzt, bevor in einem zweiten Schritt das niederfrequente Signal zurückgewonnen wird. Umsetzung in eine Zwischenfrequenz wird i.a. als **Mischung** bezeichnet.

Bei der Frequenzumsetzung niederfrequenter Signale in einen hochfrequenten Bereich können entweder kontinuierliche hochfrequente Träger zur **Schwingungsmodulation** oder Impulsfolgen derartiger Träger zur **Pulsmodulation** eingesetzt werden.

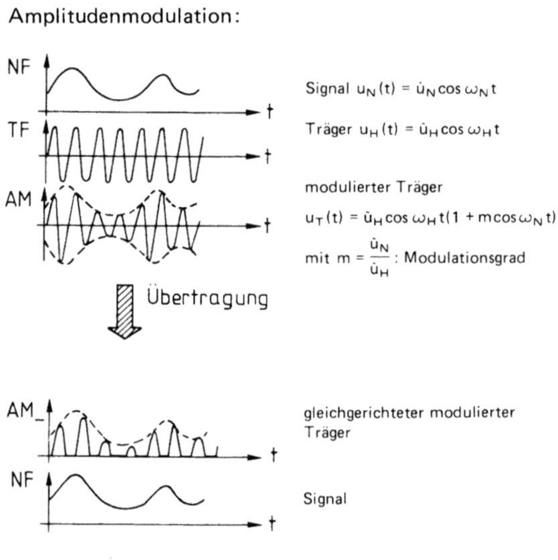

Ist der Träger eine sinusförmige Wechselgröße, so können die drei Kenngrößen: Amplitude, Frequenz oder Phasenwinkel entsprechend dem Signal beeinflußt werden. Je nach dem, welche der Kenngrößen moduliert wird, ist zu unterscheiden zwischen

- Amplitudenmodulation (AM)
- Frequenzmodulation (FM)
- Phasenmodulation (PM)

Bei der **Amplitudenmodulation** wird die Amplitude des Trägers durch den Momentanwert des Signals gesteuert. Allerdings können dabei nicht einfach Signal- und Trägeramplitude addiert werden, d.h. die Trägeramplitude darf nicht nur vom Signal in bezug auf einen festen Potentialpunkt verschoben werden, sondern das Signal muß dem Träger aufgeprägt werden. Die Modulation besteht daher mathematisch ausgedrückt aus einer Multiplikation von Träger und Signal. Das bedeutet, zur Modulation ist die Überlagerung von Träger und Signal an einer nichtlinearen, näherungsweisen quadratischen Kennlinie notwendig. Das kann z.B. erreicht werden, indem die konstante Trägeramplitude auf einen Verstärker gegeben wird, dessen Verstärkungsgrad von der Signalspannung beeinflußt wird.

Bei einem Transistorverstärker kann dazu der nichtlineare Verlauf der Stromsteuer-Kennlinie [1] ausgenutzt werden. Die Signalspannung, über den Kondensator C_1 eingekoppelt, bestimmt den Basisstrom und damit die Verstärkung. Die Kollektorspannung der Stufe bleibt praktisch konstant, da die Kondensatoren C_3 und C_4 das NF-Signal kurzschließen.

Die Amplitudenmodulation bewirkt neben der Amplitudenänderung beim hochfrequenten Träger auch eine Frequenzveränderung. Symmetrisch zur Trägerfrequenz ergeben sich nach oben und unten je eine Seitenfrequenz. Die modulierte Wechselgröße besteht somit aus dem Träger mit der Frequenz ω_H und den beiden Seitenschwingungen mit den Frequenzen $(\omega_H + \omega_N)$ und $(\omega_H - \omega_N)$ als Summe und Differenz von Träger- und Signalfrequenz.

Enthält das Signal nicht nur eine Frequenz sondern ein Frequenzband, so entstehen durch die Modulation symmetrisch zur Trägerfrequenz die entsprechenden **Seitenbänder**. Jedes der Seitenbänder enthält die vollständige Signalinformation.

Ein amplitudenmodulierter Träger kann nach der Übertragung durch Gleichrichtung und Glättung relativ einfach demoduliert werden. Zur Gleichrichtung können Dioden oder Transistoren eingesetzt werden. Bei einem Transistordemodulator kann z.B. die Gleichrichtung an der Basis-Emitter-Diode mit einer Verstärkung des Signals verbunden werden.

Wegen der einfachen Demodulation wird die Amplitudenmodulation für Rundfunkübertragungen im LW-, MW- und KW-Bereich eingesetzt.

Bei der **Frequenzmodulation** wird die Trägerfrequenz durch den Momentanwert des Signals gesteuert. Die Frequenzauslenkung beim modulierten Träger ist nur von der Amplitude des Signals abhängig, d.h. nicht von der Signalfrequenz. Der Zeitverlauf des Signals wird als Zeitverlauf der Frequenzauslenkung abgebildet.

Als Modulatoren werden Oszillatoren mit spannungs- oder stromabhängigen Blindwiderständen eingesetzt. Die Signalspan-

[1] *Böger, H.* u.a.: Einführung in die Elektronik; Kap. 10.4.3

Modulatoren:

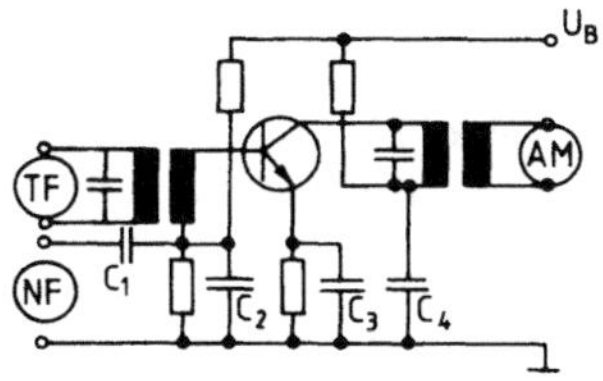

Stromsteuer-Kennlinie:

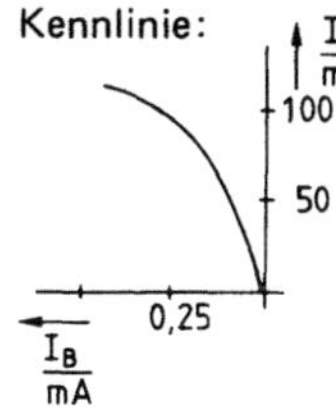

Frequenzspektrum bei AM:

Für den modulierten Träger gilt:

$u_T(t) = \hat{u}_H \cos \omega_H t\ (1 + m \cos \omega_N t)$

(umgeformt mit $\cos\alpha \cos\beta = 1/2 \cos(\alpha + \beta) + 1/2 \cos(\alpha - \beta)$)

$$u_T(t) = \hat{u}_H \left[\cos \omega_H t + \frac{m}{2} \cos(\omega_H + \omega_N)\, t + \frac{m}{2} \cos(\omega_H - \omega_N)\, t\right]$$

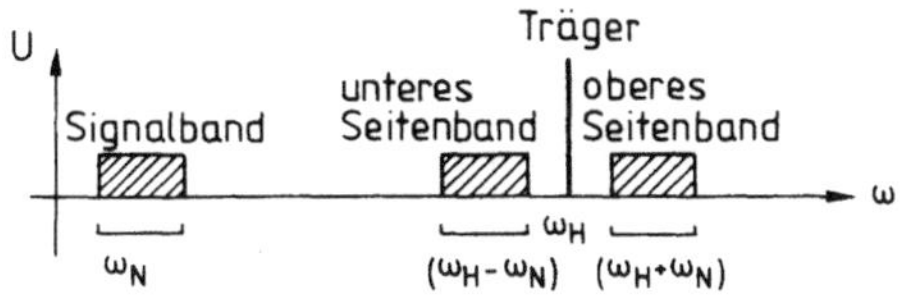

Demodulator:

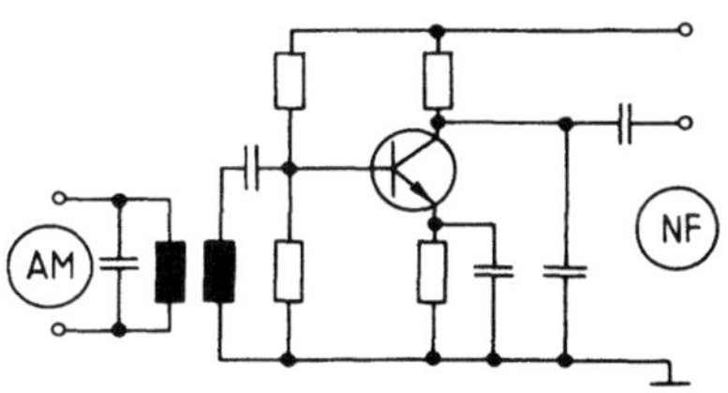

Frequenzmodulation:

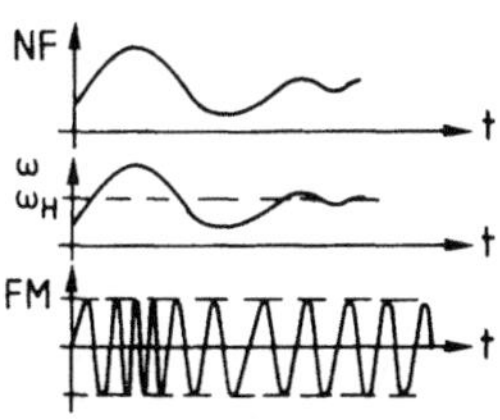

Signal $u_N(t) = \hat{u}_N \cos \omega_N t$

Frequenz

$\omega(t) = \omega_H + m\omega_H \cos \omega_N t$

mit $m = \dfrac{\Delta\omega_H}{\omega_H}$ und $\hat{u}_N \sim \Delta\omega_H$

modulierter Träger (mit konstanter Amplitude)

Störunterdrückung bei FM-Übertragung:

Der Einfluß externer Störquellen auf die Übertragung kann bei der Frequenzmodulation stark herabgesetzt oder ausgeschaltet werden, da die Störungen in erster Linie die Amplitude und nicht die Frequenz verfälschen.

Die Störeinflüsse auf die ursprünglich konstante Amplitude können nach der Übertragung durch eine Begrenzung einfach eliminiert werden.

nung bewirkt durch die Veränderung des Blindwiderstands im frequenzbestimmten Schwingkreis des Oszillators eine Frequenzauslenkung. Als spannungsabhängiger Blindwiderstand kann z.B. eine Kapazitätsdiode [1] eingesetzt werden. Bei der Demodulation werden die Frequenzschwankungen in Amplitudenschwankungen umgesetzt, die dann ähnlich wie bei der Amplitudenmodulation gleichgerichtet und geglättet werden. Die Frequenz-Amplituden-Umsetzung erfolgt mit Resonanzkreisen oder Bandfiltern, bei denen der Wendepunkt der Resonanzkurvenflanke etwa bei der Frequenz des unmodulierten Trägers liegt. Eine übliche Schaltung zur Gleichrichtung und Amplitudenbegrenzung ist der Ratiodetektor. Aufgrund der hohen Störsicherheit der Übertragung wird die Frequenzmodulation beim Rundfunk und Fernsehen im UKW-(VHF) Bereich eingesetzt. Der Nachteil der Frequenzmodulation, der relativ große Frequenzbandbedarf, ist in diesem Frequenzbereich nicht schwerwiegend, da aufgrund der relativ geringen Reichweiten in diesem Bereich die Nutzung derselben Frequenzbänder in geringem räumlichen Abstand möglich ist.

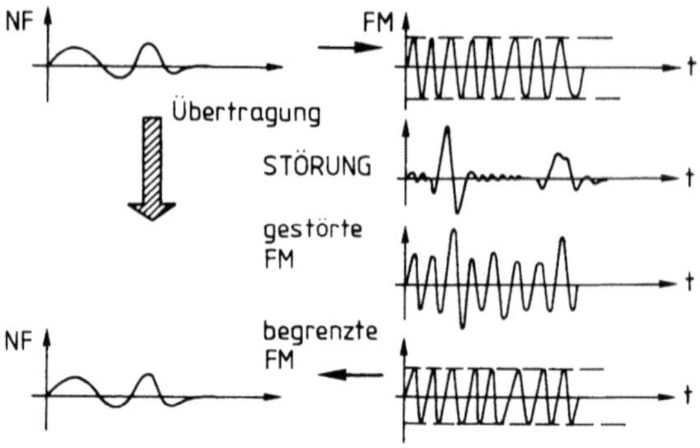

Eine Frequenzumsetzung kann auch mit nichtkontinuierlichen Trägern als Pulsmodulation erfolgen. Ein Puls ist im wesentlichen bestimmt durch seine Amplitude, Länge und Phase. Entsprechend diesen Kenngrößen wird auch bei Pulsmodulation als wichtigste Modulationsarten unterschieden:

- Pulsamplitudenmodulation (PAM)
- Pulslängenmodulation (PLM)
- Pulsphasenmodulation (PPM)

und mit kombinierter Codeumsetzung

- Pulscodemodulation (PCM)

Pulsmodulation:

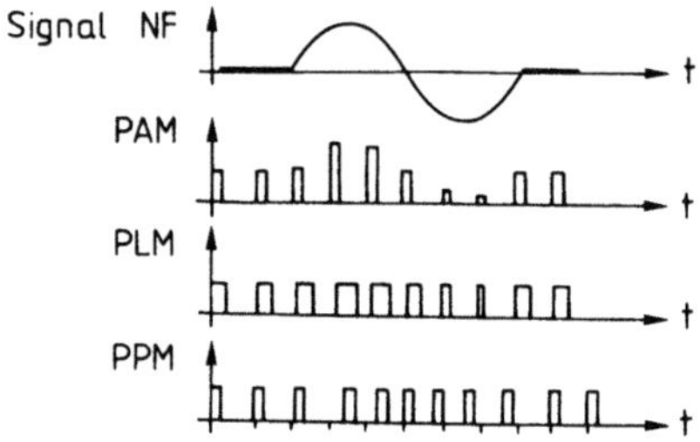

Weiterführende Literatur:

Fricke/Lamberts/Schuchardt: Elektrische Nachrichtentechnik, Teil 1; Kap. 10

Clausnitzer, H.: Einführung in die Elektrotechnik; Kap. 10

3.2.3 Anwendung: Rundfunkempfänger

Ein Rundfunkempfänger dient zur Auswahl eines bestimmten Senders, der Umsetzung des Signals in die ursprüngliche Frequenzlage und der Wiedergabe des Signals als Schallwellen.

Die Qualität des Empfangs wird im wesentlichen durch die Empfindlichkeit und Selektivität des Empfängers bestimmt. Die **Empfindlichkeit** gibt die minimale Span-

Einfachste Form eines Empfängers:
(Detektor-Empfänger)

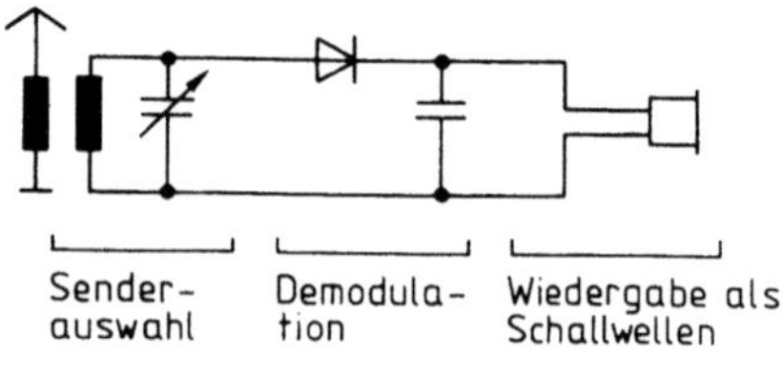

(Diese Form eines Empfängers eignet sich nur zum Empfang starker amplitudenmodulierter Sender, da seine Empfindlichkeit und seine Selektivität sehr gering sind.)

[1] *Tholl, H.*: Bauelemente der Halbleiterelektronik, T. 1; Kap. 3.6
Baumann u.a.: Fachkenntnisse ET, Fachstufe 1 NT; Kap. ET 19

nung an der Antenne, d.h. am Eingang des Empfängers, an, die noch zu einer ausreichenden akustischen Wiedergabe führt. Um eine hohe Empfindlichkeit zu erreichen, muß das Signal verstärkt werden. Um die Störspannungen, z.B. Rauschen und Netzbrummen, möglichst nicht mit zu verstärken, erfolgt die Verstärkung in mehreren Stufen. Es ist üblich, den modulierten Träger sofort am Eingang über einen HF-Verstärker anzuheben, die Demodulation mit einer Verstärkung zu verbinden und das Signal in der ursprünglichen Frequenzlage mit mehrstufigen NF-Verstärkern aufzubereiten. Die **Selektivität** beschreibt die Fähigkeit des Empfängers, das Frequenzband des eingestellten Senders aus dem Frequenzspektrum aller einfallenden Wellen zu trennen. Sie wird daher auch oft als Trennschärfe bezeichnet. In der Empfangsantenne induzieren alle einfallenden Wellen elektrische Spannungen unterschiedlicher Frequenz. Aus diesem Frequenzgemisch wird mit Hilfe abstimmbarer Resonanzkreise ein Frequenzband ausgewählt. Da mit einem Resonanzkreis [1] sich keine genügend scharfe Bandbegrenzung erreichen läßt, werden mehrere Kreise hintereinander aufgebaut. Um die Schwierigkeiten bei der Realisierung einer absolut gleichlaufenden Abstimmung dieser Kreise innerhalb des gesamten Empfangsbereiches zu umgehen, wird das Überlagerungsprinzip eingeführt.

Ein Maß für die **Empfindlichkeit** ist der Wert der Hochfrequenzspannung mit dem Modulationsgrad m = 30 % am Eingangswiderstand des Empfängers, der eine Signalleistung von 50 mW am elektroakustischen Umformer erzeugt.

(Übliche Werte für die Empfindlichkeit sind 5 μV bis 100 μV, d.h. zur Erzeugung einer Signalspannung von ca. 2 V am Lautsprecher (8 Ω) ist, unter Berücksichtigung des Modulationsgrades, etwa eine Gesamtverstärkung um den Faktor 10^5 notwendig.)

Ein Maß für die **Selektivität** ist das Verhältnis der Spannung des gewählten Senders zur Spannung eines am Empfangsortes gleich starken Nachbarsenders.

(Der Senderabstand, d.h. der Frequenzabstand zwischen benachbarten Sendern, beträgt im KW-, MW- und LW-Bereich 9 kHz und im UKW-Bereich 300 kHz.)

Überlagerungsempfänger

Bei einem Überlagerungsempfänger werden die am Eingang induzierten Spannungen verstärkt und dann über einen einstellbaren Mischer in einen anderen Frequenzbereich umgesetzt. Dabei wird die Einstellung der Überlagerungsfrequenz so vorgenommen, daß nur das Frequenzband des gewählten Senders in eine definierte **Zwischenfrequenz (ZF)** umgesetzt wird. In den nachfolgenden Selektivverstärkern, den Zwischenfrequenzverstärkern, wird nur dieses definierte Frequenzband der Zwischenfrequenz übertragen. Da alle Resonanzkreise (i.a. Bandfilter) im Zwischenfrequenzverstärker fest auf eine konstante Frequenz eingestellt sind, läßt sich mit den Überlagerungsempfängern eine sehr gute Selektivität über den gesamten Empfangsbereich erreichen. Aus diesem Grund hat sich das Überlagerungsprinzip bei Rundfunkempfängern vollständig durchgesetzt.

Entsprechend den beiden Modulationsarten: Amplituden- und Frequenzmodulation und den davon abhängigen unterschied-

Blockschaltbild eines Überlagerungsempfängers:

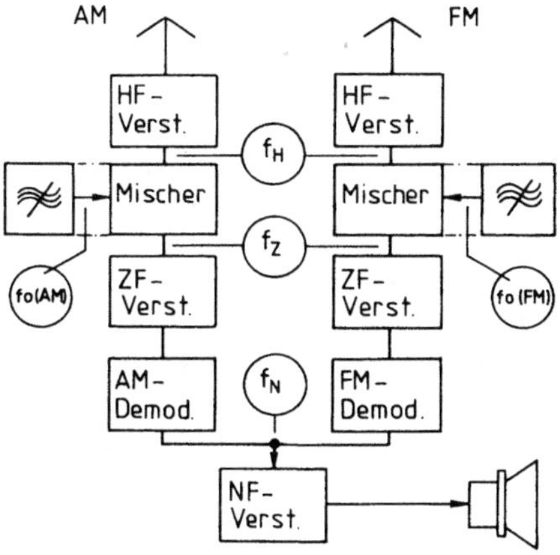

Zwischenfrequenz: $f_Z = f_O - f_H$ = Konst.
(f_O Überlagerungsfreq.; f_H Trägerfrequenz)

AM: f_Z ca. 460 kHz
FM: f_Z = 10,7 MHz

Bandbreite des ZF-Verstärkers:

(Die Bandbreite muß an das von der Modulationsart abhängige Frequenzband des modulierten in die Zwischenfrequenz umgesetzten Trägers angepaßt sein.)

AM: 9 kHz
FM: 150 kHz

[1] *Baumann* u.a.: Fachkenntnisse ET, Fachstufe 1 NT; Kap. ET 10

lichen Frequenzbändern für Träger und Signal, verfügen Allbereichsempfänger über zwei prinzipiell gleiche, aber getrennt aufgebaute Zweige. Jeder Zweig besteht aus einem Hochfrequenzverstärker, einer Mischstufe mit Oszillator, einem Zwischenfrequenzverstärker und einem Demodulator. Der Niederfrequenzverstärker wird von beiden Zweigen gemeinsam genutzt.

Der **Hochfrequenzverstärker** zur Verstärkung des modulierten Trägers ist meist als abstimmbarer Selektivverstärker aufgebaut, um eine Vorselektion des Frequenzbandes zu ermöglichen. Die eigentliche Abstimmung auf die gewählte Senderfrequenz erfolgt im **Mischer**. Dazu wird die Frequenz des Oszillators so eingestellt, daß sich bei ihrer Überlagerung mit der Senderfrequenz an der nichtlinearen Mischerkennlinie die definierte Zwischenfrequenz ergibt. Mischer werden meist als selbstschwingende Stufen aufgebaut, d.h. Mischung und Schwingungserzeugung erfolgen mit einem Transistor. Das Signal mit der Zwischenfrequenz wird im nachfolgenden **Zwischenfrequenzverstärker** auf die vom **Demodulator** geforderte Amplitude angehoben. Nach der Demodulation wird das Signal in seiner ursprünglichen Frequenzlage dem **Niederfrequenzverstärker** zugeführt.

Analyse von Rundfunkempfängern

Die Analyse eines Empfängers, z.B. zur Instandsetzung, kann auf zwei Ebenen erfolgen, zum einen werden die Kennwerte von Baugruppen und -elementen statisch überprüft und zum anderen werden Funktionsblöcke in ihrer Funktion, d.h. in ihrem dynamischen Verhalten, untersucht. Bei der ersten Methode werden die Spannungen, Ströme und Widerstände der Elemente meßtechnisch bestimmt und mit bekannten Werten verglichen. In der Praxis wird diese Methode erleichtert, indem die Serviceanleitungen vom Empfängern Schaltpläne oder Meßschablonen enthalten, in denen die wesentlichen Meßpunkte einschließlich der zugehörigen Normalwerte angegeben sind. Aus dem Vergleich der Meßergebnisse mit den Normalwerten können Rückschlüsse auf die Funktion der Elemente gezogen werden.

Bei der zweiten Methode erfolgt die Analyse auf der Ebene der Funktionsblöcke durch Signalverfolgung und -zuführung. Als erster Schritt bei der Anwendung dieser Methode ist der Empfänger in Funktionsblöcke einzuteilen, d.h. der konkrete Zusammenhang zwischen Blockschaltbild, Schaltplan und Schaltung herzustellen. Eine wesentliche Erleichterung bilden auch hier die Bestückungspläne und die Abbildungen der Platinen mit der Angabe der Meßpunkte. Bei der Aufteilung der Schaltung in Funktionsblöcke wird bei Empfängern mit diskreten Bauelementen nach dem Prinzip der stufenweisen Verfeinerung meist eine Aufteilung in zwei Stufen vorgenommen.

► *Schülerexperiment*

Qualitative Untersuchung der Funktionsblöcke eines Rundfunkempfängers

Ein einfacher Reise- oder Heimempfänger soll auf der Ebene der Funktionsblöcke analysiert werden, mit dem Ziel, die Anwendung der theoretischen Kenntnisse über das Funktionsprinzip eines Überlagerungsempfängers an praktischen Problemen, z.B. bei der Fehlersuche, zu üben.

Zur Analyse auf der Ebene der Funktionsblöcke eignen sich die Methoden der Signalverfolgung und der Signalzuführung. Die qualitative Untersuchung durch die Signalzuführung hat den Vorteil, daß keine speziellen Geräte (Meßgeräte, Meßsender) notwendig sind.

Zur Vorbereitung des Experiments ist der Zusammenhang zwischen dem allgemeinen Blockschaltbild und dem konkreten Schaltplan des im Unterricht eingesetzten Empfängers aufzuzeigen. Dazu ist die Hilfe des Lehrers notwendig, d.h. entweder erhalten die Schüler Schaltpläne, in denen die Funktionsblöcke eingezeichnet sind oder diese Arbeit wird gemeinsam durchgeführt. Es ist hierbei nicht notwendig, auf Schaltungseinzelheiten einzugehen. Die Übertragung des Schaltplans auf die Schaltung sollen die Schüler im Experiment selbständig ausführen. Sie müssen also die im Blockschaltbild und Schaltplan festgelegten Eingänge der Funktionsblöcke in der konkreten Schaltung wiedererkennen. Als Punkte für die Signalzuführung bietet sich die Basis der Transistoren – der Eingangstransistoren der Blöcke – oder die entsprechenden Eingänge der integrierten Schaltkreise an.

Als Ausgangsproblem des Schülerexperiments eignet sich eine Fehlereinkreisung. Der Fehler sollte im HF-Verstärker oder Antennenkreis des Empfängers liegen. (Kurzschluß der Antenne oder der Basis-Emitterstrecke eines Transistors.)

Die Hauptschwierigkeit bei diesem Experiment bildet für die Schüler die Herstellung der Verbindung zwischen dem Schaltplan und dem konkreten Gerät. Insbesondere bei diskret aufgebauten Empfängern sollten hierzu die in der Praxis üblichen Hilfsmittel, wie Bestückungspläne und Meßschablonen, zur Verfügung gestellt werden.

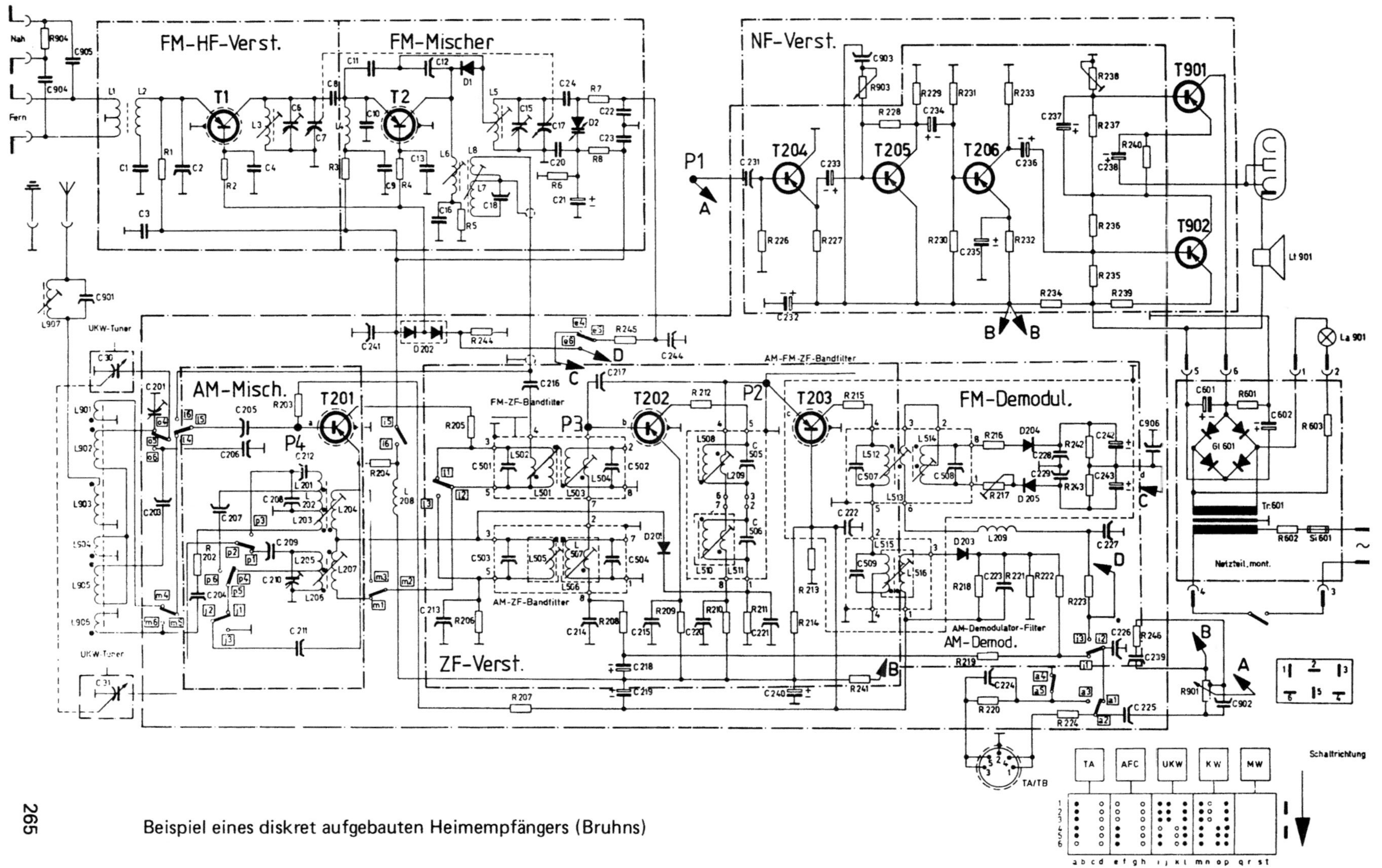

Beispiel eines diskret aufgebauten Heimempfängers (Bruhns)

Dazu werden die grundsätzlichen Funktionsblöcke der ersten Stufe nochmals in Unterblöcke aufgeteilt, z.B. der NF-Verstärker in Endstufe, Klangregelnetzwerk und NF-Vorverstärker. Bei Empfängern mit integrierten Schaltungen erübrigt sich im allgemeinen diese Verfeinerung.

Erst als zweiter Schritt erfolgt bei dieser Methode die praktische Untersuchung. Bei der **Signalverfolgung** wird auf den Eingang des Empfängers ein definiertes HF-Signal gegeben und vom Eingang ausgehend die Funktionsblöcke in ihrer Funktion überprüft. Um diese Methode anzuwenden, ist eine geeignete Quelle für den modulierten Träger und unterschiedliche Anzeigeinstrumente für die Prüfung der Ausgänge des HF-Verstärkers, des Mischers, des Demodulators und des NF-Verstärkers notwendig.

Bei der **Signalzuführung** wird vom Ausgang ausgehend nacheinander auf jeden Funktionsblock ein entsprechendes Eingangssignal gegeben und dabei die Funktion über den Lautsprecher, evtl. ergänzt durch zusätzliche Meßinstrumente, kontrolliert. Für eine quantitative Funktionsuntersuchung muß jedem Block das in Amplitude und Frequenz angepaßte Signal zugeführt werden, d.h. es sind Quellen (Meßsender) für definierte NF-, ZF- und HF-Signale notwendig. Für eine qualitative Analyse ist als Signalquelle jedoch ein Rechteckgenerator ausreichend, da eine Rechteckschwingung im Tonfrequenzbereich (z.B. 500 Hz) in ihrem Frequenzspektrum Oberschwingungen in allen Wellenbereichen bis in den UKW-Bereich enthält.

Hinweis: Bei der Auswahl eines handelsüblichen Empfängers solle auf leichte Zugänglichkeit der Signalzuführungspunkte geachtet werden. Aus diesem Grund sollte auch der AM-Zweig und nicht der gekapselte (geschirmte) FM-Zweig untersucht werden. Batteriegespeiste Empfänger sind für das Experiment vorzuziehen, da bei den Arbeiten am geöffneten Gerät keine Sicherheitsprobleme bestehen. Bei netzgespeisten Geräten sind die Sicherheitsbestimmungen zu beachten.

Beispiel für eine Signalzuführung (s. Schaltplan) im AM-Zweig:

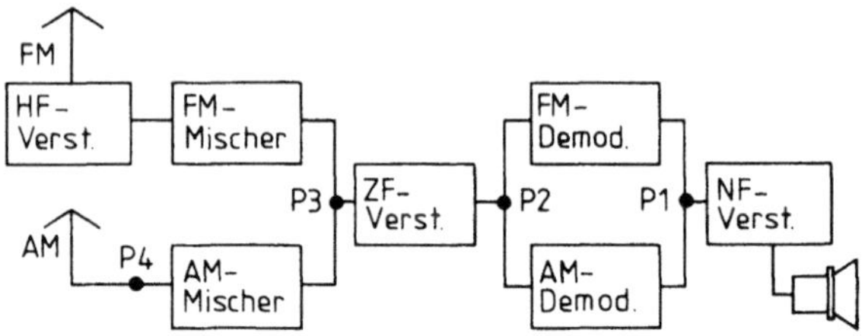

P1: Eingang des NF-Verstärkers
P2: Eingang der letzten ZF-Stufe vor dem Demodulator
P3: Eingang des ZF-Verstärkers
P4: Eingang des selbstschwingenden Mischers (im AM-Zweig keine HF-Vorverstärkung)

Material: Einfacher Reise- oder Heimempfänger mit Schaltplan (möglichst mit Serviceanleitung) Rechteckgenerator (ca. 500 Hz)

Hinweis: Das zugeführte Signal ($\hat{u}$ = 100–200 mV) sollte auf maximal 5 Volt begrenzt werden und über einen Vorwiderstand (ca. 10 kΩ) und einen Kondensator (ca. 100 pF) eingekoppelt werden.

Die Kombination einer Signalverfolgung vom Eingang ausgehend und einer Signalzuführung vom Ausgang ausgehend, gibt die Möglichkeit, Fehler in Empfängern exakt einzukreisen. Die Analyse auf der Ebene der Funktionsblöcke gewinnt in der Servicepraxis mit dem Einsatz von integrierten Schaltungen immer mehr an Bedeutung, da mit dieser Methode ein Fehler schnell und exakt einem integrierten Schaltkreis zugeordnet werden kann.

3.3 Informationsverarbeitung

Die maschinelle Informationsverarbeitung dient der zielgerichteten Erzeugung neuer Information durch die Verknüpfung vorhandener Informationen. Damit wird es möglich, Teilbereiche der intellektuellen Tätigkeit des Menschen an Maschinen zu übertragen.

In der historischen Entwicklung wurden entsprechend den jeweils aktuellen gesellschaftlichen Aufgaben in unterschiedlichen Techniken versucht, informationsverarbeitende Maschinen zu realisieren. Heute hat sich jedoch bis auf wenige Sonderfälle die **elektrische Informationsverarbeitung** durchgesetzt, da hier durch die Entwicklung der Halbleitertechnologie, insbesondere der Mikroelektronik, die technischen Voraussetzung für leistungsstarke und kostengünstige Maschinen gegeben ist.

Um eine Aufgabe der Informationsverarbeitung an eine Maschine zu übertragen, müssen die zu verknüpfenden Informationen in einer maschinenverständlichen Form als digitale oder analoge **Daten** bereitgestellt werden, und es muß eindeutig festgelegt werden, welche Informationen wie zu verknüpfen sind.

Nach der Darstellungsform der Information und den davon abhängigen Verknüpfungselementen wird zwischen **digitaler** und **analoger Informationsverarbeitung** unterschieden. Sowohl in digitalen wie in analogen informationsverarbeitenden Maschinen werden komplexe Verknüpfungen, wie z.B. Vergleichen, Zuordnen, Rechnen oder Sortieren, auf eine Reihe elementarer Verknüpfungen zurückgeführt. Diese elementaren Operationen werden in Grundbausteinen, wie z.B. den Gattern oder den Rechenverstärkern, ausgeführt. Durch die Verbindungen zwischen den entsprechenden Grundelementen wird die Art der Verknüpfung und die Auswahl der zu verknüpfenden Daten festgelegt. Die Grundelemente und ihre Verschaltung bestimmen daher die Funktion der informationsverarbeitenden Maschine.

Wenn die Verbindungen als **feste Verdrahtung** zwischen den Grundbausteinen ausgeführt sind, kann das Gerät nur für eine spezielle Funktion, d.h. für eine bestimmte Art der Verknüpfung von ausgewählten Daten, eingesetzt werden. Verfügt die Maschine dagegen über einen Satz von Grundelementen und einen einstellbaren Verbindungsaufbau, dann kann sie universell benutzt werden. Durch die Möglichkeit, nacheinander verschiedene elementare Verknüpfungen auszuführen, können beliebig komplexe Operationen aus sequentiell ausgeführten Elementaroperationen gebildet werden. Die Festlegung solch einer Folge von Elementaroperationen wird als **Programm** bezeichnet. Ein **programmgesteuerter** Verbindungsaufbau ist daher das Kennzeichen universell einsetzbarer Datenverarbeitungsanlagen. Die Funktion derartiger Maschinen ist durch das Programm festgelegt und kann bei gleichbleibendem gerätetechnischen Aufbau leicht an unterschiedliche Aufgaben angepaßt werden.

Bei programmgesteuerten Anlagen sind das Programm und ein Teil der zu verknüpfenden Daten intern bereitzustellen, d.h. ihre Realisierung setzt die interne **Informationsspeicherung** voraus. Da analoge Daten nur mit einem sehr hohen Aufwand zu speichern sind, haben sich auch aus diesem Grund die **digitalen Datenverarbeitungsanlagen** als universelle Datenverarbeitungsanlagen durchgesetzt.

Systematik der Informationsverarbeitung

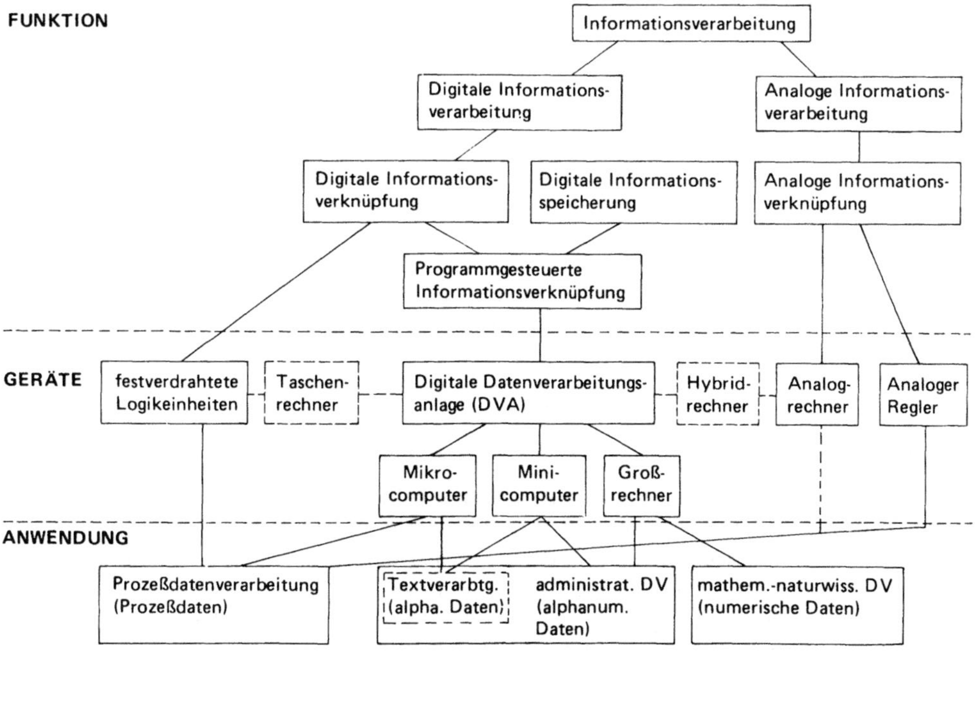

Historische Entwicklung

Die freiprogrammierbaren digitalen Datenverarbeitungsanlagen in den verschiedenen Realisierungsvarianten mit ihren universellen Einsatzmöglichkeiten in allen Anwendungsbereichen bilden den vorläufigen Abschluß einer jahrhundertelangen Entwicklung von informationsverarbeitenden Maschinen. Die einzelnen Entwicklungen sind immer zu sehen auf dem Hintergrund des gesellschaftlichen Interesses, das sie initiierte, und des jeweiligen historischen Stands der Technik, der die Realisierungsmöglichkeiten beschränkte.

Eingeleitet wurde die Entwicklung mit den handgetriebenen mechanischen Rechenmaschinen für die mathematisch-naturwissenschaftliche und administrative Datenverarbeitung.

1642 Additionsmaschine von B. Pascal
1694 Leibnizsche Vierspeziesmaschine
1770 Rechenmaschine von Ph. M. Hahn
1786 14-stellige Rechenmaschine von J. H. Müller
1833 Konzeption einer programmgesteuerten Rechenmaschine von Ch. P. Babbage

Die von Babbage konzipierte „analytical engine" sollte schon über alle wesentlichen Funktionsgruppen eines modernen Computers, wie Steuerwerk, Rechenwerk, Programm- und Datenspeicher verfügen. Das gesellschaftliche Interesse war gegeben, denn durch den weltweiten Konkurrenzkampf der Kolonialmächte gewannen schnelle Seeverbindungen und damit Großkreiskurse strategische und ökonomische Bedeutung. Eine Voraussetzung für die Großkreisnavigation bildete die Erstellung genauer und umfassender astronomischer Tafelwerke. Die staatlichen Fördermaßnahmen, insbesondere die der britischen Admiralität, ermöglichten die Entwicklung der technischen Hilfsmittel zur Berechnung dieser Tafelwerke. Allerdings fehlten zur Realisierung der analytischen Maschine noch die technischen Voraussetzungen. Allein der Datenspeicher sollte über 50.000 Zahnräder zur Darstellung der Ziffern enthalten. Von der analytischen Maschine konnte damals nur das Rechenwerk vollendet werden.

Mit der Mechanisierung der Produktionsprozesse im 18. und 19. Jahrhundert gewann die Prozeßdatenverarbeitung ökonomische Bedeutung. Für diesen Anwendungsbereich wurden im folgenden informationsverarbeitende Maschinen in Form digitaler Programmsteuerungen und analoger Regler entwickelt.

1725 automatische Steuerung von Strickmaschinen
1784 Fliehkraftregler von James Watt
1801 Programmsteuerung für Webstühle von J. M. Jacquard
um 1800 automatischer Supportvorschub (Leitspindel-Drehbank) von Bramah und Mandslay
1880 automatische Drehbank von Pratt und Whitney

Die Entwicklungen in diesem Bereich waren meistens mechanische Einrichtungen für spezielle Maschinen und daher nur bedingt übertragbar. Allein die Form der Programmspeicherung der Steuerprogramme in Lochstreifen oder Lochkarten (Jacquard) wurde für die ersten programmgesteuerten Rechner übernommen und haben noch heute als Speichermedien in der Datenverarbeitung eine gewisse Bedeutung.

Durch das Anwachsen der staatlichen und betrieblichen Verwaltung am Ende des 19. Jahrhunderts wuchs das Interesse an informationsverarbeitenden Maschinen für die administrative Datenverarbeitung. Die Anforderungen aus diesem Bereich führten zur Entwicklung elektromechanischer Tabelliermaschinen, bei denen Lochstreifen und -karten als Datenträger dienten. Die ursprünglich zum Sortieren, Zählen und Ausdrucken von Daten konzipierten Maschinen wurden bald mit festprogrammierten Rechenwerken ausgerüstet.

1890 Lochkartenmaschine von H. Hollerith (entwickelt für die Volkszählung in den USA)

Da die festen Programme den Einsatz auf eine spezielle Aufgabe beschränkten, wurden im folgenden Maschinen mit umschaltbaren Programmsteuerungen entwickelt.

Die in den drei Anwendungsbereichen, in der mathematisch-naturwissenschaftlichen Datenverarbeitung, der administrativen Datenverarbeitung und der Prozeßdatenverarbeitung, entwickelten Funktionsprinzipien und Techniken bildeten die Vorbedingung für die Konstruktion der universellen freiprogrammierbaren Datenverarbeitungsanlagen. Die technischen Voraussetzungen waren am Anfang des 20. Jahrhunderts in Form elektromechanischer Relais und der Elektronenröhren gegeben. Als dann im Lauf des 2. Weltkriegs ein starkes militärisches Interesse an mathematisch-naturwissenschaftlicher Datenverarbeitung entstand, setzte eine geradezu stürmische Entwicklungsphase ein.

1941 freiprogrammierbarer Relaisrechner (Z3) von K. Zuse (Dualsystem)

Der Rechner wurde im Auftrag der Deutschen Versuchsanstalt für Luftfahrt entwickelt und diente zur Konstruktionsberechnung ballistischer Flugkörper.

Der Rechner hatte ein rein duales Rechenwerk (600 Relais). Die Eingabe erfolgte über eine Dezimaltastatur und die Ausgabe über eine vierstellige Sichtanzeige. Der Arbeitsspeicher hatte eine Kapazität von 64 Wörtern (2000 Relais). Die Programmsteuerung arbeitete mit einem Lochstreifen und erlaubte nur lineare Programmierung (Additionszeit ca. 50 ms).

1944 Relaisrechner Mark I von H. G. Aiken (Dezimalsystem)

Die Entwicklung des Rechners wurde von IBM finanziert und für die US-Marine bereitgestellt. Er sollte die umgebauten Tabelliermaschinen ablösen, die bis dahin zur Erstellung eines nautischen Almanach dienten. Mit Hilfe dieser Tafelwerke konnte die Zeit für eine Schiffsortbestimmung von 30 min auf 1 min gesenkt werden und die Abwehrchancen gegen U-Boote wesentlich erhöht werden.

Die Eingabeeinheit des Rechners bestand aus 60 Stellscheiben. Das dezimale Rechenwerk arbeitete mit elektrisch angetriebenen mechanischen Zählern. Die Steuerung erfolgte durch Relaisschaltkreise. Es war nur eine lineare Programmierung möglich (Additionszeit ca. 0,3 s).

1945 Elektronen-Rechner ENIAC (Elektronic Numerical Integrator and Computer) von Brainerd, Eckert, Mauchly und Goldstine (Dezimalsystem)

Der Rechner wurde im Auftrag der US-Armee entwickelt und für die Berechnung von Artillerie-Tafeln eingesetzt.

Das Rechenwerk arbeitete dezimal, indem für jede Ziffer jeweils ein Satz von 10 Elektronenröhren eingesetzt wurden. Insgesamt enthielt der Rechner etwa 18 000 Elektronenröhren und 10 000 Kondensatoren, insgesamt etwa 500 000 Bauteile. Der Leistungsverbrauch der Anlage lag bei 175 kW. (Additionszeit ca. 0,2 ms)

1949 Elektronen-Rechner EDVAC (Electronic Discrete Variable Automatic Computer)

Konzept von J. v. Neumann

Der Rechner war im Gegensatz zu den vorangegangenen Entwicklungen nicht für numerische Berechnungen im militärischen Bereich bestimmt, sondern für die kommerziellen Aufgaben der administrativen Datenverarbeitung.

Die wesentliche Weiterentwicklung bestand beim EDVAC in der internen Programmspeicherung. Damit war es möglich, Programme als zu verknüpfende Daten zu behandeln. Erst durch diese Möglichkeit konnte die verzweigte Programmierung voll genutzt werden und war die Voraussetzung für den Einsatz höherer Programmiersprachen gegeben.

Nach diesem Funktionsprinzip (Von-Neumann-Konzept) sind alle modernen Datenverarbeitungsanlagen aufgebaut.

Durch Entwicklung der Halbleitertechnologie, insbesondere der integrierten Schaltkreise, konnte in den folgenden Jahren die Leistungsfähigkeit der DV-Anlagen wesentlich gesteigert werden bei gleichzeitiger Senkung der Kosten. Die Funktionsprinzipien (duale Rechenwerke, Von-Neumann-Konzept) blieben dabei im wesentlichen erhalten.

Seit 1959 werden freiprogrammierbare DV-Anlagen in der Prozeßdatenverarbeitung als sog. Prozeßrechner eingesetzt und lösen damit spezielle Entwicklungen, insbesondere auf dem Gebiet der Analogtechnik ab. Durch die Mikrocomputer (1971) entstand in diesem Bereich eine preiswerte Alternative zur festverdrahteten Logik und zu den Analogreglern, die zunehmend zum Einsatz kommt.

Weiterführende Literatur:

Bernal, J. D.: Wissenschaft, Science in History, Hamburg 1970
Brödner, P.; Krüger, D.: Der programmierte Kopf, Berlin 1981
Rodgers, W. H.: IBM-Saga, Ein Unternehmen verändert die Welt, Hamburg 1969
Sonnemann, R. u.a.: Geschichte der Technik, Leipzig 1978
Zuse, K.: Der Computer – Mein Lebenswerk, München 1970

Halbleitertechnologie als eine technische Voraussetzung der Informationsverarbeitung

Der derzeitige Entwicklungsstand der Informationsverarbeitung wäre ohne die Entwicklung der integrierten Halbleiterschaltkreise nicht möglich. Die Halbleitertechnologie, deren Einsatz 1950 mit der Ablösung von Elektronenröhren durch Transistoren und Dioden begann, war die Voraussetzung für die Entwicklung der integrierten Schaltkreise.

Über eine Reihe schnell durchlaufener Zwischenstufen, wie gedruckte Schaltung mit diskreten Bauelementen, Mikromodulen und integrierten Schichtschaltungen, führte diese Entwicklung zum monolithischen Schaltkreis als qualitativ neues Bauelement.

Ausschnitt eines integrierten Schaltkreises

Funktion:

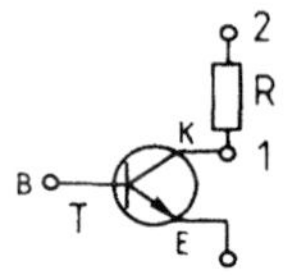

Realisierung:

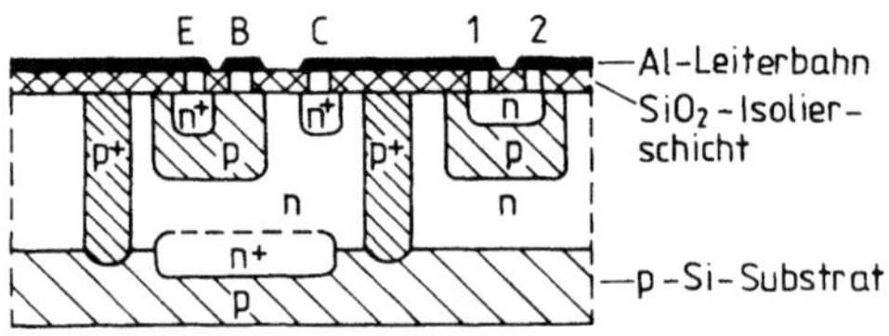

Ein integrierter Schaltkreis (engl.: integrated circuit, IC) ist ein Bauelement, das funktionsmäßig einer Schaltung aus einer Vielzahl von aktiven und passiven diskreten Grundelementen entspricht. Beim monolithischen Schaltkreis sind alle Schaltungselemente innerhalb eines einzigen Halbleiterblocks (engl.: chip) auf engsten Raum integriert, d.h. alle Schaltungselemente, wie zum Beispiel Widerstände, Kondensatoren, Dioden und Transistoren, bestehen nur noch ideel als isolierte Bestandteile der Schaltung. Real wird die Funktion aller Schaltungselemente durch unterschiedlich dotierte Halbleiterzonen, bzw. durch PN-Übergänge [1] gebildet. Getrennt werden die Funktionsbereiche durch in Sperrichtung betriebene PN-Übergänge oder hoch isolierende Oxydschichten und verbunden durch aufgedampfte Metallbahnen.

Beispiele für die Realisierung der Funktion von Grundbauelementen:

1. Diode

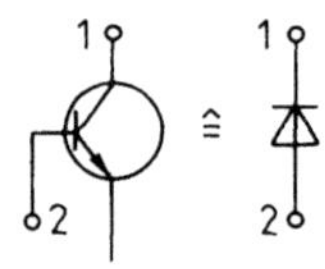

Obwohl oft zur Funktionsbeschreibung von integrierten Schaltkreisen Ersatzschaltbilder mit konventionellen Grundbauelementen als Analogmodelle herangezogen werden, haben diese Schaltungen nur bei den einfachsten integrierten Schaltkreisen eine Ähnlichkeit mit dem internen Aufbau. Wie man dem Röhrenfachmann den Übergang zur Transistortechnik zu erleichtern versuchte, indem man mehr oder minder ungenaue Analogien zwischen Röhre und Transistor konstruierte, haben diese Ersatzschaltbilder mit diskreten Elementen die Aufgabe, den Übergang zur integrierten Schaltkreistechnik zu erleichtern. Real wird z.B. intern eine Diode durch einen bipolaren Transistor [2] oder ein ohmscher Widerstand durch einen unipolaren [3] Transistor repräsentiert.

[1] *Baumann* u.a.: Fachkenntnisse ET, Fachstufe 1 NT; Kap. WK 9
Tholl, H.: Bauelemente der Halbleiterelektronik, T. 1; Kap. 2.1

[2] *Baumann* u.a.: Fachkenntnisse ET, Fachstufe 1 NT; Kap. ET 18
Böger, H. u.a.: Einführung in die Elektronik, Kap. 10.1 u. 10.2

[3] *Baumann* u.a.: Fachkenntnisse ET, Fachstufe 1 NT; Kap. ET 17
Böger, H. u.a.: Einführung in die Elektronik, Kap. 11.1, 11.2 u. 11.3

Der Grund für die Abweichung des internen Aufbaus von dem Beschreibungsmodell liegt u.a. in dem unterschiedlichen Aufwand zur Realisierung der Grundelemente. In der diskreten Technik waren die passiven Elemente, wie Widerstände und Kondensatoren, die billigsten Bauelemente. Dagegen sind sie heute in integrierten Schaltkreisen nur mit großem Aufwand zu realisieren, da sie den größten Platz auf dem Halbleiterblock benötigen. Daher werden funktionsmäßig äquivalente Schaltungen als Schaltkreise realisiert, die möglichst wenig passive Elemente enthalten.

Die konventionelle Methode der Funktionsbeschreibung mit Hilfe verschalteter Grundelemente versagt darüberhinaus vollkommen bei den komplexen integrierten Schaltkreisen.

Hier verbietet die große Anzahl der elementaren Elemente (u.U. über 10000) die Benutzung des Modells einer Schaltung aus diskreten Bauelementen.

Eine integrierte Schaltung hat gegenüber einer konventionellen Schaltung folgende Vorteile:

- hohe Grenzfrequenz (Schaltgeschwindigkeit)
- hohe Zuverlässigkeit
- kleiner Platzbedarf
- kleiner Energieverbrauch

Die hohe Packungsdichte bedeutet nicht nur kleine Abmessungen, sondern auch kurze Verbindungen. Aus diesem Grund werden nicht nur die Laufzeiten der Signale verringert, sondern die Signalübertragung benötigt auch weniger Energie. Da die Hauptfehlerquelle bei elektronischen Geräten in den Verbindungsleitungen liegt, ergibt sich aus der Einsparung von Verbindungen bei dem Einsatz von Schaltkreisen eine höhere Zuverlässigkeit. Der Schaltkreis selbst besitzt ähnliche Zuverlässigkeit wie ein diskretes Halbleiterbauelement, zum Beispiel ein Transistor. Außerdem lassen sich mit dem Einsatz integrierter Schaltkreise die Geräte rationeller fertigen, da die Mehrzahl der Arbeitsschritte eingespart oder automatisiert werden kann.

Der einmalige relativ hohe Arbeitsaufwand für die Entwicklung eines Schaltkreises zahlt sich nur aus, wenn von dem Schaltkreis hohe Stückzahlen verkauft werden.

2. Z-Diode

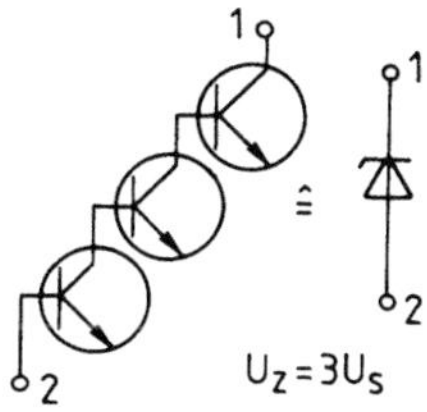

3. Widerstand

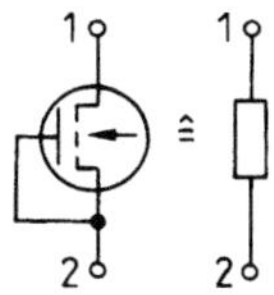

4. Kondensator (gepolt)

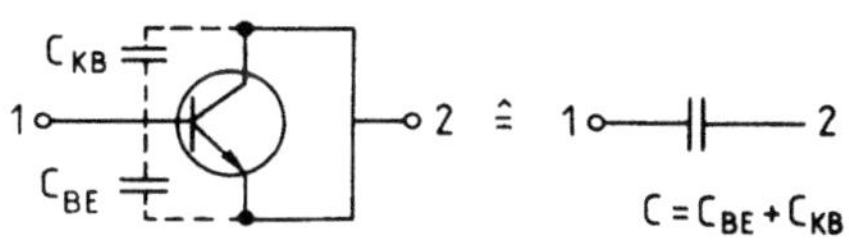

Einteilung der Schaltkreise:

1. Nach den zu verarbeitenden Daten
   - Analogschaltkreis (linearer Schaltkreis)
   - Digitalschaltkreis
2. Nach dem Integrationsgrad
   - Kleinbereichsintegration
     (engl.: smale scale integration, SSI)
     ca. 50 Einzelelementefunktionen
     Beispiel: log. Grundgatter (4 x 2 NAND usw.)
     Operationsverstärker
   - Mittelbereichsintegration
     (engl.: medium scale integration, MSI)
     ca. 100 Einzelelementefunktionen
     Beispiel: 4 Bit-Addierer
     Signalgenerator
   - Großbereichsintegration
     (engl.: large scale integration, LSI)
     ca. 10 000 Einzelelementefunktionen
     Beispiel: Mikroprozessor
     Taschenrechner-Schaltkreis
     10 Bit-ADU
3. Nach der Schaltungsfamilie (Logik-Familie)
   Schaltungsfamilien bestehen aus einer Reihe aufeinander abgestimmter Schaltkreise. Die Eingangs- und Ausgangskennwerte erlauben eine problemlose Kombination der verschiedenen Schaltkreise (z.B. TTL-Schaltkreise ↑).

Die Fertigung selbst ist meist voll automatisiert und fällt kostenmäßig kaum ins Gewicht. Daher wird auf möglichst universelle Einsetzbarkeit eines Schaltkreises großen Wert gelegt. Hohe Stückzahlen sind im allgemeinen gleichbedeutend mit geringem Preis. Hierin liegt auch der wesentliche Grund für den wachsenden Einsatz programmgesteuerter Universalbausteine.

3.3.1 Digitale Informationsverarbeitung

Die digitale Informationsverarbeitung ist dadurch gekennzeichnet, daß die bearbeiteten Informationen durch Zeichen oder Zeichenkombinationen aus einem begrenzten Zeichenvorrat dargestellt werden. Im Laufe der Entwicklung hat sich die Darstellung durch **binäre Zeichen** (Bit: engl. Binary Digit) durchgesetzt, da diese einfach in **zweiwertige Signale** umzusetzen sind. Zweiwertige Signale können nur zwei diskrete Werte annehmen und sind durch Schalterzustände (geschlossen – offen) technisch einfach zu realisieren.

Die Informationsverarbeitung besteht daher auf der elementaren Ebene aus der **logischen Verknüpfung** von binären Zeichen und wird durch die Verschaltung von Schaltern technisch realisiert. Durch die Kombination von elementaren Verknüpfungen lassen sich beliebige komplexe Verknüpfungen, z.B. auch arithmetische Verknüpfungen, bilden.

Die Bildung von komplexen Verknüpfungen durch feste Verschaltung der logischen Grundelemente, den sog. **Gattern,** führt zu **festverdrahteten Logikeinheiten.** Entstehen dagegen die komplexen Verknüpfungen durch eine variable Folge von nacheinander vollzogenen Grundverknüpfungen, so setzt dies einen variabel programmgesteuerten Verbindungsaufbau zwischen den Grundelementen und eine interne Zwischenspeicherung der Informationen voraus.

Ausgangspunkt jeder technischen Realisierung von logischen Verknüpfungen ist die eindeutige Zuordnung zwischen den Informationen und den binären Ein- und Ausgangssignalen.

3.3.1.1 Digitale Informationsverknüpfung

Die Schaltungen zur Verknüpfung von mehreren zweiwertigen Eingangssignalen zu einem zweiwertigen Ausgangssignal bestehen aus Schalter- oder Gatterkombinationen. Die Eingangssignale entsprechen den Schalterstellungen, bzw. bei den Gattern mit steuerbaren Schaltern den Ansteuersignalen. Die Art der Verknüpfung wird mit Hilfe der logischen Elementarfunktionen beschrieben. Gatter dienen zur technischen Realisierung der logischen Grundfunktionen.

Als logische Grundfunktionen gelten die

UND-Funktion (AND)
ODER-Funktion (OR)
NICHT-Funktion

Aus diesen drei Funktionen kann jede logische Funktion gebildet werden, d.h. mit ihnen kann jede Funktion beschrieben werden.

Neben diesen Grundfunktionen sind bei verschiedenen schaltungstechnischen Realisierungen die invertierten Grundverknüpfungen durch Elementarbausteine repräsentiert.

NICHT-UND-Funktion
(NAND ≙ NOT-AND)

NICHT-ODER-Funktion
(NOR ≙ NOT-OR)

Beispiele für die Anwendung der logischen Grundverknüpfungen:

Eine Stanze darf aus Sicherheitsgründen nur arbeiten, wenn der linke **und** rechte Handknopf betätigt wird.

Das Treppenhauslicht soll leuchten, wenn im Erdgeschoß **oder** im 1. Stock **oder** im 2. Stock der Taster betätigt wird.

Die Rolltreppe soll nur laufen, wenn der Notschalter **nicht** betätigt ist.

Das logische Verhalten von digitalen Schaltungen, Schalter- oder Gatterkombinationen wird durch die Zuordnung der binären Eingangsgrößen zur binären Ausgangsgröße beschrieben. Diese Zuordnung kann neben der oft unexakten und umständlichen verbalen Beschreibung dargestellt werden durch

- Schaltpläne (Gattersymbole)
- Wahrheitstafeln
- Funktionsablaufdiagramme
- Karnough-Veitch-Tafeln
- Funktionsgleichungen

Schaltpläne sind die Beschreibung, die der konkreten Realisierung am nächsten liegen. Die Funktion ist durch die Verknüpfungsglieder und ihre Verbindungen eindeutig festgelegt. Gatter sind in den Schaltplänen durch ein ihrer Funktion entsprechendes **logisches Symbol** dargestellt. Aussagen über die logische Funktion lassen sich bei umfangreicheren Schaltungen jedoch meist nur indirekt ableiten.

In den **Wahrheitstafeln** wird für jede mögliche Kombination der Eingangswerte die Ausgangsgröße festgehalten. Für n Eingangsgrößen existieren 2^n Kombinationsmöglichkeiten der Werte. Diese Eingangskombinationen mit den zugeordneten Werten der Ausgangsgröße werden in Tabellenform aufgeführt. Für die Werte der Ein- und Ausgangsgrößen werden Abkürzungen benutzt, z.B.

Schalter: Aus $\widehat{=}$ 0 Lampe: Aus $\widehat{=}$ 0
Ein $\widehat{=}$ 1 Ein $\widehat{=}$ 1

Spannung:
0 V–1 V $\widehat{=}$ 0 oder L (engl.: Low)
3 V–5 V $\widehat{=}$ 1 oder H (engl.: High)

Das Aufstellen der Wahrheitstafel ist oft der erste Schritt bei einer Schaltungs- oder Aufgabenanalyse, um die Funktion formal zu beschreiben. Die Wahrheitstafel läßt sich relativ einfach durch statische Messungen ermitteln, und aus der Wahrheitstafel kann leicht eine Funktionsgleichung gebildet werden.

Im **Funktionsablaufdiagramm** wird die Ausgangsgröße im Zeitablauf graphisch dargestellt, wenn am Eingang die Größen variiert werden. Zur vollständigen Beschreibung der Funktion müssen alle möglichen Kombinationen der Eingangswerte zeitlich nacheinander durchgespielt werden.

Beispiel: Darstellung einer UND-Funktion

Verbale Beschreibung:
Die Lampe brennt nur, wenn Schalter 1 **und** Schalter 2 betätigt werden.

Schaltung (Schalter als Verknüpfungselemente):

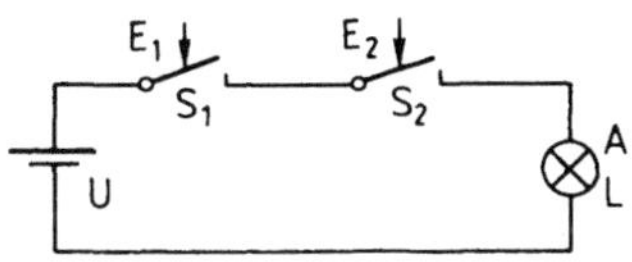

Symbol

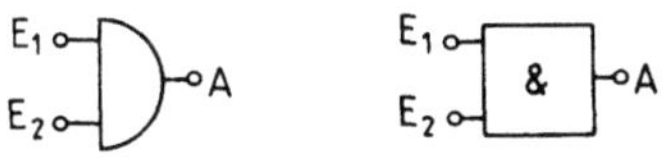

Wahrheitstafel:

E_1	E_2	A
0	0	0
0	1	0
1	0	0
1	1	1

Funktionsablaufdiagramm

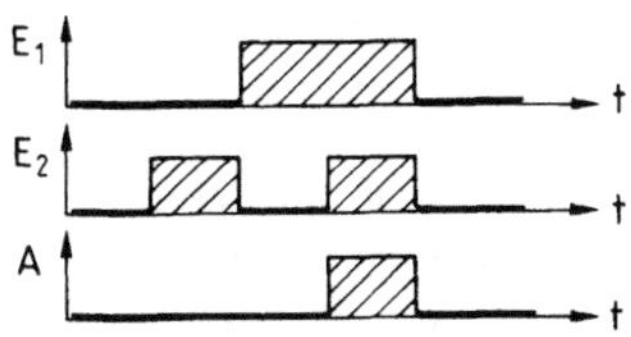

Die Bestimmung der Funktion einer Schaltung durch die meßtechnische Ermittlung des Funktionsablaufdiagramms erlaubt Aussagen über das Verhalten der Schaltung unter betriebsnahen Bedingungen. Aus diesem Grund ist diese Form der Beschreibung oft bei der Fehlersuche und -analyse angebracht.

Statt in der Form einer Wahrheitstafel kann die Zuordnung der möglichen Wertekombinationen der Eingangsgrößen zu den Werten der Ausgangsgröße in einer zweidimensionalen Anordnung, den **Karnough-Veitch-Tafeln**, dargestellt werden. Dazu wird jeder Wertekombination der Eingangsgrößen ein Feld zugewiesen. Die einzelnen Felder sind dabei so angeordnet, daß bei einem Übergang in das Nachbarfeld nur eine Eingangsgröße der Kombination ihren Wert ändert. Im Feld selbst wird der Wert der Ausgangsgröße eingetragen. Aus der Karnough-Veitch-Tafel kann einfach die Funktionsgleichung abgeleitet werden.

Karnough-Veitch-Tafel

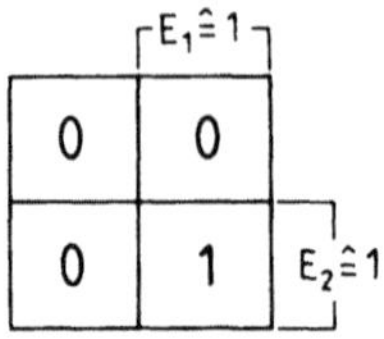

Karnough-Veitch-Tafeln werden beim Schaltungsentwurf zur logischen Vereinfachung (Minimisierung) benutzt. Allerdings ist die praktische Bedeutung der logischen Minimisierung begrenzt, da für technisch zweckmäßige Realisierungen oft andere Gesichtspunkte, wie z.B. Einheitlichkeit und Preis der Bauelemente, Ausnutzung der Mehrfachgatter und Signallaufzeiten, in den Vordergrund treten.

Funktionsgleichung

$$E_1 \wedge E_2 = A$$

Den **Funktionsgleichungen** liegen die Regeln und Gesetze der Schaltalgebra zugrunde. Die **Schaltalgebra** ist eine spezielle Interpretation der Aussagenlogik zur formalisierten Beschreibung digitaler Systeme. Die Aussagenlogik in Form des Aussagekalküls ist eine streng mathematisch aufgebaute Theorie, die sich mit dem Wahrheitswert von Aussageverbindungen beschäftigt. Die Übertragung dieser Theorie auf die Digitaltechnik ist deshalb möglich, weil jeder zweiwertigen Grundaussage (wahr – falsch) ein binäres Eingangssignal und jeder zweiwertigen Aussageverbindung ein binäres Ausgangssignal zugeordnet werden kann. Damit können die Regeln und Gesetze der Aussagenlogik als Schaltalgebra auf die Verbindung von Schaltern oder das Verhalten von Gattern angewendet werden.

Durch Umformung der Funktionsgleichungen mit Hilfe der Rechenregeln können adäquate Funktionen aus unterschiedlichen Grundverknüpfungen (Gattern) gebildet werden.

► *Schülerübung*

Aufnahme und Beschreibung (Symbol, Wahrheitstafel, Funktionsgleichung) der logischen Funktion von Gattern, z.B. Grundgatter der TTL-Familie (74xx)

Vorgegebener Aufbau:

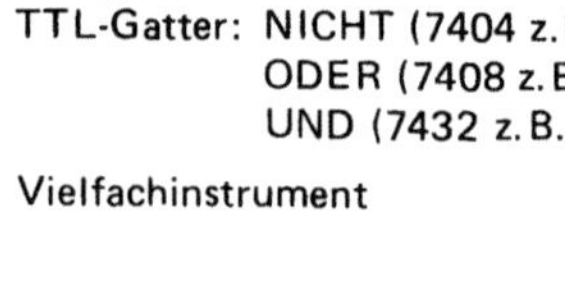

Geräte:

Netzgerät (5 V)

TTL-Gatter: NICHT (7404 z.B. E ⇒ 1, A ⇒ 2)
ODER (7408 z.B. E_1 ⇒ 1, E_2 ⇒ 2, A ⇒ 3)
UND (7432 z.B. E_1 ⇒ 1, E_2 ⇒ 2, A ⇒ 3)

Vielfachinstrument

Rechengesetze der Schaltalgebra

Kommutativ-Gesetz

$X1 \wedge X2 = X2 \wedge X1$ $\quad$ $X1 \vee X2 = X2 \vee X1$

Assoziativ-Gesetz

$X1 \wedge (X2 \wedge X3) = (X1 \wedge X2) \wedge X3$ $\quad$ $X1 \vee (X2 \vee X3) = (X1 \vee X2) \vee X3$

Distributiv-Gesetz

$X1 \wedge (X2 \vee X3) = (X1 \wedge X2) \vee (X1 \wedge X3)$ $\quad$ $X1 \vee (X2 \wedge X3) = (X1 \vee X2) \wedge (X1 \vee X3)$

Absorbtions-Gesetz

$X1 \wedge (X1 \vee X2) = X1$ $\quad$ $X1 \vee (X1 \wedge X2) = X1$

Tautologie

$X1 \wedge X1 = X1$ $\quad$ $X1 \vee X1 = X1$

Gesetz der Negation

$X \wedge \overline{X} = 0$ $\quad$ $X \vee \overline{X} = 1$

De Morgan-Gesetz

$\overline{X1 \wedge X2} = \overline{X1} \vee \overline{X2}$ $\quad$ $\overline{X1 \vee X2} = \overline{X1} \wedge \overline{X2}$

Doppelte Negation

$\overline{\overline{X}} = X$

Operationen mit 0 und 1

$X \wedge 1 = X$ $\quad$ $X \vee 1 = 1$

$X \wedge 0 = 0$ $\quad$ $X \vee 0 = X$

$\overline{0} = 1$ $\quad$ $\overline{1} = 0$

Beispiel: Umformung der Funktionsgleichung

1. Zur Realisierung einer NAND-Funktion stehen nur ODER- und NICHT-Gatter zur Verfügung

$\overline{E_1 \wedge E_2} = A$

$\overline{E_1} \vee \overline{E_2} = A$

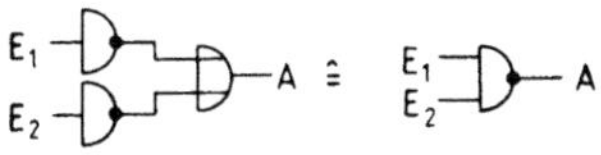

2. Zur Realisierung einer UND-Funktion stehen nur NOR-Gatter (7400) zur Verfügung

$E_1 \wedge E_2 = A$

$E_1 \wedge E_2 = \overline{\overline{E_1 \wedge E_2}} = \overline{\overline{E_1} \vee \overline{E_2}} = \overline{(\overline{E_1 \vee E_1}) \vee (\overline{E_2 \vee E_2})} = A$

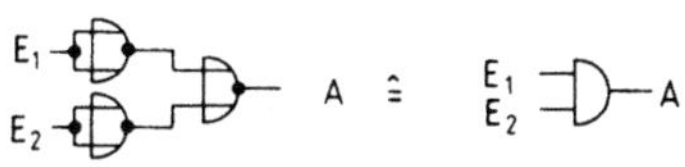

Logische Grundverknüpfungen

Name | Symbol[1] | Wahrheitstafel | Funktionsablaufdiagramm | Funktionsgleichung

UND-Funktion (Konjunktion) (AND-Funktion)

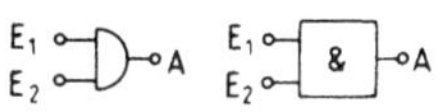

E_1	E_2	A
0	0	0
0	1	0
1	0	0
1	1	1

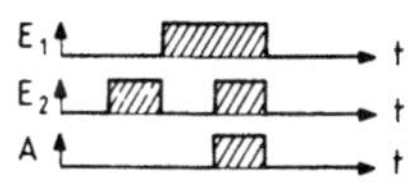

$E_1 \wedge E_2 = A$

$E_1 \cdot E_2 = A$

ODER-Funktion (Disjunktion) (OR-Funktion)

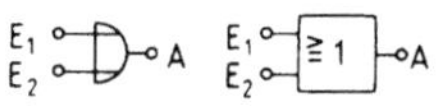

E_1	E_2	A
0	0	0
0	1	1
1	0	1
1	1	1

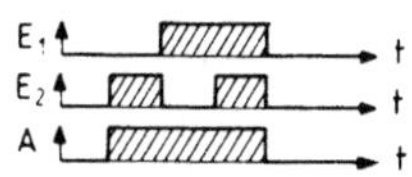

$E_1 \vee E_2 = A$

$E_1 + E_2 = A$

NICHT-Funktion (Negation)

E	A
0	1
1	0

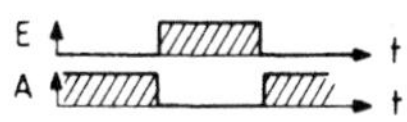

$\overline{E} = A$

Invertierte Grundverknüpfungen

NICHT-UND-Funktion (Shefferfunktion) (NAND-Funktion)

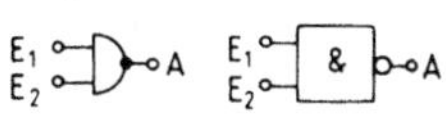

E_1	E_2	A
0	0	1
0	1	1
1	0	1
1	1	0

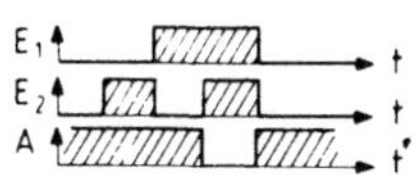

$E_1 \bar{\wedge} E_2 = A$

$\overline{E_1 \cdot E_2} = A$

NICHT-ODER-Funktion (Peircefunktion) (NOR-Funktion)

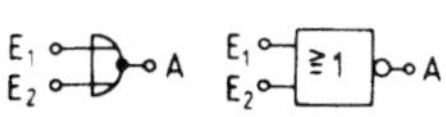

E_1	E_2	A
0	0	1
0	1	0
1	0	0
1	1	0

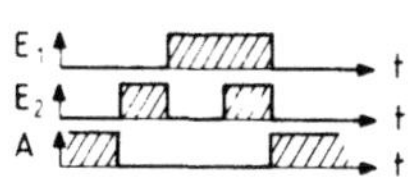

$E_1 \bar{\vee} E_2 = A$

$\overline{E_1 + E_2} = A$

---

[1] Die Schaltsymbole für Digitalschaltungen in der 2. Darstellungsform sind in DIN 40 700 (1976) festgelegt. Diese Darstellungsform bestimmt durch die Anforderungen von CAD (Computer Aided Design) ist jedoch aufgrund einiger Nachteile (z.B. keine Verbindung zu den amerikanischen Symbolen, keine anschauliche Darstellung des Signalflusses) noch nicht allgemein eingeführt.

Realisierung der logischen Funktionen

Die logischen Grundverknüpfungen können prinzipiell mit Gattern aus mechanischen, elektromechanischen, pneumatischen, hydraulischen und elektronischen Schaltern realisiert werden, doch haben die elektronischen Schalter aus Gründen der Schaltgeschwindigkeit, der Zuverlässigkeit und der Packungsdichte heute vorrangige Bedeutung.

Für die Realisierung der Grundgatter mit **elektronischen Schaltern** existieren eine Vielzahl von Schaltungsvarianten, die sich in bezug auf ihre elektrischen Kennwerte unterscheiden. Die elektrischen Eigenschaften werden im wesentlichen durch folgende Kenngrößen charakterisiert:

- Betriebsspannung
- Leistungsaufnahme
- Signalpegel
- Störabstand
- Belastbarkeit
- Signallaufzeit

Verschiedene in ihren Kennwerten aufeinander abgestimmte Gatter werden als **Schaltungsfamilie** bezeichnet. In den meisten Anwendungen wird ein Gerät aus der Kombination von Gattern ein und derselben Schaltungsfamilie erstellt. Damit stimmen die Kennwerte überein, und die Ein- und Ausgänge der Gatter können direkt verbunden werden. Das elektrische Verhalten einer Logikschaltung und der interne Gatteraufbau treten daher beim Entwurf weitgehend in den Hintergrund. Ihre Behandlung wird jedoch dann wichtig, wenn Grenzwerte überprüft werden müssen, d.h. immer wenn die Schaltung sich nicht erwartungsgemäß verhält, oder wenn externe, d.h. nicht zur Schaltungsfamilie gehörende, Bauelemente angeschlossen werden.

Bei der Realisierung der Gatter wird zwischen passiven und aktiven Schaltungen unterschieden. **Passive Gatter** enthalten nur passive Zweipole, wie Widerstände und Dioden. Die Verluste innerhalb der Schaltung müssen von den Signalen aufgebracht werden. Daher nimmt bei mehrstufigen logischen Schaltungen die Signalleistung von Stufe zu Stufe ab, bis die logische 1 nicht mehr von der logischen 0 zu unterscheiden ist. Dieser prinzipielle Nachteil kann bei passiven Gattern nicht behoben werden,

Gatter-Kennwerte

Betriebsspannung

Aktive Gatter benötigen zur Energiespeisung der Schaltverstärker eine von den verwendeten aktiven Elementen abhängige Spannungsversorgung. Innerhalb einer Schaltungsfamilie sind alle Gatter für einen einheitlichen Betriebsspannungsbereich ausgelegt.

z.B. TTL-Gatter: U_B = 4,75 V–5,25 V
C-MOS-Gatter: U_B = 3 V–15 V

Leistungsaufnahme

Die Leistungsaufnahme der Gatter ist nicht nur ein Kennwert für die Bemessung des Versorgungsteils, sondern auch ein Maß für den erreichbaren Integrationsgrad. Die aufgenommene Leistung wird im Gatter als Verlustleistung in Wärme umgesetzt. Da die Halbleiterschaltkreise einen relativ kleinen Arbeitstemperaturbereich besitzen, begrenzt die erzeugte Wärme zum einen den Integrationsgrad, d.h. die Anzahl von Logikfunktionen pro Schaltkreis, und zum anderen die Packungsdichte, d.h. die Anzahl der Schaltkreise pro Flächeneinheit der Platine. Eine Miniaturisierung der Schaltung setzt daher Gatter mit einer geringen Leistungsaufnahme voraus.

Signalpegel

Für eine Schaltungsfamilie ist die Zuordnung zwischen den logischen Variablen (0/1 oder L/H) und den Spannungswerten der Signale definiert. Die Spannungswerte werden als typische Werte und als Grenzwerte getrennt für den Eingang und den Ausgang des Gatters angegeben.

Z.B. für TTL-Gatter:

logisch 0 (L, Low) entspricht dem typ. Wert: $U_L \mathrel{\hat{=}} 0{,}2$ V
oberer Grenzwert am Eingang: U_{IL} = 0,8 V
oberer Grenzwert am Ausgang: U_{OL} = 0,4 V
logisch 1 (H, High) entspricht dem typ. Wert $U_H \mathrel{\hat{=}} 3{,}3$ V
unterer Grenzwert am Eingang: $U_{IH} \mathrel{\hat{=}} 2{,}0$ V
unterer Grenzwert am Ausgang: $U_{OH} \mathrel{\hat{=}} 2{,}4$ V

Störabstand

Der Störabstand kennzeichnet die Sicherheit der Signalübertragung zwischen den Gattern gegenüber Störspannungen. Der Störabstand wird durch den Abstand der Signalgrenzwerte am Ein- und Ausgang vorgegeben.

z.B. TTL-Schaltkreise

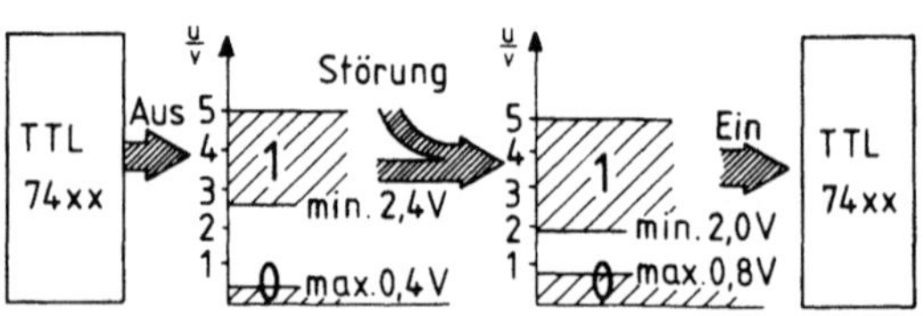

Störabstand: SA (0) = 0,8V − 0,4V = 0,4V
SA (1) = 2,4V − 2,0V = 0,4V

denn die Signale können nur mit Hilfe von Schaltverstärkern, d.h. aktiven Elementen, wieder regeneriert werden. Die **aktiven Gatter** enthalten Transistoren als Schaltverstärker durch die Anhebung der Signalleistung in jedem Gatter werden die Verluste in den Gattern und auf den Verbindungsleitungen zwischen den Gattern gedeckt und die Anzahl der Schaltstufen kann beliebig erweitert werden. Allerdings erfordern aktive Gatter eine zusätzliche Energieversorgung.

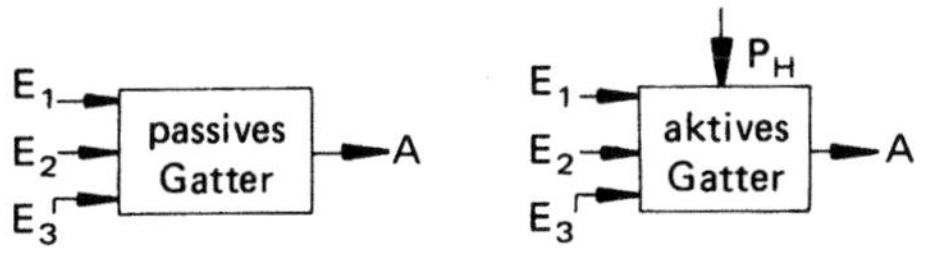

$P_A < \Sigma P_E$ $\qquad$ $P_A \geqslant \Sigma P_E$

Monolithische Gatterschaltkreise sind ausschließlich als aktive Gatter realisiert. Passive Gatter hatten aufgrund ihres einfachen Aufbaus am Anfang der Entwicklung der elektronischen Gatter ihre Bedeutung. Jetzt werden sie nur noch in Sonderfällen für eine Stufe, z.B. als Diodenmatrizen bei der Kodierung, eingesetzt.

Eine Schaltungsfamilie weist nie für alle Kennwerte optimale Eigenschaften auf, da die Anforderungen sich teilweise widersprechen. Aus diesem Grund bestehen neben den relativ universellen Schaltungsfamilien eine Reihe weiterer Schaltungsfamilien für spezielle Anwendungen, bei denen eine Eigenschaft, z.B. die Signallaufzeit (ECL Emitter-Coupled-Logic) oder die Störsicherheit (HLL High Level Logic) auf Kosten der anderen Eigenschaften gesteigert wurde.

Die weiteste Verbreitung und das größte Angebot an Gattertypen haben folgende universelle Schaltungsfamilien:

- TTL [1] (Transistor-Transistor-Logik)
- C-MOS-Logik [2] (Komplementär-MOS-Logik)

Belastbarkeit

Bei der Zusammenschaltung verschiedener Gatter darf der Eingangsstrombedarf aller von einem Ausgang gespeister Eingänge die Belastbarkeit des Ausgangs nicht übersteigen. Zur einfachen Handhabung der Belastungsverhältnisse sind innerhalb einer Schaltungsfamilie Belastung und Belastbarkeit normiert. Der Eingangsstrombedarf wird als Maßzahl: **Fan In** und die Ausgangsbelastbarkeit als Maßzahl: **Fan Out** angegeben. Für jeden Verbindungspunkt in einer Schaltung muß gelten:

$$\Sigma \textbf{ Fan In} \leqslant \textbf{Fan Out}$$

Signallaufzeit

Die Signallaufzeit gibt die Signalverzögerung zwischen Ein- und Ausgang eines Gatters an. Die Arbeitsgeschwindigkeit einer digitalen Schaltung ergibt sich aus der Summe der Signallaufzeiten aller durchlaufenen Elemente. Die Signallaufzeit eines Gatters wird wesentlich durch die Schaltzeiten der Transistor-Schalter bestimmt.

Kennwerte:

Familie	Signal-laufzeit (ns)	Leistungs-verbrauch (mW)	Belastbarkeit (Fan Out)
TTL	10	10	10
C-MOS	50	* $1 \cdot 10^{-3}$	20

* Funktion der Schaltfrequenz

Familie	Störabstand (V)	Betriebsspannung (V)
TTL	0,4	5
C-MOS	8	3–15

▶ *Schülerversuche*

1. Leistungsverbrauch

Der Leistungsverbrauch von je einem NAND-Gatter in TTL und in C-MOS-Logik ist zu messen und zu vergleichen

a) bei statischen Eingangssignalen

b) bei getakten Eingangssignalen (f = 1 kHz, 10 kHz, 100 kHz)

Schaltung 1: (z.B. 7400)

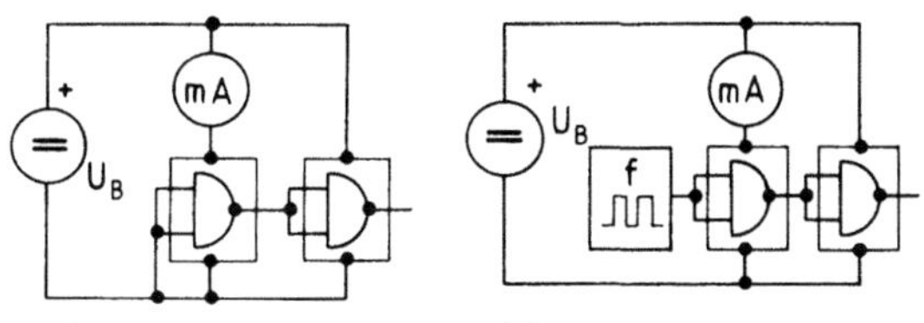

a) $\qquad$ b)

[1] *Böger, H.* u.a.: Einführung in die Elektronik, Kap. 14.2.4,
Texas Instruments: TTL-Kochbuch, Kap. 3

[2] *Böger, H.* u.a.: Einführung in die Elektronik, Kap. 14.2.5

2. Belastbarkeit

Überprüfung der Belastbarkeit (Fan Out) eines TTL-Gatters

Die Maßzahl für die Belastung (Fan In) entspricht bei Standard-TTL-Gattern:

1 Fan In bei L-Pegel ≙ – 1,6 mA
1 Fan In bei H-Pegel ≙ 40 μA

Für die Grundgatter ist eine Belastbarkeit (Fan Out) von 10 angegeben, d.h.

10 Fan Out bei L-Pegel ≙ – 16 mA
10 Fan Out bei H-Pegel ≙ 0,4 mA

Bei dieser Belastung muß bei L-Pegel die Ausgangsspannung kleiner als 0,4 V und bei H-Pegel größer als 2,4 V sein.

Die Ausgangsströme, bei denen die Spannungsgrenzwerte erreicht werden, sind zu bestimmen.

Schaltung 2: (z.B. 7402)

a)

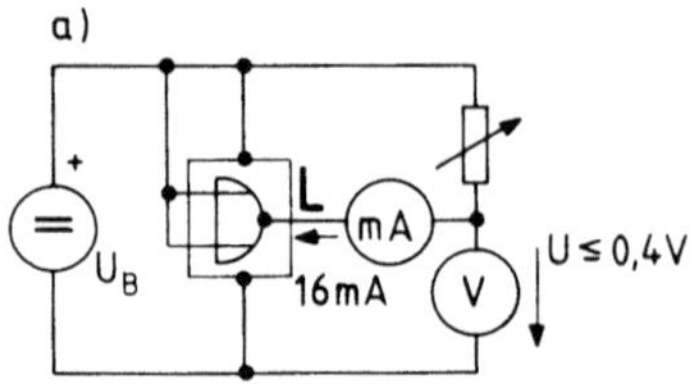

b)

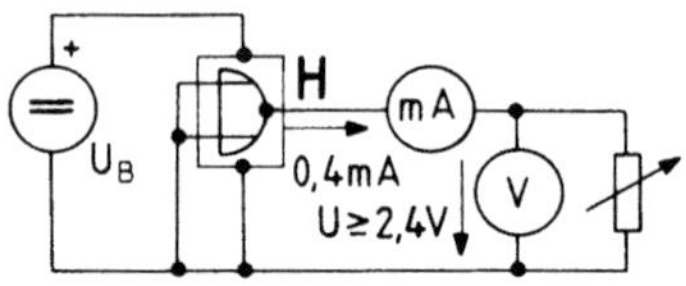

▶ *Schülerexperiment*

Aufgabenstellung

Bei einer Aufzugrufanlage ist durch eine Verriegelungsschaltung mit Umtastern sichergestellt, daß der Aufzug nicht von zwei verschiedenen Orten gleichzeitig gerufen werden kann. Diese Verriegelung soll auf elektronische Bauelemente umgestellt werden. Zur Eingabe der Rufzeichen sind einfache Taster mit einem Arbeitskontakt und als logische Glieder NAND- und NOR-Gatter zu verwenden.

Lösungsweg

1. Zuordnung der Zeichen und Signale:
   E = 0 ≙ nicht betätigt
   E = 1 ≙ betätigt
   A = 0 kein Aufzugruf
   A = 1 Aufzugruf
2. Aufstellung der Wahrheitstafel
3. Aufstellung der Funktionsgleichung
   Die Funktionsgleichung erhält man aus der Wahrheitstafel, indem für alle Zeilen, in denen die Ausgangsvariable 1 ist, die UND-Verknüpfung (Konjunktion) aus allen Eingangsvariablen gebildet wird und alle diese Konjunktionen mit der ODER-Funktion (Disjunktion) verknüpft werden.
4. Umformung der Funktionsgleichung (vgl. Rechengesetze der Schaltalgebra)

$$A = (E_1 \wedge \overline{E_2}) \vee (\overline{E_1} \wedge E_2)$$
$$= \overline{\overline{E_1 \wedge \overline{E_2}} \wedge \overline{\overline{E_1} \wedge E_2}} \quad (1) \text{ u. } (2)$$

$$A = [(E_1 \wedge \overline{E_2}) \vee \overline{E_1}] \vee [(E_1 \wedge \overline{E_2}) \vee E_2] =$$
$$\underbrace{[(E_1 \vee \overline{E_1})}_{=1} \wedge (\overline{E_2} \vee \overline{E_1})] \wedge [(E_1 \vee E_2) \wedge \underbrace{(E_2 \vee \overline{E_2})]}_{=1}$$
$$= (\overline{E_1} \vee \overline{E_2}) \wedge (E_1 \vee E_2)$$
$$= \overline{\overline{\overline{E_1} \vee \overline{E_2}} \vee \overline{E_1 \vee E_2}} \quad (3)$$

Verriegelung mit Umtastern:

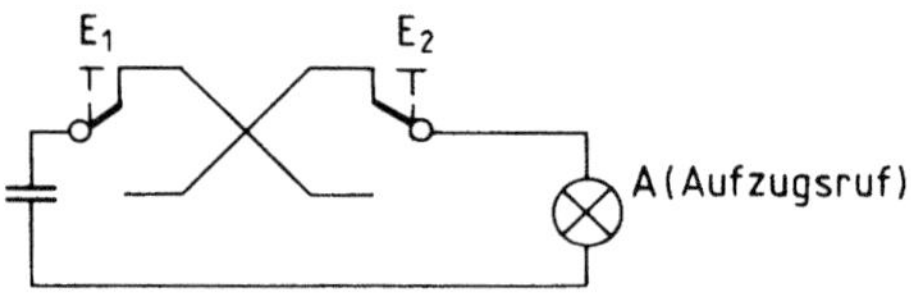

Wahrheitstafel:

E_1	E_2	A
0	0	0
0	1	1
1	0	1
1	1	0

$$A = E_1 \oplus E_2$$
$$= (E_1 \wedge \overline{E_2}) \vee (\overline{E_1} \wedge E_2)$$

Hinweis auf das **Exklusiv-ODER (EXOR)** als logische Funktion

(Der Aufzug kann dann gerufen werden, wenn **nur ein** Ruf vorliegt, d.h. wenn die beiden Rufzeichen **ungleich** sind.)

Symbol für EXOR-Gatter:

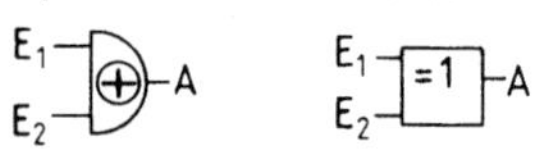

Schaltpläne:

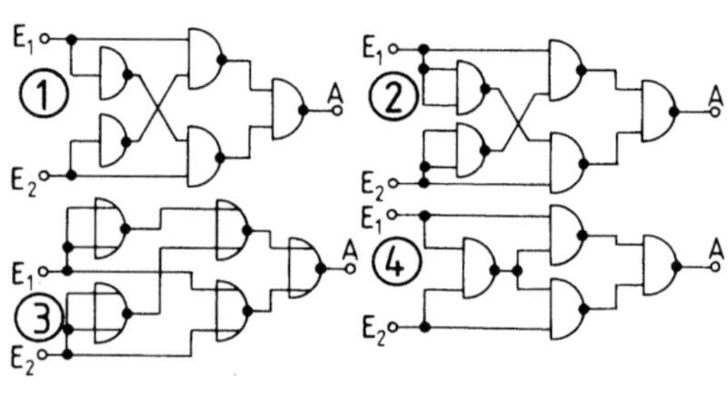

5. Schaltplan mit Gattersymbolen zeichnen
6. Bauelemente zur Realisierung auswählen. Die Symbole im Schaltplan den Gattern der Schaltkreise zuordnen und die Anschlußbelegung eintragen
7. Schaltung aufbauen und logische Funktion überprüfen, indem die Wahrheitstafel gemessen wird
8. Evtl. Schaltungsfehler suchen und lokalisieren

Realisierung der Schaltung (3) mit TTL-Schaltkreisen (NOR-Gatter: SN7402):

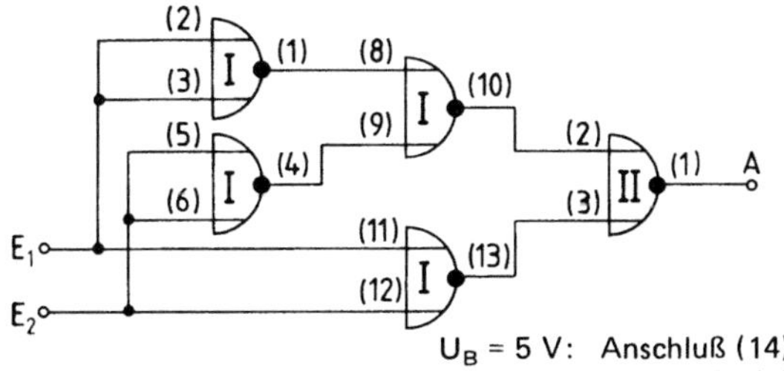

U_B = 5 V: Anschluß (14)
Masse: Anschluß (7)

Hinweis: Offene Eingänge von TTL-Gattern verhalten sich meist wie mit dem Signal für log. 1 belegt. Sie sind gegebenenfalls auf Masse zu legen.

Material: NAND- und NOR-Gatter (z.B. SN7400, 7402)
Datenblätter mit Anschlußbelegung
Netzgerät (TTL: 5 V, C-MOS: 15 V)
Vielfachinstrument
2 Taster

Bildung arithmetischer Funktionen aus den logischen Grundfunktionen

Das Grundelement digitaler Rechenwerke ist der **Addierer**, dessen Funktion aus den logischen Grundfunktionen gebildet werden kann. Einfache Rechenwerke können als arithmetische Operation nur die Addition von Dualzahlen ausführen. Die Subtraktion, die Multiplikation und die Division werden auf die Komplementbildung und eine mehrmalige Addition zurückgeführt.

In dualen Zahlensystemen existieren nur die beiden Ziffern 0 und 1 und die Stellenwertigkeit wird durch Potenzen der Basis 2 angegeben. Die Addition von **Dualzahlen** erfolgt prinzipiell wie die Addition von Dezimalzahlen, allerdings erfolgt schon ein Übertrag, wenn die Summe zweier Ziffern größer 1 ist.

Ein Addierer zur parallelen Addition mehrstelliger Dualzahlen besteht aus der Zusammenschaltung mehrerer einstelliger Elemente. In jedem Element sind, bis auf die erste Stelle, drei Eingangsvariable (die beiden Ziffern und der Übertrag der vorangehenden Stelle) zu zwei Ausgangsvariablen (dem Übertrag und der Summe) zu verknüpfen. Für jede der beiden Ausgangsvariablen läßt sich die Wahrheitstafel erstellen.

Beispiel:

Dezimalzahl: $129 \mathrel{\hat{=}} 1 \cdot 10^2 + 2 \cdot 10^1 + 9 \cdot 10^0$

Dualzahl: $1101 \mathrel{\hat{=}} 1 \cdot 2^3 + 1 \cdot 2^2 + 0 \cdot 2^1 + 1 \cdot 2^0$

Dezimaladdierer: Dualaddierer:

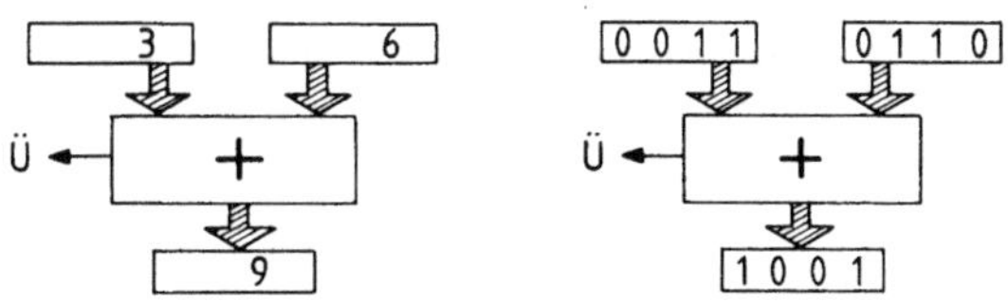

Dualaddierer aus einstelligen Elementen:

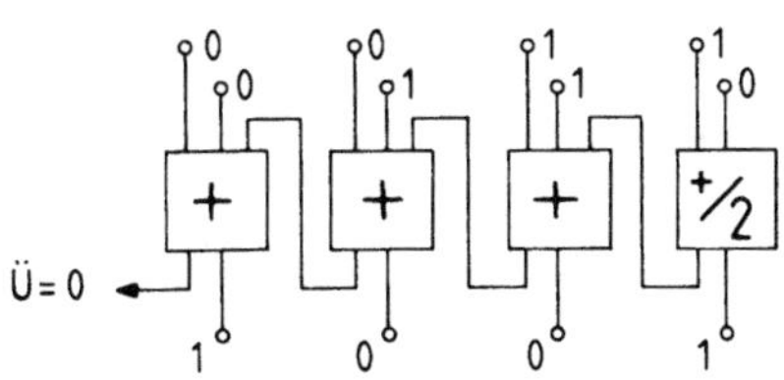

Wahrheitstafel für die 1. Stelle

E_{11}	E_{12}	$Ü_1$	S_1
0	0	0	0
0	1	0	1
1	0	0	1
1	1	1	0

Ü Übertrag
S Summe

Halbaddierer

Funktionsgleichungen

Halbaddierer:

$$S_1 = E_{11} \oplus E_{12} = (\overline{E_{11}} \wedge E_{12}) \vee (E_{11} \wedge \overline{E_{12}})$$
$$Ü_1 = E_{11} \wedge E_{12}$$

Wahrheitstafel für die (1 + n). Stelle

E_{n1}	E_{n2}	$Ü_{n-1}$	$Ü_n$	S_n
0	0	0	0	0
0	0	1	0	1
0	1	0	0	1
0	1	1	1	0
1	0	0	0	1
1	0	1	1	0
1	1	0	1	0
1	1	1	1	1

Volladdierer

Volladdierer:

$$S_n = (E_{n1} \wedge E_{n2} \wedge Ü_{n-1}) \vee (E_{n1} \wedge \overline{E_{n2}} \wedge \overline{Ü_{n-1}}) \vee (\overline{E_{n1}} \wedge E_{n2} \wedge \overline{Ü_{n-1}}) \vee (\overline{E_{n1}} \wedge \overline{E_{n2}} \wedge Ü_{n-1})$$
$$Ü_n = (E_{n1} \wedge E_{n2}) \vee (E_{n1} \wedge Ü_{n-1}) \vee (E_{n2} \wedge Ü_{n-1})$$

(minimisierte Funktionsgleichung)

Addierer für zwei Dualziffern, d.h. ohne Verarbeitung eines Übertrags, werden als **Halbaddierer** bezeichnet. Aus der Wahrheitstabelle ist ersichtlich, daß die Summenbildung beim Halbaddierer der Exklusiv-ODER-Funktion und die Übertragsbildung der UND-Funktion entspricht.

Volladdierer sind in der Lage, auch den Übertrag der vorangehenden Stelle als dritte Eingangsvariable zu berücksichtigen. Ein Volladdierer kann aus zwei Halbaddierern realisiert werden, indem zuerst die Zwischensumme und der Zwischenübertrag aus den beiden Dualziffern E_{n1} und E_{n2} gebildet wird und dann der Übertrag verarbeitet wird.

Halbaddierer

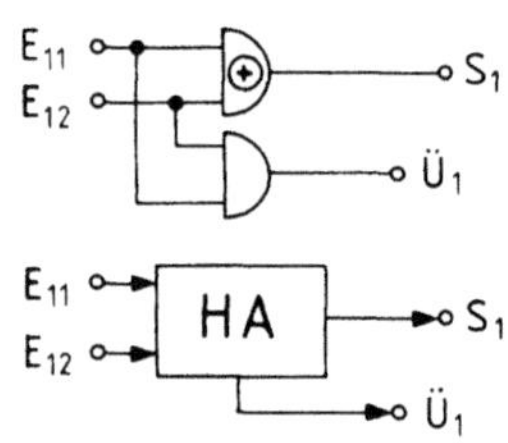

Volladdierer

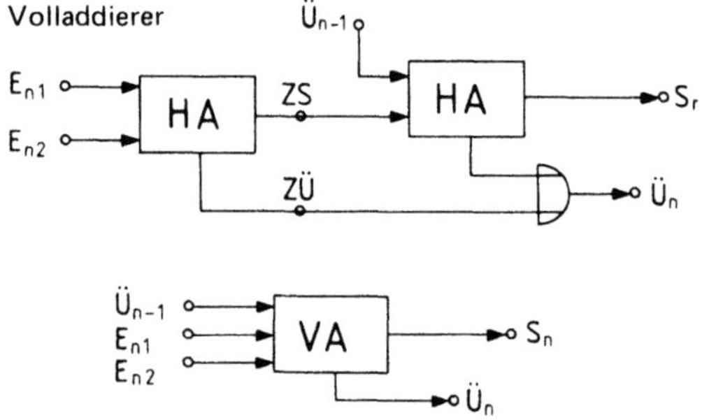

Wahrheitstafel mit Zwischenfunktionen:

E_{n1}	E_{n2}	ZÜ	ZS	$Ü_{n-1}$	U_n	S_n
0	0	0	0	0	0	0
0	0	0	0	1	0	1
0	1	0	1	0	0	1
0	1	0	1	1	1	0
1	0	0	1	0	0	1
1	0	0	1	1	1	0
1	1	1	0	0	1	0
1	1	1	0	1	1	1

Funktionsgleichungen:

$$S_n = (ZS \wedge \overline{Ü_{n-1}}) \vee (\overline{ZS} \wedge Ü_{n-1})$$
$$U_n = ZÜ \vee (ZS \wedge Ü_{n-1})$$

► *Schülerübung*

Aufbau und Untersuchung eines Addierers für zwei vierstellige Dualzahlen (TTL-Schaltkreis SN7483)

- Aufbau der Schaltung anhand des Datenblatts (Eingabe der Dualzahlen mit Schalterbänken, Ausgabe mit Einzel-LED-Anzeige)
- Addition verschiedener vierstelliger Dualzahlen und Überprüfung der Ergebnisse

Erweiterung: Eingabe der Operanden als einstellige Dezimalzahl mit Hilfe zweier **Kodierschalter**↑ für den 8-4-2-1-Code (BCD) und Ausgabe des Ergebnisses als Dezimalzahl mit einer **Siebensegment-Anzeige**↑ (vgl. Schülerübung zur Ansteuerung einer LED-Anzeige).

Hinweis: Bei der Durchführung der Addition von Dezimalzahlen mit dem Dualaddierer erfolgt keine dezimale Übertragungsbildung.

Schaltung:

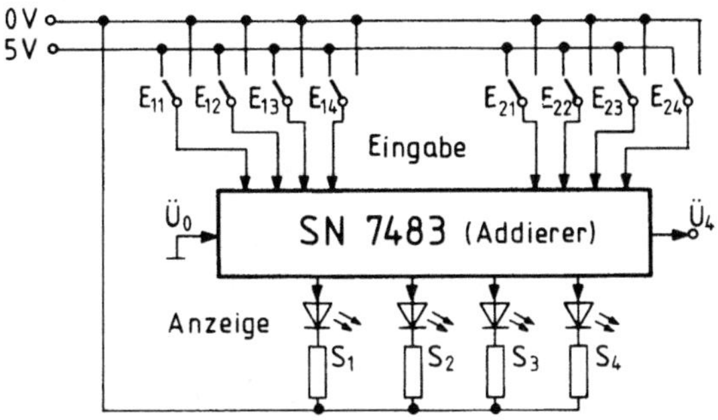

Material:

TTL-Schaltkreis SN7483
8 Umschalter
4 LED und 4 Vorwiderstände (220 Ω)
1 Netzgerät (5 V)

Erweiterung:

2 Kodierschalter (8-4-2-1-Code)
1 LED-Siebensegment-Anzeige (z.B. HP 5085-7760)
1 Codeumwandler (BCD-Dezimal, SN 7447)
zusätzlich 4 Widerstände (220 Ω)

3.3.1.2 Digitale Informationsspeicherung

Digitale Speicher haben die Aufgabe, Informationen in der Form binärer Zeichen über eine bestimmte Zeitspanne festzuhalten und zum Abruf bereitzustellen. Während in der Vergangenheit elektronische Speicher nur zur Speicherung einzelner binärer Zeichen (Bits) dienten und für größere Zeichenmengen Magnetspeicher, z.B. Kernspeicher, eingesetzt wurden, haben sich heute die monolithischen **Halbleiterspeicher** weitgehend durchgesetzt.

Bei Halbleiterspeichern wird unterschieden zwischen Speichern, die in der Lage sind, kurzzeitig am Eingang anstehende Informationen aufzunehmen, zu speichern und auf Anforderung abzugeben, und Speichern, die nur durch ihre Konfiguration festgelegte Informationen auf Anforderung abgeben können.

Im ersten Fall handelt es sich um **Schreib-/Lesespeicher**, die für einen Informationsfluß in beiden Richtungen – in den Speicher hinein und aus dem Speicher heraus – eingerichtet sind und im zweiten Fall um **Festwertspeicher**, die nur den Informationsfluß in einer Richtung – aus dem Speicher heraus – erlauben.

In den **statischen Schreib-/Lesespeichern** ist das Grundelement, das die Speicherung eines Binärzeichens übernimmt, eine **bistabile Kippstufe**, ein sog. **Flipflop**. Statische Schreib-/Lesespeicher werden als Einzelelemente in der Form von bistabilen Kippstufen in festverdrahteten Logikeinheiten, sog. Schaltwerken, und als **Matrixspeicher** in digitalen Datenverarbeitungsanlagen eingesetzt. Bei einem Matrixspeicher sind die Einzelelemente, die sog. **Speicherzellen**, in Form einer Matrix in Zeilen und Spalten angeordnet und werden zeilenweise angesprochen. In den **dynamischen Schreib-/Lesespeichern** wird die Speicherung eines Binärzeichens durch die Ladungsspeicherung in einem Kondensator realisiert. Da eine Entladung des Kondensators nie vollkommen verhindert werden kann, ist die Speicherzeit begrenzt. Um trotzdem die Informationen über längere Zeiten zu erhalten, müssen sie regelmäßig aufgefrischt werden, d.h. die Speicherkondensatoren müssen entsprechend den gespeicherten Binärzeichen in kürzeren Zeitabständen aufgeladen werden. Aufgrund der zur Auffrischung notwendigen Einrichtungen ist es nicht sinnvoll, dynamische Schreib-/Lesespeicher zur Speicherung einzelner Binärzeichen zu benutzen. Sie werden daher nur für größere Zeichenmengen, z.B. als Arbeitsspeicher bei digitalen Datenverarbeitungsanlagen, verwendet.

Festwertspeicher sind immer als Matrixspeicher organisiert. Sie sind im Prinzip Zuordner, die dem Aufruf einer Zeile, der sog. Adresse, die in der Zeile gespeicherte Zeichenkombination zuordnen. Die Einspeicherung der Zeichen beruht immer auf der Veränderung der elektrischen Schaltung der Speicherbausteine. Nach Art der Programmierung, d.h. der Einspeicherung der Information, werden die Festwertspeicher unterschieden in

- ROM (engl.: Read Only Memory): Programmieren im Herstellungsprozeß
- PROM (engl.: Programmable ROM): Programmieren durch den Anwender mit Hilfe spezieller Programmiereinrichtungen
- Re PROM (engl.: Reprogrammable ROM): oder EPROM (engl.: Erasable PROM) Programmieren und Löschen durch den Anwender (Die Programmierung ist nur bei RePROMs (EPROMs) reversibel)

Systematik der elektronischen Speicher

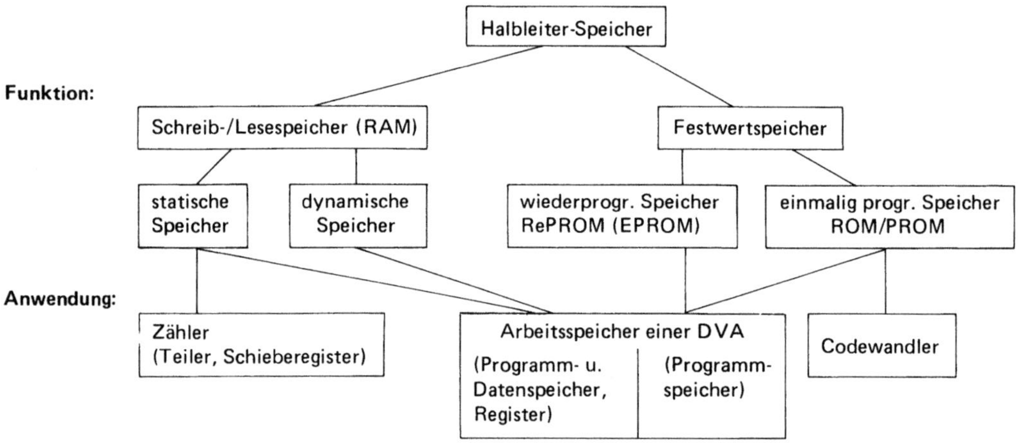

Aufbau statischer Schreib-/Lesespeicher

Jede Speicherzelle eines statischen Schreib-/Lesespeichers besteht aus einer bistabilen Kippstufe. Die bistabile Kippstufe (Flipflop) übernimmt die Speicherung eines Binärzeichens, indem der Wert des Signals, das kurzzeitig am Eingang anliegt, den internen Schaltzustand verändert und damit am Ausgang verfügbar bleibt, bis ein neuer Wert eingespeichert oder die Kippstufe zurückgesetzt wird.

In bezug auf die Übernahme des Signalwerts am Eingang wird unterschieden in

- asynchrone Kippstufen (ungetaktetes Flipflop)
- synchrone Kippstufen (getaktetes Flipflop)

Die einfachste Form einer **asynchronen Kippstufe** ist das RS-Flipflop. Diese Kippstufe kann aus zwei kreuzgekoppelten Grundgattern gebildet werden und ist in seiner Funktion als Grundelement in allen Kippstufenvarianten enthalten. Das RS-Flipflop hat zwei Eingänge, den Setzeingang S und den Rücksetzeingang R. An den Ausgängen Q und $\overline{Q}$ steht der Wert und der negierte Wert des Speicherinhalts zur Verfügung.

RS-Flip flop

Symbol:

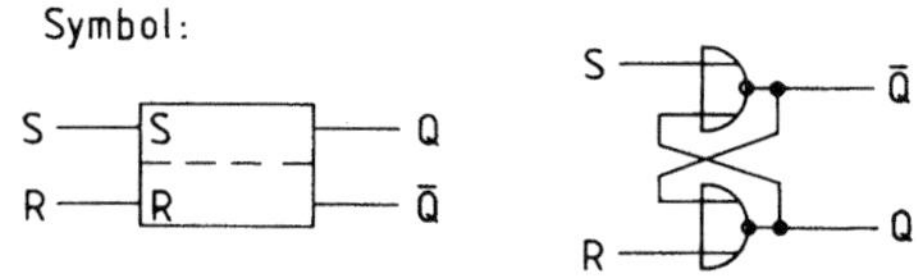

Funktionstafel:

R	S	Q	$\overline{Q}$	
0	0	Q	$\overline{Q}$	Speichern
0	1	1	0	Setzen
1	0	0	1	Löschen
1	1	–	–	verboten, da undefiniert beim Übergang 11 → 00

Funktionsgleichung:

$Q^V = \overline{R} \wedge Q \vee S$ Bedingung: $R \wedge S = 0$

Eine logische 1 entweder am Setz- oder am Rücksetzeingang bestimmt den Zustand des Flipflops und damit die Werte an den Ausgängen unabhängig vom vorhergehenden Zustand des Flipflops. Liegt an beiden Eingängen eine logische 0, dann bleibt der Zustand des Flipflops unverändert, d.h. der vorhergehende Wert bleibt gespeichert. Solange an beiden Eingängen eine logische 1 anliegt, haben beide Ausgänge den Wert 0. Werden darauf die Eingangswerte zur gleichen Zeit zu 0, dann sind die Ausgangswerte logisch undefiniert und stellen sich bei einem speziellen Flipflop entsprechend den durch Fertigungstoleranzen bedingten unterschiedlichen elektrischen Kenngrößen der Gatter ein.

Signalablaufdiagramm:

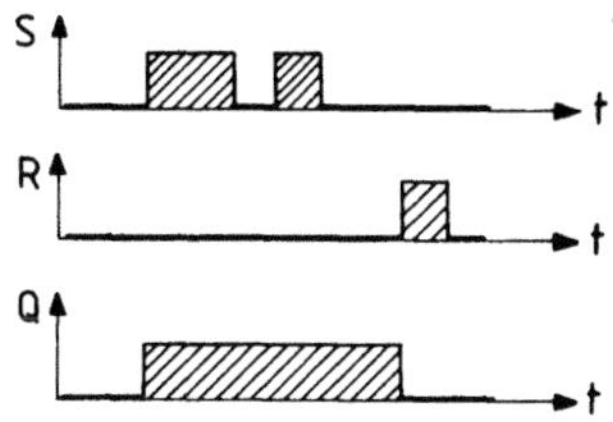

Synchrone Kippstufen übernehmen Werte von den Eingängen nur wenn gleichzeitig ein Taktsignal gegeben wird. Damit ist es möglich, die Übernahme von Eingangswerten zeitlich zu steuern. Taktzustandsgesteuerte RS-Flipflops werden als **Auffangflipflops** bezeichnet. Sie ändern ihren Zustand entsprechend der Eingangswerte nur in der Zeit, während der an ihrem Takteingang T (oder C, engl.: Clock) eine logische 1 anliegt.

Auffangflipflop

Symbol:

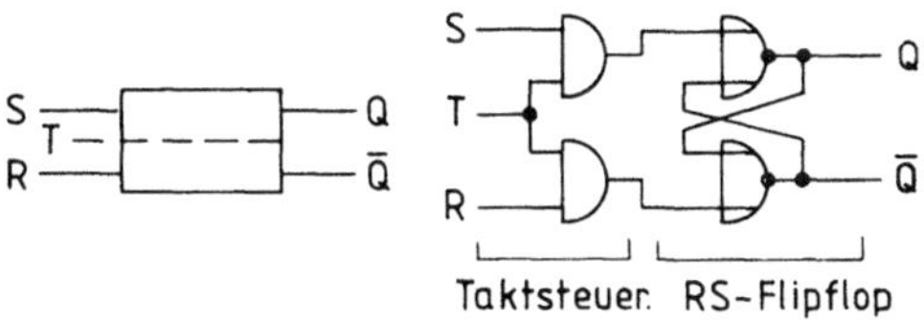

Ein Auffangflipflop kann gebildet werden, indem die Eingangssignale des RS-Flipflops mit dem Takt über eine UND-Funktion verknüpft werden.

Die Zeitverzögerung bis der Eingangswert am Ausgang bereitsteht hängt nur von der relativ kurzen Signallaufzeit der Kippstufe ab. Bei einer Hintereinanderschaltung von mehreren Speichern kann ein Wert während der Taktzeit durch mehrere Stufen laufen. Sollen in einem mehrstufigen Schaltwerk von einem zentralen Takt die Speicher eindeutig gesetzt und abgefragt werden, dann sind die Kippstufen so zu gestalten, daß sich innerhalb der Taktzeit die abgefragten Werte nicht ändern. Deshalb müssen die neu zugeführten Werte am Eingang jeder Kippstufe während der Taktzeit zwischengespeichert werden und erst nach der Taktzeit an den Ausgang des Hauptspeichers übergeben werden. Es sind also pro Speicherelement zwei Grundflipflops notwendig.

Signalablaufdiagramm:

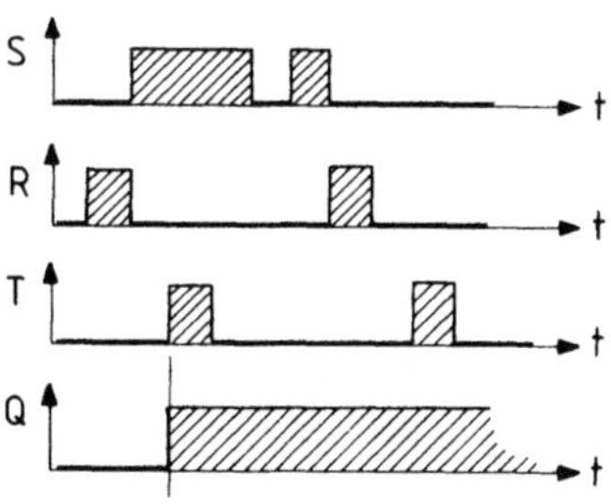

Bei einem **RS-Master-Slave-Flipflop** übernimmt das Zwischenspeicher-Flipflop (Master) die Eingangswerte während des Takts. Der Hauptspeicher (Slave) bleibt während dieser Zeit unbeeinflußt, da seine Eingänge vom Takt gesperrt werden, d.h. seine Ausgangswerte sind festgelegt und können eindeutig abgefragt werden. Mit dem Taktzustandswechsel von 1 auf 0 werden die Zwischenspeichereingänge gesperrt und dessen Wert vom Hauptspeicher übernommen. Die Werte stehen dann am Ausgang für die nächste Abfrage zur Verfügung.

Es bleibt bei dem RS-Master-Slave-Flipflop die Bedingung bestehen, daß nicht an beiden Eingängen eine logische 1 liegen darf.

Bei einem **JK-Master-Slave-Flipflop** bewirkt die beim RS-Master-Slave-Flipflop verbotene Eingangsbedingung einen Wechsel des Zustands, d.h. der Speicherinhalt wird negiert, wenn beim Taktwechsel von 1 nach 0 an beiden Eingängen J und K eine 1 liegt.

Diese zusätzliche Funktion wird durch eine Rückkopplung der Ausgänge auf die Eingänge erreicht. Im allgemeinen verfügen synchrone Kippstufen über zusätzliche Eingänge, die es erlauben, unabhängig vom Takt oder sonstigen Eingangswerten einen definierten Anfangszustand herzustellen.

Ein derartiges JK-Master-Slave-Flipflop mit zusätzlichen S-(Preset) und R-(Clear) Eingängen ist eine universell einsetzbare Kippstufe, die alle Funktionen beinhaltet.

RS-Master-Slave-Flipflop

Symbol:

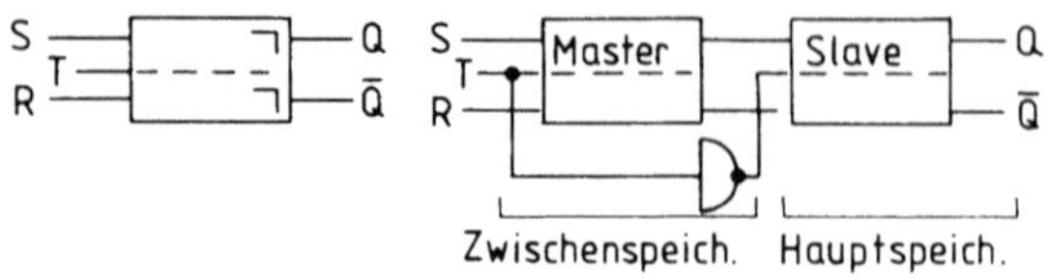

Signalablaufdiagramm:

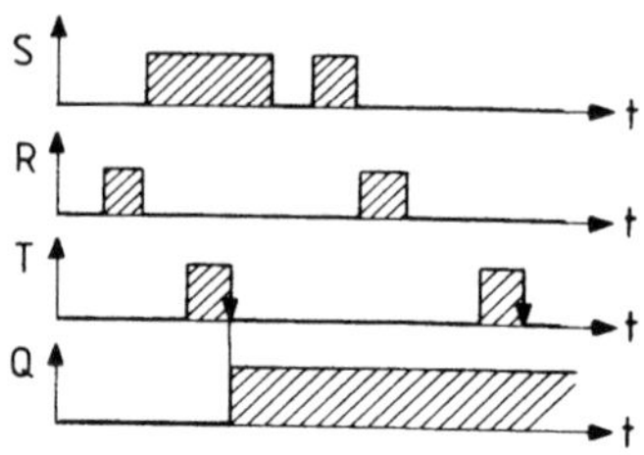

JK-Master-Slave-Flipflop

Symbol:

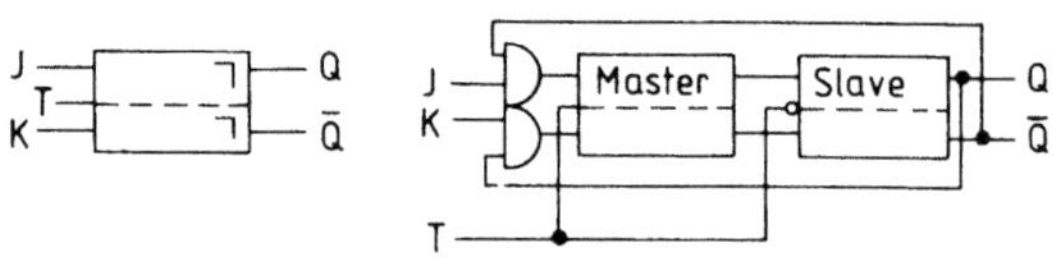

Funktionstafel:

K	J	Q^{t+1}	
0	0	Q^t	Speichern
0	1	1	Setzen
1	0	0	Löschen
1	1	$\overline{Q^t}$	Umkehren

Zähler und Teiler

Teiler und Zähler sind Schaltwerke, deren Ausgangswerte von der Anzahl der Taktimpulse am Eingang abhängen. Wird nur das Erreichen einer bestimmten Anzahl von Taktimpulsen am Ausgang angezeigt und danach das Schaltwerk in den Ausgangszustand zurückgesetzt, dann handelt es sich um einen **Teiler**. Die Funktion eines Teilers als Schaltwerk mit einem Takteingang und einem Taktausgang wird durch das Teilerverhältnis von Eingangstaktfrequenz zur Ausgangstaktfrequenz ausreichend beschrieben. Ein Teiler wird zur Frequenzuntersetzung eingesetzt. Seine Funktion beruht auf der Speicherfunktion von Flipflops. Ein JK-Flipflop, bei dem die beiden Eingänge auf 1 liegen, schaltet nur beim

Teiler

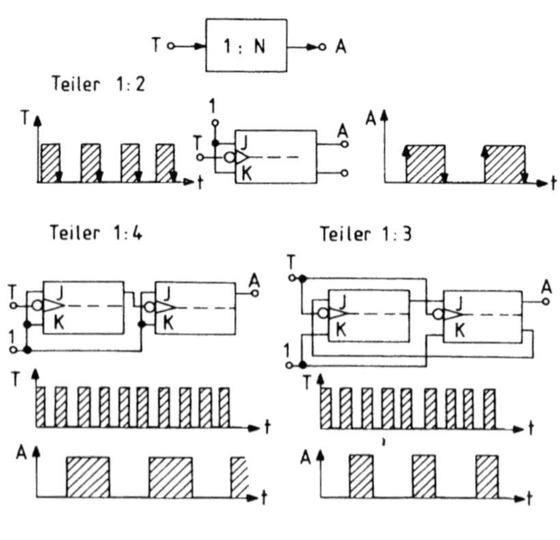

Übergang des Eingangstakts von 1 nach 0 um, daher sind die Ausgangstakte doppelt so lang wie die Eingangstakte. Es findet also eine Frequenzteilung im Verhältnis 1:2 statt. Wenn nun vom Ausgang des ersten Flipflops ein zweites Flipflop angesteuert wird, so ist dessen Ausgangstaktfrequenz wiederum im Verhältnis 1:2 untersetzt, d.h. bei einem Teiler aus zwei Flipflops ergibt sich ein Teilerverhältnis von 1:4. Durch direkte Hintereinanderschaltung von Flipflops kann so die Eingangstaktfrequenz beliebig oft halbiert werden. Durch Beeinflussung der Umschaltbedingung ($J \wedge K = 1$) mittels geeigneter Rückführungen kann darüber hinaus jedes ganzzahlige Teilerverhältnis eingestellt werden.

Ein **Zähler** ist Schaltwerk, dessen Ausgangswerte die Anzahl der Taktimpulse am Eingang angeben. Die Funktion eines Zählers wird durch die Anzahl der maximal zählbaren Taktimpulse und durch den Code, in dem die Anzahl der Takte angegeben wird, beschrieben. Bei Erreichen der maximalen Taktzahl wird der Zähler in den Ausgangszustand zurückgesetzt und ein Übertragimpuls ausgegeben. Mit diesem Übertragimpuls können weitere Zählstufen angesteuert werden.

Zähler werden eingesetzt zum Messen der Frequenz oder der Drehzahl, indem sie die Anzahl der Schwingungen bzw. der Umdrehungen innerhalb eines Zeitintervalls zählen, oder als Uhr, indem sei mit einer konstanten Taktfrequenz versorgt die Zeitquanten zählen. Darüberhinaus werden Zähler zur Schrittschaltung bei programmgesteuerten Systemen, z.B. als Programmzähler im Steuerwerk einer DVA, benutzt.

In Abhängigkeit von der Organisation des Umschaltens der einzelnen Kippstufen wird zwischen synchronen und asynchronen Zählern unterschieden. Bei den **synchronen Zählern** werden alle internen Flipflops mit dem gleichen Takt geschaltet, während bei den **asynchronen Zählern** alle oder ein Teil der Flipflops von den Ausgängen der vorangehenden Flipflops getaktet werden. Durch das gleichzeitige, d.h. synchrone, Umschalten der Flipflops beim Synchronzähler wird der Nachteil der Asynchronzähler vermieden, daß durch das nacheinander Umschalten der Flipflops zwischenzeitlich Zustände durchlaufen und angezeigt werden, die nicht dem Zählerergebnis entsprechen. Außerdem sind die Asynchronzähler vom Funktionsprinzip langsamer, da sich beim Umschalten die Signallaufzeiten einzelner Flipflops addieren.

Zähler

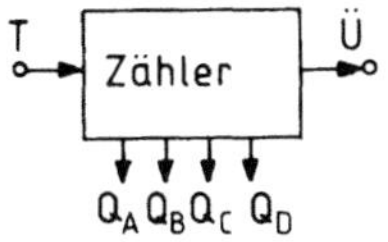

	Eingang Takt	Ausgänge Q_D	Q_C	Q_B	Q_A	Ü
	0	0	0	0	0	0
	1	0	0	0	1	0
	2	0	0	1	0	0
	3	0	0	1	1	0
	4	0	1	0	0	0
	5	0	1	0	1	0
z.B. Dezimalzähler im 8-4-2-1-Code	6	0	1	1	0	0
	7	0	1	1	1	0
	8	1	0	0	0	0
	9	1	0	0	1	0
Rücksetzen	10	1(0)	0(0)	1(0)	0(0)	1(0)

Dezimalzähler (8-4-2-1-Code):
(R Rücksetz-Eingang)

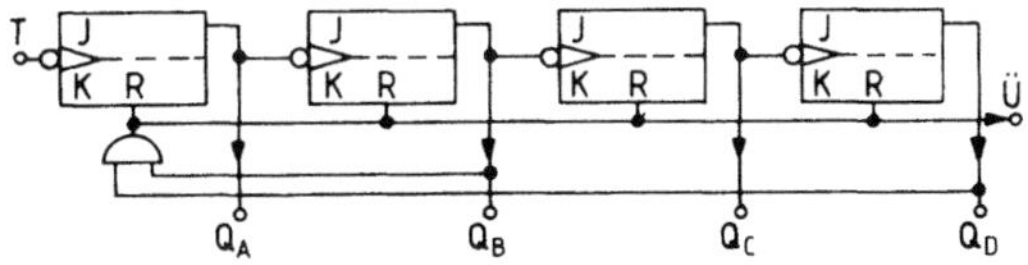

Asynchroner Dualzähler von 0 bis 3:

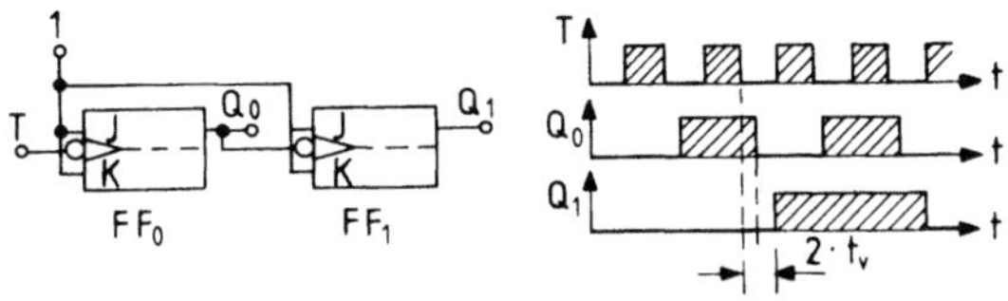

Synchroner Dualzähler von 0 bis 3:

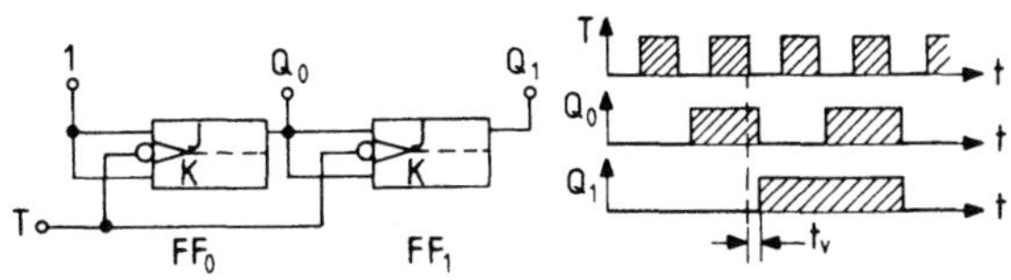

Aufgrund der sehr großen Einsatzbreite sind Zähler in jeder Schaltungsfamilie als Bauelemente verfügbar. Bei den universellen Zählern ist die Funktion über spezielle Steuereingänge zu beeinflussen. Über die Steuereingänge kann z.B. die Zählrichtung (Vorwärts/Rückwärts) gewechselt, der Zählerstand auf Null oder einen beliebigen Wert voreingestellt und der Zähler gesperrt werden.

Universal-Zähler:

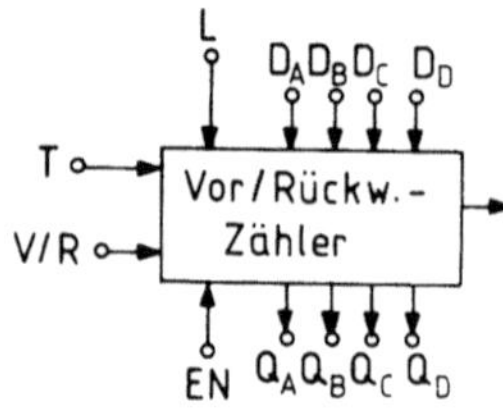

T: Zähltakt
Q_A–Q_D: Ausgangswerte
Ü: Übertrag
V/R: Vorwärts/Rückwärts (Zählrichtung)
L: Laden (Voreinstell.)
D_A–D_D: Werte der Voreinstellung
EN: Zählersperre

► *Schülerversuch*

Einsatz von Universalzählern zur **Drehzahlmessung**↑

1. Aufbau und Untersuchung des Umdrehungszählers:
   Zur optoelektronischen Abtastung der Umdrehungen der mit einem Loch versehenen Scheibe wird eine Lichtschranke eingesetzt. (Die Scheibe kann als Pappscheibe auf der Welle eines Gleichstrom-Kleinstmotors realisiert werden.) Die von der Lichtschranke gelieferten Takte werden in einem Dezimalzähler aufgezählt (vgl. Drehzahlmessung).
2. Aufbau und Untersuchung der Zeitbasis:
   Die Drehzahl n kann aus der Anzahl der Umdrehungen U pro Sekunde bestimmt werden. Die Drehzahlmessung besteht daher aus der Bestimmung der Anzahl der Umdrehungen in einem festgelegten Zeitintervall. Die Zeit innerhalb der die Umdrehungen gezählt werden, wird von der Zeitbasis geliefert. Die Zeitbasis besteht aus einem Zähler, der mit einer konstanten Taktfrequenz (z.B. 10 Hz) eines Rechteckgenerators angesteuert wird. Nach Ablauf der Meßzeit, d.h. nach einer festgelegten Anzahl von Taktimpulsen, ist der Zählvorgang anzuhalten. Dazu ist sowohl der Zähler für die Umdrehungen als auch der Zähler für die Zeittakte zu sperren. Wird als Maß für die Meßzeit der maximale Zählerstand des Zeitzählers gewählt, dann kann das Übertragssignal zum Sperren der Zähler benutzt werden. Beim Rücksetzen der Zähler wird auch der Übertrag zurückgenommen und ein neuer Meßvorgang gestartet.

   Für die Drehzahl gilt: $\frac{n}{60} = \frac{U}{T} = Z2\ s^{-1}$

   (bei $f_T = 10$ Hz) (Z2: Zählerstand des Zählers 2)

Erweiterung: Aufbau des Zählers Z2 für mehrere Dekaden durch Hintereinanderschaltung mehrerer Zählstufen.

Schaltung:

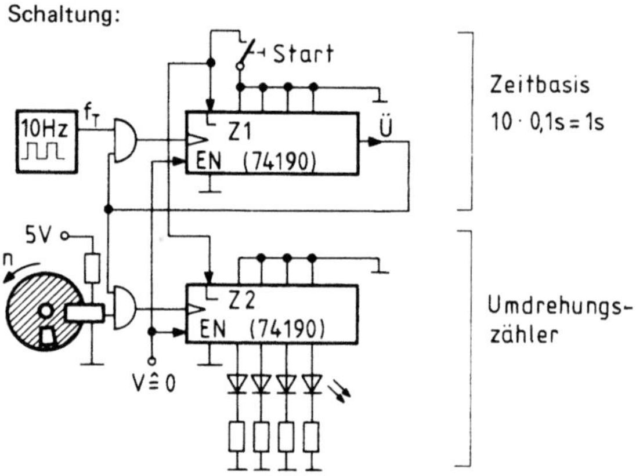

Material:
2 Universalzähler (z.B. TTL SN74190)
2 UND-Gatter (z.B. SN7408)
1 Optokoppler-Lichtschranke (z.B. MCA 8)
1 drehbare Schlitzscheibe (evtl. auf einer Motorwelle)
1 Rechteckgenerator (10 Hz)
1 Netzgerät (TTL: 5 V)
1 Taster
4 LEDs
5 Vorwiderstände (220 Ω) für LEDs und Lichtschranke

Arbeitsspeicher

Der Arbeitsspeicher einer Datenverarbeitungsanlage dient sowohl zur Speicherung der zu verknüpfenden Daten und der Ergebnisse der Verknüpfung als auch zur Speicherung der Programme. Für die Daten muß die Möglichkeit bestehen, sie kurzfristig abzurufen (zu lesen) und sie schnell abzulegen (zu schreiben), d.h. der **Datenspeicher** muß immer ein **Schreib-/Lesespeicher** sein. Programme müssen während ihrer Bearbeitung nur gelesen werden, d.h. der **Programmspeicher** kann ein Schreib-/Lesespeicher oder ein **Festwertspeicher** sein.

Ein Speicher enthält immer eine Vielzahl von elementaren Speicherzellen, die z.B. beim statischen Schreib-/Lesespeicher aus einzelnen bistabilen Kippstufen bestehen. Nach der Art, wie der Aufruf einer Speicherzelle organisiert ist, wird zwischen bitorganisierten und wortorganisierten Speichern unterschieden. Bei einem **bitorganisierten Speicher** kann jede einzelne Speicherzelle, d.h. jedes Bit, angewählt werden, während bei einem **wortorganisierten Speicher** das aus mehreren Zellen bestehende Speicherwort die kleinste ansprechbare Einheit bildet.

Arbeitsspeicher sind immer wortorganisiert, selbst wenn sie aus bitorganisierten Schaltkreisen aufgebaut sind. Jedes Element eines Arbeitsspeichers kann daher ein Daten- oder Befehlswort speichern. Ein Daten- oder Befehlswort besteht aus einer festgelegten Anzahl von Bits. Ein **Speicherwort** wird aus der entsprechenden Anzahl elementarer Speicherzellen gebildet. Zum Beispiel besteht bei einem 8 bit-Computer[1] jedes Wort aus 8 Bits, einem sog. Byte, d.h. jedes Speicherwort seines Arbeitsspeichers wird aus 8 elementaren Speicherzellen gebildet. Jedem Wort des Speichers ist eine **Adresse** als Kennzeichen fest zugeordnet. Über diese Adressenangabe wird ein Wort aus der Menge der Worte des Speichers zur Datenaufnahme oder -abgabe aufgerufen. Die Adresse besteht aus einer Dualzahl, die auf eines der durchnumerierten Speicherworte verweist.

[1] Computer (engl.) als Synonym für freiprogrammierbare digitale Datenverarbeitungsanlage (DVA).

Beispiele für elementare Speicherzellen:

(Adr. Adreßleitung, S/L Schreib-/Leseleitung, L Leseleitung)

Statischer Schreib-/Lesespeicher:

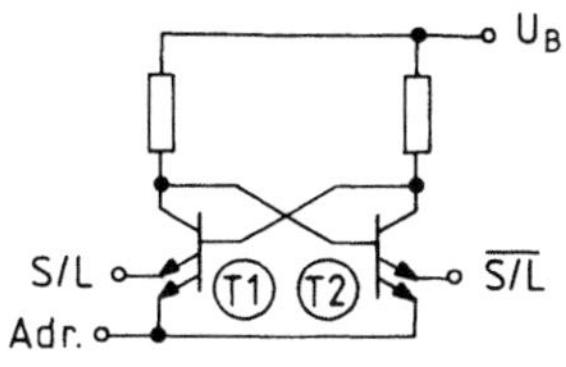

Die Information ist im Schaltzustand der bistabilen Kippstufe gespeichert.

Dynamischer Schreib-/Lesespeicher:

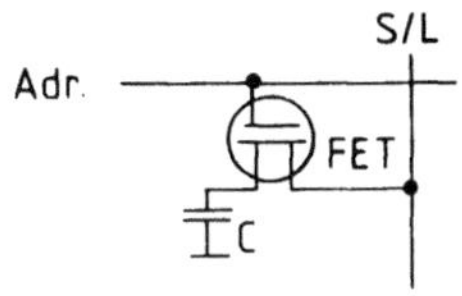

Die Information ist in der Ladung des Kondensators gespeichert.

Festwertspeicher (ROM):

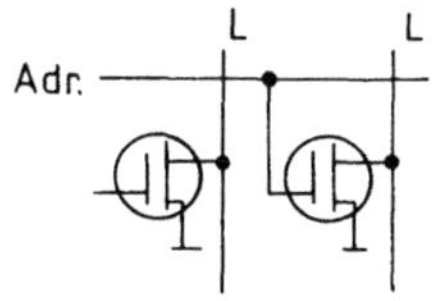

Die Information ist in dem Vorhandensein bzw. Fehlen der Gate-Ansteuerung des FET enthalten. (Programmierung im Herstellungsprozeß)

Festwertspeicher (PROM):

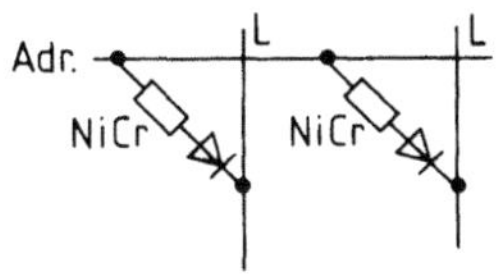

Die Information ist im Zustand der Nickel-Chrom-Verbindung gespeichert. (Die Programmierung besteht im Durchschmelzen der entsprechenden Verbindungen)

Die grundsätzliche Organisationsstruktur eines Speichers ist die Matrix, d.h. die Speicherzellen sind entsprechend einer Matrix in Zeilen und Spalten angeordnet. Bei einem Arbeitsspeicher entsprechen die Zellen in einer Zeile einem Speicherwort. Ein Wort wird daher durch die Anwahl einer Zeile aufgerufen, d.h. die Adresse gibt die Zeilennummer der Matrix an.

Bei Anwahl eines Worts wird die als Dualzahl angegebene Adresse dekodiert und mit diesem Signal auf der Adressleitung alle Speicherzellen entlang der Zeile aktiviert. Bei Schreib-/Lesespeichern können dann alle Zellen einer Zeile parallel entsprechend den zu speichernden Daten über die Schreibleitung beschrieben bzw. über die Leseleitungen ihre Zustände als Daten gelesen werden. Bei Festwertspeichern wird dem Auswahlsignal auf der Adressleitung entsprechend der in der Zeile vorhandenen Verbindungen zwischen Adressleitung und Leseleitungen die Ausgangssignale zugeordnet.

Die Funktion eines Festwertspeichers entspricht der eines Zuordners. Daher werden Festwertspeicher nicht nur als Programmspeicher bei Datenverarbeitungsanlagen, sondern auch als **Codewandler** (Dekoder) in allen Bereichen der Digitaltechnik eingesetzt.

Die Leistungsfähigkeit eines Speicherbausteins wird im wesentlichen durch drei Kenngrößen beschrieben:

- Kapazität
- Zykluszeit
- Zugriffszeit

Die **Kapazität** eines Speichers ist ein Maß für die Anzahl der Speicherworte oder Speicherzellen. Die Angabe erfolgt in Kilo-Worten (bzw. Kilo-Byte) oder Kilo-Bit. Dabei entspricht ein k (Kilo) 2^{10}, d.h. 1024.

Die **Zykluszeit** ist die kürzeste Zeitspanne zwischen dem Beginn zweier aufeinanderfolgender Schreib- oder Lesevorgänge. Sie setzt sich zusammen aus der Zugriffszeit und Regenerationszeit.

Die **Zugriffszeit** ist die Zeitspanne vom Beginn der Adressierung bis zum Ende des Lese- oder Schreibvorgangs.

Matrixspeicher (4 x 4 Speicherzellen):

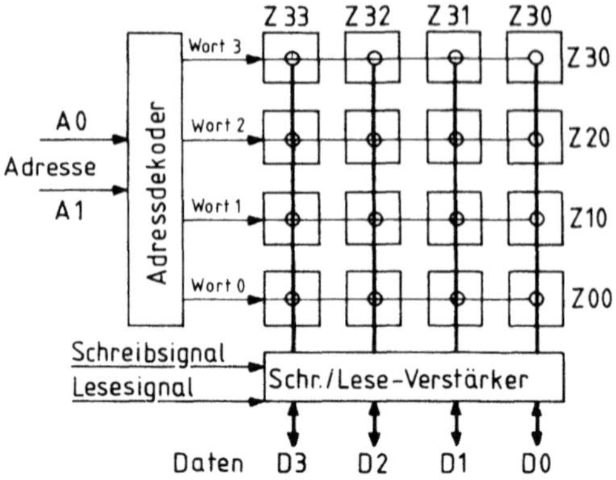

Ein Arbeitsspeicher (m x n-Matrix) besteht aus:

m Datenworten mit je n bit
m Adressen mit je a bit ($2^a = m$)
m · n Speicherzellen

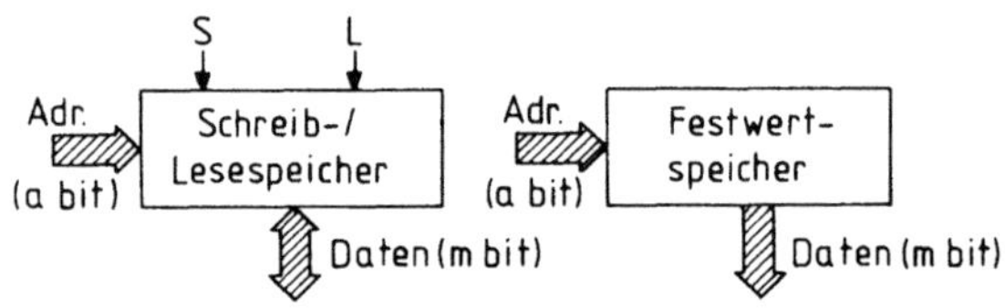

Beispiele für die Speicherkennwerte:

Speicher	Kapazität pro Schaltkreis	Zugriffszeit (ns)	Zykluszeit (ns)
S/L-Speicher	1 k-Bit	45	70
Festwertspeicher (ROM)	16 k-Bit	900	–
Festwertspeicher (RePROM)	8 k-Bit	450	–

3.3.1.3 Programmgesteuerte Datenverarbeitung

Funktionsprinzip

Bei einer programmgesteuerten Datenverarbeitungsanlage (DVA) wird die Funktion bei festliegenden elektronischem Aufbau (engl. Hardware) nur durch die Programme (engl. Software) bestimmt. Dies setzt eine universelle logische Schaltung voraus, die auf die entsprechenden Ansteuersignale (Befehle) alle wesentlichen logischen und arithmetischen Verknüpfungen ausführen kann. Durch die Programmsteuerung und Datenspeicherung ist allerdings die Möglichkeit gegeben, komplexe Verknüpfungen auf **sequentielle ausgeführte elementare Operationen** zurückzuführen. Das bedeutet, das nur für diese elementaren Operationen, und nicht für alle möglichen Verknüpfungen, Schaltungselemente vorzusehen sind. Die Datenverknüpfung durch eine Sequenz von elementaren Operationen ist jedoch immer zeitaufwendiger als die direkte Verknüpfung mit einer speziellen Schaltung.

Ein **Programm** besteht aus einer Folge von Befehlen, von denen jeder in Steuersignale übersetzt, die entsprechenden Schaltungselemente zur Ausführung einer elementaren Operation veranlaßt.

Zur Erstellung des Programms ist also jede Aufgabe in eine Folge von elementaren Operationen zu zergliedern und die Reihenfolge ihrer Ausführung eindeutig festzulegen. Dieses Programm wird in maschinenverständlicher Form, d.h. entsprechend codiert, im Programmspeicher für die Bearbeitung bereitgestellt.

Die Festlegung der Funktion der Anlage durch ein leicht auswechselbares Programm eröffnet die Möglichkeit, den gleichen elektronischen Aufbau für sehr unterschiedliche Aufgaben einzusetzen. Denn die Anpassung der Schaltung an die spezielle Anwendung erfolgt im wesentlichen durch das entsprechende Programm. Damit kann der elektronische Aufbau standardisiert in großen Stückzahlen hergestellt werden. Derartige Schaltungen werden in der Form monolithischer Schaltkreise als **Mikrocomputer** bezeichnet.

Prinzip eines Universalbausteins:

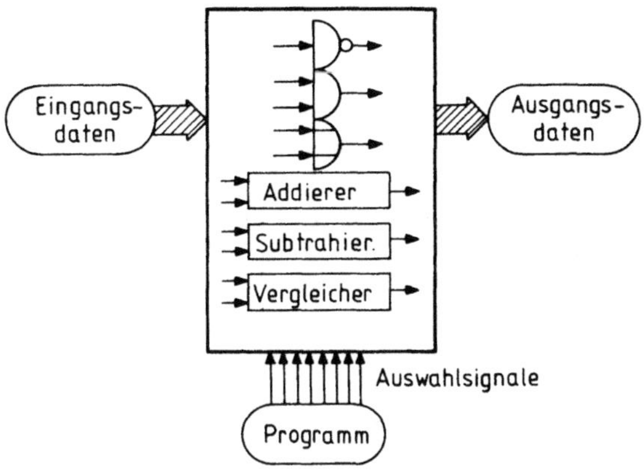

Komplexe Verknüpfung als Sequenz elementarer Operationen:

Beispiel: Addition von zwei binären Ziffern↑ mit Übertrag

Start: Ziffer E1 in Speicher 1 (SP1)
Ziffer E2 in Speicher 2 (SP2)

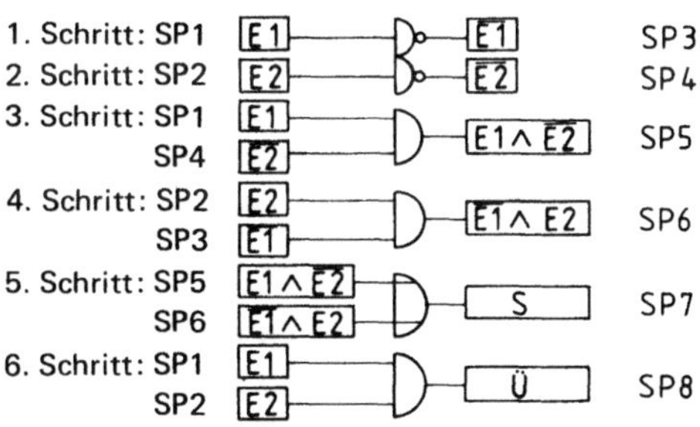

Ende: Summe S in Speicher 7 (SP7)
Übertrag Ü in Speicher 8 (SP8)

► *Schülerübung*

Schrittfolge für die Addition zweier vierstelliger Dualzahlen mit der 1 bit-Addition als elementare Operation entwickeln.

(Theoretischer Vergleich der Additionszeiten serieller und paralleler Addierer, vgl. Schülerübung 4 bit-Addierer).

Durch die Einführung der Mikrocomputer werden die Probleme beim Einsatz von der Ebene der logischen Verknüpfung auf die Ebene der Programmierung verschoben.

Funktionseinheiten einer DVA

Die programmgesteuerte Informationsverknüpfung und die Informationsspeicherung bilden die wesentlichen Funktionen jeder freiprogrammierbaren Datenverarbeitungsanlage (DVA).

In einer DVA werden Daten von der Peripherie und gespeicherten Daten zu neuen Daten verknüpft, die ihrerseits für eine spätere Weiterverarbeitung im Speicher abgelegt oder an die Peripherie übergeben werden. Die grundsätzlichen Funktionen einer DVA werden in den entsprechenden elektronischen Einheiten ausgeführt.

Die Verknüpfungen entsprechend dem Programm werden im **Prozessor** ausgeführt. Die Speicherung der Daten und der Befehle erfolgt im **Arbeitsspeicher,** in dem oft Datenspeicher und Programmspeicher zusammengefaßt sind, und als Schnittstelle zur Peripherie dient das **Ein/Ausgabewerk.**

Elektronische Komponenten einer DVA:

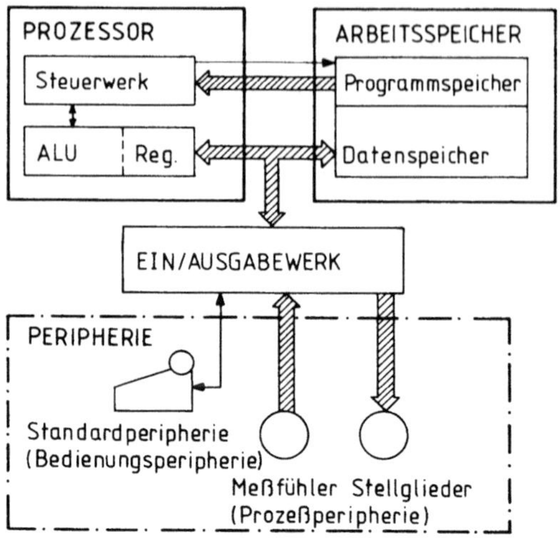

Im Prozessor werden die arithmetischen und logischen Operationen in der **Arithmetik-Logik-Einheit** (ALU) vollzogen. Diese Einheit enthält die Schaltnetze zur Verknüpfung zweier Datenworte (Operanden). Ergänzt wird die Arithmetik-Logik-Einheit durch schnelle Zwischenspeicher für je ein Datenwort, durch die sog. **Register.** In den Registern werden vor der Verknüpfung die Operanden und nach der Verknüpfung das Ergebnis für den Transport in dem Speicher bereitgestellt. Die Aktivitäten der Arithmetik-Logik-Einheit werden durch das Programm bestimmt. Das **Steuerwerk** im Prozessor sorgt dafür, daß nach Bearbeitung eines Befehls der nächste aus dem Programmspeicher gerufen und ausgeführt wird.

Befehle und Daten sind im Arbeitsspeicher abgelegt. Der Arbeitsspeicher ist als wortorganisierter Matrixspeicher ↑ aufgebaut. In bezug auf die Wortlänge und die Zugriffszeit ist er auf den Prozessor abgestimmt.

Das Ein/Ausgabewerk dient als Schnittstelle zwischen dem Prozessor und den **peripheren Geräten** zur Datenerfassung und -ausgabe. Es hat die Aufgabe, den Datenaustausch zeitlich zu koordinieren und die Signale anzupassen. Der Anschluß der Geräte zur Ein- und Ausgabe von alphanumerischen Zeichen ↑ und zur Ein- und Ausgabe von Datenzwischenträgern, wie z.B. Lochstreifen und Lochkarten, ist standardisiert. Sofern der Datenaustausch nicht mit standardisierten Peripheriegeräten, d.h. nicht über eine normierte Schnittstelle, erfolgt, werden an dieser Stelle auch bei einer universellen DVA spezielle elektronische Anpaßschaltungen notwendig. Dies ist im Bereich der Prozeßdatenverarbeitung durch die Vielzahl prozeßspezifischer **Meßfühler** und **Stellglieder** sehr oft erforderlich.

3.3.2 Analoge Informationsverknüpfung

Die analoge Informationsverarbeitung ist dadurch gekennzeichnet, daß die verarbeiteten Informationen aus kontinuierlichen Größen bestehen, die durch maßstabsgetreue **analoge Signale** dargestellt werden. Diese Form der Darstellung kann gegenüber der digitalen Darstellung von Vorteil sein, wenn die zu verknüpfenden Größen als analoge Abbildung kontinuierlicher Zustandsgrößen erfaßt und die Ergebnisse der Verknüpfung als analoge Größen benötigt werden.

Dies ist oft der Fall, wenn Meßgrößen aus Prozessen verarbeitet werden und die Ergebnisse zur Ansteuerung kontinuierlich arbeitender Stellglieder und Ausgabegeräten benötigt werden. Aus diesem Grund wird die analoge Informationsverarbeitung vorwiegend im Bereich der Prozeßsteuerung und -regelung eingesetzt. Da die technische Realisierung analoger Informationsspeicher und Programmsteuerungen sehr schwierig und aufwendig ist, beschränkt sich die analoge Informationsverarbeitung i.a. auf die Informationsverknüpfung. Die Einrichtungen zur analogen Informationsverknüpfung weisen somit nicht die universellen Einsatzmöglichkeiten einer digitalen Datenverarbeitungsanlage auf.

Die analoge Informationsverarbeitung besteht auf der elementaren Ebene aus der funktionsmäßigen Verknüpfung von Größen mit kontinuierlichen Zeitverlauf und wird durch beschaltete Operationsverstärker, sog. **Rechenverstärker**, technisch realisiert. Komplexe Verknüpfungen können aus elementaren Verknüpfungen gebildet werden, indem mehrere Rechenverstärker zusammengeschaltet werden. Die Funktion einer Schaltung wird durch ihre Elemente, d.h. die Rechenverstärker und deren Verschaltung bestimmt. Eine feste Verschaltung bedeutet daher immer eine festgelegte Funktion. Derartige festverdrahtete Einrichtungen zur speziellen Informationsverknüpfung werden z.B. in großem Umfang als **Regler** eingesetzt.

Eine begrenzte Flexibilität kann erreicht werden, wenn statt einer festen Verdrahtung Steckverbindungen zwischen einer Reihe verschiedener Rechenverstärker vorgesehen werden. Ein derartiger Aufbau wird als **Analogrechner** bezeichnet. Die Funktion des Analogrechners wird über die auf einem Steckbrett hergestellten Verbindungen festgelegt. Daher verknüpft ein Analogrechner die Informationen weitgehend parallel und nicht wie eine digitale DVA nach sequentiell ablaufenden Programmen. Komplexe Verknüpfungen können so schneller ausgeführt werden. Die Genauigkeit der Ergebnisse ist jedoch bei einem Analogrechner nie sehr groß. Da Stör- und Signalgröße nicht zu unterscheiden sind, beeinflußt jede Störung das Ergebnis. Aufgrund der begrenzten Genauigkeit und der beschränkten Flexibilität ist die Bedeutung der Analogrechner relativ gering, das um so mehr, als ihr Hauptvorteil durch die Entwicklung schneller digitaler DVAs weitgehend aufgehoben wurde.

3.3.2.1 Rechenverstärker

Die Grundelemente zur funktionsmäßigen Verknüpfung analoger Signale bilden die Rechenverstärker. Sie sind als beschaltete **Operationsverstärker** realisiert. Das Verhalten eines Operationsverstärkers soll ausschließlich durch seine externe Beschaltung und nicht durch seinen inneren Aufbau bestimmt werden. Daher soll er im Idealfall über unendlich hohe Verstärkung für alle Frequenzen, über einen unendlich großen Eingangs- und unendlich kleinen Ausgangswiderstand verfügen. Ein derart idealer Verstärker läßt sich in der Praxis natürlich nicht realisieren. Allerdings werden bei den verfügbaren integrierten Operationsverstärkern die geforderten Eigenschaften so weit angenähert, daß sie i.a. mit genügender Genauigkeit als ideale Verstärker behandelt werden können.

Die elementaren Verknüpfungsfunktionen eines Rechenverstärkers werden durch die entsprechende Beschaltung eines Operationsverstärkers mit passiven linearen Zwei-

Operationsverstärker:

Symbol:

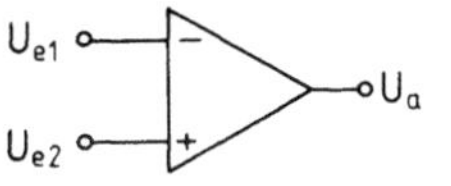

Ideale Eigenschaften:

$V \to \infty$ für $0 \leqslant f \leqslant \infty$

$R_e \to \infty$, $i_e \to 0$

$R_a \to 0$

Funktion des unbeschalteten Verstärkers:

$$U_a = -V(U_{e1} - U_{e2})$$

Realer Operationsverstärker:

Ein realer Operationsverstärker, meist als linearer monolithischer Schaltkreis realisiert, ist i.a. ein Differenzverstärker. Er hat als Gleichstromverstärker eine sehr hohe Verstärkung ($10^4 - 10^9$), aber ohne äußere Beschaltung eine relativ niedrige obere Grenzfrequenz. Sein Eingangswiderstand ist sehr groß (100 kΩ–1 MΩ) und sein Ausgangswiderstand ist klein (10 Ω –100 Ω), aber beide sind natürlich endlich.

polen (Widerstände und Kondensatoren) gebildet. Als elementare Verknüpfungen gelten:

- Inversion
- Multiplikation mit einer Konstanten
- Addition (Summation)
- Subtraktion
- Integration

Durch die Beschaltung mit passiven nichtlinearen Zweipolen, z. B. Dioden, kann die Bildung weiterer Funktionen, wie z. B. Multiplikation, Division oder Logarithmierung, erreicht werden.

Das funktionale Verhalten eines Rechenverstärkers bzw. von Schaltungen mit Rechenverstärkern, wird durch die Abhängigkeit der analogen Ausgangsgröße von den analogen Eingangsgrößen beschrieben. Dargestellt wird das Verhalten durch:

- Schaltplan (Symbole)
- Funktionsgleichung
- Signalablaufdiagramm

Die **Schaltpläne** beschreiben auf einer unteren Ebene die Beschaltung der einzelnen Operationsverstärker und geben damit Auskunft über die Funktion der Rechenverstärker. Auf einer höheren Ebene wird mit Hilfe der Symbole für die einzelnen Rechenverstärker die Gesamtfunktion einer Schaltung dargestellt. Derartige Schaltpläne werden auch als Steckpläne zum Einrichten („Programmieren") eines Analogrechners benutzt.

Die **Funktionsgleichungen** geben den Zusammenhang zwischen Ein- und Ausgangsgrößen als mathematische Funktion an. Sie beschreiben sowohl das statische wie auch das dynamische Verhalten einer Schaltung. Da die analoge Informationsverknüpfung kontinuierlich über den Zeitlauf der Größen durchgeführt werden kann, ist das dynamische Verhalten oft von ausschlaggebender Bedeutung.

Im **Signalablaufdiagramm** wird der Zeitverlauf der Ausgangsgrößen in Abhängigkeit vom Zeitverlauf der Eingangsgrößen graphisch dargestellt. Mit dieser Darstellungsform wird im wesentlichen das dynamische Verhalten des Rechenverstärkers für charakteristische zeitabhängige Veränderungen der Eingangsgrößen beschrieben.

Ersatzschaltbild eines realen OP-Verstärkers:

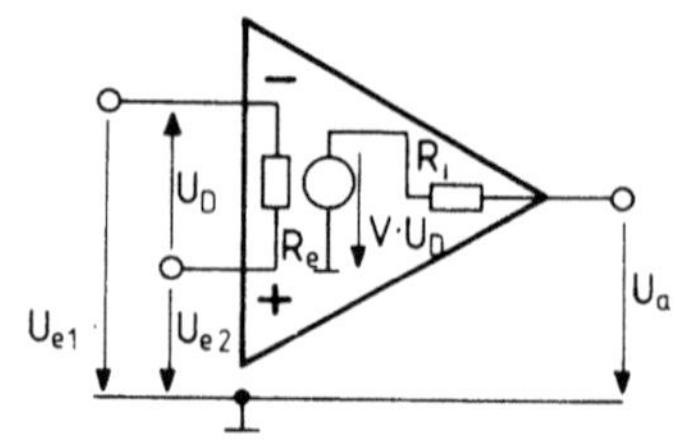

Die **Verstärkung** ist nur bei niedrigen Frequenzen frequenzunabhängig. Oberhalb der Grenzfrequenz kommt es durch die Grenzfrequenzen der internen Transistoren zu einem Abfall der Verstärkung und einer Phasenverschiebung zwischen Ein- und Ausgangssignal.

Frequenzgang der Verstärkung:

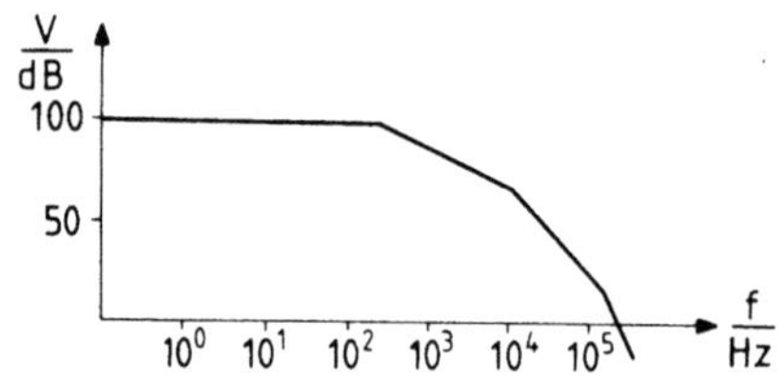

Die Ausgangsspannung eines Operationsverstärkers ist nur innerhalb des **Aussteuerbereichs** der Differenzspannung am Eingang proportional. Wird dieser Bereich überschritten, dann wird die Ausgangsspannung etwa auf den Wert der Versorgungsspannungen konstant gehalten.

Übertragungskennlinie:

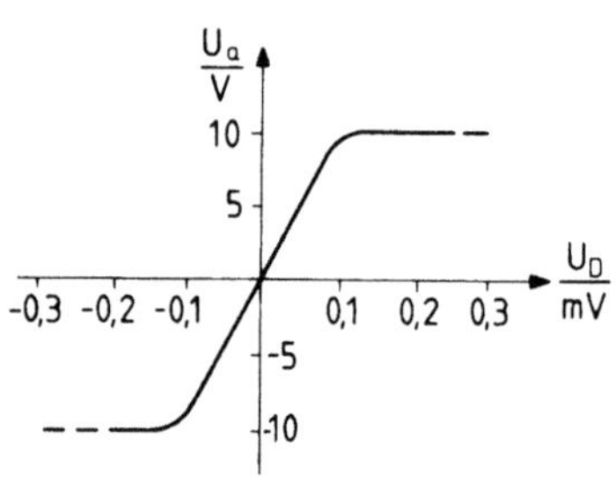

Ein als Rechenverstärker beschalteter Operationsverstärker wird i.a. mit einer Rückkopplung betrieben, um stabile Betriebszustände zu erreichen. In der Grundschaltung wird das invertierte Ausgangssignal über einen Widerstand auf den Eingang des Operationsverstärkers zurückgeführt. Bei einer positiven Spannung am Eingang der Schaltung springt die Spannung am Ausgang auf einen hohen negativen Wert, der auf den Eingang zurückwirkt. Aufgrund der sehr großen internen Verstärkung wird die Differenzspannung am internen Eingang des Verstärkers auf Null gezwungen.

Ein Operationsverstärker in der Grundschaltung arbeitet als **Inverter**, d.h. die Eingangssignale bewirken ein Ausgangssignal mit umgekehrter Polarität. Bei periodischen Eingangsgrößen entspricht die Inversion einer Phasenverschiebung um 180°.

Die wirksame Verstärkung wird bei dieser Schaltung durch das Verhältnis von Rückkopplungs- zu Vorwiderstand bestimmt. Eine Verstärkung ($V \neq 1$) des Eingangssignals entspricht funktionsmäßig der **Multiplikation** mit einem konstanten Faktor. Durch die Beschaltung mit einem Potentiometer im Rückkopplungszweig, kann die Verstärkung, d.h. der Multiplikationsfaktor, eingestellt werden.

Ein **Addierer** bildet die Summe aus mehreren Eingangsspannungen. Da der Eingang des Operationsverstärkers in der Grundschaltung nahezu auf Massepotential liegt ($U_D = 0$), können als Erweiterung an diesem Punkt, weitere Eingangsgrößen über Vorwiderstände angeschaltet werden, ohne daß die Eingangsgrößen sich gegenseitig beeinflussen. Jede Eingangsgröße liefert einen proportionalen Anteil der Ausgangsspannung, d.h. die Eingangsspannungen werden mit dem Verhältnis von Rückkopplungs- zu Vorwiderstand gewichtet, addiert.

Wenn alle Widerstände gleich sind, entspricht der Betrag der Ausgangsspannung der Summe der Eingangsspannungen.

Inverter (Umkehrverstärker):

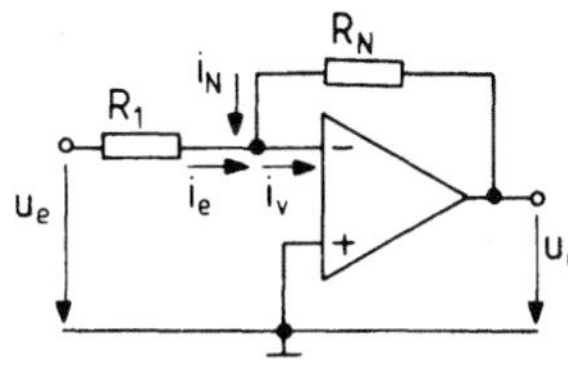

Für $R_e \to \infty$ gilt $i_v \to 0$, daraus folgt: $i_e = -i_N$

Aus $u_D \to 0$ folgt: $i_N = \dfrac{u_a}{R_N}$ und $i_e = \dfrac{u_e}{R_1}$

Damit gilt für den Inverter:

$$\underline{u_a = -\frac{R_N}{R_1}\, u_e}$$

Addierer (Umkehraddierer):

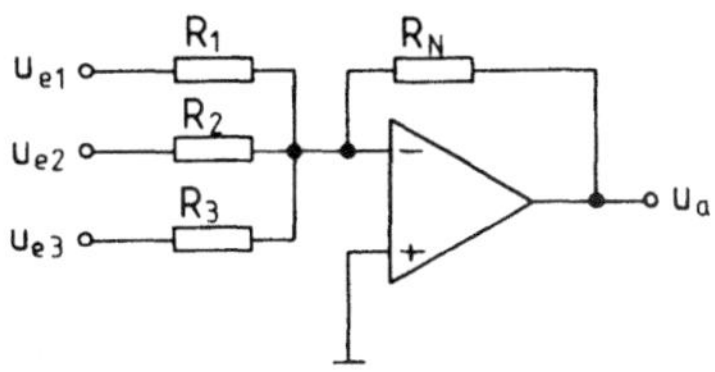

Aus $i_v = 0$ folgt: $i_1 + i_2 + i_3 = -i_N$

Aus $u_D = 0$ folgt: $\dfrac{u_1}{R_1} + \dfrac{u_2}{R_2} + \dfrac{u_3}{R_3} = \dfrac{u_a}{R_N}$

Damit gilt für den Addierer:

$$u_a = -\left(\frac{R_N}{R_1}\cdot u_1 + \frac{R_N}{R_2}\cdot u_2 + \frac{R_N}{R_3}\cdot u_3\right)$$

Für gleiche Beschaltungs-Widerstände:

$\underline{-u_a = u_1 + u_2 + u_3}$ für $R_N = R_1 = R_2 = R_3$

▶ *Schülerversuch*

Aufbau und Untersuchung eines Rechenverstärkers.

Aufgabe: Ein Operationsverstärker ist so zu beschalten, daß er aus zwei Eingangsgrößen E_1 und E_2 die Ausgangsgröße A nach folgender Funktion bildet:

$$A = -2{,}2(E_1 + 0{,}5\,E_2)$$

Schaltung des Umkehraddierers:

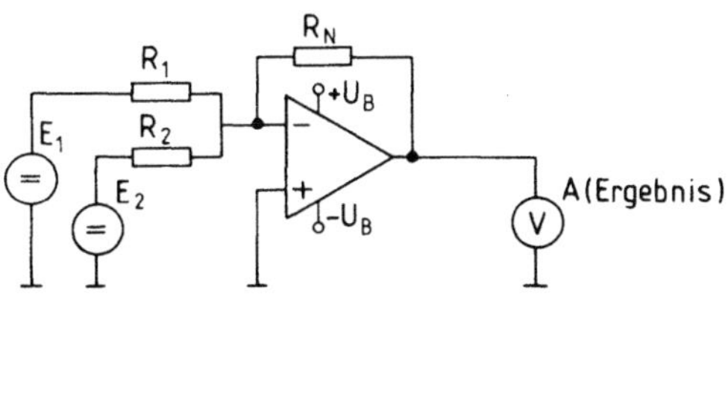

1. Schritt: Auflösung der Funktionsgleichungen in elementare Funktionen:
   - Inversion
   - Multiplikation mit einer Konstanten
   - Addition
2. Auswahl von einem oder mehreren Rechenverstärkern zur Bildung der elementaren Funktion:
   - Umkehraddierer mit gewichteten Eingängen
   (Bei mehreren Rechenverstärkern ist ihre Verschaltung festzulegen)
3. Bestimmung der Beschaltung der Operationsverstärker (gegeben: $R_N = 2{,}2\ k\Omega$):

   $R_1 = 1\ k\Omega \qquad R_2 = 2\ k\Omega$
4. Aufbau der Schaltung
5. Überprüfung der Schaltung für verschiedene Eingangswerte:

   z.B.: für $E_1 = +1$ V und $E_2 = +2$ V das Ergebnis $A = -4{,}4$ V meßtechnisch überprüfen, Grenzen der Eingangswerte aufgrund des beschränkten Aussteuerbereichs bestimmen.

Bestimmung der Beschaltung:

Funktionsgleichungen

$$u_a = -\left(\frac{R_N}{R_1} u_1 + \frac{R_N}{R_2} u_2\right)$$

$$A = -(2{,}2\ E_1 + 1{,}1\ E_2)$$

Aus dem Vergleich der Funktionsgleichungen und mit $R_N = 2{,}2\ k\Omega$ folgt:

$$\frac{R_N}{R_1} = 2{,}2 \qquad R_1 = \frac{R_N}{2{,}2} = 1\ k\Omega$$

$$\frac{R_N}{R_2} = 1{,}1 \qquad R_2 = \frac{R_N}{1{,}1} = 2\ k\Omega$$

Material:

1 Operationsverstärker (z.B. 741 o.ä.)
2 Netzgeräte (OP-Versorgung, 15 V)
2 einstellbare Spannungsquellen mit Anzeige
4 Widerstände ($3 \cdot 1\ k\Omega$, $1 \cdot 2{,}2\ k\Omega$)
1 Spannungsmesser (Vielfachinstrument)

Hinweis: Als Erweiterung des Schülerversuchs kann die Schaltung so modifiziert werden, daß sie folgende Funktion bildet:

$$A = -k(E_1 + 0{,}5\ E_2), \quad k = \text{einstellbare Konstante}$$

Dazu ist R_N durch ein Potentiometer zu ersetzen.

Bei einem **Subtrahierer** werden beide Differenzeingänge des Operationsverstärkers ausgenutzt. Der Rechenverstärker bildet so die Differenz der beiden gewichteten Eingangsspannungen. Damit beide Eingänge gleich gewichtet werden, müssen die Widerstände in den beiden Zweigen jeweils in einem konstanten Verhältnis zueinander stehen. Um die Multiplikation mit einer dem Widerstandsverhältnis entsprechenden Konstanten zu umgehen, müssen alle Widerstände gleichgewählt werden.

Subtrahierer:

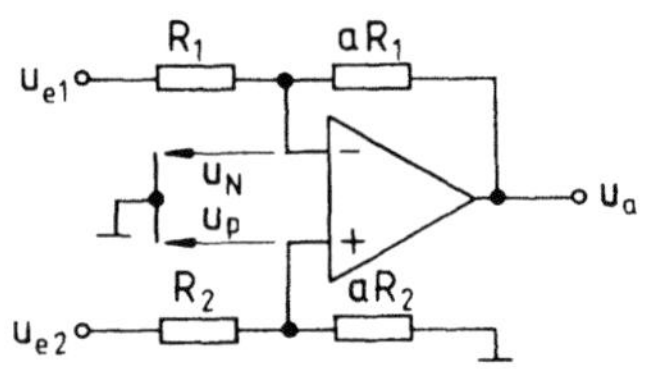

Aus $u_D = 0$ folgt: $u_P = u_N$

$$u_P = \frac{aR_2}{R_2 + aR_2} u_{e2} \qquad u_N = \frac{aR_1}{R_1 + aR_1}(u_{e1} - u_a) + u_a$$

Damit gilt für den Subtrahierer:

$$\underline{u_a = a(u_{e2} - u_{e1})}$$

Für gleiche Widerstände: $\underline{u_a = u_{e1} - u_{e2}}$

Ein **Integrierer** dient zur Integration der Eingangsspannung über die Zeit. Das eigentliche Integrierglied ist ein Kondensator im Rückkopplungszweig des Operationsverstärkers. Außer der Eingangsspannung über die Zeit, bestimmt der Ladungszustand des Kondensators zu Beginn der Integration ($t = 0$) die Ausgangsspannung. Zur Einstellung der Anfangsbedingung ($u_c = 0$ für $t = 0$) sind zusätzliche Schaltungsmaßnahmen notwendig.

Integrierer (Umkehrintegrator):

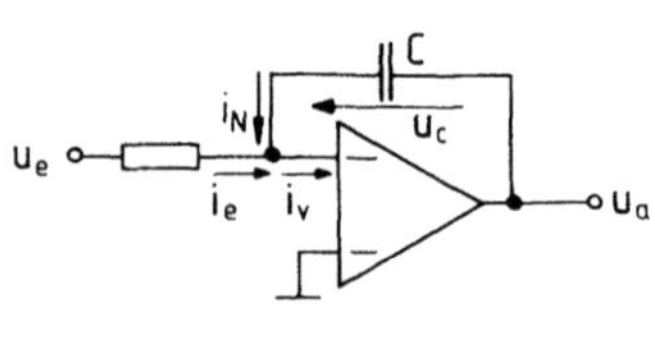

Aus $i_v = 0$ folgt: $i_e = -i_N$

Aus $u_D = 0$ folgt: $i_e = \frac{u_e}{R}$ und $u_a = -u_c$

Bei Erfüllung der Anfangsbedingung ist die Ausgangsspannung das zeitliche Integral der Eingangsspannung, gewichtet mit der Konstanten 1/RC. Diese Konstante kann durch geeignete Wahl der Beschaltungselemente (R · C = 1 s) eliminiert werden.

Für die Spannung am Kondensator gilt, wenn die Anfangsspannung Null war:

$$u_c = \frac{1}{C} \int_0^t i_N \, dt$$

Damit gilt für den Integrierer:

$$u_a = -\frac{1}{RC} \int_0^t u_e \, dt.$$

3.3.2.2 Rechenverstärker als Regler

Ein Subtrahierer kann direkt als **P-Regler**↑ eingesetzt werden. Wenn an seine Eingänge die Regelgröße und die Führungsgröße gelegt werden, entspricht die Ausgangsspannung als Stellgröße der mit einem konstanten Faktor gewichteten Regeldifferenz. Der konstante Faktor, als Übertragungsbeiwert des P-Reglers definiert, kann durch die Beschaltungswiderstände eingestellt werden.

Die Kombination eines Subtrahierers und eines Integrierers bildet einen **I-Regler**↑. Der Subtrahierer erzeugt aus der Regelgröße und der Führungsgröße die Regeldifferenz, die als Eingangsgröße auf den Integrierer gegeben wird. Der Übertragungsbeiwert kann wiederum durch die Beschaltungselemente eingestellt werden. In der Beschaltung als Differenzintegrierer kann ein Operationsverstärker beide Funktionen übernehmen.

Reine P-Regler und reine I-Regler sind jeweils nur für spezielle begrenzte Aufgabenstellungen geeignet. Wesentlich häufiger werden **PI-Regler**↑ eingesetzt. Ein PI-Regler weist sowohl ein proportionales wie auch ein integrales Verhalten auf, d.h. er bildet die Stellgröße, indem er die Regeldifferenz sowohl proportional verstärkt als auch integriert.

Die Beschaltung im Rückkopplungszweig des Operationsverstärkers besteht bei dem PI-Regler aus der Reihenschaltung eines Widerstands und eines Kondensators. Der Widerstand dient zur proportionalen Verstärkung und der Kondensator zur Integration.

Regelung:

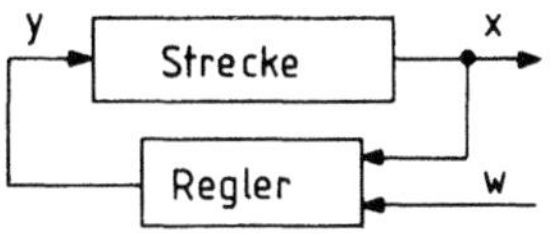

y Stellgröße
x Regelgröße
w Führungsgröße
x_D Regeldifferenz ($x_D = w - x$)

P-Regler: $y = k_p(w - x) = k_p x_D$

Subtrahierer: $u_a = a(u_{e2} - u_{e1}) = a u_D$

Übertragungsfunktion: $G(p) = \frac{u_a}{u_D} = k_p$

mit Proportionalverstärkung: $k_p = a$

I-Regler: $y = k_I \int (w - x)\, dt = k_I \int x_D \, dt$

Differenzintegrierer: $u_a = \frac{1}{RC} \int (u_{e2} - u_{e1})\, dt = \frac{1}{RC} \int u_D \, dt$

Differenzintegrierer:

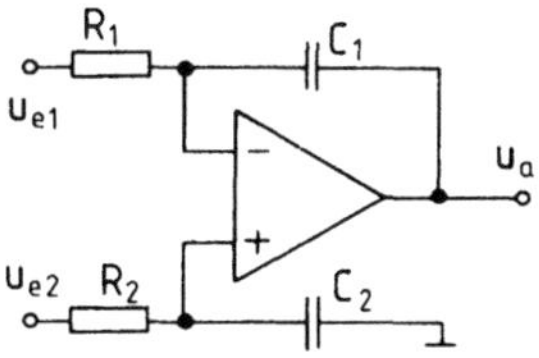

$$u_a = \frac{1}{RC} \int (u_{e1} - u_{e2})\, dt$$

mit $R_1C_1 = R_2C_2 = RC$

Übertragungsfunktion: $G(p) = \frac{u_a}{u_D} = \frac{1}{pT_I}$

mit Integrierzeit: $T_I = RC$

für sinusförmige Eingangsgrößen: $u_D = \hat{u} e^{j\omega t}$

folgt: $\int u_D \, dt = \int \hat{u} e^{j\omega t} dt = \frac{1}{j\omega} \hat{u} e^{j\omega t}$

mit $p = j\omega$ ist: $G(p) = \frac{u_a}{u_D} = \frac{1}{pRC}$

PI-Regler (Eingangsgröße $u_e \triangleq$ neg. Regeldifferenz x_D):

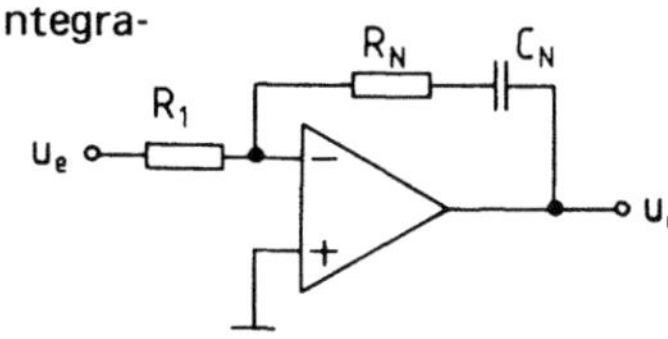

$$-u_a = i_N R_N + \frac{1}{C_N} \int i_N \, dt$$

$$-u_a = \frac{R_N}{R_1} u_e + \frac{1}{R_1 C_N} \int u_e \, dt$$

Das Regelverhalten eines PI-Reglers kann beschleunigt werden, indem er zusätzlich ein differentielles Verhalten erhält, d.h. indem er so beschaltet wird, daß die Ausgangsgröße zusätzlich durch die zeitliche Änderung der Eingangsgröße beeinflußt wird.

Ein derartiger Regler wird als **PID-Regler** ↑ bezeichnet. In der Beschaltung des Operationsverstärkers wird dazu der Eingangswiderstand für schnelle Änderungen der Eingangsgröße mit einem Kondensator überbrückt. (Um den Einfluß von Störgrößen (z.B. Rauschen) am Eingang zu begrenzen, wird i.a. ein kleiner Widerstand in Reihe mit dem Kondensator gelegt.)

PI-Regler: $$y = k_p x_D + k_I \int x_D dt$$

Übertragungsfunktion: $G(p) = \frac{1 + pT_n}{pT_I}$

mit Integrierzeit: $T_I = R_1 C_N$

Nachstellzeit $T_n = R_N C_N$

(Proportionalverstärkung $k_p = \frac{R_N}{R_1} = \frac{T_n}{T_I}$)

für sinusförmige Eingangsgröße: $u_e = \hat{u} e^{j\omega t}$

folgt: $\int u_e dt = \frac{1}{j\omega} u_e$

mit $p = j\omega$ ist: $G(p) = \frac{R_N}{R_1} + \frac{1}{pR_1 C_N} = \frac{1 + pR_N C_N}{pR_1 C_N}$

PID-Regler (Eingangsgröße $u_e \mathrel{\hat{=}}$ neg. Regeldifferenz x_D):

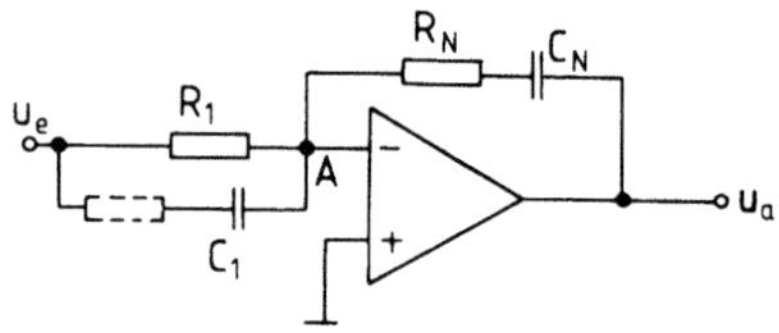

$$u_a = i_N R_N + \frac{1}{C_N} \int i_N dt$$

für Knoten A gilt: $\frac{u_e}{R_1} + C_1 \frac{du_e}{dt} = -i_N$

$$-u_a = \left(\frac{R_N}{R_1} + \frac{C_1}{C_N}\right) u_e + \frac{1}{R_1 C_N} \int u_e dt + R_N C_1 \frac{du_e}{dt}$$

PID-Regler: $$y = k_p x_D + k_I \int x_D dt + k_D \frac{dx_D}{dt}$$

Übertragungsfunktion: $G(p) = \frac{(1 + pT_n)(1 + pT_V)}{pT_I}$

mit Nachstellzeit $T_n = R_N C_N$

Integrierzeit $T_I = R_1 C_N$

Vorhaltzeit $T_v = R_1 C_1$

(Proportionalverstärkung $k_p = \frac{T_n}{T_I} = \frac{R_N}{R_1}$)

für sinusförmige Eingangsgröße: $u_e = \hat{u}_e e^{j\omega t}$

folgt: $\int u_e dt = \frac{1}{j\omega} u_e$ und $\frac{du_e}{dt} = j\omega u_e$

mit $p = j\omega$ ist: $$G(p) = \left(\frac{R_N}{R_1} + \frac{C_1}{C_N}\right) + \frac{1}{pR_1 C_1} + pR_N C_1$$

$$= \frac{(1 + pR_N C_N)(1 + pR_1 C_1)}{pR_1 C_N}$$

Literaturhinweise

Baumann, D. u.a.: Fachkenntnisse Elektrotechnik, Fachstufe 1 Energietechnik. Handwerk und Technik, Hamburg 1979

Baumann, D. u.a.: Fachkenntnisse Elektrotechnik, Fachstufe 1 Nachrichtentechnik. Handwerk und Technik, Hamburg 1979

Betz, F. u.a.: Grundkenntnisse Elektrotechnik. Handwerk und Technik, Hamburg 1978

Böger, H. u.a.: Einführung in die Elektronik 1, Bauelemente der Elektronik und ihre Grundschaltungen. Stam, Porz am Rhein, 1974

Claussnitzer, H.: Einführung in die Elektrotechnik. Technik, Berlin 1966

Hille, W./Schneider, O.: Fachkunde für Elektroberufe. Teubner, Stuttgart 1975

Mann/Schiffelgen: Einführung in die Regelungstechnik. Carl Hanser, München 1972

Pfaff, G.: Regelung elektrischer Antriebe I. Oldenbourg, München-Wien 1971;

Rheinisch-Westfälisches Elektrizitätswerk AG (Hg.): RWE Bau-Handbuch Technischer Ausbau. Ruhrländische Verlagsgesellschaft, Essen 1979

Texas Instruments (Hg.): Das TTL-Kochbuch. TI-Learning Center, Freising 1980

Tholl, H.: Bauelemente der Halbleiterelektronik, Teil 1. Teubner, Stuttgart 1976

Tholl, H.: Bauelemente der Halbleiterelektronik, Teil 2. Teubner, Stuttgart 1978

Tietze, U./Schenk, Ch.: Halbleiter-Schaltungstechnik. Springer, Berlin-Heidelberg-New York 1980

Sachwortverzeichnis

GPSR Compliance

The European Union's (EU) General Product Safety Regulation (GPSR) is a set of rules that requires consumer products to be safe and our obligations to ensure this.

If you have any concerns about our products, you can contact us on ProductSafety@springernature.com

In case Publisher is established outside the EU, the EU authorized representative is:

Springer Nature Customer Service Center GmbH
Europaplatz 3
69115 Heidelberg, Germany

Batch number: 10584556

Printed by Printforce, the Netherlands